國家社科基金重大委托項目“《子海》整理與研究”成果
山東省社科規劃重大委托項目成果

子海精華編

主編 王承略 副主編 聶濟冬

五種遺規

［清］陳弘謀 撰 蘇麗娟 點校

鳳凰出版社

圖書在版編目（CIP）數據

五種遺規 /（清）陳弘謀撰 ；蘇麗娟點校. -- 南京：鳳凰出版社，2016.6（2017.3重印）
（子海精華編 / 王承略主編）
ISBN 978-7-5506-2371-2

Ⅰ．①五… Ⅱ．①陳… ②蘇… Ⅲ．①道德規范－中國－古代 Ⅳ．①B82-092

中國版本圖書館CIP數據核字(2016)第088119號

書　　名	五種遺規
著　　者	(清)陳弘謀 撰　蘇麗娟 點校
責任編輯	王清溪
出版發行	鳳凰出版傳媒股份有限公司 鳳凰出版社(原江蘇古籍出版社) 發行部電話025-83223462
出版社地址	南京市中央路165號,郵編:210009
出版社網址	http://www.fhcbs.com
經　　銷	鳳凰出版傳媒股份有限公司
照　　排	江蘇鳳凰製版有限公司
印　　刷	江蘇鳳凰揚州鑫華印刷有限公司 揚州市江陽工業園蜀崗西路9號,郵編:225008
開　　本	890×1240毫米　1/32
印　　張	21
字　　數	454千字
版　　次	2016年6月第1版　2017年3月第2次印刷
標準書號	ISBN 978-7-5506-2371-2
定　　價	126.00圓

(本書凡印裝錯誤可向承印廠調換,電話:0514-85868858)

國家社科基金重大委托項目“《子海》整理與研究”成果之一

《子海精華編》

《子海精華編》出版説明

"子海"，即"子書淵海"的簡稱。"《子海》整理與研究"課題係國家社科基金重大委托項目、山東省社科規劃重大委托項目。該課題分《珍本編》、《精華編》、《研究編》、《翻譯編》四個版塊，力圖把子部珍稀文獻、精華文獻進行深層次的整理、研究和譯介，挖掘子部文獻的價值，促進子學研究的發展。

山東大學向來以文史見長。古籍整理與子學研究，是其中的傳統研究方向。"《子海》整理与研究"，是在山東大學前輩學者高亨先生積 30 年之力陸續做成的《先秦諸子研究文獻目録》的基础上，由已故著名古籍整理與研究專家董治安先生参與策劃、設計的大型綜合研究課題。課題立項後，得到了中宣部、教育部、財政部、山東省政府和山東大學的大力支持，學界同仁踴躍参與。《精華編》的整理研究團隊近 200 人，來自海内外 48 所高校和研究機構。在組織管理上，《精華編》努力探索傳統文化研究協同創新的新體制、新機制，現已呈現出活力和實效。

華夏文明是由多元文化構築而成的。中國古代子部典籍，以歷代士人個性化作品的形式，系統性地展示了華夏民族的世界觀和方法論，立體性地反映了中華民族對世界文明發展的貢獻。其中，無論是宏篇大論，還是叢殘小語，都激蕩著歷史的聲音,閃爍著智慧的光芒,構成中國古代思想、藝術、科技和生活方式的主體内容。《精華編》通過對子部最優秀的典籍的整理,一方面擷英取粹,爲華夏文明的傳播提供可靠的資源和文本;另一方面以古鑒今,爲當下社會的發展提供智力支持和精神支撑。并希望進而梳理中華傳統文化的多元結構,繼承中華優秀傳統文化的一貫文脈。

根據漢代以後子學發展和子部典籍的實際情況,參照官私目録的分類與著録,《精華編》選取先秦諸子、儒學、兵家、法家、農家、醫家、曆算、術數、藝術、雜家、小説家、譜録、釋道、類書等十四個類目的要籍幾百種,編爲目録,作爲整理的依據,而在成果展現上則不出現具體的類目。爲統一體例,便於工作,《精華編》編有詳細的《整理細則》,并有簡明的《整理要則》,供整理者遵循使用。

《精華編》整理原則是,對每種子書的整理,突出學術性、資料性和創新性,力求吸納已有的整理成果,推出更具參考價值、更方便閲讀的整理文本。所採用的整理方式,大體有三種:一、部頭較大且前人未曾整理者,採用標點、校勘的方式整理;二、前人曾經標點、校勘者,或採用抽换更好或别具學術特色底本的方式整理,或採用集校、集注的方式整理,或採用校箋、疏證的方式整理,或綜合使用以上方式;三、前人已有較好的注本者,則採用集注、彙評、補正等方式整理。

《精華編》採用五次校審、遞進推動的管理程式,即:一、初校全稿。子海編纂中心組織碩、博研究生,修改文稿錯别字,規範異體字,調整格式,發現並標明校點中的不妥之處。二、初審文稿。子海編纂中心的編纂人員根據情況,解決初校時發現的問題,并判斷書稿的整體質量。三、匿名評審。

聘請資深教授通審全稿,全面進行學術把關,消滅硬傷,寫出審稿意見。四、修改文稿。子海編纂中心及時把專家審稿意見反饋給整理者。整理者根據審稿意見修改,做出新文稿。五、終審文稿。待新文稿返回子海編纂中心後,總編纂作最後的學術質量把關。五步程序完成後,將文稿交付出版社。

五次校審的目的是爲了保證學術質量,提高整理水平,減少錯訛硬傷。但校書如塵埃落葉,隨掃隨有,《精華編》雖經多道程序嚴加把關,仍難免有錯,懇請方家不吝指教。子海編纂中心將及時總結經驗,吸取教訓,把工作做得更好,以實現課題設計的初衷。

目　録

養正遺規

教女遺規

訓俗遺規

從政遺規

在官法戒録

整理説明

《五種遺規》，編著者清人陳弘謀。

陳弘謀(1696—1771)，字汝咨，廣西臨桂人。雍正元年(1723)進士，由翰林歷官甘肅、江西、陝西、湖北、河南、福建、湖南、江蘇八省巡撫，两廣、湖廣總督，均有政績。年七十六因病致仕，逝於回鄉途中。祀賢良祠，賜祭葬，謚文恭。《清史稿》列傳九十四有傳。傳載陳弘謀在各地爲官三十多年，歷經十二個省份，擔任過的職位有二十一種。他在任無論時間長短，一定考察人心風俗得失，以及民間應該興利除弊諸端，分門别類，一條一條地加以調查核實，然後施行。他還把自己治下各個州縣村莊的河道走向繪成圖挂在牆上，時常仔細觀察思考，之後按理疏通規劃。他考察官吏非常嚴格，但彈劾的一定是其中最差的一兩個人，達到警示衆人的目的就可以。由此看出他爲政有方，政績頗佳，所以深爲雍正、乾隆兩帝所賞識任用。他的座右銘之一就是“必爲世上不可少之人，爲世人不能做之事”，由此可見陳弘謀的胸懷魄力。不僅如此，他還勤勉治學，著述豐富。《清史稿》本傳又載：“弘謀早歲刻苦自勵，治宋五子之學，宗薛瑄、高攀龍，内行修飭。及入仕，本所學以爲設施。蒞政必計久遠，規模宏大，措置審詳。嘗言：‘是非度之於己，毀譽聽之於人，得失安之於數。’

輯古今嘉言懿行，爲《五種遺規》，尚名教，厚風俗，親切而詳備。”除此之外，其著作尚有《重訂正史約》、《大學衍義輯要》、《大學衍義補輯要》、《吕子節録》、《培遠堂偶存》、《参訂古文詳解評注》等等。

《五種遺規》是五種書的合集，按順序爲《養正遺規》、《教女遺規》、《訓俗遺規》、《從政遺規》及《在官法戒録》，分别輯歷代名家學者的嘉言善行，主旨在於“蓋冀天下人，無男女少長、貴賤賢愚，均有所觀感興起”。收録了自漢以來八十多位學者的著作，多爲宋代及明清人的作品。其中有班固的《漢書》，班昭的《女誡》，顔之推的《顔氏家訓》，司馬光的《居家雜儀》，朱熹的《童蒙須知》、《治家格言》、《讀書法》，顧炎武的《日知録》等等。有的選取全篇，也有的限於篇幅，只取其中一部分，如張楊園《訓子語》“以限於卷帙，所録止十之三”。

是書通篇體例都是先列序言，其下目録，其下正文。筆者在整理之時，去掉了每種書之前的目録，綜合爲一個大目録放在《整理説明》之後[①]。在每種書的《序》中，陳弘謀都詳細地介紹他編纂此書的緣起，想要達到的目的。前四種書的體例與《在官法戒録》稍有不同。正文部分先列書名，其下爲作者簡介，然後是陳弘謀的按語。如果先後録同一作者的著作，則後一種書的作者簡歷就加以省略。如果不同書中出現同一作者，作者簡介部分則注明“履歷見前”。按語前有的標明“弘謀按”，有的僅題“謹按”。而《在官法戒録》輯録的基本都是歷代書傳所載的人物事迹，相當於一部人物小傳，只是

① 底本目録間有與篇題不合者，今基本以篇題爲準，篇題有脱誤而目録不誤者，則從目録。

選取的事迹僅限於爲政的是非善惡，不録其他。事迹之後有陳弘謀的評論，相當於史傳中的“論”，對好官好事進行褒揚，對惡吏惡行進行貶抑。全書中間有陳弘謀的注解及評論。注釋一般爲難解的字詞名物，評論則是對人物事件的得失果報進行論斷分析。

《五種遺規》在當時就爲世人所重，如清朝重臣曾國藩極力推崇《五種遺規》。自年輕時開始，他就經常閲讀此書，并要求兄弟子侄也要熟讀此書。他在《家書》中一再提到此書，指示四弟須“日日循之，句句學之”，“澄弟亦須常看”。又説“修身齊家之道，無過陳文恭公《五種遺規》一書，諸弟與兒侄輩皆宜常常閲看”（馬道宗主編《曾國藩全書》卷三《家訓·辦内湖水師以鄱陽湖爲巢》，光明日報出版社 2004 年版）。并且曾打算仿照《從政遺規》自纂一部《吏治要言》，可見本書對他的巨大影響（石齋主編《曾國藩品聖賢》，中國城市出版社 2009 年版）。

《五種遺規》還受到了清朝最高統治者的肯定，在光緒二十九年（1903）制定的《中學堂章程》、《初級師範學堂章程》中，本書被規定爲修身課課本（施宣圓等主編《中國文化辭典》，上海社會科學院出版社 1987 年版）。

是書也被現代人所重視，很多現代編纂的辭書中對是書都有收録，如《倫理學大辭典》（宋希仁等主編，吉林人民出版社 1989 年版）、《中華禮儀全書》（王景海等主編，長春出版社 1992 年版）、《中國教育百科全書》（張念宏主編，海洋出版社 1991 年版）、《中國大書典》（黄卓越、桑思奮主編，中國書店 1994 年版）、《中國古代政治制度史辭典》（周發增等主編，首都師範大學出版社 1998 年版）、《中國古代名物大典·上》（華夫主編,濟南出版社 1993 年版)等等,對此都有專門介紹。

現代人也對是書有所研究,如黄海雲著《清代廣西漢文化傳播研究》中提到是書,并對它進行肯定,認爲"陳弘謀等人選定的這些遺規以平易可行爲原則,是一套面向社會大衆的教材。它的影響超出了廣西,也超出了它所屬的時代,一直延續到清末,《五種遺規》被列爲全國中學堂修身課教材"。

是書有清乾隆八年(1743)南昌李安民刊本、清同治七年(1868)金陵書局刊本、清光緒二十一年(1895)浙江書局刊本、清光緒十九年(1893)上海洋布公所振華堂刊本(此刊本去《在官法戒録》而加《學仕遺規》)和民國二十五年(1936)上海中華書局排印《四部備要》本(《中國叢書綜録》)。

本次整理采用的底本是《續修四庫全書》影印科學院圖書館藏清乾隆四年(1739)至八年(1743)培遠堂刻匯印本。其中《養正遺規》是乾隆四年(1739)刻本,《教女遺規》、《訓俗遺規》、《從政遺規》是乾隆七年(1742)刻本,《在官法戒録》是乾隆八年(1743)刻本。整理過程中參考了上海中華書局《四部備要》排印本,在文字上將各種異體字改爲通行的繁體字;格式上按照現代人的閲讀習慣由原來竪排改爲横排,其餘基本保持原書原貌。需要指出的是,整理本對於清人刻本中常見的避諱問題,全部予以改回本字,只在第一次出現之處給出校記,之後不再重複出校。

在國學熱的今天,我們重新整理這部封建時代的"修身課教材",既是給有志於研究是書的學者提供一個相對較好的整理本,也是給普通大衆提供一個認識傳統文化的更加具體的平臺。限於本人水平,整理過程中難免會有疏漏之處,懇請方家批評指正。

養正遺規

序

天下有真教術，斯有真人材。教術之端自閭巷始，人材之成自兒童始。《大易》以山下出泉，其象爲蒙，而君子之所以果行育德者，於是乎在。故蒙以養正，是爲聖功，義至深矣。余每見當世所稱材子弟，大都誇記誦，詡詞章，而德行根本之地鮮過而問焉。夫"在山泉水清，出山泉水濁"，緊豈泉之咎哉。汩泥揚波，父兄之教不先，子弟之率不謹也。弘謀公餘，考昔賢養正遺規，擇其簡要可通行者，釐爲二卷。篇帙無多，本末略備，用以流布鄉塾，俾父兄師長以是教其子弟。毋輕小節，毋騖速成，循循規矩。虽蒙養之事，而凡所以篤倫理，砥躬行，興道藝者，悉已引其端。由是以之，於大學之塗庶幾源潔流清，於世教不無少助乎。欽惟聖天子昌明理學，文治日新，備員圻輔，分路揚鑣，循行風俗，與有人材之責焉。故敢勉竭愚忱，具訓蒙士爲郡邑先。其或以是爲迂爲固爲瑣屑而慭置焉，余心滋戚矣。乾隆四年三月既望，桂林陳弘謀題於津門官舍①。

往在津門，曾有《養正遺規》之輯。苦於搜羅不廣，未愜

① "弘"本爲"宏"，避乾隆帝諱，今改。下同。又本段之下原緊附目録，今移至總目録。

所願。年來由吴門而至豫章，公餘開卷，凡有切於蒙養者，皆爲手録，復得十種，并付梓人。欲望幼學之士，於天真未漓時，即不忘身心交治之功，以漸充其良知良能之量。庶不至高言心性而淪於空虛，亦不至汩没記誦而流於俗學。是則區區編輯之微尚也。

乾隆壬戌中秋陳弘謀識於西江使署。

卷之上

朱子白鹿洞書院揭示

公名熹，字元晦，宋婺源人。謚曰文。配祀十哲。

弘謀按，學也者，所以學爲人也。天下无倫外之人，故自无倫外之學。朱子首列五教，所以揭明學之本指，而因及爲學之序。自修身以至處事接物之要，則學之大綱畢舉。徹上徹下，更無餘事矣。弘謀輯《養正規》，特編此爲開宗第一義，使爲父兄者共明乎此，則教子弟得所向方。自孩提以來，就其所知愛親敬長，告以此爲人之始，即爲學之基。切勿以世俗讀書取科名之説，汩亂其良知。庶耳所習聞，兒時亦曉然所學爲何事。

父子有親。君臣有義。夫婦有别。长幼有序。朋友有信。

右五教之目。堯舜使契爲司徒，敬敷五教，即此是也。學者學此而已。而其所以學之之序，亦有五焉，其别如左。

博學之。審問之。慎思之。明辨之。篤行之。

右爲學之序。學、問、思、辨四者，所以窮理也。若夫篤行之事，則自修身以至於處事接物，亦各有要，其别如左。

言忠信。行篤敬。懲忿。窒欲。遷善。改過。

右修身之要。

正其誼，不謀其利。明其道，不計其功。

右處事之要。

己所不欲，勿施於人。行有不得，反求諸己。

右接物之要。

熹竊觀古昔聖賢所以教人爲學之意，莫非使之講明義理，以修其身，然後推以及人，非徒欲其務記覽、爲詞章，以釣聲名、取利禄而已也。今人之爲學者，則既反是矣。然聖賢所以教人之法，具存於經。有志之士，固當熟讀深思而問辨之。苟知其理之當然，而責其身以必然，則夫規矩禁防之具，豈待他人設之，而後有所持循哉。近世於學有規，其待學者爲已淺矣。而其爲法，又未必古人之意也。故今不復以施於此堂，而特取凡聖賢所以教人爲學之大端，條列如右，而揭之楣間。諸君其相與講明遵守，而責之於身焉。則夫思慮云爲之際，其所以戒謹而恐懼者，必有嚴於彼者矣。其有不然，而或出於此言之所棄，則彼所爲規者，必將取之，固不得而略也。諸君其亦念之哉。

朱子滄洲精舍諭學者

弘謀按，學莫先於立志，固人盡知之。但世人所謂立志，志科名耳，志利禄耳。每子弟發蒙，即便以此相誘。故所誇材雋，不過泛濫於記誦詞章，而不復知孝弟忠信爲何事。朱子諭學者，所云志不立之病，卻在貪利禄不貪道義，要作貴人不要作好人。教後生，須將此路頭先与他指點明白，方得迤邐向聖賢一路上去。故是編既示以學之綱，即不可不正其志所向，否則志非其志，學亦非其學矣。

書不記，熟讀可記。義不精，細思可精。惟有志不立，直是無著力處。只如而今，貪利禄而不貪道義，要作貴人而不要作好人，皆是志不立之病。直須反復思量，究見病痛起處，勇猛奮躍，不伏作此等人。一躍躍出，見得聖賢所說千言萬語，都無一事不是實語，方始立得此志。就此積累工夫，迤邐向上去，大有事在。諸君勉旃，不是小事。

朱子童蒙須知有序。

夫童蒙之學，始於衣服冠履，次及言語步趨，次及灑掃涓潔，次及讀書寫文字，及有雜細事宜，皆所當知。今逐目條列，名曰《童蒙須知》。若其修身、治心、事親、接物，與夫窮理盡性之要，自有聖賢典訓，昭然可考，當次第曉達，兹不復詳著云。

弘謀按，前二篇爲學者定其綱宗，端所祈向。而蒙養從入之門，則必自易知而易從者始。故朱子既嘗編次小學，尤擇其切於日用，便於耳提面命者，著爲《童蒙須知》，使其由是而循循焉。凡一物一則，一事一宜，雖至纖至悉，皆以閑其放心，養其德性，爲異日進修上達之階，即此而在矣。吾願爲父兄者，毋視爲易知而教之不嚴。爲子弟者，更毋忽以爲不足知而聽之藐藐也。

衣服冠履第一

大抵爲人，先要身體端整。自冠巾、衣服、鞋襪，皆須收拾愛護，常令潔淨整齊。我先人常訓子弟云：男子有三緊，謂頭緊,腰緊,脚緊。頭,謂頭巾。未冠者,總髻。腰,謂以條或帶束腰。脚,謂鞋、襪。此三者,要緊束,不可寬慢。寬慢,則身體放肆,不端嚴,爲人所輕賤矣。

凡著衣服,必先提整衿領,結兩衽。紐帶不可令有闕落。飲食照管,勿令污壞。行路看顧,勿令泥漬。

凡脱衣服,必齊整摺叠箱篋中,勿散亂頓放,則不爲塵埃雜穢所污,仍易於尋取,不致散失。著衣既久,則不免垢膩,須要勤勤洗浣。破綻,則補綴之。儘補綴,無害,只要完潔。

凡盥面,必以巾帨遮護衣領,卷束兩袖,勿令有所濕。

凡就勞役,必去上籠衣服,只著短便。愛護,勿使損污。

凡日中所著衣服,夜卧必更,則不藏蚤蝨,不即敝壞。

苟能如此,則不但威儀可法,又可不費衣服。晏子一狐裘三十年,雖意在以儉化俗,亦其愛惜有道也。此最飭身之要,毋忽。

語言步趨第二

凡爲人子弟,須是常低聲下气,語言詳緩,不可高言喧哄,浮言戲笑。父兄長上有所教督,但當低首聽受,不可妄大議論。長上檢責或有過誤,不可便自分解,姑且隱默。久,卻徐徐細意條陳云:此事恐是如此,向者當是偶爾遺忘。或曰:當是偶爾思省未至。若爾,則無傷忤,事理自明。至於朋友分上,亦當如此。

凡聞人所爲不善,下至婢僕違過,宜且包藏,不應便爾聲言。當相告語,使其知改。

凡行步趨蹌,須是端正,不可疾走跳躑。若父母長上有所喚召，卻當疾走而前，不可舒緩。

灑掃涓潔第三

凡爲人子弟，當灑掃居處之地，拂拭几案，當令潔淨。文字筆硯，凡百器用，皆當嚴肅整齊，頓放有常處。取用既畢，復置元所。父兄長上坐起處，文字紙札之屬，或有散亂，當加意整齊，不可輒自取用。凡借人文字，皆置簿鈔録主名，及時取還。窗壁、几案、文字間，不可書字。前輩云："壞筆污墨，瘝子弟職。書几書硯，自黥其面。"此爲最不雅潔，切宜深戒。

讀書寫文字第四

凡讀書，須整頓几案，令潔淨端正。將書册整齊頓放，正身體對書册，詳緩看字，子細分明讀之。須要讀得字字響亮，不可誤一字，不可少一字，不可多一字，不可倒一字。不可牽強暗記，只是要多誦遍數，自然上口，久遠不忘。古人云："讀書千遍，其義自見。"謂熟讀，則不待解説，自曉其義也。余嘗謂讀書有三到，謂心到、眼到、口到。心不在此，則眼不看子細。心眼既不專一，卻只漫浪誦讀，決不能記。記，亦不能久也。三到之法，心到最急。心既到矣，眼口豈不到乎？

凡書册，須要愛護，不可損污縐摺。濟陽江禄，書讀未完，雖有急速，必待掩束整齊，然後起。此最爲可法。

凡寫文字，須高執墨錠，端正研磨，勿使墨汁污手。高執筆，雙鈎，端楷書字，不得令手揩著豪。

凡寫字，未問寫得工拙如何，且要一筆一畫，嚴正分明，不可潦草。

凡寫文字，須要子細看本，不可差訛。

雜細事宜第五

凡子弟，須要早起晏眠。

凡喧哄爭鬥之處不可近，無益之事不可爲。謂如賭博、籠養、打球、踢球、放風禽等事。

凡飲食，有則食之，無則不可思索。但粥飯充饑，不可闕。

凡向火，勿迫近火旁。不惟舉止不佳，且防焚爇衣服。

凡相揖，必折腰。

凡對父母長上朋友，必稱名。

凡稱呼長上，不可以字，必云某丈。如弟行者，則云某姓某丈。

按《釋名》，弟訓第，謂相次第也。某丈者，如云張丈李丈。某姓某丈者，如云張三丈、李四丈。舊注云。

凡出外，及歸，必於長上前作揖。雖暫出，亦然。

凡飲食於長上之前，必輕嚼緩咽，不可聞飲食之聲。

凡飲食之物，勿爭較多少美惡。

凡侍長者之側，必正立拱手。有所問，則必誠實對。言不可忘。

凡開門揭簾，須徐徐輕手，不可令震驚聲響。

凡衆坐，必斂身，勿廣占坐席。

凡侍長上出行，必居路之右。住，必居左。

凡飲酒，不可令至醉。

凡如厠,必去外衣。下,必盥手。

凡夜行,必以燈燭。無燭,則止。

凡待婢僕,必端嚴,勿得與之嬉笑。執器皿,必端嚴,惟恐有失。

凡危險,不可近。

凡道路遇長者,必正立拱手,疾趨而揖。

凡夜卧,必用枕,勿以寢衣覆首。

凡飲食,舉匙必置箸,舉箸必置匙。食已,則置匙箸於案。

雜細事宜,品目甚多,姑舉其略,然大概具矣。凡此五篇,若能遵守不違,自不失爲謹愿之士。必又能讀聖賢之書,恢大此心,進德修業,入於大賢君子之域,無不可者。汝曹宜勉之。

朱子論定程董學則程名端蒙,字正思。董名銖,字叔仲。俱江西德興人。

弘謀按,《童蒙須知》爲父兄者所以教其子弟也,《程董學則》則自十年出就外傅以上事。凡鄉塾黨庠,胥可通行,故朱子嘗以爲有古人小學之遺意焉。父兄教之於家,師長教之於塾,内外夾持,循循規矩,非僻之心,復何自入哉。

凡學於此者,必嚴朔望之儀。

其日昧爽,值日一人,主擊板。始擊,咸起,盥,漱,總,櫛,衣,冠。再擊,皆著深衣或涼衫,升堂。師長率弟子詣先聖像前,再拜。焚香,訖,又再拜,退。師長西南向立。諸生之長者,率以次東北向,再拜。師長立而扶之。長者一人,前致辭，訖，又再拜。師長入於室，諸生以次環立，再拜，退，各就案。

謹晨昏之令。

常日，擊板如前。再擊，諸生升堂序立，俟師長出户，立定，皆揖。次分兩序，相揖而退。至夜，將寢，擊板會揖，如朝禮。會講、會食、會茶，亦擊板，如前。朝揖、會講，以深衣或涼衫，餘以道服褙子。

居處必恭。

居有常處，序坐以齒。凡坐，必直身正體，毋箕踞、傾倚、交脛、摇足。寢，必後長者。既寢，勿言。當晝，勿寢。

步立必正。

行必徐，立必拱。必後長者。毋背所尊。毋踐閾，毋跛倚。

視聽必端。

毋淫視，毋傾聽。

言語必謹。

致詳審，重然諾，肅聲氣。毋輕，毋誕，毋戲謔喧嘩。毋論及鄉里人物長短及市井鄙俚無益之談。

容貌必莊。

必端嚴凝重。毋輕易放肆，毋粗豪狠傲，毋輕有喜怒。

衣冠必整。

毋爲詭異華靡，毋致垢敝簡率。雖燕處，不得裸袒露頂。雖盛暑，不得輒去鞋襪。

飲食必節。

毋求飽，毋貪味。食必以時，毋恥惡食。非節、假及尊命，不得飲酒。飲，不過三爵，勿至醉。

出入必省。

非尊長呼唤,師長使令及己有急幹,不得輒出學門。出必告,反必面。出不易方,入不逾期。

讀書必專一。

必正心肅容,記遍數。遍數已足,而未成誦,必須成誦。遍數未足,雖已成誦,必滿遍數。一書已熟,方讀一書。毋務泛觀,毋務強記。非聖賢之書,勿讀。無益之文,勿觀。

寫字必楷敬。

勿草,勿欹傾。

几案必整齊。

位置有倫,簡帙不亂。書篋、衣笥,必謹扃鑰。

堂室必潔淨。

逐日,值日再擊板如前。以水灑堂上,良久,以帚掃去塵埃,以巾拭拭几案。其餘悉令齋僕掃拭之。别有污穢,悉令掃除,不拘早晚。

相呼必以齒。

年長倍者,以丈。十年長者,以兄。年相若,以字,勿以爾汝。書問稱謂亦如之。

接見必有定。

凡客請見師長,坐定,值日擊板,諸生如其服升堂序揖,立侍。師長命之退,則退。若客於諸生中,有自欲相見者,則見師長畢,就其位見之。非其類者,勿與親狎。

修業有餘功,游藝以適性。

彈琴、習射、投壺,各有儀矩,非時勿弄。博弈鄙事,不宜親學。

使人莊以恕,而必專所聽。

擇謹愿勤力者，莊以臨之，恕以待之。有小過者，呵之。甚，則白於師長，懲之。不悛，衆稟師長，遣之。不許直行己意。苟日從事於斯，而不敢忽，則入德之方，庶乎其近之矣。

道不遠人，理不外事。故古人之教者，自其能食能言，而所以訓導整齊之者，莫不有法，而況家塾黨庠術序之間乎？彼學者所以入孝出弟，行謹言信，群居終日，德進業修，而暴慢放肆之氣不設於身體者，由此故也。番陽程端蒙，與其友生董銖共爲此書，將以教其鄉人子弟，而作新之，蓋有古人小學之遺意矣。余以爲凡爲庠序之師者，能以是而率其徒，則所謂成人有德，小子有造者，將復見於今日矣。於以助成后王降德之意，豈不美哉。淳熙十四年丁未十一月甲子，新安朱熹書。

陳北溪小學詩禮

先生名淳，字安卿，宋龍溪人。朱子弟子。崇祀廟庭。

弘謀按，小學之概，已於前二書見之。北溪陳氏，復輯《曲禮》、《少儀》、《内則》諸書，擇其要且切者集爲五言，次以韻語，俾童子時時諷誦，而服習焉，題之曰《小學詩禮》。蓋歌咏所以養性情，而步趨因以謹儀節。過庭之訓，殆於兼之。

事亲

凡子事父母，雞鳴咸盥漱。櫛總冠紳屨，以適父母所。

其二

及所聲氣怡，燠寒問其衣。疾痛敬抑搔，出入敬扶持。

其三

將坐請何向，長者執席少者執牀與坐。縣衾篋枕簟，灑掃室及堂。

其四

長者必奉水，少者必奉槃。進盥請沃盥，盥卒授以巾。

其五

問所欲而進，甘飴滑以瀡。柔色以温之，必嘗而後退。

其六

養則致其樂，居則致其敬。昏定而晨省，冬温而夏凊。

其七

三日則具沐，五日則請浴。燂音“潛”，熱也。潘米汁也。請醴音“悔”，洗也。面，燂湯請濯足。

其八

其有不安節,行不能正履。飲酒不變貌,食肉不變味。

其九

立不敢中門,行不敢中道。坐不敢中席,居不敢主奧。

其十

父召唯無諾,父呼走不趨。叶雌由切。食在口則吐,手執業則投。

其十一

父立則視足,父坐則視膝。應對言視面,立視前三尺。

其十二

父母或有過,柔聲以諫之。三諫而不聽,則號泣而隨。

其十三

父在不遠游,所游必有常。出不敢易方,復不敢過時。

其十四

舟焉而不游,道焉而不徑。身者父母體,行之敢不敬。

事長

君子容舒遲,見尊者齋遬。足重而手恭,聲靜而氣肅。

其二

始見於君子,辭曰願聞名。童子曰聽事,不敢與竝行。

其三

尊年不敢問,長賜不敢辭。燕見不將命,道不請所之。

其四

年倍事以父,年長事以兄。父之齒隨行,兄之齒雁行。

其五

見父之執者,不問不敢對。不謂進不進,不謂退不退。

其六

侍坐於長者,必安執而顔。有問讓而對,不及毋儳言。

其七

君子問更端,則必起而對。欠伸撰持也。杖屨,侍坐可請退。

其八

侍飲於長者,酒進則拜受。未釂音“醮”,飲盡爵也。不敢飲,未辯音“遍”,義同。不虛口。

其九

侍燕於君子,先飯而後已。小飯而亟之,毋嚙骨刺齒。

其十

從長上丘陵,必向長所視。群居有五人,長者席必異。

男女

男正位乎外,女正位乎内。男女無相瀆,天地之大義。

其二

男十年出外,就傅學書計。學樂學射御,學禮學孝弟。

其三

女十年不出,姆教婉娩從。執麻治絲繭,觀祭納酒漿。

其四

女子不出門,出門必擁蔽。夜行必以燭,無燭則必止。

其五

男女不雜坐,嫂叔不通問。内言不出閫,外言不入閫。

其六

男不言内事,女不言外事。非祭不交爵,非喪不受器。

其七

姑姊妹女子,已嫁而反室。弗與同席坐,弗與同器食。

其八

取妻不同姓,寡子弗與友。主人若不在,不入其門户。

其九

婦人伏於人,無所敢自遂。令不出閨門,惟酒食是議。

其十

迎客不出門，送客不下堂。見卑不逾閾，弔喪不出疆。

其十一

婦人不二斬，斬衰，爲夫服也。烈女不二夫。一與之齊者，終身不改乎。

雜儀

喜怒必中節，周旋必中禮。淫惡不接心，惰慢不設體。

其二

目不視惡色，耳不聽惡聲。非法不敢道，非德不敢行。

其三

執虚如執盈，入虚如有人。使民如承祭，出門如見賓。

其四

并坐不横肱，共飯不澤手。揖人必違位，尊前不叱狗。

其五

入國不敢馳，入里必致式。入户必奉扃，入門不踐閾。

其六

入境必問禁，入國必問俗。入門必問諱，與人不問欲。

其七

臨喪則不笑，臨祭則不惰。當食則不嘆，讓食則不唾。

其八

君子正衣冠，儼然尊瞻視。即之容也温，聽之言也厲。

真西山教子齋規公名德秀，字希元，宋浦城人。參知政事。謚文忠，崇祀廟庭。

弘謀按，養正之方，最小時爲尤要。古人重胎教。自婦人妊子之時，謹寢食，肅視聽。夜則令瞽誦詩，道正事。凡以慎所感，謂感於善則善，爲生子計也。今人縱不能盡然，乃至既生之後，曲意撫摩，積四五歲，仍然姑息，恣其所爲，應呵反笑。逮於既長，養成驕惰，雖欲禁防，不可得已。西山先生《教子齋規》，乃是於最少小時，撮其大綱，分爲八則。簡而要，切而該。尤父兄所宜敬書座右，時加訓飭者。

一曰學禮。

凡爲人要識道理,識禮數。在家庭事父母,入書院事先生,并要恭敬順從,遵依教誨。與之言則應,教之事則行。毋得怠慢,自任己意。

二曰學坐。

定身端坐,齊脚斂手,毋得伏盤靠背,偃仰傾側。

三曰學行。

籠袖徐行,毋得掉臂跳足。

四曰學立。

拱手正身,毋得跛倚欹斜。

五曰學言。

樸實語事,毋得妄誕。低細出聲,毋得叫喚。

六曰學揖。

低頭屈腰,出聲收手,毋得輕率慢易。

七曰學誦。

專心看字,斷句慢讀,須要字字分明,毋得目視東西,手弄他物。

八曰學書。

臻聚也。志把筆,字要齊整圓淨,毋得輕易糊塗。

方正學幼儀雜箴公名孝孺,字希直,明浙江寧海人。官翰林學士。靖難死節。

道之於事,無乎不在。古之人自少至長,於其所在皆致謹焉而不敢忽。故行跪、揖拜、飲食、言動有其則,喜怒、好惡、憂樂、取予有其度。或銘於盤盂,或書於紳笏。所以養其心志,約其形體者,至詳密矣。其進於道也,豈不易哉。後世教無其法，學失其本。學者汩於名勢之慕，利禄之誘，内无所養，外无所約，而人之成德者難矣。予病乎此也。蓋久欲自其近而易行者學焉而未能，因列所當勉之目爲箴，揭於左右，以攻己闕。由乎近而至乎遠，蓋始諸此，非謂足以盡乎自修之事也。方孝孺序。

弘謀按，爲學之有箴，義取乎刺病，凡以觸目警心也。觸吾目者，陳義不必高。警吾心者，爲失不在大。《書》曰："不矜細行，終累大德。"成人猶將慎之，況小子乎？正學先生書此自警而題之曰《幼儀雜箴》，自日用之節以及念慮之微，辨理欲消長之萌，推吉凶榮辱之應，何其言之栗栗也。"維予小子，不聰敬止"，尚其以是爲苦口藥石哉。

坐

維坐容，背欲直。貌端莊，手拱臆。仰爲驕，俯爲戚。毋箕以踞、攲以側，堅靜若山乃恒德。

立

足之比也如植，手之恭也如翼。其中也敬，而外也直。不爲物遷，進退可式。將有立乎聖賢之域。

行

步履欲重，容止欲舒。周旋遲速，與仁義俱。行不畔乎仁義，是爲恒途。

寢

形倦於晝，夜以息之。寧心定氣，勿妄有思。偃勿如伏，仰勿如尸。安養厥德，萬化之基。

揖

張拱而前，肅以紓敬。上手宜徐，視瞻必定。勿游以傲，勿佻以輕。遠恥辱於人，動必以正。

拜

古拜有九，今存其一。數之多寡，尊卑以秩。宜多而寡，倨以取禍。宜寡而多，爲諂爲阿。以禮制事，不爽其宜。

食

珍腴之慚，不若藜藿之甘。萬鍾之尸居，不若釜庾之有爲。苟無待於富貴，夫孰得而貧賤之。噫。

飲

酒之爲患，俾謹者荒，俾莊者狂，俾貴者賤，而存者亡。有家有國，尚慎其防。

言

發乎口,爲臧爲否。加乎人,爲喜爲嗔。用乎世,爲成爲敗。传乎書,爲賢爲愚。嗚呼,其發也可不慎乎。

動

吾形也人,吾性也天。不天之袛,而人之隨。徇人而忘反,不棄其天,而淪於禽獸也幾希。

笑

中之喜笑勿啓齒。见其異,勿侮以戲。内既病乎德,外爲禍階。抵掌絶纓,匪優則俳。

喜

得乎道而喜,其喜曷已。得乎欲而喜,悲可立俟。惟道之務,惟欲之去。顔孟之樂,反身則至。

怒

世人於怒,傷暴與遽。切齒攘袂,不審厥慮。聖賢不然,以道爲度。揆道酬物,己則無與。暴遽是懲,聖賢是師。顔之好學,自此而推。

憂

惰學與德，汝日戚戚。憂爲有益，名位不光。惟日憂傷，汝志則荒。棄其所當憂，而憂其不必憂，世之人皆然。汝孰憂哉，勉於自修。

好

物有可好，汝勿好之。德有可好，汝則效之。賤物而貴德，孰謂道遠，將允蹈之。

惡

見人不善，莫不知惡。己有不善，安之不顧。人之惡惡，心與汝同。汝惡不改，人寧汝容。惡己所可惡，德乃自新。己無不善，斯能惡人。

取

非吾義，錙銖勿視。義之得，千駟無愧。物有多寡，義無不存。畏非義如毒螫，養氣之門。

與

有以處己，有以處人。彼受爲義，吾施爲仁。義之不圖，陷人爲利。私惠雖勞，非仁者事。當其可與，萬金與之。義所不宜，豪髮拒之。

誦

誦其言，思其義。存諸心，見乎事。以敬畜德，以靜養志。日化歲加，山立川駛。聖德卓然，焉敢不至。

書

德有餘者，其藝必精。藝本於德，無爲而名。惟藝之務，德則不至。苟極其精，世不之貴。汝書不美，自視不善。德不若人，乃不知憂。先乎其大，後乎其細。大或可傳，人不汝棄。

高提學洞學十戒

高名賁亨，字汝白，浙江臨海人。明正德時，江西提學副使。

弘謀按，白鹿洞書院自朱子揭示學者，體要粲然大備。後儒振興洞學，遞有規條。要皆庚續發明朱子之意。然或以其詞之繁，非幼學所能盡曉。獨高公立《洞學十戒》，於末學病痛，盡其表裏，而杜漸防微，尤當自幼學始，使之重以爲戒，從事聖賢之途。則凡所以禁其爲彼而導其爲此者，不啻言提其耳矣。弘謀故輯此以終是卷，其於揭示中所云規矩禁防之具，蓋不無小補云。

一曰立志卑下。

謂以聖賢之事不可爲，舍其良心，甘自暴棄，只以工文詞、博記誦爲能者。

二曰存心欺妄。

謂不知爲己之學，好爲大言，互相標榜，粉飾容貌，專務虛名者。

三曰侮慢聖賢。

謂如小衣入文庙及各祠，閒坐嬉笑，及將聖賢正論格言作戲語，不盥櫛觀書之類。

四曰陵忽師友。

謂如相見不敬，退則詆毁，責善不從，規過則怒之類。

五曰群聚嬉戲。

凡初至接見之後，雖同會亦必有節。非同會者，尤不可數見。若群聚遨游，設酒劇會，戲言戲動，不惟妨廢學業，抑且蕩害性情。

六曰獨居安肆。

謂如日高不起，白晝打眠，脱巾裸體，坐立偏跛之類。

七曰作無益之事。

謂如博弈之類。至於書文，雖學者事，然非今日所急，亦宜戒之。

八曰觀無益之書。

謂如老莊仙佛之書及《戰國策》、諸家小説、各文集，但無關於聖人之道者，皆是。

九曰好爭。

凡朋友同處，當知久敬之道，通財之義。若以小忿小利，輒傷和氣，与塗人無異矣。

十曰無恒。

夫恒者入聖之道。小藝無恒，且不能成，況學乎？在院生儒，非有急務，不宜數數回家，及言動課程俱當有常，毋得朝更夕變，一作一輟。

卷之下

顔氏家訓勉學篇顔氏，名之推，北齊人。

弘謀按，教弟子之法，自夫子以學文後於力行，本末固已粲然。茲輯《養正規》，諸凡孝弟謹信愛衆親仁之事，上卷略備。然聖賢成法，非學古安能有獲。觀顔氏《勉學篇》，反覆提撕，詞旨懇到，而以幼而學者，方諸日出之光，則及時自勉，所當愛惜分陰之意，溢於言表矣。余故録此爲下卷開章，即以朱子讀書法繼之。蓋序固不容淆，功尤不可闕也。

自古明王聖帝，猶須勤學，況凡庶乎？此事遍於經史，吾亦不能鄭重。聊舉近世切要，以終寤汝耳。士大夫子弟，數歲已上，莫不被教。多者或至《禮》、《傳》，少者不失《詩》、《論》。及至冠婚，體性稍定。因此天機，倍須訓誘。有志尚者，遂能磨礪，以就素業。無履立者，自茲惰慢，便爲凡人。人生在世，會當有業，農民則計量耕稼，商賈則計論貨賄，工巧則致精器用，伎藝則沈思法術，武夫則慣習弓馬，文士則講議經書。多見士大夫恥涉農商，羞務工伎。射既不能穿札，筆則纔記姓名。飽食醉酒，忽忽無事。以此銷日，以此終年。或因家世餘緒，得一階半級，便謂爲足，安能自苦。及有吉凶大事，議論得失，蒙然張口，如坐雲霧。公私宴集，談古賦詩，塞默低頭，欠伸而已。有識旁觀，代其入地。何惜數年勤學，長受一生愧辱哉。

梁朝全盛之時，貴游子弟多無學術，至於諺云："上車不落則著作，體中何如則秘書。"無不熏衣剃面，傅粉施朱，駕長檐车，跟高齒屐，坐棋子方褥，憑班絲隱囊，列器玩於左右，從容出入，望若神仙。明經求第，則雇人答策。三九公宴，則假手賦詩。當爾之時，亦快士也。及離亂之後，朝市遷革，銓衡選舉，非復曩者之親。當路秉權，不見昔時之黨。求諸身而無所得，施之世而無所用。披褐而喪珠，失皮而露質。兀若枯木，泊若窮流。鹿獨戎馬之間，轉死溝壑之際。當爾之時，誠駑材也。有學藝者，觸地而安。自荒亂已來，諸見俘虜。雖百世小人，知讀《論語》、《孝經》者，尚爲人師。雖千載冠冕，不曉書記者，莫不耕田養馬。以此觀之，安可不自勉耶？以上爲不學者言學，以下爲學者言實學。

且又聞之，生而知之者上，學而知之者次。所以學者，欲其多智明達耳。必有天才，拔群出類。爲將，則闇與孫武、吴起同術。執政，則懸得管仲、子産之教。雖未讀書，吾亦謂之學矣。今子既不能然，不師古之踪迹，猶蒙被而卧耳。人見鄰里親戚，有佳快者，使子弟慕而學之，不知使學古人，何其蔽也哉！世人但知跨馬被甲，長稍強弓，便云我能爲將。不知明乎天道，辨乎地利，比量逆順，鑑達興亡之妙也。但知承上接下，積財發穀，便云我能爲相。不知敬鬼事神，移風易俗，調節陰陽，薦舉賢聖之至也。但知私財不入，公事夙辦，便云我能治民。不知誠己刑物，執轡如組，反風滅火，化鴟爲鳳之術也。但知抱令守律，早刑晚舍，便云我能平獄。不知同轅觀罪，分劍追財，假言而奸露，不問而得情之察也。爰及農商工賈，厮役奴隸，釣魚屠肉，飯牛牧羊，皆有先達，可爲師表，博學求之，無不利於事也。

夫所以讀書學問，本欲開心明目，利於行耳。未知養親者，欲其觀古人之先意承顔，怡聲下氣，不憚劬勞，以致甘輭，惕然慚懼，起而行之也。未知事君者，欲其觀古人之守職無侵，見危授命，不忘誠諫，以利社稷，惻然自念，思欲效之也。素驕奢者，欲其觀古人之恭儉節用，卑以自牧，禮爲教本，敬者身基，瞿然自失，斂容抑志也。素鄙吝者，欲其觀古人之貴義輕財，少私寡欲，忌盈惡滿，賙窮恤匱，赧然悔恥，積而能散也。素暴悍者，欲其觀古人之小心黜己，齒弊舌存，含垢藏疾，尊賢容衆，薾音“涅”，疲也。然沮喪，若不勝衣也。素怯懦者，欲其觀古人之達生委命，强毅正直，立言必信，求福不回，勃然奮厲，不可恐懾也。歷兹以往，百行皆然。縱不能淳，去泰去甚。學之所知，施無不達。世人讀書者，但能言之，不能行之。忠孝無聞，仁義不足。加以斷一條訟，不必得其理。宰千户縣，不必理其民。問其造屋，不必知楣横而梲豎也。問其爲田，不必知稷早而黍遲也。吟嘯談謔，諷咏辭賦。事既悠閒，材增迂誕。軍國經綸，略無施用。故爲武人俗吏所共嗤詆，良由是乎。

夫學者，所以求益耳。見人讀數十卷書，便自高大，陵忽長者，輕慢同列。人疾之如讎敵，惡之如鴟梟。如此以學自損，不如無學也。古之學者爲己，以補不足也。今之學者爲人，但能説之也。古之學者爲人，行道以利世也。今之學者爲己，修身以求進也。夫學者猶種樹也，春玩其華，秋登其實。講論文章，春華也。修身利行，秋實也。人生小幼，精神專利，長成已後，思慮散逸，固須早教，勿失機也。吾七歲時，誦《靈光殿賦》，至於今日，十年一理，猶不遺忘。二十之外，所誦經書，一月廢置，便至荒蕪矣。然人有坎壈，失於盛年，猶當晚學，不可自棄。世人婚冠未學，便稱遲暮，因循面牆，亦爲愚爾。幼而學者，如日出之光。老而學者，如秉燭夜行，猶賢乎瞑目而無見者也。

朱子讀書法元四明程氏輯。程名端禮，號畏齋。

端禮竊聞之朱子曰："爲學之道，莫先於窮理。窮理之要，必在乎讀書。讀書之法，莫貴乎循序而致精。而致精之本，則又在於居敬而持志。"此不易之理也。其門人與私淑之徒，會萃朱子平日之訓，而節序其要，定爲《讀書法》六條如左。

弘謀按，朱子自定讀書之法，一曰循序漸進，一曰熟讀精思。二者固盡其要。而此六條者，則後人集其說而推明之者也。考慶源輔氏，先以居敬持志，次及循序漸進，而江東書院講義，則先之循序漸進，而以居敬持志終焉。夫居敬持志，固循序致精之本，但在初學，似難遽責之使然。莫若先引以朱子之所自定，然後進之虛心涵泳，切己體察，著緊用力，而終之以居敬持志，則由是以漸進於大學，於爲學之序似較順。故是編采程氏所輯，而輔氏之說則俟善學者參觀而自喻之。

循序漸進。

朱子曰："以二書言之，則通一書而後及一書。以一書言之，篇章句字，首尾次第，亦各有序而不可亂。量力所至而謹守之，字求其訓，句索其旨，未得乎前，不敢求乎後，未通乎此，不敢志乎彼。如是，則志定理明，而無疏易陵躐之患矣。若奔程趁限，一向趲著了，則看猶不看也。近方覺此病痛不是小事。元來道學不明，不是上面欠工夫，乃是下面無根脚。”其循序漸進之説如此。

熟讀精思。

朱子曰:“荀子説誦數以貫之。見得古人誦書,亦記遍數。乃知横渠教人讀書必須成誦,真道學第一义。遍數已足,而未成誦,必欲成誦。遍數未足,雖已成誦,必滿遍數。但百遍時,自是強五十遍。二百遍時,自是強一百遍。今人所以記不得,説不去,心下若存若亡,皆是不精不熟,所以不如古人。學者觀書,讀得正文,記得注解,成誦精熟。注中訓釋文意,事物名件,發明相穿紐處,一一認得,如自己做出底一般,方能玩味反覆,向上有通透處。”其熟讀精思之學如此。

虚心涵泳。

朱子曰:“莊子説:‘吾與之虚而委蛇。’既虚了,又要隨他曲折去。讀書須是虚心方得。聖賢説一字是一字。自家只平著心去秤停他,都使不得一豪杜撰。今人讀書,多是心下先有個意思,卻將聖賢言語來湊。有不合,便穿鑿之使合。如何能見得聖賢本意。”其虚心涵泳之説如此。

切己體察。

朱子曰:“入道之門,是將自身入那道理中去,漸漸相親,與己爲一。而今人道在這裏,自家在外,元不相干。學者讀書,須要將聖賢言語,體之於身。如‘克己復禮’,如‘出門如見大賓’等事,須就自家身上體覆,我實能克己復禮,主敬行恕否?件件如此方有益。”其切己體察之説如此。

著緊用力。

朱子曰:“寬著期限,緊著課程。爲學要剛毅果決,悠悠不濟事。且如‘發憤忘食,樂以忘憂’,是甚麼精神,甚麼筋骨。今之學者,全不曾發憤。直要抖擻精神,如救火治病然。

如撐上水船,一篙不可放緩。”其著緊用力之説如此。

居敬持志。

朱子曰:“程先生云:‘涵養須用敬,進學則在致知。’此最精要。方無事時,敬以自持。心不可放入無何有之鄉,須是收斂在此。及應事時,敬於應事。讀書時,敬於讀書。便自然該貫動静,心無不在。今學者説書,多是捻合來説,卻不詳密活熟。此病不是説書上病,乃是心上病。蓋心不專静純一,故思慮不精明。須要養得虚明專静,使道理從裹面流出方好。”其居敬持志之説如此。

朱子治家格言

弘謀按,《禮》:“男子三十壯,有室。”今則未弱冠,而已多授室者矣。此其去成童無幾,能知“閑有家,悔亡”之道者蓋鮮,故於論讀書後,即繼以《治家格言》,所以及其志未變,而使知保室宜家之非易也。夫古人治家之言頗不少,獨取乎是者。其言質,愚智胥能通曉;其事邇,貴賤盡可遵行。故雖朱子文集所不載,以其鋟版流傳之既久也,録之。

黎明即起,灑掃庭除,要内外整潔。既昏便息,關鎖門户,必親自檢點。一粥一飯,當思來處不易。半絲半粒,恒念物力維艱。宜未雨而綢繆,毋臨渴而掘井。自奉必須儉約,燕客切勿留連。器具質而潔,瓦缶勝金玉。飲食約而精,園蔬愈珍羞。勿營華屋,勿謀良田。三姑六婆,實淫盗之媒。婢美妾嬌,非閨房之福。奴僕勿用俊美,妻妾切忌艷妝。祖宗雖遠,祭祀不可不誠。子孫雖愚,經書不可不讀。居身務期質樸,訓子要有義方。勿貪意外之財,莫飲過量之酒。與肩挑貿易毋占便宜,見貧苦親鄰須加温恤。刻薄成家,理無久享。倫常乖舛,立見消亡。兄弟叔侄,須分多潤寡。長幼內外,宜辭嚴法肅。聽婦言,乖骨肉,豈是丈夫。重貲財,薄父母,不成人子。嫁女擇佳婿,毋索重聘。娶婦求淑女,勿計厚奩。

見富貴而生諂容者,最可恥。見貧窮而作驕態者,賤莫甚。居家戒爭訟,訟則終凶。處世戒多言,言多必失。毋恃勢力而陵逼孤寡,勿貪口腹而恣殺牲禽。乖僻自是,悔誤必多。頹惰自甘,家道難成。狎昵惡少,久必受其累。屈志老成,急則可相倚。輕聽發言,安知非人之譖訴,當忍耐三思。因事相爭,安知非我之不是,須平心再想。施惠無念,受恩莫忘。凡事當留餘地,得意不宜再往。人有喜慶,不可生妒忌心。人有禍患,不可生喜幸心。善欲人見,不是真善。惡恐人知,便是大惡。見色而起淫心,報在妻女。匿怨而用暗箭,禍延子孫。家門和順,雖饔飧不繼,亦有餘歡。國課早完,即囊橐無餘,自得至樂。讀書志在聖賢,非徒科第。爲官心存君國,豈計身家。守分安命,順時聽天。爲人若此,庶乎近焉。

吕近溪小兒語并序。近溪名得勝,明嘉靖時寧陵人。

兒之有知而能言也,皆有歌謡以遂其樂。群相習,代相傳,不知作者所自。如梁宋間"盤脚盤"、"東屋點燈西屋明"之類,學焉而與童子無補,余每笑之。夫蒙以養正,有知識時,便是養正時也。是俚語者固無害,胡爲乎習哉!余不愧淺末,乃以立身要務,諧之音聲,如其鄙俚,使童子樂聞而易曉焉,名曰《小兒語》。是歡呼戲笑之間,莫非義理身心之學。

一兒習之，可爲諸兒流布。童時習之，可爲終身體認。庶幾有小補云。縱無補也，視所謂“盤脚盤”者，不猶愈乎。沙隨近溪漁隱書。

弘謀按，《滄浪之歌》，孺子歌耳。孔子嘆爲“自取”，且呼：“小子聽之。”當是時，不復計其歌之出自孺子也。近溪先生思所以語小兒，而因自爲《小兒語》。若規若刺，若諷若嘲，沖口而出，自然成音。小兒聞之，果小兒語也。嗟乎，兒固有不兒時。兒時熟之復之，不兒時思之味之，雖欲終視爲小兒語，不可得已。或曰：言之毋乃不文？夫以小兒語語小兒，亦焉用文爲哉？

四言

一切言動，都要安詳。十差九錯，只爲慌張。

沉靜立身，從容説話。不要輕薄，惹人笑駡。

先學耐煩，快休使氣。性燥心粗，一生不濟。

能有幾句，見人胡講。洪鐘無聲，滿瓶不響。鐘雖大，不撞不鳴。半瓶水，多有聲。

自家過失，不消遮掩。遮掩不得，又添一短。又多了飾非之短。

無心之失，説開罷手。一差半錯，那個没有。

寧好認錯，休要説謊。教人識破，誰肯作養。

要成好人，須尋好友。引酵音“叫”，酒母也。若酸，那得甜酒？

與人講話，看人面色。意不相投，不須强説。察言而觀色。

當面證人，惹禍最大。是與不是，儘他説罷。

造言起事，誰不怕你。也要堤防，王法天理。王法天理，不怕惡人。

我打人還，自打幾下。即是自打。我駡人還，换口自駡。

既做生人，便有生理。個個安閒，誰養活你。

世間生藝，要會一件。有時貧窮，救你患難。

飽食足衣，亂説閒耍。終日昏昏，不如牛馬。牛耕犁，馬騎坐。此人要他何用。

擔頭車尾，窮漢營生。日求升合，休與相爭。

兄弟分家，含糊相讓。讓要讓個明白。子孫爭家，廝打告狀。讓得不明，亦是爭端。

強取巧圖，只嫌不彀。横來之物，要你承受。非理所得，豈能常保。

六言

兒小任情驕慣，大來負了親心。費盡千辛萬苦，分明養個讎人。

世間第一好事，莫如救難憐貧。人若不遭天禍，舍施能費幾文。

乞兒口乾力盡，終日不得一錢。敗子羹肉滿桌，吃著只恨不甜。富家一席酒，貧漢一年糧。不可不知。

蜂蛾也害飢寒，螻蟻都知疼痛。誰不怕死求活，休要殺生害命。

自家認了不是，人再不好説你。自家倒在地下，人再不好跌你。

氣惱他家富貴，暢快人有災殃。一些不由自己，可惜壞了心腸。人各有命，嫉妒何益。

雜言

老子終日浮水，兒子做了溺鬼。老子偷瓜盜果，兒子殺人放火。言爲父者，不可開爲惡之端。

休著君子下看。俗人下看何妨。休教婦人鄙賤。乞播之類是也。

人生喪家亡身，言語占了八分。惟口可恨，耳目次之。

任你心術奸險，哄瞞不過天眼。

使他不辨不難，勢服也。要他心上無言。理服也。

人言未必皆真，聽言只聽三分。還要虛心審察，不可聽説便行。

休與小人爲讎，小人自有對頭。我且忍他。

幹事休傷天理，防備兒孫辱你。遠在兒孫近在身。

你看人家婦女，眼裏偏好。人家看你婦女，你心偏惱。凡事要將心比心。

惡名兒難揭，好字兒難得。

大嚼多噎，大走多蹶。凡事小心謹慎。

爲人若肯學好，羞甚擔柴賣草。顔曾思憲，貧賤無比。爲人若不學好，誇甚尚書閣老。

慌忙到不得濟，安詳走在頭地。

話多不如話少，話少不如話好。果不當理，一句也是多的。

小辱不肯放下，惹起大辱倒罷。此受氣不過者之通病。若大辱不罷，必至家敗身亡。

天來大功，莫大的功。禁不得一句自稱。縱使人稱，還要謙讓。歸功於人，纔免嫉妒。海那深罪，莫大的罪。禁不得雙膝下跪。

一爭兩醜，一讓兩有。虞芮之閒田，亡父之白金。

吕新吾續小兒語有序。新吾名坤，近溪子也。明萬歷朝少司寇。

小兒皆有語，語皆成章，然無謂。先君謂無謂也，更之。又謂所更之未備也，命余續之。既成刻矣，余又借小兒原語而演之。語云："教子嬰孩。"是書也，誠鄙俚，庶乎嬰孩一正傳哉，乃余竊自愧焉。言各有體。爲諸生家言，則患其不文。爲兒曹家言，則患其不俗。余爲兒語而文，殊不近體。然刻意求爲俗，弗能。故小兒習先君語，如説話，莫不鼓掌躍誦之。雖婦人女子，亦樂聞而笑，最多感發。習余語如讀書，謇謇惛惛，無喜聽者。拂其所好，而強以所不知，理固宜然。嗟嗟，兒自有不兒時，即余言或有裨施他日萬分一。第恐小兒徒以爲語，人徒以爲小兒語也。無論文俗，總屬空談。虽仍小兒之舊語，可矣。先君何庸更，余何庸續且演哉。重蒙養者，其繹思之。

弘謀按，《小兒語》，天籟也。《續小兒語》，人籟也。天籟動乎天機，人籟麼乎人意。婆心益急矣。

四言

心要慈悲，事要方便。殘忍刻薄，惹人恨怨。

手下無能，不是故意，只是無才。從容調理。他若有才，不服事你。

遇事逢人，豁綽舒展。要看男兒，須先看膽。丈夫只怕膽怯氣餒。

休將實用，费在無功。蝙蝠翅兒，扇名，一文錢一把。一般有風。扇有值銀三五兩者，風也只是如此。

一不積財，二不結怨。睡也安然，走也方便。

要知親恩，看你兒郎。你看兒郎何如，便知親看你何如。要求子順，先孝爺娘。你不孝順父母，你兒照你樣行。

别人情性，與我一般。時時體悉，件件從寬。

都見面前，誰知腦後。笑著不覺，説著不受。

人誇偏喜，人勸偏惱。你短你長，你心自曉。誇你是真是假，勸你是好是歹。卑幼不才，瞞避尊長。外人笑駡，父母誇獎。

僕隸縱横，誰向你説。惡名你受，暗利他得。

從小做人，休壞一點。覆水難收，悔恨已晚。立身一敗，萬悔難追。

貪財之人，至死不止。不義得來，付與敗子。貨悖而入者，亦悖而出。

都要便宜，我得人不。人己无兩得之理。虧人是禍，虧己是福。

怪人休深，望人休過。省你閒煩，免你暗禍。怪人深，則禍必不測。望人過，則心必不遂。

正人君子，邪人不喜。你又惡他，他肯饒你。人而不仁，疾之已甚，亂也。

好衣肥馬，喜氣揚揚。醉生夢死，誰家兒郎。

今日用度，前日積下。今日用盡，來日乞化。人生福分，都有定數。譬如一石糧食，一日一升，吃一百日。一日一斗，只吃十日。一日一石，只吃一日。自然之理。

無可奈何，須得安命。怨嘆燥急，又增一病。

讎無大小，只怕傷心。恩若救急，一芥千金。

自家有過，人説要聽。當局者迷，旁觀者醒。

丈夫一生，廉恥爲重。切莫求人，死生有命。

要甜先苦，要逸先勞。須屈得下，纔跳得高。惟忍乃克有濟。

白日所爲，夜來省己。是惡當驚，是善當喜。

人譽我謙，又增一美。自誇自敗，還增一毁。

害與利隨，禍與福倚。只個平常，安穩到底。

怒多横語，喜多狂言。一時褊急，過後羞慚。

人生在世，守身實難。一味小心，方得百年。

慕貴恥貧，志趣落群。驚奇駭異，見識不濟。

心不顧身，多欲損身。口不顧腹。多食傷腹。人生實難，何苦縱欲。

纔説聰明，便有障蔽。不著學識，到底不濟。

威震四海，勇冠三軍。只没本事，降伏自心。非制人之難，而自治之難。非任氣之难，而循理之難。

矮人場笑，下士塗説。學者識見，要從心得。

讀聖賢書，字字體驗。口耳之學，夢中吃飯。

男兒事業，經綸天下。識見要高，規模要大。

待人要豐，自奉要約。責己要厚，責人要薄。

一飯爲恩，千金爲讎。薄極成喜，愛重成愁。

鼷鼠殺象，蜈蚣殺龍。人休忽微。蟻穴破堤，螻孔崩城。事休忽小。

意念深沉，言辭安定。艱大獨當，聲色不動。

相彼兒曹，乍悲乍喜。小事張皇，驚動鄰里。有識有度，方是大器。

分卑氣高，能薄欲大。中淺外浮，十人九敗。

坐井觀天，面牆定路。遠大事業，休與共做。

冷眼觀人，冷耳聽語。冷情當感，冷心定靜沉潛之謂。思理。

理可理度，事有事體。只要留心，切莫任己。

六言

修寺將佛打點，燒錢買免神明。災來鬼也難躲，爲惡天自不容。鬼神原不賣福，修寺燒錢何益。人能作善修德，萬福百祥自集。

貧時悵望糟糠，富日驕嫌甘旨。天心難可人心，那個知足餓死？

苦甜下咽不覺，是非出口難收。可憐八尺身命，死生一任舌頭。昔人云："病從口入，禍從口出。"

因循惰慢之人，偏會引説天命。一年不務農桑，一年忍饑受凍。萬事盡了心力，然後聽天任命。

天公不要房住，神道不少衣穿。強似將佛塑畫，求福免禍心切，只是諂賂神明。大家都説行善，不知此心爲神乎？爲己乎？行善乎？行利乎？不如救些貧難。這卻是善事，又不肯爲。彼善事上官，忘情民瘼者，何以異此。

世上三不過意，王法天理人情。這個全然不顧，此身到處難容。

責人絲髮皆非，辨己分豪都是。盜跖千古元凶，盜跖何曾覺自。

柳巷風流地獄，花奴胭粉刀山。喪了身家行止，落人眼下相看。

只管你家門户，休説别個女妻。第一傷天害理，好講閨門是非。此天下之大惡也。他若是實，與你何干。倘若誣枉，甚於殺人。

人侮不要埋怨，只當寬解。人差不要數説，只當回護。人極不要跟尋，只當放鬆。人愁不要喜悦。只當憂念。

大凡做一件事，就要當一件事。若還苟且粗疏，定不成一件事。

少年志肆心狂，長者言之偏惱。你到長者之時，一生悔恨不了。

改節莫云舊善，自新休問昔狂。貞婦白頭失守，不如老妓從良。

自家痛痒偏知，别個辛酸那覺。體人須要體悉，責人慎勿責苛。

快意從來没好，拂心不是命窮。安樂人人破敗，憂勤個個亨通。

兒好何須父業，兒若不肖空積。不知教子一經，只要黄金滿室。

君子名利兩得，小人名利兩失。試看往古來今，惟有好人便益。

厚時説盡知心，堤防薄後發泄。惱時説盡傷心，再好有甚顔色。

事到延挨怕動，臨時卻恁慌忙。除卻差錯後悔，還落前件牽腸。

往日真知可惜，來日依舊因循。若肯當年一苦，無邊受用從今。

東家不信陰陽,西家專敬風水。禍福彼此一般,費了錢財不悔。

德行立身之本,才識處世所先。孟浪癡呆自是,空生人代百年。

謙卑何曾致禍,忍默没個招災。厚積深藏遠器,輕發小逞凡才。

儉用亦能彀用,要足何時是足。可憐惹禍傷身,都是經營長物。

未來難以預定,算彀到頭不彀。每事常餘二分,那有悔的時候。

火正灼時都來,火一滅時都去。炎涼自是通情,我不關心去住。

何用終年講學,善惡個個分明。穩坐高談萬里,不如踸踔音"趻卓",跛者行也。一程。

萬古此身難再,百年展眼光陰。縱不同流天地,也休涴污也。了乾坤。

世上第一伶俐,莫如忍讓爲高。進履張良。結襪張釋之。胯下,韓信。古今真正人豪。

學者三般要緊,一要降伏私欲,二要調馴氣質,三要跳脱習俗。

百尺竿頭進步,鑽天巧智多才。饒你站得脚穩,終然也要下來。

莫防外面刀槍,只怕隨身兵刃。七尺蓋世男兒,自殺只消三寸。此有無窮之味,愛身者當自得之。

雜言

創業就創乾淨，休替子孫留病。只圖眼前便宜，卻忽日後反覆，子孫必受其害。

童生進學喜不了，尚書不升終日惱。始終是一個人，人心有甚盡足。

若要德業成，先學受窮困。若要無煩惱，惟有知足好。

若要度量長，先學受冤枉。若要度量寬，先學受懊煩。

十日無菽粟，身亡。十年無金珠，何傷。

事只五分，無悔。味只五分，偏美。

老來疾痛，都是壯時落的。衰後冤孽，都是盛時作的。

見人忍默偏欺，忍默不是癡的。

鳥獸無雜病，窮漢没奇症。

聞惡不可就惡，恐替别人泄怒。焉知非小人借我出氣。

休説前人長短，自家背後有眼。

濕時捆就，斷了約兒不散。小時教成，歿了父兄不變。

説好話，存好心，行好事，近好人。

算計二著現在，纔得頭著不敗。凡事都留後門，有救性。此萬全之道。

君子口裏没亂道，不是人倫是世教。

君子脚跟没亂行，不是規矩是準繩。

君子胸中所常體，不是人情是天理。

好面上灸音"九"。個疤兒，一生帶破。白衣上點些墨兒，一生帶涴。叶烏卧切。

恩怕先益後損，則恩反爲讎，前功盡棄。威怕先鬆後緊。則管束不下，反招怨怒。

飢可使耐，過飢傷胃。飽可使再。過飽傷脾。

熱勿使汗，汗則腠理泄而招風寒。冷勿使顫。音“戰”，顫則肌膚閉而鬱火。

未飢先飯，未迫先便。便，大小便也。此遇忙事久事，不可不知。

久立先養足，久夜先養目。

清心寡欲，火不動而水常足，則血無耗。不服四物。省事休嗔，形不勞而怒不動，則氣無損。不服四君。

酒少飯淡，無厚味濕熱以生痰火。二陳没幹。慎寒謹風，無外感賊邪以入肌膚。續命無功。此務本而修内之意。天德王道，皆不外此。

綫流沖倒泰山，休爲惡事開端。不止禍始休開，便是福端亦慎。福端即禍始也。

才多累了己身，地多好了别人。智者求拙、求少、求下、求後、求遲，此天下之妙道也。

白首貪得不了，一身能用多少。

趁心休要歡喜，災殃就在這裏。

未須立法，先看結煞。立了行不得，怎麽收拾。

休與衆人結讎，衆怒難犯。休作公論對頭。公道難容。

做第一等人，幹第一等事，説第一等話，抱第一等識。

欺世瞞人都易，惟有此心難昧。

暗室雖是無人，自身怎見自身。背地爲一不善，自家見自家也羞。

蘭芳不厭谷幽，君子不爲名修。

觸龍耽怕，騎虎難下。

焚結碎環，這個不難。解環破結，畢竟有説。

無忽久安，無憚初難。

處世怕有進氣，爲人怕有退氣。

乘時如矢，待時如死。

毋賤賤。毋老老。毋貧貧。毋小小。

同困相憂，同亨相讎。

欲心要淡，道心要艷。

上看千仞，不如下看一寸。前看百里，不如後看一屣。

將溢未溢，莫添一滴。將折未折，莫添一搦。

無束燥薪，無激憤人。

辯者不停，訥者若聾。辯者面赤，訥者屏息。辯者纔住，訥者一句。辯者自慚，訥者自謙。

積威不論從違，刑驅勢迫，貌從心違。積愛不論是非。溺愛者不明。

一子之母餘衣，三子之母忍飢。越少越專，越多越攀。專者没的推托，攀者大家耽閒。

世情休説透了，世事休説彀了。

眄望也不來，空勞眄望懷。無外慕之心。愁懼也須去，多了一愁懼。有順受之意。

貪吃那一杯，把百杯都嘔了。捨不得一金，把千金都丢了。

怪人休怪老了，反不怕怪，你奈他何。愛人休愛惱了。勸他太苦，反惹後言。

侵晨好飯，算不得午後飽。平日恩多，抵不得臨時少。施恩要有終有節。

禍到休愁，徒愁何益。也要會救。救得一分是一分。福來休喜，也要會受。空喜，則福可爲災。能受，則福且未艾。

不怕驟,只怕輳。不怕一,只怕積。

聲休要太高,只是人聽的便了。事休要做盡,只是人當的便好。此亦有餘不盡之意。

要吃虧的是乖,占便宜的是呆。

雨後傘,不須支。怨後恩,不須施。

人欺不是辱,人怕不是福。

剛欲殺身不顧,氣。柔欲殺身不悟。酒色財。

當遲就要寧耐,當速就要慷慨。

回顧莫辭頻,前人怕後人。

歇事難奮,玩民難振。

窮易過,富難享。寧受疼,莫受癢。

一向單衫耐得凍,乍脱綿襖凍成病。

無醫枯骨,無澆朽木。

陸桴亭論小學桴亭名世儀,明末太倉人。

弘謀按,古人之論小學詳矣,此特提其要而切言之。見人材之成,未有不自幼時始者。諸凡正本清源,防微杜漸,以至隨時引掖,俾習與智長,化與心成,胥可見之施行,而不爲迂遠闊情之論。故特載之終篇,以當是書總匯。至其論讀書法,以三十年計,條分三節,自童子始,因并附載焉。

古者八歲入小學,十五入大學,此自是正理。然古者人心質樸,風俗淳厚,孩提至七八歲時,知識尚未開。今則人心風俗,遠不如古。人家子弟,至五六歲,已多知誘物化矣。又二年而始入小學,即使父教師嚴,已費一番手脚,況父兄之教,又未必盡如古法乎?故愚謂今之教子弟入小學者,決當自五六歲始。

小學之書,文公所集備矣。然予以爲古人之意,小學之設,是教人由之。大學之道,乃使人知之。今文公所集,多窮理之事,近於大學。又所集之語,多出四書五經,讀者以爲重複。且類引多古禮,不諧今俗,開卷多難字,不便童子。此小學所以多廢也。愚意小兒五六歲時,語音未朗,未能便讀長句。竊欲仿明道之意,采擇《禮經》中《曲禮》幼儀,參以近禮,斟酌古今,擇其可通行者,編成一書。或三字,或五字,節爲韻語,務令易曉,名曰《節韻幼儀》。俾之即讀即教,如"頭容直",即教之端正頭項。"手容恭",即教之整齊手足。合下便教他知行并進。似於造就人材之法,更爲容易。集内采陳北溪《小學詩禮》,即此意。

禮樂不可斯須去身。古人教人,自幼便教他禮樂,所以德性氣質,易於成就。今人自讀書外,一無所事。不知禮樂爲何物,身子從幼便驕惰壞了。愚意自《節韻幼儀》外,更欲參酌古今之制,輯《冠》、《婚》、《祭》及《鄉飲》、《鄉射》諸禮爲《禮書》,《喪禮》不可豫習,擬另輯爲一卷,俾學者居喪時讀之。文廟樂舞及宴飲、升歌諸儀爲《樂書》,俾童子十數歲時,仍讀四書,兼習書數。暇日則序一處,教升歌習禮,如古人舞《勺》舞《象》之類,務使之郁郁彬彬。則涵養氣質,薰陶德性,或可不勞而致。

凡人有記性,有悟性。自十五以前,物欲未染,知識未開,多記性,少悟性。十五後,知識既開,物欲漸染,則多悟性,少記性。故凡所當讀書,皆當自十五前使之熟讀。不但四書五經,即如天文、地理、史學、算學之類,皆有歌訣,皆須熟讀。若年稍長,不惟不肯讀,且不能讀矣。今人村塾中開蒙，多教子弟念詩句，直是無謂。

凡子弟學寫仿書，不獨教他字好，即可兼識字及記誦之功。

四明程端禮，有家塾分年讀書法。教童子讀四書五經，先令讀正文，既畢，然後卻讀注亦可。蓋子弟讀書，大約十歲前有記性，以後漸否。若令先讀正文，雖子弟至愚，未有不於十歲前完過者。此亦讀書之一法。文公有言："古有小學，今無小學，須以敬字補之。"此但可爲年長學道者言。若童子定須教以前法。

古人設社學法最好。欲教童子歌詩習禮，發其志意，肅其威儀。蓋恐蒙師惟督句讀，則學者苦於簡束，而無鼓舞入道之樂也。然歌詩近於鼓舞，習禮便有簡束的意在。古人十三學樂，誦詩。二十而冠，始學禮。蓋人當少年時，雖有童心，然父兄在前，終有畏憚，故法不妨與之以寬。寬者所以誘其入道也。年力既壯，則智計漸生。此時純用誘掖，則將有放蕩不制之患。故法又當與之以嚴。嚴者所以禁其或放也。二者因其年力各有妙用，故古時成就人多。今之社學，止以句讀簡束童子，固失鼓舞之意矣。若誤認古人純用鼓舞，又豈成就之法乎？立教者當知所以善其施矣。

近日人才之壞，皆由子弟早習時文。蓋古人之法，四十始仕。即國初童子試，亦必俟二十後，方許進學。進學者必試經論。養之者深，故其出之者大也。近日人務捷得。聰明者讀摘段數葉，便可拾青紫。胸中何嘗一豪道理知覺，乃欲責其致君澤民。故欲人才之端，必先令子弟讀書務實。

昔人之患在樸，今人之患在文。文翁治蜀，因其樸而教之以文也。今日之勢，正與文翁相反。使民能反一分樸，則世界受一分惠。而反樸之道，當自教童子始。有心世道者，慎毋於時文更揚其波哉。

教小兒，不但是出就外傅謂之教，凡家庭之教最急。每見人家養子，當其知識乍開時，即戲教以打人罵人，及玩以聲色玩好之具。此等氣習，沁入心腑，人才何緣得成就。

家庭之教，又必原於朝廷之教。朝廷之教以道德，則家庭之教亦以道德。朝廷之教以名利，則家庭之教亦以名利。嘗有友人問建文時何多忠義。予曰："此父兄之教嚴耳。"友人問何以知之。曰："以朝廷之教知之。"蓋當時朝廷重名節，勵清修，其教甚嚴。苟子弟居官不肖，則累及父母，累及宗族，故孩提之時，倘或不肖，則父兄必變色而訓之。語曰："少成若天性，習慣如自然。"積累既深，所以居官之時，雖九死而靡悔也。

灑掃、應對、進退，此真弟子事。自世俗習於侈靡，一切以僕隸當之。此理不講久矣。然應對進退，貧士家猶或有之。至於灑掃，則貧士家亦絶無之矣。偶過友人姚文初家，見其門庭肅然，一切灑掃應對進退，皆令次公執役，猶有古風。文初，現聞先生後也。其高風如此，爲貧士者可以愧矣。

或問：六藝，童子十五以内，恐未必能習。曰：玩禮樂射御書數之文，文字則與義字有别。文是習其事，義是詳其理。禮樂雖精微，然《禮記》云："十三學樂誦詩。"又曰："十三舞《勺》，成童舞《象》。"則知由粗及精，自有因年而進之法。射御雖非童子事，然北人與南人不同。曹丕《典論・論文》自言八歲即學騎射，是射御亦非難事也。至於書數，尤易爲力。

古者八歲入小學。《周官》保氏掌養國子，教之六書。漢興，蕭何草律，令："太史試學童，能諷書九千字以上，乃得爲史。又以六體試之，課最者以爲尚書御史史書令史。”六體者，古文、奇字、篆書、隸書、繆篆、蟲書，皆所以通知古今文字，摹印章書幡信也。則知古人皆以字學爲小學，故人皆識字。今俗崇尚制科，人務捷得至貴爲公卿，而目不識古文奇字，且并音畫亦多訛謬者，少此一段功夫也。

人少小時未有不好歌舞者，蓋天籟之發，天機之動。歌舞，即禮樂之漸也。聖人因其歌舞，教以禮樂，所謂因其勢而利導之。今人教子，寬者或流於放蕩，嚴者并遏其天機，皆不識聖人禮樂之意。欲蒙養之端難矣。

朱子《蒙》卦注曰：“去其外誘，全其真純。”八字最妙。童子時，惟外誘最壞事。如樗蒲博弈及看搬演故事之類，極易使人流蕩忘反。善教子者，只是形格勢禁，不使得親外誘。《樂記》所謂“奸聲亂色，不留聰明。淫樂慝禮，不接心術”是也。然其尤要在端本清源，使父兄不爲非禮之戲，則子弟自無從得接耳目。

論讀書

古之學聖賢易，今之學聖賢難。只如讀書一節。書籍之多，千倍於古。學者苟欲學爲聖賢，非博學不可。然苟欲博學，則此汗牛充棟者，將何如耶？偶思得一讀書法，將所讀之書，分爲三節。自五歲至十五爲一節，十年誦讀。自十五歲至二十五爲一節，十年講貫。自二十五至三十五爲一節，十年涉獵。使學有漸次，書分緩急。庶幾學者可由此而程工，朝廷亦可因之而試士矣。所當讀之書，約略開後。

十年誦讀。

《小學》、四書、五經、《周禮》、《太極》、《通書》、《西銘》、《綱目》、古文、古詩、各家歌訣。

十年講貫。

四書、五經、《周禮》、《性理》、《綱目》、本朝事實、本朝典禮、本朝律令、《文獻通考》、《大學衍義》、天文書、地理書、水利農田書、兵法書、古文、古詩。

十年涉獵。

四書、五經、《周禮》、諸儒語録、二十一史、本朝實録及典禮律令諸書、諸家經濟類書、諸家天文、諸家地理、諸家水利農田書、諸家兵法、諸家古文、諸家詩。

以上諸書,力能兼者兼之。力不能兼,則略其涉獵,而專其講貫。又不然,則去其詩文。其於經濟中,或專習一家。其餘則斷斷在所必讀。庶學者俱爲有體有用之士。今天下之精神皆耗於帖括矣,誰肯爲真讀書人,而國家又安得收讀書之益哉。

補編

諸儒論小學

弘謀按，宋儒論蒙養道理，俱從源頭説來。徹内外，貫始終，多不勝録。兹録其切近時弊者，以補前編所未備焉。魯齋先生，於元代以教化爲己任，一時蒙古諸生多所成就。今觀“用人於其所长，教人於其所短，因其所明，開其所蔽”數語，已括設教之大端矣。夫教法具在，行之惟人。小子何知，父兄師長之責也。林致之諭父師，其旨深矣，因并録之。

程子曰：古人雖胎教與保傅之教，猶勝今日庠序鄉黨之教。古人自幼學，耳目游處所見皆善，至長而不見異物，故易以成就。今日自少所見皆不善。纔能言，便習穢惡，日日銷鑠，更有甚天理。古之人，自能食能言而教之，是故大學之法，以豫爲先。蓋人之幼也，智愚未有所主，則當以格言至論日陳於前，盈耳充腹，久自安習，若固有之者。日復一日，雖有讒説摇惑，不能入也。若爲之不豫，及乎稍長，意慮偏好生於内，衆口辯言鑠於外。欲其純全，不可得已。人多以子弟輕俊爲可喜，而不知其可憂也。有輕俊之質者，必教以通經學，使近本，而不以文辭之末習，則所以矯其偏質而復其德性也。勿謂小兒無記性，所歷事皆能不忘。故善養子者，當其嬰孩，鞠之使得所養，全其和氣，乃至長而性美。教之，示以好惡有常。如養犬者，不欲其升堂，則時其升堂而扑之。若既扑其升堂，又復食之於堂，則使孰從？雖日撻而求其不升，不可得也。養異類且爾，況人乎？

朱子曰：古者初年入小學，只是教之以事，如禮樂射御書數，及孝弟忠信之事。自十六七入大學，然後教之以禮，如致知格物，及所以爲忠信孝弟者。古人小學養得小兒子誠敬，善端發見了，然而大學等事，小兒子不會推將去，所以又入大學教之。古人都从小學時學了，所以大來都不費力。如禮樂射御書數，大綱都學了，及至長大，便止理會窮理致知工夫。而今自小已失，補填實難。但須莊敬誠實，立其基本。逐事逐物，理會道理。待此通透，意誠心正了，旋旋去理會禮樂射御書數。今則無所用乎御，如禮樂射書數，也是合當理會底。但不先就切身處，理會得道理，便教考究得些禮文制度，又干自家身己甚事。古人小學教之以事，便自養得他心，不知不覺自好了。到得漸長漸更歷，通達事物，將無所不能。今人既無本領，只去理會許多閒汩董。百方措置思索，反以害心。劉元城有言："子弟寧可終歲不讀書，不可一日近小人。"此言極有味。陸子壽言："古者教小子弟，自能言能食即有教。以至灑掃應對之類，皆有所習。故長大則易語。今人自小即教做對，稍大，即教做虛誕之文，皆壞其性質。"《弟子職》"所受是極"，云受業去後，須窮究道理到盡處也。"毋驕恃力"，如恃氣力，欲胡亂打人之類。蓋自小便教之以德，教之以尚德不尚力之事。

東萊呂氏曰：教小兒當以正，不可便使之情竇日開。教小兒，先教以恭謹，不輕忽，不躐等。讀書乃餘事。今日之有資質者，父兄便教以科舉之文，不容不躐等。皆因父兄無識見,至有以得一第便爲成材者。

魯齋許氏曰:小學内明父子之親。言凡爲人子,爲人婦,幼男與未嫁女子,皆當盡愛盡敬,不敢自專,事親之道也。凡人幼小時不引得正,後便難了,如字畫端楷之類是也。先生教小學生,凡讀書倦時,則令習拜跪揖讓應對進退之節。或投壺習射,負者罰讀書若干遍。每説書,不務多,惟肯款周折。若未甚領解,則引證設譬,必使通曉而後已。又常問此章書義,若推之自身,今日之事,有可用否。大凡欲其實踐,不貴徒説也。先生又以用人與教人不同。用人當用其所長,教人當於其所短。故其教人,恩同父子,義若君臣。因其所明,開其所蔽,而納諸善。時其動息而張弛之,慎其萌孽而防範之。日漸月漬,不自知其變也。日新月盛,不自知其化也。是以凡爲子弟者,皆能自立,爲世用矣。

林致之曰:今之教讀,可方古閭胥族師之任。其有關於人才風化者,不爲不大,切須以身率人。正心術,修孝弟,重廉恥,崇禮節,整威儀,以立教人之本。守教法,正學業,分句讀,明訓解,考功課,以盡教人之事。凡日用間,父子、君臣、夫婦、長幼、朋友之道,心術、威儀、衣服、飲食之事,俱依小學明倫敬身所言,及《童蒙須知》,《白鹿洞教條》,吕東萊《規約》、《程董學則》,劉敬堂《真西山齋規》。其考德等事,則依胡敬齋先生《續白鹿洞學規》。務要切實體貼,就其身以開導之。即事論事,迎其機以點出之。時其動息而張弛之,慎其萌孽而防範之。凡君子小人善惡義利輕重之辨,莫不爲之反覆曉告,懇切開論,以發其心志,而責之以必爲。榮耀之,愧恥之,使之歡忻鼓舞,日趨於善,而本然良心得以保全而不至於破壞,是今日救時第一義也。否則,蒙養既失,習成難轉。

雖記得甚多，講得甚精，作得甚妙，只是工紙上之談，而實於其身曾不得幾字受用。甚則任氣徇欲，飾非文奸，敗常亂俗，以古道爲迂，以執禮爲固，以廉恥爲矯激，是正古人所謂侮聖言不識字者也，豈得謂之讀書哉。凡爲師者，當以風俗爲念，毋安常襲故，以誤後學。諭教讀。

嘗聞諸先輩云：人生之樂，莫如讀書，至要莫如教子。夫世人所以終日百計營營者，不過爲子孫計耳。不知子孫果賢耶，固無用爾之營營。果不賢耶，則爾之終日營營者，適所以益其過而縱其欲，鮮有不覆敗者也。故愛子者，莫要於能教。教子者，莫貴乎以正。愛而不教者，固不得謂之愛。教不以正者，抑豈得謂之教乎？何以言之？人家之所以興替者，在禮義之有無，子孫之賢否何如耳。假如子孫果賢，而禮義果明耶，則父慈子孝，兄友弟恭，夫義婦聽，和氣滿堂，何富貴如之。況如此之家，天助人順，鬼神陰騭，未有不興且大者乎。苟子孫不賢，而禮義不明耶，子忤其父，弟傲其兄，妻逆其夫，相殘相賊，戚然不得以一日寧，雖有富貴，亦安得而享諸？況如此之家，神人共憤，覆載不容，又未有不衰且替者乎？胡爾爲父兄者，念不及此。知愛子而不知所以愛，知遺其子以財而不知遺其子以德。間有知延師者，亦不過舉業是工。又有以舉業利遲，惟記誦對偶是言，吏家行移，不正雜書是習。其如禮義，則視爲無用長物，未嘗一置之脣齒。如此者，雖曰教之，實所以害之，其得謂之教乎？夫人之立身立家，可恃可傳以永久者，惟在乎禮義。而紛紛勢利，如烟花過眼，須臾變滅，亦豈是傳家久遠物耶？況有禮義，則雖貧賤，人亦敬仰之。無禮義，則雖富貴，人亦鄙賤之。歷觀古昔以來，多少身都將相而遺臭萬年，窮居山谷而流芳百世者，惟是故爾。爾父兄若識破此意,則所以教子弟者,當使之覲德,不當使之覲利。當使之皇皇於仁義,不當使之皇皇於勢利。當使之以耕讀勤儉處家,不當使之出入官府,欺公弄法,以僥倖富盈之圖。教之既正,養之既久,根基既已深厚,其資質之高者,德器成就,自足以佐邦國而光門户。其下者,亦足以守法循理,保業宜家,不至於顛覆破敗之虞也。故曰老而不教,是爲家之不祥。而中養不中,才養不才,賢父兄所以爲可樂也歟。諭父兄。

程畏齋讀書分年日程先生名端禮,元鄞縣人。官衢州路儒學教授。

今父兄之愛其子弟,非不知教。要其有成,十不能二三。此豈特子弟與其師之過。爲父兄者,自無一定可久之見,曾未讀書明理,遽使之學文。爲師者雖明知其未可,亦欲以文墨自見,不免於阿意曲徇。失序無本,欲速不達。不特文不足以言文,而書無一種精熟。坐失歲月,悔則已老。且始學既差,先入爲主,終身陷於務外,爲人而不自知,弊宜然也。孔子之教,序志道據德依仁,居游藝之先。《周禮·大司徒》列六藝居六德六行之後,本末之序,有不可紊者。今制取士,以德行爲首,經術爲先,詞章次之,蓋因之也。士之讀經,雖知主朱子説,不知讀之固自有法。讀之無法,猶不免以語言文字求之,而爲程試資也。余不自揆,用敢輯爲《讀書分年日程》,與朋友共讀,以救斯弊。蓋一本輔漢卿所粹《朱子讀書法》修之。而先儒之論,有裨於此者,亦間取一二焉。嗟夫,欲經之無不治,理之無不明,治道之無不通,制度之無不考,古今之無不知，文詞之無不達，得諸身心者，無不可推而爲天下國家用。竊意守是，庶乎本末不遺，而工夫有序。已得不忘，而未能日增。玩索精熟，而心與理相浹。靜存動察，而身與道爲一。德形於言辭，而可法可傳於後。較其所就，豈世俗偏長一曲之學所可同日語哉。鄞程端禮書。

弘謀按，《論語》首章标一“學”字，繼之曰“時習”。朱子以“效”字釋“學”字，而曰：“後覺者，必效先覺之所爲，乃可以明善而復其初。”其釋“時習”，則曰：“學之不已，如鳥數飛。”夫學雖不專在讀書，而爲學者，非讀書，則天地萬物之理，前古後今之事，無由而明。雖空空守此本然之善，亦不能擴充以盡其極。而讀書不得其要，不盡其量，隨得隨失，若存若亡，於時習之義安在。可視爲口耳記誦，而無關於明善復初之本務也哉。元畏齋程氏，推明朱子之意，定爲《分年日程》。本末兼該，首尾聯貫。直欲識一字，明一字之義。讀一句，受一句之益。明體達用，於是乎在。明初，曾頒學宫。後之讀書者，日趨苟簡，專事涉獵，此書無復有寓目者矣。當湖陸清獻公令靈壽時，序而刊之。以爲“非程氏之法，而朱子之法。非朱子之法，而孔孟以來，教人讀書之法”。其尊信此書如此。今欲爲童子立爲學之始基，以極致知之能事，固不能外此，而别有師法也。至所載鈔經讀史諸法，皆極精要，以限於卷帙，不能備載。亦以此編專勖童蒙，待至窮經研史，正可考全書而得之也。

八歲未入學之前，讀《性理字訓》。程逢原增廣者。

日讀《字訓綱》三五段，以此代世俗《蒙求》、《千字文》，最佳。又以朱子《童子須知》貼壁，於飯後使之記説一段。

八岁入學之後，讀《小學》書正文。

日止讀一書，自幼至長皆然。隨日力性資，自一二百字漸增至六七百字。日永年長，可近千字而已。每大段内必分作細段。每細段必看讀百遍，倍讀百遍，又通倍讀二三十遍。如此用工，便可終身不忘。後凡讀經書仿此。自此説《小學》書，即嚴幼儀。大抵小兒終日讀誦,不惟困其精神,且致習爲悠緩,以待日暮。法當纔辦遍數,即暫歇少時,復令入學。如此可免二者之患。

日程

一、每夙興,即先自倍讀已讀册首書,至昨日所讀書一遍。内一日看讀,内一日倍讀。生處誤處記號,以待夜間補正遍數。其間日看讀,本爲童幼文理未通,誤不自知者設。年十四五以上者,只倍讀。師標起止於日程空眼簿。凡册首書爛熟,無一句生誤,方是工夫已到,方可他日退在夜間,與平日已讀書輪流倍温。如未精熟,遽然退混諸書中,則温倍漸疏,不得力矣。凡倍讀熟書,逐字逐句,要讀之緩而又緩,思而又思,使理與心浹。朱子所謂"精思",所謂"虚心涵泳",孔子所謂"温故知新","以異於記問之學"者,在乎此也。

讀書自須成誦。熟讀而未能精思者有之矣,未有不能記憶而能有得者也。自幼至長,應讀之書甚多。今之課讀者,初讀生書時,學生強記以塞責,先生以能倍而即止。逾時漸忘,後來即加温習,已須多讀遍數,重費工夫。迨讀書漸多,工夫漸少,温習難遍,多所遺忘。繼以温理苦難,師生皆以爲畏。直至廢棄舊書,同於未讀,則前功盡棄,終身無精熟之書矣。看讀百遍,倍讀百遍之法,似乎迂苦難行。不知百遍之功,中材皆能熟記。倍讀百遍,尤能牢記,不至趁口讀過,亦收放心之一法也。又復連前帶倍,每日温倍,不費工夫。温書雖多,無虞難遍。是雖勤苦於前,而終得收效於後也。前輩常云:"讀生書,莫待温時熟。"言初讀時,必使透熟,終身不忘也。又云:"讀温書,好像生時讀。"言已精熟,惟恐趁口讀過,必須字字分明,句句體認,如讀生書也。二語與程氏所言相表裏。總之讀一句,熟一句,得寸則寸,則工夫不致浪擲,終身受用不盡矣。

一、師試倍讀昨日書。

一、師授本日正書。假令授讀《大學》正文、《章句》、《或問》，共約六七百字，或一千字，須多授一二十行，以備次日或有故。及生徒衆，不得即授，可先自讀，免致妨功。先計字數，畫定大段，師記起止於簿。點定句讀，圈發假借字音，令面讀子細正過。於内分作細段，隨文義可斷處，多不過十句，少約五六句。大段約千字，分作十段，或十一二段，用朱點記於簿。還案，每細段看讀一百遍，倍讀一百遍。句句字字要分明，不可太快。句盡字重讀，則句完。不可添虚聲，致句讀不明，且難足遍數。須用數珠或記數板子記數。每細段二百遍足，即以墨銷朱點。即换讀如前。寧剩段數，不可省遍數。仍通大段倍讀二三十遍。必待一書畢，然後换一書，并不得兼讀他書及省遍數。

一、師試説昨日已説書。

一、師授説平日已讀書，不必多，先説《小學》畢，次《大學》，次《論語》。假如説《小學》書，先令每句説通朱子本注，及熊氏解，及熊氏標題。已通，方令依傍所解字訓句意、説正文。字求其訓，注中無者，使簡《韻會》求之，不可杜撰以誤人。寧以俗説粗解，卻不妨。既通説每句大義，又通説每段大義，即令自反覆説。面試，通乃已。久之纔覺文義粗通，能自説，即使自看注，沉潛玩索。使來試説，更詰難之，使之明透。如説《大學》、《論語》，亦先令説注透，然後依傍注意説正文。

一、小學習寫字，必於四日内。以一日令影寫智永《千文楷字》。如童稚初寫者，先以子昂所展《千文大字》爲格影。寫一遍過，卻用智永本影寫。每字本一紙，影寫十紙。止令影寫，不得惜紙，於空處令自寫，以致走樣。如此影寫千文足後，歇讀書一二月。以全日之力，通影寫一千五百字，添至二千三千四千字。影寫之後，又使對臨，以全日之力。如此寫一二月，他日方能寫多，運筆如飛，永不走樣。蓋儒者別項工夫多，故習字止如此。用筆之法，雙鉤懸腕，讓左側右，虛掌實指，意前筆後。此口訣也。欲考字，看《說文》、《韻會》等書，以求音義。偏傍點畫，皆須考正。

一、小學不得令日日作詩作對，虛費日力。今世俗之教，十五歲前不能讀記九經正文，皆是此弊。但令習字演文之日，將已說小學書作口義，以學演文。每句先逐字訓之，然後通解一句之意，又通結一章之意。相接續作去，明理演文，一舉兩得。更令知虛實死活字。但臨放學時，面屬一對便行，使略知對偶輕重虛實，足矣。此正爲己爲人，務內務外，君子儒、小人儒之所繇分。此心先入者爲主，終此生不可奪。

一、隻日之夜，《大學》。令玩索已讀《大學》。字求其訓，句求其義，章求其旨。每一節，十數次涵泳思索，以求其通。又須虛心以爲之本。每正文一節，先考索《章句》明透，然後摭《章句》之旨以說上正文。每句要說得精確成文，鈔記旨要。又考索《或問》明透，以參《章句》。如遇說性理深奧精微處，不計數看，直要曉得，記得爛熟乃止。仍參看諸儒疏解，諸說有異處，標貼以待思問。如引用經史、先儒語及性理、制度、治道、故事相關處，必須檢尋看過。凡玩索一字一句一章，分看合看，要析之極其精，合之無不貫。去了本子，信口分說得出，合說得出，於身心體認得出，方爲爛熟。朱子之訓，先要熟讀。須是正看，背看，左看，右看，看得是了，未可便道是，更須反覆玩味，此之謂也。不必多，《論語》止看得一章二章三章，足矣，只要自得。先説者，要極其精通。其後未説者，一節易一節，工夫不難矣，只要記得。《大學》畢，次《論語》，次《孟子》，次《中庸》。燈火起中秋，止端午。或生徒多，參考之書難遍及，則參差雙隻夜以便之。

一、雙日之夜倍讀，只一遍，倍讀一二卷，或三四卷，隨力所至。記號起止，以待後夜續讀。凡温書，必要倍讀。纔放看讀，永難再倍，前功廢矣。如防誤處，寧以書安於案，疑處正之，再倍讀。倍讀熟書時，必先倍讀本章正文畢，以目視本章正文，倍讀盡本章注文，就思玩本章理趨。此法不惟得所以釋此章之深意，且免經文注文混記無别之患。如倍讀忘處，急用遍數補之。凡已讀書，一一整放在案，周而復始，以日程并書目揭之於壁。夏夜浴後，露坐無燈，自可倍讀。

一、隨雙隻日之夜，附讀看玩索《性理》書。性理畢，次治道，次制度，如《大學》失時失序，当補《小學》書者，先讀《小學》書數段，仍詳看解。字字句句，自要説得通透乃止。《小學》書畢，讀程氏《增廣字訓綱》，次看《北溪字義》、《續字義》，次讀《太極圖説》、《通書》、《西銘》，并看朱子解及何北山《發揮》。次讀《近思録》、《續近思録》，次看《讀書記》、《大學衍義》、《程子遺書》、《外書》、《經説》、《文集》、《周子文集》、《張子正蒙》、《朱子大全集》、《語類》等書。或看或讀，必詳玩潛思，以求透徹融会，切己體察，以求自得。性理緊切書目，通載於此。讀看者，自循輕重先後之序。有應記者，仍分類節鈔。若治道，亦見西山《讀書記》、《大學衍義》。

一、以前日程，依序分日，定其節目，寫作空眼，刊定印板，使生徒每人各置一簿，以憑用工。次日早，於師前試驗，親筆勾銷。師復親標所授起止於簿。庶日有常守，心力整暇。積日而月，積月而歲，師生皆可自考。施之學校公教，尤便有司拘鈐考察。小學讀經習字演文，必須分日。讀經必用三日。習字演文，止用一日。本未欲以此間讀書之日，緣小學習字，習演口義小文詞，欲使其學開筆路，有不可後者故也。假如小學簿紙百張，以七十五張印讀書日程，以二十五張印習字演文日程，可用二百日。至如《大學》，惟印讀經日程。待四書本經傳注既畢，作次卷工程時，方印分日讀看史日程。畢，印分日讀看文日程。畢，印分日作文日程。其先後次序，分日輕重，決不可紊。人若依法，讀得十餘個簿，則爲大儒也。他年亦須自填，以自檢束，則歲月不虚擲矣。今將已刊定，空眼式，連於次卷，學者誠能刊印置簿日填，功效自見也。

《小學》書畢。

次讀《大學》經傳正文。讀書，倍温書，説書，習字，演文，如前法。

次讀《論語》正文。

次讀《孟子》正文。

次讀《中庸》正文。

次讀《孝經》刊誤。讀書，倍温書，説書，習字，演文，并如前法。

次讀《易》正文。讀書，倍温書，説書，習字，演文，如前法。

六經正文，依程子、朱子、胡氏、蔡氏句讀，參廖氏及古注，陸氏《音義》、賈氏《音辨》、牟氏《音考》。

次讀《書》正文。

次讀《詩》正文。

次讀《儀禮》并《禮記》正文。

次讀《周禮》正文。

次讀《春秋經》并三《傳》正文。

前自八歲,約用六七年之功,則十五歲前,《小學》書,四書,諸經正文,可以盡畢。既每細段看讀百遍,倍讀百遍,又通倍大段。早倍温册首書,夜以序通倍温已讀書,守此決無不熟之理。

自十五志學之年,即當尚志。爲學以道爲志,爲人以聖爲志。自此依朱子法讀《四書注》。或十五歲前,用工失时失序者,止從此起,便讀《大學章句》、《或問》,仍兼補《小學》書。

讀《大學章句》、《或問》。

一、讀書,倍温書。所讀字數,分段看讀百遍,倍讀百遍,并如前法。

一、夜間玩索倍讀已讀書,玩索讀看性理書,并如前法。

次讀《論語集注》。

次讀《孟子集注》。

次讀《中庸章句》、《或問》。

次鈔讀《論語或問》之合於《集注》者。

次鈔讀《孟子或問》之合於《集注》者。

次讀本經。諸經俱有鈔法,詳見全書。

前自十五歲,讀《四書經注》、《或問》、本經傳注、性理諸書,確守讀書法六條,約用三四年之功,晝夜專治,無非爲己之實學,而不以一毫計功謀利之心亂之。則敬義立,而存養省察之功密,學者終身之大本植矣。

四書本經既明之後,自此日看史。仍五日内專分二日,倍温玩索《四書經注》、《或問》、本經傳注,倍温諸經正文。夜間讀看玩索温看性理書,并如前法。

看《通鑑》。看鑑讀文學文,説皆精要,詳見全書。

一、分日倍温玩索四書《經注》、《或問》、本經傳注及諸經正文。夜間讀看玩索温看性理書,并如前法。

次讀韓文。

一、六日内分三日，倍温玩索《四書經注》、《或問》、本經傳注、諸經正文及温看史。夜間讀看玩索温看性理書，如前法。

次讀《楚辭》。

一、分日倍温玩索《四書經注》、《或問》、本經傳注、諸經正文，温看史。夜間讀看玩温性理書①，如前法。

《通鑑》、韓文、《楚辭》，既看既讀之後，約纔二十歲或二十一二歲。仍以每日早飯前，循環倍温玩索《四書經注》、《或問》、本經傳注、諸經正文，温看史，温讀韓文、《楚辭》之外，以二三年之功專力學文。既有學識，又知文體，何文不可作。

學作文。

作科舉文字之法。用西山法。

讀看近經問文字九日，作一日。

讀看近經義文字九日，作一日。

讀看古賦九日，作一日。

讀看制誥表章九日，作一日。

讀看策九日，作一日。

一、仍以每日早飯前，倍温《四書經注》、《或問》、本經傳注、諸經正文，温史。夜間考索制度書，温看性理書，如前法。

專以二三年工學文之後，纔二十二三歲或二十四五歲，自此可以應舉矣。三場既成，卻旋明餘經及作古文。餘經合讀合看諸書，已見於前。竊謂明四書本經，必用朱子讀法，必專用三年之功，夜止兼看性理書，并不得雜以他書，必以讀經空眼簿，日填以自程。看史及學文，必在三年外。又必擇友，

---

① 據前後文，"玩"下疑脱"索"字，"温"下疑脱"看"字。

舉行藍田吕氏《鄉約》之目,使德業相勸,過失相規,則學者平日皆知敦尚行實,惟恐得罪於鄉評。則讀書不爲空言,而士習厚矣。必若此,然後可以仰稱科制,經明行修,鄉黨稱其孝悌,朋友服其信義之實。庶乎其賢材盛而治教興也,豈曰小補。古者,大司徒以鄉三物教萬民,而賓興之,未有不教而可以賓興者。方今聖朝科制明經,一主程朱之説,使經術、理學、舉業三者合一,以開志道之士,此誠今日學者之大幸。第方今學校教法未立,不過隨其師之所知所能,以之爲教爲學。凡讀書纔挾册開卷,已準擬作程文用。則是未明道已計功,未正誼已謀利。其始不過因循苟且,失先後本末之宜而已。豈知此實儒之君子小人所繇以分,其有害士習,乃如此之大。嗚呼,先賢教人格言大訓,何乃置之無用之地哉! 敢著於此,以待職教養者取焉。

右《分年日程》,一用朱子之意修之。如此讀書學文皆辦,纔二十二三歲或二十四五歲。若緊著課程,又未必至此時也。雖前所云失時失序者,不過更增二三年耳,大抵亦在三十歲前皆辦也。世之欲速好徑,失先後本末之序,雖曰讀書作文,而白首無成者,可以觀矣。此法似乎迂闊,而收可必之功,如種之穫云。

讀經日程　　年　月　日　　某人

一、早令倍讀册首已讀書至昨日書一遍,太長則分。起止

一、面試倍讀昨日書。

一、面授本日書計字數,以約大段。面以大段分細段,令朱計段數。每細段面令讀正過,句讀字音面説正過文義。

一、令每細段先看讀百遍,即又倍讀百遍。數足,挑試倍讀倍説,

過而墨銷朱記，後段如前段。足，令通作大段，倍讀試過。起　　止

一、挑試夜間已玩索書。起　　止

一、面授説已讀書，就令反覆説大義，面試過。起　　止

一、隻日之夜玩索已讀書。起　　止　又玩索性理書。起　　止

一、雙日之夜以序倍讀凡平日已讀書一遍。起　　止又倍讀性理書。起　　止

一、令暇日仿定本點句讀圈發字音。〇凡書忘記處，朱記，即補熟，墨銷。

讀看史日程　年　月　日　某人

五日一周，詳見工程。

一日，以序倍讀《四書經注》、《或問》一遍。

以序倍讀經正文。

夜讀看性理書并温。

一日，以序倍讀本經傳注一遍。

以序倍讀經正文。

夜讀看性理書并温。

一日，看讀説記《通鑑》。

參合看史。

夜仿點《史考》、《釋文》。

一日，看讀説記《通鑑》。

參合看史。

夜温記史。

一日，看讀説記《通鑑》。

參合看史。

夜温記史。

日填起止。

小學習字演文日程　　　　年　月　日　　某人

讀經四日内分一日,詳見工程。

一、早令倍讀册首已讀書至昨日書一遍,太長則分。

一、令影寫智永《千文楷書》,約一二十紙,寫五七一易様。

一、以已讀説小學書作口義。　呈改上簿。

一、説認記字門類,平仄、虚實、動静等。

一、漸長,學《切韻》、《考字》、始音、偏傍、音義、假借等。

一、夜以序倍讀已讀書一遍。

日填起止及所看所作。

陳定宇示子帖先生名櫟,字壽翁,元延祐時休寧人。

弘謀按,教與學原非二事,《記》曰:"教學相長。"横渠先生亦曰:"教小童有四益:蓋設誠而行,有益於人,即取益於己也。"此篇即教即學,樸實典要。至教以親師取友,教以勤謹,無一語泛説,可與朱子《訓子從學帖》參看。已刊入《小學》後。

我本未欲遣汝出,偶遇機會,故如此。汝須是自卓立,自求長進,不可如前悠忽。幸遇親家執敬老師,重厚典刑,可以取法。姊夫子静先生,博淹修潔,可以請益。好文字,好説話,隨手録取,歸日要觀。仲文非特益友,實足爲汝師。渠之言,一一謹守而力行之,永永無失。

今受人子弟之托,須是以教人爲急。自己事,且放緩。然教人讀,即是我讀。教人做文字,即如自做。教人解書,即是自解。教人熟記,即是自熟自記。教人便是自學。如此力行,不特人有長進,我亦自有長進。教小童,雖不能與盡解,我卻不可不自曉得。須每日隨人所上之書，逐段自解。不可徒讀其句讀，不曉其道理，如和尚念經也。每日早起晏眠，莫妄出，并與人閒説話，惹是非。待學生，必正色端莊。如此，決不遭悔。須是勤而有常，謹而不敢輕易。能守得勤謹二字，萬萬無失。言語要簡而當，從容而分明，最不要誇張妄誕。學生事業與主人商量，各人具一日程，而日日謹守之。

王文成公訓蒙教約

公名守仁，明浙江餘姚人，學者稱陽明先生。封新建伯，從祀廟庭。

弘謀按，詩禮之教，聖門首重，豈獨童子哉？而童子知識方開，志趨未定，天良易動，理義未深。歌之以詩，則吟咏之間，抑揚反覆，其言易入。而禮也者，所以固人肌膚之會，筋骸之束，約之於規矩之中，使侈肆之習，自幼而漸消者也。近世師生，多以歌詩習禮爲迂。陽明先生反復言之，意深切矣。獨是禮不外冠、婚、喪、祭、鄉、相見六者，久有成書，均所宜習。惟詩歌種類不一。愚意爲童子計，宜取其有關倫理性情，而又易知易從者。偶得汪君薇所選《詩倫》，嘆其用意之善，有功詩教，因采得數十首附於後。若可歌者，正不止此也。他如風雲月露，雕琢雖工，無裨性情，此不必歌者也。若夫靡曼之音，等於《鄭》、《衛》，實童子迷性之麴櫱，此萬萬不可歌者也。

古之教者，教以人倫。今教童子，惟當以孝弟忠信禮義廉恥爲要務。其栽培涵養之方，則宜誘之歌詩，以發其志意，導之習禮，以肅其威儀，諷之讀書，以開其知覺，今人往往以歌詩習禮爲不切要務，此皆末俗庸鄙之見，烏足以知古人立教之意哉！大抵童子之情，樂嬉游而憚拘撿。如草木之始萌芽，舒暢之則條達，摧撓之則衰痿。今教童子，必使其趨向鼓舞，中心喜悦，則其進自不能已。故凡誘之歌詩者，非但發其志意而已，亦所以泄其跳號於咏歌，宣其幽抑結滯於音節也。導之習禮者，非但肅其威儀而已，亦所以周旋揖讓，而動蕩其血脈，拜起屈伸，而固束其筋骸也。諷之讀書者，非但開其知覺而已，亦所以沉潛反復而存其心，抑揚諷誦以宣其志也。是蓋先王立教之微意也。若近世之訓蒙稚者，惟督以句讀課仿，責其檢束，而不知導之以禮。求其聰明，而不知養之以善。鞭撻繩縛，若待拘囚。彼視學舍如囚獄而不肯入，視師長如寇讎而不欲見。窺避掩覆，以遂其嬉游。設詐飾詭，以肆其頑鄙。偷薄庸劣，日趨下流。是蓋驅之於惡，而求其爲善也，何可得乎？

每日清晨，諸生參揖畢，學師以次遍詢諸生：在家所以愛親敬長之心，得無懈忽，未能真切否？温凊定省之宜，得無虧缺，未能實踐否？往來街衢，步趨禮節，得無放蕩，未能謹飭否？一應言行心術，得無欺妄非僻，未能忠信篤敬否？諸童子務要各以實對。有則改之，無則加勉。學師復隨時就事，曲加誨諭開發。然後各退，就席肄業。

《論語》弟子章，乃千古蒙養極則。今人以讀書爲舉業所尚，惟知专重學文。即或於讀書作文之外，偶及敦本力行，然終非"行有餘力，則以學文"之意。陽明先生此法，於每日清晨，將孝弟謹信諸事，逐一詢問登答，然後就席肄業。師弟之間，需時不多，未嘗有妨誦讀。而每日如此，爲弟子者，皆知現在之日用常行，即爲切要之日程功課。經一番提問，便有一番領悟，便增一番勸戒，與弟子章吻合。以此爲聖門蒙養的派可也。

凡歌詩，須要整容定氣。清朗其聲音，均審其節調。毋躁而急，毋蕩而囂，毋餒而懾。久則精神宣暢，心氣和平矣。每學分爲四班，每日輪一班歌詩，其餘皆就席，斂容肅聽。每五日，則總四班遞歌之。

凡習禮,須要澄心肅慮。審其儀節,度其容止。毋忽而惰,毋沮而怍,毋徑而野。從容而不失之迂緩,修謹而不失之拘局。久則體貌習熟,德性堅定矣。童生班次,皆如歌詩。每間一日則輪一班習禮,其餘皆就席,斂容肅觀。習禮之日,免其課倣。每十日,則總四班遞習之。按,禮即冠、婚、喪、祭之禮。喪禮止須講明。其冠、婚、祭三禮,先爲講演習熟,以次爲其大者。或不習婚禮,而益以鄉飲酒禮,士相見禮,更善。

凡授書,不在徒多,但貴精熟。量其資稟,能二百字者,止可受一百字。常使精神力量有餘,則無厭苦之患,而有自得之美。諷誦之際,務令專心一志,口誦心維,字字句句,紬繹反復。抑揚其音節,寬虚其心意。久則義禮浹洽,聰明日開矣。

每日工夫,先考德,次背書誦書,次習禮或作課倣,次復誦書講書,次歌詩。凡習禮歌詩之類,皆所以常存童子之心,使其樂習不倦,而無暇及於邪僻。教者知此,則知所施矣。

附歌詩

咏史 班 固孟堅

三王德彌薄,惟後用肉刑。太倉令有罪,就逮長安城。自恨身無子,困急獨煢煢。小女痛父言,死者不可生。上書詣闕下,思古歌《雞鳴》。憂心摧折裂,晨風揚激聲。聖漢孝文帝,惻然感至情。百男何憒憒,不如一緹縈。

豫章行 曹 植子建

鴛鴦自朋親,不若比翼連。他人雖同盟,骨肉天性然。

周公穆康叔，管蔡則流言。同氣相戕。子臧讓千乘，季札慕其賢。

木蘭歌　　無名氏

唧唧復唧唧，木蘭當户織。不聞機杼聲，唯聞女嘆息。問女何所思，問女何所憶。女亦無所思，女亦無所憶。昨夜見軍帖，可汗大點兵。軍書十二卷，卷卷有爺名。阿爺無大兒，木蘭無長兄。願爲市鞍馬，從此替爺征。東市買駿馬，西市買鞍韉。南市買轡頭，北市買長鞭。旦辭爺娘去，暮宿黄河邊。不聞爺娘唤女聲，但聞黄河流水鳴濺濺。旦辭黄河去，暮至燕山頭。不聞爺娘唤女声，但聞燕山胡騎鳴啾啾。萬里赴戎機，關山度若飛。朔氣傳金柝，寒光照鐵衣。將軍百戰死，壯士十年歸。歸來見天子，天子坐明堂。策勛十二轉，賞賜百千強。可汗問所欲，木蘭不用尚書郎。願借明駝千里足，送兒還故鄉。脱身便捷，有智女子。爺娘聞女來，出郭相扶將。阿妹聞姊來，當户理紅妝。小弟聞姊來，磨刀霍霍向猪羊。開我東閣門，坐我西閣牀。脱我戰時袍，著我舊時裳。當窗理容鬢，挂鏡貼花黄。出門看火伴，火伴始驚惶。同行十二年，不知木蘭是女郎。十二年苦心，從火伴口中點出。雄兔脚撲朔，雌兔眼迷離。雙兔旁地走，安能辨我是雄雌。

哀王孫　　杜　甫子美

長安城頭頭白烏，夜飛延秋門上呼。又向人家啄大屋，屋底達官走避胡。金鞭斷折九馬死，骨肉不待同馳驅。腰下寶玦青珊瑚，可憐王孫泣路隅。點題。問之不肯道姓名，但道困苦乞爲奴。已經百日竄荆棘，身上無有完肌膚。高帝子孫盡隆準，龍種自與常人殊。豺狼在邑龍在野，王孫善保千金軀。不敢長語臨交衢，且爲王孫立斯須。忠愛宛然。昨夜春風吹血腥，東來槖駝滿舊都。身落賊中，情景如是。朔方健兒好身手，昔何勇鋭今何愚。竊聞太子已傳位，聖德北服南單于。花門剺面請雪恥，慎勿出口他人狙。狙，竊聽也。哀哉王孫慎勿疏，五陵佳氣無時無。明知唐祚未絶，不徒作慰藉語。

憶舍弟 于　邵

衰門少兄弟，兄弟惟兩人。一起淒然。饑寒各流蕩，感念傷我神。夏期秋未來，孰知無他因。不怨别天長，但願見爾身。茫茫天地間，萬類各有親。安知爾與我，乖隔同胡秦。何時對形影，憤懣當共陳。

符讀書城南 韓　愈退之

木之就規矩，在梓匠輪輿。人之能爲人，由腹有詩書。詩書勤乃有，不勤腹空虚。欲知學之力，賢愚同一初。由其不能學，所入遂異閭。兩家各生子，孩提巧相如。少長聚嬉戲，不殊同隊魚。年至十二三，頭角稍相疏。二十漸乖張，清溝映污渠。三十骨骼成，乃一龍一豬。飛黄騰踏去，不能顧蟾蜍。一爲馬前卒，鞭背生蟲蛆。一爲公與相，潭潭府中居。問之何因爾，學與不學歟。金璧雖重寶，廢用難貯儲。學問藏之身，身在則有餘。君子與小人，不繫父母且。不見公與相，起身自犁鋤。不見三公後，寒饑出無驢。文章豈不貴，經訓乃菑畬。潢潦無根源，朝滿已夕除。人不通古今，馬牛而襟裾。行身陷不義，況望多名譽。時秋積雨霽，新涼入郊墟。燈火稍可親，簡編可卷舒。豈不旦夕念，爲爾惜居諸。恩義有相奪，作詩勸躊躕。

游子吟　　孟　郊東野

慈母手中綫，游子身上衣。臨行密密縫，意恐遲遲歸。誰言寸草心，報得三春暉。

雉將雛　　王　建仲初

雉咿喔，雛出殼。毛斑斑，觜啄啄。學飛未得一尺高，還逐母行旋母脚。麥隴淺淺難蔽身，遠去戀雛低怕人。時時土中鼓兩翅，引雛食蟲不相離。

燕詩示劉叟　　白居易樂天

叟有愛子，背叟逃去。叟甚悲念之，叟少年亦嘗如是。作《燕詩》以諭之。

梁上有雙燕，翩翩雄與雌。銜泥兩椽間，一巢生四兒。四兒日夜長，索食聲孜孜。青蟲不易捕，黄口無飽期。觜爪雖欲弊，心力不知疲。須臾千往來，猶恐巢中饑。辛勤三十日，母瘦雛漸肥。喃喃教言语，一一刷毛衣。一旦羽翼成，引上庭樹枝。舉翅不回顧，隨風四散飛。雌雄空中鳴，聲盡呼不歸。卻入空巢裏，啁啾終夜悲。燕燕爾勿悲，爾當返自思。思爾爲雛日，高飛背母時。當時父母念，今日爾應知。

四時讀書樂四首　　朱　子

山光照檻水繞廊，舞雩歸咏春風香。好鳥枝頭亦朋友，落花水面皆文章。蹉跎莫遣韶光老，人生惟有讀書好。讀書之樂樂何如，綠滿窗前草不除。春新竹壓檐桑四圍，小齋幽敞明朱曦。晝長吟罷蟬鳴樹，夜深燼落螢入幃。北窗高卧羲皇侣，只因素稔讀書趣。讀書之樂樂無窮，援琴一奏來薰風。夏

昨夜庭前葉有聲，籬豆花開蟋蟀鳴。不覺商意滿林薄，蕭然萬籟涵虚清。近牀賴有短檠在，趁此讀書功更倍。讀書之樂樂陶陶，起弄明月霜天高。秋

木落水盡千崖枯，迥然吾亦見真吾。坐對韋編燈動壁，高歌夜半雪壓廬。地爐烹泉然活火，一清足稱讀書者。讀書之樂何處尋，數點梅花天地心。冬

過林黄中食柑子有感學宛陵先生體。　　陸　游放翁

博士得黄柑，甚愛不忍擘。持奉太夫人，遠附海上舶。故山饒氛霧，可使酒杯窄。豈無荔枝好，饜飫恐不摘。相去三千里，無異娱旁側。乃知母子意，更遠未嘗隔。我昨往見君，從容弄書册。藥分臘劑香，茶泛春芽白。主意顧未厭，筐筥自搜索。敢謂甘旨餘，亦及此下客。霜苞纔三四，氣可壓千百。重是慈孝物，不敢吐其核。甘寒雖繞齒，悲感已横臆。半生無歡娱，初不爲湮厄。爾有母遺，繄我獨無。

感事示兒孫　　陸　游

人生讀書本餘事，惟要閉門修孝弟。畜豚種菜養父兄，此風乃可傳百世。我聞長安官道傍，至今人指魏公莊。北方俗厚終可意，一字不識勤耕桑。

宿彭山縣終夜有聲　　陸　游

木欲静，風不止。子欲養，親不留。夜誦此語涕莫收。吾

親之歿今幾秋，尚疑舍我而遠游。心冀乘雲返故丘，再拜奉觴陳膳羞。陶盎冶米聲叟叟，木甑吹餅香浮浮。芼薑屑桂調甘柔，稚鱉煮臛长魚鱐。夜敷枕席視衾裯，晨起薰籠進衣裘。哀哉此志終莫酬，有言不聞九泉幽。北風歲晚號松楸，哀哉萬里爲食謀。

訓子 許　衡魯齋

干戈恣爛熳，無人救時屯。中原竟失鹿，滄海變飛塵。我自揣何能，能存亂後身。遺芳襲遠祖，陰理出先人。俯仰意油然，此樂難擬倫。家無擔石儲，心有天地春。況對汝二子，豈復知吾貧。大兒願如古人淳，小兒願如古人真。生平乃親多辛苦，願汝苦辛過乃親。身居畎畝思致君，身在朝廷思濟民。但期磊落忠信存，莫圖苟且功名新。斯言殆可書諸紳。

山中夢母 劉宗遠

霜月照屋壁，霜風涌江波。終夕不能寐，展轉思懷多。忽夢吾母來，宛然度山阿。但問兒衣薄，語短不及他。兒寒尚可忍，地下知如何。

勉學詩 方孝孺正學

莫驅屋上烏，烏有反哺誠。莫烹池上雁，雁行如弟兄。流觀飛走倫，轉見天地情。人生處骨肉，胡不心自平。田家一聚散，草木爲枯榮。我願三春日，垂光照紫荊。同根而并蒂，藹藹共生成。

愛日堂 方孝孺

白日麗青天，朝出扶桑暮虞淵。堂上有親雪滿巔，坐看白日心茫然。長繩不可繫，急景如流川。羲和羲和停爾鞭，高堂一日如千年。

游子吟 袁 凱景文

游子行萬里，母心亦如之。陸行有虎豹，水行有蛟螭。盜賊凌寡弱，風露乘寒饑。誰云高堂安，中有萬險危。寄言里中子，親在勿遠離。

望月思親爲韋謐作 沈 周石田

韋郎五歲失其母，恃有父存未知苦。長來見父不見母，欲入地求地無户。仰天見缺月，似我獨見父。明朝又是月圓時，死者安能復如此。嘗嘗見月便斷腸，天或哀憐爲風雨。

萱庭春意爲胡景仁作 無名氏

春庭種萱春日長，春風吹衣春酒香。閉門讀書母在堂，百畝之稻五畝桑。萱能忘憂，無憂可忘。晨羹須調不須鯉，婦善奉姑姑自喜。阿孫來來花下戲，慎勿傷花失婆意。

屠提學童子禮公名羲時，宣城人，明嘉靖進士，浙江提學副使。

《易》曰："蒙以養正，聖功也。"而養正莫先於禮。蓋人之自失其正，以自外於聖人之途者，率以童幼之年。不聞禮教，則耳目手足無所持循，作止語默，無所檢束。及其既長，沿習偷安，徇情任氣，如已決之水，不可堤防，已放之條，不可盤鬱，何所不至哉？是故朱子小學，必先灑掃應對之節，程子謂即此便可達天德，信非誣也。世之父兄既以姑息爲恩，而爲之師者，日役役焉以課程爲急。故一切禮教，廢閣不講，童蒙何賴焉。兹本《曲禮》、《内則》、《少儀》、《弟子職》諸篇，附諸儒訓蒙要語，輯爲《童子禮》。

弘謀按，童子之禮，集中前編已載之矣。兹篇自飲食坐卧以及待人接物，皆有法度，比前諸條更爲切近，童子所不可一日無者也。其所定儀節，悉本諸《禮經》，非同臆説。童子循而習之，其心安焉。所以檢束身心者在此，所以引之於愛親敬長者，亦即在此矣。

晨興，即當盥櫛以飾容儀。凡盥面，必以巾帨遮護衣領，捲束兩袖，勿令沾濕。櫛髮，必使光整，勿散亂。但須敦尚樸雅，不得爲市井浮薄之態。

凡著衣，常加愛護。飲食須照管，勿令點污。行路須看顧，勿令泥漬。遇服役，必去上服，只著短衣，以便作事。有垢破，必洗浣補綴，以求完潔。整衣欲直，結束欲緊，毋使偏斜寬緩。上自總髻，下及鞋履，加意修飾，令與禮容相稱。其燕居及盛暑時，尤宜矜持，不得袒衣露體。能如此，雖服布素，亦自可觀。今世父母，華其子之衣履，而不能約之以禮，竟亦何益。

凡叉手之法，以左手緊把右手大拇指。其左手小指向右手腕，右手四指皆直。以左手大指向上，以右手掩其胸。手不可太著胸，須令稍離方寸。《禮》稱"手容恭"，教童子叉手有法，則拜揖之禮，方可循序而進。

凡揖時，稍闊其足，則立穩。須直其膝，曲其身，低其首，眼看自己鞋頭，兩手圓拱而下。凡與尊者揖，舉手至眼而下。與長者揖，舉手至口而下。與平交者揖，舉手當心而下。手隨身起，叉於當胸。

凡下拜之法，一揖少退，再一揖，即俯伏。以兩手齊按地，先跪左足，次屈右足。頓首至地，即起。先起右足，以雙手齊按膝上，次起左足。仍一揖而後拜。其儀度以詳緩爲敬，不可急迫。

低頭拱手，穩下雙膝。腰當直豎，不可蹲踞，以致恭敬。跪者，卑幼事尊長之常禮。請問獻進，俱當長跪。或尊長有咈意怒色，則不待呵斥，先跪以聽戒責。

凡立，須拱手正身，雙足相并。必順所立方位，不得歪斜。若身與牆壁相近，雖困倦，不得倚靠。

凡坐，須定身端坐，斂足拱手。不得偃仰傾斜，倚靠几席。如與人同坐，尤當斂身莊肅，毋得橫臂，致有妨礙。

凡走，兩手籠於袖内，緩步徐行。舉足不可太闊，毋得左右摇擺，致動衣裾。目須常顧其足，恐有差誤。登高必用雙手提衣，以防傾跌。其掉臂跳足，最爲輕浮，常宜收斂。尋常行走，以從容爲貴。若見尊長，又必致敬急趨，不可太緩。

凡童子常當緘口静默，不得輕忽出言。或有所言，必須聲氣低平，不得喧聒。所言之事，須真實有據，不得虚誑。亦不得亢傲訾人，及輕議人物長短。如市井鄙俚，戲謔無益之談，尤宜禁絶。言者，人所易放。苟有所畏憚收斂，則久久亦可簡默。今之父母，見其子資性聰慧者，於學語之時，往往導其習爲世俗輕便之談，以相笑樂。此性一縱，必不可反。是教以不謹言也，切宜禁之。

凡視聽，須收斂精神，常使耳目專一。目看書，則一意在書，不可側視他所。耳聽父母訓誡與先生講論，則一意承受，不可雜聽他言。其非看書聽講時，亦當凝視收聽，毋使此心外馳。童子聰明始開，發於耳目。耳目無所防禁，則聰明爲外物所誘，而心不存矣。故養蒙者謹之。

凡飲食，須要斂身離案，毋令太逼。從容舉箸，以次著於盤中。毋致急遽，將肴蔬撥亂。咀嚼毋使有聲。亦不得恣所嗜好，貪求多食。安放碗箸，俱當加意照顧，毋使失誤墜地。非節假及尊長命，不得飲酒。飲亦不過三爵。禮始諸飲食，君子慎之。童子之於飲食，尤所易縱而失禮者也。惟父母毋溺愛，而與之有節。師長毋避怨，而教之以禮。非惟可以養德，亦可以養神。此爲最要。

以上初檢束身心之禮。

以木盤置水，《弟子職》："所謂凡拚之道，實水於盤是也。""拚"音"僨"。左手持之，右手以竹木之枝輕灑堂中。先灑遠於尊長之所，請尊長就止其地，然後以次遍灑。畢，方取帚於箕上，兩手捧之。至當掃之處，一手執帚，一袖遮帚，徐步卻行，不使塵及於尊長之側。掃畢，斂塵於箕，出棄他所。

凡尊長呼召，即當隨身而應，不可緩慢。坐，則起。食在口，則吐。地相遠，則趨而近其前。有問，則隨事實對，且掩其口。然須聽尊長所問，辭畢，方對，毋先從中錯亂。對訖，俟尊長有命，乃復原位。呼問未及之先，常察尊長顏色所向，庶幾不失。

凡見尊長，不命之進，不敢進。不命之退，不敢退。進時當鞠躬低首，疾趨而前。其立處，不得逼近尊長，須相離三四尺，然後拜揖。退時亦疾趨而出，須從旁路行，毋背尊長。且當頻加回顧，恐更有所命。如與同列共進，尤須以齒爲序。進則魚貫而上，毋得越次紊亂。退則席捲而下，毋得先出偷安。

夏月侍父母，常須揮扇於其側，以清炎暑及驅逐蠅蚊。

冬月，則審察衣被之厚薄，爐火之多寡，時爲增益。并候視窗户罅隙，使不爲風寒所侵。務期父母安樂方已。十歲以上，侵晨先父母起。梳洗畢，詣父母榻前，問夜來安否。如父母已起，則就房先作揖，後致問。問畢，仍一揖退。昏時，候父母將寢，則拂席整衾以待。已寢，則下帳閉户而後息。

家庭之間，出入之節最所當謹。如出赴書堂，必向父母兄姊之間肅揖告出。午膳與散學時，入必以次肅揖，然後食息。其在書堂時，或因父母呼唤，有所出入，則必請問先生，許出方出，不得自專。至入書堂，雖非作揖常期，亦必肅揖，始可就坐。童子之性，難斂而易放。苟父母以姑息爲愛，不謹出入之節，爲師者，復無以制御之，鮮有不流於縱肆者矣。

凡進饌於尊長，先將几案拂拭，然後雙手捧食器置於其上。器具必乾潔，肴蔬必序列。視尊長所嗜好而頻食者，移近其前。尊長命之息，則退立於傍。食畢，則進而徹之。如命之侍食，則揖而就席。食必隨尊長所向。未食不敢先食。將畢則急畢之，俟其置食器於案，亦隨置之。饋饌乃子養父母、弟子養師長之禮。今童子多以躬執饋爲恥，則無以養其孝敬之心，而折其驕傲之氣，最不可略。

凡侍坐尊長，目則常敬候顔色，耳則常敬聽言論。有所命則起立，尊長有倦色，則請退。有請與尊長獨語，則屏身於他所。弟子分當侍立，或尊長命之坐，則亦當遵命而坐。

侍尊長行，必居其後，不可相遠，恐有所問。有問，則稍進於左右，以便應對。目之瞻視，必隨尊長所向。有所登陟，則先後扶持之。與之携手而行，則以兩手捧而就之。遇人於途，一揖即别。不得舍尊長而與之言。

凡遇尊長於道，趨進肅揖。與之言，則對。命之退，則揖别而行。如尊長乘車馬,則趨避之。或名分相懸,不爲已下車馬者,則拱立道傍,以俟其過。

凡尊長有所事,不必待其出命,即當趨就其傍,致敬服役。如將坐,則爲之正席拂塵。如侍射與投壺,則爲拾矢授矢。如盥洗,則爲之捧盤持帨。夜有所往,則爲之秉燭前導。如此之類,不可盡舉。但當正容專志,毋使怠慢差錯。尊者宜逸,卑者宜勞。故勞役之事,皆卑幼任之。弟子之職當如是也。

以上入事父兄,出事師尊,通行之禮。

受業於師,必讓年長者居先,序齒而進。受畢,肅揖而退。其所受業,或未通曉,當先叩之年長,不可遽瀆問於師。如欲請問,當整衣斂容,離席前告曰,某於某事未明,某書未通,敢請。先生有答,即宜傾耳聽受。答畢,復原位。受業時,不以智愚爲後先,而以齒爲序者,示童子以禮也。今世師或於弟子之聰慧者,令其先長者而進,是教以傲而導之驕也。可乎哉?

端身正坐。書籍筆硯等物,皆令頓放有常。其當讀之書,當用之物,隨時從容取出,不得信手翻亂。讀用已畢,復置原所,毋使參錯。其借人書物,當置簿登記,及時取還,毋致遺失。

凡先生有賓客至,弟子以次序立。俟先生與客爲禮畢,然後向上肅揖。客退,仍肅揖送之。先生與客,命無出門,即各入位凝立,俟先生返,命坐,則坐。若客與諸生中有自欲相見者,亦必俟與先生爲禮,乃敢作揖。退亦不得遠送。非其類者,勿與親狎。

凡讀書,整容、定心、看字、斷句、慢讀,務要字字分曉。毋得目視他處,手弄他物。仍須細記遍數。如遍數已足而未成誦,必欲成誦。遍數未足,雖已成誦,必滿遍數。猶逐日帶温,逐旬逐月通理,以求永久不忘。讀書不在多。能下精熟工夫,積久自然有得。今子弟多勉強記誦。爲師者又假此爲功以取悦父兄,遂不計生熟,慢令加讀,旋即遺忘。所宜戒也。

凡寫字,未問工拙,切要專心把筆,務求字畫嚴整。毋得輕易怠惰,致有潦草欹斜,并差落塗注之病。研墨放筆,毋使有聲及濺污於外。其戲書硯面及几案上,最爲不雅,切宜戒之。

以上書堂肄業之禮。

吕新吾社學要略履歷見前。

弘謀按,社學之設,最有關於教化,故歷代皆重其事。自後以文詞科第爲學,所謂社學,不過聚徒誦讀,遂謂作養美舉。其子弟日習於浮薄,師長徒尚夸矜飾,名實不副,上下相蒙,不但不能成就子弟,且令鄉里子弟淳厖之性,由此而喪,良可嘆也。吕新吾先生,凡有政教,莫不切中时弊。《社學要略》不因科第而後讀書,不必作文而後爲學,因人立教,即知即行,何其懇切而精要也。其選擇社師,不以才名爲騖,而以端良爲先,可爲近日延師者法,更可爲近日爲師者戒。

自教化陵夷之後,舉世不知讀書爲何事。師弟相督,父子相傳,不過取科甲,求富貴而已。今選社師,務取年四十以上,良心未喪,有良心,纔不忍誤壞人子弟,纔肯去成就人子弟。四字可爲訓蒙者唤醒。志向頗端之士,不拘已未入學者二十餘人,掌印官群之文廟,餼以日食,先教以講解《小學》、《孝經》及字學、反切。一年之後,如果見識近正,音韻不差,文理粗通,講解亦是者,掌印官下學考試。擇其堪以教人,查有社學,挨次撥發。

子弟讀書,大則名就功成,小則識字明理,世間第一好事。有等昏愚父母,有子不教讀書。邪心野性,竟成惡人。做盜賊,犯刑憲,皆由於此。幾曾見明理識字之人,肯爲盜賊者乎?掌印官曉諭百姓,今後子弟,可讀書之年,即送社學讀書。縱使窮忙,也須十月以後在學,三月以後回家。如此三年,果其材無可望,省令歸業。鄉間社學,以廣教化。子弟讀書,務在明理。非必令農民子弟,人人考取科第也。

學中以長幼爲先,序就齒數,除係相親自有稱呼外,其餘少稱長者兄,長呼少者名。行則右行,坐則下坐。長者立則立,長者散則散。一禁成群戲耍,二禁彼此相駡,三禁毁人筆墨書籍,四禁搬唆傾害,五禁有恃凌人。此處人五禁。犯者,比讀書加倍重責。

學者立身,行檢爲重。一戒説謊,二戒口饞,三戒村語媟言,四戒愛人財物,五戒講人長短,六戒看人婦女,七戒交結邪人,八戒衣服華美,九戒揑寫是非,十戒性暴氣高。犯者,比讀書加倍重責。

童子每日早起,向父母前一揖,問曰:今夜安否?早飯午飯回家,見父母,揖,問曰:父母飲食多少?晚上看父母卧處,待父母睡畢,而後退。父母怒駡,跪而低頭,不許勁聲強辨。父母勤勞,即來代作。父母久立,忙取坐物。父母呼人,高聲代唤。父母疾病,煎嘗湯藥。此雖人子末節,少年先須日習。至於一家尊長,俱要恭敬。家中凡事忍默,如有違犯,父兄即告先生,加倍重責。

行步要安詳穩重,不許跳躍奔趨。説話要從容高朗,不要含糊促迫。作揖要舒徐深圓,不可淺遽。侍立要莊嚴靜定,不可跛欹。起拜要身手相隨,不可失節。衣履要留心愛惜,不可邋遢。瞻視要靜正安閒,不可流亂。抄手要着衣齊心，不可怠惰。在坐要端嚴持重，不可箕開股。岸。蹺足。有違犯者，罰跪，再三犯者重責。

每講書，就教童子向自家身上體貼，這句話與你相干不相干，這章書你能學不能學。仍將可法可戒故事説與兩條，令之省惕。他日違犯，即以所講之書責之，庶幾有益身心。

此法最爲切近。即如"弟子"一章，先就本義講畢，再將現在如何方爲孝弟、謹信、愛衆、親仁、力行、學文詳切指點，再將如何便爲不孝弟、不謹信、不親愛、不力行、不學文反覆警戒。嗣後遇學徒行事，有合於孝弟等項者，則指其合於書中某句，而對衆稱之。如有所犯，則指其不合於書中某句，而對衆責之。如此，則講一章書，即受一章書之益。即知即行，始基於此。

每日遇童子倦怠懶散之時，歌詩一章。擇古今極淺、極切、極痛快、極感發、極關係者，集爲一書，令之歌咏，與之講説，責之體認。古詩如《陟岵》、《蓼莪》、《凱風》，以上父母。《棠棣》、《小明》、《杕杜》，以上兄弟。《江漢》、《出東門》，以上男女。《雞鳴》、《雄雉》，以上夫婦。《燕燕》，嫡妾。《伐木》，朋友。《芄蘭》，童子。《葛藟》，民窮。《相鼠》，教禮。《伐檀》，訓義。《采苓》、《青蠅》，戒讒。《蟋蟀》、《瓠葉》，示儉。《采蘋》，重祀。《白駒》。悦賢。至於漢魏以來，樂府古詩，近世教民俗語，凡切於綱常倫理道義身心者，日講一章。其新聲艷語，但有習學者，訪知重責。訓蒙約後，附集詩歌，即此意也。

初入社學，八歲以下者，先讀《三字經》，以習見聞；《百家姓》，以便日用；《千字文》，亦有義理。有司先將此書令善書人寫姜字體，刊布社學師弟，令之習學。蓋姜字雖吃力，而點畫分毫不苟。作字之時，能令此心不放，此心不粗。佻達縱横者厭之，以爲欠蒼勁，欠自然，而不知有益於性靈也。把筆寫字,亦取有益性靈,其爲童子計者切矣。

教童子,先學爽潔。硯無積垢,筆無宿墨。蘸墨只着水皮,乾筆先要水潤。書須離身三寸,休令拳揉。手須日洗兩番,休污書籍。案上書休亂堆斜放,書中句休亂點胡批。學堂日日掃除,桌凳時時擦抹。

念書初要數字,即認字之法。次要聯句,次要一句緊一句。眼瞅定,則字不差。心不走,則書易入。句漸緊,則書易熟。遍數多,則久不忘。詳見《分年日程》。

看書不可就講,先令童子將注貼經。貼過一番,令之回講,然後一一細説。巧比再看,復回不知,再講。庶幾有得。

作文,出極明淺易於發揮題目。作不得題,細講一遍,仍作此題。一題三作,其思必盡,其理自通,勝於日易一題也。十分深奥不能作之題,則且緩出。

記文,須選前輩老程文,極簡、極淺、極切、極清者,每體讀兩篇。作文之日,模做讀過文法者出題,庶易引觸。

讀書以勤爲先。童子不分遠近,俱令平明到學。背書完,讀新書。吃飯後,略令出門鬆散一二刻,然後看書作文。寫仿畢,仍讀書。午飯後,再令出門鬆散一二刻,仍讀書。日落後,分班對立。出對一個,破題一個,即與講改,然後放學。蓋少年脾弱,飯後不可遽用心力,恐食不消化也。

張楊園學規先生名履祥,號考甫,浙江桐鄉人。

弘謀按,楊園先生學術純正,踐履篤實,伏處衡茅,係懷民物。立論不尚過高,惟以近裏着己爲主。敦倫理,存心地,親師友,崇禮讓。一篇之中,三致意焉。讀其遺集,不能不想慕其人,而嘆其未見諸施行也。

《學規》二則，雖止爲勉勖學侶之語，而於讀書制行之大端，切己反求，固已本末兼該，徹上徹下工夫，全在於此。學者其詳玩之。

澂湖塾約

初覺，睡初醒。即省昨日所業，與今日所當爲。

旦起，讀經義一二條。先將正文熟誦精思，從容詳味，俟有所見，然後及於傳注，然後及於諸説。洗心靜氣，以求其解。毋執己見，以違古訓。毋傍舊説，以昧新知。乘此虛明，長養義理。

午膳後，敷述所看經義，以相質問，論説逾時，總期有當身心，勿宜雜及。

日間言語行事，即準於經義而出之。其有不合，必思所以。習心隱慝，種種自形，力使其去。旦晝梏亡，庶乎免矣。若人事罕接，則讀史書一二種，無餘力則已。非徒聞見之資，要亦擇善之務。

日暮，檢點一日所課，有闕則補，有疑則記，有過則自訟不寐。焚膏繼晷，夫豈徒然，對此良宜深省也。右五條，日有定程。

問難之益，彼此共之。有疑則問，無憚其煩。不止書中義理爲然。僕雖寡知，昔聞於師，敢不罄盡。其不知者，正可互相稽論以求其明，勿以遲暮惘惘而棄之也。

精神散漫，方寸憧憧，學者通患。惟主敬可以攝之。若勞擾之餘，初欲習靜，則鈔録寫仿，亦一道也。先儒云："便是執事敬。"

古人詩歌，游泳寄托，前哲不廢，特畏溺情喪志耳。餘力涉之，亦興觀之助也。文字雖非急務，間一作之，以徵所得。右三條，無定程，隨時從事。

爲學先須立大規模。萬物皆備於我，天地間事，孰非分内事。不學，安得理明而義精。既負七尺，亦負父兄，愧怍如何。

功夫須是綿密。日積月累，久自有益。毋急躁，毋間斷。急躁間斷，病實相因。尤忌等待，眼前一刻，即百年中一刻。日月如流，志業不立，率坐等待之故。

修德行道，盡其在我。窮通得喪，俟其自天。營營一生，枉爲小人者何限。流俗坑塹，陷溺實深。探湯履虎，未足爲喻也。

凡人險難在前，靡有不知，能從而動心忍性者幾人。在於少年，益宜憂患存心，無忘修省之實。

近代學者，廢棄實事，崇長虚浮，人倫庶物，未嘗經心。是以高者空言無用，卑者淪胥以亡。今宜痛懲，專務本實，一遵《大學》條目，自格物、致知、誠意、正心、修身、齊家以往八條。以爲法程。《釋義》曰："塾者，熟也。"誦之熟，講之熟，思之熟，行之熟，願與子勉之矣。右五條，通言大指。

東莊約語

儒者之學，修身爲本，罔間窮通，克己功夫，寧分老少。只求無忝所生，不負師友，在覆載中有殊庶物而已。延平先生曰："愛身明道，修己俟時，不可一日忘於心。"此其準的也。

尺蠖屈以求信，龍蛇蟄以存身。物無大小，理固皆然。古人言學，藏先於修，游後於息。未有終日馳騁其耳目知思，而能爲益身心者也。盛年百務未歷,履道坦如,尤以收斂翕聚爲固基植本之計。夙興夕愓,時哉,弗可失也。

讀書所期,明體適用。近代學者徒事空言,宜乎呫嗶没齒,反己茫然,全無可述也。日用從事,一遵胡安定經義治事,以爲之則。庶少壯歲月,不貽枉廢之嘆。米鹽妻子,庶事應酬,道心處之,無非道者。苟使縈懷,豪傑志氣,不難因之損盡。是以出就燕閒,聽睹不雜,心力益專,養德養身,二益均有。

古人淡泊明志。膏粱之習,克治宜先。長白山虀粥,可取法也。今即未能,尚師其意。日以蔬食爲主,間佐魚肉,然總弗得兼味。

學問之道,固尚從容。然一任優游,難希自得。舉其通病,不出五閒。閒思慮,閒言語,閒出入,閒涉獵及接閒人與閒事。果能必有事焉,其諸慆慢,非惟不敢,亦不暇矣。終日勞擾,實無一事當做,總是閒。

陸清獻公示子弟帖公諱隴其,字稼書,浙江平湖人。康熙庚戌進士。官至御史。從祀廟庭。

弘謀按,當湖陸先生,以朱子之學爲學,即以朱子之教爲教。《小學》、《近思録》二書,三致意焉。《三魚堂文集》,近裏着己,無一語不規於道,而不肯爲高遠難行之説。今録其教子弟數則,大要讀書行己,宜合而一之,不可離而二之。以此爲蒙童先入之言,不亦宜乎。

我雖在京,深以汝讀書爲念。非欲汝讀書取富貴,實欲汝讀書明白聖賢道理,免爲流俗之人。讀書做人,不是兩件事。將所讀之書,句句體貼到自己身上來,便是做人的法。

如此，方叫得能讀書人。若不將來身上理會，則讀書自讀書，做人自做人，只算做不曾讀書的人。讀書必以精熟爲貴。我前見你讀《詩經》、《禮記》，皆不能成誦。聖賢經傳與濫時文不同，豈可如此草草讀過。此皆欲速而不精之故。欲速是讀書第一大病。工夫只在綿密不間斷，不在速也。能不間斷，則一日所讀雖不多，日積月累，自然充足。若刻刻欲速，則刻刻做潦草工夫。此終身不能成功之道也。方做舉業，雖不能不看時文，然時文只當將數十篇，看其規矩格式，不必將十分全力盡用於此。若讀經讀古文，此是根本工夫。根本有得，則時文亦自然長進。千言萬語，總之，讀書要將聖賢有用之書爲本，而勿但知有時文。要循序漸進，而勿欲速。要體貼到自身上，而勿徒視爲取功名之具。能念吾言，雖隔三千里，猶對面也。慎毋忽之。示大兒定徵。

汝讀書要用心，又不可性急。"熟讀精思，循序漸進"，此八個字，朱子教人讀書法也，當謹守之。又要思讀書要何用。古人教人讀書，是欲其將聖賢言語身體力行，非欲其空讀也。凡日間一言一動，須自省察，曰，此合於聖賢之言乎？不合於聖賢之言乎？苟有不合，須痛自改易。如此，方是真讀書人。至若《左傳》一書，其中有好、不好兩樣人在內。讀時，務要分別。見一好人，須起愛慕的念：我必欲學他。見一不好的人，須起疾惡的念：我斷不可學他。如此，方是真讀《左傳》的人。這便是學聖賢工夫。示三兒宸徵。

汝到家，不知作何光景。須將聖賢道理時時放在胸中。小學及程氏《日程》，時常展玩。日間須用一二個時辰工夫在四書上。依我看《大全》法，先將一節書反覆細看。看得十分明白，毫无疑了，方及次節。如此循序漸進，積久自然觸處貫通。此根本工夫,不可不及早做去。次用一二個時辰,將讀過書挨次温習。不可專讀生書,忘卻看書温書兩事也。目前既未有師友,須自家將工夫限定,方不至優忽過日。努力努力。同上。

科場一時未能得手,此不足病。因此能奮發自勵,焉知將來不冠多士。但患學不足,不患無際遇也。目下用功,不比場前要多作文,須以看書爲急。每日應將四書一二章潛心玩味,不可一字放過。先將白文自理会一番,次看本注,次看《大全》,次看《蒙引》,次看《存疑》,次看《淺説》。如此做工夫,一部四書既明,讀他書,便勢如破竹。時文不必多讀,而自會做。至於諸經,皆學者所當用力。今人只專守一經,而於他經則視爲没要緊,此學問所以日陋。今賢昆仲當立一志,必欲盡通諸經。自本經而外,未讀者宜漸讀,已讀者當温習講究。諸經盡通,方成得一個學者。然此猶只是致知之事。聖賢之學,不貴能知而貴能行。須將《小學》一書,逐句在自己身上省察,日間動静,能與此合否。少有不合,便須愧恥,不可以俗人自待。在長安中,尤不宜輕易出門。恐外邊習氣不好,不知不覺被其引誘也。胸中能浸灌於聖賢之道,則引誘不動矣。寄示席生漢翼、漢廷。

讀近作甚快。雖間有出入,然大體都在範圍中。熟之而已,無他法也。所望者,要將聖賢道理身體力行,不要似世俗只作空言耳。《小學》不止是教童子之書,人生自少至老,不可須臾離。故許魯齋終身敬之如神明。《近思録》乃朱子聚周、程、張四先生之要語,爲學者指南。一部《性理》,精華皆在於此。時時玩味此二書,人品學問自然不同。外《六諭集解》,係此間新刊。雖爲愚民而設,然暇時一覽,亦甚有益。

相去遼遠，時切依依。但賢昆仲能以聖賢自期待，便如終日覿面也。同上。

人生學問，正當在失意磨煉出來，勿爲境累也。不佞年來爲此間諸生講書，句句欲引入他身心上去。好生抄數十篇歸，曾見否？雖尚須删改，未是定本，然大段意思，是要針砭學者書自書我自我之病。此意可采取也。寄示趙生魚裳旗公。

令郎目下但當多讀書，勿汲汲於時文。《左傳》之外，《易》、《書》、《詩》、《禮》諸經，皆不可不讀。讀必精熟，熟必講解，聰明自然日生，將來便不可限量。養其根而俟其實，古人爲學皆然。世俗子弟所以多壞，只緣父兄性急。一完經書，便令作文。空疏杜撰，不識經史爲何物。雖僥倖功名，亦止成俗學，與前輩學問相去殊絶。此不足效也。復席治齋虞部附。

一身遠出，幼子無知。所恃者，師保得人耳。臨行匆匆，言不能盡。想太翁亦不待言而知其意也。舟中細思"一齊衆咻"之義，覺得"咻"字情狀萬千，愈思愈覺可畏。非必有意引誘，然後爲咻。凡親友來者，或語言粗鄙，或舉止輕率，一入初學耳目，便是終身毒藥。故有心之咻猶有限，無心之咻最無窮。此孟子所以必欲置之莊岳。然莊岳勢不易得，惟恃一齊人之辭嚴義正，能使衆咻辟易，望風而靡，則瀟湘雲夢盡成莊岳矣。舟行吴江道中，半日悶鬱。思至此，又不覺欣然慰也。至於户外之事，惟有一静。仲書"夬履，貞厲"之占，切中其病，神明如見。晤時，幸時提撕此意，内無咻而外無夬，千里遠懷，便可坦然矣。惟太翁留意。與曾叔祖蒿庵翁附。

在京師，自覺紛華盛麗，不能動此心，頗浩浩落落。但時一念及稚子愚蠢,未有知識,輒不能不膠擾於中。未知近來讀書何如。侄孫意惟欲其精熟,不欲其性急。太翁可取程氏《分年日程》,細體古人讀書之法,使之循序漸進,勿隨世俗之見方妙。《周禮》、《禮記》,俱宜令其温習。一季得一周,庶能記得。侄孫幼時温書,皆一月一周也。《左傳》諸書,迄今猶能成誦,皆當時温習之功。惟太翁留神。同上。

侄孫教子之念與他人異。功名且當聽之於天,但必欲其爲聖賢路上人。望時時鼓舞其志氣,使知有向上一途。所讀書,不必欲速,但要極熟。在京師,見一二博學之士,三禮四傳爛熟胸中,滔滔滚滚,真是可愛。若讀得不熟,安能如此。此雖尚是記誦之學,然必有此根脚,然後可就上面。講究聖賢學問,未有不由博而約者。《左傳》中事迹駁雜。讀時,須分别王伯邪正之辨。《注疏》、《大全》,此兩書缺一不可。初學雖不能盡看,幸檢其易曉者,提出指示之。庶胸中知有涇渭。冬天日短,應囑其早起。夜間則又不宜久坐。欲其務學,又不得不愛惜其精神也。同上。

張清恪公讀養正編要言

公名伯行,字孝先,河南儀封人。乙丑進士。官禮部尚書。

弘謀按,人常使古今嘉言懿行不間斷於心目之間,則所存所發自有隱相吻合之處。所謂"不見其增,有時而益"也。儀封先生纂刊《養正類編》,著《要言》於卷首。欲子弟自書嘉言懿行一條,貼壁觀覽。不但長益其記誦,兼可觸發其性情。如是,則《類編》乃不虚設矣。蔡文勤公訓生徒,令於飯後各書片紙一則,意正相同。余喜其有益於學也,曾以之課子侄。今復録此,爲有志於學者勸焉,不僅蒙童而已也。

吕獻可嘗言："讀書不須多。讀得一字，行取一字。"伊川先生亦嘗曰："讀得一尺，不如行得一寸。"蓋讀書不能力行，只是説話也。然學者趨向未端，欲體認力行，莫若常觸於目以警於心。今《養正編》所載，大抵皆古人嘉言懿行，足以起發童蒙。爲蒙師者，宜於每日功課之餘，令幼童各書一條，貼於壁上，以便觀覽。一月三十條完，則令寫於課本。下月復然。一年之内，共得三百六十條。食息起居，舉目即是。不但記誦之熟，將從容默會，久而自化，其所以觀感而興起者多矣。不寧惟是。學者凡讀他書，亦依此法，日無間斷，朱子所謂"不知不覺，自然相觸發"者也。

唐翼修父師善誘法名彪，浙江蘭谿人。歷任會稽、長興、仁和訓導。

弘謀按，讀書規模已於《分年日程》備載矣。兹編於訓迪幼童之事，正復井井有條，循循易入，爲近時師生痛下針砭，故切近而可行也。陸清獻公云："科舉文字，須从本源上着力。要看作真實道理，不要看作一時應試之事。"真至言也。兹編各條，猶有此意，故并著之。

父子之間，不過不責善而已。然致功之法與所讀之書，不可不自我授也。孔子於伯魚，亦有學《詩》學《禮》之訓。今怠忽之父兄，不能設立善法教其子弟，又不購覓好書與之誦讀，事事委之於師。不知我既無諄切教子弟之心，師窺我意淡漠，恐亦不盡心訓誨矣。

父兄於子弟課程，必宜詳加檢點。書文間時當令其面背，文藝間時當面課之。如己不諳於文，當轉質之於人，始知所學之虚實也。

人僅知尊敬經師,而不知蒙師教授幼學,其督責之勞,耳無停聽,目無停視,脣焦舌敝,其苦甚於經師數倍。且人生平學問得力,全在十年内外。學生之言動,宜時時訓誨,使歸於正也。所讀之經書,宜精熟也。書法與執筆,宜講明也。切音與平仄,宜調習也。經書之注,節讀宜有法也。工夫得失,全賴蒙師。非品端學優而又勤且嚴者,不克勝任。夫蒙師勞苦如此,關係之重又如此,豈可以子弟幼小,因而輕視先生也哉。

凡書隨讀隨解,則能明晰其理,久久胸中自能有所開悟。若讀而不講,不明其理,雖所讀者盈笥,亦與不讀者無異矣。故先生教學工夫,必以勤講解爲第一義也。遇難解者,第先曉以大義,更爲設譬。不必逐字呆講,反致難曉。

學生前師手中所讀之經書全不成誦者,後師多不令其温習,此甚非教誨之善法。必也於初入學時,悉令其開明前此讀過之書。於每册中,令學生背半或背三分之一,以驗其生熟。生則先令其温習,不必授生書。一則能知學生底藴,教誨易於成功。二則可免不肖子弟,避難就易,止温其熟者,竟置其生者,以致長大經書不能成誦。三則經書既熟,學生受終身之益。四則我樂補前師之所不足,後日之師,亦必樂補吾之所不足。此忠厚之道,感應之理也。

生子至三四歲時,口角清楚,知識稍開,即用小木板方寸許,四方者,千塊,漆好。朱書《千字文》,每塊一字,盛以木匣。令其子每日識十字或三五字。識字多者,或乳媪,或僕婢,量予奬賞。則終日引誘認字,勝於引誘戲罵矣。復令其湊集成句讀之。或聚或散,或亂或齊,聽其頑要,則識認是真。如資質聰慧者,百日可以識完。再加以《三字經》、《千家詩》等書,一年可識一二千字[1],然後從師入塾。以五六歲爲率。近世惑於七顛八倒之説,至九歲方送入塾者,非也。字之識者過半[2],則讀之易。且其目之所視,亦知屬意在書,而不仰天口誦矣。讀半年小書,便可教讀四書。即與之逐字講,逐句講,如俗語一般,使知書如説話。從前至後,如問如對,有上句,便知應有下句。先將本日所教生書,講了一遍,然後教以讀。教讀數遍,已能成誦。如讀不下,再與之講以第二句之故。如資質可以讀十五行者,止讀十一二行。寧使其精力有餘,不可使之不足。

每見先生教了學生一首生書,并不計其遍數,惟期能背而已。今日教,或今晚背,或次早背。不知學生儘力一時強記,苟且塞責,及過數日,茫然不知,讀有何益。莫若教了一首生書,即令讀三十遍。令其寫字,以養其氣。字畢,令將昨日所教生書,讀二十遍。又令少息,再讀前日所教者二十遍。仍少息,再讀前一日所教者二十遍。又讀前二日者二十遍。總共一百十遍。連生書共讀五首。凡學生清晨一到書房,不許温讀,即令其前背五首背起,連背至今早應背之書止,共背五首。是一首書,讀過五日,又背,帶背五日,然後歇。是在學生口中習熟十日,可以永久不忘矣。萬一背時有差訛字句,即與他講明:這句書原是這様講,應該讀某字。如此教法,自然終身不忘。粗書理,可以漸次明白。讀完四書,而直講已明。讀經時,即可細爲講究章旨矣。書中有難讀之句,摘出多讀數十遍,則通體易熟。亦是一法。

未讀經時,工大有暇,當與調聲叶韻,講解故事。蓋聲韻

---

① “字”,原漫漶不清,此據《四部備要》。
② “字”,原漫漶不清,此據《四部備要》。

調熟,則文章自有音律。故事博通,則對聯亦必精工。非徒爲詞賦小道也。其日記故事,俱載前人嘉言懿行,以其雅俗共賞,易於通曉,講解透徹,不獨漸知文義,且足啓其效法之心。故事當取其平易切實。凡虛無怪誕者,不必。

欲學生書熟,必當設籌以記遍數。每讀十遍,令繳一籌。一者,書之遍數得實,不致虛冒。二者,按期令繳籌,遲則便可催促督責之。三者,籌不容不繳,則學生不得不勤讀,以早完課程。殆一舉而三善備矣。

温過之書,宜作標記。不作標記,多温少温,淆亂無稽。書之不熟皆由於此。且有弟子避難就易,温其熟者,置其生者也。更宜置課程簿,五日一記。如初一至初五日,讀某書起,至某書止。温某書起,至某書止。童蒙不能記者,先生代爲記之。庶免混亂無稽之弊。

書有不識字而讀訛别者,亦有識字而讀訛别者,在讀者俱不自知。先生須用心聽審,如有之,急令改正。否則日久習以爲常,以訛傳訛矣。然一人聽聞,恐有不及。宜遍示諸生曰:“爾諸生誼屬朋友。凡讀書有訛别者,正當互相指點。”即令其於訛别字旁加一角圈,爲之標記。庶几讀到其處,觸目動心,自能改正矣。童子讀《易經》,九三多讀六三,六四多讀九四,上九多讀上六。若先生講明陽九陰六之故,由於每卦卦畫而來,則學生胸中了然,自不至於誤讀矣。

歐陽文忠公曰:“立身以力學爲先,力學以讀書爲本。”今取《孝經》、《論語》、《孟子》、六經,以字計之:《孝經》,一千九百三字。《論語》,一萬一千七百五字。《孟子》,三萬四千六百八十五字。《周易》,二萬四千一百七字。《尚書》,二萬五千七百字。《詩》,三萬九千二百三十四字。《禮記》,九萬九千一十字。《周禮》，四萬五千八百六字。《春秋左傳》，一十九萬六千八百四十五字。止以中才爲準，若日誦三百字，不過四年半可畢。或資鈍減中人之半，亦九年可畢。其餘觸類而長之。雖書卷浩繁，第能加日積之功，何患不至。諺曰："積絲成縷，積寸成尺。寸尺不已，遂爲丈匹。"此言雖小，可以喻大。爾輩勉之。

子弟年雖幼，讀過書，宜及時與之講解，以開其智慧。然須專講其淺近者。若兼及深微之書，則茫乎不知其意旨，并其易者，皆變爲難，不能解矣。更有説焉：書雖淺近，若徒空解，猶未能即明其理，而亦無益身心。惟將所解之書義，盡證之以日用常行之事，庶幾能領會，能記憶。王虚中曰："宜取《孟子》書中易解者先言之。"屠宛陵曰："先生講書，至有關德行倫理者，便説與學生知道：要這等行，纔是好人。有關修己治人，忠君愛國者，便説道：你他日作官，亦要如此。"

先生止與學生講書，而不令其覆書，最爲無益。然每日既講書，又令覆書，則工夫過煩，先生精力，亦不能副。惟將前十日所講書，於後五日令覆完。覆書之日，不必講書。人或嫌其工夫稀少，而不知其得益良多。其間錯解者，可以改正，不解者，可以再解。不用心聽，全不能覆者，懲儆之。開導之功，莫善於此。

習舉業者寡，不習舉業者甚多。愚意不習舉業之人，必當教之讀古文，作書簡論記，以通達其文理。乃有迂闊之人，以文理非習八股不能通，後以八股難成就，并不以此教子弟。子弟亦以八股爲難，竟不欲學。於是不習舉業者，百人之中，竟無一人略通文藝者。噫！文理欲求佳則難，若欲大略明通，熟讀簡易古文數十篇，皆能成就，何必由八股而入。試思未有八股之前,漢晋唐宋文章之佳,遠過於明。又其時,百家九流能通文藝者甚多,何嘗皆從八股入也。

開筆作文,先須講明題旨及來踪去路。一章重在何節,一節重在何句,一句重在何字,看得融會貫通,方可下筆。破承只須彌月,開講要做半年。若開講未精,遽徵全幅,中等筆性,斷然生梗矣。必待開講明通,令其竟爲全文。切勿出股對股,圉其知識。今日縱能扶牆摸壁,異日必不能起爐作灶。對股之弊,近多犯之。

王虚中曰:"閱童子之文,但宜隨其立意而改之。通达其氣脈字句,極能長發才思。若拘題理而盡改之,則阻挫其才思,已後即不能發出矣。"

先生於弟子之文,改亦不佳者,寧置之。如中比不可改,則置中比。他比亦然。蓋不可改而強改,徒費精神,終不能親切條畅,學生閱之,反增隔膜之見。惟可改之處,宜細心筆削,令有點鐵化金之妙,斯善矣。善學者,於改就之文,細心推究,我之非處何在?先生之妙處何在?塗抹難閱者,照本另謄。逾數月,又玩索之。玩索再四,則通塞是非之故明,而學識進矣。

人知四六之文,重在平仄,而不知散體古文,八股制義,亦重之也。音韻鏗鏘,便覺朗朗可誦。平仄不調,詞句必不順適。意雖甚佳,無益矣。

古人學問并稱,明均重也。不能問者,學必不進。爲父師者,當置册子與子弟,令之日記所疑,以便請問。每日有二端注册子者,始稱完課。多者,設賞例以旌其勤。一日之間,或全無問,與少一者,即爲缺功。積數日抽書詢問學生,如果皆知而不問,是誠聰穎。倘不知而又不問,則幼者夏楚儆之,長者設罰例以懲之。庶幾留心體認,勤與問難,而學有進益也。

時文購在乎多,選貴乎少。少選以供吟咏體貼之功,多購以爲推廣識見之益。準之以墨裁,參之以先輩,或看同會勝我之文。比如一題到手,在我苦心構就,猶屬牽強,在人意到筆隨,從容合拍。某處窘於題面,何以寬然有餘?某處亦合想頭,何以詞不達意?觸類旁通,自然有得。所謂從師亦要取友也。總之自開蒙以至舉業,全在師長静專切督,因材造就,迎機而導,不徒專事鞭撲。又曰:"師者,範也。"言行動静,皆可爲式。噫,師豈易言哉。

教女遗规

序

天下無不可教之人，亦無可以不教之人，而豈獨遺於女子也。當其甫離襁褓，養護深閨，非若男子出就外傅，有師友之切磋，《詩》、《書》之浸灌也。父母雖甚愛之，亦不過於起居服食之間，加意體恤。及其長也，爲之教針黹，備裝奩而已。至於性情嗜好之偏正，言動之合古誼與否，則鮮有及焉。是視女子爲不必教，皆若有固然者。幸而愛敬之良性所同具，猶不盡至於背理而傷道，且有克敦大義，足以扶植倫紀者。倘平時更以格言至論，可法可戒之事，日陳於前，使之觀感而效法，其爲德性之助，豈淺鮮哉？余故於《養正遺規》之後，復采古今教女之書，及凡有關於女德者，裒集成編。事取其平易而近人，理取其顯淺而易曉。蓋欲世人之有以教其子，而更有以教其女也。夫在家爲女，出嫁爲婦，生子爲母。有賢女然後有賢婦，有賢婦然後有賢母，有賢母然後有賢子孫。王化始於閨門，《家人》利在女貞。女教之所繫，蓋綦重矣。

或者疑女子知書者少，非文字之所能教，而弄筆墨工文詞者，有時反爲女德之累。不知女子具有性慧，縱不能經史貫通，間亦粗知文義。即至村姑里婦，未盡識字，而一門之內，父兄子弟，爲之陳述故事，講説遺文，亦必有心領神會，隨事感發之處。一家如此，推而一鄉，而一邑，孰非教之所可及乎？彼專工文墨，不明大義，則所以教之者之過，而非盡女子之過也。抑余又見夫世之婦女，守其一知半解，或習聞片詞隻義，往往篤信固守，奉以終身，且轉相傳述，交相勸戒，曾不若口讀《詩》、《書》，而所行悉與倍焉者。意者女子之性專一篤至，其爲教尤有易入者乎。是在有閑家之責者，加之意而已。

乾隆七年九月既望，桂林陳弘謀題於西江使署①。

① 本段之下原緊附目録，今移至總目録。

卷之上

曹大家女誡有序。

曹大家，姓班氏，名昭，後漢平陽曹世叔妻，扶風班彪之女也。世叔早卒，昭守志，教子曹穀成人。長兄班固，作《前漢書》，未畢而卒，昭續成之。次兄班超，入鎮西域，未蒙詔還。昭伏闕上書，乞賜兄歸老。和熹鄧太后嘉其志節，詔入宫，以爲女師，賜號大家。皇后及諸貴人皆師事之。

鄙人愚暗，受性不敏。蒙先君之餘寵，賴母師之典訓，年十有四，執箕帚於曹氏，今四十餘載矣。戰戰兢兢，常懼黜辱，以增父母之羞，以益中外之累。是以夙夜劬心，勤不告勞，而今而後，乃知免耳。吾性疏愚，教導無素，恒恐子穀，負辱清朝。聖恩横加，猥賜金紫，實非鄙人庶幾所望也。男能自謀矣，吾不復以爲憂。但傷諸女，方當適人，而不漸加訓誨，不聞婦禮，懼失容他門，取恥宗族。吾今疾在沉滯，性命無常，念汝曹如此，每用惆悵。因作《女誡》七篇，願諸女各寫一通，庶有補益，裨助汝身。去矣，其勖勉之。

謹按，大家身都貴胄，博極群書，完節撫孤。復能爲兄上書，爲兄續史。時皇后諸嬪皆師事之，誠巾幗中丈夫也。今觀其所以誡女者，始之以卑弱，終之以謙和。大要以敬順爲主，絶無一語及於外政，則女德之所尚可知矣。至於近世女子，好華飾，趨巧異，幾幾乎以四德爲詬病。今所論德言容功，乃在此不在彼，尤可謂對症良劑也。懲驕惰於未萌，嚴禮法於不墜。貴賤大小，莫不率由。以是爲百代女師可也。故列諸卷首，以爲教女者則焉。

卑弱第一

古者生女三日，卧之牀下，弄之瓦磚，而齊告焉。卧之牀下，明其卑弱，主下人也。弄之瓦磚，明其習勞，主執勤也。齊告先君，明當主繼祭祀也。三者蓋女人之常道，禮法之典教矣。謙讓恭敬，先人後己，有善莫名，不自矜夸。有惡莫辭，不自飾非。忍辱含垢，常若畏懼，卑弱下人也。晚寢早作，不憚夙夜，執務私事，不辭劇音"極"，煩重也。易，所作必成，手迹整理，是謂執勤也。正色端操，以事夫主，清靜自守，無好戲笑，潔齊酒食，以供祖宗，是謂繼祭祀也。三者苟備，而患名稱之不聞，黜辱之在身，未之見也。三者苟失之，何名稱之可聞，黜辱之可免哉。

夫婦第二

夫婦之道，參配陰陽，通達神明，信天地之弘義，人倫之大節也。是以《禮》貴男女之際，《詩》著《關雎》之義。由斯言之，不可不重也。夫不賢，則無以御節制。婦。婦不賢，則無以事夫。夫不御婦，則威儀廢缺。婦不事夫，則義理墮闕。方斯二者，其用一也。察今之君子，徒知妻婦之不可不御，威儀之不可不整，故訓其男，檢以書傳。殊不知夫主之不可不事，禮義之不可不存也。但教男而不教女，不亦蔽於彼此之數乎?《禮》“八歲始教之書,十五而至於學”矣,獨不可以此爲則哉。

敬順第三

陰陽殊性,男女異行。陽以剛爲德,陰以柔爲用。男以强爲貴,女以弱爲美。故鄙諺有云:“生男如狼,猶恐其尫。音‘汪’,瘦弱也。生女如鼠,猶恐其虎。惟恐强猛。”然則修身莫如敬,避强莫若順。故曰:“敬順之道,爲婦之大禮也。”夫敬,非他,持久之謂也。夫順,非他,寬裕之謂也。持久者,知止足也。寬裕者,尚恭下也。夫婦之好,終身不離。房室周旋,遂生媟黷。媟黷既生,語言過矣。語言既過,縱恣必作。縱恣既作,則侮夫之心生矣。此由於不知止足者也。夫事有曲直,言有是非。直者不能不爭,曲者不能不訟。訟爭既施,則有忿怒之事矣。此由於不尚恭下者也。侮夫不節,譴呵從之。忿怒不止,楚撻從之。夫爲夫婦者,義以和親,恩以好合。楚撻既行,何義之存。譴呵既宣,何恩之有。恩義俱廢,夫婦離行。

婦行第四

女有四行:一曰婦德,二曰婦言,三曰婦容,四曰婦功。夫云婦德,不必才明絶異也。婦言,不必辯口利辭也。婦容,不必顔色美麗也。婦功,不必技巧過人也。幽閒貞静,守節整齊,行己有恥,動静有法,是謂婦德。擇辭而説,不道惡語,時然後言,不厭於人,是謂婦言。盥浣音“管换”,皆洗也。塵穢，服飾鮮潔，沐浴以時，身不垢辱，是謂婦容。專心紡績，不好戲笑，潔齊酒食，以供賓客，是謂婦功。此四者，女人之大節，而不可乏無者也。然爲之甚易，唯在存心耳。古人有言："仁遠乎哉？我欲仁，而仁斯至矣。"此之謂也。

專心第五

《禮》，夫有再娶之義，婦無二適之文。故曰："夫者，天也。"天固不可違，夫故不可離也。行違神祇，天則罰之。禮義有愆，夫則薄之。故《女憲》曰："得意一人，得夫之意。是謂永畢。和諧畢世。失意一人，失夫之意。是謂永訖。訖，止也。夫婦乖離，盡於此也。"由斯言之，夫不可不求其心。然所求者，亦非謂佞媚苟親也。固莫若專心正色。禮義居潔，耳無妄聽，目無邪視，出無冶容，入無廢飾，無聚會群輩，無看視門户，則謂專心正色矣。若夫動静輕脱，視聽邪偷，入則亂髮壞形，出則窈窕作態，説所不當道，觀所不當視，此謂不能專心正色矣。

曲從第六

夫"得意一人，是謂永畢。失意一人，是謂永訖"，欲人定志專心之言也。舅姑之心，豈當可失哉。物有以恩自離者，有恩於人，人反離之。亦有以義自破者也。夫雖云愛，舅姑云非，此所謂以義自破者也。然則舅姑之心奈何，故莫尚於曲從矣。姑云不，音"否"。爾而是，固宜從令。姑云是，爾而非，猶宜順命。勿得違戾是非，爭分曲直，此則所謂曲從矣。

故《女憲》曰:“婦如影響,順從舅姑,如影隨形,響應聲,自得歡心。焉不可賞。”

和叔妹第七

婦人之得意於夫主,由舅姑之愛己也。舅姑之愛己,由叔妹之譽己也。由此言之,我之臧否毁譽,一由叔妹。叔妹之心,不可失也。人皆莫知叔妹之不可失,而不能和之以求親,其蔽也哉。自非聖人,鮮能無過。故顏子貴於能改,仲尼嘉其不貳,而況於婦人者也。雖以賢女之行,聰哲之性,其能備乎?故室人和,則謗掩,内外離,則過揚,此必然之勢也。《易》曰:“二人同心,其利斷金。可以截金鐵。同心之言,其臭氣也。如蘭。”此之謂也。夫叔妹者,體敵而分尊,恩疏而義親。若淑媛謙順之人,則能依義以篤好,崇恩以結援,使徽美顯彰,而瑕過隱塞。舅姑矜善,而夫主嘉美。聲譽曜於邑鄰,休光延於父母。若夫愚蠢之人,於叔則托名以自高,於妹則因寵以驕盈。驕盈既施,何和之有?恩義既乖,何譽之臻?是以美隱而過宣,姑忿而夫愠,毁訾音“子”,謗言也。布於中外,恥辱集於厥身。進增父母之羞,退益君子之累。斯乃榮辱之本,而顯顯揚。否之基也,可不慎歟?然則求叔妹之心,固莫尚於謙順矣。謙則德之柄,順則婦之行,知斯二者,足以和矣。《詩》曰:“在彼無惡,在此無射。”此之謂也。

蔡中郎女訓名邕,字伯喈,東漢人。

謹按,女子自離提抱,無論富貴貧賤,鮮不日有事於盥洗梳櫛者也。

此編以修容喻修身。因其所共曉，而導以所未明。即其所習爲，而責以所未能。眼前指點，何其親切而有味也。女子雖至愚，三復斯訓，能不攬鏡而有悟乎？

心猶首面也，是以甚致飾焉。面一旦不修，則塵垢穢之。心一朝不思善，則邪惡入之。咸知飾其面，不修其心，惑矣。夫面之不飾，愚者謂之醜。心之不修，賢者謂之惡。愚者謂之醜，猶可。賢者謂之惡，將何容焉？故覽照拭面，面宜潔淨。則思其心之潔也。傅粉，粉宜調和。則思其心之和也。加粉，粉宜鮮明。則思其心之鮮也。澤髮，髮宜潤澤。則思其心之潤也。用櫛，櫛以理亂絲。則思其心之理也。立髻，髻宜端正。則思其心之正也。攝鬢，鬢宜整齊。則思其心之整也。

宋尚宫女論語

宋若昭，貝州人。世以儒聞。父棻，好學，生五女，若華、若昭、若倫、若憲、若荀，皆慧美能文。若昭文詞高潔，不願歸人，欲以文學名世。若華著《女論語》，若昭申釋之。唐貞元中，詔入禁中，試文章，論經史，俱稱旨。若昭以曹大家自許，帝嘉其志，稱爲女學士。拜内職，官尚宫，掌六宫文學，兼教諸皇子、公主，皆事之以師禮，號曰"宫師"。

謹按，若華托曹大家之意，集爲女訓，名曰《女論語》，其妹若昭申釋之。夫《論語》，聖賢問答之言也，可與之并列乎？然吾觀《曲禮》、《内則》所載葱渫酒漿，紛帨刀礪，纖悉具備。蓋至道不離乎居室日用之常，而聖賢垂訓，無非欲人言動舉止，悉合於當然之則。《論語》二十篇，亦豈在高遠哉？兹編條分縷晰，便於誦習，言雖淺俚，事實切近，嫗媪孩提，皆可通曉。苟如斯訓，亦不愧於婦道矣。

立身章第一

凡爲女子,先學立身。立身之法,惟務清貞。清則身潔,貞則身榮。行莫回頭,語莫掀唇。坐莫動膝,立莫摇裙。喜莫大笑,怒莫高聲。内外各處,男女異群。莫窺外壁,莫出外庭。男非眷屬,莫與通名。女非善淑,莫與相親。立身端正,方可爲人。

學作章第二

凡爲女子,須學女工。紉麻緝苧,粗細不同。車機紡織,切勿匆匆。看蠶煮繭,曉夜相從。采桑摘柘,看雨占風。滓濕即替,寒冷須烘。取葉飼食,必得其中。取絲經緯,丈匹成工。輕紗下軸,細布入筒。綢絹苧葛,織造重重。亦可貨賣,亦可自縫。刺鞋作襪,引綫綉絨。縫聯補綴,百事皆通。能依此語,寒冷從容。衣不愁破,家不愁窮。莫學懶婦,積小癡慵。不貪女務,不計春冬。針綫粗率,爲人所攻。嫁爲人婦,恥辱門風。衣裳破損,牽西遮東。遭人指點,恥笑鄉中。奉勸女子,聽取言終。

學禮章第三

凡爲女子,當知禮數。女客相過,安排坐具。整頓衣裳,輕行緩步。斂手低聲,請過庭户。問候通時,從頭稱叙。答問殷勤,輕言細語。備辦茶湯,迎來遞去。莫學他人,擡身不顧。接見依稀,有相欺侮。如到人家,當知女務。相見傳茶,即通事故。説罷起身,再三辭去。主若相留,禮筵待遇。酒略沾唇,食無乂箸。退盞辭壺,過承推拒。莫學他人,呼湯呷醋。醉後顛狂,招人怨惡。當在家庭,少游道路。生面相逢,低頭看顧。莫學他人,不知朝暮。走遍鄉村,説三道四。引惹惡聲,多招罵怒。辱賤門風,連累父母。損破自身,供他笑具。如此之人,有如犬鼠。

早起章第四

凡爲女子,習以爲常。五更雞唱,起着衣裳。盥漱已了,隨意梳妝。揀柴燒火,早下厨房。摩鍋洗鑊,煮水煎湯。隨家豐儉,蒸煮食嘗。安排蔬菜,炮豉舂薑。隨時下料,甜淡馨香。整齊碗碟,鋪設分張。三餐飽食,朝暮相當。莫學懶婦,不解思量。日高三丈,猶未離牀。起來已晏,卻是慚惶。未曾梳洗,突入厨房。容顔齷齪,手脚慌忙。煎茶煮飯,不及時常。又有一等,餔餟爭嘗。未曾炮饌,先已偷藏。醜呈鄉里,辱及爺娘。被人傳説,豈不羞惶。

事父母章第五

女子在堂,敬重爹娘。每朝早起,先問安康。寒則烘火,熱則扇涼。饑則進食,渴則進湯。父母檢責,不得慌忙。近前聽取,早夜思量。若有不是,改過從長。父母言語,莫作尋常。遵依教訓,不可強梁。若有不諳,細問無妨。父母年老,朝夕憂惶。補聯鞋襪,做造衣裳。四時八節,孝養相當。父母有疾,身莫離牀。衣不解帶,湯藥親嘗。禱告神祇,保佑安康。設有不幸,大數身亡。痛入骨髓,哭斷肝腸。劬勞罔極,恩德難忘。衣裳裝殮,持服居喪。安埋設祭,禮拜家堂。逢周遇忌,血淚汪汪。莫學忤逆,不敬爹娘。纔出一語,使氣昂昂。需索陪送,爭競衣裝。父母不幸,説短論長。搜求財帛,不顧哀喪。如此婦人,狗彘豺狼。

事舅姑章第六

阿翁阿姑,夫家之主。既入他門,合稱新婦。供承看養,如同父母。敬事阿翁,形容不睹。不敢隨行,不敢對語。如有使令,聽其囑咐。姑坐則立,使令便去。早起開門,莫令驚忤。灑掃庭堂,洗濯巾布。齒藥肥皂,温涼得所。退步階前,待其浣洗。萬福一聲,即時退步。整辦茶盤,安排匙箸。香潔茶湯,小心敬遞。飯則軟蒸,肉則熟煮。自古老人,齒牙疏蛀。茶水羹湯,莫教虛度。夜晚更深,將歸睡處。安置相辭,方回房户。日日一般,朝朝相似。傳教庭幃,人稱賢婦。莫學他人,跳梁可惡。咆哮尊長,説辛道苦。呼喚不來,饑寒不顧。如此之人,號爲惡婦。天地不容,雷霆震怒。責罰加身,悔之無路。

事夫章第七

女子出嫁,夫主爲親。前生緣分,今世婚姻。將夫比天,其義匪輕。夫剛妻柔,恩愛相因。居家相待,敬重如賓。夫有言語,側耳詳聽。夫有惡事,勸諫諄諄。莫學愚婦,惹禍臨身。夫若出外,須記途程。黄昏未返,瞻望相尋。停燈温飯,等候敲門。莫學懶婦,先自安身。夫如有病,終日勞心。多方問藥,遍處求神。百般治療,願得長生。莫學蠢婦,全不憂心。夫若發怒,不可生嗔。退身相讓,忍氣低聲。莫學潑婦,鬥鬧頻頻。粗絲細葛,熨貼縫紉。莫教寒冷,凍損夫身。家常茶飯,供待殷勤。莫教饑渴,瘦瘠苦辛。同甘同苦,同富同貧。死同葬穴,生共衣衾。能依此語,和樂瑟琴。如此之女,賢德聲聞。

訓男女章第八

大抵人家,皆有男女。年已長成,教之有序。訓誨之權,亦在於母。男入書堂,請延師傅。習學禮儀,吟詩作賦。尊敬師儒,束脩酒脯。女處閨門,少令出户。唤來便來,唤去便去。稍有不從,當加叱怒。朝暮訓誨,各勤事務。掃地燒香,紉麻緝苧。若在人前,教他禮數。莫縱嬌癡,恐他啼怒。莫縱跳梁,恐他輕侮。莫縱歌詞,恐他淫污。莫縱游行,恐他惡事。堪笑今人,不能爲主。男不知書,聽其弄齒。鬥鬧貪杯,謳歌習舞。官府不憂,家鄉不顧。女不知禮,強梁言語。不識尊卑,不能針指。辱及尊親,有玷父母。如此之人,養猪養鼠。

營家章第九

營家之女,惟儉惟勤。勤則家起,懶則家傾。儉則家富,奢則家貧。凡爲女子,不可因循。一生之計,惟在於勤。一年之計,惟在於春。一日之計,惟在於寅。奉箕擁帚,灑掃灰塵。撮除邋遢,潔靜幽清。眼前爽利,家宅光明。莫教穢污,有玷門庭。耕田下種,莫怨辛勤。炊羹造飯,饋送頻頻。莫教遲慢,有誤工程。積糠聚屑,喂養孳牲。呼歸放去,檢點搜尋。莫教失落,擾亂四鄰。夫有錢米,收拾經營。夫有酒物,存積留停。迎賓待客,不可偷侵。大富由命,小富由勤。禾麻菽麥,成棧成囷。油鹽椒豉,盎瓮裝盛。猪雞鵝鴨,成隊成群。四時八節,免得營營。酒漿食饌,各有餘盈。夫婦享福,歡笑欣欣。

待客章第十

大抵人家,皆有賓主。滚滌壺瓶,抹光槕子。準備人來,點湯遞水。退立堂後,聽夫言語。細語商量,殺雞爲黍。五味調和,菜蔬齊楚。茶酒清香,有光門户。紅日含山,晚留居住。點燭擎燈,安排卧具。欽敬相承,温涼得理。次曉相看,客如辭去,酒飯殷勤,一切周至。夫喜能家,客稱曉事。莫學他人,不持家務。客來無湯,慌忙失措。夫若留人,妻懷嗔怒。有箸無匙,有鹽無醋。打男駡女,争啜争哺。夫受慚惶,客懷羞懼。有客到門,無人在户。須遣家童,問其來處。當見則見,不見則避。敬待茶湯,莫缺禮數。記其姓名,詢其事務。等得夫歸,即當説訴。奉勸後人,切依規度。

和柔章第十一

處家之法,婦女須能。以和爲貴,孝順爲尊。翁姑嗔責,曾如不曾。上房下户,子侄宜親。是非休習,長短休爭。從來家醜，不可外聞。東鄰西舍，禮數周全。往來動問，款曲盤旋。一茶一水，笑語忻然。當説則説，當行則行。閒是閒非，不入我門。莫學愚婦，不問根源。穢言污語，觸突尊賢。奉勸女子，量後思前。

守節章第十二

古來賢婦，九烈三貞。名標青史，傳到如今。後生宜學，勿曰難行。第一貞節，神鬼皆欽。有女在室，莫出閨庭。有客在户，莫露聲音。不談私語，不聽淫音。黄昏來往，秉燭掌燈。暗中出入，非女之經。一行有失，百行無成。夫妻結髮，義重千金。若有不幸，中路先傾。三年重服，守志堅心。保家持業，整頓墳塋。殷勤訓子，存殁光榮。此篇《論語》，内範儀刑。後人依此，女德昭明。幼年切記，不可朦朧。若依此言，享福無窮。

卷之中

吕近溪女小兒語公名得勝，明嘉靖時寧陵人。

謹按，近溪先生《小兒語》，已刊入《養正遺規》，兹篇其專訓女子者也。警醒透露，無一字不近人情，無一字不合正理，其言似淺，其義實深。閨訓之切要，無有過於此者。凡爲女子，童而習其詞，長而通其義，時時提撕，事事效法，庶乎女德可全，雖以之終身焉可也。

四言

少年婦女，最要勤謹。比人先起，比人後寢。

爭着做活，讓著吃飯。身懶口饞，惹人下賤。

米麵油鹽，碗碟匙箸。一切家火，放在是處。

件件要能，事事要會。人巧我拙，見他也愧。

口要常漱，手要常洗。避人之物，藏在背裏。

脚手頭臉，女人四强。身子不顧，人笑爺娘。

衣服整齊，茶飯潔淨。污音"屋"。濁"川"入聲。邋遢，諸人厭憎。

一斗珍珠，不如升米。織金裝花，再難拆洗。

刺音"七"。鳳描鸞，要他何用。使的眼花，坐成勞病。

婦女裝束，清修雅淡。只在賢德，不在打扮。
不良之婦，穿金戴銀。不如賢女，荆釵布裙。
剩飯殘茶，都要愛惜。看那窮漢，糠土也吃。
一米一絲，貧人汗血。舍是陰騭，費是作孽。
笑休高聲，説要低語。下氣小心，纔是婦女。
偷眼瞧音“樵”。人，偷聲低唱。又惹是非，又不貴相。
古分内外，禮别男女。不避嫌疑，招人言語。
孝順公婆，比如爺娘。隨他寬窄，不要怨傷。
尊長叫人，接聲就叫。若叫不應，自家先到。
長者當讓，尊者當敬。任他難爲，只休使性。
事無大小，休自主張。公婆稟問，夫主商量。
夫是你天，不可欺心。天若塌了，那裏安身？
也休要强，也休撒暴。懼内凌夫，世人兩笑。
夫不成人，勸救須早。萬語千言，要他學好。
相敬如賓，相成如友。媟狎謔戲，夫婦之醜。
久不生長，勸夫取妾。妾若生子，你也不絶。
家中有妾，快休嚷鬧。鄰家聽的，只把你笑。
越爭越生，越嚷越惱。不如賢惠，都見你好。
夫若不平，妾若不順。你做好人，自有公論。
大伯小叔，小姑妯娌。你不讓他，那個讓你。
駡儘他駡，説儘他説。我不還他，他也臉熱。
百年相處，終日相見。千忍萬忍，休失體面。
既是一家，休要兩心。外合裏差，壞了自身。
母家夫前，休學語言。講不清白，落個不賢。
讓的小人，纔是君子。一般見識，有甚彼此。
休要搬舌，休要翻嘴。招對出來，又羞又悔。

邪書休看，邪話休聽。邪人休見，邪地休行。

寧好明求，休要暗起。一遍發覺，百遍是你。

也休心粗，也怕手慢。不癢不疼，忙時没幹。

看養嬰兒，切戒飽暖。些須過失，就要束叶音“所”。管。

水火剪刀，高下跌磕。音“渴”。生冷果肉，小兒毒藥。

鄰里親戚，都要和氣。情性温熱，財物周濟。

也要仔細，也要寬大。作事刻薄，須防禍害。

只誇人長，休説人短。人向你説，只聽休管。

手下之人，勞苦饑寒。知他念他，凡事從寬。

三婆師婆、媒婆、賣婆。二婦，娼婦、唱婦。休教入門。倡揚是非，惑亂人心。

房中説話，常要小心。傍人聽去，惹笑生嗔。

門户常關，箱櫃常鎖。日日緊要，防盗防火。

多積陰騭，少積錢財。兒孫若好，錢去還來。

安分知足，休生暴怨。天不周全，地有缺欠。

任從受氣，留着本身。自家尋死，好了别人。

三從四德，婦人常守。犯了五出，不出也醜。無子、有惡疾，皆非其罪。

婦人好處，温柔方正。勤儉孝慈，老成莊重。

婦人歪處，輕淺風流。性凶心狠，又懶又丟。

賢妻孝婦，萬古傳名。不賢不孝，枉活一生。

雜言

買馬不爲鞍鐙，取妻卻爭賠贈。

婦人好吃好坐，男子忍寒受餓。

婦人口大舌長，男子家敗身亡。

打罵休得煩惱，受些氣兒災少。

誰好去聲。與我鬥氣，是我不可人意。

婦人聲滿四鄰，不惡也是凶神。

美女出頭，丈夫該愁。必惹殺夫之禍。

孤兒寡婦，只要勁做。能自樹立。

絮聒多言。老婆瑣煩碎。性子，一件事兒重平聲。個死。

好聽偷瞧，自家尋氣。裝啞推聾，倒得便益。叶去聲。

僕隸没賢德的主兒，護短之故。娘家没不是的女兒。溺愛之故。

新來媳婦難得好，耐心調教休煩惱。

只怨自家有不是，休怨公婆難服事。

公婆夫婿掌生死，心高氣傲那裏使。

家教寬中有嚴，家人一世安然。

人有廉耻好化，面色甚似打罵。

婦人敗壞説夫婿，開口没你是處。

大婦愛小妻，賢名天下知。繼母愛前男，賢名天下傳。

吕新吾閨範有序。

先王重陰教，故婦人有女師，講明古語，稱引昔賢，令之謹守三從，克尊四德，以爲夫子之光，不貽父母之辱。自世教衰，而閨門中人，竟棄之禮法之外矣。生閭閻内，慣聽鄙俚之言。在富貴家，恣長驕奢之性。首滿金珠，體遍縠羅，態學輕浮，語習儇巧，而口無良言，身無善行。舅姑妯娌，不傳賢孝之名，鄉黨親戚，但聞頑悍之惡，則不教之故。乃高之者，弄柔翰，逞騷才，以誇浮士；卑之者，撥俗弦，歌艷語，近於倡家，則邪教之流也。閨門萬化之原，審如是，内治何以修哉？《女訓》諸書，昔人備矣。然多者難悉，晦者難明，雜者無所别白，淡無味者，不能令人感惕。閨人無所持循，以爲誦習。余讀而病之，乃擬《列女傳》，輯先哲嘉言，諸賢善行，繪之圖像。其奇文奥義，則間爲音釋。又於每類之前，各題大指，每傳之後，各贊數言，以示激勸。嗟夫，孝賢貞烈，根於天性。彼流芳百世之人，未必讀書，而誦習流芳百世者，乃不取法其萬一焉，良可愧矣。予因序前賢以警後學云。寧陵吕坤書。

謹按，吕新吾先生凡有著述，悉有功於世道人心，予録之以爲世勸者屢矣。《閨範》一編，前列嘉言，後載善行，復繪之以圖，繫之以贊。無非欲兒女子見之，喜於觀覽，轉相論説，因事垂訓，實具苦心。當時士林，樂誦其書，摹印不下數萬本，直至流布宫禁。其中由感生愧，由愧生奮，巾幗之内，相與勸於善而遠於不善者，蓋不知凡幾也。今限於卷帙，不復繪圖，擇其言之尤切，行之尤顯者，録爲一卷。雖於原編僅十之三四，而子道、婦道、母道胥備焉。所載懿行，可以動天地，泣鬼神，至今讀之，凛凛猶有生氣。誠哉！地維賴以立，天柱賴以尊，孰謂女德爲無關輕重哉？

嘉言

《列女傳》曰："古者婦人妊音'認'，身懷孕也。子，寢不側，坐不邊，偏也。立不蹕，音'秘'，一足欹。不食邪味。割不正不食，席不正四正四隅皆正也。不坐。目不視邪色，耳不聽淫聲。夜則令瞽誦詩，道正事。如此，則生子形容端正，才德過人矣。"

孔子曰："婦人，伏於人也。是故無專制之義，有三從之道,無所敢自遂也。教令不出閨門,事在饋音'餽',餉也。食之間而已矣。"

是故,女及日猶言終日。乎閨門之内,不百里而犇同"奔"。喪。有三年之喪,則越境。事無擅爲,行去聲。無獨成。參謀於人。知而後動,可驗有證據。而後言。晝不游庭,夜行以火。所以正婦德也。

女有五不取:逆家不忠不孝。子不取,亂家内外淫嬻。子不取,世有刑人棄於官法。不取,世有惡疾天疱癩風,體氣之種。不取,喪去聲。父長子無家教。不取。

婦有七去:上聲。不順父母去,無子去,淫去,妒去,有惡疾去,多言去,竊盜去。

有三不去:有所取,娶時父兄在。無所歸,而今父兄不在。不去。與更三年喪,不去。先貧賤,後富貴,不去。

《士昏禮》曰:"父醮'焦'去聲,戒命之酒。子,命之曰:'往迎爾相,妻相夫。承我宗事。嗣先祖。勖音"旭",勉也。帥先也。以敬,先妣之嗣,共祭祀。若汝也。則有常。'子曰:'諾。唯恐弗堪,勖勉。不敢忘命。'"

父送女,命之曰:"戒之無非爲。敬之,勉善行。夙夜無違命。舅姑夫子之令。"母施衿音"琴",小帶。結帨,音"税",佩巾。曰:"勉之敬之,夙夜無違宫事。閨門之事。"庶母父妾。及門内施鞶,音"盤",大帶。申重言父母之命。之以父母之命。命之曰:"敬恭言敬又言恭,恐其忽忘也。聽爾父母之言,夙夜無愆,過也。視諸衿鞶。"

視衿鞶,則思父母之命矣。衿鞶二帶,欲其重重收斂。帨,欲其日日清潔。真西山曰:"夫之道,在敬身以帥其婦。婦之道,在敬身以承其夫。孰謂閨門爲放肆之地,夫婦爲褻狎之人哉?"

文中子王通。曰:“婚娶而論財,夷虜之道也,君子不入其鄉。古者男女之族,各擇德焉,不以財爲禮。早婚少聘,教人以偷。真性早鑿,情欲早肆。妾媵音‘映’。無數,教人以亂。且貴賤有等,一夫一婦,庶人之職也。”

匡衡曰:“匹配之際,生民之始,萬福之原。婚姻之禮正,然後品物遂而天命全。孔子論《詩》,以《關雎》爲首。言太上者,民之父母。后夫人之行,不侔似也。乎天地,則無以奉九廟。神靈之統,而理九宫。萬物之宜,故《詩》曰:‘窈窕淑女,君子好逑。’言能致極也。其貞淑,不貳其操,節操始終如一。情欲之感,無介乎容儀,宴私之意,不形於動静,然後可以配至尊天子。而爲宗廟主,此綱紀之首,王教之端也。”

吴虞翻與其弟書曰:“長子容,侄名。當爲求婦。遠求小姓,足使生子。天福其人,不在貴族。芝草無根,醴泉無源。”

柳開仲塗曰:“皇考父也。治平聲。家孝且嚴。旦望,諸婦等拜堂下畢,即上手低手。低面,低頭。聽我皇考訓誡曰:‘人家兄弟,無不義者。盡因娶婦入門,異姓相聚,爭長競短,漸音“尖”。漬音“自”。日聞,偏愛私藏,以致背戾,分門割户,患若賊讎,皆汝婦人所作。男子剛腸者幾人,能不爲婦言所惑,吾見罕矣。若等寧有是耶。’退諸婦。則惴惴,音‘墜’,恐懼。不敢出一語,爲不孝事。開輩抵此,賴之得全其家云。”

愚嘗謂婦人有五認得:認得丈夫是自家丈夫,子女是自家子女,財帛是自家財帛,父母兄弟是自家父母兄弟,奴僕是自家奴僕。其夫家尊卑長幼,俱是路人。妯娌皆懷此心,家産安得不分?婦人日浸此言,兄弟安得無嫌?諺曰:“兄弟一塊肉,婦人是刀錐。”言任其剜割也。“兄弟一釜羹,婦人是鹽梅。”言任其調和也。婦人可畏哉!大抵婦人輕利而寡言,恩多而怨少,庶幾不作人家災星禍鬼云。

司馬温公曰:“凡議婚姻,當先察婿與婦之性行及家法何如,勿苟慕其富貴。婿苟賢矣,今雖貧賤,安知異時不富貴乎?苟爲不肖,今雖富貴,安知異時不貧賤乎?婦者,家之所由盛衰也。苟慕一時之富貴而娶之,彼挾富貴,鮮有不輕其夫,而傲其舅姑者。養成驕妒之性,異日爲患,庸有極乎?借使因婦財以致富,依婦勢以取貴,苟有丈夫之志氣,能無愧耶?”

又曰:“女子六歲,始習女工之小者。七歲,誦《孝經》、《論語》。九歲,講解《孝經》、《論語》及《女誡》之類,略曉大義。今人或教女子以作歌詩,執俗樂,殊非所宜也。”

安定胡先生曰:“嫁女必須勝吾家者。勝吾家,則女之事人,必欽必戒。娶婦,必須不若吾家者。不若吾家,則婦事舅姑,必執婦道。”

《顔氏家訓》曰:“婦主中饋,唯事酒食音‘四’。衣服之禮耳。國不可使預政,家不可使幹經營。蠱。音‘古’,壞也。如有聰明才智,識達古今,正當輔佐君子,勸其不足,必無牝雞晨鳴以致禍也。兄弟者,分形連氣之人也。方其幼也,父母左提右挈,前襟後裾。食則同案,衣則傳服,學則連業,游則共方。雖有悖亂之人,不能不相愛也。及其壯也,各妻其妻,各子其子。雖有篤厚之人,不能不少衰也。娣弟妻。姒兄嫂。之比兄弟,則疏薄矣。今使疏薄之人,而節裁限。量計較。親厚之恩,猶方底而圓蓋,必不合矣。唯友悌深至,不爲傍人之所移者。免夫。”

李氏《女戒》曰:“貧者安其貧,富者戒其富。”又云:“棄和柔之色,作嬌小之容,是爲輕薄之婦人。藏心爲情,出口爲語。言語者,榮辱之樞機,親疏之大節也。亦能離堅合異,結怨興讎。大則覆國亡家,小則六親離散。是以賢女謹口,恐招恥謗。或在尊前,或居閒處,未嘗觸應答之語,他人說話,傍邊接聲。發謟諛之言。不出無稽之詞,不爲調戲之事,不涉穢濁,不處嫌疑。"

善行

女子之道

婦道母儀,始於女德,未有女無良而婦淑者也。故首女道。

孝女。女未適人,與子同道。孝子難,孝女爲尤難。世俗女子在室,自處以客,而母亦客之。子道不修,母顧共衣食事之焉。養驕修態,易怨輕悲,亦未聞道矣。今録其可法者。

齊景公有愛槐,使衍守之,下令曰:"犯槐者刑,傷槐者死。"於是衍醉而傷槐,景公怒,將殺之。女婧懼,乃造晏子請曰:"妾父衍,先犯君令,罪固當死。妾聞明君之治國也,不爲畜傷人,不以草傷稼。今吾君以槐殺妾之父,孤妾之身,妾恐鄰國聞之,謂君愛樹而賊人也。"晏子惕然。明日朝,謂景公曰:"君極土木以匱民,又殺無罪以滋虐,無乃殃國乎?"公曰:"寡人敬受命矣。"即罷守槐之役,而赦傷槐者。

呂氏曰:勢之尊,惟理能屈之,是故君子貴理直。傷槐女之言,豈獨能救父死?君相能用其言也,齊國其大治乎!

女娟者,趙簡子夫人也。初簡子伐楚,與津吏期。簡子至,津吏醉不能渡,簡子欲殺之。娟對曰:"妾父聞主君來渡不測之水,禱祀九江三淮之神。既祭飲福,不勝杯酌餘瀝,醉至於此。妾願以賤軀代父之死。"簡子曰:"非女子之罪也。"

娟曰："妾父尚醉，恐其身不知痛，而心不知非也。願醒而伏辜焉。"簡子釋其父而弗誅。

齊太倉女者，漢太倉令淳于意之少女，名緹縈。音"提盈"。公有女五人，無子。公有罪當刑，詔繫長安。會逮，公罵曰："生女不生男，緩急非有益。"緹縈悲泣隨之。至長安，上書曰："妾父爲吏，齊中皆稱廉平。今坐法當刑，妾傷夫死者不可復生，刑肉傷。者不可復屬，雖欲改過自新，其道無由也。妾願入身爲官婢，以贖父罪，使得自新。"書奏，天子憐其意，乃除肉刑。淳于公遂得免焉。

吕氏曰：生男未必有益，顧用情何如耳。若緹縈者，雖謂之有子可也。爲人子者，可以愧矣。

曹娥者，上虞曹盱音"吁"。之女也。盱能撫劍長歌，婆娑樂神。以漢建安二年五月五日，迎伍君，子胥。逆濤而上，爲水所没，不得其尸。娥年十四，沿江號哭，十七晝夜不絶聲，遂自投江以死。經五日，抱父尸出。縣長度尚，改葬娥於江南道傍，爲立碑焉。

吕氏曰：曹娥求父，十有七日，而孝念不衰。投江五日，而負尸以出。至誠所格，江神效靈。千古談及，使人揮淚。江名曹娥，萬古流芳矣。

盧氏，永嘉人。一日與母同行，遇虎將噬音"世"，吞也。母，女以身當之。虎得女，母乃免。後有人見其跨虎而行。里人建祠於永寧鄉。宋理宗朝，封曰孝祐。

吕氏曰：世豈有不畏虎之人哉？況一膽怯女子，獨當母前，惟恐虎不我噬焉。此何心哉？一情所篤，萬念俱忘。虎何嘗噬盧氏，天固假之以章孝應耳。

謝小娥，幼有志操，許聘段居真。父與居真同爲商販，盜申蘭、申春殺之。小娥詭服爲男子，托庸申家。因群盜飲酒，蘭、春與群盜皆醉卧。娥閉户斬蘭首，大呼捕賊。鄉人擒春，得贓巨萬。娥乃祝髮爲尼。

吕氏曰：小娥之節孝無論，至其智勇，有偉丈夫所不及者。娥許聘未嫁，一柔脆女子耳，誰爲之謀，又何敢與他人謀，乃托身於危身之地，竟遂其難遂之心，何智深而勇沉耶。吾謂之女子房，卒之祝髮，抑赤松與游之類乎？

葛妙真，元宣城民家女。九歲，聞日者言母年五十當死。妙真即悲憂祝天，誓不嫁，終日齋素，以延母年。母後年八十一卒。事上，賜旌異。

吕氏曰：葛妙真篤母子之情，廢夫婦之道，可謂卓絶之行，純一之心矣。人定勝天，孰謂命稟於有生之初哉？

袁氏女，元溧水人。年十五，其母嚴氏孀居，極貧，病癱瘓卧於牀。女事母極孝。至正中，兵火延其里，鄰婦強女出避，女泣曰："我何忍舍母去乎？"遂入室抱母，力不能出，共焚而死。

吕氏曰：袁氏以孱弱女子，抱病廢之母以出，豈不量力。意甘同死，不忍使母之獨死耳。道固當爾，則殺身乃所以成仁乎？

康孝女，明濟源人。父友賢，年老無子，擇王珏入婿。女勸母納妾。生子，而乏乳。女亦生女，遂舍之，乳其弟。曰："吾父老矣。女可得，而弟不可再得也。"母嘗遘疾甚，女嘗糞甘苦。夫早没，誓不再適。時人稱之。

吕氏曰：康女事親之孝，愛弟之友，從夫之貞，是謂三不可及。

烈女。女子之道，守正待求。不惟從一而永終，亦須待禮而正始。命之不穀，時與願違。朱顔無自免之術，白刃豈甘心之地。然而一死之外，更無良圖。所謂捨生取義者也。

奉天竇氏，有二女，長者年十九，幼者年十六，少有志操，皆美姿容。永泰中，群盜數千人剽掠其村。二女匿巖穴間，盗曳出之。驅迫以前，臨壑谷，深數百尺。其姊曰："吾寧就死，義不受辱。"即投崖而死。盗方驚駭，其妹繼之。折足，破面流血。群盗舍之而去。京兆尹第五琦嘉其貞烈，奏之。詔旌表門閭，永免其家丁役。

詹氏女，紹興初，年十七。淮寇號"一窠蜂"破蕪湖。女嘆曰："父子俱無生理，我計決矣。"頃之，賊至，執其父兄，將殺之。女泣拜曰："妾雖窶音'吕'，貧也。陋，願相從，贖父兄命。不然，且同死，無益也。"賊釋父兄縛。女麾之曰："亟走，無相念，我得侍將軍足矣。"從賊行數里，過市東橋，躍入水中死。賊相顧駭嘆而去。

吕氏曰：宋儒有云："死天下事易，成天下事難。"故聖人貴德，尤貴有才之德。詹女委曲數言，忍死數里，而父兄俱脱於兵刃之下。向使駡賊不屈，闔門被害，豈不烈哉？而一無所濟，智者惜之。若詹烈女，可爲處變法矣。

貞女。女子守身，如持玉卮，如捧盈水，心不欲爲耳目所變，迹不欲爲中外所疑，然後可以完堅白之節，成清潔之身。何者？丈夫事業在六合，苟非瀆倫，小節猶足自贖。女子名節在一身，稍有微瑕，萬善不能相掩。然居常處順，十女九貞。惟夫消磨糜爛之際，金久煉而愈精；滓泥污穢之中，蓮含香而自潔。則點節者，亦十九也。故取貞女以示訓焉。

江南有一女子，父繫獄，無兄弟供朝夕，女與嫂往省之。過高郵，其郡蚊盛，夜若轟雷，非帳中不能避。有男子招入帳者，嫂從之。女曰："男女别嫌。阿家爲誰，而可入也。"獨宿草莽中。行數日，竟爲蚊嘬而死，筋有露者。土人立祠祀之，世傳爲露筋廟。

吕氏曰：高郵不志其事，而有祠。吾里人有謁其祠者。又載之劉叔剛《啓蒙故事》云。嗟夫，姑嫂同行，旦夕不相離。即投民舍，少避須臾，誰得而議之。貞女守禮愛名，重於生死，固如此。古侍從無人，雖母子父女不同室。近世遠别之道不明。即心可自信，而迹易生疑。無别而不苟合者有矣，未有苟合而不始於無别者也。故先王遠男女於天壤，明嫌微於毫髮。豈惟口語是憂，而實死亡禍敗之爲懼也。

廉女。視利如塵垢，若將浼焉者也。

曹修古知興化軍，卒於官，貧不能歸葬。賓佐贈錢五十萬，妻欲受之。季女泣，白其母曰："我先人在，未嘗受賓佐饋遺，奈何以賻錢累其身後？"母從之，盡卻不受。

吕氏曰：父之廉見信於女，女愛父以德，寧不能歸葬，而不受賓佐之贈焉。此豈世俗之見所能及哉？禮，喪有賻，孔孟亦所不辭。吾未見女子之狷介如是者，故録之以示訓焉。

夫婦之道

《易》之《家人》曰："夫夫婦婦而家道正。"夫義婦順，家之福也。故擇夫婦之賢者以示訓焉。使知刑於之化，不獨責之丈夫，而同心協德，亦有力焉。

晋冀邑人郤缺，夫婦相敬如賓客。一日缺耨，乃豆切，耘也。其妻饁，音"葉"，送飯。持餐奉夫甚謹，缺亦斂容受之。晋大夫臼季，過而見之，載以歸。言諸文公曰："敬，德之聚也。能敬，必有德。德能治民，君請用之。"文公以爲下軍大夫。

吕氏曰：夫婦非疏遠之人，田野非几席之地，饁餉非獻酬之時。郤缺夫婦，敬以相將，觀者欣慕焉。則事事有容，在在不苟，可知矣。余嘗謂閨門之内，離一禮字不得。而夫婦反目，則不以禮節之故也。郤缺夫婦真可師哉。

漢鮑宣妻桓氏，字少君。宣嘗就少君父學。父奇其清苦，以少君妻之，資裝甚盛。宣不悦曰："少君生富驕，習美飾，而吾實貧賤，不敢當。"妻曰："大人以先生修德守約，故使妾侍執巾櫛。既承奉君子，唯命是從。"宣笑曰："能如是，是吾志也。"妻乃悉歸侍御服飾，更着短布裳，與宣共挽音"晚"。鹿車，歸鄉里。拜姑禮畢，提瓮出汲。修行婦道，鄉邦稱之。

呂氏曰：少君以富家少女，幡然甘貧婦之行，毁妝露面，汲水挽車。古稱習氣難脱，士君子累歲窮年，不能漸變，而況斯婦乎？少君可謂勇於義矣。鮑宣甘心苦節，視勢利紛華，若將浼焉，豈不介石君子哉？乃有利婦家之財，得之則喜，不得則怒，日填溪壑而不足者，視此當亦汗顏。

呂滎公夫人仙源，夫人字也。嘗言與侍講爲夫婦，相處六十年，未嘗一日有面赤，自少至老，雖衽席之上，未嘗戲笑。

呂氏曰：夫婦之間，以狎昵始，未有不以怨怒終者。滎公夫婦，惟其衽席無嬉戲，是以終身無面赤。吾録之以爲夫婦居室之法云。

婦人之道

婦人者，伏於人者也。温柔卑順，乃事人之性情。純一堅貞，則持身之節操。至於四德，尤所當知。婦德尚靜正，婦言尚簡婉，婦功尚周慎，婦容尚閒雅。四德備，雖才拙性愚，家貧貌陋，不能累其賢。四德亡，雖奇能異慧，貴女芳姿，不能掩其惡。今采古人之賢者。

兼德。婦人備有衆善，一長不足以盡之也，故列諸首。

明帝后馬氏，伏波將軍援之女也。謙抑節儉，不私所親。肅宗即位，欲封諸舅，太后不聽。明年夏，大旱。言事者以爲不封外戚之故。太后乃下詔曰："凡言事者，皆欲媚朕以希恩耳。昔王氏同日五侯，其時黄霧四塞，不聞澍雨甘雨。之應。田竇田蚡，竇嬰。貴寵横恣，傾覆之禍，爲世所傳。故先帝慎防舅氏，不令在樞機之位。諸子之封，裁纔同。令半楚淮楊諸國，嘗謂我子不得與先帝子等。今有司奈何欲以馬氏比陰氏乎？吾爲天下母，而身服大練，粗熟絹布。食不求甘，左右但着布帛，無香薰之飾者，欲以身率下也。”

呂氏曰：士庶人女，莫不私其所親，況太后耶？明德懲田竇五王之横，裁抑外家，不令封侯。身爲天下母，而衣大練之衣，無三味之膳，敦節儉以爲天下先。非甚盛德，何能割恩任怨，約己率人若此哉？吾首録之以爲婦道倡。

敬姜者，魯穆伯之妻，文伯之母，季康子之從祖叔母也。文伯相魯。退朝，敬姜方績。文伯曰：“以歜音‘出’，文伯名。之家，而主大夫之妻稱主。猶績。懼干季孫之怒，其以歜爲不能事主乎？”敬姜嘆曰：“魯其亡乎！使僮子備官而未之聞耶？居，吾語女。昔聖王之於民也，擇瘠音‘即’。土而處之，勞而用之，故長王天下。夫民勞則思，思則善心生。逸則淫，淫則忘善，忘善則惡心生。沃音‘屋’。土之民不材，淫也。瘠土之民向義，勞也。是故天子公侯，王后夫人，莫不旦暮憂勤，各修其職業。省文。今我寡也，爾又在下位。朝夕虔事，猶恐忘先人之業，況敢怠耶？”季康子嘗至，敬姜闖音“委”，斜開。門而與之言，不逾閾。音“域”，門限。仲尼謂敬姜别於男女之禮矣。

呂氏曰：敬姜之内教備矣，無一而不善，可爲婦人持身之法。

樂羊子妻，不知何氏女。羊子嘗行路，得遺金一餅，與其妻。妻曰：“妾聞志士不飲盜泉之水，廉者不受嗟來之食，況拾金以污其行乎？”羊子大慚，乃捐於野。嘗遠尋師。學一年來歸，妻跪問故。羊子曰：“久行懷思，無他意也。”妻乃引刀就機而言曰：“此織生自蠶繭，成於機杼。一絲之累，以至於寸。累寸不已，遂成丈匹。今若斷斯織也，則捐成功，廢時月。夫子積學，當日有成。若中道而歸，何異斷斯織乎？”羊子感其言，還就學，七年不反。妻躬勤養姑，又遠饋羊子，俾之卒業。嘗有盜入其家，欲犯之。不得，乃劫其姑。妻聞，操刀而出。盜曰："速從我！不從，我殺汝姑。"妻仰天慟哭，舉刀刎頸而死。盜大慚，舍其姑而去。太守聞之，賜錢帛，以禮葬之，號曰貞義。

呂氏曰：賢哉，樂羊子之妻乎！遺金不受，臨財之義也。樂守寂寥，愛夫之正也。甘心自殺，處變之權也。值此節孝難全之會，一死之外，無他圖矣。史逸其名，惜哉！

李五妻張氏，濟南鄒平縣人。年十八，夫戍福建之福寧州，死於戍。時舅姑老，家貧，無子，張蠶績以爲養。及舅姑歿，張嘆曰："夫死數千里外，不能歸骨以葬者，以舅姑無依，不能遠離也。今大事盡矣，而夫骨終棄遠土，妾何以生。"乃卧積冰上，誓曰："使妾若能歸夫骨以葬，即幸不凍死。"卧月餘，不死。鄉人異之，乃相率贈以錢糧，大書其事於衣以行。由鄒平至福寧，五千餘里，不四十日而至。其侄補戍在焉。張氏見之，問夫葬處，已忘之矣。張哀號欲絶。忽其夫降神，道別及死狀，且指骨所。張如言求之，果得以歸。有司上其事，旌表焉。

呂氏曰：張氏孝節，可謂審於先後矣。夫死而舅姑無依，則我身重於夫，故代夫爲子，而夫死若忘。舅姑死而夫爲客鬼，則夫身重於我，故忍死間關，而夫尸竟得。孰謂貧婦而有斯人。

孝婦。萬善百行，惟孝爲尊。故孝婦先焉。

孝婦者，陳之少寡婦也。甫嫁而夫當戍，將行，屬孝婦曰："我生死未可知。幸有老母，無他兄弟備養。吾不還，汝肯養吾母乎？"婦應曰："諾。"夫果死不還。婦無子，養姑慈愛愈固。紡績以爲業，終無嫁意。居喪三年，其母將取而嫁之。

孝婦曰："妾聞信者，人之幹也。義者，行之節也。妾始嫁時，受嚴命而事夫。夫行，屬妾以母，妾既諾之矣。受人之托，豈可棄哉！棄托不信，背死不義。"母百計勸之。孝婦曰："所貴乎人，貴其行也。生子而娶之婦，非以托此身乎。姑老矣，夫不幸，不得終爲子，而妾又棄之，是負夫之心，而傷妾之行也。行之不修，將何以立於世。"欲自殺，父母懼而從之。養姑二十八年，姑死，終身祭祀。淮陽太守以聞，漢文帝高其義，賜黄金四十斤，復其家，號曰孝婦。

吕氏曰：孝婦夫亡時，年甫十八耳，别時一諾，持以終身。既守婦節，又盡子道。艱苦幾經，不二其心。設非孝婦，母也不爲溝壑之枯骨乎？

唐夫人者，中書侍郎崔遠之祖母也。夫人事姑孝。姑長孫夫人，年高無齒。唐夫人每旦拜於階下，即升堂乳其姑。長孫夫人不粒食數年而康寧。一日疾病，長幼咸集，宣言無以報新婦恩："願新婦有子有孫，皆得如新婦孝敬。則崔氏之門，安得不昌大乎！"

吕氏曰：婦事姑，菽水時供，不失婦道。即以孝稱者，日竭甘旨，極意承歡，母不能食，亦付之無可奈何耳。唐夫人事姑乃奪子之乳以乳之，非真心至愛，出於自然，何能思及此哉？是故有孝親之心，不患無事親之法。

廣漢姜詩，事母至孝。妻龐氏，奉順尤篤。母好飲江水，去舍六七里。其妻取水，值風，還不及時。母渴，詩怒而遣之。妻寄止鄰舍，晝夜紡績，市珍羞，因鄰母以達於姑。久之，姑怪問，鄰母具對。姑感慚，還之。恩養愈謹。其子因遠汲，溺死。妻恐姑哀傷，托以遠學不在。姑嗜鱠，又不能獨食。夫婦常力作供鱠，呼鄰母共之。舍側忽涌泉，味如江水。每日躍出鯉魚一雙，常供二母之膳。赤眉賊經詩里，弛兵而過。曰："驚大孝，必觸鬼神。"其孝感如此。

吕氏曰：孝子之事親也，養口體易，養心志難，順一時易，順終身難，事慈親易，事嚴親難。龐氏小過被逐，怨懟不生，而托鄰母以致養。力作求鱠，不惟供母，又養鄰母以陪歡。孝無以加矣。余非人子耶？余甚愧之。安得起九泉人，復伸姜孝子一日之心耶。

趙孝婦，早寡家貧，爲人織紝。得美食，必持歸奉姑，自啖粗糲。音"臘"。嘗念姑老，後事無資，乃鬻次子於富家，得錢百緡，買木治棺。棺成，南鄰失火，順風而北，勢迫矣。孝婦亟扶姑出，而棺重不可移，乃伏棺大哭曰："吾賣兒得棺，無能爲我救者，天乎天乎！"言畢，火越而北。人以爲孝感所致。

吕氏曰：孰謂回禄無知哉？止火即異，越孝婦而北，不尤異乎？至誠而不動者，未之有也。

俞新之妻，紹興人，聞氏女也。新殁，聞尚幼，父母慮其不能守，欲更嫁之。聞哭曰："一身二夫，烈婦所耻。妾可無生，可無耻乎？且姑老子幼，妾去當誰依也。"即斷髮自誓。父母知其志篤，乃不忍强。姑久病風，失明。聞手滌溷音"混"。穢，時漱口上堂舐音"是"。其目，目爲復明。及姑卒，家貧無資，與子親負土葬之。朝夕悲號，聞者慘惻。

吕氏曰：未有貞妻不爲孝婦者。聞氏事姑，至舐目復明，非至孝感通，孰謂舌能愈目哉？乃有欺其不見，而以螬具食者。

死節之婦。身當凶變，欲求生，必至失身，非捐軀不能遂志。死乎不得不死，雖孔孟亦如是而已。

皇甫規妻，不知何氏女，美姿容，能文，工書。時爲規答書記，人怪其工，後乃知之。規卒，妻年方少。董卓爲相，聘以輜軿百乘，馬二十匹，奴婢錢帛充路。妻乃縗服詣卓門，跪自陳請，辭甚酸愴。卓使侍者拔刀圍之，謂曰："孤之威令，四海風靡，乃不行於一婦人乎？"妻知不免，乃起罵卓曰："君羌胡之種，毒害天下，猶未足耶？妾先人，清德奕世。皇甫氏，文武上才，爲國忠臣。君其趣與趨同義。走吏，敢行非禮於爾君夫人耶？”卓乃引車庭中，以其頭懸軛，鞭撲交下。妻謝杖者曰：“重加之，令我速死。”遂死車下。後人圖畫，號曰禮宗云。

吕氏曰：哀哉，皇甫妻也。有色，有文，有行，而天不祚其身。義哉，皇甫妻也。誘之以利，怵之以兵，而竟不奪其志。至於跪卓乞免，積誠意以感動之，可謂從容不迫矣。不愛死，不求死，不得已而後死，其善用死者哉。

梁氏，臨川人。歸王氏家纔數月，會元兵至。與夫約曰：“吾必死兵。若更娶，當告我。”頃之，夫婦俱被執。有軍千户，欲納梁氏。梁紿曰：“同行而事兩夫，情禮均病。乞歸吾夫而後可。”千户從之，夫去。計不可追矣，即拒搏怒罵，遂被殺。越數年，夫謀更娶，議輒不諧，因告妻。夜夢妻云：“我死後，生某氏家，後當復爲君婦。”明日遣人聘之，一言而合。詢其生，與婦死年月日正同云。

吕氏曰：梁氏全夫之智，臨變不迷，從一之貞，再生不易，事不必其有無。然金石之操，兩世猶事一夫。世顧有事一夫而懷二心者，梁氏傳不可不讀。

譚烈婦趙氏，吉州永新人。元兵破城，趙氏抱嬰兒，隨其舅姑同藏鄉校中，爲悍兵所執，殺其舅姑。又執趙，欲污之。不從，恐之以刃。趙駡曰：“吾舅死於汝，吾姑又死於汝。與其不義而生，寧從吾舅姑死耳。”遂與嬰兒同遇害。血漬文廟兩楹之間八磚，宛然婦人抱嬰兒狀。磨以沙石，不去。鍛以石炭，其狀益顯。

吕氏曰：舅姑之血，豈不濺染磚石，然已泯没。而烈婦嬰兒，血狀宛然，磨而益著。貞心爲血，貫徹金石，理固然耳。

潘氏，字妙圓，山陰人。適同邑徐允讓，甫三月，值元兵圍城。潘同夫匿嶺西，賊得之，允讓死於刃，執潘欲辱之。潘顏色自若，曰："我一婦人，家破夫亡。既已見執，欲不從君，安往？願焚吾夫，得盡一慟，即事君百年無憾矣。"兵從之，乃爲坎燔柴。火正烈，潘躍入烈焰而死。

呂氏曰：濟變以才，含情以量。使妙圓罵賊不屈，豈不獲死？而夫骨誰收，又安得同爲一坎之灰耶？哀懼不形，安詳以成其志。圓也可爲丈夫法矣。

趙淮，長沙人。德祐中，携妾戍銀樹埧。元兵至，俱執。至瓜洲，元將使淮招李庭芝降。淮不從，爲所殺，棄尸江濱。妾入元軍，泣曰："妾夙事趙運使，今尸棄不收，情不能忍。願得掩埋，終身事公，無憾。"元將憐之，使數兵輿至江上。妾聚薪焚淮骸骨，置瓦缶中，自抱持，操小舟至中流，仰天慟哭，躍水而死。

呂氏曰：淮之忠，妾之節，讀之俱堪淚下。使妾也罵賊而死，則淮骨終無人收矣。哀言感動，元將爲憐。淮葬江心，妾全首領。處變不當如是耶？

守節之婦。視死者之難，不啻十百，而無子女之守爲尤難。余列之死者之後，愍死者之不幸也。天地常經，古今中道，惟守爲正，余甚重之。

高行者，梁之寡婦也。榮於色，美於行。夫早死，不嫁。梁貴人爭欲取之，不能得。梁王聞之，使相聘焉，再三往。高行曰："妾夫不幸，先狗馬填溝壑。妾養其幼孤，勢難他適。且婦人之義，一醮不改。忘死而貪生，棄義而從利，何以爲人。"乃援鏡持刀，割其鼻，曰："妾已刑矣。所以不死者，不忍幼弱之重孤也。且王之求妾者，非以色耶？刑餘之人，殆可釋矣。”相以報王。王乃免其丁徭,號曰高行。

吕氏曰:王侯不能奪其守,況卿大夫乎?堅於金石,凛若冰霜,吾於梁寡見之。

魏夏侯氏,名令女。方適曹文叔,而文叔死。令女年少,無子。父母欲嫁之,令女乃斷髮爲信。後曹氏滅族,父母以其無依,必欲嫁之。令女又截其兩耳,斷其鼻,以死自誓。蒙被而卧,血流滿牀席。家人嘆而謂之曰:“人生世間,如輕塵栖弱草耳,何辛苦如是。且夫家夷滅已盡,守此欲誰爲哉?”令女曰:“吾聞仁者不以盛衰改節,義者不以存亡易心。曹氏前盛之時,尚欲保終,況今衰亡,何忍棄之。禽獸之行,吾豈爲乎!”

吕氏曰:曹爽之族赤矣,獨令女在,父母是依,蓋朝夕以必嫁爲心者也。設令女不毁其形,使不可嫁,寧免奪志之謀乎?令女苦節,蓋不得已耳。

劉長卿妻桓氏,生男五歲,而長卿卒。桓氏防遠嫌疑,不肯歸寧。兒年十五,夭死。桓氏慮不免,乃割其耳以自誓。鄰婦相與愍之,謂曰:“夫亡子死,無以養節。何貴義輕身若此哉?”對曰:“昔我先君五更,學爲儒宗,尊爲帝師。五更以來,男以忠孝顯,女以貞順稱。《詩》云:‘無忝爾祖,聿修厥德。’是以預自刑剪,以明我情。”沛相王吉,上奏高行,顯其門閭,號曰“行義桓嫠”。

吕氏曰:桓氏寡居守禮,十年不歸寧,可謂遠嫌之至矣。《禮》有“大歸女喪與在室同”之文。桓也即依父母家,何害哉?胡天不福有德,竟令不嗣。至所稱不辱先人,則錫光乃父,家教所從來矣。

魏溥妻房氏,貴鄉太守房湛之女也。幼有烈操。年十六而溥疾。且卒,謂之曰:“死不足恨。但母寡家貧,赤子未歲,抱恨於黄壚耳。”房垂泣對曰:“幸承先人餘訓,出事君子,義在偕老。有志不從，命也。今夫人在堂，弱子繈褓，不能以身相從，而多君長往之恨，何以妾爲？君其瞑目。”溥卒，將大斂。房氏操刀割左耳，投之棺中，曰：“鬼神有知，相期泉壤。”流血淋漓。姑劉氏輟哭而謂曰：“何至於此？”對曰：“新婦年少，不幸早寡。實慮父母未諒至情，持此自誓耳。”聞者莫不感愴，竟守志終身。

吕氏曰：房氏年纔十六耳，撫孤養母，守節終身，豈不難哉？割耳投棺，一以成永訣之信，一以息奪嫁之謀，貞婦之心，金石同礪矣。

王凝，家青齊間。爲虢州司户參軍，以疾卒於官。家素貧，一子尚幼。妻李氏，携其子，負凝遺骸以歸。東過開封，止於旅舍，主人不納。李氏顧天色已暮，不肯去。主人牽其臂而出之。李氏仰天慟曰：“我爲婦人，不能守節，而此手爲人所執耶？”即引斧自斷其臂，見者爲之嘆惜。開封尹聞之，白其事於朝，厚恤李氏，而笞其主人。

吕氏曰：男女授受不親，故嫂溺始援之手。苟不至溺，兩手不相及也。李氏以引臂爲污，遂引斧斷之。豈不痛楚，義氣所激，禮重於身故耳。可爲婦人遠别之法。

王氏，睢陽人，趙子乙之妻也。子乙早死，王氏誓不改嫁。靖康之亂，自以年少有姿，行節難保，乃以堊土塗面，鬅頭散足，負姑携幼子，避地而南。人無犯之者。流離四年，至温陵，徙居於蒲，終身清白。

吕氏曰：冶容誨淫，王氏知之矣。西施爲無鹽，豈不在我？奈何以一面目，賈一身之禍哉？烈女智不及此，誠可悲矣。吾表王氏，以爲美婦女避亂之法。

鄭廉，唐人。妻李氏，年十七，嫁廉。一歲而廉死，李守志不移。夜夢一男子求爲妻，初不許。後數夜夢之。李曰：“豈容貌猶妍，招此邪魔耶？”即斷髮垢面，塵膚敝衣，自是不復夢。備嘗甘苦，守節終身。刺史白其操，號“堅正節婦”。

呂氏曰：夢非真也，茍不失真，夢亦何害？李氏猶以爲恨，而毀容以絶夢焉。如此貞心，即燕雀當不入門。何物男子，敢生邪念哉！

賢婦，愛夫以正者也。成其德，濟其業，恤其患難，皆正之謂也。

高叡妻，秦氏女也。叡爲趙州刺史，爲默啜所攻。州陷，叡仰藥不死。衆舁至默啜所。默啜示以寶刀異袍，曰：“爾欲之乎？降我，當賜爾官。不降，且死。”叡視秦。秦曰：“君受天子恩，貴爲刺史。城不能守，乃以死報，分也。即受賊官，雖階一品，何榮之爲？”自是皆瞑目不語。默啜知不可屈，乃并殺之。

呂氏曰：高叡仰藥，固慷慨殺身之志也。及被執而迫以利害，有徘徊心焉。向非秦氏以大義決之，安知不失身二姓乎？不爲威怵，不爲利誘，此大丈夫事也，乃婦人能之。嗚呼，烈矣！

馮昭儀者，漢元帝之昭儀，光禄勛馮奉世之女也。初入宫爲婕妤，生中山王。建昭元帝年號。中，上幸虎圈，鬥獸，後宫皆從。熊走出，攀檻欄干。欲上殿。左右貴人皆驚走，婕妤當熊而立。左右格殺熊。天子問：“汝獨不畏熊耶？”對曰：“妾聞猛獸得人而止。妾恐至御坐，故以身當之。”元帝嗟嘆，以此敬重焉。

呂氏曰：婦人多畏。馮昭儀之當熊，忠義所切，遂不暇畏耳。

守禮之婦。謹敕身心，慎修名節。一言一動，必合於禮而不茍。

貞姜者，齊侯女，楚昭王夫人也。王出游，留夫人漸臺之上。江水大至，王使使者迎夫人，忘持符。使者至，請夫人出。夫人曰：“王與宫人約，召必以符。今使者不持符，妾不敢從。”使者曰：“水方亟，還而取符，來無及矣。”夫人曰：“妾聞貞者不犯約，勇者不畏死。妾知從使者必生。然棄約越義，有死不爲也。”於是使者取符。比至，臺崩，夫人溺而死焉。王哀之，號曰貞姜。

呂氏曰：貞姜可謂殺身以成信矣。待符而行，昭王之信也。無論狡僞之徒，假將王命。即王命真耶，非其初約，爲貞姜者，有死而已，斷斷乎不可行也。或曰：“貞姜隨使者而來，昭王罪之與？”曰：“王懼其死而方喜其來也，奚罪？”雖貞姜亦信其從召而王不罪己也。以信成君，以禮持己，故寧死而不往耳。

荆國大長公主，宋太宗女也。真宗時，下嫁駙馬都尉李遵勖。舊制選尚者，降其父爲兄弟行。時遵勖父繼昌無恙。主因繼昌生日，以舅姑禮謁之。帝聞之喜，密以縑音“兼”，并絲繒也。衣寶帶器幣助爲壽。信國長公主，宋神宗女也。崇寧三年，下嫁鄭王潘美之曾孫，名意。事姑，修婦道。潘故大族，夫黨數百人，賓接皆盡禮，無褻外言。志尚沖淡，服玩不爲紛華。歲時簡嬉游，十年間，惟一適西池而已。

呂氏曰：婦道之衰也久矣。貴族之女嫁賤、富室之女嫁貧，則慢視舅姑、輕侮夫婿。舅姑夫婿，亦不敢以婦禮責之。見夫黨尊長，則倨傲輕浮。此皆無知俗女，有識者爲之嘆笑。而彼方志驕意得，靦不知愧，則不肖父母之所驕也。今觀荆國、信國兩公主，克謹婦道如民間子，可謂千古賢人矣。吾録之以爲挾富貴女子之勸。

柳公綽妻韓氏，相國休之孫女。家法嚴肅儉約，爲縉紳家楷範。歸柳氏三年，無少長，未嘗見其露齒。常衣絹素，不用綾羅錦綉。每歸寧，不坐金碧輿，只乘竹兜子，二青衣步屣音“洗”，徐行。以隨。常命粉苦參、黄連、熊膽和爲丸，賜諸子永夜習學，含之以資勤苦。

呂氏曰：相國孫女，節度使之夫人，金輿綉服，本不爲侈。乃獨儉素自持,言笑不苟。豈惟韓氏賢,二公家法,可概知矣。近世婦女,羅珠刺繡,滿篋充奩,大袖長衫,覆金掩彩,互羡爭學,日新月異,有甫成而即毁者。無識男子,日悦婦人之心而不足,安望以節儉率之哉?德不如人,而衣飾是尚,家不能治,而容冶相先,皆柳夫人之罪人也。

明達之婦。見理真切,論事精詳,有獨得之識,有濟變之才,亦婦人之所難也。

徐吾者,齊東海上貧婦人也。與鄰婦李吾之屬會燭夜績。徐吾最貧,而燭數不繼。李吾謂其屬曰:"無與夜不容同夜。也。"徐吾曰:"是何言與?自妾之會燭也,起常先,息常後,灑掃陳席,以待來者,食常從薄,坐常處下,爲燭不繼之故也。夫一室之中,益一人,燭不爲暗,損一人,燭不爲明。何愛東壁之餘光,不使貧妾得蒙見哀之恩,長爲僕役之事乎?"李吾莫能應,遂復與夜,終無後言。

吕氏曰:有餘者,當以分人,是謂不費之惠。不足者,當知度己,是謂自善之術。世未有不相資而能相久者也。若徐吾者,可以爲法矣。

狄仁傑爲相,有盧氏堂姨,居橋南别墅。音"宁"。姨止一子,未嘗入都城。狄仁傑每伏臘晦朔,修餽甚謹。嘗休暇,候姨安否。適見表弟挾弓矢,携雉兔,來歸進膳。顧揖仁傑,意甚輕簡。仁傑因啓姨:"某今爲相,表弟何樂?願悉力從其旨。"姨曰:"相自爲貴爾。姨止有一子,不欲令事女主。"仁傑大慚而退。

吕氏曰:盧氏之賢明,不可及矣。不以貧賤托當路之甥,世情所難。而"不事女主"一語,尤烈丈夫所難。輕於請托者,可以愧矣。

姚婦楊氏,閹人符承祖之姨也,家貧。承祖爲文明太后所寵,家累巨萬。疏遠親姻,皆資借爲榮利。楊一無所求,嘗謂其姊曰:"姊雖有一時之榮,不若妹有無憂之樂。"姊遺之衣服,不受。曰:"我夫家世貧,美服非其所宜。"與之奴婢,不受。曰:“食不能給,常着破衣,自執苦事。”承祖恥之,乃遣人乘車往迎。楊堅卧不起。從者強舁輿上,則大哭曰:“爾欲殺我耶?”符家内外皆笑,號爲癡姨。及承祖敗,誅及親戚。楊氏以貧窶得免。

呂氏曰:蠅集腥,蟻附膻,常胥及焉。即承祖不敗,而有義有命,彼富貴者,豈吾所宜資哉?楊姨不癡,不必驗之成敗間矣。

鄭氏,建州人也。南唐平建州。鄭有殊色,裨將王建封逼之,劫以刃,不爲屈。建封嗜人肉,略少婦百許,日殺其一,具食。引鄭示之曰:“懼乎?”鄭曰:“願早充君庖,爲幸多矣。”建封終不忍殺,以獻查文徽。文徽甚愛之,百計必欲相從。鄭大罵曰:“王師弔伐,凡義夫節婦,特加旌賞,以風天下。王司徒出於卒伍,不知禮義,無足怪。君侯讀聖賢書,爲國大將,當表率群下,風示遠人。乃欲加非禮於一婦人,以逞無恥之欲。妾有死而已,幸速見殺。”文徽大慚,下令城中,召其夫付之。

呂氏曰:鄭所遇王、查兩將,皆羞惡之心未亡者,故得從容慷慨以免於難。向使節婦貞女,當被執之初,或陳説大義以愧之,或婉語悲情以感之,義理之心,盜賊皆有,寧必其無一悟者乎?要之身陷於賊,非死不足以成名,非駡不足以成死。彼怒心甚,則欲心衰,亦保節之一道。然吾竊有懼焉。一女子不能當兩健兒。倘激其怒而必欲相辱,即死不足雪恨。以是知不如愧之感之之爲得也。

潁上某爲帥淮揚。有一僕,號稱驍勇。過芒碭間,其地多盜。僕與妻前驅,至葭葦中,僕大呼曰:“素聞此處多豪傑,何無一人敢與吾敵耶?”俄而葭葦中數盜出,攻僕,殺之。僕妻跪賊慟哭,叩頭感謝曰:“妾本良家婦,被此人殺吾夫而擄之,無力復讎。大王今爲吾斷其首,妾殺身無以報大德。前途數里,吾母家也。肯惠顧,當有金帛相贈。”賊喜而從之。

至一村，保聚多人，外列戈戟。婦人走入，哭訴其故。保長賺賊入，就而擒之，無一人得免。

吕氏曰：倉卒之際，恐懼之心，智者且眩然失策，況婦人乎？乃能以節義之語，觸群盜之憐。既免殺辱，又報仇讎。智深勇沉，烈丈夫所讓。孰謂斯人而有斯識耶！

文學之婦。史傳所載，班班膾炙人口，然大節有虧，則衆長難掩。無論如蔡文姬、李易安、朱淑貞輩，即回文絶技，咏雪高才，過而知悔，德尚及人，余且不録，他可知矣。然亦有貞女節婦詩文不録者，彼固不以文學重也。

班婕妤者，漢左曹越騎校尉況之女，彪之姑也。少有才學，成帝選爲少使，大被寵幸，居增成舍。帝嘗游后宮，欲與同輦。婕妤曰："妾觀古聖帝明王，皆有賢臣正士侍其左右。惟衰世之君，乃有女嬖在側。妾不敢恃愛以累聖明。"其後趙飛燕姊妹妒寵爭進，譖班婕妤怨望祝詛。帝考問。對曰："妾聞修正尚未獲福，爲邪欲以何望？使鬼神有知，不受不臣之訴。如其無知，訴之何益？"帝然之。婕妤自知難容，乃求供事太后於長信宫。

吕氏曰：同輦之寵，皆后妃嬪御之所禱而求者也。婕妤既辭而復諫。至於辨謗數語，義正辭確，可謂寵辱不驚矣。卒求長信以避妒，不賢而能之乎？

母道

母不取其慈，而取其教，溺愛姑息，教所難也。繼母不責其教，而責其慈，忌嫌憎惡，慈所難也。慈母不傳，而慈繼母傳，爲繼母者可以省矣。乳保列於八母，故亦附焉。

《禮》：母，教子以禮，正家以禮者也。若孟母，禮不足以盡之，而事歸於禮，故以禮名。

孟母仉音“掌”。氏，舍近墓。孟子少嬉戲，爲墓間事。母曰：“此非吾所居。”乃去。舍市傍。孟子嬉戲，爲賈音“古”。人衒賣事。母曰：“此非吾所居。”復徙。舍學宫之傍。孟子嬉戲，乃設俎豆，揖讓進退。母曰：“可矣。”遂居之。及孟子長，學六藝而歸。母方績，問學所至。孟子曰：“自若也。”母以刀斷其織，曰：“子廢學，若吾斷斯織也。夫君子學以立名，問則廣知，奈何廢之。”孟子懼，旦夕勤學。

正母，望子以正者也。無兒女子之情，惟道義是責。

王孫賈，年十五，事齊閔王。國亂，閔王見殺，國人不討賊。王孫母謂賈曰：“汝朝出而不還，則吾倚門而望汝。暮出而不還，則吾倚閭而望汝。今汝事王，王出走，汝不知其處，尚何歸乎？”賈乃入市中，令百姓曰：“淖音‘鬧’。齒亂國殺王，欲與我誅之者右袒。”市人從者四百人，刺淖齒而殺之。君子謂王孫母義而能教。《詩》云：“教誨爾子，式穀似之。”此之謂也。

吕氏曰：世之愛子者，多欲保全其身，至見危授命，則深悲而固止之。豈知不義而生，不若成仁而死哉！王孫母以求君望其子，寧失倚門之望焉。賢哉，母也，善用愛矣。

陸續母，治家有法。續爲太守尹興門下掾。音“篆”，吏也。時楚王英謀反，事連續，詣洛陽詔獄。續母自吴達洛陽，無緣見續，但作食饋之。續對食，悲泣不自勝。音“升”。使者問故。續曰：“母來，不得相見耳。”問何以知之。續曰：“此食，母所餉音‘向’，送也。也。吾母切肉未嘗不方，斷音‘短’，切也。葱以寸爲度，是以知之。”使者以聞，特赦之。

吕氏曰：人未有心正而事邪者，亦未有事慎而心苟者。陸母葱肉兩事,而平生之端方,言動之敬慎,可類推矣。吾取爲婦女法。

范滂音"旁"。母,有賢行。漢靈帝建寧中,大誅黨人,詔捕滂。滂詣獄,其母就之訣。滂白母曰:"仲博滂弟字。孝敬,足以供養。滂從龍舒君滂父。歸黄泉,存亡各得其所。惟大人割不忍之恩,勿增感戚。"母曰:"汝今與李杜齊名,死亦何恨。既有令名,復求壽考,可兼得乎?"滂跪受教,再拜而辭。

吕氏曰:滂當亂世,而高論以速凶,處小人,而激清以樂死,狷介之流也。吾深惜之。惟是名壽不可兼得,妙合知足之旨。而慨然割愛,無兒女子之情,母也賢乎哉!

劉安世除諫官,未拜命,入白母曰:"朝廷不以兒不肖,使居言路。諫官須明目張膽,以身任國,脱有觸忤,禍譴立至。主上方以孝治天下,若以老母辭,當可免。"母曰:"不然。吾聞諫官爲天子諍臣,汝父平生欲爲之而弗得。汝幸居此地,當捐身以報國恩。使得罪流放,無問遠近,吾當從汝所之。"安世受命。是以正色立朝,面折廷爭,人目之爲殿上虎。

吕氏曰:安富貴,保身家,此婦人常態也。安世之母以捐身報國望其子,可謂知大義矣。

仁母,以慈祥教子者也。一念陰德,及於萬姓。

雋不疑爲京兆尹,行縣録囚還,其母輒問。有所平反,母喜笑,飯食言語異於他時。或無所出,母怒,爲之不食。由是不疑爲吏不殘,君子謂不疑母能以仁教。

嚴延年母,生五男。延年爲河南太守,所在名爲嚴能。冬月論囚,流血數里,河南號曰屠伯。其母常從東海來,欲就延年臘。到洛陽,適見報囚。母大驚,便止都亭,不肯入府。延年出至都亭謁,閉閤不見。延年免冠頓首閤下,母乃見之。因責數延年曰:"幸備郡守,專治千里。不聞仁義教化,有以全安愚民，顧多刑殺以致威，豈爲民父母之意哉？”延年服罪，頓首謝。將歸，謂延年曰：“天道神明，人不可獨殺。我不自意，老當見壯子被刑戮也。行矣，去東海爲汝掃除墓地耳。”遂去。後歲餘，延年棄市。東海莫不稱母賢智。

吕氏曰：天道好生，雋、嚴二母，皆明於天道者也。至於仁義教化、全安愚民二語，賢哉，嚴嫗，可爲民父母之訓辭矣。

歐陽修母鄭氏，家素貧無資，親教公讀書。以荻畫地，教公書字。嘗謂曰：“汝父嘗夜覽囚册，屢廢而嘆。吾問之，曰：‘死獄也，求其生不得耳。’吾曰：‘生可求乎？’曰：‘求其生而不得，則死者與我，皆無恨也。矧求而有得耶？以其有得，則知不求而死者，有餘恨矣。夫常求其生，猶失之死。而世常求其死，豈天道哉？’”修服之終身。

公母，責子而不責人者也。世皆私其女，而尤人無已，不公甚矣。今取其可法者。

張待制夫人魯氏，申國夫人之姊也。最鍾愛其女，然居常至微細事，教之必有法度。如飲食之類，飯羹許更益，魚肉不更進也。及幼女嫁吕滎公，一日夫人來視女，見舍後有鍋釜之類，大不樂。謂申國夫人曰：“豈可使小兒輩私作飲食，壞家法耶？”其嚴如此。

吕氏曰：婦人之於女也，在家恣其言動，以嬉狎爲歡。既嫁，美其衣食，惟饜足是遂。見姑便以鍋釜，惟知感恩，又安問家法可否耶？若魯氏者，可爲婦人愛女之法。

廉母，以貪戒子者也。婦人廉，世所希，故録之。

陶侃母湛氏，生侃而貧，每紡績資給之，使結勝己者。賓至，輒款延不厭。一日大雪，鄱陽孝廉范逵宿焉。母乃徹所卧新薦，自銼給其馬。又密截髮，賣以供殽饌。逵聞之，嘆曰:“非此母,不生此子。”侃後爲潯陽縣吏,監魚梁,以一缶鮓遺母。母封還,以書責侃曰:“爾爲吏不廉,是吾憂也。”

呂氏曰:余讀《詩》,見《雞鳴》,婦人欲成夫德,至解雜佩①。陶母愛子,銼薦斷髮以延客,不更切哉!子也何以慰母心,友也何以答母意乎?世之好客如陶母者誠稀。而號稱契知者,果能益人之子,足以當陶母之情否耶?吾欲爲之流涕。

唐崔元暐母盧氏,嘗戒元暐曰:“吾聞姨兄辛元馭云:‘兒子從宦者,有人來云貧乏不自存,此是好消息。若貲貨充足,裘馬輕肥,此是惡消息。’吾嘗以爲確論。比見親表中仕宦者,務多財以奉親。而其親不究所從來,但以爲喜。若出乎禄廩,可矣。不然,何異盜乎?縱無大咎,獨不内愧於心?汝今爲吏,不務潔清,無以戴天履地。宜識吾意。”故元暐所至,以清白名。

呂氏曰:廉母多矣,未有如崔氏教子之明切者。吾取之以爲仕訓。

嚴母,威克厥愛者也,有父道焉。

吴賀母謝氏,每賀與賓客語,輒於屏間竊聽之。一日賀言人長短,謝聞之,怒,笞賀一百。或曰:“臧否,士之常,而笞之若是?”謝曰:“愛其女者,當求三復白圭之士妻之。今獨産一子,使知義命。而出語忘親,豈可久之道哉?”因泣不食。賀恐懼,自是謹默。

呂氏曰:亡身之禍,言居其九。正使義所當言,殺身何恤。而平居談短論長,直訐醜詆,自求切齒腐心之恨,禍將焉逃?吴母教子,可謂知所重矣。滂母有遺恨哉。

陳堯咨母馮氏,有賢德。堯咨善射,爲荆南太守,秩滿,歸謁其母。母曰:“爾典名藩,有何異政?”對曰:“州當孔道,

① “雜”,原漫漶不清,據《四部備要》補。

過客以兒善射，莫不嘆服。”母曰：“忠孝以輔國，爾父之訓也。爾不行仁政，以善化民，顧專卒伍一夫之技，豈父之訓哉？”因擊以杖，金魚佩袋墜地。

吕氏曰：嚴明哉，陳母。知善射非太守之職，可不謂明乎？子爲達宦，而猶以杖擊之，可不謂嚴乎？迂者以從子之義責母，謬矣。子正母從，母正子從。

伊川先生曰：“吾母侯夫人，仁恕寬厚，撫養諸庶，不異己出。從叔幼孤，夫人存視，常均己子。治家有法，不嚴而整。不喜笞朴下人，視小奴婢如兒女。諸子或加呵責，必戒之曰：‘貴賤雖殊，人則一也。汝如是大時，能爲此事否？’先公凡有所怒，必爲之寬解。惟諸兒有過，則不掩也。嘗曰：‘子之不肖，由母蔽其過，而父不知耳。’夫人男子六人，所存惟二，亦不姑息。纔數歲，行或跌，音‘牒’，仆也。家人走前扶抱，夫人呵責曰：‘汝若安徐，寧至跌乎？’每食，嘗置之坐側。食絮羹，即叱之曰：‘幼求稱欲，長當何如？’雖童僕有過，不令以惡言駡之。故頤兄弟，平生於飲食衣服無所擇，不惡駡，教使然也。與人爭忿，雖直，必責之曰：‘患汝不能屈，不患不能伸耳。’及稍長，使從善師友。雖居貧，子欲延客，則喜而爲之。”

吕氏曰：庶子從叔，婦人所厭惡者也，夫人視如己子。幼子，婦人所溺愛者也，夫人待若嚴師。小臧獲，婦人所責備者也，夫人不輕笞朴。慈而正，嚴而恩。二子皆爲大儒，有自哉。

宋吕滎公母，申國夫人，性嚴有法。雖甚愛公，然教公事事循蹈規矩。甫十歲，祁寒暑雨，侍立終日，不命之坐，不敢坐也。日必冠帶以見長者。平居雖甚熱，在父母長者之側，不得去巾襪，衣服惟謹。行步出入，無得入茶肆酒肆。市井里巷之語，鄭衛之音，未嘗一經於耳。不正之書，非禮之色，未嘗一接於目。故公德器成就,大異於人。

吕氏曰:善教子者,一嚴之外無他術。善用嚴者,一慎之外無他道。今人教子,每事疏忽寬縱,不耐留心,及德性已壞,而笞朴日加,徒令傷恩,無救於晚。視中國夫人,可以悟矣。

智母,達於利害之故者也。

孫叔敖爲兒時,出游,見兩頭蛇,殺而埋之。歸見其母而泣。母問故,對曰:"吾聞見兩頭蛇者死。今者出游,見之。"其母曰:"蛇安在?"對曰:"吾恐他人復見,殺而埋之。"其母曰:"汝不死矣。夫有陰德者,必有陽報。德弭音'米',止也。衆妖,仁除百禍。《書》不云乎:'皇天無親,惟德是輔。'爾默矣,必興於楚。"及叔敖長,爲令尹。君子謂叔敖之母知天道。

吕氏曰:天道好生,敖母奚取於埋蛇之兒乎?蓋殺害人者以全人,陰德莫大焉。世有容保凶頑,殃賊良弱,不肯除害去惡,而自附於仁者,其未知埋蛇之義歟?

慈繼母,恩及前子者也。

齊義繼母,齊二子之母也。當宣王時,有人鬥死於道,二子立其傍,吏坐焉。兄曰:"我殺之。"弟曰:"我殺之。"期年不決,言之王。王曰:"皆赦之,是縱有罪。皆罪之,是誅無辜。"使相問其母,母泣而對曰:"殺其少者。"相曰:"何謂也?"母曰:"少者,妾子也。長者,前妻之子也。其父疾且死,屬音'祝',托也。妾曰:'善視之。'妾既諾矣,豈可以忘?且殺兄活弟,是廢公也。背言忘信,是欺死也。"因泣下沾襟。相告王,皆赦之,尊其母曰義母。

吕氏曰:繼母視前子,仇讎也。彼其先吾子之年,共吾子之業,又慮爲吾子他日害,雖前子孝養恭誠,未必肯諒其心,而恒不樂其有,況肯救其死,又以己子代之死乎?若義繼者,於夫爲賢妻,於子爲慈母,千載而下,尚能使人揮淚。至於異母兄弟,含冤而爭死。凡輕於死者,安肯自私自利，而相處於薄哉？同胞人有餘愧矣。

珠崖令死，後妻生子九歲，前妻之女名初。十三歲，相携扶櫬以歸。法，携珠入關者死。繼母有珠繫臂，棄之。其子拾而置之母奩，音“連”，鏡匣。皆不知也。至海關，關吏索之，得珠。曰：“嘻，死矣。誰當坐者？”初恐母服罪，對曰：“父亡之日，母棄繫臂。初心惜之，取而置諸鏡奩。母不知也。”繼母亦以初爲實然，憐之。因謂吏曰：“願且待，幸勿劾兒。兒誠不知也。夫不幸，妾解繫臂，忘而置諸奩中。妾當坐。”初固曰：“母哀初孤，而强活之。初當坐。”母不與也，相與涕泣哽咽。音“耿葉”，吞聲哭。送葬者盡哭，路人莫不下淚。關吏執筆垂泣，不能就一字。乃曰：“吾寧坐之，不忍刑慈母孝女也。”俱遣之。後乃知其男也。

吕氏曰：此天理人情之至也。可泣鬼神，可貫金石，可及豚魚，可化盜賊。初年十三耳，而能若是，殆天植其性與？而繼母之賢，晚世所希。惜也，史逸其姓耳。

李穆姜，南鄭人，安衆令程文鉅之妻也。有二子。而前妻四子，以穆姜非所自出，謗毁日積。穆姜衣食撫字，皆倍所生。或謂母：“四子甚矣，何以慈爲？”對曰：“四子無母，吾子有母。設吾子不孝，寧忍棄乎？”長子興，疾困篤。母親調藥膳，憂勞憔悴。興愈，呼三弟謂曰：“繼母慈仁，出自天性。吾兄弟禽獸其心，慚負深矣。”遂將三弟詣縣，陳母之德，狀己之罪，乞就刑。縣言之郡，郡守表異其母，四子許令自新。皆爲孝子。

吕氏曰：世皆恨繼母不慈，而寬於前子之不孝，皆一偏之見也。兩不得，兩有罪。要之禮責卑幼，則尊長無不回之天。故有閔損，不患衣蘆之奸。有王祥，不患守柰之虐。吾因穆姜慈，而有感於世之恕前子者爲未公云。

陳氏，建陽人，余楚繼妻也。生子翼，三歲而楚死。陳氏盡以其産與前妻二子。翼年十五，使游學四方。翼在外十五年，成進士以歸，迎母入官。後二子貧困，又收養而存恤之。

呂氏曰：繼母每私其所生，能均産業，足矣。況夫産盡讓前子，既貧而又恤之，即親母何加焉。均産，中道也。讓産，賢道也。天下無過慈之繼母。吾於陳氏，所深取焉。

慈乳母。乳母所保他人子也，只以受人之托，遂盡親之情。或身與俱死，或以子代死。爲人保子，義當如是。

秦攻魏，破之。殺魏主瑕，誅諸公子，而一公子不得。令魏國曰："得公子者，賜金千鎰。匿之者，夷三族。"乳母與公子俱逃。魏故臣見乳母而識之，曰："公子安在？"母曰："不知。雖知之，不可以言。"故臣曰："國破族滅，子尚誰爲乎？且千金，重利也。夷族，極刑也。汝其圖之。"母曰："見利而反上者，逆也。畏死而棄義者，亂也。今持逆亂而求利，吾不爲。且爲人養子者，務生之，非爲殺之也。豈可利賞畏誅，廢正義而行逆節哉？"遂逃公子於澤中。故臣以告，秦軍爭射之。乳母以身蔽公子，遂同死焉。秦王聞之，以卿禮葬乳母，祠之太牢。寵其兄爲五大夫，賜金百鎰。

呂氏曰：魏之故臣，可寸斬，可族誅矣。吾又嘆乳母短於料人也。設見故臣，號泣而問之曰："公子安在？"或故臣有問，告以被難，又安知公子不能免乎？彼乳母者，固望故臣協力共謀，以免公子也，詎知又一秦哉？君子貴忠，又貴有智以成其忠。誠而不明，保身以濟事，難矣哉。

義保者，魯孝公之保母也，姓臧氏。與其子俱入宮，養孝公。魯人作亂，求孝公，將殺之。義保乃令其子衣公之衣，卧公之處。魯人殺之。義保遂抱公子以出。遇公舅魯大夫於外，遂托以公而逃。魯人高之。《論語》曰："可以托六尺之孤。”義保之謂也。

吕氏曰:臧氏賢乎哉!魯不滅國,不絶嗣,臧氏之力也。魯之卿大夫愧矣。

姊妹之道

姊妹,女兄弟也。氣分一體,情自相關。先王以婦人内家也,每割恩焉。然親愛出於天性,則休戚豈同路人。取其篤情重義者,不敢盡以中道律之也。

齊攻魯,至郊,望見一婦人,抱一兒,携一兒。軍且及矣,棄其所抱,抱其所携而走。兒隨而啼,婦人不顧。齊將問兒:“走者誰?”曰:“吾母也。”齊將追而問。婦對曰:“所抱者兄子,所棄者妾之子也。軍至,力不能兩存,寧棄妾子耳。”齊將曰:“兄子與己子,孰親?”婦人曰:“己之子,私也。兄之子,公也。子雖痛乎,獨謂義何?”於是齊將按兵而止,使言於君曰:“魯未可伐也。山澤婦人,猶知行義,而況士大夫乎?”遂還。魯君聞之,賜婦人束帛百端,號曰義姑姊。君子曰:“義其大哉。雖在匹婦,國猶賴之。”

吕氏曰:義則義矣,然而未聞道也。己之子,夫之子也,非婦人所得專也。設夫有衆子,或夫在可以復生,兄先亡,或遺孤而爲父後,如義姑者,可矣。不則,雖以義奪情,終非萬世之常經也。然則奈何?曰:兩存之,以乞生於齊將。不得,則死之。孰存孰亡,惟兒所值耳。至於齊將之料,則可悲矣。魯士大夫,如義姑者幾人哉?

李文姬者,趙伯英妻,漢太尉固之女也。固爲梁冀所殺,二子俱死獄中。少子燮,爲文姬所匿,密托固門生王成曰:“李氏一脈,惟此兒在。君執義先公,有古人之節。今以六尺奉托,生死惟足下。”成遂引燮浮江,入徐州界,變姓名爲酒家傭。酒家異之,以女妻燮。後遇赦得還。

姒娣之道

姒娣,今所謂妯娌也。異姓而處人骨肉之間,構釁起爭,化同爲異,兄弟之斧斤也。録古今賢妯娌。

昌化章氏,兄弟二人,皆未有子。兄先抱族人子育之。未幾,其妻生子詡。弟曰:"兄既有子,安用所抱之兒爲?幸以與我。"兄告其妻,妻曰:"無子而抱之,有子而棄之。人謂我何?"弟固請。嫂曰:"無已,寧與我所生者。"弟不敢當,嫂竟與之。後二子皆成立,長曰栩,季曰詡。栩之子樵標,詡之子鑄鑑,皆相繼登第,遂爲名族。

吕氏曰:世俗兄弟可笑矣。借馬而飢渴在懷,借衣而揉涴是囑。況乏嗣始得之兒,分以與弟,無德色,無吝心,顧不難哉。要之,嫂氏之賢不可及矣。割肉相與,雖舅姑難強之從,況意不出於夫子耶?天昌其後,殆和氣所召與?

蘇少娣,姓崔氏。蘇兄弟五人,娶婦者四矣。各聽女奴語,日有爭言,甚者鬩牆操刃。少娣始嫁,姻族皆以爲憂。少娣曰:"木石鳥獸,吾無如彼何矣。世豈有不可與之人哉?"入門事四嫂,執禮甚恭。嫂有缺乏,少娣曰:"吾有。"即以遺之。姑有役其嫂者,嫂相視不應命。少娣曰:"吾後進,當勞。吾爲之。"母家有果肉之饋,召諸子侄分與之。嫂不食,未嘗先食。嫂各以怨言告少娣者,少娣笑而不答。少娣女奴以妯娌之言來告者,少娣笞之,尋以告嫂引罪。嘗以錦衣抱其嫂小兒。適便溺,嫂急接之。少娣曰:"無遽,恐驚兒也。"了無惜意。歲餘,四嫂自相謂曰:"五嬸大賢,我等非人矣。奈何若大年,爲彼所笑。"乃相與和睦,終身無怨語。

吕氏曰：天下易而家難，家易而姒娣難。專利辭勞，好讒喜聽，婦人之常性也。然始於彼之無良，成於我之相學。三爭三讓，而天下無貪人矣。三怒三笑，而天下無凶人矣。賢者化人從我，不賢者壞我猶人。吾於蘇少娣心服焉。

何氏，永嘉王木叔妻也。初歸王氏，家甚貧。何氏佐以勤儉，家用遂饒。一日語夫曰："子可出仕，奈弟妹貧寒何？橐中餘資，請以分之。"夫喜曰："是吾志也。"旦日盡散，簪珥不遺。木叔既仕，又曰："弟妹尚困，有田如許，何不畀之？"夫喜曰："此尤吾志也。"遂以田與弟妹。一郡稱爲賢婦。

吕氏曰：憎同室而專貨利，婦人莫不爾。欲其彼我分明已難，況盡推所有以與弟妹乎？其夫喜而從之，友于可概知矣。

姑嫂之道

舅姑之女，兄弟之妻，分莫親，情莫厚者也。然二人者，每不相得，則女過爲多焉。父母無終身之依，姊妹非緩急之賴。繼父母而親我者誰也？獨奈何恃目前城社，傷後日松蘿哉。夫君子言古道，不計世情，余云云，爲兒女子説也。

歐陽氏，宋人，適廖忠臣。逾年而舅姑死於疫，遺一女閏娘，纔數月。歐陽適生女，同乳哺之。又數月，乳不能給，乃以其女分鄰婦乳，而自乳閏娘。二女長成。歐陽於閏娘，每倍厚焉。女以爲言。歐陽曰："汝，我女。小姑，祖母之女也。且汝有母，小姑無母，何可相同？"因泣下。女愧悟，諸凡讓姑，而自取餘。忠臣後判清河。二女及笄，富貴家多求侄氏。歐陽曰："小姑未字，吾女何敢先。且聘吾女者，非以吾愛吾女乎？"其問諸鄰人，卒以富貴家先閏娘，簪珥、衣服、器用，罄其始嫁妝奩之美者送之，送女之具不及也。終其身如是。閏娘每謂人曰:“吾嫂,吾母也。”歐陽歿,閏娘哭之,至嘔血,病歲餘。聞其哭者,莫不下淚。

吕氏曰:姑嫂,世所謂參商人也。嫁女之家,聞有小叔姑則戚,而嫂亦厭惡此兩人,若不可一日有。何者?爲母耳目,譖訴相虐也。世之爲嫂者,誠如歐陽氏賢,則舉世皆閏娘矣。吾於是知一人盡道,兩人成名,同室仇讎,過分多寡耳。難以罪一人也。

陳安節之妻王氏,始嫁歲餘,而夫卒,遺孤甫月。家貧,王氏躬操勤苦如男子。修行最謹,教子孫有法,家漸以饒。鄉人敬之,呼曰堂前。初堂前之歸陳氏也,舅姑歿,時夫之妹尚幼。堂前教育撫字如女,及笄厚嫁之。舅姑歿,妹求分財,堂前盡出室中所有與之,無吝色。妹得財,盡爲夫淫蕩所罄,貧不能自存。堂前爲又置田宅,撫諸甥如己出,終無怨語。

吕氏曰:堂前孝養舅姑,教育子孫,周恤宗族,廣施陰功,砥礪名節,無一不善者。而姑嫂之情,尤世所希。余特表而出之。

鄒媖,宋人,繼母之女也。前母兄娶妻荆氏。繼母惡之,飲食常不給。媖私以己食繼之。母苦役荆,媖必與俱。荆有過誤,媖不令荆知,先引爲己罪。母每扑荆,則跪而泣曰:“女他日不爲人婦耶?有姑如是,吾母樂乎?奈何令嫂氏父母,日蹙憂女之眉耶?”母怒,欲笞媖。媖曰:“願爲嫂受笞。嫂實無罪,母徐察之。”後適爲士人妻。舅姑妯娌姊妹,知其賢也,皆敬重焉。媖歸寧,抱數月兒,嫂置諸牀上。兒偶墜火爛額,母大怒。媖曰:“吾卧於嫂室,不慎。嫂不知也。”兒竟死,荆悲悔不食。媖不哭,爲好語相慰曰:“嫂作意耶?我夜夢凶,兒當死,不則我將不利。”強嫂食而後食。母後見女之得愛於夫家也,竟成慈母。媖嘗病,嫂爲素食三年。媖五子,四登進士。年九十三而卒。

吕氏曰:小姑如姑,嫂甚畏之。姨,異母也,視嫂乃如是。多壽、多男子、多貴,殆天所以報賢人哉。吾鄉大小姑貴重。出嫁之女,與母列坐。坐居左。弟婦與同席,則叩頭告坐。大姑立受之。稍不當於心,則辭色如父母。惟賢者不然,然者強半也。讀此傳,寧不汗顔。

嫡妾之道

有家之凶,嫡妾居其九。堯於舜,既歷試諸艱矣,猶以二女難之。彼二女者,何煩舜難哉。況夫非舜,嫡妾非同胞之親,無英、皇之賢,而欲其志同行也,不亦難乎?是故夫道嚴正,嫡道寬慈,妾道柔順,三善合,而太和在閨門之内矣。

女宗者,宋鮑蘇之妻也。鮑蘇仕衛三年,而娶外妻。女宗養姑甚謹。因往來人問候其夫,賂遺外妻甚厚。其嫂曰:“夫人既有所好,子何留乎?”女宗曰:“婦人一醮嫁時別酒。不改。供衣服以事夫子,精酒食以事舅姑。以專一爲貞,以善從爲順。豈以專夫之室爲善哉?忌夫所愛,是謂貪淫,婦德之恥也。夫禮,天子十二,諸侯九,卿大夫三,士二。今吾夫誠士也。有二,不亦宜乎?且婦人七去,妒正居一。嫂不教吾以居室之善,而欲使吾爲可棄之行耶?”不聽。宋公聞之,表其閭曰女宗。

吕氏曰:女無美惡,入宫見妒,此婦人常性也。女宗於夫之外妻,不直不妒,又厚遇之。以是相與,而夫不感其賢,妾不樂其德,以釀一家之和氣者,未之有也。可爲婦人之法。

花雲妻郜氏,妾孫氏,俱懷遠人。雲守太平,與陳友諒戰,爲所縛,不屈而死。郜生子煒,方三歲。郜聞城將陷,以牲酒祭家廟,會家人,泣曰:“城破,花將軍必死,吾豈能獨生哉?幸有嬰兒,不可使花氏無後,若等善視之。”遂赴水死。

孫瘞部尸，遂抱兒以行。脱簪珥，覓漁舟渡江。遇亂軍奪舟，棄孫於水。孫抱兒，遇斷木浮至，附之，入葦洲。采蓮實哺兒，七日，不死。夜半聞人語聲，呼之，逢一翁，自稱雷老，引達帝所。孫抱兒拜且哭。帝亦哭，置兒於膝曰："此將種也。"雷老忽不見。煒後拜水軍左衛指揮使。偕孫至太平，奉部骸骨，爲雲刻像，合葬上元縣。

吕氏曰：煒非孫氏出也。亂離之際，忍九死以全孤，卒收夫與嫡而合葬焉。士女淑媛，不在貴賤間矣。身忠臣，妻節婦，妾賢人，孰謂花將軍死哉。

婢子之道

婢也賤，何以録？録賢也。論勢分，則大夫士庶人妻不相齒。論道義，則溝壑餓莩可與堯舜共一堂。何言貴賤哉。

會稽翟素，士族之女也，聘而未嫁。賊至欲犯之，臨以刃，不從。其房婢名青者跪而泣曰："無驚我姑氏，青乞代死。"賊竟殺素，又欲犯青。青曰："我欲代姑，冀全其名節性命耳。姑既見殺，我生何爲！"遂罵賊。賊怒，復殺之。

吕氏曰：青之代素，忠也。不受辱，貞也。忠貞兩字，士君子且難，況婢女乎？

卷之下

王孟箕家訓御下篇名演疇，江西彭澤人。萬歷進士。任山西副使。

謹按，寬仁慈惠，婦女之德，即婦女之福也。婦女不與户外，其不寬、不仁、不慈、不惠，或難施於外人，而先施於門内。門内如翁姑夫子女，或猶有不敢不忍之意。其可以逞其不寬、不仁、不慈、不惠者，惟此日夕相對之奴婢耳。故入其家，觀其奴婢，而有以知婦之良與不良也。兹篇所言女子御下，酷烈暴虐之態，可謂推見至隱，極情盡致矣。亦思爲婦女而至於如此，賢乎？不賢乎？人將畏而敬之乎，抑厭而遠之乎？天將予之福禄乎，抑加之以災害乎？不有人禍，必有天災。不於其身，必於其子孫。吾願爲士夫者持此一通，令婦女輩，常相借鏡，轉相傳述，庶幾無則加勉，有則改之。救得一分不良之性，即留一分之福澤也。

凡人家道稍温，必蓄僕婢。彼資我之養，我資彼之力，蓋相依而成人家。彼既有力，何處不可依人？而謂彼非我則無以爲生者，誤也。律有入官爲奴之條。士庶之家，安得有奴？故僕曰義男，婢曰義媳，幼者曰義女，皆與己之兒媳子女同稱。雖有貴賤，非犬馬之與我不同類者。陶淵明所謂此亦人子也，可繹思矣。

人家於此輩，衣服飲食，不加體恤，已失慈惠之道。若唾駡捶楚，略無節制，殘忍何堪。或當駡而竟撻，或宜量撻而加重撻，或無故撻之。此在男子容有之，而婦人尤甚。婦人於僕婢皆然，而於小婢尤甚。

男子得僕以服伺於外，婦人得婢以服伺於内，皆可代己之勞，此男婦之所同也。惟婦人得僕婢代爲出入，而己得嚴内外之防，得供使令之役，是婦人之於僕婢尤切也。乃於所蓄僕婢，無端凌虐。或炊爨而少竊腥蔬，或看茶而便竊茶果，此小過，恕之可耳。或叱駡之，量朴之，足矣。乃以爲罪大惡極而不可赦也，盡力鞭笞，不在人理相待之内。有舅姑聞聲而不避，有妯娌力勸而不能。若丈夫禁之，則反甚其怒，猶曰彼爲盜耳。又有命之服役而不諳，蓋彼惟愚癡，故爲人役耳。正可情遣理恕，而從容教之。乃持棍棒而押之，一面打駡，一面視其幹辦。彼痛楚難堪，恐怖心勝，益周章無措，而益棰撻不休。猶曰，此其不用心服役耳。又有因家之不如意，無名頓起，無故動火性。怨毒横生。遂遷怒於僕婢而撻之，視平昔更甚，青天雷電，平地風波，令彼躲閃無門，手足難措，豈不爲無端業障哉。

夫法莫嚴於官府矣。打用竹板，笞用荆條，拶夾刑具，止竹木之屬。另有人數杖，就是大盜，亦未有杖之上百者。諸刑具止施於兩臂手足，而胸背腰脅不及焉。而婦人不然也。房中便用火箸鐵鉗，厨中便用刀背。有節柴棍，其小者耳。撻之不計其數，甚至一日二三次棰撻之。腰背脅肋諸要害之處，不論焉。況官府中受杖之人，出則有人慰勞，有酒食暖臀，有棒瘡膏藥。此輩即有同類，不敢一目之顧，又安所得酒食瘡傷藥物哉？血肉之軀，原非金石，彼不速斃於杖下，幸耳。

況彼打駡之時，威不稍霽，嗔目咬牙，如貓之捕鼠，狠心毒手,如虎之擒羊,分明一座活地獄。日中撻,不計其早晨曾撻。晚間撻,不計其日中曾撻。又何論今日撻,計其前日昨日已撻乎？且撻之時,有曰“便打你死,不要償命,不過要去了幾兩銀子”。嗟嗟,人命非蟻螘也。但不計費,可任所爲。殊不知善惡報應,天理昭彰,不及其身,必於子孫,豈銀錢所能寬貸。良可懼也。

欲閑有家,須嚴於納媳之始,所謂教婦初來也。蓋新婦初來,就是素性剛狠,自有許多含蓄不敢發處。欲撻僕婢,必要先禀白舅姑。月不過一二度,杖不過荆條,數不過三五下。倘有私撻,暗地撻,姑查出而叱之。再不改,白其父母。又再不改,父責其子,姑責其媳。不妨過嚴,自不敢恣其胸臆。數月規矩已定,後來自能照行之。若初時稍縱,將來必勢重不可返,無藥可醫矣。

若其剛狠自用,不聽約束,及初來未嚴,養成撻人手熟者,又有一處焉。嫁賣之,彼必生釁。惟聽其遠遁投生,不爲尋究。去後亦不復買。惟工雇童稚,應門捧茶。若又稍稍難爲,明年并無肯爲工雇者。非薄其妻,實所以成之也。惟丈夫刑家無道,只爲不堪其聒噪。或已逃而必尋,或尋不獲而復買。私心必曰,彼經此錯,將來必改。不知婦怨無終,雨行舊路,將來不至撻死不已。是婦人之業,丈夫作之也。明有國法,幽有鬼神,其報應豈不譴及婦人,而并及丈夫哉？

温氏母訓有序。

烏程于石先生,以崇禎丙子舉於鄉。初名以介,後更命璜。舉癸未禮闈,筮仕徽司理。彊事壞,死之。先帝后以節烈風萬世。公夫人長安從容就義，遺集十二卷，末述先訓，乃母夫人陸所身教口授者。信乎家法有素，而賢母之造就不虛也。夫《顔訓》、《袁範》，世稱善則，類皆哲士之所修立。未聞宫師垂誡，踵季婦大家而有言也者。有之，自節孝始矣。原集繁重，不利單行，爰再付梓，讀者其廣知奮興乎。序失名。

謹按，温母之訓，不過日用恒言。而於立身行己之要，型家應物之方，簡該切至，字字從閱歷中來，故能耐人尋思，發人深省。由斯道也，可不愧鬚眉矣，豈僅爲清閨所宜則效哉？于石先生之氣節凛凛，有自來也。敬録之，使凡爲女子者，知爲人婦、爲人母，相夫教子，與有責焉，必明大義，諳物情，如温母者，乃盡婦人之道，勿以爲止主中饋而已也。

窮秀才譴責下人，至鞭朴而極矣。暫行知警，常用則玩。教兒子亦然。

貧人不肯祭祀，不通慶弔，斯貧而不可返者矣。祭祀絶，是與祖宗不相往來。慶弔絶，是與親友不相往來。名曰獨夫，天人不祐。

凡無子而寡者，斷宜依向嫡侄爲是。老病終無他諉，祭祀近有感通。愛女愛婿，決難到底同住。同住到底，免不得一番擾攘官司也。

凡寡婦，雖親子侄兄弟，只可公堂議事，不得孤召密囑。寡居有婢僕者，夜作明燈往來。

少寡不必勸之守，不必強之改。自有直捷相法，只看晏眠早起，惡逸好勞，忙忙地無一刻丟空者，此必守志人。身勤則念專，貧也不知愁，富也不知樂，便是鐵石手段。若有半晌偷閒，老守終無結果。吾有相法要訣，曰：“寡婦勤，一字經。”

婦女只許粗識“柴”、“米”、“魚”、“肉”數百字。多識字，無益而有損也。

凡人同堂同室同窗多年者,情誼深長,其中不無敗類之人。是非自有公論,在我當存厚道。

世人眼赤赤,只見黄銅白鐵,受了斗米串錢,便聲聲叫大恩德。至如一鄉一族,有大宰官,當風抵浪的;有博學雄才,開人膽智的;有高年老輩,道貌誠心,後生小子,步其孝弟長厚,終身受用不窮的。這等大濟益處,人卻埋没不提,纔是陰德。

周旋親友,只看自家力量,隨緣答應。窮親窮眷,放他便宜一兩處,纔得消讒免謗。

中年喪偶,一不幸也。喪偶事小,正爲續弦費處。前邊兒女,先將古來許多晚娘惡件填在胸坎。這邊父母,婢婦唆教,自立馬頭出來。兩邊閒雜人,占望風氣,弄去搬來。外邊無干人,聽得一句兩句,只肯信歹,不肯信好,真是清官判斷不開。不幸之苦,全在於此。然則如之何?只要做家主的,一者用心周到,二者立身端正。

凡父子姑媳,積成嫌隙,畢竟上人要認一半過失。其胸中横豎道,卑幼奈我不得。

貧人未能發迹,先求自立。只看幾人在坐,偶失物件,必指貧者爲盜藪。幾人在坐,群然作弄,必持貧者爲話柄。人若不能自立,這些光景,受也要你受,不受也要你受。

寡婦勿輕受人惠。兒子愚,我欲報而報不成。兒子賢,人望報而報不足。

我生平不受人惠。兩手拮据,柴米不缺。其餘有也挨過,無也挨過。

作家的,將祖宗緊要做不到事,補一兩件;做官的,將地方緊要做不到事,幹一兩件,才是男子結果。高爵多金,不算是結果。

兒子是天生的，不是打成的。古云："棒頭出肖子。"不知是銅打就銅器，是鐵打就鐵器。若把驢頭打作馬面，有是理否？

世間輕財好施之子，每到骨肉，反多恚吝。其説有二：他人蒙惠，一絲一粒，連聲叫感，至親視爲固然之事，一不堪也。他人至再至三，便難啓口，至親引爲久常之例，二不堪也。他到此處，正如啞子吃黄連，説苦不得。或兄弟而父母高堂，或叔侄而翁姑尚在，一團情分，利斧難斷。稍有念頭防其干涉，杜其借貸，將必牢拴門户，狠作聲氣，把天生一副惻怛心腸，蓋藏殆盡，方可坐視不救。如此，便比路人仇敵，更進一層。豈可如此，汝深記我言。

問介："侃母高在何處？"介曰："剪髮餉人，人所難到。"母曰："非也。吾觀陶侃運甓習勞，乃知其母平日教有本也。世人多被'心腸好'三字壞了。假如你念頭要做好兒子，須外面實有一般孝順行徑。你念頭要做好秀才，須外面實有一般勤苦行徑。心腸是無影無形的，有何憑據？凡説心腸好者，都是規避樣子。"

人有父母妻子，如身有耳目口鼻，都是生而具的，何可不一經理。只爲俗物，將精神意趣，全副交與家緣，這便唤作家人，不唤讀書人。

做人家，切弗貪富，只如俗語"從容"二字甚好。富無窮極，且如千萬人家浪用，儘有窘迫時節。假若八口之家，能勤能儉，得十口貲糧；六口之家，能勤能儉，得八口貲糧，便有二分餘剩。何等寬舒，何等康泰。

汝與朋友相與，只取其長，弗計其短。如遇剛鯁人，須耐他戾氣。遇駿逸人,須耐他罔氣。遇樸厚人,須耐他滯氣。遇佻達人,須耐他浮氣。不徒取益無方,亦是全交之法。

閉門課子,非獨前程遠大。不見匪人,是最得力。

父子主僕,最忌小處煩碎。煩碎相對,面目可憎。

懶記賬籍,亦是一病。奴僕因緣爲奸,子孫猜疑成隙者,繇於此。

家庭禮數,貴簡而安,不欲煩而勉。富貴一層,繁瑣一層。繁瑣一分,疏闊一分。

曾祖母告誡汝祖汝父云:人雖窮飢,切不可輕棄祖基。祖基一失,便是落葉不得歸根之苦。吾寧日日減餐一頓,以守尺寸之土也。出厨嘗以手捫鍋蓋,不使兒女輩減竈更然。今各房基地,皆有變賣轉移,獨吾家無恙,豈容易得到今日。念之念之。

汝大父赤貧,曾借朱姓者二十金,賣米以糊口。逾年,朱姓者病且篤。朱爲兩槐公紀綱,不敢以私債使聞主人。旁人私幸以爲可負也。時大父正客姑熟,偶得朱信,星夜趲歸,不抵家,竟持前欠本利至朱姓處。朱已不能言。大父徐徐出所持銀,告之曰:"前欠一一具奉,乞看過收明。"朱姓蹶起頌言曰:"世上有如君忠信人哉?吾口眼閉矣。願君世世生賢子孫。"言已,氣絶。大父遂哭别而歸。家人詢知其還欠,或騃之。大父曰:"吾故騃。所以不到家者,恐爲汝輩所惑也。"如此盛德,汝曹可不書紳!

問世間何者最樂。母曰:"不放債、不欠債的人家,不大豐、不大歉的年時,不奢華、不盜賊的地方,此最難得。免饑寒的貧士,學孝弟的秀才,通文義的商賈,知稼穡的公子,舊面目的宰官,此尤難得也。"

凡寡婦不禁子弟出入房閣,無故得謗。婦人盛飾容儀,無故得謗。婦人屢出燒香看戲,無故得謗。嚴刻僕隸,菲薄鄉黨,無故得謗。

凡人家處前後嫡庶妻妾之間者,不論是非曲直,只有塞耳閉口爲高。用氣性者,自討苦吃。

聯屬下人,莫如減冗員而寬口食。

做人家,高低有一條活路便好。

凡與人田産錢財交涉者,定要隨時討個決絶。拖延生事。

婦人不諳中饋,不入厨堂,不可以治家。使婦人得以結伴聯社,呈身露面,不可以齊家。

受謗之事,有必要辯者,有必不可辯者。如係田産錢財的,遲則難解,此必要辯者也。如係閨閫的,靜則自銷,此必不可辯者也。如係口舌是非的,久當自明,此不必辯者也。

凡人氣盛時,切莫説道:“我性子定要這樣的,我今日定要這樣的。”驀直做去,畢竟有搕撞。

人當大怒大忿之後,睡了一夜,還要思量。

史搢臣願體集名典,江南揚州人。

謹按,婦女深處閨房,不知世事艱難,習成驕悍情性,而構釁於嫡庶之間,耗財於婚嫁之事,取辱於嫌疑之際,往往不免。爲士夫者,明知其非,而恩常掩義,以至一傅衆咻,驟難見信,且有陰爲所持,牢不可破者矣。《願體集》所載,頗多居家涉世之事。玆録其切於近世婦女之病,如前所云者。雖其曲盡形容,不無爲下等人説法之處,而知病即藥,因俗立教,余有取焉。就此數者之中,男女嫌疑,尤爲家門榮辱所繫。勿謂無傷，其禍將長。有閑家之責者，防微杜漸，竟以此爲門内之人鬼關可也。

婦人女子，明三從四德者，十無一二。在父母膝下，性情自任。于歸之後，便見賢愚。貧家婦女，紡績炊爨，井臼農庄，事姑哺兒，勤勞終日。獨是富貴女子，在室受雙親之庇，出嫁享夫家之安。高堂大厦，飲食多美味時鮮，穿插皆綾羅珠翠。兒女有乳媪抱領，針綫有婢妾應承。家務從不經心，釀成驕傲之性。惟知裝飾一身，求全責備，竟不知米從稻出，絲自蠶抽。視錢財如糞土，以物命爲草芥。那管夫家經商者有操心籌算，作宦者有仕路艱難。若性質淳良者，尚聽公姑之訓，丈夫之言。有一等驕悍婦人，不知理法，不信果報。公姑丈夫，開口便傷。侍妾婢女，終朝打駡。及至逼出事端，爲丈夫者，顧惜體面，焉肯令妻出乖露醜。到底仍是丈夫抵當，竭力彌縫過去。及至事後，見兒女滿前，姻親羅列，出遣不可，警戒不從。若以大義數責，彼反輕生恐嚇。又怕多事，惟有忍耐而已。愚謂經史女箴，勸必不聽。惟有令人講解律例，并詞訟招詳，某官審某事，某人犯某罪。使知婦女亦有罪條，王法不盡男子。而善惡報應之事，時時陳説。庶乎稍生畏懼，或可挽於萬一也。

有夫婦而後有父子。若娶妻而即生子，且聯舉數子，則承祧有人，可無憾矣。至有子而仍娶妾，賢者所不免焉。爲之妻者若果温惠寬和，得以相安無事，則如古所稱《樛木》、《螽斯》之懿範，不多讓矣。若夫婦年近四十，或生女而不生男，或曾生而不育，或竟全不一生者，則急宜置妾，以爲嗣續之計。爲之婦者，正宜和衷寬待，以冀其早爲生育，俾吾夫得免無後之嘆，而己亦不失爲嫡母之尊。每見賢淑之婦，年在四十左右，艱於嗣息，即歡然勸夫娶妾，和集一門。未幾，妾尚未生,妻忽生子者,亦有妻妾并舉子者。要以和氣自能致祥也。奈何有一種嫉妒性成者,明知年齒日增,生育無望,説到娶妾,即百計刁難。迄至勉強作成,遂必入門見嫉。明則尋是覓非,顯加辱苦,暗則私覷密察,以冀間離。幸而懷孕生子,或漠不關情,或佯爲稱慶,終是滿腔積恨,一片殺機。有生子而強遣其母者,有子疾而陰肆其毒者,有鬥爭無寧日者。充其妒忌之心,可以死其夫,可以亡其身,又安惜夫之無後爲大哉。夫四十無子則娶妾,婦人無子去,妒去,律例昭然,原不忍斯人之終於無後也。獨怪怯懦之夫,甘受制於潑悍之婦。或委靡不振,怒而不言。或顧惜臉面,自相掩覆。坐使無良之婦,得志以逞。俾祖父之血食自我而斬,豈非不孝之至,而爲天地間一大罪人乎?吾謂人至四十無子,則宜告過宗族及婦之父母兄弟,按律娶之。敢肆阻撓,即正以無子去、妒去之罪案,鳴之於官,決於必去。爲官長者,伸明律法,不得少事姑惜,按律去之。使閨門不賢不淑之婦,知有天綱人紀,不可磨滅,不敢負嵎肆惡。則儆一戒百,不獨一人一家受其福庇,有裨風俗人倫不少矣。

亦有嫡妻素明大義,惟恐覆夫宗嗣,聽其置妾納婢。所賴爲之夫者,嚴分正倫,不容隕越。幸而生有子女,必教以孝敬嫡母,庶幾謹微於著之義。乃有婢妾生子,反起踞寵奪嫡之心,始而舉動放恣,繼以語言肆詬,至謂母以子貴,嫡庶何分,而漸欲易其位者。且有夫心偏向,謂妾能爲我生子接宗,一味寬縱,舉動任其僭越,語言聽其觸犯,視結髮之愛若路人,於寵姬之間多袒護者,則名分倒置,實爲亂階。不思夫婦爲五倫之始,結髮乃父母所配。廟見之日,原冀昌衍吾宗,無何實命不猶,不得已而相夫置妾生子,代爲恩勤,亦謂子雖庶出，而我爲嫡母，是夫宗不絶，即婦嗣有托也。若妾則蛾眉得寵，遽干名分，妻則淒其冷落，視若贅疣，不獨悖理滅倫，既獲罪於名教。似此寡情薄德，捫心其能自安乎？

兄弟爭財，其父遺不盡不止。妻妾爭寵，其夫命不死不休。

世人於嫁女一事，必誇奢鬥靡，苦費經營，往往有因一嫁一娶而大傷元氣者。事後追憶所費，其實正用處少，浮用處多。如富盛之家，必欲從厚。與其金珠溢篋，幣帛盈箱，彩轎几筵，極一時之盛，何如佐以資本，代置莊田，爲彼後日之恒産乎？曾見有詩云："婚姻幾見鬥奢華，金屋銀屏衆口誇。轉眼十年人事變，妝奩賣與別人家。"殊有深味。

又有不足之家，拘牽禮節。男女俱已長成，或因賠贈無資，不肯允嫁，或因繁文無措，不敢親迎，坐使婚嫁愆期，寧作曠夫怨女者。不思男女之情，室家之願，原以婚嫁及時爲幸。與其以儀文未備而待時，何如以遷就團圓而成事。況青春已届，年忽一年，時事變遷，又焉保將來之果如吾意耶？又有産僅中人，效顰富室，惟知六禮必周，不計家資厚薄，或稱貸以備釵環，或廢産以供花燭。迨至入門之後，向之繁文縟節，轉眼皆空，今之典借花銷，俱成實累。夫男女畢姻，原欲其續祖妣而大門閭。若以一婚嫁之故，而累債耗家，雖有佳男佳婦，已苦於門户無可支持，始悔前此浪費，則亦何益之有。

妻雖賢，不可使與外事。僕雖能，不可使與内事。

三姑六婆，勿令入門。此輩或稱募化，或賣簪珥，或假媒妁，或治疾病，專一傳播各家新聞，以悦婦女。暗中盜哄財物，尚是小事。常有誘爲不端，魘魅刁拐，種種非一，萬勿令其往來。至於娼妓，更是不祥穢物，出入卧房，尤爲不可。媒婆、穩婆，不能不用，擇其善者用之，亦不可令其時常往來。

男女不雜坐，無論尊卑、長幼、遠近、親疏，均無雜坐之理。不同椸音“移”。枷，音“架”，皆置衣之具。不同巾櫛，拭巾髮梳，不相通用。不親授。喪、祭則以盤盛。其餘不得已而授受，則置於几桌，令其自取。內外不共井，嫌同汲也。不共湢浴室。浴，嫌相褻也。不通寢席，如被褥枕簟之類，嫌相親也。不通衣裳。嫌混雜也。諸母庶母。不漱洗也。裳。下服也。不浣洗賤服，亦敬父遠嫌之義。女子嫁而反，兄弟甥侄同。弗與同席而坐，弗與同器而食。有事來家，則語於中堂，不得房中坐談。男子入內，不嘯不指。夜行以燭，無燭則止。取光明之義，此男子之遠嫌也。女子無故，不許出中門。出中門，必擁蔽其面。有用綢爲幞者，名曰頭幞，或用青紗。夜行以燭，無燭則止。此婦女之遠嫌也。出入於道路，男子由右，女子由左。以右爲尊。道路之間，亦有分別。此《曲禮》別男女之大節，所以嚴內外，而防瀆亂也。有家者不可不知。

男女遠別，不止翁婦嫂叔爲然。世俗惟嚴於翁婦，其餘無別。甚者，叔嫂、姊夫、小姨、妻弟之妻，皆不避嫌，近於蠻貉矣。然避嫌不必相隔太遠也，三步之外，止足背立可也。數步之外，止足背立，則貧窮小户，皆可避嫌，何況富族。同室尊親，皆能有別，何況外人。

男女之所以隔絶者，惟爭一見。《禮》云：“外言不入於梱，門限也。內言不出於梱。”即聲音尚不容通，況顔面乎？於此見聖賢防微杜漸之意。有等婦人，竟不避人，入寺燒香，登船游玩，爲丈夫者，明知而縱之，其故何歟？甚有好見人者，反笑避人爲不大方，則惑愈甚。

謹飭閨門，人盡知之。而主家者，於服食器用之類，或躬親備辦，或介紹分勞。獨於婦女抿掠脂粉，女工針綫之物，每多忽略，聽其自購。常見閭巷閨雛，朱門媵婢，叢繞佇立，與街市貨郎，擇揀精粗，奪來搶去，男女混雜，大爲不雅。豈禮嚴内外，獨此不禁歟。且所擊之器，名爲驚閨、結綉、唤嬌娘。予謂閨可驚，而嬌娘豈可爲若輩唤乎？深心者，當令童僕代之。

唐翼修人生必讀書 名彪，浙江蘭谿人。歷任會稽、長興、仁和訓導。

謹按，婦人以夫爲天，而舅姑爲夫之父母，義莫重焉。事之不得其道，孝敬有虧，即才智有餘，曷足貴乎？篇中敬翁姑、敬夫之節，周詳真摯，發乎天性。而於繼姑、貧賤之夫，委曲承順，服事尤謹；伯叔妯娌之間，任勞讓財，恩愛無間；教子以義方，不事姑息，此尤婦女所難也。一門之內，有婦如此，不特人敬之服之，天亦必佑之，家道其有不興者乎？此編當與《女誡》參觀。誠哉其爲必讀書也。

婦人賢不賢，全在聲音高低、語言多寡中分。聲低言寡者賢也，聲高言多者不賢也。

人非聖人，不能無過，況婦人乎？媳婦偶然有失，公姑丈夫譴責，當欣然受之，云："媳婦不是，自此當改。"則不惟前過無害，即此便增一善矣。若横爭我是，得罪公姑，得罪丈夫，是一小過未完，反增一大罪也。

媳婦之倚仗爲天者，公姑與丈夫三人而已。故事三人，必須愉色婉容，曲體歡心，不可纖毫觸犯。若公姑不喜，丈夫不悦，久久則惡名昭著，爲人所不齒矣，奴僕皆得而抵觸我矣。故婦之善事公姑丈夫也，非止爲賢與孝也，且以遠辱也。

夫者，天也，一生須守一敬字。見丈夫來，便須立起。若宴然高坐,此驕倨無禮之婦也。稱夫有定禮,如“相公”、“官人”之類,不云“爾”、“汝”也。如“爾”、“汝”忘形,則夫婦之倫褻矣。凡授餐奉茗,必雙手恭擎。未寒進衣,未饑進食,此婦不易之職分也。

媳婦不唯自己要盡孝,尤當勸夫盡孝。語云:“孝衰於妻子。”此言極可痛心,故媳婦以勸夫孝爲第一。要使丈夫踪迹,常密於父母,而疏於己身。俾夫之孝行,倍篤於往時,乃見媳婦之賢。若丈夫於公姑,小有違言,便當代爲謝罪,曰:“此由媳婦不賢,致使吾夫不順於公姑,非獨丈夫之罪也。請公姑息怒。今後當勸丈夫改過矣。”

婦與姑之最易失歡心者,背後之言語。最易得歡心者,亦背後之言語。如在母家親戚、夫家親戚之前,及在自己房中,凡有言語,必稱公姑之德,多蒙優待,只是我不能孝順,展轉相聞,公姑豈不大喜乎?若略有一言怨望,公姑聞之,心必不喜,連當面好處落空矣。雖然,言語之謹肆,發於念頭之真假,未有孝順之心不真,而言語能檢點者也。

繼姑待媳,多帶客氣,勢所必然。媳婦當此,務以誠心感之。既屬己姑,何分前後。凡事極其誠敬,不假一毫虛飾。姑知婦真心相待,自然心歡意悅,并客氣都化了。若媳婦胸中稍分先後,不覺形之辭色,初則彼此客氣,既而乖戾無所不至矣。或有媳婦先入門,而繼姑後至者,姑尊媳卑,名分不以先後改易。當一於誠敬,不可生怠慢心也。

媳婦於翁,殊難爲孝。但當體翁之心,不須以向前親密爲孝也。或翁體不安,須頻頻浼姑問安爲善。

或己爲嫡媳,而家有庶姑,其事庶姑,亦須將順而加禮貌焉,不可恃嫡慢庶,致傷庶叔之心,并傷阿翁之心。若己爲庶媳,則宜小心奉侍,曲體庶姑之心。嫡姑在堂,則事庶姑以敬,而禮貌稍殺於嫡姑。統所尊也,嫡姑没,并禮貌亦宜尊崇矣。倘或庶姑舉止有未合理,媳婦只宜以禮自持,和色婉容,規以正道,不亢傲,不委靡,方爲合禮。

婆與媳雖如母子,然母子以情勝,婆媳則重在禮焉。凡婆之衣服器具,銀錢酒食,俱不可擅動。婆在房中,開箱看首飾與衣服,或與姑娘小叔密語,俱宜退步,惟命之前始進。又凡有好物好衣,察婆欲與姑者,不妨贊成之。

凡公姑與丈夫之親友倉卒間到,要留酒食,而銀錢偶乏;或慶弔諸儀,銀錢無措,媳婦知之,即宜脱簪珥,典衣服,不待公姑開言,方爲先意承志。至一二贈嫁器皿,即當公用,不當慮及完全敝毁。若稍有愛惜之語,即傷公姑之心,爲下人姗笑。常有公姑寧貸於鄰家,而不屑問媳婦借者,其婦之不賢可知也。

平常之家,安能常得甘旨以供舅姑。然亦有法也。只要諸物烹庖得訣,務令適口,便是甘旨。若遣人辦買,必囑付擇其最佳者方買之,此即孝順妙法也。

一應往還之禮,或行或否,應厚應薄,須一概禀命於姑,不可自作主意。然其中猶有周旋也。待姑家親戚,須常存要好看之心。母家親戚,苟禮文可減,一切省之可也。

有等媳婦,不能孝姑,而偏欲孝母,此正是不孝母也。事姑未孝,必貽母氏以惡名,可謂孝母乎?蓋女在家以母爲重,出嫁以姑爲重也。今媳婦必欲盡孝於父母,亦有方略,須先從孝敬公姑丈夫起。公既喜婦能孝,必歸功於婦之父母,必加厚於婦之父母。丈夫既喜妻賢,必云:“非岳母賢淑,吾妻安得柔和。”或夫家富貴,則必有潤澤及母家矣。此則女之善孝其親也。

丈夫有不得意之事，爲妻者宜好語勸慰之，勿增慨嘆，以助抑鬱，但當委婉云“將來自有好日”，方謂賢妻。

丈夫在館不歸，此是能攻苦讀書，不可常寄信問候以亂其心，數數歸家，即荒時廢業矣。若親友有書札來，恐有要務，速傳送之。

丈夫不事儒業者，或居家營運，出外經商，俱是心血所成，勞四體以贍妻子。爲婦者必須憫夫勞役，軫夫饑寒，體恤隨順，方稱賢淑。家貧能撫恤慰勞，尤徵婦德。若蕩子嫖賭，敗廢祖宗基業，必宜苦諫，至再至三，不聽，則涕泣爭之。

媳婦之善相其夫者，第一要丈夫友愛。世之兄弟不友愛者，其源多起於妯娌不和，丈夫各聽婦言，遂成參商，此大患也。爲媳婦者，善處妯娌，惟在禮文遜讓，言語謙謹，有勞代之，有物分之，公姑見責，多方解勸，要緊之務，先事指點，則彼自感德，妯娌輯睦矣。如我爲伯姆，彼爲叔娣，倘彼偶疾言遽色，不堪相加，我歡然受之，不爭勝氣，不與回答，彼自愧悔，和好如初。其或公姑偏愛，多分物件與彼，切勿計量，只是相忘。或我富他貧，我貴他賤，皆須曲意下之，周其不足，不可稍有輕侮。若他富貴，我貧賤，亦宜謙卑委婉，不可先存爾我之見。諸侄、侄女，宜愛之如子，乳少者，助其乳，抱至膝上，常加笑容。己之子女，當令其敬伯母、叔母，一如親母。此要務也。

兄弟一氣，必無二心，往往因姒娣之間，自私自利，致傷兄弟之和，此婦之大惡也。婦之賢，第一在和妯娌。妯娌不和，大約以公姑恩有厚薄，便生妒忌，便有爭執。此不明之甚也。公姑胸中，如天地一般，有何偏見。若厚於大伯大姆，必是伯姆賢孝，得公姑之歡。厚於小叔嬸嬸，必是叔嬸賢孝，得公姑之歡。正當自反，負罪引慝，改過自新，庶公姑有回嗔作喜之時。豈可不知自責，且有怨望。若公姑獨厚於己夫妻，則當深自抑損。凡百分物，讓多受寡，讓美受惡，方是賢婦人也。

長兄如父，長嫂如母，故介婦諸婦。與冢婦長婦。有尊卑之分，宜隨行，不敢并行。姑舅若有事使介婦行者，介婦不得辭勞，欲分任於冢婦，禮也。

婦有必不可辭之職分，又有不可遲緩之行事。客一到門，則茶鍾酒杯，肴饌菜碟，俱宜料理，不可委之群婢。更宜速快，遲則恐客不及等待。蓋媳婦之職，原須必躬必親，辛勤代勞。苟叉手高坐，便是最不賢之婦。

婦人無事，切勿妄用一文。凡物須留贏餘，以待不時之需。若隨手用盡，則貧窮可拭目而待，安可不一心節儉也。婦之賢者，家雖富厚，常要守分，甘淡薄，喜布素，見世間珍寶錦綉及一切新奇美好之物，皆敗家之種子，方爲有識婦人。

婦人衣服，宜安本分，富而奢侈，服飾犯分，大不可也。況衆人同處，而我一人衣飾獨異，爲衆所指目，小家之婦，欣欣自榮，大家之婦，心必不自安也。

公姑之婢僕，不但不可辱駡也，并不可厲聲嚴色。蓋優禮婢僕，即所以敬公姑也。如婢有過失，公姑未見，當好言戒諭之，不必令公姑知之。其或大偷盜，及欲逃亡，媳先知其情者，公姑未曉，亦須禀知。然止可云耳聞，不可顯言其狀，致難收拾。又須云："恐非灼見，再須詳察。"

本房婢僕，雖宜慈愛，然或觸公姑之怒，皆宜重懲，不可護短。但訓飭之時，不可煩於言語，恐反開罪於公姑耳。

婢僕衣裳，宜令時加浣濯，髻鬟褲履，須令整頓端齊。若聽其蓬頭垢面，污穢難堪，甚或身有血漬，面有爪痕，令人不忍見聞，則主婦之不慈不賢，行道之人，皆指摘之矣。

凡物須預謹守防閑，毋令盜竊。萬一有此，乃己不能謹密之過，且只忍耐，不妄加猜疑。及輕聽人言，輒至僕婢房中搜索。搜出則喪其廉恥，搜不出則彼反有辭。若公家僕婢，及在外之人，尤不可妄指。每因失物，反招大是非，增添閒氣。此不可不深思切戒者也。

凡授銀物與僕輩，不宜手授，必置几案上，令其自取之。亦須照管，毋令他人竊去也。

凡生養子女，固不可不愛惜，亦不可過於愛惜，愛惜太過，則愛之適所以害之。小兒初生，勿勤抱持，裹而置之，聽其啼哭可也，醫云："小兒頓足啼哭，所以宣達胎滯。"乳飲須有節，日不過三次，夜惟雞將鳴，飲一次。衣用稀布，寧薄無厚。語云："若要小兒安，常帶三分飢與寒。"蓋孩提一團和氣，十分飽暖，反生疾病。珠帽、項圈、手鐲，切不可令着身。無論非從樸之道，而誨盜招拐之禍猶淺，圖財喪命之害更深。

富貴之家，愛子過甚，子所欲得，無不曲從之。性既縱成，一往莫禦，小有拂逆，便肆咆哮。及至長大，恃強好勝，破敗家財，猶係小事，一切刑禍，從此致矣。爲父母者，亦曾念及此乎？

子弟幼時，當教之以禮。禮不在精微，止在粗淺。如見尊長，必作揖。長者經過，坐必起立。長者呼召，即急趨之。門内門外，長者問何人，對必以名，不可曰"我"曰"吾"。長者之前，不可喧嚷致爭。廳堂之中，不可放肆偃卧。凡事非僮僕所能爲者，必須爲父母代勞，不可推諉。略舉大端，不能遍指，宜觸類推廣。

童子幼年，不可衣之羅綺裘裳，恐啓其奢侈之心，長大不能改也。

王朗川言行彙纂名之鈇，湖廣湘陰人。

謹按，古今婦女懿行，其卓卓可記者，已載於《閨範》矣。玆編所録，皆其軼事，不少概見。而儉約樸素之風，孝慈忠厚之道，亦婦女所當廣其見聞，而是效是則者也。至於待奴婢之道，虐之不可，縱之亦不可，偏聽之更不可。故於《御下篇》而外，又續有取於此。庶幾於體恤之中，寓約束之意。委曲以教導於先，嚴切以防閑於後，皆所以全惠下之仁也。集中所輯嘉言懿行甚多，玆不及全録云。

婦禁十三：一曰干預外政。二曰入寺燒香，許願祈男。三曰無故聚飲，即有事飲酒，不得沈醉。四曰會諸姻黨，同席熟談。五曰痛撻奴婢，及惡聲詈駡。六曰優厚三婆。七曰侈蓄珠翠。八曰看龍舟，觀燈，觀會諸外場雜遝事。九曰與妯娌鬥勝。十曰分理是非。十一曰不親中饋。十二曰厭夫交友賓客。十三曰貪嗜肥甘。

朱子《家範》：一曰妻妾無妒則家和，二曰嫡庶無偏則家興，三曰奴僕無縱則家尊，四曰嫁娶無奢則家足，五曰農桑無休則家温，六曰賓祭無墮則家良。

陸象山先生嘗謂人家要有三聲：讀書聲，孩兒聲，紡織聲。蓋聞讀書聲，覺聖賢在他口中，在我耳中，不覺神融。聞孩兒聲，或笑或泣，俱自然籟動天鳴，覺後來哀樂情致，較此殊遠。聞紡織聲，則勤儉生涯，一室兒女，覺有《豳風·七月》景象。最可厭者：婦女誶駡聲也，惡也；飲酒喧呶聲也，狂也；

街巷談笑聲也，譎也；妖冶歌唱聲也，淫也。與其聞此，不若聆犬聲於夜靜，聞雞聲於晨鳴，令人有清曠之思。

袁了凡先生初艱嗣，後乃生若思。母作冬襖，將鬻絮。先生曰："絲綿輕暖，篋中自有，何必鬻。"母曰："絲貴絮賤，吾欲以絲易絮，多製絮衣，贈親戚中寒無衣者。"先生曰："有是哉，此子壽矣。"

衡公岳知慶陽，僚友諸婦會飲。在席者金綺爛然，公内子荆布而已。既歸，不樂。公曰："汝坐何處？"曰："首席。"公曰："既坐首席，又要服飾華好，富貴可兼得耶？"至今傳爲美談。

橙墩好客。有妾蘇氏，善持家。一日宴客，失金杯，諸僕嘖嘖四覓。蘇氏誑之曰："金杯已收在内，不須尋矣。"及客散，對橙墩云："杯實失去，尋亦不得。公平日好客，豈可以一杯故，令名流不歡乎？"橙善其言。

大司徒馬森，其封君諱某，年四十始得一子。一日婢抱出門，從高階失手下墜，破其左額，旋死。封君見之，即令婢遁去，而自抱死子，曰："失手致之傷也。"婦哀痛，尋婢撻之，無有矣。婢歸匿母家，言其故。婢父母日夜籲天，願公早生貴嗣。次年果生子，左額宛然赤痕，即司徒也。

晋陵錢氏，顧成之媳也。錢氏往母家。夫家疫盛，轉相傳染，親戚不敢過。夫家八人，俱將斃。錢聞欲歸家，父母阻之。錢曰："人爲侍養公姑而娶媳。今公姑既病篤，忍心不歸，與禽獸何異？吾往，即死，不敢望吾親惜也。"隻身就道。其家忽聽鬼相語曰："諸神皆衛孝婦歸矣，速避速避。"八人皆活。

歐公池，嫡母所生，兩兄皆庶出。父以公屬嫡，欲厚之。

公妻馮氏，請於舅曰："嫡庶爲父母服，有差等否？"舅曰："無。"馮氏曰："均子也。服無差等，豈可異乎？"舅大悦，從之。

婦人未嘗讀書明理，性情多有僻處。不孝敬舅姑丈夫，卻誦經禮佛。不周濟骨肉姻親，卻布施僧道。不享現世和平之福，卻望來生渺茫富貴。此誠女流中之下愚者。噫，豈有驕悍妒惡而長享富貴，德性賢良而墮落輪回者哉？

登人之堂，即知室中之事。語云："入觀庭户知勤儉，一出茶湯便見妻。老父奔馳無孝子，要知賢母看兒衣。"

子之孝，不如率婦以爲孝。婦能養親者也，朝夕不離，潔奉甘旨，而親心悦。故舅姑得一孝婦，勝得一孝子。婦之孝，不如導孫以爲孝。孫能娱親者也，依依膝下，順承靡違，而親心悦。故祖父添一孝孫，又添一孝子。

人之居家，凡事皆宜先自籌度，立一區處之方。然後囑付婢僕爲之，更宜三番四覆以開導之。如此周詳，猶恐不能如吾意也。今人一切不爲之區處，事無大小，但聽奴僕自爲。不合己意，則怒罵鞭撻繼之。彼愚人，止能出力以奉吾令而已，豈能善謀，一一暗合吾意乎？不明如此，家安能治。

僕婢天資愚魯，其性善忘，又多執性，所行甚非，而自以爲是。更有秉性躁戾者，不知名分，輕於應對。治家者，須明此理。於使令之際，有不如意，少者憫其智短，老者惜其力衰，徐徐教誨，不必嗔怒也。有詩云："此輩冥頑墮下塵，只應憐念莫生嗔。若能事事如君意，他自將身作主人。"

小過宜寬。若法應撲責，當即處分。責後呼唤，辭色如常，不可嘖嘖作不了語，恐愚人危懼，致有他變。

凡婢僕有爭鬥者，主父母聞之，即時呵禁之。不止，分曲直以杖之。曲者多杖。或一止一不止,則獨杖其不止者。

婢僕之言,變亂是非,其意以言他人短,可以悦主人主母之心。苟不知其弊,聽信其言,則弟兄妯娌必至不和,鄰里親戚必至不睦。有以膚受訴者,宜叱曰:“我不眼見。”駕言他人毁罵主翁者,宜叱曰:“我不曾耳聞。”則此輩無所施其欺矣。

人家僕婢,不可一處飲食,須内外各别。屋多地寬,宜婢内僕外各食。屋少,不妨僕先婢後,亦猶夫各食也。所以然者,僕婢同食,語言之間,未免錯雜,非宜家之道也。下人有分别,則上人愈有分别矣。

待小人女子,不可無信,婚姻一節,尤宜慎之。每見人家婢僕,伏侍勤勞,主人即以某婢許某僕。家長一言出口,婢僕百諾於心。或家事遷延,遲疑不決,無識小人,見其爲期無定,未免埋怨偷安。主人聞之嗔怒,或改悔前言,男女失望,遂萌異念,奸拐逃盜,變幻百出矣。爲人上者,務宜酌量於前,斷勿改悔於後。婚配爲一生大事,許定豈容更易。況童婢同在一堂,雖在下人,寧無羞恥?莫如平時不輕許,待二十歲内外,擇男女相稱相宜者許配,許定即婚,則百弊不生,閨門亦肅矣。

女訓約言 出《言行彙纂》,未詳姓名。

謹按,婦德所尚,與其所以當戒,已散見於集中矣。兹編載女德二十四條,女戒八十條,則又舉婦女所切要及易犯者,而薈萃其義,撮總其詞。雖不識字義之婦女,有能舉此諸條,代爲講説,亦可了然於心口之間,而知所法戒矣。此予所以編女教而終之以此也。

女德

性格柔順，舉止安詳。持身端正，梳妝典雅。

低聲下氣，謹言寡笑。整潔祭祀，孝順公姑。

敬事夫主，和睦妯娌。禮貌親戚，寬容婢妾。

教道子女，體恤下人。潔治賓筵，謹飭門户。

早起晚眠，少使儉用。學製衣服，學做飲食。

打掃宅舍，收拾家伙。蠶桑紡織，孳生畜牲。

有此女德，雖貧賤之家，人看得自然貴重。雖没好衣服首飾，有好聲名，自然華美。又携的本家父母，與闔族親眷，都有光彩。似這等，也不枉生女一場。

女戒

莫舉止輕狂，莫妖喬打扮。

莫高聲大笑，莫耳軟舌長。

莫搬弄是非，莫離間骨肉。

莫煩言絮聒，莫巧言狐媚。

莫耳邊妻哳，莫背後唧噥。

莫憑空説謊，莫喜佞悦讒。

莫逼牆竊聽，莫偷眼邪視。

莫眼空意大，莫口甜心苦。

莫嫉人勝己，莫夸己笑人。

莫仿效男裝，莫仿行男禮。

莫賣弄顔色，莫炫耀服飾。

莫毒手打人，莫惡口駡人。

莫無病稱病,莫無憂而憂。
莫蓬頭垢面,莫赤胸袒膊。
莫顯見褻服,莫露出枕席。
莫男婦同席,莫男女授受。
莫買命算卦,莫聽唱説書。
莫隨會講經,莫修寺建塔。
莫打醮挂旛,莫廟宇燒香。
莫招神下鬼,莫魘鎮害人。
莫看春看燈,莫學彈學唱。
莫狎近尼姑,莫招延妓女。
莫結拜義親,莫來往三婆。
莫輕見外人,莫輕赴酒席。
莫内言傳外,莫外言傳内。
莫倚門看街,莫酒醉失儀。
莫忤逆不孝,莫攪家不賢。
莫唆挑夫主,莫欺瞞夫主。
莫侮慢夫主,莫鈐束夫主。
莫溺愛兒女,莫偏向兒女。
莫口談夫過,莫埋怨家貧。
莫妯娌不和,莫伯叔爭勝。
莫嫉妒婢妾,莫淩虐僕從。
莫怠慢窮親,莫結怨鄰家。
莫心貪口饞,莫濫費折福。
莫隨有隨盡,莫隨做隨毁。
莫輕剪羅緞,莫多宰雞鵝。
莫懶惰邋遢,莫抛撒物件。

莫干預外事,莫私放錢債。

莫盜轉財物,莫陰厚母家。

以上皆虧損女德之事。雖其中小小出入者,皆世俗常態,然不可不謹也。其餘則蕩禮逾閑矣。失婦德而蕩禮逾閑,縱生長富貴家,衣服首飾,從頭到尾都是金珠,都是綾錦,也不免被人嗤笑,玷辱父母。噫,父母生養我一場,我不能與他爭些志氣,增些光彩,反因我玷辱,被人嗤笑,我心何安?仔細思想。

訓俗遺規

序

古今之治化見於風俗，天下之風俗徵於人心。人心厚則禮讓興而訟端息矣。弘謀前奉恩命，司臬三吴，親承天語，諄諄以"惟平惟允，刑期無刑"爲訓勉，敬志於心，刻弗敢忘。赴蘇之後，清理積案，不下數千餘件。反復推究，始知獄訟繁多，良由人心漸習於浮薄。或因一念之差，或因纖毫之利，或係一時之忿戾，遂至激而成訟，展轉糾轕，株連日衆。有司承讞，雖悉心體察，極意平反，及曲直分而身家已破矣。推鞫之下，不禁惄然心傷。因念與其矜恤於獄之既成，何如化導於訟之未起。夫刑所以弼教，非竟以刑爲教也。司土者，平時未嘗教之而遽以刑之，父母斯民之義，其謂之何？嘗欲於典籍中采其切於人心風俗，人所習而不察，動而亦犯者，刊布民間，以庶幾於弭患未然之計。草創未就，隨有江右之命。封疆攸寄，責任愈重，撫循化導，使者之職也。區區之心，不能自已，公餘篝火，手披目覽，采録古今名言彙爲一帙，名曰《訓俗遺規》。雖不敢謂所采之悉當，而凡今時所以至訟之由，與夫所以弭訟之道，蓋已略備。大抵理惟取其切近，詞不嫌於真率，務使人人易曉焉。夫天良，人所同具，特患無以感發之耳。賢有司苟能持此以化導，或就事指點，或因人推廣，而士民衆庶翻閱之餘，觀感興起，父誡其子，兄勉其弟，莫不群趨於善而耻爲不善之歸，將見人心日厚，民俗日淳，訟日少而刑日清。用以仰副聖訓於萬一，是固日夕期之而不敢不自勉也。

乾隆七年十月二十二日桂林陳弘謀題於豫章使署[①]。

① 本段之下原緊附目録，今移至總目録。

卷之一

司馬温公居家雜儀公名光，字君實。宋時宰相。謚文正。

弘謀按，正倫理，篤恩義，辨上下，嚴内外，居家之要道也。温公正色立朝，爲有宋第一等人物，而正身以正一家，法肅意周，可爲古今儀則。所著《家範》，父子、祖孫、兄弟、叔侄、夫婦，一家之中，各盡其道，皆有懿行以實之，堪與小學并傳，限於卷帙，不及附刊。得此而遵循不越，亦足以整齊門内，無愧型家之道矣。

凡爲家長，必謹守禮法以御群子弟及家衆。分之以職，謂掌倉廪、厩庫、庖厨、舍業、田園之類。授之以事，謂朝夕所幹及非常之事。而責其成功。制財用之節，量入以爲出。稱家之有無，以給上下之衣食及吉凶之費，皆有品節而莫不均一。盡其所有而均之。雖糲食不飽，敝衣不完，人無怨心。裁省冗費，禁止奢華。常須稍有贏餘，以備不虞。

凡諸卑幼，事無大小，無得專行，必咨稟於家長。《易》曰："家人有嚴君焉，父母之謂也。"安有嚴君在上，而其下敢直行自恣不顧者乎？雖非父母，當時爲家長者，亦當咨稟而行之。則號令出於一人，家政始可得而治矣。

凡爲子爲婦者，毋得蓄私財。俸禄及田宅所入，盡歸之父母舅姑。當用，則請而用之。不敢私假，不敢私與。

凡子事父母，孫事祖父母同。婦事舅姑，孫婦亦同。天欲明，咸起，盥洗手也。漱櫛梳頭。總，所以束髮。具冠帶。昧爽，天將明也。適父母舅姑之所省問。此即禮之晨省也。父母舅姑起，子供藥物，藥物乃關身切務，人子必當親自供進，不可但委婢僕。婦具晨羞。俗謂點心。供具畢，乃退，各從其事。將食，子婦請所欲於家長。卑幼各不得恣所欲。退，具而供之。尊長舉箸，子婦乃各退。就食，丈夫婦人各設食於他所，依長幼而坐。其飲食必均一。幼子又食於他所，亦依長幼席地而坐。男坐於左，女坐於右。及夕，食亦如之。既夜，父母舅姑將寢，則安置而退。此即禮之昏定也。

居閒無事，則侍於父母舅姑之所。容貌必恭，執事必謹。言語應對，必下氣怡聲。出入起居，必謹扶衛之。不敢涕唾喧呼於父母舅姑之側。父母舅姑不命之坐，不敢坐，不命之退，不敢退。

凡子受父母之命，必籍記而佩之，時省而速行之。事畢，則反命焉。或所命有不可行者，則和色柔聲，具是非利害而白之。待父母之許，然後改之。若不許，苟於事無大害者，亦當曲從。若以父母之命爲非，而直行己志，雖所執皆是，猶爲不順之子，況未必是乎？

凡父母有過，下氣怡色，柔聲以諫。諫若不入，起敬起孝，悦則復諫。不悦，與其得罪於鄉黨州閭，寧熟諫。父母怒，不悦，而撻之流血，不敢疾怨，起敬起孝。

凡爲人子弟者，不敢以富貴加於父兄宗族。加，謂恃其富貴，不率卑幼之禮。

凡爲人子者，出必告，反必面。有賓客，不敢坐於正廳。或坐書室，無書室，坐於廳之旁側。升降不敢由東階。上下馬，不敢當廳。凡事不敢自擬於其父。

楊氏復曰:告與面同。反言面者,從外來,宜知親之顔色安否。爲人親者,無一念而忘其子,故有倚閭倚門之望。爲人子者,無一念而忘其親,故有出告反面之禮。生則出告反面,没則告行飲至,事亡如事存也。

凡父母舅姑有疾,子婦無故不離側,親調嘗藥餌而供之。父母有疾,子色不滿容,不戲笑,不宴游。一切不得如平時,甚則不交睫,不解衣。舍置餘事,專以迎醫檢方合藥爲務。疾已,復初。

凡子事父母,父母所愛,亦當愛之;所敬,亦當敬之。至於犬馬盡然,而況於人乎?

凡子事父母,樂其心,不違其志。樂其耳目,安其寢處。以其飲食忠盡己之爲忠。養之。幼事長,賤事貴,皆仿此。

凡子婦未敬未孝,不可遽有憎疾,姑教之。若不可教,然後怒之。若不可怒,然後笞之。屢笞而終不改,子放婦出,然亦不明言其犯禮也。子甚宜其妻,父母不悦,出。子不宜其妻,父母曰:"是善事我。"子行夫婦之禮焉,没身不衰。

凡爲宫室,必辨内外。深宫固門,内外不共井,不共浴堂,不共厠。男治外事,女治内事。男子晝無故不處私室,婦人無故不窺中門。男子夜行以燭。婦人有故出中門,必擁蔽其面。如蓋頭面帽之類。男僕非有繕修及有大故,謂水火盜賊之類。不入中門。入中門,婦人必避之。不可避,亦必以袖遮其面。女僕無故不出中門,有故出中門,亦必擁蔽其面。小婢亦然。鈴下蒼頭,但主通内外之言,傳致内外之物,毋得輒升堂室,入庖厨。

凡卑幼於尊長,晨亦省問,夜亦安置。坐而尊長過之,則起。出遇尊長於塗,則下馬。不見尊長,經再宿以上,則再拜。五宿以上,則四拜。賀冬至正旦,六拜。朔望,四拜。凡拜數,或尊長臨時減而止之,則從尊長之命。

凡受女婿及外甥拜,立而扶之。外孫,則立而受之,可也。

凡節序及非時家宴,上壽於家長,卑幼盛服序立,如朔望之儀,先再拜。子弟之最長者一人,進,立於家長之前。幼者一人,執酒盞,立於其左。一人執酒注,立於其右。長者跪,斟酒,祝曰:"伏願某官,備膺五福,保族宜家。"尊長飲畢,授幼者盞注,反其故處。長者俯伏,興,退,與卑幼皆再拜。家長命諸卑幼坐,皆再拜而坐。家長命侍者遍酢諸卑幼,諸卑幼皆起,序立如前,俱再拜,就坐。飲訖,家長命易服,皆退,易便服。還,復就坐。

凡内外僕妾,雞初鳴咸起,櫛,總,盥漱,衣服。男僕灑掃廳事及庭,鈴下蒼頭灑掃中庭,女僕灑掃室堂。設椅桌,陳盥漱櫛靧洗面。之具。主父主母既起,則拂牀襞叠衣。衾,侍立左右,以備使令。退而具飲食。得閒,則浣濯紉縫,先公後私。及夜,則復拂牀展衾。當晝,内外僕妾惟主人之命各從其事,以供百役。

凡女僕,同輩兄弟所使。謂長者爲姊,後輩諸子所使。謂前輩爲姨,務相雍睦。其有鬥爭者,主父主母聞之,即呵禁之。不止,即杖之。理曲者,杖多。一止一不止,獨杖不止者。

《内則》云:"雖婢妾,衣服飲食,必後長者。"鄭康成曰:"人無貴賤,不可以無禮。"故使之序長幼。

凡男僕,有忠信可任者,重其禄。能幹家事者次之。其專務欺詐,背公徇私,屢爲盗竊,弄權犯上者,逐之。

凡女僕,年滿不願留者,縱之。勤舊少過者,資而嫁之。

其兩面二舌，飾虚造讒，離間骨肉者，逐之。屢爲盜竊者，逐之。放蕩不謹者，逐之。有離叛之志者，逐之。

朱子增損吕氏鄉約吕氏兄弟四人，大中、大防、大約、大臨，宋時人。

弘謀按，藍田縣名。吕氏兄弟，皆從學於伊川、横渠兩先生，德行道藝萃於一門，爲鄉人所敬信，故以此爲鄉人約。可見古人爲學，不肯獨善其身，亦不必居官，始可以及人也。其綱止於四條，備列其目，則已舉人生善惡功過，可法可戒之事，無不具備。一鄉之中，睦姻任恤，休戚相關，何其風之淳且厚歟。余重有望於鄉人，更重有望於居鄉之賢者。推己及人，爲善於鄉，媲美吕氏之高風也。

凡鄉之約四：一曰德業相勸，二曰過失相規，三曰禮俗相交，四曰患難相恤。衆推有齒德者一人爲都約正，有學行者二人副之。約中月輪一人爲直月。都副正不與。置三籍，凡願入約者，書於一籍；德業可勸者，書於一籍；過失可規者，書於一籍。直月掌之。月終，則以告於約正，而授於其次。

德業相勸。

見善必行。聞過必改。能治其身。

能治其家。能事父兄。能待妻妾。

能教子弟。能御童僕。能事長上。

能睦親故。能擇交游。能守廉介。

能廣施惠。能受寄托。能救患難。

能導人爲善。能規人過失。能爲人謀事。

能爲衆集事。能解鬥爭。能決是非。

能興利除害。能居官舉職。

至於讀書、治田、營家、濟物、畏法令、謹租賦，好禮樂射御書數之類，皆可爲之。非此之類，皆爲無益。

右件德業，同約之人各自進修，互相勸勉。會集之日，相與推其能者書於籍，以警勵其不能者。

過失相規。犯義之過六，不修之過五。

酗博鬥訟。酗，謂縱酒喧競。博，謂賭博財物。鬥，謂鬥毆駡詈。訟，謂告人罪惡，意在害人，誣賴爭訴，得已不已者；若事干負累，及爲人侵損而訴之者，非。

行止逾違。逾禮違法，衆惡皆是。

行不恭遜。侮慢齒德者，持人短長者，恃強陵人者，知過不改，聞諫愈甚者。

言不忠信。或爲人謀事，陷人於惡。或與人要約，退即背之。或妄説事端，熒惑衆聽者。

造言誣毁。誣人過惡，以無爲有，以小爲大，面是背非，或作嘲咏匿名文書，及發揚人之私隱，無狀可求，及喜談人之舊過者。

營私太甚。與人交易，傷於掊克者。專務進取，不恤餘事者。無故而好干求假貸者。受人寄托而有所欺者。以上犯義之過。

交非其人。所交不限士庶，但凶惡及游惰無行，衆所不齒者，而己朝夕與之游處，則爲交非其人。若不得已而暫往還者，非。

游戲怠惰。游，謂無故出入及謁見人止務閒適者。戲，謂戲笑無度及意在侵侮，或馳馬擊鞠而不賭財物者。怠惰，謂不修事業及家事不治、門庭不潔者。

動作無儀。謂進退太疏野及不恭者，不當言而言及當言而不言者，衣冠太華飾及全不完整者，不衣冠而入街市者。

臨事不恪。主事廢忘，期會後時，臨事怠惰者。

用度不節。謂不計有無，過爲多費者，不能安貧，非道營求者。○以上不修之過。

右件過失，同約之人各自省察，互相規戒。小則密規之，大則衆戒之。不聽，則會集之日，直月告於約正，約正以義理誨諭之。謝過請改，則書於籍以俟。其爭辨不服與終不能改者，聽其出約。

禮俗相交。

尊幼輩行。與父同行及長於己三十歲以上，曰尊者。長於己十歲以上，與兄同行，曰長者。年上下不滿十歲，曰敵者。少於己十歲以下，曰少者。少於己二十歲以下，曰幼者。○以上凡五等。

造請拜揖。凡少者幼者，於尊者長者，歲首、冬至、四孟月朔，辭見賀謝，皆爲禮見。此外候問起居，質疑白事及赴請召，皆爲燕見。尊者受謁，不報。長者歲首冬至，具榜子報之，餘令子弟以己名榜子代行。○凡敵者，歲首冬至，辭見賀謝，相往還。○凡見尊者、長者，門外下馬，俟於外次。升堂，禮見四拜，燕見不拜。退，則主人送於廡下。○凡見敵者，門外下馬，俟於廡下。禮見則再拜。退，則主人請就階上馬。

請召迎送。凡請尊長飲食，親往投書。既來赴，明日親往謝之。召敵者以書簡，明日交使相謝。召少者用客目，明日客親往謝。○凡聚會皆鄉人，則坐以齒。若有親，則別叙。若有他客，有爵者，則坐以爵。若特請召，或迎勞出餞，皆以專召者爲上客。如婚禮，則姻家爲上客。皆不以齒爵爲序。○凡有遠出遠歸者，則迎送之，或五里三里，各期會於一處，有飲食，則就飲食之。少者以下，俟其既歸，又至其家省之。

慶弔贈遺。凡同約有吉事，則慶之，有凶事，則弔之。每家只家長一人與同約者俱往，其書問亦如之。若家長有故，或與所慶弔者不相接，則其次者當之。○凡慶禮，如常儀，有贈物。或其家力有不足，則爲之借助器用及爲營幹。○凡弔禮，初喪未易服，則率同約深衣往哭之，且助其凡百經營之事。主人成服，則相率素服，具酒果食物往奠之。及葬，又相率致賵。俟發引，則素服而送之。○凡喪家，不可具酒食衣服以待弔客。弔客亦不可受。

右禮俗相交之事，直月主之，有期日者，爲之期日，當糾集者，督其違慢。凡不如約者，以告於約正而告之，且書於籍。

患難相恤。

水火。小則遣人救之，甚則親往，多率人救，且弔之。

盜賊。近者同力追捕，有力者爲告之官司。其家貧，則爲之助出募賞。

疾病。小則遣人問之，甚則爲訪醫藥，貧則助其養疾之費。

死喪。闕人則助其幹辦，乏財則賻贈借貸。

孤弱。孤遺無依者，若能自贍，則爲之區處，稽其出内。或聞於官司，或擇人教之，及爲求婚姻。貧者，協力濟之，無令失所。有侵欺之者，力爲辯理。稍長而放逸不檢，亦防察約束之，無令陷於不義。

誣枉。有爲人誣枉過惡不能自伸者，勢可以聞於官府，則爲言之；有方略可以救解，則爲解之。或其家因而失所者，衆共以財濟之。

貧乏。有安貧守分而生計大不足者，衆以財濟之。或爲之假貸置産，以歲月償之。

右患難相恤之事。凡同約者，財物器用、車馬人僕皆有無相假。若不急之用及有所妨者，則不必借。可借而不借，及逾期不還，及損壞借物者，書於籍。鄰里或有緩急，雖非同約，而聞知，亦當救助。或不能救助，則爲之告於同約而謀之。有能如此者，則亦書其善於籍，以告鄉人。

陸梭山居家正本制用篇先生名九韶，字子美，金谿人。象山先生之兄也。

弘谋按，門内之地，至性所關，雖極愚頑之人，豈無天良之動，而有時視門内如路人，非禮犯分之事，悍然不顧者，名利之心奪之耳。於名利上看得重一分,即於天倫輕一分矣。梭山先生論居家而先之以正本。其言正本也,以孝弟忠信、讀書明理爲要,而以時俗名利之積習爲戒,其警世也良切。至於制用之道,不過費以耗財,亦不因貧而廢禮,隨時撙節,稱家有無,尤理之不可易也。陸氏十世同居,家法嚴肅,高風篤行,可仰可師。讀此,亦足以知其所由來矣。

正本

古者民生八歲入小學,學禮樂射御書數。至十五歲,則各因其材而歸之四民。故爲農工商賈者,亦得入小學,七年而後就其業。其秀異者,入大學而爲士,教之德行。凡小學大學之教,俱不在言語文字,故民皆有實行,而無詐僞。愚謂人之愛子,但當教之以孝弟忠信。所讀須先六經、《論》、《孟》,通曉大義,明父子君臣夫婦昆弟朋友之節,知正心修身齊家治國平天下之道,以事父母,以和兄弟,以睦族黨,以交朋友,以接鄰里,使不得罪於尊卑上下之際。次讀史,以知歷代興衰,究觀皇帝王霸與秦漢以來爲國者規模措置之方。功效逐日可見,惟患不爲耳。

世之教子者,惟教之以科舉之業,志在於薦舉登科。難莫難於此者。試觀一縣之間,應舉者幾人,而與薦者有幾。至於及第,尤其希罕。蓋是有命焉,非偶然也。此孟子所謂"求在外者,得之有命"是也。至於止欲通經知古今,修身爲孝弟忠信之人,此孟子所謂"求則得之,求在我者"也。此有何難,而人不爲耶?況既通經知古今,而欲應今之科舉,亦無難者。若命應仕宦,必得之矣。而又道德仁義在我,以之事君臨民,皆合義理,豈不榮哉。

人孰不愛家，愛子孫，愛身。然不克明愛之之道，故終焉適以損之。一家之事，貴於安寧和睦悠久也，其道在於孝悌謙遜。仁義之道，口未嘗言之。朝夕之所從事者，名利也。寢食之所思者，名利也。相聚而講究者，取名利之方也。言及於名利，則洋洋然有喜色。言及於孝悌仁義，則淡然無味，惟思卧。幸其時數之遇，則躍躍以喜。小有阻意，則躁悶若無容矣。如其時數不偶，則朝夕憂煎，怨天尤人。至於父子相夷，兄弟叛散，良可憫也。豈非愛之適以損之乎？

夫謀利而遂者，不百一。謀名而遂者，不千一。今處世不能百年，而乃僥幸於不百一不千一之事，豈不痴甚矣哉！就使遂志，臨政不明仁義之道，亦何足爲門户之光耶？愚深思熟慮久矣，而不敢出諸口。今老矣，恐一旦先朝露而滅，不及與鄉曲父兄子弟語及於此，懷不滿之意於冥冥之中，無益也。故輒冒言之，幸垂聽而擇焉。

夫事有本末，知愚賢不肖者本，貧富貴賤者末也。得其本，則末隨。趨其末，則本末俱廢。此理之必然也。今行孝悌，本仁義，則爲賢爲知。賢知之人，衆所尊仰。簞瓢爲奉，陋巷爲居，己固有以自樂，而人不敢以貧賤而輕之，豈非得其本，而末自隨之。夫慕爵位，貪財利，則非賢非知。非賢非知之人，人所鄙賤。雖紆青紫，懷金玉，其胸襟未必通曉義理。己無以自樂，而人亦莫不鄙賤之，豈非趨其末，而本末俱廢乎？

況富貴貧賤自有定分。富貴未必得，則將隕穫而無以自處矣。斯言或有信之者，其爲益不細。相信者稍衆，則賢才自此而盛，又非小補矣。

制用

古之爲國者,冢宰制國用,必於歲之杪,五穀皆入,然後制國用。用地大小,視年之豐耗。三年耕,必有一年之食。九年耕,必有三年之食。以三十年之通制國用,雖有凶旱水溢,民無菜色。國既若是,家亦宜然。故凡家有田疇,足以贍給者,亦當量入以爲出,然後用度有準,豐儉得中,怨讟不生,子孫可守。

今以田疇所收,除租税及種蓋糞治之外,所有若干,以十分均之。留三分爲水旱不測之備,一分爲祭祀之用,六分分十二月之用。取一月合用之數,約爲三十分,日用其一,可餘而不可盡用,至七分爲得中,不及五分爲嗇。其所餘者,别置簿收管,以爲伏臘裘葛、修葺牆屋、醫藥、賓客、弔喪、問疾、時節饋送。又有餘,則以周給鄰族之貧弱者,賢士之困窮者,佃人之饑寒者,過往之無聊者。毋以妄施僧道。蓋僧道本是蠹民,況今之僧道無不豐足,施之,適足以濟其嗜欲,長其過惡,而費農夫血汗勤勞所得之物,未必不增我冥罪,果何福之有哉?不但非福,且有冥罪,佞佛者可以悟矣。更有減奉養衣食、資給親故之費,以施僧道者,其冥罪不更甚耶?

其田疇不多,日用不能有餘,則一味節嗇。節,用之有制。嗇,用之以舒。裘葛取諸蠶績,牆屋取諸蓄養。雜種蔬果,皆以助用。不可侵過次日之物。一日侵過,無時可補,則便有破家之漸。當謹戒之。

其有田少而用廣者,但當清心儉素,經營足食之路。於接待賓客、弔喪、問疾、時節饋送、聚會飲食之事,一切不講。加意減省,不求美觀也。詳見下文。免至干求親舊,以滋過失,責望故索，以生怨尤，負諱通借，以招耻辱。家居如此，方爲稱宜，而遠吝侈之咎。積是成俗，豈惟一家不憂水旱之災，雖一縣、一郡，通天下皆無憂矣。其利豈不溥哉。

居家之病有七：曰笑，如笑駡戲謔之類。一本作呼，如呼盧喧嚷之類。曰游，曰飲食，曰土木，曰爭訟，曰玩好，曰惰慢。有一於此，皆能破家。其次貧薄而務周旋，豐餘而尚鄙嗇。事雖不同，其終之害或無以異，但在遲速之間耳。夫豐餘而不用者，疑若無害也。然己既豐餘，則人望以周濟，今乃恝然，必失人之情。既失人情，則人不佑。人惟恐其無隙，苟有隙可乘，則爭媒蘖之。雖其子孫，亦懷不滿之意，一旦入手，若決堤破防矣。

前所言存留十之三者，爲豐餘之多者制也。苟所餘不能三分，則有二分亦可。又不能二分，則存一分亦可。又不能一分，則宜撙節用度，以存贏餘，然後家可長久。不然，一旦有意外之事，必遂破家矣。

前所謂一切不講者，非絶其事也，謂不能以貨財爲禮耳。如弔喪，則以先往後罷爲助。賓客，則樵蘇供爨，清談而已。至如奉親最急也，啜菽飲水盡其歡，斯之謂孝。祭祀最嚴也，蔬食菜羹，足以致其敬。方不是因貧乏而廢禮義。凡事皆然，則人固不我責，而我亦何歉哉。如此，則禮不廢而財不匱矣。

前所言以其六分爲十二月之用，以一月合用之數，約爲三十分者，非謂必於其日用盡，但約見每月每日之大概，其間用度自爲贏縮，惟是不可先次侵過，恐難追補。宜先餘而後用，以無貽鄙嗇之譏。

世所用度，有何窮盡。蓋是未嘗立法，所以豐儉皆無準則。好豐者，妄用以破家。好儉者，多藏以斂怨。無法可依，必至於此。愚今考古經國之制，爲居家之法。隨貲産之多寡，制用度之豐儉。合用萬錢者用萬錢，不謂之侈。合用百錢者用百錢，不謂之吝。是取中可久之制也。

倪文節公經鉏堂雜志

公名思，字正甫，歸安人。宋進士，官禮部尚書。

弘謀按，所言月計、歲計、子孫計，非沾沾惟利是計也。量入爲出，理自如此。人之物力，止有此數，妄用則不繼。饑寒交迫，急不擇音，妄取妄求，勢所必至，欲固其節，其可得乎？夫謹身節用，士庶宜然，而儉以成廉，尤仕宦之所急。許魯齋言學者以治生爲急，司馬温公每問士大夫生計足否，皆此意也。

歲計

儉者，君子之德。世俗以儉爲鄙，非遠識也。儉則足用，儉則寡求，儉則可以成家，儉則可以立身，儉則可以傳子孫。奢則用不給，奢則貪求，奢則掩身，奢則破家，奢則不可以訓子孫。利害相反如此，可不念哉？富家有富家計，貧家有貧家計。量入爲出，則不至乏用矣。用常有餘，則可以爲意外横用之備矣。今以家之用，分而爲二，令爾子弟分掌之。其日用收支爲一，其歲計分支爲一。日用以賃錢俸錢當之。每月終，白尊長，有餘，則趲在後月，不足，則取歲計錢足之。歲計以家之薄産所入當之。歲終，以白尊長，有餘，則來歲可以舉事，不足，則無所興舉。可以展向後者，一切勿爲，以待可爲而爲之。或有意外横用，亦告於尊長，隨宜區處。

人家至於破産，先自借用官物錢始。既先借用官物錢，至於官物催趲，不免舉債典質。久而利重，雖欲存産業，不可得矣。故當先須留官物錢，則無此患。僕奮空拳，粗成家業，毫分積累甚難。諸子宜體念，各存公心管幹。且爲二十年計，日後則事難料，又在諸子從長區處。僕之智力，有不及矣。月河莫侍郎家甚富，兄弟同居，亦三十餘年，此可法也。蓋聚居則百費皆省，析居則人各有費也。然須上下和睦。若自能奮飛，不藉父業，則聽其挈出，不可將帶父業，留以與不能奮飛者，可也。

人家用度，皆可預計，惟横用不可預計。若婚嫁之事，是閒暇時，子弟自能主張。若乃喪葬，倉卒之際，往往爲浮言所動，多至妄用，以此爲孝，世俗之見，切不可徇，則當隨家豐儉也。

月計

士大夫家子弟，若無家業，經營衣食不過三端：上焉者，仕而仰禄；中焉者，就館聚徒；下焉者，干求假貸。今員多闕少，待次之日常多。官小俸薄，既難贍給，遠宦有往來道途之費，縱餘無幾，意外有丁憂論罷之虞，不可不備。又還家無以爲策，則居官凡事掣肘。若有退步，進退在我，易以行志矣。就館聚徒，所得不過數十。有一書館，爭者甚衆。未娶，就館猶可。既娶之後，難遠離家。在己爲羈旅，在家則百事不可照囑。或自有子，欲教不可。若稍有家業，則可免此患。縱不免就館聚徒，亦不至若不可一日無館者之窘也。至於干謁假貸，滋味尤惡。不惟趑趄囁嚅，此狀可惡。奔走於道途，見拒於閽人,情況之惡,抑又可知。縱有所得無幾,久而化爲脣吻。潔特之士,化爲無廉恥可厭之人。若乃假貸親故,至一至再,亦難言矣。諺曰"做個求人而不成",此言有理。若自有薄産,無此惡況矣。吾家業雖不多,若自知節省,且爲二十年計,可以使爾輩待闕,不至狼狽。既免聚徒就館,又免干求假貸。諺曰"求人不如求己",此之謂也。已作歲計簿,復作月計簿。蓋先有月計,然後歲計可知。若月之所用,多於其所入,積而至歲,爲大闕用矣。世間事固終歸空,人固各有命,然可施智力處,亦不當不理會。又所求者在己,與夫不知義命妄求者大異也。

子孫計

或曰,既有子孫,當爲子孫計,人之情也。余曰,君子豈不爲子孫計。然其子孫計,則有道矣。種德,一也。家傳清白,二也。使之從學而知義,三也。受以資身之術,如才高者,命之習舉業,取科第;才卑者,命之以經營生理,四也。家法整齊,上下和睦,五也。爲擇良師友,六也。爲取淑婦,七也。常存儉風,八也。如此八者,豈非爲子孫計乎?循理而圖之,以有餘而遺之,則君子之爲子孫計,豈不久利,而父子兩得哉?如孔子教伯魚以《詩》、《禮》,漢儒教子一經,楊震之使人謂其後爲清白吏子孫,鄧禹十子,人各授之一業,龐德公云"人皆遺之以危,我獨遺之以安",皆善爲子孫計者,又何歉焉。

儉而能施,仁也。儉而寡求,義也。儉以爲家法,禮也。儉以訓子孫,智也。儉而慳吝,不仁也。儉復貪求,不義也。

儉於其親，非禮也。儉其積遺子孫，不智也。

衣以歲計，食以日計。一日闕食，必至饑餒。一年闕衣，尚可藉舊。食，在家者也，食粗而無人知。衣，飾外者也，衣敝而人必笑。故善處貧者，節食以完衣。不善處貧者，典衣而市食。

陳希夷心相編先生名摶，宋初隱士。

弘謀按，相者之術，於眉睫方寸之間，以徵畢生之休咎。其説有時而中，此不盡關乎術數也。形神本不相離，未有有諸内而不形諸外者。兹以"心相"名編，謂相從心生，心有善惡，有厚薄，而相之休咎繫焉，有不啻影之隨形，聲之應響者矣。推而廣之，經所云"惠迪吉，從逆凶"，傳所云"德潤身，心廣體胖"，又云"善必先知，不善必先知之"，朱子釋之，以爲"如執玉高卑，其容俯仰之類"，孟子所云"胸中正，則眸子瞭焉。胸中不正，則眸子眊焉"，皆以心爲相之義也。是理也，非術也。范太傅質，自從仕，未嘗廢學，曰："昔有異人言，吾他日必當大任。"苟如其言，無學術何以當之。此因相而返觀内照，欲求建立，以不負乎相也。有人相吕新吾，指面上部位多貴。先生云："所憂不在此也。汝相予一心，要包藏得天下理。相予兩肩，要擔得天下事。相予兩脚，要踏得萬事定。不然，予方有愧於面也。"此則直以心爲相，不任術而任理者也。余嘗慨世之離心以求相者。相云吉，則深以爲喜，生冀幸心。相云凶，則抑鬱無聊，生退悔心。相之有損無益也，久矣。喜兹編足以破世人之愚惑，而有助於勸戒也，故録而叙論之。人誠深明乎此，可以相人，可以爲人相，可以自相。而且不妨於隨時隨事皆作相者觀，即以此爲省己觀人之則可也。

心者貌之根，審心而善惡自見。

行者心之發，觀行而禍福可知。

出納不公平，難得兒孫長育。

語言多反覆,應知心腹無依。
消沮閉藏,必是奸貪之輩。
披肝露胆,決爲英傑之人。
心和氣平,可卜孫榮兼子貴。
才偏性執,不遭大禍必奇窮。
轉眼無情,貧寒夭促。
時談念舊,富貴期頤。
重富欺貧,焉可托妻寄子。
敬老慈幼,必然裕後光前。
輕口出違言,壽元短折。
忘恩思小怨,科第難成。
小富小貴易盈,刑災准有。
大富大貴不動,厚福無疆。
欺蔽陰私,縱有榮華兒不享。
公平正直,雖無子息死爲神。
開口説輕生,臨大節,決然規避。
逢人稱知己,即深交,究竟平常。
處大事,不辭勞怨,堪爲梁棟之材。
遇小故,輒避嫌疑,豈是腹心之寄。
與物難堪,不測亡身還害子。
待人有地,無端得福更延年。
迷花戀酒,閫中妻妾參商。
利己損人,膝下兒孫悖逆。
賤買田園,決生敗子。
尊崇師傅,定産賢郎。
愚魯人,説話尖酸刻薄,既貧窮,必損壽元。

聰明子，語言木訥優容，享安康，且膺封誥。
患難中能守者，若讀書，可作朝廷柱石之臣。
安樂中若忘者，縱低才，豈非金榜青雲之客。
鄙吝勤勞，亦有大富小康之別，宜觀其量。
奢侈靡麗，寧無奇人浪子之分，必視其才。
弗以見小爲守成，惹禍破家難免。
莫認惜福爲慳吝，輕財仗義儘多。
處事遲而不急，大器晚成。
見機決而能藏，高才蚤發。
有能吝教，己無成，子亦無成。
見過隱規，身可托，家亦可托。
知足與自滿不同。一則矜而受災，一則謙而獲福。
大才與見才自別。一則誕而多敗，一則實而有成。
忮求念勝，圖名利，到底遜人。
惻隱心多，遇艱難，中途獲救。
不分德怨，料難至乎遐年。
較量錙銖，豈足期乎大受。
過剛者圖謀易就，災傷豈保全無。
太柔者作事難成，平福亦能安受。
樂處生愁，一生辛苦。
怒時反笑，至老奸邪。
好矜己善，弗再望乎功名。
樂摘人非，最足傷乎性命。
責人重而責己輕，弗與同謀共事。
功歸人而過歸己，儘堪救患扶災。
處家孝弟無虧，簪纓奕世。

與世吉凶同患,血食千年。

曲意周全知有後。

任情激搏必凶亡。

易變臉,薄福之人奚較。

耐久朋,能容之士可宗。

好與人爭,滋培淺而前程有限。

必求自反,蓄積厚而事業能伸。

少年飛揚浮動,顔子之限難過。

壯歲冒昧昏迷,不惑之期怎免。

喜怒不擇輕重,一事無成。

笑駡不審是非,知交斷絶。

濟急拯危,亦有時乎貧乏,福自天來。

解紛排難,恐亦涉乎囹圄,名揚海内。

餓死豈在紋描,抛衣撒飯。

瘟亡不由運數,駡地咒天。

甘受人欺,有子忽然大發。

常思退步,一身終得安閒。

舉止不失其常,非貴亦須大富,壽可知矣。

喜怒不形於色,成名還立大功,奸亦有之。

無事失措倉皇,光如閃電。

有難怡然不動,安若泰山。

積功累仁,百年必報。

大出小入,數世其昌。

人事可憑。

天道不爽。

如何餐刀飲劍?君子剛愎自用,小人行險僥幸。

如何投河自縊？男人才短蹈危，女子氣盛見逼。

如何短折亡身？出薄言，做薄事，存薄心，種種皆薄。

如何凶災惡死？多陰毒，積陰私，有陰行，事事皆陰。

如何暴疾而没？色欲空虛。

如何毒瘡而終？肥甘凝膩。

如何老後無嗣？性情孤潔。

如何盛年喪子？心地欺瞞。

如何多遭火盜？刻剥民財。

如何時犯官符？調停失當。

何知端揆首輔？常懷濟物之心。

何知拜將封侯？獨挾蓋世之氣。

何知玉堂金馬？動容清麗。

何知建牙擁節？氣概凌霄。

何知丞簿下吏？量平膽薄。

何知明經教職？志近行拘。

何知苗而不秀？非惟愚蠢更荒唐。

何知秀而不實？蓋謂自賢兼短行。

若論婦人，先須静默。

從來淑女，不貴才能。

有威嚴，當膺一品之封。

少修飾，准掌萬金之重。

多言好勝，若然有嗣必傷身。

盡孝兼慈，不特助夫還旺子。

貧苦中毫無怨詈，兩國褒封。

富貴時常惜衣糧，滿堂榮慶。

奴婢成群，定是寬宏待下。

貲財盈篋,決然勤儉持家。
悍婦多因性妒,老後無歸。
奚婆定是情乖,少年浪走。
爲甚欺夫,顯然淫行。
緣何無子,暗裹傷人。
合觀前論,歷試無差。
勉教後來,猶期善變。
信乎骨格步位,相輔而行。
允矣血氣精神,由之而顯。
知其善而守之,錦上添花。
知其惡而弗爲,禍轉爲福。

袁氏世範先生名采,字君載,宋時衢州人。官至監登聞檢院。

弘謀按,王道本乎人情,至理不離日用。朱子言道之費,而曰“近自夫婦居室之間,遠而至於聖人天地之所不能外”。道豈遺於卑邇哉。篇中所言婦子居室之事,準乎人情,協乎天理,設身處地,即病即藥,幾於纖悉不遺矣。玆録其切要者,以爲訓焉。

睦親

人之至親,莫過於父子兄弟。而父子兄弟有不和者,父子或因於責善,兄弟或因於爭財。有不因責善爭財而不和者。世人見其不和,或就其中分别是非,而莫明其由。蓋人之性,或寬緩,或褊急,或剛強,或柔懦,或喜閒靜,或喜紛拏,或所見者小,或所見者大,所禀自是不同。父必欲子之性合於己，子之性未必然。兄必欲弟之性合於己，弟之性未必然。其性不可得而合，則其言行亦不可得而合。此父子兄弟不和之根源也。況臨事之際，一以爲是，一以爲非，一以爲當先，一以爲當後，一以爲宜急，一以爲宜緩，其不齊如此。若互欲同於己，必致於爭論。爭論不勝，至於再三，至於十數，則不和之情自兹而啓，或至於終身失歡。若悉悟此理，爲父兄者通情於子弟，而不責子弟之同於己。爲子弟者仰承於父兄，而不望父兄惟己之聽。則處事之際，必相和協，無乖爭之患。孔子曰："事父母幾諫。見志不從，又敬不違，勞而不怨。"此聖人教人和家之要術，宜熟思之。語云"識性可與同居"，正謂此也。

自古人倫不齊。或父子不能皆賢，或兄弟不能皆令。或夫流蕩，或妻悍暴。少有一家之中，無此患者。雖聖賢亦無如之何。譬如身有瘡痍疣贅，雖甚可惡，不可決去，惟當寬懷處之。能知此理，則胸中泰然矣。古人所以謂父子兄弟夫婦之間，人所難言者，如此。寬懷而外，還當循理以化之，積誠以感之。最忌者，忿恨激烈也。

人言居家之道，莫善於忍。然知忍而不知處忍之道，其失尤多。蓋忍或有藏蓄之意。人之犯我，藏蓄而不發，不過一再而已。積之既多，其發也，如洪流之決，不可遏矣。不若隨而解之，曰此其不思爾，曰此其無知爾，曰此其失誤爾，曰此其所見者小爾，曰此其利害寧幾何，不使入於吾心，雖日犯我者十數，亦不至形於言色，然後見忍之功效甚大。此所謂善處忍者。

骨肉之失歡，有本於至微而終至不可解者。止由失歡之後，各自負氣，不肯先下氣爾。朝夕群居，不能無相失。相失之後,有一人能先下氣與之話言,則彼此酬復,遂如平時矣。

高年之人,作事有如嬰孺,喜得錢財微利,喜受飲食果實小惠,喜與孩兒玩狎。爲子弟者,能知此而順適其意,則盡其歡矣。孝順二字,理本如此。

父母見諸子中有獨貧者,往往念之,常加憐恤。飲食衣服之分,或有所偏私。子之富者或有所獻,則轉以與之。此乃父母均一之心。而子之富者,或以爲怨,此殆未之思也。若使我貧,父母亦移此心於我矣。

同母之子,而長者或爲父母所憎,幼者或爲父母所愛,此理殆不可曉。竊嘗細思其由。蓋人生一、二歲,舉動笑語自得人憐。雖他人猶愛之,況父母乎?纔三四歲,至五六歲,恣性啼號,多端乖劣,或損動器用,冒犯危險,凡舉動言語,皆人之所惡。又多癡頑,不受訓戒。故雖父母,亦深惡之。方其長者可惡之時,正值幼者可愛之日。父母移其愛長者之心,而更愛幼者。其憎愛之心,從此而分。最幼者當可惡之時,下無可愛之者。父母愛無所移,遂終愛之。其勢或如此。爲人子者,當知父母愛之所在。長者宜少讓,幼者宜自抑。爲父母者,又須覺悟,稍稍回轉,不可任意而行,使長者懷怨,幼者縱欲,以致破家。

兄弟子侄同居,至於不和,本非大有所爭。由其中有一人設心不公,爲己稍重,雖是毫末,必獨取於衆。或衆有所分,在己必欲多得,其他心不能平,遂啓爭端。破蕩家産,馴小得而致大患。若知此理,各懷公心,取於私,則皆取於私,取於公,則皆取於公。衆有所分,雖果實之屬直不數十錢,亦必均平,則亦何爭之有。

兄弟子侄同居,長者或恃長凌幼,專用其財,自取温飽,簿書出入，不令幼者知，幼者至不免饑寒，必啓爭端。或長者處事至公，幼者不能承順，盜取其財，以爲不肖之資，尤不能和。若長者總提大綱，幼者分幹細務。長必幼謀，幼必長聽。各盡公心，自然無爭。

兄弟子侄，貧富厚薄不同。富者既懷獨善之心，又多驕傲。貧者不生自勉之心，又多妒嫉。此所以不和。若富者時分惠其餘，不責其不知恩，貧者知自有定分，不望其必分惠，則亦何爭之有？

朝廷立法，於分析一事，非不委曲詳悉。然有果是竊衆營私，卻於典買契中稱係妻財置到，或詭名置産；又有果是起於貧寒，不因父祖資産，自能奮立，營置財業；或雖有祖父財産，而其實不因於衆，別自植立私財，其同宗之人必求分析，至於經縣經州，累十數年，各至破蕩而後已。若富者能反思，果是因衆成私，不分與貧者，於心豈無所歉？果是自置財産分與貧者，明則爲高義，幽則爲陰德，又豈不勝如連年爭訟，妨廢家務，及資備裹糧與囑托吏胥、賄賂官員之徒費耶？貧者亦宜自思，彼雖竊衆，亦由辛苦營運，以至增置，豈可悉分有之？況實彼之私財，而吾欲受之，寧不自愧。苟能知此，則所分雖微，必無爭訟之費也。

人有兄弟子侄同居，而私財獨厚，慮有分析，則買金銀之屬而深藏之。此爲大愚。若以百千金銀計之，用以買産，歲收十千，十餘年後，所謂百千者，我已取之。其分與者，皆其息也。況百千又有息焉，用以典質營運，三年而其息一倍。則所謂百千者，我已取之。何爲藏之篋笥，不假此收息以利衆也。余見世人將私財假於衆，使之營家，久而止取其本者。其家富厚，均及兄弟子侄，綿綿不絶。此善處心之報也。亦有竊盜衆財,或寄妻家,或寄内外姻親之家,終爲其人用過,不敢取索,及取索而不得者矣。亦有作妻家姻親置産,爲其人所掩有者矣。亦有作妻家置産,身死而妻改嫁,舉以自隨者矣。凡百君子,幸詳鑑此,止須存心。

兄弟同居,世之美事。其間有一人早亡,諸父與子侄,其愛稍疏,其心未必均齊。爲長而欺瞞其幼者有之,爲幼而悖慢其長者有之。同居交爭,其相疾甚於路人。前日美事至甚不美,豈不可惜。故兄弟當分,宜早有所定。兄弟相愛,雖異居異財,亦不害爲孝義。一有交爭,則孝義何在?

兄弟子侄,有同門異户而居者,於衆事宜各盡心,不可令小兒婢僕有擾於衆。雖是細微,皆起爭之漸。且衆之庭宇,一人勤於掃灑,一人全不之顧。勤掃灑者,已不能平,況不之顧者又縱其小兒婢僕,常常狼籍,且不容他人禁止,則怒詈失歡,多起於此。

人有數子,無所不愛,而於兄弟,則相視如仇讎,往往其子因父之意,遂不禮於伯父叔父者。殊不知己之兄弟,即父之諸子,己之諸子,即他日之兄弟。我與兄弟不和,則我之諸子更相視效,能禁其不乖戾否?子不禮於伯叔父,則不孝於父,亦其漸也。故欲吾之諸子和同,須以吾之處兄弟者示之。欲吾子之孝於己,須以其善事伯叔父者先之。

凡人之家,有子弟及婦女好傳遞言語,則雖聖賢同居,亦不能不爭。且人之作事,不能皆是,不能皆合他人之意,寧免其背後評議?背後之言,人不傳遞則彼不聞知,寧有忿爭?惟此言彼聞,則積成怨恨。況兩遞其言,又從而增易之,兩家之怨,至於牢不可解。惟高明之人,有言不聽,則此輩自不能離間其所親。

同居之人或相往來，須揚聲曳履，使人知之。慮其適議及我，則彼此愧慚，進退不可也。又有好伏於幽暗之處，以伺人之言語，此生事興爭之人也。然人之居處，不可謂僻地無人，而輒譏議人，慮或有聞之者，俗謂“牆壁有耳”，又曰“日不可説人，夜不可説鬼”。

人家不和，多因婦女以言激怒其夫及同輩。蓋婦女所見不廣，不遠，不公，不平。又其所謂舅姑伯叔妯娌，皆假合強爲之稱呼，非自然天屬，故輕於割恩，易於修怨。非丈夫有遠識，則爲其役而不自覺，一家之中乖戾生矣。於是有親兄弟子侄，隔屋連牆，至死不相往來者。有無子而不肯以猶子爲後，有多子而不以與其兄弟者。有不恤兄弟之貧，養親必欲如一，寧棄親而不顧者。有不恤兄弟之貧，葬親必欲均費，寧留喪而不葬者。其事多端，不可概述。亦嘗見有遠識之人，知婦女之不可諫誨，而外與兄弟相愛，常不失歡。私救其所急，私賙其所乏，不使婦女知之。彼兄弟之貧者，雖深怨其婦女，而重愛其兄弟。分析之際，不敢以貧故，而貪愛其兄弟之財産者，蓋由見識高遠，不聽婦女之言，而先施之厚，因以得兄弟之心也。

婦女之易生言語者，又多出於婢妾之構鬥。婢妾愚賤，尤無見識，以言他人短失爲忠於主母。若婦女有見識，能一切勿聽，則虚佞之言，不復敢進。若聽之信之，則必再言之。使主母與人遂成深讎，爲婢妾者方洋洋得志。僕隸亦多如此。若主翁聽信，則房族親戚故舊皆大失歡矣。

寡婦再嫁，或有孤女年未及嫁，如内外親姻，有高義者，寧若與之議親。使鞠養於舅姑之家，俟其長而成親。若隨母而歸義父之家，則嫌疑之間多不自明。

婦人有以其夫蠢懦而能自理家務，計算錢穀出入，人不能欺者。有夫不肖，而能與其子同理家務，不致破蕩家産者。有夫死子幼，而能教養其子，敦睦内外姻親，料理家務，至於興隆者。皆賢婦人也。而夫死子幼，居家營生，最爲難事。托之宗族，宗族未必賢。托之親戚，親戚未必賢。賢者又不肯預人家事。惟婦人自識書算，而所托之人，衣食自給，稍識公義，則庶幾焉。不然，鮮不破家。

有男雖欲擇婦，有女雖欲擇婿，又須自量我家子女如何。如我子愚癡庸下，若娶美婦，豈特不和，或有他事。如我女醜拙狠妒，若嫁美婿，萬一不和，卒爲其棄出者有之。凡嫁娶因非偶而不和者，父母不審之罪也。"相女配夫，量椿繫馬"，雖屬俗語，卻有至理。

古人謂周人惡媒，以其言語反覆。紿女家，則曰男富。紿男家，則曰女美。近世尤甚。紿女家，則曰男家不求備禮，且助出嫁遣之資。紿男家，則厚許其所遷之賄，且虚指數目。若輕信其言而成婚，則責恨見欺，夫妻反目至於仳儷者有之。大抵嫁娶固不可無媒，而媒者之言不可盡信如此。宜謹察於始。

嫁女須隨家力，不可勉強。然或財産寬餘，亦不可視爲他人，不以分給。今世固有生男不得力而依托女家，及身後葬祭皆由女子者，豈可謂生女之不如男也。大抵女子之心，最爲可憐。母家富而夫家貧，則欲得母家之財以與夫家。夫家富而母家貧，則欲得夫家之財以與母家。爲父母及夫者，宜憐而稍從之。及其有男女嫁娶之後，男家富而女家貧，則欲得男家之財以與女家。女家富而男家貧，則欲得女家之財以與男家。爲男女者，亦宜憐而稍從之。若或割貧益富，此爲非宜,不從可也。

親戚中有婦女年老無子,或子孫不肖不能供養者,當爲收養。然又須關防,恐其身故之後,其不肖子孫稱其人因饑寒而死,或稱其人有遺下囊篋之物,妄經官司,不免有擾。須於生前令白之於衆,質之於官,則免他患。大抵爲高義之事,須令無後患。

遺囑之文,皆明賢之人爲身後之慮。然亦須公平,乃可以保家。如劫於悍妻黠妾,因於後妻愛子中有偏曲厚薄,或妄立嗣,或妄逐子,不近人情之事不可勝數,皆所以興訟破家也。

處己

富貴自有定分。造物者既設爲一定之分,又設爲不測之機,使天下之人朝夕奔趨,老死而不覺。不如是,則人生天地間全然無事,而造化之術窮矣。然奔趨而得者,不過一二。奔趨而不得者,蓋千萬人。世人終以一二者之故,至於勞心費力老死無成者,多矣。不知他人奔趨而得,亦其定分中所有者,雖不奔趨,亦終必得。前輩謂死生貧富生來注定,君子贏得爲君子,小人枉了爲小人。此言甚切,人自不知耳。

凡人謀事,雖日用至微者,亦須齟齬而難成。或幾成而敗,既敗而復成。然後其成也,永久平寧,無復後患。若偶然易成,後必有不如意者。靜思此理,可以寬懷。

人之性行,雖有所短,必有所長。與人交游,若常見其短,不見其長,則時日不可同處。若念其所長,置其所短,雖終身與之交游,可也。

處己接物，常懷慢心、僞心、妒心、疑心者，皆自取輕辱於人，君子不爲也。慢心者，自不如人而好輕薄人。見敵己以下之人及有求於我者，面前既不加禮，背後又竊譏笑。若能回省其身，則愧汗浹背矣。僞心者，言語委曲，若甚相厚，而中心乃大不然。一時之間，人所信慕。用之再三，則踪迹露見，爲人所唾去矣。妒心者，常欲我之高出於人，故聞有稱道人之美者，則不以爲然。聞人有不如己者，則欣然笑快。此何加損於人，只厚怨耳。疑心者，人之出言未嘗有心，而反復思繹，曰此譏我何事，此笑我何事。與人締怨，常萌於此。賢者聞人譏笑，若不聞焉，此豈不省事。

忠信篤敬，先存其在己者，然後望其在人者。如在己者未盡而以責人，人亦以此責我矣。今世之人，能自省其忠信篤敬者蓋寡，能責人以忠信篤敬者皆然也。雖然，在我者既盡，在人者亦不必深責。今有人能盡其在我，乃欲責人之似己，一或不滿吾意，則疾之已甚，亦非有容德者，只益貽怨於人耳。

凡人行己，公平正直。可用此以事神，而不可恃此以慢神。可用此以事人，而不可恃此以傲人。雖孔子亦以敬鬼神，事大夫，畏大人爲言，況下此者哉？

人之處事，能常悔往事之非，常悔前言之失，常悔往年之未有知識，其德之進，所謂日加益而不自知也。

凡人爲不善事而不成，不必怨尤，此乃天之所愛，終無禍患。如見他人爲不善事常稱意者，不須多羨，此乃天之所棄，待其積惡深厚，從而殄滅之，不在其身則在其子孫也。

人之平居，欲近君子而遠小人者，君子之言，多長厚端謹。此言先入於吾心，及乎臨事，自然出於長厚端謹矣。小人之言，多刻薄浮華。此言先入於吾心，及乎臨事，自然出於刻薄浮華矣。且如朝夕聞人尚氣好凌人之言，吾亦將尚氣凌人而不覺矣。朝夕聞人游蕩不事繩檢之言，吾亦將游蕩不事繩檢而不覺矣。如此非一端，非大有定力，必不免漸染之患也。

老成之人，言近迂闊，而更事已多，情理自透。後生雖天質聰明，而見識終有不及。後生類以老成爲迂闊，及至年齒漸長，歷事漸多，方悟老成之言可以佩服，然已在險阻備嘗之後矣。

人有過失，非其父兄，孰肯誨責。非其契愛，孰肯諫諭。泛然相識，不過背後竊議之耳。君子惟恐有過，密訪人之有言，求謝而思改。小人聞人之有言，則好爲強辨，至絶往來，或起爭訟者，有矣。

人有善誦我之美，使我喜聞而不覺其諛者，小人之最黠者也。彼其面諛我而我喜，及其退與他人語，未必不竊笑我爲他所愚也。人有善揣人意之所向，先發其端，導而迎之，使人喜其與己暗合者，亦小人之最黠者也。彼其揣我意而果合，及其退與他人語，又未必不竊笑我爲他所料也。君子與人爲善，能者所見略同，又當別論。

大抵忿怒之際，最不可指人隱諱之事，而暴其父祖之惡。吾之一時怒氣所激，必欲指其切實而言之。不知彼之怨恨，深入骨髓。古人謂“傷人之言，深於矛戟”是也。俗亦謂“打人莫打膝，道人莫道實”。

親戚故舊，因言語而失歡者，多是顔色辭氣暴厲，能激人之怒。且如諫人之短，語雖切直，而能温言下氣，縱不見聽，亦未必怒。若平常言語無傷人處，而詞色俱厲，縱不見怒，亦須懷疑。古人謂怒於室者色於市。方其有怒,與他人言,必不卑遜。他人不知所自,安得不怪。故盛怒之際,與人言語,尤當自警。前輩有言:"誡酒後語,忌食時嗔。忍難耐事,順自強人。"常能持此,最得便宜。

士大夫居家能思居官之時,則不至干請把持而撓時政。居官能思居家之時,則不至狠愎暴恣而貽人怨。不能回思者,皆是也。故見任官,每每稱寄居官之可惡,寄居官,亦多談見任官之不韙,并與其善者而掩之也。

小人以物市於人。弊惡之物,飾爲新奇。假僞之物,飾爲真實。如絹帛之用膠糊,米麥之增濕潤,肉食之灌以水,藥材之易以他物。巧其言詞,止於求售。誤人食用,有不恤也。其不忠也,類如此。負人財物,久而不償。人苟索之,期以一月。如期索之,不售,又期以一月,又不售。至於十數期,而不售如初。工匠制器,要其定資,責其所制之器,期以一月。如期索之,不得。又期以一月,又不得。至於十數期,而不得如初。其不信也,類如此。小人朝夕行之,略不之怪。爲君子者,往往忿疐,直欲深治之,至於毆打論訟。若君子自省其身,不爲不忠不信之事,而憐小人之無知及不得已,而爲自便之計,至於如此,可以少置之度外也。

張安國舍人知撫州日,有賣假藥者,出榜戒約曰:"隆隱居孫友人,因本草千金方濟物利生,多積陰德,名在列仙。自此以來,行醫貨藥,誠心救人,獲福者甚衆。不論方册所載,只如近時,此驗尤多。有只賣一真藥,便家資巨萬,或自身安榮享高壽,或子孫及第。又曾見貨賣假藥者,其初積得些少家業,自謂得計。不知冥冥之中,自家合得祿料都被減剋。或身有橫禍,或子孫非理破蕩者。蓋緣買藥之人,多是疾病急切,將錢告求賣藥之家。孝子順孫,只望一服見效,卻被假藥誤賺。非惟無益,反致損傷。人命最重,無辜被禍,其痛何窮。”舍人此言,豈止爲假藥者言之?有識之人,自宜觸類。

起家之人,生財富庶,乃日夜憂懼,慮不免於饑寒。破家之子,生事日消,乃軒昂自恣,謂不復可慮。所謂吉人凶其吉,凶人吉其凶。此其效驗,常見於已壯未老、已老未死之前,識者當自默喻。

人有困苦無所訴,貧乏不自存,而朴訥懷愧,不能自言於人者,吾雖無餘,亦當隨力周助。此人縱不能報,亦必知恩。若其人本非窘乏,而以作謁爲業,遍干富貴之門。有所得,則以爲己能,無所得,則以爲怨讎。今日無感恩之心,他日無報德之事,正可以不恤不顧待之,豈可割吾之不敢用,以資他之不當用。

居鄉及在旅,不可輕受人之恩。方吾未達時,受人之恩,每見其人,常懷敬畏。而其人亦以有恩在我,常有德色。及吾榮達之後,遍報,則有所不及。不報,則爲虧義。前輩見人仕宦,而廣求知己,戒之曰:“受恩多,則難以立朝。”宜詳味此。

今人受人恩惠,多不記省。而有所惠於人,雖微物,亦歷歷在心。古人言“施人勿念,受施勿忘”,誠爲難事。

居鄉不得已,而後與人爭。又大不得已,而後與人訟。彼稍服其不然,則已之。不必費用財物,交結胥吏,求以快意,窮治其讎。至於爭訟財産,本無理而強求得理。官吏貪繆,或可如志,寧不有愧於神明?讎者不伏,更相訴訟。所費財物,十數倍於其所直。況遇賢明有司,安得以無理爲有理耶?大抵人之所訟,互有短長。各言其長,而掩其短。有司不明，則牽連不決。或決而不盡其情，胥吏得以受贓而弄法。蔽者之所以破家也。有理而訟，尚至破家無益，況無理耶？此平情之論。保家之策，三復斯言，必無好訟之事。

治家

居家在山村僻靜之地，須於周圍要害去處，置立莊屋，招樸實之人居之。火燭竊盜，可以即相救應。

凡夜犬吠，盜未必至，亦是盜來探試，不可以爲他而不警。夜間遇物有聲，亦不可以爲鼠而不警。

屋之周圍，須令有路可以往來，夜間遣人十數遍巡之。居於城郭，無甚隙地，亦爲夾牆，使邏者往來其間。若屋之內，則子弟及奴婢更迭巡警。

夜間覺有盜，便須直言有盜，徐起逐之，盜必且竄。不可乘暗擊之。恐盜之急，以刃傷我，及誤擊自家之人。若持燭見盜，擊之猶庶幾。若獲盜而已受拘執，自當準法，無過毆傷。

劫盜雖小人之雄，亦自有識見。如富家平時不刻剥，又能樂施，又能種種方便，當兵火擾攘之際，猶得保全，至不忍焚毀其屋。凡盜所快意於焚掠污辱者，多是積惡之人。富家各宜自省。

居家或有失物，不可妄猜疑人。猜疑之當，則人或自疑，恐生他虞。猜疑不當，則真竊者反自得意。況疑心一生，則所疑之人，揣其行坐辭色，皆若竊物，而實未嘗有所竊也。或已形於言，或妄有所執治，而所失之物偶見，或正竊者方獲，則悔將若何。

居宅不可無鄰家，慮有火燭，無人救應。宅之四圍，如無溪流，當爲池井，慮有火燭，無水救應。又須平時撫恤鄰里有恩義。有士大夫，平時多以官勢殘虐鄰里。一日爲讎人火其屋宅，鄰里更相戒曰："若救火，火熄之後，非惟無功，彼更訟我以爲盜取他家財物，則獄訟未知了期。若不救火，不過杖一百而已。"鄰里甘受杖，而坐視其大厦爲煨燼。此其平時暴虐所致也。

富人有愛其小兒者，以金銀珠寶之屬飾其身。小人於僻靜處壞其性命，而取其物。雖聞於官而置於法，何益？

人之家居，井必有榦，池必有欄。深溪急流之處，峭險高危之地，機關觸動之物，必有禁防，不可令小兒狎而臨之。脱有疏虞，歸怨於人何及？

人家有僕，當取其樸直謹愿勤於任事，不必責其應對進退之快人意。人之子弟，不知温飽所自來者，不求自己德業之出衆，而獨欲僕俏黠之出衆，費財以養無用之人，甚而生事爲非，其害不細。

奴僕小人，就役於人者，天資多愚，作事乖舛背違，不能有便當省力之處。如頓放什物，必以斜爲正，如裁截物色，必以長爲短，若此之類，殆非一端。又性多忘，囑之以事，全不記憶。又性多執，自以爲是。又性多狠，輕於應對，不識分守。所以顧主於使令之際，常多叱咄。其爲不改，其言愈辨。顧主愈不能耐，於是棰楚加之，或失手而至於死亡者，有矣。凡爲家長者，於使令之際有不如意，當云小人天資之愚如此，宜寬以處之，多其教誨，省其嗔怒，可也。如此，則僕可免罪，主者胸中亦安樂，省事多矣。至於婢妾，其愚尤甚。婦人既多褊急狠愎，暴忍殘刻，又不知古今道理，其所以責備婢妾者,又非丈夫之比。爲家長者,宜於平昔常以待奴僕之理諭之,其間必自有曉然者。

人之居家,凡有作爲及安頓什物,以至田園倉庫厨厠等事,皆爲之區處,然後三令五申,以責付奴僕,猶懼其遺忘,不如吾志。今有人,一切不爲之區處,凡事無大小,聽奴僕自爲謀,不合己意,則怒罵鞭撻繼之。彼愚人,止能出力以奉吾令而已,豈能善謀,一一暗合吾意。若不知此,自見多事。

壽昌胡倅彦特之家,子弟不得自打僕隸,婦女不得自打婢妾。有過,則告之家長,家長爲之行遣。婦女擅打婢妾,則撻子弟。此賢者之家法也。

婢僕有過,既已鞭撻,而呼唤使令,辭色如常,則無他事。蓋小人受杖,方内懷怨,而主人怒不之釋,恐有輕生而自殘者。

婢不厭多,教之紡績,則足以衣其身。僕不厭多,教之耕種,則足以飽其腹。大抵小民有力,足以辦衣食。而力無所施,不能自活,故求就役於人。爲富家者,能推惻隱之心,蓄養婢僕,乃以其力還養其身,其德大矣。而此輩既得温飽,雖苦役之,彼亦甘心焉。

婢僕宿卧去處,皆爲檢點,令冬時無風寒之患。以至牛馬猪羊、貓狗雞鴨之屬,遇冬寒時,各爲區處牢圈栖息之處。此仁人之用心,視物我爲一體也。

飛禽走獸之與人,形性雖殊,而喜聚惡散,貪生畏死,其情則與人同。故離群,則向人悲鳴。臨庖,則向人哀號。爲人者,既忍而不之顧,反怒其鳴號者有矣。胡不反己以思之,物之有望於人,猶人之有望於天也。物之鳴號有訴於人,而人不之恤,則人之處患難死亡困苦之際,乃欲仰首叫號,求天之恤耶？大抵人居病患不能支持之時，及處囹圄不能脱去之時，未嘗不反覆究省平日所爲某者爲惡，某者爲不是。其所以改悔自新者，指天誓日可表。至病患平寧及脱去罪戾，則不復記省，造罪作惡，無異往日。余前所言，若言於經歷患難之人，必以爲然，猶恐痛定之後，不復記省。彼不知患難者，安知不以吾言爲迂。

族人鄰里親戚有狡獪子弟，能恃強凌人，損彼益此，富家多用之以爲爪牙，且得目前快意。此曹内既奸巧，外常柔順，子弟責駡狎玩，常能容忍，爲子弟者亦愛之。他日家長既没之後，誘子弟爲非者，皆此等人也。大抵爲家長者，必自老練，又其智略能駕馭此曹，故得其力。至於子弟，須賢明如其父兄，則可無慮。中材之人，鮮不爲其鼓惑，以致敗家。《唐史》有言“妖禽孽狐，當晝則伏息自如，待夜乃出爲祟”，正謂此曹。若平昔延接淳厚剛正之人，雖言語多拂人意，而子弟與之久處，則有身後之益。所謂快意之事常有損，拂意之事常有益。凡事皆然，宜廣思之。

國家以農爲重，蓋以衣食之源在此。然人家耕種，出於佃人之力，可不以佃人爲重？遇其有生育婚嫁，營造死亡，當厚賙之。耕耘之際，有所假貸，少收其息。水旱之年，察其所虧，早爲除減。不可有非理之需，不可有非時之役，不可令子弟及幹人私有所擾。不可因其讎者告語，增其歲入之租。不可強其稱貸，使厚供息。不可見其自有田園，輒起貪圖之意。視之愛之，不啻如骨肉。則我衣食之源，悉藉其力矣。

池塘、陂湖、河埭，蓄水以溉田者。須於每年冬月水涸之際，浚之使深，築之使固。遇天時亢旱，雖不至大稔，亦不至於全損。今人往往於亢旱之際，方思修治，至收刈之後則忘之矣。諺所謂“三月思種桑,六月思築塘”,蓋傷人之無遠慮如此。

池塘、陂湖、河埭,有衆享其溉田之利者。田多之家,當相率倡。令田主出食,佃人出力,遇冬時修築。及用水之際,遠近高下,分水必均。非止利己,又且利人,其利豈不溥哉?今人當修築之際,靳出食力。及用水之際,奪臂交爭,有以鋤耰相毆至死者。縱不死,亦至坐獄被刑,豈不可傷。然至此者,皆田主慳吝之罪也。

桑果竹木之屬,春時種植,甚非難事。十年二十年之間,即享其利。今人往往於荒山閒地,任其棄廢。至於兄弟析産,或因一根荄之微,忿爭失歡。比鄰山地,偶有竹木在兩界之間,則興訟連年。寧不思使向來天不産此,則將何所爭。若以爭訟所費傭工植木,則一二十年之間,所謂材木不可勝用也。其間有以果木逼於鄰家,實利有及於其童稚,則怒而伐去之者,尤無所見也。

人有田園山地,界至不可不分明。異居分析之初,置産典買之際,尤不可不仔細。人之爭訟,多由此始。且如田畝,有因地勢不平,分一丘爲兩丘者。有欲便順,并兩丘爲一丘者。有以屋基山地爲田,又有以田爲屋基園地者。有改移街路水圳者。官中雖有經界圖籍,壞爛不存者多矣。況又從而改易,不經官司鄰保驗證,豈不大啓爭端?人之田畝,有在上丘者,若常修田畔,莫令傾倒;人之屋基園地,若及時築疊,園牆纔損,即修;人之山林,若分明挑掘,溝塹纔損,即修,有何爭訟?惟其鹵莽,田畔傾倒,修治失時,屋基園地,止用籬圍,年深壞爛,因而侵占山林。或用分水,猶可辨明。間有以木爲石,以坎爲界,年深不存,及以坑爲界,而外又有一坑相似者，未嘗不起紛紛不決之訟也。更有典買山地，幸其界至有疑，故令元契稱説不明，因而包占者。此小人之用心，遇明官司，自正其罪矣。

人有求避役者，私分財産甚均。而鬮書砧基，則粧在一分之内，令一人認役，其他物力低小，不須充應。其子孫有欲執書契而掩有之者，遂興訴訟。官司欲斷從實，則於文有礙。欲以文爲斷，而情則不然。此皆俗曹初無遠見，規避於目前，貽爭於身後。可不鑑此？

人有已分財産而欲避免差役，則冒同宗有官之人爲一户籍者，皆他日爭訟之端由也。

凡田産有交關違條者，雖其價廉，不可與之交易。他時事發到官，則所費或十倍。然富人多要買此産，自謂將來拼錢與人打官方。此其癖不可救，自遺患，與患及子孫者甚多。

凡交易必須項項合條，即無後患。不可憑恃人情契密，不爲之防。或有失歡，則皆成爭端，如交易取錢未盡，及贖産不曾取契之類。

貧富無定勢，田宅無定主。有錢則買，無錢則賣。買産之家，當知此理，不可苦害賣産之人。蓋人之賣産，或以闕食，或以負債，或以疾病死亡，婚嫁爭訟。已有百千之費，則鬻百千之産。若買産之家即還其值，雖轉手無留，且可以了其出産欲用之一事。置産本非周濟。然常存此心，則窮人陰受其益，與周濟無異。而爲富不仁之人，知其欲用之急，則陽距而陰鈎之，以重厄其價。既成契，則姑還其直之什一二，約以數日而盡償。至數日而問焉，則辭以未辦。又屢問之，或以數緡授之，或以米穀及他物高估而補償之。出産之家必大窘乏，所得零微，隨即耗散。向之所擬以辦某事者，不復辦矣。而往還取索，夫力之費，又居其中。彼富家方自喜以爲善謀，不知天道好還，有及其身而獲報者，有不在其身，而在其子孫者。富家多不之悟，豈不迷哉？貧而變産者，層層可憫。富而置産者，種種作難。良心何在？爲富不仁，決無久享之理。

兼并之家，見有産之家子弟昏愚不肖，及有緩急，多是將錢強以借與。或始借之時，設酒食以媚悦其意。或既借之後，歷數年不索取，待其息多，又設酒食招誘，使之結轉，并息爲本，别更生息。又誘勒其將田産抵還。法禁雖嚴，多是幸免，惟天網不漏。諺云"富兒更替做"，蓋謂迭相酬報也。如此處心積慮，與攘奪何異。

有輕於舉債者，不可借與。必是無藉之人，已懷負賴之意。凡借人錢穀，少則易償，多則易負。故借穀至百石，借錢至百貫，雖力可還，亦不肯還。寧以所還之資，爲爭訟之費者多矣。可爲貪取重利，盤剥窮人者戒。

凡人之敢於舉債者，必謂他日之寬餘可以償矣。不知今日之無寬餘，他日何爲而有寬餘。譬如百里之路，分爲兩日行，則兩日皆辦。若欲以今日之路，使明日并行，雖勞苦而不可至。凡無遠識之人，求目前寬餘，而那積在後者，無不破家也。

凡有家産，必有税賦，須是先截留輸納之資，卻將贏餘分給日月。歲入或薄，只得省用，不可侵支輸納之資。臨時爲官中所迫，則舉債認息，或托攬户兑納而高價算還，是皆可以耗家。大抵曰貧曰儉，自是美稱，切不可以此爲愧。若能知此，則無破家之患也。有甘於破家，而以貧爲羞，以儉爲鄙者，亦可嘆也。

鄉人有糾率錢物，以造橋修路及打造渡船者，宜隨力助之，不可謂捨財不見獲福而不爲。且如道路既成，吾之晨出暮歸，僕馬無疏虞，及乘輿馬過橋渡而不至惴栗者，皆所獲之福也。

人之經營財利，偶獲厚息以致富盛者，必其命運亨通，造物者陰賜至此。有見他人獲息致富，欲以人事強奪天理，如販米而加以水，賣鹽而雜以灰，賣漆而和以油，賣藥而易以他物，目下多得贏餘，其心便自欣然。而不知造物者隨即以他事取去，終於貧乏。況又因假壞真以虧本者，多矣。大抵轉販經營，須是先存心地。凡物貨必真，又須敬惜，又須不敢貪求厚利，任天理如何，雖目下所得之薄，必無後患。

起造屋宇，最人家至難事。起造之時，必先與匠者謀。匠者惟恐主人憚費而不爲，則必小其規模，節其費用。主人以爲力可辦，鋭意爲之。匠者則漸增廣其規模，至數倍其費，而屋猶未及半。主人勢不可中輟，則舉債鬻産。匠者方喜興作之未艾，工鏹之益增。余嘗勸人起造屋宇，須十數年經營，以漸爲之。先議基址，或平高就下，或增卑爲高，或築牆穿池。次議規模之高廣，材木之若干，細至椽桶籬壁竹木之屬，必籍其數，逐年買取，隨即斫削。次議瓦石之多少，皆預以餘力，積漸而儲之。雖僦雇之費，亦不取辦於倉卒。故屋成而家富自若也。

卷之二

許魯齋語録先生名衡，字平仲，河南人。元國子監祭酒。謚文正，崇祀廟庭。

弘謀按，魯齋先生在元時，專以小學四書修己治人之法爲教。不尚文辭，務敦實行，薛文清謂朱子以後一人者也。《語録》所載本於六經，切於倫常，近裏着己，詳明懇摯。玆録其知愚共曉者若干條。常人守此，亦足以寡過矣。

不聽父命者，則爲不孝。不聽君命者，則爲不忠。其或不聽天命者，獨無責耶？君父之命或時可否之間，設教者猶曰勿逆勿怠。況乎天命大公至正，無有不善，何苦而不受命乎？

責得人深者，必自恕。責得己深者，必薄責於人。蓋亦不暇責人也。自責以至於聖賢地面，何暇有工夫責人。見人有片善，早去仿學他。蓋不見其人之可責，惟責己也。顔子有之："以衆人望人，則皆可。以聖賢望人，則無完人矣。"子曰："賜也，賢乎哉。夫我則不暇。"

責己者，可以成人之善。責人者，適以長己之惡。喜怒哀樂愛惡欲，一有動於心，則氣便不平。氣既不平，則發言多失。七者之中，惟怒爲難治，又偏招患難。須於盛怒時堅忍不動，候心氣平時審而應之，庶幾無失。

天地間當大着心，不可拘於氣質，局於一己。貧賤憂戚，不可過爲隕穫。貴爲公相，不可驕。當知有天地國家以來，多少聖賢在此位。賤爲匹夫，不必恥。當知古昔志士仁人，多少屈伏。甘於貧賤者，無入而不自得也，何欣戚之有？

凡事物之際，有由自己的，有不由自己的。由自己的，有義在。不由自己的，有命在。歸於義命而已。

世人懷智挾詐而欲事之善，豈有此理。必盡去人僞，忠厚純一，然後可善其事。至於死生禍福，則一歸之天命而已。人謀孔臧，亦可以保天命。人能攝生，亦可以保神氣。自暴自棄而有凶禍，皆自取之也。

汲汲焉毋欲速也，循循焉毋敢惰也。非止學問如此。日用事物之間皆當如此，乃能有成。

稱人之善，宜就迹上言。議人之失，宜就心上言。蓋人之初心本自無惡，特以利欲驅之，故失正理。其始甚微，其終至於不可救。仁人雖惡其去道之遠，然亦未嘗不愍其昏暗無知，誤至此極也。故議之必從始失之地言之，使其人聞之，足以自新而無怨。而吾之言，亦自爲長厚切要之言。善迹既著，即從而美之。不必更求隱微，主爲一定之論。在人聞，則樂於自勉。在我，則爲有實益，而又無他日之弊也。

教人使人，必先使有恥，又須養護其知恥之心。督責之使有所畏，榮耀之使有所慕，皆所以爲教也。到無所畏、不知慕時，都行不將去。

凡在朋儕中，切戒自滿。惟虛故能受，滿則無所容。人不我告，則止於此耳，不能日益也。故一人之見，不足以兼十人。我能取之十人，是兼十人之能矣。取之不已，至於百人千人，則在我者，可量也哉？

前人謂得便宜事，莫得再做。得便宜處，不得再去。休説莫得再，只先一次，已是錯了。汝既多取了他人底，便是欠下他底，隨後卻要還他。世間人都有合得底分限，你如何多得他便宜，萬無此理。又人道得便宜是落便宜，實是所得便宜無幾，而於天理人心欠缺不可勝道。天理也不容汝，人心也放你不過。外面事不停當，反而求之，此心歉然，於義理所欠多矣。稍能自思自反者，此理不難見也。其反報甚速，大可畏也。可爲愛便宜者之戒。

或謂人依道理行多不樂，故不肯收斂入來。放曠不守法度卻樂多，只於那壁去了。以故爲學近理者少，而多喜於自恣，放言自適，如李太白諸詩豪皆是也。此何故？曰：天下只問是與不是，休問樂與不樂。若分明知得這壁是，那壁不是，雖樂亦不從也。如家有諸子，一子服田力穡，以堂構爲己任。一子荒縱，飲宴市樓。若論樂與不樂，力田之苦誠不如市樓之樂。爲其父祖者，愛力田者乎？愛荒縱者乎？使誠知服田力穡之爲樂無窮也，則於荒宴不肯一朝居矣。彼誠不知耳。苟能知之，必不如是也。所以《大學》要致知。

陳定宇先世事略先生名櫟，字壽翁，元時休寧人。

弘謀按，述家世者，無不競尚貴顯。人亦以此艷稱之，甚則比附而粉飾之。以爲非是，則舉無足述也矣。定宇先生所述先世，絶無貴顯。而清白家風，吉祥善事，難能而可貴，莫大於此。區區一時之貴顯，均不足以擬之。家之可久也，不以勢而以德，不信然哉。至不作佛事一節，學士大夫類能言之。兹乃推明所以不能行之故，力挽頽風，更於禮教有補。

先生在元時舉於鄉而未仕，授徒著述一宗程朱，與吴文正并稱云。

自始祖府君，十有八世而至櫟。他房有以儒學顯者，而本房獨無有。然《洪範》五福，貴不與焉。數世以來，壽皆八九十，無下七十者。祖與妣偕老，無再娶者。父子皆親傳，無祝螟者。皆稱善人，無一爲人所指者。良可表於道曰：處士陳君之墓。有儒學而不顯，安足計哉？又自曾祖以上，世潤其屋，降是寠殊甚。然家雖空而行頗實，口雖羹藜飯糗之不給，而經炙史酌之味無窮，貧亦安足計哉？所大懼者，氣薄蚤衰，兒輩才下志怠，或隤其家聲焉耳。

先曾祖平生不好佛，治命命先祖曰："我死，喪葬參用古今禮，毋作佛事。"先考先叔所以喪先祖祖妣，不肖所以喪考妣，皆不敢變焉。大抵此説，儒者知之者多，能行之者寡。不摇於俗論，則奪於婦人。先考之殁也，來弔者見勉曰："縱不齋佛，亦必聲鐘。"應之曰："升屋而號，告曰皋某復。皋，長聲也。某，死者之名。復，反也。此儒家之聲鐘也。欲聲佛家之無常鐘也，何爲？"又有曰："縱不爲佛事，亦必填受生。"又應之曰："民受天地之中以生，夙興夜寐，無忝爾所生，此儒家之填受生也。以紙寓錢，填受生也，何爲？"此不肖所以不摇於俗論者也。吴氏女兄，明敏知書，習聞家法，固無異論。吾婦朱，其父兄信佛甚，亦化之，無異論焉。此不肖所以不奪於婦人者也。昔程子曰："吾家治喪，不用浮屠。"洛中亦有一二人家化之。近年同邑求邇范公，歙邑古梅吴公之家皆然。然程子大賢，范、吴富者，人無敢非之。吾家三世，不幸皆貧。流俗不過曰："是貧甚，不能爲，故立異耳。"嗟乎，安得家肥屋潤，更酌古禮行之，以一洗流俗之言哉！又嘗聞士友之言曰："平昔非不知佛事不足爲，古禮所當用。一旦不幸，至於大故,則族姻交以不孝責我。雖欲不爲,不可得已。”嗟乎,“佛入中原祭禮荒,胡僧奏樂孤子忙”,後村劉公嘆之久矣。孝也者,其作佛事之謂與。流俗之所謂不孝,乃我之所謂孝也。流俗之所謂孝,乃我之所謂不孝也。兒輩聽之:不守家法,非吾子孫。豈惟望爾之不變哉,將世世望子孫無變也。

王陽明文鈔

先生名守仁,字伯安,浙江餘姚人。明弘治進士,官至四省總制。封新建伯。謚文成,祟祀廟庭。

弘謀按,陽明先生勛業文章,炳著天壤。讀其文集,所言爲學,專尚致良知,未免開後來蹈空之弊。然萬事根本於心,人性無有不善。良知者,即不昧之良心也。學問所以擴充此良心,但非空空守此良心,便謂不須學問耳。今録其教人數則,反覆提撕,俱從良心處發人深省。三復斯語,可以修己而責善,可以範世而化俗,於世教不無裨益云。

志不立,天下無可成之事。雖百工技藝,未有不本於志者。志不立,如無舵之舟,無銜之馬,漂蕩奔逸,何所底乎?昔人有言,使爲善而父母怒之,兄弟怨之,宗族鄉黨惡之,如此而不爲善可也。爲善則父母愛之,兄弟悦之,宗族鄉黨敬信之,何苦而不爲善?使爲惡而父母愛之,兄弟悦之,宗族鄉黨敬信之,如此而爲惡可也。爲惡則父母怒之,兄弟怨之,宗族鄉黨賤惡之,何苦而必爲惡?諸生念此,可以知所立志矣。

已立志爲君子,自當從事於學。凡學之不勤,必其志之尚未篤也。從吾游者,不以聰慧警捷爲高,而以勤確謙抑爲上。試觀儕輩之中,苟有虚而爲盈,無而爲有,諱己之不能,忌人之有善,自矜自是,大言欺人者,使其人資稟雖甚超邁,儕輩之中,有弗疾惡之者乎?有弗鄙賤之者乎?彼固將以欺人，人果遂爲所欺，有弗竊笑之者乎？苟有謙默自持，無能自處，篤志力行，勤學好問，稱人之善而咎己之失，從人之長而明己之短，忠信樂易，表裏一致者，使其人資禀雖甚魯鈍，儕輩之中，有弗稱慕之者乎？彼固以無能自處而不求上人，人果遂以彼爲無能，有弗敬尚之者乎？諸生觀此，亦可以知所從事於學矣。

夫過者，大賢所不免，然不害其卒爲大賢者，爲其能改也。諸生自思平日，亦有缺於廉耻忠信之行者乎？亦有薄於孝友之道，陷於狡詐偷刻之習者乎？不幸或有之，皆其不知而誤蹈，素無師友之講習規飭也。諸生試内省，萬一有近於是者，固亦不可以不痛自悔咎。然亦不當以此自歉，遂餒於改過從善之心。但能一旦脱然洗滌舊染，雖昔爲寇盗，今日不害爲君子矣。若曰"吾昔已如此，今雖改過而從善，將人不信我"，且無贖於前過，反懷羞澀疑沮，而甘心於污濁終焉，則吾亦絶望爾矣。

責善，朋友之道，然須忠告而善道之。悉其忠愛，致其婉曲，使彼聞之而可從，繹之而可改，有所感而無所怒，乃爲善耳。若先暴白其過惡，痛毁極詆，使無所容，彼將發其愧耻憤恨之心，雖欲降以相從，而勢有所不能，是激之而使爲惡矣。故凡訐人之短，攻發人之陰私以沽直者，皆不可以言責善。雖然，我以是而施於人，不可也。人以是而加諸我，凡攻我之失者，皆我師也，安可以不樂受而心感之乎？某於道未有所得，謬爲諸生相從於此。每終夜以思，惡且未免，況於過乎？人謂事師無犯無隱，而遂謂師無可諫，非也。諫師之道，直不至於犯，而婉不至於隱耳。使吾而是也，因得以明其是。吾而非也，因得以去其非。蓋斆學相長也。諸生責善，當自吾始。以上示龍場諸生教條。

爲善之人，非獨其宗族親戚愛之，朋友鄉黨敬之，雖鬼神亦陰相之。爲惡之人，非獨其宗族親戚惡之，朋友鄉黨怨之，雖鬼神亦陰殛之。故積善之家必有餘慶，積不善之家必有餘殃。

見人之爲善，我必愛之。我能爲善，人豈有不愛我者乎？見人之爲不善，我必惡之。我苟爲不善，人豈有不惡我者乎？故凶人之爲不善，至於隕身亡家而不悟者，由其不能自反也。

今人不忍一言之忿，或爭銖兩之利，遂相構訟。夫我欲求勝於彼，彼亦欲求勝於我，讎讎相報，遂至破家蕩産，禍詒子孫。豈若含忍退讓，使鄉里稱爲善人長者，子孫亦蒙其庇乎？

今人爲子孫計，或至謀人之業，奪人之産，日夜營營，無所不至。昔人謂爲子孫作馬牛，然身没未寒，而業已屬之他人。讎家群起而報復，子孫反受其殃，是殆爲子孫作蛇蝎也。吁，可戒哉！以上諭俗。

泰和人楊茂，聾瘂，僅能識字。候門求見。先生以字問："你口不能言是非，你耳不能聽是非，你心還能知是非否？"茂以字答曰："知是非。"先生曰："如此，你口雖不如人，你耳雖不如人，你心還與人一般。大凡人只是此心。此心若能存天理，是個聖賢的心，口雖不能言，耳雖不能聽，也是個不能言不能聽的聖賢。心若不存天理，是個禽獸的心，口雖能言，耳雖能聽，也只是個能言能聽的禽獸。你如今於父母盡你心的善，於兄長但盡你心的敬，於鄉黨鄰里宗族親戚，但盡你心的謙和恭順。見人怠慢，不要嗔怪。見人財利，不要貪圖。但在裏面行你那是的心，莫行你那非的心。縱使外面人説你是，也不須聽。説你不是，也不須聽。我如今教你，但終日行你的心，不消口裏説。但終日聽你的心，不消耳裏聽。”茂扣胸指天，再拜而已。諭楊茂。

但願温恭直諒之友，來此講學論道，示以孝友謙和之行，德業相勸，過失相規，以教訓我子弟，使無陷於非僻。不願狂躁惰慢之徒，來此博弈飲酒，長傲飾非，導以驕奢浮蕩之事，誘以貪財黷貨之謀，冥頑無恥，扇惑鼓動，以益我子弟之不肖。嗚呼，由前之説，是謂良士。由後之説，是謂凶人。我子弟苟遠良士而近凶人，是謂逆子。戒之戒之。將有兩廣之行，書此以戒我弟，并以告夫士友之辱臨於斯者，請一覽，教之。客座私祝。

一友常易動氣責人。先生警之曰：“學須反己。若徒責人，只見得人不是，不見自己非，何益？惟能反己，方知自己有許多未盡處，奚暇責人？舜能化得象傲，其機括只是不見象之不是。若舜只要正他奸惡，就見得象不是矣。象是傲人，必不肯相下，如何感化得他？”

凡朋友問難，縱有淺近粗疏，或露才揚己，只因其病而藥之，可也。若遽懷鄙薄之意，非君子與人爲善之心矣。

鄉人有父子爭訟訴於先生者。先生言不終辭，其父子相抱慟哭而去。柴鳴治問先生，何言致彼感悔之速。先生曰：“我言舜是世間大不孝子，瞽瞍是世間大慈父。”鳴治愕然請問。先生曰：“舜常自以爲大不孝，所以能孝。瞽瞍常自以爲大慈，所以不能慈。瞽瞍只記得舜是我孩提長養，今何不會豫悦我。不知自心已爲後妻所移，尚謂自家能慈，所以愈不能慈。舜只思父提孩我時如何愛我，今日不愛，只是我不能盡孝。日思所以不能盡孝處，所以愈能孝。及至瞽瞍底豫，舜是古今大孝子，瞽瞍亦做成個慈父。”

古樂不作久矣，今之戲子，尚與古樂意思相近。《韶》之九成，便是舜一本戲子。《武》之九變，便是武王一本戲子。聖人一生實事俱播在樂中，所以有德者聞之，便知其盡善盡美，與盡美未盡善處。若後世作樂，只是做詞調，於民俗風化，絕無干涉，何以化民善俗？今要民俗反樸還淳，取今之戲本，將妖淫詞調删去，只取忠臣孝子故事，使愚俗人人易曉，無意中感發他良知起來，卻於風化有益。以上《傳習録》。

梨園唱劇，至今日而濫觴極矣。然而敬神宴客，世俗必不能廢。但其中所演傳奇，有邪正之不同。主持世道者，正宜從此設法立教。雖無益之事，未必非轉移風俗之一機也。先輩陶石梁曰：“今之院本，即古之樂章也。每演戲時，見有孝子悌弟，忠臣義士，激烈悲苦，流離患難，雖婦人牧豎，往往涕泗横流，不能自已。旁視左右，莫不皆然。此其動人最懇切，最神速。較之老生擁皋比講經義，老衲登上座説佛法，功效百倍。至於《渡蟻》、《還帶》等劇，更能使人知因果報應，秋毫不爽，殺盜淫妄，不覺自化，而好生樂善之念，油然生矣。此則雖戲而有益者也。近時所撰院本，多是男女私媟之事，深可痛恨。而世人喜爲搬演，聚父子兄弟，并幃其婦人而觀之。見其淫謔褻穢，備極醜態，恬不知愧。曾不思男女之欲，如水浸灌，即日事防閑，猶恐有瀆倫犯義之事，而況乎宣淫以道之。試思此時觀者，其心皆作何狀。不獨少年不檢之人情意飛蕩，即生平禮義自持者，到此亦不覺津津有動。稍不自制，便入禽獸之門，可不深戒哉。”《人譜類記》一則，與先生之意相發明，均爲近時良藥，故附録於此。更有演戲不以邪淫爲戒，偏以悲苦爲嫌，以姓名爲諱，則其惑尤甚矣。

楊椒山遺屬

公名繼盛,字仲芳,直隸容城人。嘉靖進士。官兵部員外郎。謚忠愍。

弘謀按,椒山先生彈劾奸邪,身蹈不測。於造次顛沛之中,從容暇豫,訓誡後人,委曲詳盡。足知其至性肫篤,操持堅定,在國在家,無以異也。其所言居家行己之道,字字從天理人情中體驗而出。寧過厚,毋從薄。寧過誠樸,毋涉巧僞。身後之慮,洵可爲居家者法。

諭應尾應箕兩兒

人須要立志。初時立志爲君子,後來多有變爲小人的。若初時不先立下一個定志,則中無定向,便無所不爲,便爲天下之小人,衆人皆賤惡你。你發憤立志要做個君子,則不拘做官不做官,人人都敬重你。故我要你第一先立起志氣來。心爲人一身之主,如樹之根,如果之蒂,最不可先壞了心。心裏若存天理,存公道,行出來便都是好事,便是君子這邊的人。心裏若存的是人欲,是私意,雖欲行好事,也有始無終,雖欲外面做好人,也被人看破,如根衰則樹枯,蒂壞則果落。故要你休把心壞了。

心以思爲職,或獨坐時,或夜深時,念頭一起,則自思曰:"這是好念?是惡念?"若是好念,便擴充起來,必見之行。若是惡念,便禁止勿思。方行一事,則思之,以爲此事合天理?不合天理?若是合天理,便行。若是不合天理,便止而勿行。不可爲分毫違心害理之事,則上天必保護你,鬼神必加佑你。否則,天地鬼神必不容你。你讀書若中舉、中進士,思我之苦,不做官也是。若是做官,必須正直忠厚,赤心隨分報國。

固不可效我之狂愚，亦不可因我爲忠受禍，遂改心易行，懈了爲善之志，惹人“父賢子不肖”之誚。

你母是個最正直、不偏心的人。你兩個要孝順他，凡事依他。不可說你母向那個兒子，不向那個兒子，向那個媳婦，不向那個媳婦。要著他生一些氣，便是不孝，不但天誅你，我在九泉之下也擺布你。

你兩個是同胞兄弟，當和好到老。不可各積私財，致起爭端。不可因言語差錯，小事差池，便面紅面赤。應箕性暴些，應尾自幼曉得他性兒的。看我面皮，若有些沖撞，擔待他罷。應箕敬你哥哥要十分小心，合敬我一般的纔是。若你哥計較你些兒，你便自家跪拜，與他陪禮。他若十分惱不解，你便央及你哥相好的朋友勸他。不可因他惱了，你就不讓他。

應尾媳婦是儒家女，應箕媳婦是宦家女，此最難處。應尾要教導你媳婦：愛弟妻如親妹，不可因他是官宦人家女，便氣不過，生猜忌之心。應箕要教導你媳婦：敬嫂嫂如親姐，衣服首飾，休穿戴十分好的，你嫂嫂見了，口雖不言，心裏便有幾分不耐煩，嫌隙自此生矣。四季衣服，每遇出入，妯娌兩個是一樣的，兄弟兩個也是一樣的。每吃飯，你兩個同你母一處吃，兩個媳婦一處吃。不可各人合各人媳婦自己房裏吃，久則就生惡了。

你兩個不拘有天來大惱，要私下請衆親戚講和，切記不可告之於官。若是一人先告，後告者把這手卷送至於官。先告者即是不孝，官府必重治他。央及你兩個，好歹與我長些志氣。再預告問官老先生，若見此卷，幸諒我苦情，教我二子，再三勸誘，使爭而復和，則我九泉之下，必有銜結之報。

你堂兄燕雄、燕豪、燕傑、燕賢，都是知好歹的人。雖在我身上冷淡,卻不干他事。俗語云:"好時是他人,惡時是家人。"你兩個要敬他讓他。祖産有未均處,他若愛便宜,也讓他罷,休要爭競。自有旁人話短長也。

你兩個年幼,恐油滑人見了便要哄誘你,或請你吃飯,或誘你賭博,或以心愛之物送你,或以美色誘你。一入他圈套,便吃他虧,不惟蕩盡家業,且弄你成不的人。若是有這様人哄你,便想我的話來識破他。合你好,是不好的意思,便遠了他。揀著老成忠厚,肯讀書,肯學好的人,你就與他肝膽相交,語言必信,逐日與他相處,你自然成個好人,不入下流也。

讀書見一件好事,則便思量:我將來必定要行。見一件不好的事,則便思量:我將來必定要戒。見一個好人,則敬他:我將來必要合他一般。見一個不好的人,則思量:我將來切休要學他。則心地自然光明正大,行事自然不會苟且,便爲天下第一等人矣。

習舉業,只是要多記多作。四書本經之外,古文論策表判,皆須熟讀常作。不可專讀時文,專作時文。不可止讀本經。切記不可一日無師傅。無師傅,則無嚴憚,無稽考,雖十分用功,終是疏散。又必須擇好師。如一師不愜意,即辭了另尋,不可惜費遷延,致誤學業。又必擇好朋友,日日會講切磋,則舉業不患其不成矣。

居家之要,第一要内外界限嚴謹。女子十歲以上,不可使出中門。男子十歲以上,不可使入中門。外面婦人,雖至親,不可使其常來行走。恐説談是非,致一家不和,又防其爲奸盜之媒也。只照依我行,便是。院牆要極高,上面必以棘針緣的周密。少有缺壞,務要追究來歷。如夏間霖雨,院牆倒塌,必即時修起。如雨天不便,亦即時加上寨籬。不可遷延日月，庶止奸盜之原。酒肉麵果，油鹽醬菜，必總收一庫房。五穀糧食，必總收一倉房。當家之人，掌其鎖鑰。衣服要樸素，房屋休高大，飲食使用要儉約。休要見人家穿好衣服，便要做，住好房屋，便要蓋，使好家伙，便要買，此致窮之道也。若用度少有不足，便算計可費多少，即賣田産補完。切記不可揭債。若揭債，則日日行利，累的債深，窮的便快。戒之戒之。田地四頃有餘，彀你兩個種了。不可貪心，見好田土又買。蓋地多，則門必高，糧差必多，恐至負累，受官衙之氣也。

與人相處之道，第一要謙下誠實。同幹事，則勿避勞苦。同飲食，則勿貪甘美。同行走，則勿擇好路。同睡寢，則勿占牀席。寧讓人，勿使人讓我。寧容人，勿使人容我。寧吃人虧，勿使人吃我虧。寧受人氣，勿使人受我氣。人有恩於我，則終身不忘。人有怨於我，則即時丢過。見人之善，則對人稱揚不已。聞人之過，則絶口不對人言。人有向你説：某人感你之恩。則云：他有恩於我，我無恩於他。則感恩者聞之，其感益深。有人向你説：某人惱你謗你。則云：他與我平日最相好，豈有惱我謗我之理？則惱我謗我者聞之，其怨即解。人之勝似你，則敬重之，不可有傲忌之心。人之不如你，則謙待之，不可有輕賤之意。又與人相交，久而益密，則行之邦家，可無怨矣。

我一母同胞，見在者四人：你大伯、二姑、四姑及我。大伯有四個好子，且家道富實，不必你憂。你二姑、四姑俱貧窮，要你時常看顧他。你敬他，合敬我一般。至於你五姑、六姑，總須一樣看待也。户族中人，有饑寒者，不能葬者，不能嫁娶者，要你量力周濟。不可忘一本之念，漠然不關於心。

我們係詩禮士夫之家，冠婚喪祭，必照家禮行。你若不知，當問之於人，不可隨俗苟且，庶子孫有所觀法。

你姊是你同胞的人，他日後若富貴便罷。若是窮，你兩個要老實供給照顧他。你娘要與他東西，你兩個休要違阻。若是有些違阻，不但失兄弟之情，且使你娘生氣，不友又不孝，記之記之。

楊應民，是我自幼撫養他成人，你日後與他村裏莊窠一所，墳左近地與他五十畝。他若公道，便與他，若有分毫私心，私積錢財，房子地土都休要與他。麯鉞他若守分，到日後亦與他地二十畝，村宅一小所。若是生事，心裏要回去，你就合你兩個丈人商議告著他，不可饒他。恐怕小厮們照樣兒行，你就難管。福壽兒、甲首兒、楊愛兒，都是監中伏侍我的人。日後都與他地二十畝，房一小所。以上各人，地都與他墳左近的，著他看守墳墓。許他種，不許他賣。覆奏本已上，恐本下急，倉卒之間，燈下寫此，殊欠倫序，然居家做人之道，盡在是矣。拿去你娘看後，做一個布袋裝盛，放在我靈前桌上。每月初一十五，合家大小靈前拜祭了，把這手卷從頭至尾念一遍，合家聽著。雖有緊事，也休廢了。

沈文端公馭下説

公名鯉，字化龍，號龍江，河南人。嘉靖進士，官至大學士。

弘謀按，奴僕本難馭，而仕宦之奴僕更甚。若輩以恣肆爲能，倚其聲勢，動多凌侮，主人不察，反曲庇之，身名俱喪。士大夫用奴僕，而不知己爲奴僕用，良可慨也。明代江左，此風尤甚，顧亭林嘗極言之矣。兹説擬諸形容，極其流弊，語語切至。蓋觀其僕從之謹肆，即可以知其主之賢否矣。凡爲家長,可不鑑與!

凡騶從不宜太侈。蓋吾輩鄉宦皆好省事,而僕從則務喜多事。惟多事,則僕從亦一鄉宦也。假令一鄉宦使十人,十鄉宦使百人,則一邑有百鄉宦矣。嗚呼,一邑中百鄉宦,其氣焰豈不薰塞邑里,無復有空閒處所耶?矧復有兄弟子侄,亦皆以鄉宦行事,而僕從亦皆稱鄉宦僕從也,於鄉人何堪矣。夫以一人之身,而人之藉我爲用者,若此其衆。吾之兩手兩目,既不能遍戢之,乃猶復招延之未已,豈不益自苦哉?予既已驗之久,知之真,何敢不盡言與諸公相告。大凡僕從只將就足用,不必太多。太多,則衣食於我者侈矣。故曰"官事不攝焉得儉",言侈也。夫公家不堪侈,況養之私家乎?若謂有不衣不食而爲我服役者,則益不可。何也?彼不衣不食而爲我服役者,非徒也,必藉我以行其私也。彼藉我以營私,吾因彼以斂怨。則我之役彼者,一時奔走之微勞。而彼之役我者,終身名節之大關也。此詎我役彼,而實彼役我也,奈何役人者而反爲人役哉?縱不然,而堂階之上森然林立,車馬之間簇如雲涌,亦甚非有道者宜處矣。

凡僕從以膚受來訴者,直笑曰:"我不曾眼見。"有駕言毀罵主翁者,直笑曰:"吾不曾耳聞。"則下人無所售其欺,而我亦不爲彼激怒以戕吾天和,致有他事。蓋一忍之爲效多矣。

有爭一兩錢之利而與人日喧於市者,吾輩手下人之買辦是也。夫吾輩豈與人計較些微者,惟下人不能體吾意,而欲有所染指,則不得不朘削於人。夫豈知田野小民,斗粟尺布,入市營求,針頭削鐵,要養一家性命。我卻要在他身上討便宜,所得幾何?縱使日日買辦常過其直,一歲之中,所費幾何?顧令人當面咨嗟,背後談議耶?自今宜嚴飭下人入市買辦者，務使人爭售之，勿使人望而避匿也。

每見宦家僕從，遇其主翁親識屬在寒賤者，即肆與抗禮，且屑越之，其主翁亦恬然不以爲怪。此詎非名分倒置，風俗薄惡，一大事耶？吾輩宜深以相戒。

凡笞責僕婢，當推吾愛子女之心以恕之。不寧惟是，即寒暑饑飽，疾病勞逸，與其心曲中微隱，有疑慮而不敢聲言者，一一體悉之，而後得處下之道。

吕新吾好人歌

公名坤，字叔簡，寧陵人。明嘉靖中進士，仕至少司寇。

弘謀按，人皆知愛慕好人，而存心行事有時近於不好者矣。今一一列出孰爲好人，孰爲不好人，隨事可見。有志者，可以省矣。

天地生萬物，惟人最爲貴。人中有好人，更出人中類。
好人先忠信，好人重孝弟。好人知廉恥，好人守禮義。
好人不縱酒，好人不戀妓。好人不賭錢，好人不尚氣。
好人不仗富，好人不倚勢。好人不欠糧，好人不詭地。
好人不教唆，好人不妒忌。好人不説謊，好人不謔戲。
好人没閒言，好人不謗議。好人没歹朋，好人没浪會。
好人不村野，好人不狂悖。好人不懶惰，好人不妄費。
好人不輕浮，好人不華麗。好人不邋遢，好人不蹺蹊。
好人不強梁，好人不暗昧。好人救患難，好人施恩惠。
好人行方便，好人讓便宜。惡人駡好人，好人不答對。
惡人打好人，好人只躲避。不論大小人，好人不得罪。
不論大小事，好人合天理。富人做好人，陰功及後世。
貴人做好人，鄉黨不咒詈。貧人做好人，説甚千頃地。

賤人做好人，不數王侯貴。少年做好人，德望等前輩。
老年做好人，遮盡一生罪。弱漢做好人，強人自羞愧。
惡人做好人，聲名重十倍。好人鄉邦寶，好人家國瑞。
好人動鬼神，好人感天地。不枉做場人，替天出口氣。
吁嗟乎，百年一去永不還，休做惡人涴世間。

李忠毅公誡子書公名應升，字仲達，江陰人。萬歷進士，官御史，卒贈太僕卿。

弘謀按，此與椒山先生《遺囑》并爲獄中所書。楊公之言，詳且盡。李公之言，簡而該。要皆各就其家之事勢及其子之材質而立論也。事不外乎日用倫常，理不離乎孝友恭儉。家遭多難，覆卵難完，尚且諄諄於此。彼安常處順之子弟，顧重財帛而輕骨肉，騖名利而忘道義，不重可惜哉！至其悲涼切摯之情，更在筆墨字句之外。忠良蒙難，至今讀之，猶有餘慨焉。

吾直言賈禍，自分一死以報朝廷，不復與汝相見，故書數言以告汝。汝長成之日，佩爲韋弦，即吾不死之年也。

汝生長官舍，祖父母拱璧視汝。内外親戚，以貴公子待汝。衣鮮食甘，嗔喜任意。嬌養既慣，不肯服布舊之衣，不肯食粗糲之食。若長而弗改，必至窮餓。此宜儉以惜福，一也。

汝少所習見，游宦赫奕。未見吾童生秀才時低眉下人，及祖父母艱難支持之日也。又未見吾囚服被逮，及獄中幽囚痛苦之狀也。汝不嘗胆以思，豈復有人心者哉？人不可上，物不可凌。此宜謙以守身，二也。

祖父母愛汝，汝狎而忘敬。汝母訓汝，汝傲而弗親。今吾不測，汝代吾爲子，可不仰體祖父母之心乎？至於汝母，更倚何人？汝若不孝，神明殛之矣。此宜孝以事親，三也。

吾居官愛名節，未嘗貪取肥家。今家中所存基業，皆祖父母勤苦積累，且此番銷費大半。吾向有誓願，兄弟三分，必不多取一畝一粒。汝視伯父如父，視寡嬸如母。即有祖父母之命，毫不可多取，以負我志。此宜公以承家，四也。

汝既鮮兄弟，止一庶妹，當待以同胞。倘嫁於中等貧家，須與妝田百畝。至庶妹之母，奉事吾有年，當足其衣食，撥與贍田，收租以給之。内外出入，謹其防閑。此恩義所關，五也。

汝資性不鈍，吾失於教訓，讀書已遲。汝念吾辛苦，勵志勤學。倘有上進之日，即先歸養。若上進無望，須做一讀書秀才，將吾所存諸稿簡籍好好詮次。此文章一脈，六也。

吾苦生不得盡養，他日伺祖父母百歲後，葬我於墓側，不得遠離。

王孟箕講宗約會規公名演疇，江西彭澤人。萬歷進士，任山西副使。

弘謀按，一鄉之内，異姓錯處，尚且有約，交相規勸。況於同宗，以其尊長，約束子弟，臨以宗祖，訓誡後裔，較之異姓，情事更親，觀感尤易。則合愛同敬，謹身寡過，均不外於宗祠焉得之矣。西江所在皆有宗祠，惜少規勸約束之意，則宗約之不講也。此西江前輩遺法，胡不勉而行之？

期會款式

每月兩會，或朔望，或初二、十六。先時約幹灑掃，擺列書案坐席。東西相向,兩邊各幾層。宗人照班輩、序齒分坐。案上各置所講書,另設講讀之席於前,負前楹,向中堂。定二人爲約講約讀,擇少年音聲響亮,或新進秀才充之。中一桌,設雲板,命一人司之,爲約警。所講書,如《易・家人》、《詩・國風》、《大學・修身齊家》、《孝經》、《小學》,并將國家律法及孝順事實,《太上感應篇》善惡果報之類,每會講幾條。蓋導之以經書典故,使知各當如此,惕之以法律報應,使之不得不如此。庶幾知所趨避,不爲醉夢中人。

講約規條

一、每會,清茶多備,茶點一行,飯一餐,并不設酒。講約時,不許離席,不許兩人私語,惟各端坐,專精靜聽。縱有疑欲問,并已另有發明欲吐,止須先時記存,俟其講畢,然後問,然後發揮也。若有任意走動及私語攙越剿説之類,宗長命擊雲板一聲,便當翕然禁步杜口。如一人一會兩犯,宗長命擊雲板三聲,撤其席,押之拜廟拜宗長,謝過。又《家人》起於"利女貞",古今女誡、母儀婦道備焉,并講之。在會者熟記,歸而述於母妻,亦爲不約之約。講畢,有數事詢問處置,分載於後。

周咨族衆

一、先問會中諸族人,有身家難處之事,内外難處之人,即對衆請教。衆隨所見,與細心商榷。凡可解免其患難,裨益其身心者,無不具告。乃見家人一體之意,此會不爲空談。

又問族中某人,有某善行,即對衆稱揚,兼書之紀善簿,以共相效法。又聞某人有某過,亦委曲開諭,令彼省悟改圖。不可面斥其非,使無所容,庶幾恩不掩義。若有顯過爲鄉里共知,衆便救正,無徒避嫌姑息,以長其惡。

譏察正供

一、問族中錢糧,各户當依限輸納,不可任意拖欠,至累當里排者,充代比較。若藉口里排科收,則令其自納,止以官單付里排應比。若數目不明,互相爭執,族長令本房公直者一人,就宗約所算明,押之速完。務令本家錢糧輸納在各里之先,不煩催科,庶國爲良民,家爲肖子矣。倘充里排者,徵收錢糧,不即完官,或花酒浪費,或營運做家,致縣中開欠户,解比較,久之則無意完官,妄希蠲赦,深爲門户之羞。萬一有此,於約所詢得其狀,即具呈首告。蓋一時拖欠數少,猶可措辦。若節年包侵費用,窮年積歲,終必難完,其爲身家之禍不小。名雖首弊,實免後災。事有反而相成,未必非厚族之一端也。

平情息訟

一、問族中有無内外詞訟。除本家兄弟叔侄之爭,宗長令各房長於約所會議處分,不致成訟外,倘本族於外姓有爭,除事情重大,付之公斷,若止户婚田土,閒氣小忿,則宗長便詢所訟之家,與本族某人爲親,某人爲友,就令其代爲講息。屈在本族,押之賠禮,屈在外姓,亦須委曲調停,稟官認罪求和。雖是稍屈,但留此閒錢做人家,趁此好光陰讀書窮理,不爲客氣所分,亦是自家討便宜處。即不敢謂人望彦方之廬,或可平鄉人之怒,而省公祖父母之案牘矣。

矜恤孤苦

一、問族中鰥寡疾苦,以相賙恤。《尚書》稱"文王惠鮮鰥寡","鮮"字最妙,謂鰥寡之人,垂首喪氣,賚與周給之,使之有生意。夫國於鰥寡,尚留其生意,况同宗一氣相屬者乎?今人酒肉饋遺,每施於外親近鄰,家温能還報之人,即往來不厭其頻。而族中鰥寡,曾不一念及之。甑裏塵生,門前草長。或鳩杖而倚門閭,或雞骨而支牀笫。音"子",牀簀也。淒風苦雨,舉目蕭條。長日窮年,無人偢睬。縱同門共巷,尚且置若罔聞,而況住居相隔乎?偶經道過門,亦必佯爲不知,更無特地相問者。惟俟其死,一假哭胡拜之,曰"予爲族誼也"。族誼固如是乎?今於講後,詢問應恤之家,派各房先後,每人饋問一次,多寡隨分。即尋常飲食果實之類,亦且見意。有病或爲求醫贖藥。蓋惠不期衆寡,期於當厄。一體血脈相貫,庶幾不爲痿痹之民。

禁戢閒談

一、宗約,講讀古人經書,商榷族中事體。了此,倘有餘閒,惟命童子歌詩或習禮而罷。萬不可言及他事。説鬼、説夢,總屬荒唐。言人富貴,便是羨人富貴。言人貧賤,便是笑人貧賤。惟是一片俗心腸,方有此閒言語。若論飲食之美惡,評女色之妍媸,尤爲市井下流。即如援引邸報,談及朝政,或邊境警息,或縉紳差除,古人云:“一日看除目,三年損道心。”又云:“士君子不可無憂國之心,不可有憂國之言。”有憂國之心而言之,已爲出位。若無憂國之心而言之,更爲訕上。若言及官府得失,人家長短,閨門隱微,便是殺身之道,各宜痛戒。偶有一犯,衆共斥之,後不許與會。

王士晋宗規①

弘謀按,此篇與王孟箕講《宗約》同意,而條約更覺周備。自家庭鄉黨,以至涉世應務之道,均已列於宗規。於此見人生一舉足而不可忘祖宗之訓也。愛親者不敢惡於人,敬親者不敢慢於人,親親長長而天下平,皆此義耳。願有宗祠者三復此規也。

鄉約當遵

孝順父母,尊敬長上,和睦鄉里,教訓子孫,各安生理,毋作非爲。這六句,包盡做人的道理。凡爲忠臣,爲孝子,爲順孫,爲聖世良民,皆由此出。無論聖愚,皆曉得此文義,只是不肯著實遵行,故自陷於過惡。祖宗在上,豈忍使子孫輩如此。今於宗祠内,仿鄉約儀節,每朔日,族長督率子弟,齊赴聽講,各宜恭敬體認,共成美俗。

---

① 此處下原爲墨釘。

祠墓當展

祠乃祖宗神靈所依,墓乃祖宗體魄所藏。子孫思祖宗不可見,見所依所藏之處,即如見祖宗一般。時而祠祭,時而墓祭,皆展視大禮,必加敬謹。凡棟宇有壞,則葺之,罅漏則補之。垣砌碑石有損,則重整之。蓬棘則剪之。樹木什器則愛惜之。或被人侵害,盜賣盜葬,則同心合力復之。患無忽小,視無逾時,若使緩延,所費愈大。此事死如事生,事亡如事存之道,族人所宜首講者。

族類當辨

類族辨物,聖人不廢。世以門第相高,間有非族認爲族者。或同姓而雜居一里,或自外邑移居本村,或繼同姓子爲嗣,其類匪一。然姓雖同而祠不同入,墓不同祭,是非難淆,疑似當辨。儻稱謂亦從叔侄兄弟,後將若之何?故譜内必嚴爲之防。蓋神不歆非類,處己處人之道,當如是也。

名分當正

非族者辨之,衆人所易知易能也。同族者,實有兄弟叔侄,名分彼此,稱呼自有定序。挽近世風俗澆漓,或狎於褻昵,或狃於阿承,皆非禮也。至於拜揖必恭,言語必遜,坐次必依先後,不論近族遠族,俱照叔侄序列。情實親洽,心更相安。名門故家之禮,原是如此。又有尊庶母爲嫡,躋妾爲妻者,大乖綱常,反蒙訕笑。又女子已嫁而歸,輒居客位,是何禮數？吉水羅念庵先生宅，於歸寧之女，仍依世次，別設一席，可法也。若同族義男，亦必有約束。不得凌犯疏房長上，有失族誼，且寓防微杜漸之意。

宗族當睦

《書》曰“以親九族”，《詩》曰“本支百世”。睦族，聖王且爾，況凡衆人乎？觀於萬石君家，子孫醇謹，過里必下車，此風猶有存者。末俗或以富貴驕，或以智力抗，或以頑潑欺凌，雖能爭勝一時，已皆自作罪孽。況相角相仇，循環不輟，人厭之，天惡之，未有不敗者。何苦如此？嘗謂睦族之要有三：曰尊尊，曰老老，曰賢賢。名分屬尊行者，尊也。則恭順退遜，不敢觸犯。分屬雖卑，而齒邁衆，老也。則扶持保護，事以高年之禮。有德行族彥，賢也。賢者乃本宗楨幹，則親炙之，景仰之，每事效法，忘分忘年以敬之。此之謂三要。又有四務：曰矜幼弱，曰恤孤寡，曰周窘急，曰解忿競。幼者稚年，弱者鮮勢，人所易欺，則矜之。一有矜憫之心，自隨處爲之效力矣。鰥寡孤獨，王政所先，況乎同族，得於耳聞目擊者乎？則恤之，貧者恤以善言，富者恤以財穀，皆陰德也。衣食窘急，生計無聊，命運亦乖，則周之。量己量彼，可爲則爲。不必望其報，不必使人知，吾盡吾心焉。人有忿，則爭競。得一人勸之，氣遂平。遇一人助之，氣愈激。然當局而迷者多矣。居間解之，族人之責也，亦積善之一事也。此之謂四務。引伸觸類，爲義田義倉，爲義學，爲義冢，教養同族，使生死無失所，皆豪傑所當爲者。善乎，陶淵明之言曰：“同源分流，人易世疏。慨焉寤嘆，念兹厥初。”范文正公之言曰：“宗族於吾，固有親疏。自祖宗視之，則均是子孫，固無親疏。”此先賢格言也。人能以祖宗之念爲念，自知宗族之當睦矣。

譜牒當重

譜牒所載，皆宗族祖父名諱。孝子順孫，目可得睹，口不可得言。收藏貴密，保守貴久。每歲清明祭祖時，宜各帶所編發字號原本，到宗祠會看一遍。祭畢，仍各帶回收藏。如有鼠侵油污，磨壞字迹者，族長同族衆即在祖宗前，量加懲誡，另擇賢能子孫收管，登名於簿，以便稽查。或有不肖輩，鬻譜賣宗，或謄寫原本，瞞衆覓利，致使以贋混真，紊亂支派者，不惟得罪族人，抑且得罪祖宗。衆共黜之，不許入祠。仍會衆呈官，追譜治罪。

閨門當肅

男正位乎外，女正位乎內，聖訓也。君子正家，取法乎此，其閨門未有不嚴肅者。縱使家道貧富不齊，如饁耕采桑，操井臼之類，勢所不免，而清白家風自在。或有不幸寡居，則丹心鐵石，白首冰霜，如古史所載貞烈婦女，炳耀後先，相傳不朽，皆風化之助。亦以三從四德，姆訓夙嫻，養之者素也。若徇利妄娶，門閥不稱，家教無聞，又或賦性不良，凶悍妒忌，傲僻長舌，私溺子女，皆爲家之索，罪坐其夫。若本婦委果冥頑，化誨不改，夫亦無如之何者，祠中據本夫告詞，詢訪的確，當祖宗前，合衆給以除名帖，或屏之外氏之家，亦少有所警矣。要之教婦在初來，擇婦必世德。語曰：“逆家子不娶，亂家子不娶。”《顔氏家訓》曰：“娶必欲不若吾家者。”蓋言娶貧女有益，非謂遷就族類，娶卑陋之女以胎禍也。至於近時惡俗人家，婦女有相聚二三十人結社講經，不分曉夜者。有跋涉數千里外，望南海、走東岱祈福者。有朔望入祠燒香者。有春節看春，燈節看燈者。有縱容女婦往來，搬弄是非者。閑家之道，一切嚴禁，庶無他患。

蒙養當豫

閨門之内，古人有胎教，又有能言之教，父兄又有小學之教，大學之教，是以子弟易於成材。今俗教子弟者何如？上者，教之作文，取科第功名止矣。功名之上，道德未教也。次者，教之雜字柬牋，以便商賈書計。下者，教之狀詞活套，以爲他日刁猾之地。是雖教之，實害之矣。族中各父兄，須知子弟之當教，又須知教法之當正，又須知養正之當豫。七歲便入鄉塾，學字學書，隨其資質。漸長有知識，便擇端慤師友，將正經書史嚴加訓迪。務使變化氣質，陶熔德性。他日若做秀才、做官，固爲良士、爲廉吏。就是爲農、爲工、爲商，亦不失爲醇謹君子。

姻里當厚

姻者，族之親。里者，族之鄰。遠則情義相關，近則出門相見。宇宙茫茫，幸而聚集，亦是良緣。況童蒙時，或多同館，或共游嬉，比之路人迥别。凡事皆當從厚。通有無，恤患難。不論曾否相與，俱以誠心和氣遇之。即使彼曾待我薄，我不可以薄待，久之且感而化矣。若恃強凌弱，倚衆暴寡，靠富欺貧，捏故占人田地風水，侵人山林疆界，放債違例，過三分取息，此皆薄惡凶習。天道好還，尤宜急戒，毋自害兒孫也。

職業當勤

士農工商，業雖不同，皆是本職。勤則職業修，惰則職業隳。修則父母妻子，仰事俯育有賴，隳則資身無策，不免姗笑於姻里。然所謂勤者，非徒盡力，實要盡道。如士者，則須先德行，次文藝。切勿因讀書識字，舞弄文法，顛倒是非，造歌謡，匿名帖。舉監生員，不得出入公門，有玷行止。士宦不得以賄敗官，貽辱祖宗。農者不得竊田水，縱牲畜作踐，欺賴佃租。工者不可作淫巧，售敝僞器什。商者不得紈褲冶游，酒色浪費。亦不得越四民之外，爲僧道，爲胥隸，爲優戲，爲椎埋屠宰。若賭博一事，近來相習成風，凡傾家蕩産，招禍速釁，無不由此。犯者，宜會族衆，送官懲治，不則罪坐房長。

賦役當供

以下事上，古今通誼。賦税力役之徵，皆國家法度所係。若拖欠錢糧，躲避差徭，便是不良的百姓。連累里長，惱煩官府，追呼問罪，甚至枷號，身家被虧，玷辱父母。又准不得事，仍要賦役完官，是何算計。故勤業之人，將一年本等差糧，先要辦納明白，討經手印押收票存証。上不欠官錢，何等自在，亦良民職分所當盡者。

爭訟當止

太平百姓，完賦役，無爭訟，便是天堂世界。蓋訟事有害無利，要盤纏，要奔走。若造機關，又壞心術。且無論官府廉明何如，到城市，便被歇家撮弄，到衙門，便受胥皂呵叱。伺候幾朝夕，方得見官。理直猶可，理曲到底吃虧。受笞杖，受罪罰，甚至破家、忘身、辱親，冤冤相報，害及子孫。總之，則爲一念客氣，始不可不慎。《經》曰："君子以作事謀始。"始能忍，終無禍，始之時義大矣哉。即有萬不得已，或關係祖宗父母兄弟妻子情事，私下處不得，没奈何聞官，只宜從直告訴。官府善察情，更易明白。切莫架橋捏怪，致問招回。又要早知回頭，不可終訟。聖人於《訟卦》曰："惕，中吉，終凶。"此是錦囊妙策。須是自作張主，不可聽訟師棍黨教唆，財被人得，禍自己當。省之省之。

節儉當崇

老氏三寶，儉居一焉。人生福分，各有限制。若飲食衣服，日用起居，一一樸嗇，留有餘不盡之享，以還造化，優游天年，是可以養福。奢靡敗度，儉約鮮過，不遜寧固，聖人有辨，是可以養德。多費多取，至於多取，不免奴顔婢膝，委曲徇人，自喪己志。費少取少，隨分隨足，浩然自得，是可以養氣。且以儉示後，子孫可法，有益於家。以儉率人，敝俗可挽，有益於國。世顧莫之能行，何哉？其弊在於好門面一念始。如爭訟，好贏的門面，則鬻産借債，討人情鑽刺，不顧利害。吉凶禮節，好富厚的門面，則賣田嫁女，厚賂聘媳，鋪張發引，開厨設供,倡優雜遝,擊鮮散帛,亂用綾紗。又加招請貴賓,宴新婿,與搬戲許愿,預修祈福。力實不支,設法應用。不知挖肉補瘡,所損日甚。此皆惡俗,可憫可悲。噫!士者,民之倡。賢智者,庸衆之倡。責有所屬,吾日望之。

守望當嚴

上司設立保甲,只爲地方。而百姓卻乃欺瞞官府,虛應故事。以致防盜無術,束手待寇。小則竊,大則強。及至告官,得不償失。即能獲盜,牽累無時,拋棄本業,是百姓之自爲計疏也。民族雖散居,然多者千烟,少者百室,又少者數十户,兼有鄉鄰同井,相友相助,須依奉上司條約。平居互議,出入有事,遞爲應援。或合或分,隨便邀截。若約中有不遵防範、踪迹可疑者,即時察之。若果有實事可據,即會呈送官究治。蓋思患預防,不可不慮,奢靡之鄉尤所當慮也。

邪巫當禁

禁止師巫邪術,律有明條。蓋鬼道盛,人道衰,理之一定者。故曰:“國將興,聽於人,將亡,聽於神。”況百姓之家乎?故一切左道惑衆諸輩,宜勿令至門。至於婦女,識見庸下,更喜媚神徼福,其惑於邪巫也,尤甚於男子。且風俗日偷,僧道之外,又有齋婆、賣婆、尼姑、跳神、卜婦、女相、女戲等項,穿門入户,人不知禁,以致哄誘費財,甚有犯奸盜者,爲害不小。各夫男須皆預防,察其動静,杜其往來,以免後悔。此是齊家最要緊事。

四禮當行

先王制冠、婚、喪、祭四禮，以範後人。載在《性理大全》及家禮儀節者，是皆國朝頒降者也。民生日用常行，此爲最切。惟禮，則成父道，成子道，成夫婦之道。無禮，則禽獸耳。然民俗所以不由禮者，或謂禮節煩多，未免傷財廢事。不知師其意而用其精，至易至簡，何不可行。試言其大要。冠則賓不用幣，歸俎止殽品果酒，不用牲，惟從儉。族有將冠者衆，則同日行禮。長子衆子，各從其類。贊與席，如冠者之數。祝詞不重出。加冠，醮酒，祝後次第舉之。拜則同庶人。三加之禮，初用小帽，小深衣，履鞋。再用折巾，絹深衣，皂靴。三用方巾，或儒巾，服或直身，或襴衫員領，皆從便。婚則禁同姓，禁服婦改嫁，恐犯離異之律。女未及笄，無過門。夫亡，無招贅，無招夫養夫。受聘，擇門第，辨良賤。無貪下户貨財，將女許配，作賤骨肉，玷辱宗祊。喪則惟竭力於衣衾棺槨，遵禮哀泣。棺内不得用金銀玉物。弔者止款茶，途遠待以素飯，不設酒筵。服未除，不嫁娶，不聽樂，不與宴賀。衰絰不入公門。葬必擇地，避五鬼。不得泥風水邀福，至有終身不葬，累世不葬。不得盜葬，不得侵祖葬，不得水葬，尤不得火化，犯律重罪。祭則聚精神，致孝享，内外一心，長幼整肅。具物惟稱家有無，不得爲非禮之禮。此皆孝子慈孫所當盡者。

顧亭林日知録先生名炎武，字寧人，昆山人。

弘謀按，亭林先生爲近代通儒，貫穿經史，得其領要，故所見者大，所規者遠,坐而言,起而行,《日知録》一書,其庶幾乎。全書皆至理名言,援古証今,而皆一衷於道者也。偶録數則,以爲世俗訓。近世停喪、火葬二事,不仁不孝,莫大於此。先生之論,痛快切摯,讀此而不惕然起者,雖謂之無人心,可矣。

張公藝九世同居,高宗問之,書忍字百餘以進。其意美矣,而未盡善也。居家御衆,當令紀綱法度截然有章,乃可行之永久。若使姑婦勃谿,奴僕放縱,而爲家長者,僅含默隱忍而已,此不可一朝居,而況九世乎?善乎浦江鄭氏對太祖之言曰:"臣同居無他,惟不聽婦人言耳。"此格論也,雖百世可也。

生日之禮,古人所無。《顔氏家訓》曰:"江南風俗,兒生一期,爲製新衣,盥浴裝飾。男則用弓矢紙筆,女則刀尺針縷,并加飲食之物及珍寶服玩,置之兒前,觀其發意所取,以驗貪廉智愚,名之爲'試兒'。親表聚集,因成宴會。自兹以後,二親若在,每至此日,常有飲食之事。無教之徒,雖已孤露,父亡爲孤露。其日皆爲供頓,酣暢聲樂,不知有所感傷。梁孝元少時,每載誕之辰,嘗設齋講,自阮脩容元帝所生母。薨後,此事亦絶。"是此禮起於齊梁之間,逮唐宋以後,無不崇飾此日,開筵召客,賦詩稱壽,而於昔人反本樂生之意,去之遠矣。

停喪之事,自古所無。自建安離析,永嘉播竄,於是有不得已而停者。魏晋之制,祖父未葬者,不聽服官。而御史中丞劉隗奏:"諸軍敗亡,失父母,未知吉凶者,不得仕進宴樂,皆使心喪。有犯,君子廢,小人戮。"《通典》。生者猶然,況於既歿。是以齊高帝時,烏程令顧昌元,坐父法秀北征,尸骸不反,而昌元宴樂嬉游,與常人無異,有司請加以清議。振武將軍邱冠先爲休留茂所殺，喪尸絶域，不可復尋。世祖特敕其子雄，方敢入仕。當江左偏安之日，而猶申此禁。豈有死非戰場，棺非異域，而停久不葬，自同平人，如今人之所爲者哉？唐鄭延祚，朔方令。母卒二十九年，殯僧舍垣地。顔真卿劾奏之，兄弟終身不齒，天下聳動。後周太祖敕曰："古者立封樹之制，定喪葬之期，著在經典，是爲名教。洎乎世俗衰薄，風化陵遲，親歿而多闕送終，身後而便爲無主，或羈束於仕宦，或拘忌於陰陽。旅櫬不歸，遺骸何托？但以先王垂訓，孝子因心，非以厚葬爲賢，只以稱家爲禮。掃地而祭，尚可以告虔。負土成墳，所貴乎盡力。宜頒條令，用警因循，庶幾九原絶抱恨之魂，千古無不歸之骨。今後有父母祖父母亡歿未經遷葬者，其主家之長不得輒求仕進，所由司亦不得申舉解送。"宋王子韶以不葬父母貶官，劉昺兄弟以不葬父母奪職。後之王者以禮治人，則周祖之詔，魯公之劾，不可不著之甲令。但使未葬其親之子若孫，搢紳不許入官，士人不許赴舉，則天下無不葬之喪矣。

皇甫謐《篤終論》張稷若作。曰："葬之習於侈也，於是有久而不克葬者。是徒知備物豐儀之爲厚其親，而不知久而不葬之大悖於禮也。先王之制，喪禮，始死而襲，襲而斂。三日而殯，殯而治葬具。其葬也，貴賤有時。天子七月，諸侯五月，大夫三月，士逾月。先時而葬者，謂之得葬。後時而葬者，謂之怠葬。其自襲而斂，自斂而殯，自殯而葬，中間皆不治他事。各視其力，日夕拮据，至葬而已。以爲所以計安親體者，必至乎葬而始畢也。襲也，斂也，殯也，皆以期成乎葬者也。殯則不可不葬，猶之襲則不可不斂，斂則不可不殯，相待而爲始終者也，故不可以他事間也。今有人，親死逾日而不襲，逾旬而不斂，逾月而不殯，苟非狂易喪心之人，必有痛乎其中者矣。至於累年而不葬，則相與安之，何也？殯者必於客位，所以賓之也。父母而賓之，人子之所不忍也。而爲之者，以將葬，故賓之也，所以漸即乎遠也。殯而不葬，是使其親退而不得反於寢，進而不得即於墓。不猶之客而未得歸，歸而未得至者與？非人事之至難安，而人子之大不忍者與？"

近年亦有一二知禮之士，未克葬而不變服者。而或且譏之，曰："夫飲酒食肉處内，與夫交際往來，一一如平人。而獨不變衣冠，則文存而實亡也。"文存而實亡，近於爲名。然則必并其文而去之，而後爲不近名邪？子貢欲去告朔之餼羊，子曰："賜也，爾愛其羊，我愛其禮。"嗚呼，夫習之難移久矣。自非大賢，中人之情鮮不動於外者。聖人爲之弁冕衣服，佩玉以教恭，衰麻以教孝，介胄以教武，故君子恥服其服而無其容。使其未葬而不釋衰麻，則其悲哀之心，痛疾之意，必有觸於目而常存者。此子游所謂"以故興物"，而爲孝子仁人之一助也。奚爲其必去之也。今吴人喪，除服則取冠衰履杖焚之。服終而未葬，則藏之柩旁，待葬而服。既葬，服以謝弔客，而後除且焚。此亦餼羊之猶存者矣。

侈於殯埋之飾，而民遂至於不葬其親。豐於資送之儀，而民遂至於不舉其女。於是有反本尚質之思。而老氏之書，謂禮爲忠信之薄而亂之首，則亦過矣。豈知召南之女，迨其謂之。《周禮·媒氏》："凡嫁子娶妻，入幣，純帛無過五兩。"而夫子之告子路曰："斂首足形，還葬而無椁，稱其財，斯之謂禮。"何至如《鹽鐵論》之云"送死殫家，遣女滿車"，齊武帝詔書之云"斑白不婚，露棺累葉"者乎？馬融有言："嫁娶之禮儉，則婚者以時矣。喪祭之禮約，則終者掩藏矣。”林放問禮之本，孔子曰：“禮，與其奢也，寧儉。”其正俗之先務乎。

火葬之俗，盛行於江南，自宋時已有之。監登聞鼓院范同言：“今民俗有所謂火化者，生則奉養之具惟恐不至，死則燔爇而捐棄之。國朝著令：貧無葬地者，許以官地安葬。河東地狹人衆，雖至親之喪，悉皆焚棄。韓琦鎮并州，以官錢市田數頃，給民安葬，至今爲美談。然則承流宣化，使民不畔於禮法，正守臣之職也。事關風化，理宜禁止。仍飭守臣措置荒閒之地，使貧民得以收葬。”從之。

黄震爲吴縣尉，乞免再起化人亭。狀曰：“城外有通濟寺，爲焚人空亭，約十間，以罔利，愚民悉爲所誘。親死，即舉而付之烈焰，餘骸不化，則又舉而投之深淵。斯人何辜，遭此身後之大戮邪？震久切痛心，欲言未發。乃風雷驟至，獨盡徹其所謂焚人之亭而去之。意者穢氣彰聞，冤魂共訴，皇天震怒，爲絶此根。備申使府，蓋亦幸此亭之壞耳。案吏何人，敢受寺僧之囑付，行下本司，勒令監造。震竊謂此亭爲焚人之親設也。人之焚其親，不孝之大者也，此亭其可再也哉？謹案，古者小斂大斂以至殯葬，皆擗踊，爲遷其親之尸而動之也，況可得而火之邪？舉其尸而畀之火，慘虐之極，無復人道。雖蚩尤作五虐之法，商紂爲炮烙之刑，皆施之於生前，未至戮之於死後也。王敦叛逆，有司出其尸於瘞，焚其衣冠，斬之。所焚猶衣冠耳。惟蘇峻以反誅，焚其骨。楊元感反，隋亦掘其父素冢，焚其骸骨。慘虐之門既開，因以施之極惡之人，《周禮·秋官·掌戮》：‘凡殺其親者，焚之。’然非治世法也。隋爲仁壽宫，役夫死道上，楊素焚之。上聞之，不悦。夫淫刑如隋文，且不忍焚人，則痛莫甚於焚人者矣。蔣元暉瀆亂宫闈，朱全忠殺而焚之，一死不足以盡其罪也。然殺之者當刑，焚之者非法。非法之虐，且不可施之誅死之罪人，況可施之父母骨肉乎？世之施此於父母骨肉者，又往往拾其遺燼而棄之水，慘益甚矣。而或者乃以焚人爲佛法。然聞佛之説戒火，自焚也。今之焚者，戒火邪？人火邪？自焚邪？其子孫邪？有識者，爲之痛惋久矣。今通濟寺僧，焚人之親以罔利，傷風敗俗，莫此爲甚。天幸廢之，何可興之。欲望台慈，矜生民之無知，念死者之何罪。備榜通濟寺，風雷已壞之焚人寺，不許再行起置。其於哀死慎終，實非小補。然自宋以來，此風日盛。國家雖有漏澤園之設，而地窄人多，不能遍葬。相率焚燒，名曰火葬，習以成俗。謂宜每里給空地若干爲義冢，以待貧民之葬。除其租税，而更爲之嚴禁。焚其親者，以不孝罪之。庶乎禮教再興，民俗可厚也。"吴俗多火葬，有燒人壇。余司臬時，毁其壇并查繳器具。就壇地爲義冢，以葬無地之棺，亦此意也。

貧者不以貨事人，然未嘗無以自致也。江上之貧女，常先至而掃室布席。陳平侍里中喪，以先往後罷爲助。古人之風，吾黨所宜勉矣。

陸桴亭思辨録先生名世儀，字道威，太倉人。

弘謀按，桴亭先生爲學，專力於格致誠正，而推暨乎修齊治平。《思辨録》，天德王道，無所不貫。兹所采者，皆持己涉世之事，人人可以理會者也。言則平正而無奇，理實切當而不易。率而由之，可以寡過矣。

昔人有言：天下甚事，不因忙後錯了。世儀道：天下甚事，不因怒後錯了。怒則忙，忙則錯。氣一動時，不可不即時簡點。

問:吾輩克己,而他人或有加無已,奈何?曰:天下是處,不可讓與别人做。天下不是處,何妨讓與别人做。

予初學時,偶有友人相托一事,爲某人解紛者。其人蓋嘗陰害予者也。予雖漫應之,而心不然。既而惕然曰:“此豈非所謂己私者乎?”即克去之。後來凡遇此等事,皆不須用力。要知古人克己之説,不過如此。

昔人云:“見利思義。”見色亦當思義,則邪念自息矣。《四十二章經》數語甚好:“老者以爲母,長者以爲姊,少者如妹,幼者如女。敬之以禮。”予少時每樂誦此數語。然細味之,猶有解譬降伏之勞。若能思義,則男有室,女有家,自不得一毫亂動,何煩解譬降伏。

“使君自有婦,羅敷自有夫”。語宛而嚴,可爲見色思義之勖。

人能常知此身之貴,常念此身之重,則自能不淫於色。人於利欲場中,每看得此身不貴重,甘心陷溺。至君父大事,卻又看得此身貴重,忍辱苟全。皆惑也。切莫做識得破、忍不過的事。

凡人語言之間,多帶笑者,其人必不正。

人視瞻須平正。上視者傲,下視者弱。偷視者奸,邪視者淫。惟聖賢,則正瞻平視。所謂存乎人者,莫良於眸子也。

人相生於天然。語有之,有心無相,相逐心生,有相無心,相隨心滅。知上視之非,則去其傲。知下視之非,則去其弱。知偷視之非,則去其奸。知邪視之非,則去其淫。心既平正,則視瞻不期平正,而自無不平正矣。此之謂修身。此之謂欲修其身者,先正其心。

眼如日月,須照耀萬物,勿爲豐蔀所蔽。

語有之:“五色令人目盲。”五色皆我之豐蔀也。

讀書不能窮理,亦是豐蔀。

語有之:"一言折盡平生福。"此蓋指刻薄之人言也。乃今之人,以能言刻薄之言爲能。未語先笑,恬不知警,殊爲可駭。此風亦始於近日,未知將來作何底止。後生以口舌角勝者,謂之討便宜。吾知其得便宜處失便宜也。

予家居多蔬食,偶有魚肉,食之亦甚少。家人每勸餐,予曰:"此不特惜物力,亦惜物命也。吾儒非不欲蔬食,人之一身,所係甚大,不得不借資於飲食,權其輕重故耳。豈可以吾儒不禁殺,而貪饕恣食乎?"

范文正公,每日必念自己一日所行之事與所食之食,能相準否。相準,則欣然。否則不樂終日,必求補過。此可爲吾人飲食之法。

語云"醉之酒以觀其德",此言甚好。人雖有德,醉後則不能自持,亦白璧之瑕也。於此自持,則無之或失矣。

鑑明王先生曰:"功名心須是放淡。"予問:"何以能淡?"曰:"只是安個命字。"予曰:"命字上須再加個義字。"

或問:"君子聞譽亦以爲喜耶?"曰:"聞譽而我有其實,非譽也,名稱其實也。此而不喜非人情,但不以此自矜耳。若聞譽而我無其實,則慚愧不暇,而何敢喜焉?"

晝坐當惜陰,夜坐當惜燈。遇言當惜口,遇事當惜心。閒時忙得一刻,則忙時閒得一刻。

凡處事,須視小如大,又須視大如小。視小如大,見小心。視大如小,見作用。昔人所謂膽欲大而心欲小也。

或謂與傾險人處,甚有害。曰:"甚有益。"或問故。曰:"正使人言語動作,一毫輕易不得。豈惟過失可少,於敬字工夫上,亦甚增益。"

謙字諂字，本大懸絶。今人多把謙字看作諂字，又把諂字看作謙字，殊不可解。有人於此，道德深重，學問該博，此所當親近而師事者也，則曰："予奚爲而諂事之?"至於勢位所在，貨財所聚，又不覺談之慕之，而趨之恐後也。後生於此處看不分明，人品安得不壞?

利亦訓通。通則利，不通則不利。以義爲利者，通於人者也。以利爲利者，專於己者也。通於人者，財散則民聚。專於己者，財聚則民散。

名利是天地間公共之物。利惟公，故溥。名惟公，故大。自小人以名利爲私，而名利二字，始目爲膻途矣。自聖人觀之，必得其名，必得其禄，名利何嘗是膻物。利與義合，則與和同。《文言》曰："利者，義之和也。"利與義反，則與害對。《論語》曰："放於利而行，多怨。"

横逆之來，聖凡不免，然而所以待横逆之道，則有間矣。出乎爾，反乎爾，此凡庸之所以待横逆也。惡聲至，必反之，此俠烈之所以待横逆也。寬柔以教，不報無道，此君子之所以待横逆也。禽獸何難，此孟子之所以待横逆也。"天生德於予，桓魋其如予何"，此孔子之所以待横逆也。吾人苟有志於學聖賢，則凡待横逆之道，其於數者之間，可不知所以自處乎?

改過之人，如天氣新晴一般，自家固自灑然，人見之亦分外可喜。識得此理，可以進德，并可以成人之美。

己有過，不當諱。朋友有過，決當爲之諱。諱者，正所以勸其改，玉成其改也。故曰："君子成人之美，不成人之惡。"彼以過失相規爲名，而亟亟於成人之惡者，真刻薄小人耳。故子貢曰："惡訐以爲直者。"

冬温夏凊，昏定晨省，是事父母小節。能讀書修身，學爲聖賢，使其親爲聖賢之親，方盡得孝之分量。舜稱大孝，亦只是德爲聖人一句。

《孝經》“王者合萬國之歡心，以事其先王”，此語最妙。吾謂士庶人，亦當合一家之歡心，以事其父母。凡婢妾僕隸，亦易生釁骨肉。爲孝子者，須是無往不敬。古人親在，叱咤之聲未嘗至於犬馬，正識得此意。

重遠弟不得於親，甚切憂思。予爲講《怨慕》章，令細玩“父母之不我愛”二句。謂父母之不愛其子，與子之不得於父母，其中必有一個緣故，但不知爲着那一件。惟大孝之子，能痛心疾首，蚤夜思量，必要尋出那一件來盡情改過，自然能得親順親。不然，父母怒我責我，一概夷然遇之，曰：“我自盡其子職，父母不我愛，聽之而已。”這便是恝然。恝然者終不得謂之孝。

《孟子》：“於我何哉。”《注》云：“自責，不知己有何罪。”妙甚。人子不能得親順親，只是不知尋討自己過失。若識得“於我何哉”之意，將自己不得親心處，反覆搜求，一毫未盡，必要將來盡情改换。如此久久，斷無不得親順親之理。二條正見事父母與待朋友不同，所謂天下無不是底父母也。

朋友是後來的兄弟，兄弟是天然的朋友。少同游，長同學。若得一心一德之兄弟，何樂如之？此古人所以深貴乎兄弟之互相師友也。此人生之幸，門庭之瑞，不可不知，不可不勉。

人所最不可解者，是兄弟嫉妒。彼秦越之人，漫不相關，尚或喜其富，慕其貴。惟兄弟之間，一富一貧，一貴一賤，則頓起嫉妒。彼其心，以爲勢相形，名相軋耳。不知以“鬩牆”“禦侮”之詩觀之，則貧賤之兄弟尚於我有益，而況其爲富貴者乎？若能以父母之心爲心，則何富？何貴？何貧？何賤？總之同氣連枝也。

兄弟富貴而不念貧賤者，其人固不足言。若自己貧賤而嫉妒兄弟之富貴，則在賢者亦往往不免。蓋起於先分形迹，見得他人富貴，不知父母同胞有何形迹。一分形迹，早已爲他人覷破，一文不值也。

以身孝父母，不若以妻子孝父母。以身孝父母，容有不盡之時。以妻子孝父母，更無不到之處。子曰"父母其順矣乎"一句，煞有意味。

閨門之中，最難是一敬字。古人動云"夫婦相敬如賓"，又曰"閨門之内，肅若朝廷"，皆言敬也。此處能敬，便是真工夫、真學問，於齊家乎何有？朱子有言："閨門衽席之間，一息斷絕，則天命不行。"每念及此言，令人神悚。

教子工夫，第一在齊家，第二方在擇師。若不能齊家，則其子自孩提以來，愛憎嚬笑，必有不能一軌於正者矣。雖有良師，化誨亦難。

古人云教孝，愚謂亦當教慈。慈者，所以致孝之本也。愚見人家，儘有中才子弟，卻因父母不慈，打入不孝一邊。遇頑嚚而成底豫者，古今自大舜後，能有幾人？教子須是以身率先。每見人家子弟，父兄未嘗着意督率，而規模動定性情好尚，輒酷肖其父，皆身教爲之也。念及此，豈可不知自省。

教家之道，第一以敬祖宗爲本。敬祖宗，在修祭法。祭法立，則家禮行。家禮行，則百事舉矣。

今人多寶愛骨董，鋪張陳設，以供玩賞，殊爲無謂。予向惡之。近日思得，此種器物，亦有用處。蓋古者宗廟祭器，必用貴重華美之物，如瑚璉簠簋之類。雖家國不同，然古人祭器必用重物無疑。今世士大夫，金玉之器充滿几席，而祖宗祭器，則僅取充數，殊非古人致孝鬼神，致美黻冕之意也。愚以爲士大夫家，凡有家傳重器，當悉以爲祭器。貧者，則以精潔之器爲之。斷不可以濫惡之物，進御鬼神也。

今士大夫家，每好言家法，不言家禮。法使人遵，禮使人化。法使人畏，禮使人親。只此是一家中王伯之辨。

擇婿易，擇婦難。婿露頭角，選擇可憑。婦在深閨，風聞難據也。

擇婿須觀頭角，擇婦須觀庭訓。

伊川先生以塑像之故，并不取影神之説。以爲苟毫髮不似我父母，則未免爲他人矣。此言似屬太過。父母有影神，亦人子思慕音容之一助也，何害義理，而必欲去之。是使人子之幼喪其父母者，并其仿佛而不得一睹也。此予所以抱終天之恨也。

人子於父母之亡，決當依禮立主。至於影神，則隨其心力。若祖宗有賢德及爲時名臣，則斷不可不傳影神，以爲後人瞻仰之資。是亦立碑勒像之意也。

葬者，送死之大事，故古者未葬不除服。今世闕焉不講，無論庶民，即士大夫，有終身不葬者矣。今宜制爲令典，人子葬親，不拘月日，凡士大夫，必葬親，然後起服。庶幾無不葬之親矣。

江君遴問："風水之説，於理有之乎？"曰："山水是天地骨血。其回合會聚處，自有真穴。所以古人建都，必擇善地。然人子葬親，又自有説。擇地，次也，其要處在立心。立心欲親之體魄安，不至有水泉螻蟻之患，此天理之至情也。如是者得善地，而富貴應之。立心爲求富貴，或停柩不葬，或欺盜侵奪,此人欲之惡念也。如是者雖得善地,而富貴不應焉。譬之種植,人心,則種子之善否也,風水,則土地之肥磽也。種子善,雖瘠土未嘗不生。種子不善,雖極肥之土,未有種草而得豆,種稗而得穀者。所以儒者重心術,不重風水。”

錢蕃侯有妹,未嫁,喪其翁。夫家無人,欲乘凶而娶。蕃侯家不允,而勢不可已,因與世儀及聖傳議其事,且曰:“是律有明禁。但世俗習而不察,亦有善處之法乎?”世儀曰:“此處决不可通融。然庶民之家,儘有勢不能不娶者,亦不可無通融之法。其説有三,二兄試思之。”蕃侯曰:“不用鼓樂。”世儀曰:“得之。”聖傳曰:“娶後不同寢。”世儀曰:“得之。”其一説未得。世儀曰:“嫁之夕,以奔喪之禮往,交拜哭踊成禮,喪畢而就婚。禮之正也。”

治家人生産,非必如今人封殖,只是條理得停當,使一家衣食無缺,如許衡治生之謂。蓋衣食所以養廉,衣食足,自不至輕易求人,輕爲非禮之事,然後可立定脚跟,向上做去。若忽視治生,不問生産,每見豪傑之士,往往以衣食不足,不矜細行,而喪其生平者多矣。可不戒哉。

切莫爲力量所不能爲之事,是亦治生一訣也。

卷之三

朱柏廬勸言先生名用純，字致一，江南昆山人。

弘謀按，《勸言》止四則耳，而其義則該括而無遺。充其量，可以希聖賢，否亦不失爲寡過。若與之相悖，則不可以爲人矣。先生之尊人節孝先生，名集璜。明季以諸生殉節。先生茹哀飲痛，自比廬墓攀柏之義，故號曰柏廬。潛心聖學，躬行實踐，杜門授徒，多所成就。讀此，可知其制行之篤而教人之切也。

孝弟

孩提之童，無不知愛其親。及其長也，無不知敬其兄。可知孝親悌長，是天性中事，不是有知有不知，有能有不能者也。吾獨怪今人：財寶本是身外之物，強欲求之，不得爲恥；孝弟是身内固有，不得如何不恥？又怪今人：功名本如旅舍，一過便去，得而復失，則又深恥；孝弟乃是不可復失者，放而不求，如何不恥？不必言古聖賢孝弟之行，如大舜、武周、泰伯、伯夷，各造其極。只如晨省昏定，推梨讓棗，有何難事，而今人甘心不爲。極而至於生不能養，死不能葬，大不孝於父母；有無不通，長短相競，大不友於兄弟。噫！是即孩提時，頃刻不見父母,則哭泣不止;兄弟同牀共席,則相憐相愛之孝子悌弟也。人皆望長而進德,奈何反至於此。且就人所易能者,立一榜樣。昔老萊子行年七十,身着五色斑斕之衣,作嬰兒戲,欲親之喜。司馬温公兄伯康,年將八十,公奉如嚴父,保如嬰兒。每食少頃,則問曰:"得無饑乎?"天少冷,則拊其背曰:"衣得無薄乎?"老而如此,未老可推,一事如此,他事可推。有子曰:"孝弟爲仁之本。"烏有孝子悌弟,而不修德行善者? 孔子曰:"孝弟之至,通於神明,光於四海。"烏有孝子悌弟,而不爲鄉黨所稱,皇天所祐者? 其不孝不友者反是。何不勉之?

勤儉

勤與儉,治生之道也。不勤,則寡入。不儉,則妄費。寡入而妄費,則財匱。財匱,則苟取。愚者爲寡廉鮮恥之事,黠者入行險僥幸之途,生平行止於此而喪,祖宗家聲於此而墜,生理絶矣。又況一家之中有妻有子,不能以勤儉表率,而使相趨於貪惰,則自絶其生理,而又絶妻子之生理矣。勤之爲道,第一要深思遠計。事宜早爲,物宜早辦者,必須預先經理。若待臨時,倉忙失措,鮮不耗費。第二要晏眠蚤起。侵晨而起,夜分而卧,則一日而復得半日之功。若早眠晏起,則一日僅得半日之功。無論天道必酬勤而罰惰,即人事贏詘,亦已懸殊。第三要耐煩吃苦。若不耐煩吃苦,一處不周密,一處便有損失耗壞。事須親自爲者,必親自爲之,須一日爲者,必一日爲之。人皆以身習勞苦爲自戕其生,而不知是乃所以求生也。

儉之爲道,第一要平心忍氣。一朝之忿,不自度量,與人口角鬥力,構訟經官,事過之後,不惟破家,或且辱身。第二要量力舉事。土木之功,婚嫁之事,賓客酒席之費,切不可好高求勝。一時興會,所費不支,後來補苴,或行稱貸,償則無力,逋則喪德。第三要節衣縮食。綺羅之美,不過供人之嘆羨而已。若暖其軀體,布素與綺羅何異?肥甘之美,不過口舌間片刻之適而已。若自喉而下,藜藿肥甘何異?人皆以薄於自奉爲不愛其生,而不知是乃所以養生也。故家子弟,不勤不儉,約有二病。一則紈褲成習,素所不諳。一則自負高雅,無心瑣屑,乃至游閒放蕩,博弈酣飲。以有用之精神而肆行無忌,以已竭之金錢而益喜浪擲,此又不待苟取之爲害,而已自絶其生理矣。孔子曰:"謹身節用,以養父母。"可知孝弟之道,禮義之事,惟治生者能之。奈何不惟勤儉之爲尚也。

讀書

讀書須先論其人,次論其法。所謂法者,不但記其章句,而當求其義理。所謂人者,不但中舉人進士要讀書,做好人尤要讀書。中舉人進士之讀書,未嘗不求義理,而其重,究竟只在章句。做好人之讀書,未嘗不解章句,而其重,究竟只在義理。先儒謂今人不會讀書。如讀《論語》,未讀時是此等人。讀了後,只是此等人,便是不曾讀。此教人讀書識義理之道也。要知聖賢之書不爲後世中舉人進士而設,是教千萬世做好人,直至於大聖大賢。所以讀一句書,便要反之於身,我能如是否?做一件事便要合之於書,古人是如何?此纔是讀書。若只浮浮泛泛,胸中記得幾句古書,出口説得幾句雅話,未足爲佳也。所以又要論所讀之書。嘗見人家几案間擺列小説雜劇,此最自誤,并誤弟子,亟宜焚棄,人家有此等書便爲不祥。即詩詞歌賦,亦屬緩事。若能兼通六經及《性理》、《綱目》、《大學衍義》諸書,固爲上等學者。不然者,亦只是樸樸實實,將《孝經》、小學、四書本注置在案頭,嘗自讀,教子弟讀,即身體而力行之,難道不成就好人?難道不稱爲自好之士?究竟實能讀書,精通義理,世間舉人進士,舍此而誰?不在其身,必在其子孫。

積德

積德之事,人皆謂惟富貴,然後其力可爲。抑知富貴者,積德之報,必待富貴而後積德,則富貴何日可得,積德之事何日可爲?惟於不富不貴之時,能力行善,此其事爲尤難,其功爲尤倍也。蓋德亦是天性中所備,無事外求。積德亦隨在可爲,不必有待。假如人見蟻子入水,飛蟲投網,便可救之。又如人見乞人哀叫,輒與之錢,或與之殘羹剩飯。此救之與之之心,不待人教之也,即此便是德,即此日漸做去,便是積。今人於錢財田産,即去經營日積,而於自己所完備之德,不思積之,又大敗之,不可解也。今亦須論積之之序,首從親戚始。宗族鄰黨中有貧乏孤苦者,量力周給。嘗見人廣行施與,而不肯以一絲一粟援手窮親,亦倒行而逆施矣。次及於交與,與凡窮厄之人。朋友有通財之義,固不必言。其窮厄之人,雖與我素無往來,要知本吾一體,生則賑給,死則埋骨。惟力是視,以全我惻隱之心。次及於物類。今人多好放生,究竟末務。有不須費財者,如任奔走,效口舌,解人厄,急人病，周旋人患難，不過勞己之力，更何容吝。又有不費財并不勞力者，如隱人之過，成人之善，又如啓蟄不殺，方長不折，步步是德，步步可積。但存一積德之心，則無往而不積矣。不存一積德之心，則無往而爲德矣。要知吾輩今日不富不貴，無力無財，可以行大善事，積大陰德，正賴此惻隱之心。就日用常行之中，所見所聞之事，日積月累，成就一個好人。不求知於世，亦不責報於天。若又不爲，是真當面錯過也。不富不貴時不肯爲，吾又未知即富即貴之果肯爲否也。

張楊園訓子語先生名履祥，號考甫，浙江桐鄉人。

弘謀按，人期望其子，莫不在榮名厚禄。至於立身行己，則以爲迂，似可不必學者也。豈知立身行己，不可無學。此而不學，雖幸邀榮名厚禄，而處非其據，適足取辱耳。先生以躬行所得爲訓子之語，事不越於日用倫常，理惟主於忠信篤敬，實爲立身行己之極則，所宜家置一編者也。以限於卷帙，所録止十之三。讀而有得，更當考全書而悉之。

《易》曰："積善之家，必有餘慶。積不善之家，必有餘殃。"又曰："善不積，不足以成名。惡不積，不足以滅身。"人之爲善，修其孝弟忠信，只是理所當爲。其不爲不善，亦由此心之良，不敢自喪，非欲徼福慶於天也。然論其常理，吉凶禍福，恒亦由之。積之之勢，不可不畏也。父子兄弟，心術念慮之微，夫妻子母，幽室牆陰之際，勿謂不足動天地、感鬼神也。天地鬼神，不在乎他，在吾身心而已。

《書》曰："惟民生厚，因物有遷。"概觀世運，厚則治，薄則亂。其在於家，祖宗以厚德啓其後昆，則寖昌寖熾，子孫削薄其德，喪敗隨及，古今不易之道也。土薄則易崩，器薄則易壞。酒醴厚則能久藏，布帛厚則堪久服。存心厚薄，固壽夭禍福之分也。雖然，有本有末。厚於本，靡有不厚。本之薄，靡有不薄。不親其親，不長其長，而謂於他人厚者，未之有也。《中庸》言："君子之所不可及者，其惟人之所不見。"厚與否，要當察於用心之際。

凡做人，須有寬和之氣。處家不論貧富，亦須有寬和之氣。此是陽春景象，百物由以生長。若一向刻急煩細，與整齊嚴肅不同。雖所執未爲不是，不免秋殺氣象，百物隨以凋殞。感召之理有然，天道人事，常相依也。

做人最忌是陰惡。處心尚陰刻，作事多陰謀，未有不殃及子孫者。語云：有陰德者，必有陽報。先人有言：存心常畏天知。吾於斯言，夙夜念之。

子孫只守農士家風，求爲可繼，惟此而已。切不可流入倡優下賤及市井罡棍、衙役里胥一路。

士爲四民之首，從師受學，便有上達之路，非謂富貴也。所以人自愛其身，惟有讀書，愛其子弟，惟有教之讀書。人徒見近代游庠序者，至於饑寒，衣冠之子，多有敗行，遂以歸咎讀書。不知末世之習，攻浮文以資進取，未嘗知讀聖賢之書，是以失意斯濫，得志斯淫，爲里俗所羞稱爾，安可因噎而廢食乎？試思子孫既不讀書，則不知義理，一傳再傳，蚩蚩蠢蠢，有親不知事，有身不知修，有子不知教，愚者安於固陋，慧者習爲黠詐。循是以往，雖違禽獸不遠，弗恥也。然則詩書之業，可不竭力世守哉？可以警世之薄讀書爲無用者，更可以警不知讀書爲何事者。

子弟七八歲，無論敏鈍，俱宜就塾讀書，使粗知義理。至十五六，然後觀其質之所近，與其志尚，爲農爲士，始分其業。

則自幼不習游閒,入於非慝,易以爲善。

雖肄《詩》、《書》,不可不令知稼穡之事。雖秉耒耜,不可不令知《詩》、《書》之義。

近世以耕爲恥,只緣制科文藝取士,故競趨浮末,恥非所恥耳。若漢世孝悌力田爲科,人即以爲榮矣。實論之,耕則無游惰之患,無饑寒之憂,無外慕失足之虞,無驕侈黠詐之習,思無越畔,土物愛,厥心臧,保世承家之本也。但因而廢學,一任蚩頑,則不可耳。

人有此生,當思不虚此生之意。在門内,勉任門内之事。在宗族,勉任宗族之事。不可輒起較量推卸之私心。充較量一念,勢必一錢尺帛,兄弟叔侄不相通。充推卸之心,必至父母養生送死有不顧。門内如此,況宗族乎?即父母不若無此子,即祖宗不若少此子孫,又況其餘,安有一步推得去?

人不可孤立,孤立則危。天子之尊,至於一夫而亡,況其下乎?一家之親而外,在宗族,當不失宗族之心,在親戚,當不失親戚之心。以至鄉黨朋友,亦如之,朝廷邦國,亦如之。欲得其心非他,忠信以存心,敬慎以行己,平恕以接物而已。人情不遠,一人可處,則人人可處,獨病在吾有所不盡耳。是以君子不求人,求己,不責人,責己。身處富貴,尤宜鑑此。不可視爲人有求於己,而己無求於人也。

處人倫事物之間,有順有逆,即不能無德怨。自處之道,有樹德,無樹怨,固然也,人情則不可知。處之之道,我有德於人,無大小,不可不忘。人有德於我,雖小,不可忘也。若夫怨出於己,當反己而與人平之。其自人施於我,則當權其輕重大小。輕且小者可忘,忘之。重而大者,報之爲直,不能報爲恥。要之,作事,當慎謀其始。德不可輕受於人,怨須有預遠之道。施德,當體上天栽者培之之心。處人,則念怨不在大,期於傷心之義。小如陵侮侵奪等類,大則義關倫紀者也。

男子服用,固宜儉素,婦人尤戒華侈。婦人只宜勤紡織,供饋食,簪珥衣裳,簡質而已。若金珠綺綉,求其所無,慢藏誨盜,冶容誨淫,一事兩害,莫過於此。況婦德無極,閑家之道,當以爲先。稚子侈心,益當豫戒。

凡人用度不足,率因心侈。心侈,則非分以入,旋非分以出,貧固不足,富亦不足。若計口以給衣食,量入以準日用,素貧賤,行乎貧賤,素富貴,不忘艱難,所需自有分限,不俟求多也。若能膳養之餘,節省繁冗,用廣祭産,置贍族公田,非惟可以上慰祖宗之心,即下及子孫,可以永久不替,理甚易明。世之亟於自私,緩於公義,侈於奉己,嗇於親親者,吾每見其立覆矣。

父子兄弟夫婦,人倫之大。一家之中,惟此三親而已,不可稍有乖張。父子尤其本也。一處乖張,即處處乖張,安有缺於此而全於彼者?自古人倫之變,禍敗所貽,常及數世,天道然也。

一族之人,有賢有不肖。在賢者當體祖宗均愛之心,曲加保護,不使一人失所,毋論富貴貧賤,無不如之。孟子所謂親愛之而已矣。若專己自私,不相顧恤,有傷一體之誼,是爲得罪祖宗,不孝孰大焉。葛藟猶能庇其本根,可以人而不如草木乎①?或疑貧賤易至失所,富貴何待保護?不知富貴之失所,蓋有甚於貧賤者。教其不知,而正其過失,所以安全之

① "可",疑當作"何"。

也。自好者每因族人富貴,即與之疏。其富貴者,亦不知其可憂,疏遠族人,以蹈危亡,故及此。

宗族親戚之人,或賢或否,此由天定,無可取捨。賢者自當愛而敬之,否者無失其親而已。至於師友,一入家門,子弟志尚,因之以變,術業因之以成,賢則數世賴之,否亦害匪朝夕,不可謂非家之所由存亡也。擇之又擇,慎之又慎,夫豈不宜,而可隨人上下乎?

人無論貴賤,總不可不知人。知人,則能親賢遠不肖,而身安家可保。不知人,則賢否倒置,親疏乖反,而身危家敗。不易之理也。然知人實難。親之疏之,亦殊不易。賢者易疏而難親,不肖者易親而難疏。賢者宜親,驟親或反見疑。不肖者宜疏,因疏或至取怨。所以辨之宜早,略舉其要,約數端:賢者必剛直,不肖者必柔佞。賢者必平正,不肖者必偏僻。賢者必虛公,不肖必私繫。賢者必謙恭,不肖必驕慢。賢者必敬慎,不肖必恣肆。賢者必讓,不肖必爭。賢者必開誠,不肖必險詐。賢者必特立,不肖必附和。賢者必持重,不肖必輕捷。賢者必樂成,不肖必喜敗。賢者必韜晦,不肖必表暴。賢者必寬厚慈良,不肖必苛刻殘忍。賢者嗜欲必淡,不肖勢利必熱。賢者持身必嚴,不肖律人必甚。賢者必從容有常,不肖必急猝更變。賢者必見其遠大,不肖必見其近小。賢者必厚其所親,不肖必薄其所親。賢者必行浮於言,不肖必言過其實。賢者必後己先人,不肖必先己後人。賢者必見善如不及,樂道人善;不肖必妒賢嫉能,好稱人惡。賢者必不虐無告,不畏強禦;不肖必柔則茹之,剛則吐之。若此等類,正如白黑冰炭,昭然不同,總不外公私義利而已。

古者易子而教,後世負笈從師,要無不教其子者。天子之子，特重師傅之選，爲國家根本在是也。下自公卿大夫以逮士庶，顯晦貧富不同，其爲身家根本，一而已。雖有美質，不教胡成。即使至愚，父母之心安可不盡。中等之人，得教則從而上，失教則流而下。子孫賢，子以及子，孫以及孫。子孫弗肖，傾覆立見，可畏已。近日師道不立。爲子孫計者，孰知尊師崇傅之道，甚之生子不復延師。盍思爲人父母，將以田宅金錢遺子之爲愛其子乎？抑以德義遺子爲愛其子乎？司馬温公謂“積陰德於冥冥之中”，然何若求賢師教之於昭昭之際乎？古稱民生於三，事之如一。世人但知不可生而無父，豈知尤不可生而無師乎？

大凡人之心，多只向好底一邊希望，至於老死不已。貧想富，賤想貴，勞想逸，苦想樂，轉轉憧憧，無所紀極。且思天下豈有人人富貴逸樂之理？亦豈有在我盡受富貴逸樂，在人盡受貧賤勞苦之理？妄想如此，是以分内全不思省，宜其禍患猝乘不意也。天地間人，各有分内當修之業。當修而不修，缺失不知幾何。念及分内所缺所失，自不得不憂，不得不懼。知憂知懼，尚何敢肆意恣行，以取禍敗。

人生飲食衣裳，以及冠婚喪祭，餽問慶弔，俱不能無資於貨財。然其源不可不清，其流不可不治。源則問其所由來，義乎？流則問其所自往，稱乎？抑過與不及乎？果其取之天地，成之筋力，如君子之勞心，禄入是也，小人之勞力，稼穡桑麻畜牧是也，下此，則百工執藝之類，又下，則商賈負擔之類，皆義。外是，非義也。果其量入爲出，權輕重，審緩急先後，宜豐，不儉，宜寡，不多，斯爲稱。否則非當用而不用，即不當用而用矣。世人不治其流，求其源清，固不可得。其源不清，欲其流治，亦不可得也。君子贏得爲義，不言利而利存。小人贏得爲利，利未得而害伏，愚哉。如此用財，純是至理，何必諱言財貨。

親友慶弔，稱情量力，以誠爲主。世俗浮奢，非禮之禮，不足循也。稱情者，親親則有殺，尊賢則有等。厚其所宜薄，薄其所宜厚，逆情倒施也。量力，則稱家之有無。富而吝財，非禮也。貧而求備，亦非禮也。

有子不教，不獨在己薄其後嗣，兼使他人之女配非其人，終身受苦。有女失教，不特自貽他日之憂，亦使他人之子娶非其偶，累及家門。《詩》云："恩斯勤斯，育子之閔斯。"凡爲父母，莫不如是，故劬勞也。婿之與婦，夫非盡人之子與？坐令失所，夫何忍？

兄弟手足之義，人人所聞，其實未嘗深體力求。盍思手足一體[①]，持必均持，行必均行，適必皆適，痛必皆痛，偏廢必弗寧，駢枝必兩礙，是以爲分形連氣也。方其幼時，無不相好。及其長也，漸至乖離。古人謂孝衰於妻子。孝衰，悌因以俱衰。人能長保幼時之心，勿令外人得以傷吾肢體，庶可永好矣。世人嘗言一人不能獨好，意將歸惡兄弟也。即此一言，不好情形盡見。果然一人獨好，同父母之人，豈有不好之理乎？

古者父母在，不有私財。蓋私財有無，所繫孝弟之道不小。無則不欺於親，不欺於兄弟，大段已是和順。若是好貨財，私妻子，便將不順父母，而況兄弟，不孝每從此始。近世人子，多有父母在而蓄私財，及父母在而結私債，均是不肖所爲。甚或父母以偏私之心，陰厚以財，與不恤其苦，啓其手足

---

① "一"，原作"二"，據《四部備要》本改。

之釁，爲害尤大。

骨肉構難，同室操戈，天必兩棄，從無獨全之理。蓋天之生物，使之一本。未有根本既傷，而枝葉如故者。其有或全，必其弱弗克競，而深受侮虐者也。

女子既嫁，若是夫家貧乏，父母兄弟當量力周恤，不可坐視。其有賢行，當令女子媳婦敬事之。其或不幸夫死無依，歸養於家可也。俗於親戚富盛則加親，衰落遂疏遠。斯風最薄，所宜切戒。

古者，男子三十而娶，女子二十而嫁。其婚姻之訂，多在臨時。近世嫁娶已早，不能不通變從時。男女訂婚，大約十歲上下便須留意，不得過遲。過遲，則難選擇。選擇當始自舊親，以及通家故舊，與里中名德古舊之門。切不可有所貪慕，攀附非偶。

人於兄弟叔侄以及婚姻親黨之間，猶以私意行之。陰謀詭計，求利於己，罔恤彝倫，得禍最速，視之他人爲尤酷。蓋人之不仁，至是益甚也。世人只利害人我之私，牢不可破，所以更無挽救。抑思利人者人恒利之，害人者人恒害之，他人尚爾，況所親乎？

鰥寡孤獨廢疾之人，窮而無告。他人遇此，猶將惻然矜恤，況在族人，而可漠不相關？若不幸有之，自應加意。捐衣衣之，捐食食之。衣食不足，曲爲之所。凡有可爲，勿惜餘力。均爲祖宗遺體，苦樂何忍絶異。養其肩背，而斷其一指，能無痛乎？

御僕人之道，嚴其名分而寬其衣食，警其惰游而恤其勞苦。要以孝弟忠信爲先。

貧家役使之人，第一是勤。貴家役使之人，第一是謹。

要之不欺爲本。有才智者，害多利少，且於義未當也。總不宜多畜，及輕於進退。

男子婦人不可與僧尼往還，敗壞家風。宗支雖有貧賤，不可令其子女有爲僧尼者。寡婦與尼往還及佞佛燒香，即不如更嫁。令子女爲僧尼，不如爲人傭作。

立祠堂以合族屬，置公田以贍同宗。敦本厚俗，必以是爲先。心存孝悌者，力之所及，自當勉焉。吾貧且賤，空言似爲可恥，此心則何日可忘乎？

墳墓不宜侈大，宜仿族葬法。父子祖孫，生同居，死同域。子孫祭掃，畢萃於斯，仁義之道也。深埋實築，不易之義也。惟夫地狹不足容棺，則更闢他所。然不可惑葬師邪説，以違前訓，自蹈不孝。

書籍惟六經諸史，先儒理學，以及歷代奏議，有關修己治人之書，不可不珍重護惜。下此，則醫藥卜筮種植之書，皆爲有用。其諸子百家，近代文集，雖無可也。至於異端邪説，淫辭歌曲之類，害人心術，傷敗風俗，嚴距痛絶猶恐不及，而況可貯之門内乎？凡書籍，自己所有，不可散失。若他人簡册，掩爲己有，與穿窬何異？戒之戒之。

處貧賤之日，不可輕於累人，累人則失義。處富貴之日，則當以及人爲念，不然則害仁。

人之享用，必視乎德。富貴福澤，厚吾之生，惟大德爲克勝之，德薄則弗克勝，禍至無日矣。貧賤憂戚，玉汝於成，惟修德可以逭災，恐懼可以致福。通計天下之人，苦多於樂，人之一生，亦當使苦多於樂。只看果實，末來甘者，先必苦澀酸辛。是以始於苦者，常卒乎甘，未有終始皆甘者。人當困厄之日，不可怨天尤人，當思動心忍性，生於憂患之意。若遇適意，不可志驕氣滿，當懷栗栗危懼，將墜深淵之心。

處貧困，惟有勤勞刻苦，以營本業。布衣蔬食，終歲所需無幾，何憂弗給。喪祭大事，稱財而行，於心爲安，於義爲得。當以窮乃益堅，自勵自勉。勿萌妄想，勿作妄求。妄想壞心術，妄求喪廉恥。貧窮命也，奚足爲憂。所憂者，不克自立，辱其身以及其親耳。

人於貧窮患難之日，在族黨，固有救恤之義，在己越當奮厲忍苦支撑。不可因而失足，及怨尤於人。此際站立得住，便有來復之機。每見人當困厄，輒以鹿死不擇音爲解，不當爲者，不惜爲之。它日悔恥無及，甚使子孫受害。至於怨尤，非徒無益，益取困窮耳。

人當富足，若於屋舍求其高大，器物求其精巧，飲食求其珍異，衣服求其鮮華，身没之後，即不免饑寒失所，更有不足没身者。蓋奢侈固難貽後，盈虚消息，又天道之常。果其力之有餘，便當推以予人。晏平仲一狐裘三十年，三黨之親，無不被其禄者。齊國之士，待以舉火者尤衆。儉以奉身，而厚以及物，此意可師也。薛文清云："惠雖不能周乎人，而心當常存於厚。"則又不問貧富，皆宜以是爲心矣。或曰："常存有餘，以備不虞。不可與。"曰："存有餘以備不虞，謂宜撙節，不使空匱耳，非謂多藏也。且不虞何可勝備也。不虞之事，未必不生於多藏。吾見慳鄙之夫每喪其有，至於失所者矣。未見好行其德之人，而一旦失所者也。"

吕東萊先生曰："大凡人資質各有利鈍，規模各有大小，此難以一律齊。要須常不失故家氣味，所向者正，凡聖賢前輩，學問操履，我力雖未能爲而心向慕之，是謂所向者正。若隨俗輕笑，以爲世法不須如此，不當如此，則所向者不正矣。所存者實，如己雖未免有過，而不敢文飾遮藏。又如處親戚朋友間，不敢不用情之類。信其所當信，謂以聖賢語言、前輩教戒爲必可信，而以世俗苟且便私之論爲不可信。恥其所當恥。謂以學問操履不如前輩爲恥，而不以官職不如人、服飾資用不如人、巧詐小數不如人爲恥。持身謙遜，而不虛驕。遇事審細，而不敢容易。如此，則雖所到或遠或近，要是君子路上人也。”子孫苟能佩服此訓，君子路上人多培植得幾輩，家世安得不綿長。正蒙云：“子孫賢，族將大。”未有子孫不賢，家族不至傾覆者。

子孫以忠信謹慎爲先，切戒狷薄。不可顧目前之利，而忘他日之害。不可因一時之勢，而貽數世之憂。

高忠憲公有言：“子弟能知稼穡之艱難，《詩》《書》之滋味，名節之堤防，可謂賢子弟矣。”歸安沈司空誡子孫曰：“故家之子，切戒者三：曰臭，曰滑，曰硬。時俗憎惡，呼爲糞浸石卵。子孫類此，寧不痛心。”予謂忠憲舉賢者以爲勸，司空指不肖以爲戒，語雖不同，其指一也。欲免司空所戒，當佩服忠憲之言，知《詩》《書》滋味，乃免於臭；知稼穡艱難，乃免於硬；知名節堤防，乃免於滑。

子弟童稚之年，父母師長嚴者，異日多賢，寬者多至不肖。其嚴者豈必事事皆當，寬者豈必事事皆非，然賢不肖之分，恒於此。嚴則督責笞撻之下，有以柔服其血氣，收束其身心，諸凡舉動，知所顧忌而不敢肆。寬則姑息，放縱恣情，百端過惡，皆從此生也。觀此，則家長執家法以御群衆，嚴君之職，不可一日虛矣。

士農工商無一業，酒色財氣有一好，亡家喪身有餘矣。其原皆始於游閒，成於比匪。

世知惡聞亡命之詈。不知聲色嗜欲，一有沉溺，即以其身行殆。若行險僥倖，決性命之情，以饕富貴，其爲亡命，不亦甚乎。

先世存心極厚，子孫不能及，可懼也。予逮事王考，見王考所存無非成人美，不成人惡之心。每見親黨中作一善事，如孝弟忠信及睦鄰解厄之類。輒嘆曰："美事，宜助成之。"聞一不善事，咨嗟不已，蹙然曰："勸其不做便好。"當時長老與往還者多有之，此風今不可得見矣。

忠信篤敬，是一生做人根本。若子弟在家庭不敬信父兄，在學堂不敬信師友，欺詐傲慢，習以性成，望其讀書明義理，向後長進，難矣。

唐灝儒葬親社約先生名達，浙江德清人。高隱不仕。

不孝之罪，莫大乎不葬其親，而以貧自解。加以陰陽拘忌，既俟地，又俟年月之利，又俟有餘貲。此三俟者，遷延歲月而不可齊也。勢愈重而罪愈深。今集同社數十人，爲勸勵之法，以七年爲度，期於皆葬，謹陳數則如左。

弘謀按，停喪不葬之非禮，亭林先生已極論之矣。今世士大夫，亦不能不以爲非。顧停棺淺厝，所在皆是，暴露經年，恬不爲怪，推求其故，則曰爲擇地也，爲無力也。夫忍親棺之暴露，以求子孫之福蔭，擇地之非，已雜見於他編，惟無力，則誠難以爲悦耳。唐子以葬親爲社約，醵金相助，衆擎易舉，雖極貧寒，得此亦可以舉棺矣。而又有不葬之罰，相規相勸，無不以葬親爲事，使不葬者無以自容。庶幾同社中，可無不葬親之人矣。其經營之善，用意之厚，不誠可以勸孝而勵俗耶？楊園增補之條，尤爲精密。行《吕氏鄉約》者，亟當增入此約，以爲救時之切務也。

一、凡欲葬其親，願入社者，各書姓氏，滿三十二人則止。每人詳列同社姓氏，粘諸壁間。遇有葬者，則注其下曰：

某年月日，其親已葬。以觀感而愧焉。

一、凡有舉葬者，同社各出代奠三星。有力者或再從厚。一以爲敬，一以爲助，一以爲賀。或至墓，或至家，一拜而退。主人惟各登拜以爲謝，無纖毫酒食之費。

一、同社者衆，不能遍告促金。各隨其親朋遠近，分爲東西南北四宗。每宗八人，自叙長幼，輪年挨次。一爲首，一爲佐。凡所宗内，有葬日，則以語於各宗之首佐，各聚其所宗之金而函之。上書奠儀，注曰某宗，下書同社某某同拜。主人無答簡。宗者不失可宗之義。仁孝相勉，異姓猶同姓也。

一、每宗首佐躬拜，其餘可至可不至。或首佐有事，亦可挨代。如志同而地隔，度後往返不便者，不必共社，仿例别成可也。

一、所費甚薄，而貧者猶以爲艱。然有爲浮名社刻而費者矣，有呼盧酣宴而費者矣。即不然，譬有至戚吉凶大事，不得已而多此一費者。又譬有泛交套儀，而其人偶受之者。今費而必酬，則是葬親之外府也。譬諸今日僅費三星，而親之一指，已先受葬，雖甚貧窶，可不竭力圖之乎？至於葬而受金，不權子母者，先葬者孝，是以輕財爲義也。較諸稱貸舉會者利已多，豈有不酬之理？凡有葬，知期前三日，金不至者，宗首罰之。宗首犯者，旁宗首罰之。凡罰，於本金外，加三星。

一、親未入土，禮宜疏布持齋。而大拂人情，則相從者少。今樂齋戒者，短長任意。惟每月朔望，及親忌日，及祀祖之日，俱不得華服茹葷。此僅餼羊之遺意，而尚不能者，不必入社。既入而犯者，亦如罰例。此所罰，注月日，封押存宗首處。俟偶有葬者，并入函贈之。受者於原罰人之葬日，答其半。

一、七年之間,貲可徐措,地可徐擇,日可徐涓。念釋在兹,庶能勉強。蓋三年而力不足,又以三年。遲之又久,將復何需?不得已而又一年。再不葬者,從前之費無所復酬,所以爲大罰也。無已,則於八年之葬者,衆答其半,以存餘厚。過此,復何尤乎?

一、人數既定,約於某日共至公所,聚會信誓,以期必遂。期滿而親俱葬,復聚會告成,任意豐歉醵飲以相慶。

楊園先生跋

養生送死,子職所共。當禮稱財,人心攸盡。是以"我獨不卒",《雅》著"蓼莪"之哀,"凡民有喪",《風》垂"匍匐"之訓。義苟隆於報本,情自切於感興。餘溪唐子,以錫類之至仁,舉葬埋之正誼,期於七載,統厥四宗。勸勵資乎友朋,念釋斷乎己志。不封不樹,食息豈忘泚然。既降既濡,俯仰能無沱若。要使苫苴靡怠,日月有時。人無不葬之親,親無久塵之櫬。傷哉,貧也。文不備,寧戚有餘,安則爲之。遺其先,遑恤其後。式兹里俗,咸與孝誠。斯云厚德之旌旄,彝倫之鵠的者矣。

附補例三條

一、原約同會,始終兩會而已。竊恐日月寖久,相見太疏,不免怠忘之患。宜於每歲之首,特加一會。其已葬者,於會期,申再拜稽顙之禮以致謝。既省登拜之煩,亦使未葬者有所觀感。而於一歲之中，矢心積力，以期必葬，則是歲舉事者必衆矣。其會以已葬者司其事，而不任費。

一、同會之人，不逾桑梓，非其親黨，則通家鄰舊也。聚會之人，不妨率其子弟以至，世好既敦，亦明禮讓。其有佻達不敬父兄，游浪不務本業者，同會教戒之。

一、藍田《吕氏鄉約》，敦本厚俗，莫此爲甚。今日之集，特從流俗之極敝，人心之最溺者，先爲之導。宜於會日講明其義，使相輔而行。庶乎仁義之風，久而寖盛，異時即不立社，可也。

王中書勸孝歌①

弘謀按，經云："哀哀父母，生我劬勞。欲報之德，昊天罔極。"千古言孝，莫切於此。此歌則就此意而反覆以明之。自懷母腹以至於成人，由親愛以至於不親不愛，指點親切，曲盡形容。讀此歌一遍，而猶不知親恩之重者，必非人也。至《八反歌》，則將待子待親，一一比照，尤見不孝之罪上通於天矣。凡人上有父母，下有子女。以言其分，則父母尊而子卑也。父母乃生我之人，而子則爲我所生者也。且奉父母之日短，而養子之日長也。比而同之，尚且不可，況事事相反，如歌所云者耶？噫！天性骨肉之地，而倒行逆施至此，何其習而不察耶？吾願每日與之讀八反之歌也。

孝爲百行首，詩書不勝録。富貴與貧賤，俱可追芳躅。若不盡孝道，何以分人畜。我今述俚言，爲汝效忠告。百骸未成人，十月懷母腹。渴飲母之血，饑食母之肉。兒身將欲生，母身如在獄。惟恐生産時，身爲鬼眷屬。一旦見兒面，母

① 此處之下原是墨釘，缺著者小傳。

命喜再續。一種誠求心,日夜勤撫鞠。母卧濕簟席,兒眠乾裀褥。兒睡正安穩,母不敢伸縮。兒穢不嫌臭,兒病甘身贖。横簪與倒冠,不暇思沐浴。兒若能步履,舉步慮顛覆。兒若能飲食,省口恣所欲。乳哺經三年,汗血耗千斛。劬勞辛苦盡,兒至十五六。性氣漸剛强,行止難拘束。衣食父經營,禮義父教育。專望子成人,延師課誦讀。慧敏恐疲勞,愚怠憂碌碌。有過常掩護,有善先表暴。子出未歸來,倚門繼以燭。兒行十里程,親心千里逐。兒長欲成婚,爲訪閨中淑。媒妁費金錢,釵釧捐布粟。一日媳入門,孝思遂哀薄①。父母面如土,妻子顔如玉。親責反睜眸,妻詈不爲辱。母披舊衫裙,妻着新羅縠。父母或鰥寡,爲兒守孤獨。父慮後母虐,鸞膠不再續。母慮孤兒苦,孀幃忍寂寞。身長不知恩,糕餌先兒屬。健不視哽噎,病不知伸縮。衣裳或單寒,衾裯失温燠。風燭忽垂危,兄弟分財穀。不思創業艱,惟道遺資薄。忘卻本與源,不念風與木。蒸嘗亦虚文,宅兆何時卜。人不孝其親,不如禽與畜。慈烏尚反哺,羔羊猶跪足。人不孝其親,不如草與木。孝竹體寒暑,慈枝顧本末。勸爾爲人子,《孝經》須勤讀。王祥卧寒冰,孟宗哭枯竹。蔡順拾桑椹,賊爲奉母粟。楊香搤父危,虎不敢肆毒。伯俞常泣杖,平仲身自鬻。江革甘行傭,丁蘭悲刻木。如何今世人,不效古風俗。何不思此身,形體誰養育。何不思此身,德性誰式穀。何不思此身,家業誰給足。父母即天地,罔極難報復。親恩説不盡,略舉粗與俗。聞歌憬然悟,省得悲莪蓼。勿以不孝首,枉戴人間屋。勿以不孝身,枉着人間服。勿以不孝口,枉食人間穀。

① “哀”,疑當作“衰”。

天地雖廣大，難容忤逆族。及蚤悔前非，莫待天誅戮。萬善孝爲先，信奉添福禄。

附八反歌出《丹桂籍》，未詳姓氏。

幼兒或詈我，我心覺喜歡。父母嗔怒我，我心反不甘。一喜歡，一不甘，待兒待父何心懸。勸君今日逢親怒，也將親作幼兒看。

兒曹出千言，君聽常不厭。父母一開口，便道閑多管。非閑管，親挂牽，皓首白頭多諳練。勸君敬奉老人言，莫教乳口爭長短。

幼兒尿糞穢，君心無厭忌。老親涕唾零，反有憎嫌意。六尺軀，來何處，父精母血成汝體。勸君敬待老來人，壯時爲爾筋骨敝。

看君晨入市，買餅又買糕。少聞供父母，多説哄兒曹。親未膳，兒先飽，子心不比親心好。勸君多出糕餅錢，供養白頭光陰少。

市間賣藥肆，惟有肥兒丸。未有壯親者，何故兩般看。兒亦病，親亦病，醫兒不比醫親症。割股還是親之肉，勸君亟保雙親命。

富貴養親易，親常有未安。貧賤養兒難，兒不受饑寒。一條心，兩條路，爲兒終不如爲父。勸君養親如養兒，凡事莫推家不富。

養親上二人，常與兄弟爭。養兒雖十餘，君皆獨自任。兒飽暖，親常問，父母饑寒不在心。勸君養親須竭力，當初衣食被吾侵。

親有十分慈，君不念其恩。兒有一分孝，君就揚其名。待親暗，待兒明，誰識高堂養子心。勸君漫信兒曹孝，兒曹様子在君身。

魏環溪庸言

公名象樞，蔚州人。順治丙戌進士，仕至刑部尚書。謚敏果。

弘謀按，魏環溪先生，正色立朝，百僚嚴憚。讀其奏疏，剴切真摯，無所忌諱，至今猶有餘慕焉。所采《庸言》諸則，剛方正直之概，可以想見。而敦本尚實，密於自修，恕於責人，言之直截痛快，其警世也深矣。

人心一念之邪，而鬼在其中焉。因而欺侮之，播弄之，晝見於形像，夜見於夢魂，必釀其禍而後已。故邪心即是鬼。鬼與鬼相應，又何怪乎？人心一念之正，而神在其中焉。因而鑑察之，呵護之，上至於父母，下至於子孫，必致其福而後已。故正心即是神。神與神相親，又何疑乎？

程子曰："擇地有五患，不可不謹。須使他日不爲道路，不爲城郭，不爲溝池，不爲貴勢所奪，不爲耕牛所及。"此擇地之實理，非風水形勢之言也。至於陽宅，亦有五患。愚亦竊取程子之意以補之曰：不近寺廟，不近城垣，不近卑濕，不近屠沽之所，不近奢淫之家，即吉宅也。若以禍福論之，只在修德與不修德者，各有所驗。今人不修德而求地，將謂山川有靈，其許之乎？

人之存心忠厚者，必立言忠厚。立言忠厚者，必作事忠厚。身必享忠厚之福，子孫必食忠厚之報。

爲人作墓志銘甚難。不填事迹，則求者不甘。多填事迹，則見者不信。甚至事迹無可稱述，不得已而轉抄彙語。

及衆家刻本以應之,辟如傳神寫照。向死人面上脱稿,已不克肖,況寫路人形貌乎?願世人生前行些好事,做個好人,勿令作墓志銘者,執筆躊躇,代爲遮蓋也。

士大夫書札中,云“啓”,云“奏”,云“九頓首”,及壽杯内鐫“千秋”等字者,意義尊隆,用之於朋友兄弟之間,失體矣。習而不察,戒之。推尊贊頌,惟恐不至。不但失體,亦且昧心。

子爲父母慶生辰,膝下稱觴,情也,禮也。至於我之生日,乃母難之日也。若受親戚鄰里、門徒故交之祝,開筵扮戲,饋遺殺生,於心安忍?然斟酌情禮,凡我之生日,當齋心以報親,令我之子孫,次日稱觴以盡孝,庶幾兩全矣。老年慶壽,事不能廢,如此,猶爲近理。若少年慶壽,決無此理。

喪不祭而請僧設醮,至謂超度地獄。安知親必在地獄中乎?此惡俗也,有志維風者勿忽焉。

敗家子有二種。淫蕩賭博,驕奢縱佚,花費祖父之貲産者,敗其家門也。此則愚頑不讀書之人爲之。妨賢病國,罔上行私,貪賂肥家,害人利己,辱没祖父之名節者,敗其家世也。此則聰慧能讀書之人爲之。不可不辨。敗家門者,止於一家。敗家世,必貽害於天下。人顧不以此爲戒,且惟恐其不能爲此,愚妄甚矣。

市上肥甘之物,一二家不可買盡,須留些與衆家一嘗,纔有滋味。富貴功名等物皆然。愚同年友王近微讀而嘆曰:“予先子題小亭一聯,有‘但寬一步常無失,每積三分定有餘’,亦此意也。”

姻親有寡婦守節者,固當頻頻周問,尤當加以敬謹。有時親往,則坐於中堂。或奴僕往,則令立於中門外,語畢即出。凡周恤,只宜布粟而已。

昔人云:“願識盡世間好人,讀盡世間好書,看盡世間好山水。”余曰:“識好人,先自貧賤愚拙始。讀好書,先自《學》、《庸》、《論》、《孟》始。看好山水,先自祠墓田廬始。”

昔人云:“每閒坐,想古人無一在者,何念不灰。”余曰:“還想古人至今尚在處,何念不憤。”

幼而讀書以至於長且老,聞孔孟之教久矣。及其死也,兒孫用浮屠追薦之,令地下之魂,屏諸孔孟宫牆之外,是可忍也,孰不可忍也!隨俗迷謬,一至於此!幸而浮屠,幻事也。若其果真,則不孝之罪,安可贖哉!

風水,吾不敢知,知其理而已。祖父已死之骨安厝未妥,子孫既不興隆,況祖父在生之身奉养未周,子孫豈無災禍?欲於葬後享福利,須要生前致歡心。此吾所謂風水之理也。

七月二十八日,劉昶講“子食於有喪者之側”一節畢,問之曰:“聖人此言,凡講書者,童而習之矣。今人到喪家,飲酒談笑,飽而且醉,何也?”昶曰:“今人口耳之學,有其名,無其實也。”兒學誠在側,因問之,對曰:“聖人有哀死之心,今人無哀死之心耳。”又問曹鼎,對曰:“古有聖人教化,人尚知禮。今無聖人教化,故不知禮。”又問張其理,對曰:“人不痛他自己父母,故亦不痛人家父母。”四子皆甫成童者,言俱近似,故存之。

世人都看戲場,何曾看得一個好人,好在何處,我當學他。看得一個不好人,不好在何處,我不當學他。更可憐者,終日笑花臉,自己常花臉而不一回顧也,可奈何。人人看戲,肯把自己對照,則一場之戲,可發許多警省。

開口先講太極,便不是實學。只講五倫,便好。

人有善則伐,得善則失。不善,則雖知而復行。惟顏子無伐也，弗失也，未嘗復行也。吾師乎！

聞譽慮其或無，聞毀慮其或有，是爲己之學。

讀書不達世務，真是腐儒。讀書不體聖言，真是呆漢。常把自己説得好話，一一自問：你既不行，誰教你説出來？

成德每在困窮，敗身多因得志。

世間第一種可敬人，忠臣孝子。世間第一種可憐人，寡婦孤兒。常常玩此四句，可以扶植倫化。

湯潛庵語録

先生名斌，河南睢州人。順治己丑進士。從祀賢良。仕至工部尚書。謚文正。

弘謀按，湯文正公，講學以誠正爲本，論事以忠孝爲先，理學經濟，彪炳國史。《語録》所載，皆足以感發斯人之良心，而策其力學之志氣，所宜切己體察者也。兹録其切於居家處世者以爲訓。而吴中告諭之語，尤有關於風俗人心，故并録之。

齊家之道，與治國不同。臣之在國也，有犯無隱。若以此道施之於家，則不可。家之中，不得徑行其直，須有委曲默爲轉移之法。

齊家之道最難。周子云："家親而國與天下疏。惟其親，故不可以義傷恩，又不可以恩掩義。然則教家者，亦惟漸漬化導而已，久當自變也。"

論義門鄭氏曰：禮義之心，必如此浹洽，方爲善道。然非一朝一夕之故。先生曰：家道惟創始爲難，久則相承。即間有不率，禮義之風已成，可觀摩而化也。

教子弟只是令他讀書，他有聖賢幾句話在胸中，有時借聖賢言語，照他行事開導之，他便易有省悟處。

課子溥等讀書，嘗至夜分不輟。曰："吾非望汝蚤貴，少年兒宜使苦。苦則志定，將來不失足也。"

先生臨歿，漏下二鼓，猶戒子溥等曰："孟子言：'乍見孺子入井，皆有怵惕惻隱之心。'汝等當養此真心。真心時時發見，則可上與天通。若但依成規，襲外貌，終爲鄉愿，無益也。"許多事業，俱從這點真心推暨出來。先生得力在此，宜其臨終猶諄諄也。

年少登科，切勿自喜，見識未到，學問未足，一生吃虧在此。即使登高第，陟高位，庸庸碌碌，徒與草木同朽耳。往往老成之人，一入仕途，建立一二事，便足千古，由其閱歷深也。今人止以科第爲難，卻不知科第後，其事更重，其名更難副也。

彼此講論，務要平心易氣。即有不合，亦當再加詳思，虚己商量，不可自以爲是，過於激辨。舍己從人，取人爲善，聖賢心傳，正在於此。否則，雖所論極是，亦見涵養功疏，況未必盡是乎？尤西川先生云："讓古人，是無志。不讓眼前人，是好勝。"

人非聖賢，孰能無過。吾輩發憤爲學，必要實心改過，默默點檢自己心事，默默克治自己病痛。若瞞昧此心，支吾外面，即嚴師勝友，朝夕從游，何益乎？

每見朋友中，自己吝於改過，偏要議論人過。甚至數十年前偶誤，常記在心，以爲話柄。獨不思士别三日，當刮目相待。舜跖之分，只在一念轉移。若向來所爲是君子，一旦改行，即爲小人矣。向來所爲是小人，一旦改圖，即爲君子矣。豈可一眚便棄，阻人自新之路。

更有背後議人過失，當面反不肯盡言，此非獨朋友之過，亦自己心地不忠厚，不光明，此過更爲非細。以後會中朋友，偶有過失，即於靜處盡言相告，令其改圖。即所聞未真，不妨當面一問，以釋胸中之疑。不惟不可背後講説，即在公會，亦不可對衆言之，令彼難堪，反決然自棄。交砥互礪，日邁月征，庶幾共爲君子。

先生撫吴時，問吴中上方山神最靈，祭賽最盛，起於何時。景門人范景。對曰："相傳是南宋時沿流到今。靈異之説皆出鄉里傳説耳。"先生曰："鬼神福善禍淫，治幽贊化。若來祭享者，方免其禍，不來祭享者，即降以災。直與世間貪官行事一般，定是邪鬼，決非正神。吾只是不信。"

告諭曰："吴下風俗，每事浮誇粉飾，動多無益之費。外觀富庶，内鮮蓋藏。偶遇災祲，救死不贍。如迎神賽會，搭檯演戲一節，耗費尤甚，釀禍更深。此皆地方無賴棍徒，借祈年報賽爲名，圖飽貪腹。每至春時，出頭斂財，排門科派。高搭戲檯，哄動遠近男婦，群聚往觀。舉國若狂，廢時失業。田疇菜麥，蹂躪無遺。甚至拳勇惡少，尋釁鬥狠，攘竊荒淫，迷失子女。每每禍端，難以悉數。本院竊爲爾民計，以此無益之費，而周恤鄉黨親族，刊布嘉言懿行，則人頌好善，積累陰功。何苦以終歲勤劬所獲輕擲於一日，曾有何益。"

又告諭曰："古昔盛時，士有庠序學校以樂其群，民有比閭族黨以萃其涣，禮讓興行，風俗樸茂。邇來教化不明，人心陷溺。父兄之訓戒不先，里黨之薰陶無素。因之一善未聞，多以惡敗。至於犯法，有司輒執三尺以繩之。輕則杖笞，重則絞斬。每歲讞獄之章，常至千餘。本院昔承乏綸閣，閱諸曹奏牘，每至大獄，輒反覆不置。竊嘆孰無父母，孰無妻子，一旦身罹刑辟，莫能救助，爲之泣下。夫先王以刑弼教，非以刑爲教也。一言不教，而惟刑是加，豈父母斯民之意乎？今奉命撫吴,見俗尚浮華,人情囂詐,訐訟見於宗族,仇殺起於比閭。泰伯季子之風微,而專諸要離之習勝。欲挽回末俗,馴致醇良,條約頻頒,未見省改。中夜思維,人心本善,豈盡下愚不移,從容漸摩,自當感動。鄉約之法,最爲近古。恭讀上諭十六條,聖人之言,廣大精微,修身齊家之道,遷善遠罪之方,總不外此。官吏定期,每月朔望,會集士民於公所,其鄉鎮等處,各擇一空闊祠宇,選年高有德,爲鄉人所重者,敬謹講説,務要明白痛切,使人感動。平居無事,則互相叮嚀。一有過惡,則彼此訐責。共存天理,共守王法。孝親敬長,講信修睦,敦尚樸實,解息忿爭。無負聖天子尚德緩刑、化民成俗至意。"

魏叔子日録先生名禧,字冰叔,江西寧都人。

弘謀按,寧都三魏,有學行,士林交推,而叔子之名尤著。觀其《日録》,語皆透宗。覺精義妙理,俱在目前,未經人道,一爲拈出,如聞晨鐘,如服清涼散,足以發人深省,已人錮疾也。采録不多,而先生心地之爽朗,識力之堅定,已窺見一班矣。

事後論人,局外論人,是學者大病。事後論人,每將知人説得極愚。局外論人,每將難事説得極易。二者皆從不忠不恕生出。

人骨肉中,有一慳吝至極人,我寧過於施濟。有一殘忍至極人,我寧過於仁慈。有一險詐至極人,我寧過於坦率。有一疏略至極人,我寧過於周密。有一煩瑣至極人,我寧過於簡易。有一貪淫至極人,我寧過於廉正。有一放肆至極人,我寧過於謹慎。有一浮躁輕薄至極人,我寧過於謙厚。

正須矯枉過正，乃爲得中。如此，方能全身遠禍，并可解此人於厄。此中有含容之意，又有感化之意。總緣骨肉與外人不同。不如此，亦無别法，徒致傷殘耳。

人極重一恥字。即盜賊倡優，若有些恥意在，便可教化。若其人雖未大惡，或遇羞恥之事，恬然可安，肆然不畏，則終身必無向善之日。推到極不善事，亦所肯爲。恥字是學人喉關。聖人教人，與小人轉爲君子，皆從恥上導引，激發過去。人一無恥，便如病者閉喉，雖有神丹，不得入腹矣。

人於横逆來時，憤怒如火。忽一思及自己原有不是，不覺怒情燥氣，涣然冰消。乃知自反二字，真是省事養氣，討便宜，求快樂，最上法門。切莫認作道學家虚籠頭語看過。

人如何謂之立志？先要辨得何等好事是我斷做得的，是我必要做的，何等不好事是我不會做的，是我斷不肯做的。

朋友除傷倫敗化外，寧可十分責他，不可一分薄他。我有薄他之意，則誠意已衰，雖有正言，不能感人，且易招怨。

遇疾惡太嚴之人，不可輕易在他前道人短處。此便是澆油入火，其害與助惡一般。

妻之罪，不至可出，子之罪，不至可殺，齊家者，便要十分調理訓化。剛斷則傷恩，優容則害義，故豫教之方，不可不謹於早也。

聽好言語，無津津有味之意，便是不曾立志。

毋毁衆人之名，以成一己之善。毋役天下之理，以護一己之過。君子有時不免，畢竟足以誤事，不僅有傷公厚而已。

人最不可輕易疑人。今如誤打駡人，人可回手回口。若誤疑人，則此人一舉一動，我有十分揣摩，他無一毫警覺。終身冤誣，那得申時。此逆億所以爲薄道也。

人做事，極不可迂滯，不可反覆，不可煩碎。代人做事，又極要耐得迂滯，耐得反覆，耐得煩碎。有一片熱腸，方耐得。

古今教人做好人，只十四字簡妙直切，曰“君子落得爲君子，小人枉費做小人”。蓋富貴貧賤，自有一定命數。做君子，不會少了分内。做小人，不會多了分外。落得者，猶云拾得，言極其便宜也。枉費者，猶云折本，言極其吃虧也。

古人教人聽言，莫精捷於伊尹二十一字。曰：“有言逆於汝心，必求諸道。有言孫於汝志，必求諸非道。”凡人逆心時，便覺非道，我卻先從他是道處求，則其道出矣。凡人孫志時，便覺是道，我卻先從非道處求，則其非道出矣。今人逆心，便從非道處求，孫志，便從是道處求，安得不好諛護過，小人日親，君子日遠乎？

聞之先輩曰：“作功德事，不要只説損己，須要看人實受益否。不然，勞費千萬，究竟虚設。”予謂此種不是好名，便是懶惰。究言之，只是不關切。今人謀身家、計子孫者，豈有此。

與僕役工作人處，宜降體和氣，引之言話，有三大益。縱其所言，使下情得以上達，而我亦可知里巷好惡，及一切土俗利害，物價貴賤，一也。言語往復，得舒其情，使之樂於從我，雖勞不苦，雖苦不怨，二也。話言間，或論天理王法，或説善惡報應，隨事廣譬，亦可使其遷善改過，救補萬一，三也。大舜“好察邇言，與人爲善”，即此意也。

凡人皆不可侮，無用人尤不可侮。蓋無用之人，無勢力，無才智，天至此也窮了。惟天窮而無處，則天心必深憫念他。世間千人萬人，遇着無告之人，便惻然動心，此便是天心可見處。天憫念他，我反欺侮他，便得罪於天。此等處，最可觀人存心厚薄。

人幼時,不可令衣絲縞,嘗食肥甘。蓋幼年衣食所費無幾,父母最易驕養其子。到後長大,其費不給,服粗茹淡,遂覺難堪。至養蒙當教淡泊,又不待論。人平日食用不可求精,卧處不可求安。蓋平嘗無事,尚是易爲。若當疾病患難,稍不如意,倍增苦惱。至學問無求安飽,又不待論。

立意説謊人亦少。多因一時要説得好聽,便生出無數虚誕。自揣言語之間,其不務好聽者鮮矣。

我不識何等爲君子,但看日間每事肯吃虧的便是。我不識何等爲小人,但看日間每事好便宜的便是。

要真實保身家人,便已近君子一路。此等人必不爲惡也。

凡做好人,自大賢以下,皆帶兩分愚字。至於忠臣、孝子、貞女、義士,尤非乖巧人做得。蓋至情之人,一往獨到,故私意世情,不能入其胸中。予嘗論朋友知己,若無些愚意在,終到不得十分至處。

古云:父母以非理殺子,子不當怨。蓋我本無身,因父母而後有。殺之,不過與未生一樣。古人看得兄弟極重,差父母不遠。蓋如兄弟三人,損失一个,則天地之内,止有兩个。任他萬國九州,若億若兆人,再尋一个來湊不得。聖賢言語,俱是實理實情。不可作教訓世人過深一步話看。

先儒謂弑逆之人,只因見父母有不是處。蓋小不平,則小計較,大不平,則大計較。積漸所至,勢固然也。然則人子日用尋常之事,有與父母計較短長之心,便已陰在弑逆路上着脚矣。可不畏哉!

每見世俗有疏同父異母之兄弟,而親同母異父者,可謂大惑。同父異母兄弟,辟如以一樣菜種,分種東西園中,發生起來，雖有東西之隔，豈得謂之兩樣菜。同母異父者，則以兩樣菜種，共種一園，發生起來，雖是同處，豈得謂之一樣菜。

聽言聞過，只取其長益於我，不可有高下賢愚分别之念，尤不可計較進言者品行何如。若有教我以正，未出於正之想，不但阻塞言路，便當面錯過幾許明鏡良藥矣。

善利己者不損人，善報仇者必種德。似乎迂闊，其實切近。

以布施作功德者，齋僧不如濟貧。濟貧，不如建橋、修路、設渡、施茶諸普濟事。行普濟事，不如不妄取人財。

施冢不如施棺，施棺不如施藥。施藥不如周濟教導，使其不饑寒暑濕，以至於病。

大抵先事之功無形。人不見其可感，故人鮮爲之。是故施恩者，不必冀可見之功。受恩者，必當思不見之德。

余嘗舉古人"願天常生好人，願人常行好事"二語，謂足蔽四書經史、諸子百家中好話頭。或謂欲約言之，只上六字已足。曰：不然，好人亦有各路。畢竟以有功德於世，肯利濟人者爲上。須知上六字，是勸世中爲惡小人，有無可奈何之意，而祝之於天。下六字，是勸世中獨善君子，有無限叮嚀之意，故祝之於人。

家政當寬平整飭，故事不亂而人不怨，亦不能欺也。

聽言者，不肯從人，固爲自是。進言者，每事責人從己，自是不尤甚乎？且其弊，將使人遠正直之士，杜忠諫之門。蓋可從可違，雖非甚虚心之人，亦願姑聽而擇焉。若從之則喜，違之則怒，人將惟恐有進言於其側者。懼言而不從，必取尤怨，不如早遠其人，豫杜其口，使不及言而已矣。欲效忠告者，不可不知也。

責備賢者，須全得愛惜裁成之意。若於君子身上，一味吹毛求疵,則爲小人者,反極便宜,而世且以賢者爲戒。若當君子道消之時,尤宜深恕曲成,以養孤陽之氣。今世所謂責備賢者,吾惑焉。

與伯兄論朋友,既識得此人真是君子一路,與之定交,無論不可以嫌疑小節,遽生疏薄,即令行己有真不是處,待我有真非理處,亦止當責其一事而惜其生平。辟如脚上忽患惡瘡,但當醫瘡,不當嫌脚。蓋世道愈下,君子愈少。吾輩當如貧家惜財,不得不愛護保全也。至於初昧知人,或末路改轍,則毒蛇螫指,壯夫解腕,又自有義矣。

古今以婦人釀成父子、兄弟、婚友、鄉鄰之釁者,不一而足。總以婦人之性,專一自是非人,其言偏屬有情有理。聽言者,又每是己婦而非人婦。雖賢智亦陰移而不覺。故不聽婦言,自是難事。然試一平心推勘,婦人與人爭訴,百十次中,只有怨人責人,曾有一次肯説自己不是,向人謝過否?然則世上婦人,盡是無過聖人也。平勘到此,其言自有不可聽處,且不必細細推論一事一語,曲直所在。世上許多事端,皆因此病而起,不僅婦人也。

人好氣爭勝者,於不平之事,遇勝己者,則曰:"勢地不如我,是我大量容他。今彼可以凌我,而讓之,是畏懦也,如何不爭?"遇平輩,則曰:"汝與我一樣人,而顧欲加我乎,如何不爭?"及遇不如己者,則曰:"汝事事不如我,乃敢欺我,況他人乎,如何不爭?"然則,終身皆與人動氣之日,了無退讓休閒矣。此皆女子小人見識。故凡拂逆之來,先以情理平論,情理在我,又退一步,則自然相安。士君子最不可有女子小人見識在胸也。

世風日薄,施恩固難其人。即報恩之人,不可得矣。豈惟報恩難得，即求一感恩之人，不可得。更求一知恩之人，亦不可得。此世所以愈無施恩之人。然施恩者須算定知恩無人，只認是自己應做事，向前做去，方不退息善念。凡施恩不終，甚至恩反成仇，皆由不曾覷破施恩是自己應做的事也。

人處財，一分定要十釐，便是刻。與人一事一語，定要相報，便是刻。治罪應十杖，定一杖不饒，便是刻。處親屬，道理上定要論曲直，便是刻。刻者，不留有餘之謂，過此則惡矣。或問："親屬如何不論曲直？"曰："若必論曲直，便與路人等耳。"人能明此，方可處家庭而全倫理。

凡性情煩瑣刻急猜察者，最能驅忠信之人爲欺詐。蓋不相欺詐，則人無以容身也。至偶得人欺己事，便詫爲奇怪，不勝忿怒。又自矜明智難欺。不知滿前之人，平常之事，已日日在人欺詐中矣。

性情苛戾者，能使骨肉不相親，況遠者乎？和平者，能使仇家忘其怨，況平人乎？可見人之親疏，全在自己，不可專責人也。

人處家無數世親戚，數世通家人，往返周旋，自是德衰福薄。

能知足者，天不能貧。能無求者，天不能賤。能外形骸者，天不能病。能不貪生者，天不能死。能隨遇而安者，天不能困。能造就人才者，天不能孤。能以身任天下後世者，天不能絕。

蔡梁村示子弟帖

先生名世遠，福建漳浦人。康熙己丑進士，官禮部尚書。謚文勤。

弘謀按，人所以異於物者，惟此倫理耳。人苟事事從倫理上着想，則生平必無悖理傷道之舉。兹帖所言,無非以倫理爲重,而明義利,培心地,精實切當,今子弟之良藥也。梁村先生,操行篤實,學術純正,爲理學名臣。凡所著述,動關教化,讀《二希堂集》,可以得其概矣。

寄示長兒

汝扶汝母柩至家,必丙辰公車,始得侍吾左右。當時時哀痛刻勵,勿使吾憂汝無成,且憂咎戾日滋。所示粘壁間,朝夕警省。

汝當時思汝母病篤兩月餘,常呼汝不得一見。汝至京,汝母汝弟汝妹,不知何往。時念及此,嗜欲懶怠之念自消,刻勵顯揚之志益篤矣。

汝見人,不可言笑自若。高子皋之執親之喪也,泣血三年,未嘗見齒。勖之。

居喪不但酒食之宴不可與,即家居,酒肉亦須戒。汝仲弟在京,至今尚不近酒肉而外寢也。有生客至,酒只三巡,已執杯而不近唇,切不可如平時留客也。

居喪遇親朋嫁娶吉事,汝但寫吾名帖往賀,不可親往。喪葬事,則酌行之。

平日無事,不出門,即往來族友間,亦白衣冠。《家禮輯要》所載,吾閩已通行,汝毫髮不可越。我以文公家禮倡吾閩三十年,而教不行於子,不大可羞乎?

在家事叔父,當如父。事兩叔母,如母。凡事如己事,不可推諉。凡藉端避嫌者,皆孝友之心不摯也。我在家時,由親及疏,應爲謀者,必悉心力,人亦相諒。汝所見也。

從父弟,視之如胞,不時誨訓,或飯後,或晚聚,皆當有嚴憚敦切之意，勿使墜於閒談不義，浮薄成性，好美衣食爲念。第一是使之知重倫輕利，使一生之根基牢固。又須刻刻告以讀書當切己身體，以所言爲法戒，不是只教汝爲文章也。家中内外之防，最宜嚴，即大石灣潭二處，尤當時時照察。如捧飯菜，男女授受限以閾，男僕不可適便自入厨房捧置。宜守此。

我之從兄嫂寡居二人，從弟婦寡居一人，各有一女，皆及笄。我此間無力可分助。汝在家治喪，欠負未清，亦甚艱，然不可不勉力助之。將適人時，或先期字來，或自行措助，成我志也。平居則米鹽相分以淡泊，有月給米石者無失。

家中須節用爲先。每日食用，須有限制。輕用不節，其害百端。又切不可鄙吝爲心。凡義所應用，不可有一毫吝心也。自家用度，即紙筆油鹽，以至微物，皆宜愛惜。宜用處則不然。若只以求田問舍爲心，人品最下。恥惡衣惡食，志趣卑陋之甚者，推之凡事皆要虚體面以誇流俗，此最壞品。立心行事，讀書作文，不如人，實可恥也。

待僕從，不可刻薄，然不可不嚴。有玩法者，立刻處置。錢財不清，亦即酌其輕重而處之。

讀書最要限程。讀經史性理，隨力自限。總是每看必返己自考。古文亦隨力讀。時文以應試，晚間以餘力及之。

我與汝兩叔父，俱不在家。汝年少，毫不曉事，只是閉户讀書，誨勖子弟，不可一毫與外事。但族中事，有宜與知者，亦勿推諉。我原立有家規，隨家長贊成之。凡事須至誠，至公，至謙和，處之自無咎戾，亦無過分處。

我在家時，鄉鄰三百餘家，西湖本族，皆勸禁賭博。二十餘年，已成風俗。汝力不能，本族，當與家長申明之，鄉鄰，則日與鄉耆里正同勸戒,自然依我前約也。

凡行事,揆之情理,裁之以義,切不可爲人所愚。宵小之輩,動以利,不聽,則脅以名。欺誑於初,後則云不可中止。須自主張,不拘何人,守義要切,父命當遵。

待人最要從厚。人待我不循理,我以薄施之,是我無以異於彼也。只循我分,盡我心。

今日接汝桐鄉季父來字云,汝凡事好自以爲通曉,其實一毫不識,蓋家中被人欺誑順奉故也。當牢記痛改。與人言語,切不可有爭氣。我見汝在京與人言説,常有爭氣。此損福損德之一端也,須戒。

晚間方點燈時,先生爲小子説小學數條。汝與從叔父,諸群從,同在坐,要義各爲提撕。小子傳集,不可缺一。將來子弟重倫輕利,不染習尚,庶不墜家風,且成人物。

凡事只可罪己,不可尤人。薛文清云:"'不忮不求,何用不臧。'是守身常法,不可不三思。"

吾家子弟,最宜常勖以立大規模,具大識見。不可沾沾焉,貪目前,安卑近。朱子云:"天下事,壞於懶與私。"最切今之弊。懶則不肯勤勵,學殖荒而志氣亦墜。私則自至親間,尚分畛域。有利心,尚望其有器識,有所建立哉?

村俗秀才,株守時文一册,止望得第,夢夢一生,全不計及異日施設若何,結局若何者。此鄙陋之尤,最所當戒。即學古而止以爲作文章用,講學而不能躬行,亦甚可恥也。我老矣,諸子弟有能副吾望者,此心何日忘之。

示族中子弟

數年來，集族中衆子弟在家廟課業，勤勵有加。今秋闈在即，纍纍佳篇，吾何能不快然。然文章特一端耳。立心制行，更爲要著。願諸子弟篤倫理之際，嚴義利之辨。現在居家處世何若，將來居官理民何若。醇此孝恭之念，守其廉潔之操。今日強毅立志，終身守此不移。盟之幽獨，質之鬼神，則更獲天人之佑助，非徒科名可必也。抑余又聞家祚之昌，由於父兄所培積。更願諸爲父兄者，各宏裕其量，洗濯其心，去其斤斤沾沾卑卑之念，常存此藹然惻然惇然之心，日克臻斯，日加勉焉。尚或不逮，速自淬焉。則子弟藉爲獲福之資，父兄亦享安榮之樂矣。不佞閱世閱人頗多，凡所諄諄，非迂闊之言，皆肝膈之要也。

跋祖祠規條

右家規十六條，乃世遠所稽之於古及聞之於今者。已正之父兄叔伯，以爲可行。願吾家長上，各以此勖其子弟，相規相勸，則人知尊祖敬宗，而相親相睦之意，行乎其間矣。世遠更推本平日父兄之訓，以爲衆子弟勖曰：凡人之所以爲人者，在篤於倫理，而絶其自私自利之心而已。薛文清公《戒子書》曰："人之所以異於禽獸者，倫理而已。何謂倫？父子、君臣、夫婦、長幼、朋友，五者之倫序是也。何謂理？即父子有親，君臣有義，夫婦有别，長幼有序，朋友有信，五者之天理是也。於倫理明而且盡，始得稱爲人。苟倫理一失，雖有人之名，實禽獸之行。仰貽天地凝形賦理之羞，俯爲父母一氣流傳之玷。將何以自立於人世哉?”文清公此言極爲親切。

世遠竊謂倫理之虧,大抵由於自私自利。自私,則忌刻之心起,雖同祖共宗之人不免。自利,則止知有己,雖同氣兄弟不顧。夫忌者,小人之尤,況施之於同祖共宗之人。利者,害德之物,乃至同氣兄弟之間,因財業而生嫌隙,此真禽獸之不若也。嘗見兄弟不和之人,其家必有死亡之憂。自古及今,無得脱者。人即不懼身入於禽獸,獨不爲禍患計耶?吾宗素奉祖宗之明訓,凡所云云,皆不至是。然履霜堅冰,防其漸也。

抑又聞之,人有常業,必興其家,忠厚居心,天必福之。勿以氣凌人,勿貪其非有。勿爲賭蕩不法之事,勿爲游手無常之人。游手,則必入於匪類。賭蕩,則將無所不至。古今來,未有好賭而不喪其品、破其家者。其事則卑污苟賤,貪鄙不堪。其歸至爲父母所不齒,妻子所厭惡。人每自知之而自蹈之,何邪?凡此數者,由於其人之趨向,關於自心之洗滌,雖父母且不能勢禁,豈旁人所能理諭。忝爲一本之親,有同祖共宗之誼,故不能以嘿嘿、饒舌即之,非敢爲文以示戒也。至世遠有過,吾父兄叔伯,必加嚴督,方有親愛之心。或兄弟之間,以錢財而分畛域。或尊長之前,以褻狎而取侮慢。或恃己之勢,奪人之有。或明犯禮法,以自取戾。吾兄弟叔伯,必切指其事而明訓之,仍撻責於祖宗之前以示戒焉,可也。

喪葬解惑附

葬必擇地,自古有之。故程子有“草木茂盛,土色光潤”之説。閩地多山水,不比北方一望平原,故爲風水之説者審擇。夫氣之所流貫,勢之所凝聚,山則拱衛而不背,水則環抱而不瀉，無風隙水蟻之患，此亦何嘗不是。蓋祖宗安，則子孫亦與俱安，理固然也。乃有惑於其説，不修人事，專恃吉地以爲獲福之資，遂有遲至三年而不葬者。夫停柩，不孝也。世有不孝之人而能獲福者乎？且天地人，一理也。地理無憑。飭行於身，行善於家，天則報之以福。幾見有檢身樂善，孝恭敬睦，而家不興者乎？幾見有存心險刻，門内乖隔，而能獲福者乎？舍昭昭之可憑，索冥冥之莫據，獨何心哉？其至愚者，則陰謀横據，相爭相奪，以爲福在是矣，不知其爲禍基也大矣。

又有鄉俗寡識，惑於房分之見者。夫風水之説不可苟略，而房分之説理所必無。有何所見而謂左爲長房，中爲二房，右爲三房。不及生三子者，何以稱焉？生子至十以上者，何所位置之？按之八卦方位，謂震爲東方，震乃長子，則所葬之地，未必盡南向也。度之五行，揆之五方，細求其説，卒無有合。即考之郭璞《葬經》及《素書》、《疑龍經》、《撼龍經》諸書，亦無所謂房分者。此乃後來術家，欲藉此使凡爲子孫者，不敢不尊信而延請之。陰以誘其厚利，陽以得其奉迎。不知其遺害之深，至使死者不得歸土，而生者不得相和，皆此説誤之也。此亦如時日之説，古所不廢，吉日良辰，經有明文，但不可過爲拘忌。如襲斂入棺之時，有造爲的呼重喪等名目，謂至親不避，必有大凶，俗竟有不察而信之者。抑情壞性，莫斯爲甚。他省鮮有此説，即吾閩如詔安等縣，但棺物具備，即入棺，無另尋日時之事，最爲合禮。此亦術家藉以爲獲利之資，與風水、房分之説，所當亟斥者也。讀書識理之士，固無此患。其有中心實不信，而不能自拔於流俗者，曰："寧可信其有。"夫信無稽之説，至於啓疑論而不葬，徇拘忌之失，至於將入棺而不臨。斯何事也，而可信乎？惑之至矣。

程漢舒筆記

先生名大純，號一齋，湖廣孝感人。仕黄岡縣教諭。崇祀鄉賢。

弘謀按，漢舒先生，乃同館二至先生之尊人。余於二至處，得讀其《筆記》一册。深服其讀書以窮理爲本，講學以力行爲先。故所言無非根極理要，曲盡人情。想見先生之閲歷有得，檢身省心，常若不及之意。所謂有物之言也。敬録其有關於居家處世者數條，以爲世俗訓，且以志景慕之私云。

人壞念將起時，只覺得可恥，便有轉機。

人看得自己貴重，方能有恥。

人平日講得義理明白，覺得有恥。

人世得意事，我覺得可恥，亦非易事。

學者到説好話，做好事，人信不及，便無藥可醫矣。推其流弊，只是不誠。己不自信，焉能信人，欺人還以自欺耳。言之可發深省。

看他人錯處，時時當反觀内省。

説他人是非處，時時將自己一一勘驗。

常人之畏天，在禍福；學者之畏天，在是非。常人之畏天，在罪孽難逭之際；學者之畏天，在事機將動之初。不論數而論理，君子居易俟命，正是此意。

我輩動談經濟，且看他在家中設施布置是如何。近處不能感動，未有能及遠者。小處不能條理，未有能治大者。親者不能聯屬，未有能格疏者。一家生理，不能全備，未有能安養百姓者。一家子弟，不率規矩，未有能教誨他人者。齊治相因之理，難得如此親切。

人不能無差錯念頭，只要扯得轉來。

一家之中，老幼男女，無一個規矩禮法，雖眼前興旺，即此便是衰敗景象。

學者平日在家中，一言一動，輕率苟且慣了。一入於衣冠禮樂之場，便覺耳目無所加，手足無所措，豈不可耻。

周全人爭辯事，必期於彼此相安。若其中有一人不諒，只以至誠動之，不可失了周全的初意。至家庭骨肉間，尤用不得一毫忿疾。慎之，慎之。

愛人不親，若不自反其仁，便以不親加人了。我初念之愛人者謂何。

人家生事的家人，其意亦或主於爲家主，即家主亦說他本來爲我。及至生出事來，破家蕩産，只是家主受累。這家人如何算得是忠義之僕？人臣之急公奉上，亦要識破此種道理。

愛子弟，不教之守本分，識道理，田産千萬，適足助其淫邪之具。即讀書萬卷，下筆滔滔，亦不過假以欺飾之資。有識者所當深省。

人説話，先有個他人説的話便不是。此種意思，只是好勝。自己心中，如何得有平正日子。

今鄉村人家，中堂之上，必貼"天地君親師"五字，不知起於何時。人要看得此五字重大，亦不至大無忌憚。每日之間，有人將此五字指點，令其顧名思義，觸目警心，所益不小。

子弟有冥頑之行，亦只正其事而止。添一毫忿嫉之心，不特不忍，亦使彼無自新之路也。

自己必無行惡得福、行善得禍之理，天下必無見善人而怒、見惡人而喜之情。君子可以自信矣。

今習俗多不親迎,彼此省費,安於簡陋。不知婚姻人道之始,一有苟且,男女彼此相輕矣。苟無費,一轎一馬,奠雁,跟隨,男女一二人可也。求合於禮,又不多費,故可信從。

每見有才氣人,説到他人是者,猶多不滿,説到自己短處,猶有所長。以此見自反之難。

各府州縣明倫堂,寫《大學》一章,極有意思。蓋師儒懸此以爲準,庶幾道德之一矣。教者學者,實實講習,實有裨益。以此推之,今鄉里社學,將"弟子入則孝"一章書之肄習之所,使教者學者實實遵行。有成效者,獎拔之。不率教者,懲戒之。有良有司,舉行得法,風俗人材,不無小補。"弟子"一章,即一部小學之間架也。余向欲即孝弟諸條爲目,編輯《蒙養學規》,以采輯未廣而止。近見耿天臺先生所編《小學衍義》,亦同此意。今將諸條書於學館,朝夕勸懲,更覺簡易,更覺警切。以此爲教學之極則可也。

人要爲人,當思異於禽獸者何處。

人要爲聖賢,當思異於凡庸者何在。

人一心先無主宰,如何整理得一身正當。

人一身先無規矩,如何調劑得一家整肅。數段於致知誠意正心修身齊家的道理,説得親切有味。雖不讀書人,亦當首肯矣。

卷之四

史搢臣願體集先生名典，江南揚州人。

弘謀按，史君生長維揚繁華之地，飽諳世故，曲體人情。其言質直而透切，智愚易曉。此集流布十餘年，有續刻，有增補，足知有益於世也。余喜其近情當理，於訓俗爲宜，故摘録之。至其所載，多古今名言，惜未注明出自何書及何人之語。《言行彙纂》，亦復如此。然言苟切於身心，事果可爲規勸，即當服膺勿失。如人因病而服藥，苟能療疾，即未知方所從來，亦不害其爲良劑也。

父慈子孝，兄友弟恭，縱到極盡處，只是合當如此，着不得一毫感激居功念頭。如施者視爲德，受者視爲恩，便是路人，便成市道矣。

事親者，雖菽水當盡承歡。若到子欲養而親不在，即椎牛以祭，不如雞豚之逮親存也。

繼嗣一節，多有不肯早立，以致身後爭繼，禍起蕭牆。且爭繼者何心，原圖繼産，非爲繼嗣也。及至紛爭，家産蕩廢，應繼者反不願繼。何如身在之日，於應繼之中，擇其善者而早繼之。加意撫養，令其感恩深重，不獨無身後爭端，亦且頂戴過於親生矣。

少年子弟，不可令其浮閒無業，必察其資性才力，無論士農工賈，授一業與之習。非必要得利也，拘束身心，演習世務，諳練人情，長進學識，這便是大利益。若任其閒游，飽食終日，必流入花酒呼盧鬥狠之中。諸般歹事，俱做出來。凡縱容子弟浮閒慣了，是送上了貧窮道路。雖遺金十萬，有何益哉？

分析之事，不宜太早，亦不宜太遲。太早，恐少年不知物力艱難，浮蕩輕廢，以致濟敗。若太遲，則變幻多端。如子孫繁衍，眷屬衆多，家務統於祖父一人掌管。一切食用衣服，個個取盈，人人要足，全無體貼之心。或有取而私蓄不用，誰肯足用即不取？稍有低昂，即比例陳情。甚有明知家道漸衰，而取用如常。目擊婢僕暗竊，視爲公中之物，不以爲意，默然不顧。且衣服什物，取索不已。稍不遂意，即懷不滿之心。莫若酌量各房人口多寡，每年給以衣食之費，令其自置自炊。俗云："親生子，着己財。"使知物力錢財之難，不獨惜財，亦且惜福。遇道義之事，當以錢財爲輕。至於衣食自奉，又當念錢財之難，方不妄費，方能惜福。

父母教子，當於稍有知識時，見生動之物，即昆虫草木，必教勿傷，以養其仁。尊長親朋，必教恭敬，以養其禮。然諾不爽，言笑不苟，以養其信。稍有不合，即正言厲色以諭之，不必暴戾鞭撲，以傷其忍。養蒙之理，此爲切近。

父母而下，惟有兄弟。孩提時，無刻不追隨相好。長各有室，或聽妻子言語，或因財帛交易，多致參商。有餘則妒忌，不足則較量。及患難相臨，雖至厚之親朋，終不若至薄之兄弟。若能同居共爨爲妙，然有勢不能不分者。如食指多寡不同，人事厚薄不一。各有親戚交游，各有好尚不齊。難稱衆心，易生水火。各行其志，則事無條理。況妯娌和睦者少，米鹽口語，易致爭端。分爨而不分居者爲上。甚至分居，兄友弟恭，當愈加和好。語云：“兄弟同居忍便安，莫因毫末起爭端。眼前生子又兄弟，留與兒孫作樣看。”念之哉。

兄弟不睦，則子侄不愛。子侄不愛，則群從疏薄。群從疏薄，則童僕爲仇敵。如此，若外侮一至，誰禦之哉？

諺云：兄弟如手足，妻子如衣服。此言兄弟係同胞一體，痛癢相關也。人每溺妻子而仇兄弟者，蓋緣婦人見識卑淺，每於錙銖升斗，即切切於心，嘖嘖於口。男子聽之，近情達理，因而信之。錢財之念重，而兄弟之誼疏矣。獨不思父母所遺家貲，原無一定之數。或授數萬者，數千者，或授一百五十者，或僅有十畝五畝，更有毫無所遺，猶有逋負者。分授後，即稍有不均，當退思，假如父母原少這丘田，這間屋，這件物，或多欠幾兩債，或再有一個兄弟，則心自平。即或人心不同，此則寬容退讓，彼則較量錙銖，錢財有限，兄弟情重，婦言勿聽信，而兄弟之誼篤矣。

人之於妻也，宜防其蔽子之過。於後妻也，宜防其誣子之過。天下未有不正其妻，而能正其子者。故曰：“刑於寡妻。”

合婚一事，古所無。今時惑於星家，動稱合犯鐵帚、狼籍、退財等煞爲不宜，因而破婚者甚多。不知古來雀屏中目，坦腹擇婿，未聞有合婚之説。止宜男擇女之德，女擇男之行，門户相當，年齒相等，此即合婚之道，選吉月日，合巹而已。何必好從俗説，致有愆期哉？

朋友即甚相得，未有事事如意者。一言一事之不合，且自含忍，不得遂輕出惡言，亦不必逢人訴説。恐怒過心回，無顔再見，且恐他友聞之，各自寒心。

小人固當遠，然亦不可顯爲仇敵。君子固當親，然亦不可曲爲附和。

交之初也，多見其善。及其久也，多見其過。未必其後之遜於前也，厭心生焉耳。人之生也，但念其過。及其死也，但念其善。未必其後之逾於前也，哀思動之耳。人能以待死者之心待生人，則其取材也必寬。人能以待初交之心待故舊，則其責備也必恕。宜思之。

古人云：有一人知，可以不恨。以明知己之難也。逢人班荆，到處投轄，然則知己若是其多乎？不過聲氣浮慕，以爲豪舉耳。一事不如意，怨謗叢起。不如慎交擇友，自然得力。可爲近日走名廣交者警。

友先貧賤而後富貴，我當察其情。恐我欲親，而友欲疏也。友先富貴而後貧賤，我當加其敬。恐友防我疏，而我遂處其疏也。

疏族窮親無所歸，代爲贍養，乃盛事也。若視同奴隸，全不禮貌，反傷元氣。

毋以小嫌疏至戚。毋以新怨忘舊親。

親族鄰里，居址甚近，凡牲畜之侵害，僮僕之爭鬥，言語之相角，行事之錯誤，勢不能盡免。惟在以心體心，彼此相容。但求反己，不可責人。若不忍小忿，遂生嗔怒，必致仇怨相尋，終無了時矣。

親三黨，睦九族，交朋友，和鄰里，人生闕一不可。然睦族更宜講求。從來帝王尚敦天潢之派，況庶人，豈可薄視本支。每見今人修寺塑像，蓄養歌妓，賭賽豪華，往往不惜千金。獨宗族面上，爭較釐忽，不肯錯用一文。殊不知一族，我果出人頭地，此祖宗積德所及，更宜培養厚道，以及後人。豈可膜視族中饑寒困苦，如同陌路。常見親支貧富相形，終年而不一聚。即有慶弔大事，在貧者非袖短裙長，即相將無物，幾回欲行欲止。縱使勉強登堂，足欲進而趑趄，口將言而囁嚅，甚至逢迎少人。此際即曲意周旋，尚增幾許局蹐，況以傲慢臨之乎？此骨肉所以日遠日疏也。人當審己量力以周恤之，庶一本之誼全矣。富貴固宜知此，貧賤亦當自重。

聯宗一事，頗爲近日惡套。以漫不相識之人，一朝得第，認爲同宗。凡所緣引，俱現在職位之人。而不必認者，即現在職位之祖若父，亦不與焉。此爲聯勢，非聯宗也。世情淡漠，本族弟兄叔侄，尚置不問，何有於泛合者乎？勢在而宗聯，勢去而宗斷。不如君子以志同道合爲主，四海之内，皆兄弟也。同志可以爲朋，同姓可以聯宗。惟當以道義相聯屬，不宜因勢利爲親疏耳。

聞人之善而疑，聞人之惡而信。慣好説人短，不計人長。其人生平，必有惡而無善。

貧賤時，眼中不着富貴，他日得志，必不驕。富貴時，意中不忘貧賤，一日退休，必不怨。

人每臨終時，憂子孫異日貧苦，不思子孫貧苦從何處來，乃祖父積惡所至。平日事苛刻，討便宜，損人利己，無所不爲，是日日殺子孫也。平時殺子孫，至臨終，則憂子孫。自我殺之，復自我憂之，則惑之甚也。

行一件好事，心中泰然。行一件歹事，衾影抱愧。即此是天堂地獄。

“盡其在我”四字，可以上不怨天，下不尤人。亦可以仰不愧天，俯不怍人。

凡應人接物，胸中要有分曉，外面須存渾厚。

凡有望於人者，必先思己之所施。凡有望於天者，必先思己之所作。此欲知未來，先察已往。

儘前行者地步窄，向後看者眼界寬。

嗜欲正濃時能斬斷，怒氣正盛時能按納，此皆學問得力處。

欲人勿聞，莫若勿言。欲人勿知，莫若勿爲。

對失意人，不談得意事。處得意日，莫忘失意時。

體認天理，只在吾心安不安，人情妥不妥上。

臨事肯替别人想，是第一等學問。

富貴家宜學寬，聰明人宜學厚。聰明而不學厚，何所不爲。

護體面，不如重廉恥。求醫藥，不如養性情。立黨羽，不如昭信義。作威福，不如篤至誠。多言説，不如甚隱微。求聲名，不如正心術。恣豪華，不如樂名教。廣田宅，不如教義方。

見遺金於曠途，遇艶婦於密室，聞仇人於垂斃，好一塊試金石。

慎風寒，節嗜欲，是從吾身上卻病法。省憂愁，戒煩惱，是從吾心上卻病法。

我如爲善，雖一介寒士，有人服其德。我如爲惡，雖位極人臣，有人議其過。

主人爲一家觀瞻。我能勤，衆何敢惰？我能儉，衆何敢奢？我能公，衆何敢私？我能誠，衆何敢僞？此四者，不獨僕婢見之，上行下效，且爲子侄之模範。語云：心術不可得罪於天地，言行要留好樣與兒孫。

凡人無不好富貴，不知富貴二字，豈是容易享受。其上以道德享之，其次以功業當之，又其次以學問識見駕馭之。

如道德不足享，功業不足當，學問識見不足駕馭，雖得富貴，何能安享？是以君子每兢兢業業以保守之，非畏富貴之去也，每見富貴之去，必有禍患以驅之，正懼禍患之來也。

子弟少年，不當以世事分讀書，但令以讀書通世務。切勿順其所欲，須要訓之以謙恭。鮮衣美食，當爲之禁，淫朋匪友，勿令之親，則志趨自然樸實近理。其相貌不論好醜，終日讀書靜坐，便有一種文雅可親，即一顰一笑，亦覺有致。若恣肆失學，行同市井，列之文墨之地，但覺面目可憎，即自亦覺置身無地矣。

至樂無如讀書，至要無如教子。富之教子，須是重道。貧之教子，須是守節。

萬般皆下品，惟有讀書高。世上豈真萬般皆下品乎？此不過勉勵幼學之言耳。若信以爲真，使眼空一世，恐非遠大之器所宜，是在賢父兄之教誨耳。

經一番折挫，長一番識見。多一分享用，減一分福澤。加一分體貼，知一分物情。

好利，非所以求富也。好譽，非所以求名也。好逸，非所以求安也。好高，非所以求貴也。好色，非所以求子也。好仙，非所以求壽也。今人所求，皆反其所好，無惑乎百無一成。

有聰明而不讀書建功，有權力而不濟人利物，辜負上天篤厚之意矣。既過而悔，何及哉？

容得幾個小人，耐得幾樁逆事，過後頗覺心胸開豁，眉目清揚。正如人啖橄欖，當下不無酸澀，然回味時，滿口清涼。

可以一出而救人之厄，一言而解人之紛，此亦不必過爲退避也。但因以爲利，則市道矣。

行客以大道爲迂，别尋捷徑，或陷泥淖，或入荆榛，或歧路不知所從。往往尋大路者，反行在前。故務小巧者多大拙，好小利者多大害。不如順理直行，步步着實，得則不勞，失亦於心無愧。

見人私語，勿傾耳竊聽。入人私室，勿側目旁觀。

凡經商十數年而不一歸者，此止知有利，不知有天倫之樂也。若堂有雙親，不思歸省，謂之無人心可也。

富貴之家，雖主人謙虚，而閽人多有驕悍之氣。士君子於此，當自愛，可以無求，便宜少往，能令怪其不來，無令厭其數至也。

凡人出外，每帶器械防身，能帶未必能用。不特疑有重貲，而且防我害彼，勢必先下毒手，是防身適足以害身也。每見江湖老客，衣囊蕭索，錢財秘密，不貪路程，不冒風浪，擇旅店，慎舟人，禁嫖絶賭，節飲醒睡，而寬袍大袖，粗帽敝衣，未嘗見其失事也。

人生自幼至老，無論士農工商，智愚賢不肖，刻刻常懷畏懼之心。如明中畏天理，暗地畏鬼神，終身畏父母，讀書畏師長，居家畏鄉評，做官畏國法，農家畏旱澇，商賈畏虧折。兢兢業業，方了得這一生。

做人無成心，便帶福氣。做事有結果，亦是壽徵。

言有三不可聽。昵私恩，不知大體，婦人之言也。貪小利，背大義，市人之言也。横心所發，横口所言，不復知有禮義，野人之言也。

事事順吾意而言者，小人也。急宜遠之。

一坐之中，有好以言彈射人者，吾宜端坐沉默以銷之。此之謂不言之教。

人言果屬有因,深自悔責。返躬無愧,聽之而已。古人云:何以止謗?曰:無辯。辯愈力,則謗者愈巧。

責我以過,當虛心體察,不必論其人何如。局外之言,往往多中。每有高人過舉不自覺,而尋常人皆知其非者。此大舜所以察邇言也。

有人告我曰:"某謗汝。"此假我以泄其所憤,勿聽也。若良友借人言以相惕,意在規正,其詞氣自不同。要視其人何如耳。

好説人陰諱事及閨門醜惡者,必遭奇禍。且言之鑿鑿,如曾目睹。旁有鬼神,何不説得略活動些。

愚人指異端左道募化,稱説靈異,以誑鄉人。我既不信,遠之而已,不必面斥其非。

覺人之詐而不説破,待其自愧可也。若夫不知愧之人,又何責焉?業已詐矣,尚不可説,況不詐而以爲詐者耶?

隱惡揚善,待他人且然,自己子弟,稍稍失歡,便逢人告訴,又加增飾,使弟子遂成不肖之名,於心忍乎?

我有冤苦,他人問及,始陳顛末。若胸中一味不平,逢人絮絮,聽者雖貌爲咨嗟,其實未嘗入耳,言之何益?

人當厚密時,不可盡以私密事語之。恐一旦失歡,則前言得憑爲口實。至失歡之時,亦不可盡以切實之語加之。恐忿平復好,則前言可愧。

向人説貧,人必不信,徒增嗤笑耳。人即我信,何救於貧?真貧尚不必説,況不貧而以爲貧者耶?

存心説謊,固不可。開口賭咒,亦不可。

人前做得出的,方可説。人前説得出的,方可做。

"不爲過"三字,昧卻多少良心。"没奈何"三字,抹卻多少體面。四語義味無窮,非老於世務者不知。

公門不可輕入。若世誼素交,尤當自遠。或事應面謁,亦不必屏人私語。恐政有興革,疑我與謀。又恐與我不合者,適值有事,疑爲下石。

進一步想,有此而少彼,缺東而補西,時刻過去不得。退一步想,只吃這碗飯,只穿這件衣,俯仰寬然有餘。

天生五穀以養人,不食則饑,缺之則死。每見高門巨室,田連廣陌,視米穀爲草芥,厨灶經年不一到,僕婢孩嫗,抛撒作踐。或溝厠白粲累粒,或几案餿穢成堆,略無禁忌。昔有一庵,鄰於大宅。寺僧常見溝中米飯流出,密用水淘淨,蒸晒一囤。不數年而大宅緣事暴貧,僧人即以此飯餉之。大宅銜謝不已。后細詢,知爲溝中物也,嗟悔無及。屢見暴殄五穀之人,或罹饑寒困厄。此皆家長區置無方,以致如此。昔云"誰知盤中餐,粒粒皆辛苦"。吾輩安逸而享之,豈可狼籍以視之乎?明理惜福之士,當體察之。

人家隆盛之時,産業多不税契。雖當事未必遍查,恐久之勢去,子孫反受其累。

人子服闋,流俗相率慶賀,至期笙歌燕飲,結彩披紅,謂除凶而就吉。夫恨未終天,歡成一旦,孝思罔極,豈無餘哀,何喜可賀,悖謬甚矣。明理義者,不可不慎。

彼之理是,我之理非,我讓之。彼之理非,我之理是,我容之。

門内罕聞嬉笑怒駡,其家範可知。座右多書名語格言,其志趣可想。

治家嚴,家乃和。居鄉恕,鄉乃睦。

讀書正以明理爲本也。理既明,則中心有主,而天下是非邪正,判然矣。遇有疑難事,但據理直行,得失俱可無愧,何須問卜、求籤、祈夢。

語云:開卷有益。是書皆可資長學問。獨今之小説,多將男女穢迹,敷爲才子佳人,以淫奔無恥爲逸韻,以私情苟合爲風流,雲期雨約,摹寫傳神。使閲者即老成歷練,猶或爲之搖撼。至於無識少年,内無主宰,未有不意蕩心迷,神魂顛倒者。在作者本屬子虚,在看者竟認爲實。因而傷風敗俗者有之,犯法滅倫者有之。雖小説中原有寓意因果報應者,但因果報應,人多略而不看,將信將疑。況人好德之心,不能勝其好色之念。既以挑引於其前,鮮能謹持於其後。吾願主持風化君子,於此等淫詞,嚴請禁毁。使民惟經史是誦,厚風俗,保元氣,是亦聖世之善政也。

横逆之來,正以徵平日涵養。若勃不可制,與不讀書人何異?

待小人宜寬,防小人宜嚴。

年高而無德,貧極而無所顧惜,惟此兩種人,不可與之較量。

見人作不義事,須勸止之。知而不勸,勸而不力,使人過遂成,亦我之咎也。

能容小人,是大人。能處薄德,是厚德。

德業常看人勝於我者,則愧耻自增。境界常看人不如我者,則怨尤自寡。

凡權要人,聲勢赫然時,我不可犯其鋒,亦不可與之狎。敬而遠之,全身全名之道也。

縱與人相争,只可就事論事。斷不可揭其父母之短,揚其閨門之惡。此禍關殺身,非止有傷長厚已也。

事無大小，以理爲主。然我雖依理而行，恐所遇之人，或愚者不知理，強者不畏理，奸猾者故意不循理，則理又有難行之處。便當審度時勢，從容處之。若小事，寧可舍忍。倘萬不能忍之大事，則質之親友，鳴之官長，辨白曲直。彼終越理不得，自然輸服。若恃我有理，便悻悻生忿，任意做去，則愚者終不明，強者終不屈，奸猾者必百計求勝，是有理翻成無理矣。知此決無訟事。

親族朋友中，焉能個個相投，事事恰當。且嗜好不同，性情不一，即有與我不相得處，不過小忿微嫌耳。竟有其人已死，或報復孤孀，或逢人責誚。獨不念其人既死，則萬念冰釋。當改嗔怒爲憐憫，照拂提携，鄉黨自欽厚道。若芥蒂不忘，嘖嘖於口，徒傷忠厚耳。旁人視聽，能不薄之乎？

君子不迫人於險。當人危急之時，操縱在我，寬一分則彼受一分之惠。若扼之不已，鳥窮則攫，獸窮則搏，反噬之禍，將不可救。

現在之福，積自祖宗者，不可不惜。將來之福，貽於子孫者，不可不培。現在之福如點燈，隨點則隨竭。將來之福如添油，愈添則愈久。

肯爲人説眼前報應，肯聽人説報應諸事，肯將已驗醫方，或抄或刻授人，亦是美事。

君子能扶人之危，周人之急，固是美事。能不自誇，則益善矣。

終日安坐，未饑而飯至，未寒而衣添。飲酒食肉，呼奴使婢。居有華堂，出有舟輿。可謂色色如意。不於此爲善，更且使性氣，縱喜怒，有些子事，便不耐煩，甚至行造罪孽，豈不可惜。嘗念及此，久久自然寡過。

凡遇賣兒鬻女，及施粥，施襖，施茶，施藥，施棺，若獨力不能，須募衆舉行，此眼見功德。

人當貧賤時，爲善，善有限，爲惡，惡亦有限，無其力也。一當富貴時，爲善，善無量，爲惡，惡亦無窮，有其具也。故富貴者，乃成敗禍福之大關，不可不慎。

徑路窄處，須讓一步與人行。滋味濃的，須留三分與人食。

人之所賴以生者，惟錢財。能於錢財上寬一分待人，省一分濟人，若能事事留心，久久習慣，雖不見福，而禍自消矣。如一味刻薄，以爲得計，一遇飛災，蕩産傾家，所入不償所出，悔之晚矣。

人以持齋戒殺爲行善，是功德止及於禽獸，而不及民生，此善之微者也。人以濟困扶危爲行善，是功德能及民生，而旁及於禽獸，此善之廣者也。若夫大利大害，居得爲之位，而不興之革之，與作惡者何異？

處富貴者，不知世有炎涼小人。處貧賤者，不知世有窺伺小人。是皆不關自己痛癢故也。

貧賤生勤儉，勤儉生富貴，富貴生驕奢，驕奢生淫佚，淫佚復生貧賤。此循環之情理。

饋送儀文，人情不免，貴於所送之物，令人得用。世俗動輒雞魚蹄鴨、糕饅吃食之類。若遇喜慶，塞滿庭厨，焉能一時盡用？在隆冬尚可區處，炎夏頃刻餒敗。常有物未出盒，已有臭氣。在饋者必費數星，受者有何濟益？余意可送之物頗多，何必拘於口腹？夏則手巾、涼鞋、砂壺、紙扇、枕簟、松茗、筆墨、瓷器，以至紗羅、葛苧。冬則紅燭、烏薪、絨襪、暖帽、爐香、坐褥、書畫、醇醪，以至綢緞、靴裘，無不可送。不獨令人可以適用，且免糜費暴殄之過。否則或竟用儀函，豐儉随人，受者款之，不受者璧之，彼此兩便，亦交接可久之道耳。

富貴受貧賤人禮，以爲當然。殊不知幾費設處而來。即一簞一絲，宜從厚速答。

赴酌勿太遲，衆賓皆至而獨候我，則厭者不獨主人。卻則宜早辭，勿令人虛費。

常見有餘之家，當極盛時，每一婚嫁喪葬，輒費數百金千金。及至衰落，遇有此事，即數十金數金，亦可敷演發脱。可見豐儉原在乎人。縱使豪華滿眼，不過一瞬虛名，有何實濟。姑以一二事言之。富貴之人，簪之可金者，未始不可銀。衣之可緞者，未始不可綢。寒素之家，米之可精者，未始不可粗。酒之可濃者，未始不可淡。由此類推，不獨積蓄有餘，且爲我生惜福。

人謂北方風土厚，其富貴也久。南方風土薄，其富貴也暫。予竊以爲不然。富貴久暫，在奢儉，而不在厚薄，在人事，而不在風土。何也？如北方有餘者，生子多係自乳，不過覓人抱負。南方之人，稍有餘者，動輒雇覓乳媪。其乳媪之子，勢必托親戚代哺，送嬰堂延命，痛癢無關，饑寒罔恤，疾病痘疹，十中難存一二。是損人子以益己兒，豈於陰騭無損？又如北方有田者，縱使富饒，多係自種，必須勞力勞心。南方之人，田與佃種，坐享其成，致令子孫游惰，耒耜不識，五穀不分，豈得爲成家之器？又如北方婦女，脂粉不施，衫裙布素，首飾不過鬏髻簪戒而已。南方婦女，金珠釵釧，有餘者不吝千金，合一家女媳妯娌計之，豈不損許多貲本？至於北方治席，不過猪羊雞鴨，加以自産園蔬，非吉凶大事，不設方物。今南方偶酌，音樂繞梁，珍錯畢集，頃刻而出四時之藏，一席而列各省之物。以此類推，何可勝算。可見富貴久暫，安得舍奢儉而言厚薄，舍人事而言風土哉？富貴久暫，不盡由此。然此種道理，居家不可不知。

祖宗富貴，自《詩》、《書》中來。子孫享富貴，則棄《詩》、《書》矣。祖宗家業，自勤儉中來。子孫享家業，則忘勤儉矣。此所以多衰門也，可不戒之。

待己者，當從無過中求有過。非獨進德，亦且免患。待人者，當於有過中求無過，非但存厚，亦且解怨。

勿以人負我，而隳爲善之心。當其施德，第自行吾心所不忍耳，未嘗責報也。縱遇險徒，止付一笑。

富貴之家，常有窮親戚來往。不戲謔父執貧交，躬送破衣親友出門外。如此，足稱厚道，富貴方得久長。

待富貴人，不難有禮而難有體。待貧賤人，不難有恩而難有禮。

排難解紛，實行門中第一義。能以言語和人骨肉，見人構鬥間，一語解釋，其福無量。

骨肉貧者莫疏，他人富貴莫厚。其一切饋遺，須有常度。勿以富貴而加豐，貧而致薄。

自讓，則人愈服。自誇，則人必疑。我恭，可以平人之怒氣。我貪，必至啓人之爭端。是皆存乎我者也。

人固不可多事。然親友有義不容辭者，以事重托，理宜委婉力行。行至必不能行，我心已盡，而親朋自亦見諒。近見一種自了漢，止知自吃飯，自穿衣。若人稍有所托，即沉吟推諉。生平未嘗代人挑一擔，解一事。及到有事，未必不求人。若人人似我，又當何如？

周急恤貧，仁者猶病，焉敢迂言博濟，強人所難。獨是同一施與,有緩急之間,在己無傷於惠,在人便得其益者。每見有餘之家,於歲底時,一切僕從工食,親友補助,必捱至除夕,方肯給散。殊不知度歲之具,自己既欲早辦,何不推己及人?且此日銀縱到手,市物闌殘,非貴即缺,衣履袍帽,從何置辦?此中微情隱苦,有不能盡述者。予目擊極多,故瑣言之。

鄰有喪,不可快飲高歌。至新喪之家,不可劇談大笑。對新喪人,不可褻狎戲謔。凡親友中,或有家庭之變,或有詞訟疾病不測之事,當設身處地,爲之謀慮。不可嘻嘻膜視,并無關切,恐近似幸災樂禍矣。

攻人之惡毋太嚴,要思其堪受。教人之善毋過高,當使其可從。

我施有恩,不求他報。他結有怨,不與他較。這個中間,寬了多少懷抱。忍不過時,着力再忍。受不得時,耐心再受。這個中間,除了多少煩惱。

凡作事,第一念,爲自己思量。第二念,便須替他人籌算。若彼此兩利,或於己有利,於人無損,皆可爲之。若利於己者十之九,損於人者十之一,即宜躊躇。若人與己之利害正半,便宜輟手。況利全在己,害全在人者乎?若損己以利人,尤上上人事,願同志共圖之。

事係幽隱,要思回護他,着不得一點攻訐的念頭。人屬寒微,要思矜禮他,着不得一毫傲睨的氣象。

常見筆札中,有知感處,則云刻骨鏤心,當在世世。有沾惠處,則云覆載之恩,舉室焚頂。或云銜結難忘,犬馬圖報。余謂謙固美事,亦當斟酌措辭,須有分寸,若太過,則近乎諂矣。將此等字句,看作泛常套語,人心風俗,概可知矣。

凡作格言莊語,原以勸人爲善。人雖未因其勸而改弦易轍，即化爲善，善念未必不動，作者之心血不致空費。若作淫詞艷曲，雖以戒人爲惡，人乃忽視其戒，痴心想慕，將效爲惡。惡事未必即行，而作者之造孽實多。

好便宜者，不可與之交財。多狐疑者，不可與之謀事。

觀富貴人，當觀其氣概。如温厚和平者，則其榮必久，而其後必昌。觀貧賤人，當觀其度量。如寬宏坦蕩者，則其富必臻，而其家必裕。

凡觀人，須先觀其平昔之於親戚也，宗族也，鄰里鄉黨也，即其所重者，所忽者，平心而細察之，則其肺肝如見。若至待我而後觀人，晚矣。

凡遇不得意事，試取其更甚者譬之，心地自然涼爽矣。此降火最速之劑。

自信者不疑人，人亦信之，吴越皆可同胞。自疑者不信人，人亦疑之，骨肉皆成敵國。

人之謗我也，與其能辯，不如能容。人之侮我也，與其能防，不如能化。此中有大學問在。

見人與人忿爭不休者，當勸之曰：天下事，未有理全在我、非理全在人之事。但念自己有幾分不是，即我之氣平。肯説自己一個不是，即人之氣亦平。

待有餘而後濟人，必無濟人之日。待有餘而後讀書，必無讀書之時。

爲人謀事，必如爲己謀事，而後慮之也審。爲謀而忠。爲己謀事，又必如爲人謀事，而後見之也明。當局易迷，局外者清。

處兄弟骨肉之變，宜從容，不宜激烈。遇朋友交游之失，宜剴切，不宜含糊。

無病之身，不知其樂也。病生，始知無病之樂。無事之家,不知其福也。事至,始知無事之福。

容人之過,卻非順人之非。若以順非爲有容,世亦安賴有君子。一味以容過爲厚道者,亦非也。

古人以喜怒中節爲和,今人以有喜無怒爲和。

交財一事最難。雖至親好友,亦須明白。寧可後來相讓,不可起初含胡。俗語云:“先明後不爭。”至言也。

即或有人負欠,決非甘心不肖。理雖據而情須原,不必凌虐太甚,言語説盡,身分做盡,當看兒孫面上,稍稍寬容。遇衆擎易舉之事,亟宜贊助,不可從中阻住,使人無一綫生路。所云“贊人陷人皆是口,推人扶人皆是手”。但恐做盡説盡,天道好還,將來思人一贊一扶,不可得也。

人因困乏,或欠人貲財,或借人衣物,一時無償,人即呼爲壞人。若赴訴求寬,又惡其巧言善辨。若靦面無言,又嫌其默訥柔奸。總之欠字壓人頭,不知何法可合人意。愚謂良心信行,人人俱有,孰不願報德全信,總因無計設法,未免輾轉推諉,俗云:“人人説我無行止,你到無錢便得知。”且禮義生於富足,豈有餘之人,甘失信於人哉?世不少甘心負騙之人。然富而有力者,不可不知此種。

錢財不可不惜,然亦不可苛刻。我能寬一分,則人受一分之惠。如小本生理,及挑負奔馳者,惟仗工夫氣力養家活口,尤當倍加優恤。在我釐毫之寬,所去有限。彼得一釐一文,所喜無窮。每見刻薄之人,取之盡錙銖,剥削半生,害生一旦,反至傾家蕩産。又見寬厚之人,終日受人侵削,反能飽食暖衣,終身無禍者,比比然也。人欲自算,莫若觀人。清夜將所見所知者,屈指而計,刻薄之後人,與寬厚之後人,較量之,孰享孰否,孰富孰貧,便見天之報施不爽矣。

子弟僮僕，有與人相爭者，只可自行戒飭，不可加怒別人。他人僮僕，遇我不恭，如坐不起，騎不下，指爲無禮。彼與我原無主僕之分，不足較也。

看古今文字，立意求其佳處，則竟得其佳，立意求其疵處，則亦染其疵。君子於人之善惡也亦然。故取長略短，道必日益。

鋤奸杜惡，要放他一條去路。若使之一無所容，譬如防川者，若盡絶其流，則堤岸必潰矣。

事有急之不白者，寬之或自明。人有操之不從者，容之或自化。即家庭嫌隙，常有愈理而愈多，緩之則如故。處事待人，因激烈而害事者不少。

親友婚喪之事，有窘乏者，能隨力相助，方可代籌豐儉。若於事無所補，徒用關切虚言，似可不必。禮云："弔喪弗能賻，不問其所費。問病弗能遺，不問其所欲。"

人止知耕種之苦，不知炊煮之難。如有餘之家，人口衆多，日食何止三餐，爨烟至晚不斷。火夫任勞，竟無寧刻。其當酷暑之時，茶水愈多，炙焨薫蒸，汗如雨下。較鋤禾農夫，爐邊鐵匠，尚有閒時，司爨者，刻期供箸，難偷一瞬之涼。及至隆冬，敲冰汲水，淘米洗菜，滲入心骨。享用子弟，勿視饔飧之易，當辨服役之勞。

經營二字，須看得大。如耕農織婦，行商坐賈，無一非經之營之也。必要平心公道，而利有自然者，順其自然，則無妄念而不冒險。如蓄有米而望米價貴，蓄有布而望布價增，則其心不平。如大入而小出，造假以混真，則其道不公。不平不公，皆出於利心太重。究之豐嗇有數，未必即如其意，空起刻薄心腸。即或獲利致富，天道福善禍淫，未必親享其利。

世有商賈成家，而子孫不享厚澤者，良由此也。

錢糧差徭，輸納自有定期，供應自有大例。惟預先措辦，依期急公，免滋差擾，自然快活。若遷延時日，使催者受比較之苦，而我亦終不能免，則何益矣。況國賦原係正供，避重就輕，閃差跳甲，恐一敗露，爲罪尤大。縱然隱秘，從來欺公不富，冥冥之中，亦必不放過。

近日雖有急公之人，鞭銀不親身投櫃，米麥不自看入廒，托人代封代納，多係私帖收去，并無印票爲憑。非是閒懶好逸，即圖些少便宜。及至捉比，勢必重完。不獨差擾使用，亦且拖累公庭。可見惜小費，必誤大事。貪閒逸，反受勞煩。若輪當里甲，更宜慎重。

歲逢水旱，流離滿道。仁人君子，諒皆垂慈，然非空空嘆息也。或曰："俟其有而與之。"何時是有？何不分一二口食，一二文錢，亦可救饑度命。若曰善門難開，恐其不繼，即密持錢米於流民往來之地，隨緣給之。老幼殘疾者，加之。不必居名。救得一人是一人，施得一日是一日，囊罄則止，何慮不繼哉？今人建寺燒香，自謂功德。殊不知寺不建，佛未必露處。香不燒，佛未必饑餓。若移此以濟人，佛必大悦，福報當百倍矣。

屢有愚人，生育舉女，投之水中。嬰兒何罪，遭此毒手。嗚呼！鳥戀巢雛，甘心受弋。鱔憐腹子，鞠體重傷。物類如斯，人何異焉？因吝日後之財，肆目前之惡。殊不知天生一人，自有一人衣禄。且骨肉天性，投生反死，不但於心不忍，自是天地鬼神之所共憤。仁人君子，亟宜勸戒。如各郡有育嬰堂，是亦體天地好生之意也。

暗裏算人者，算的是自己兒孫。空中造謗者，造的是本身罪惡。行善事，最重人不知，故曰陰德。行不善事，又最怕人不知，故曰陰惡。

王孫一飯，報以千金，至今止知爲漂母，而不知姓氏者，何也？施時無望報之心也。若望報而後施，是一味圖利，而非仁人君子之心矣。但世情澆薄，不以有施必報爲勸，何以動愚人好施樂善之心哉？故有施必報，天理之自然，仁人述之以化俗。不望報而施，賢聖之盛德，君子存之以濟世。如此，道理方足。總是躬自厚而薄責人之義。

勸惜字紙，使人檢拾，不過在於通衢大道。若人家内，焉能入室尋覓。且婦女知惜字紙者少，任其委擲溝厠污穢之處，更爲可惜。莫若令檢拾字紙之人，籠上寫一收買廢壞字紙一帖，使愚夫愚婦知字紙可以賣錢，或少護惜，究竟所費無多，所收甚普。

命應富貴者，美事忽然而至，無意而得，頭頭湊合。非其才智之巧也，命也。命應貧賤者，美事將成忽敗，縱得必失，局局乖違。非其才智之拙也，亦命也。處順境者，不可自誇其能。處逆境者，不可徒增怨恨。

巡更守夜，所以防竊。貧富均有關係，畢竟富者爲重。近見有餘之家，重門高扃，安眠穩睡，反令市肆小户鳴鑼擊梆。獨不思小户人家，竈在牀頭，孑然一身，所守何物，賊豈來偷？況十家守夜，十日止輪一次，一次止用一人。有餘之家，即不令僕從親守，便當雇募更夫。所費有限，何苦吝此些微，獨苦窮人，於心安乎？

草野之夫，不可妄議政治。譬如官長擾民，則有怨謗。如民使官長擾之，又當何如？聊舉一二言之。如有田供賦，自應依限上納。若抗不完，奏銷提比，是官擾民乎？如置産税契，自應投税。隱漏查出，勢必差催，是官擾民乎？如官長經過，自應避道站立。喧嘩直走，見加戒飭，是官擾民乎？如禁止夜行，自應早歸。徹夜遨游，遇着盤詰，是官擾民乎？至於爲非犯法，干名犯義，種種違條之事，皆係自罹法網。即唐虞之時，皋陶執法，雖欲不擾可得乎？惟在自己防守以免之。至公至平之論，無人道及。

唐翼修人生必讀書先生名彪，浙江蘭溪人。歷任會稽、長興、仁和訓導。

弘謀按，唐君此集采録古今人之言，而己所著論爲多。大抵存心則平恕周匝，立論則和易近人。寧過於厚，毋趨於薄。而於倫常之地，患難之頃，尤極切摯。人能如此，風俗焉得不厚也。

我初生時，不帶一錢來，自孩提以至成人，百事費用，無非父母之財也。無奈世人，一至長大，各聽妻子婢僕之言，兄弟分析，爭多競少，彼此皆謂父母有偏。似乎一切家財，皆當我所獨得，而兄弟不當有，并父母亦不當有者。噫，何其愚也。人苟聽妻子婢僕之言，不孝於親，縱使父母億萬家財，盡歸於我，未有不速敗者。惟平心讓財敦孝之人，天必佑其子孫。待常享富厚，斷無爽也。吾願世之人，凡妻子有爭較財物之言入於我耳，不唯不當聽，且當即時訓誡，勿使再言。至於婢僕，離間聳誑之言，當訓誨妻子，不可聽信，甚則撻之。則離間之言，自不敢再行，而孝行可完矣。

父母一切所用之物，如筆墨紙硯、杯盞壺榼，傘屐之類，安置之所，宜有常處，不可屢移。恐父母一時取用而不得，致生煩躁也。

或問:古有晨昏定省之禮,安能事事如儀也?曰:此非板定,有易行之理焉。或父母有事過勞,恐其睡卧不寧,次日清晨宜問安也。或有拂意之事,恐其懷抱不舒,當問安以寬慰其心也。大寒大熱,難於調養,問安自不容已。或身體倦怠,或冒風寒,宜時時問安,不必拘晨昏也。至於事當遠出,則宜叮嚀囑咐兄弟妻妾代己盡心。定省之事,固不可懈。温凊之事,尤所當謹。父母年高畏寒,貼體裹衣最有關係。緊小則暖,短則可眠。背綿宜厚,臂綿稍薄,則不慮臃腫。眠不脱衣,則卧不畏衾冷,起不畏衣寒。調養親體,此爲要也。

又年高體弱之人,足尤畏冷,不問男女,睡宜穿襪,裝綿宜厚。若當仲冬極寒,宜加其綿衣,厚其衾絮。爐炭時加,毋令缺火。此冬温實際也。屋低小者,夏必炎蒸。即屋大而天井無蔽,亦不免於炎蒸。覆以涼棚,庶可免於炎熱。或臭虫爲患,有巢於四壁者,以油灰塞之。藏於椅桌者,以漆麵嵌之。卧牀之隙,不可以塞嵌者,則時檢點而撲去之。帳幕與枕衣,時時展視,有則去之。獨藏於寢席者難去,惟以蒲爲席,則無藏匿處矣。至於蚊蝱之患,帳幕稍有隙縫,蚊即從此而入。雖終夜揮扇,旋去旋來,困人莫甚。惟去其隙縫,則可安枕而卧。此夏凊實際也。凡古人所言,皆尋常可行之事,不可視爲敻絶之行。舉此數事,而餘可類推矣。

人子一生大事,莫如送終。於此而不盡心,則無復可盡之心矣。奈何以兄弟衆多,彼此推諉,使日久暴露,或草草完事,致有日後之悔?竊以爲諸子中,饒裕者宜爭先費用,不必與衆較量。即力不及者,亦須勉強支持,不宜推諉,偏累一人。豈不聞古之孝子,遇親之難,爭先赴死,以求相代者乎?彼於生命尚可捨,何區區財物之足云也。

顔光衷曰：人子有大不孝，而竟忘其爲不孝者，有八焉。父母愛惜之過甚，常順適其性，驟而拂之，便違拗不從，甚或抵忤。一也。常先事勤勞，聽子安佚，遂謂父母宜勤勞，己宜安逸，偶令代勞作事，便多方推諉。二也。父母常爲兒減口，遂謂父母當少食，己宜多食。三也。語言粗率慣，父母前亦直戇沖突。行動無禮慣，父母前亦傲慢放弛。四也。見同輩則禮貌委和，對雙親則顔色阻滯。待妻子則情意藹然，伴二尊則胸懷鬱悶。有美食則反食妻子而不以養親，有好衣則反衣妻子而不以奉親。五也。財入吾手，便爲己財，而在父母者，又謂吾當有之也。財足則忘親，財乏則強求。竊取於親，不得遂意則怨親。親老不能自養，而寄食於吾，則又厭親。甚且單父隻子而爭財者有矣。少長互推而棄親不養者有矣。不知身乃誰之身，財乃誰之財。我乳哺無缺，衣食無缺，以至今日，誰之恩乎？六也。恣情聲色，外誘日濃，二更三鼓，挑燈望歸，不顧也。游戲賭錢，破蕩財産，雙親憂鬱成病，不顧也。七也。父母於兄弟姊妹或有私與，乃怨親偏黨，鬮防爭論，無所不至，甚且成仇。八也。以上數者，皆習成不孝，竟爾相忘。苟不細思猛改，則天地鬼神譴責之加，必不能免矣。堂有雙親者，每日將此八件反己自問，有則改之，所全不少。

祖父母與父母，服有三年、期年之别。然父死祖在者，諸孫必當代父行孝，不得以孫自諉也。長孫尤當盡孝，以有承重之責也。晋李密乞養祖母一表，千古皆稱其孝，有讀之垂淚者，則知祖父母之當孝也。蓋祖父母，其年必高。高年之人，苟無人盡心服事，諸苦畢集，無處可告，則其罪與不孝父母同。

子弟不宜避賓客。少年無才能，正當於見客周旋進退處學之。若一味回避，必至如樵夫牧子，毫不知禮。一見正人，手足無措，大爲人所輕鄙也。

凡賢達子孫，每從父母祖宗起見。視公衆之事，公衆之室産，必勝於己事己産也。無良之子孫，止知自爲自利，公衆之事，公衆之室産，毫不經營，全不愛惜。其存心既私，必無善報，後日子孫，盛衰可預卜也。

何士明曰：功名富貴，固自讀書中來。然其中有數，非人力所能爲。苟人力可爲，將盡人皆貴顯矣。嘗見人家子弟，一讀書，就以功名富貴爲急，百計營求，無所不至。求之愈急，其品愈污。緣此而辱身破家者，多矣。至於身心德業，所當求者，反不能求。真可惜也。吾謂讀書者，當朝温夕誦，好問勤思。功名富貴，聽之天命。惟舉孝弟忠信，時時勵勉。苟能表帥鄉閭，教導子侄，有禮有恩，上下和睦，即此便足尊貴，何必入仕，然後謂之仕哉？至於不能讀書者，安心生理，顧管家事，能幫給束修薪水之資，使讀書者得以專心向學，成就一才德邁衆之人，則合族有光，即此便是學問。何必登科及第，然後謂之出人頭地也。

嘗見再醮之婦，不能育子者，薄視夫家，而一心專厚兄弟，暗以夫家財物厚遺之。夫不及禁，子不敢問，家計因此而壞者，多矣。此當有法以馭之。察其兄弟果貧也，宜顯然與之，以資日用。如此，權出自我，婦無權焉，所費之財有數也，與婦人之暗與不同也。非特此也，婦人無子而專厚其婿者，丈夫亦當以此法處之。

凡人不幸而中年弦絶，則後妻與前妻之子，其中有甚難處者。妻非必不賢，子非必不孝也。爾我猜疑之心一生，一言也，言之者無心，聽之者有意。一禮也，失之者無意，見之者有心。漸至失歡,終成大恨。爲父者,豈可聽不明之婦與童稚之子,而不預爲之地乎?平居必早教其子曰:"言不可直遂也,必以委婉出之。事不可草率也,必以周旋行之。聲音笑貌,貴有彌縫補救之意。行於其間,庶可得繼母之無怒。"又必早訓其婦曰:"己所親生,尚多不孝,況非己出者乎?己之所生,雖忤逆猶加慈愛。非己子,一言稍失,便加棄絶,亦非人情。況子,我之子也。愛我子,即是愛我。不愛我子,即是棄我矣。"如是開誠訓誨,庶可令子母和好。不然,未有不相疾相殘者也。

凡人立身,斷不可做自了漢。人生頂天立地,萬物皆備於我。范文正做秀才時,便以天下爲己任,便有宰相氣象。如今人,豈能即做宰相?但設心行事,有利人之意,便是聖賢,便是豪傑,爲官,可也,爲士民,亦可也。無如人只要自己好,總不知有他人,一身之外,皆爲胡越,志既小,安能成大事哉?

聖賢無他長,只是見得己多未是,所以孜孜悔過遷善,而爲聖賢。凶惡之所短,只是見得自己是,而人多不是,所以刻刻怨物尤人,而爲凶惡。語云:"世人皆言人心難測,而不知己之心更難測。世人皆言人心不平,而不知己之心更不平。"苟非細察,安得知之?

王龍舒曰:"人爲君子,則人喜之,神佑之,禍患不生,福禄可永,所得多矣。"雖有時而失,命也,非因爲君子而失,使不爲君子,亦失也。爲小人,則人怨之,神怒之,禍患將至,福壽亦促,所失多矣。雖有時而得,命也,非因爲小人而得,使不爲小人,亦得也。命有定分故也。故君子樂得爲君子,小人枉了爲小人。

士君子處心行事，須以利人爲主。利人原不在大小，但以吾力量所能到處，行方便之事，即是惠澤及人。如路上一磚一石，有碍於足，去之，即是善事。惟在久久勤行耳，豈宜謂小善不足爲？

嚴君平雖賣卜，與子言依於孝，與臣言依於忠，與弟言依於悌，終日利物，而無利物之名。士君子有志於惠澤及人者，不可不識此妙理。由此推之，何事不可濟物利人。

“施藥不如施方”，極善之言也。貧窮之人，嘗苦於無錢取藥，聽其病死，殊爲可傷。余聞人言海上單方，有不必費財，得之易而有奇效者。余每試之，果驗。如好義君子能各出所聞，遍貼於人烟湊集之所，則濟人陰德，比於施藥加十倍矣。

古人所以重俠烈者，非無謂也。人當危迫之際，呼天不應，呼地不應，呼父母不應。忽有人焉，出力護持，不及於難，濟天地父母之不逮。故知俠烈不可及也。

凡人之爲不善者，造物未必即以所爲不善之事報之，而或别於一事報之。别一事，又未必大不善也，而得禍甚酷。此造物報應之機權也。

凶人貪冒無恥，隨處必欲占小利，而人亦畏之讓之。獨怪終身所占小利，必以一事盡喪之，而更過其所占之數。吉人守分循理，不敢妄爲，而人亦欺之侮之，故凡事受歉。然冥冥之天，必將以大福之事補之，而浮於其所受歉之數。或及其身，或及其子孫。歷觀往轍，無不然者。

暗箭射人者，人不能防。借刀殺人者，己不費力。自謂巧矣，而造物尤巧焉。我善暗箭，造物還之以明箭，而更不能防。我善借刀，造物還之以自刀，而更不費力。然則巧於射人殺人者,實巧於自射自殺耳。

人情盛喜時,必率略於約信,輕易於許人,後日不能踐言,多至僨事,爲人輕鄙。故喜極莫多言也。盛怒時,與人言語,顏色必變,詞氣必粗。知我者,謂我因怒而氣暴。不知我者,謂我怒彼而發嗔,啓人仇怨矣。又人怒時,一語不合,即加遷怒,甚且遷怒於毫無關涉之人。故怒極莫多言也。盛醉時,心氣昏迷,不辨是非利害,舉生平最機密之事,盡吐露於人,醒時有茫然不知者,即知而百計挽回,終無濟也。故醉極莫多言也。

面贊人之長,人雖心喜,未必深感。惟背地稱其長,則感有不可勝言者。此常情也。面責人之短,人雖不悦,未必深恨。惟背地言其短,則恨有不可勝言者。此亦常情也。夫人之與我,苟無怨,何必背地短之。若與我有怨,雖短之,而人不信。何也?以其出於仇人之口也。即信矣,不能代我而加之以禍。在彼聞之,益增其不可解之怒。是背地短人,愚者不爲。若背地稱人,正忠厚之事,智者所不廢也。

先賢云:“半句虚言,折盡平生之福。”釋氏云:“説謊爲第一罪過。”嘗見虚僞之人,從幼穉時,即喜謊言。及其長也,隨念所起,造爲虚假之論。空中樓閣,雖無意害人,而適逢其害者多矣,安得非罪過之大乎?尤可惡者,其炫耀己之才能學行也,則增一爲十,矜誇粉飾,以爲人可欺也。不知人皆厭聽也,徒增己之醜耳。

戲謔之言,出於貧賤人之口,受者不過心懷忿忿,甚或口角是非而已。若富貴之人,其招禍也必大。蓋我貴矣,雖戲言之,而彼慮我爲實語也,必畏懼恐栗。輕則多方防我,重則先施毒手矣。

人之過端，得於傳聞者，十有九僞。安可故意快我談鋒，增加分數，使其人小過成大，負玷終身。他日與人有訟，人即據傳聞爲口實，或官府聞之，令其受殃，是我害之，罪莫重矣。故傳聞人過，增加分數，關係己之陰騭尤大也。

局外而訾人短長，吹毛索垢，不留些子餘地。試以己當其局，未必能及其萬一。薛敬軒曰："在古人之後，議古人之失，則易。處古人之位，爲古人之事，則難。"

小人立心狠毒，度量淺狹，與人有怨，即以讒言中之。我心雖快，其如鬼神不悦何？語云："勸君莫要使暗箭，射人至死無人見。誰知鬼神代不平，偏向空中還重箭。"念及此，則人當度量寬宏，不可以讒言害人也。

富貴則人爭趨之，蓋有故也。彼有稱揚提拔人之力，有袒庇曲護人之勢，又有加禍於人之權。庸人不得不趨附之者，勢也。貧賤則人疏遠之，亦有故焉。一謂無所仰望於彼也。二恐其來借貸也。三恐其求我周恤也。四慮與貧賤人往來，減我體面也。庸人不得不疏遠者，亦勢也。乃知世態之厚薄親疏，是理勢之所固有，不必盡屬炎涼也。明達者，不當以此介意焉。

俗人之相與也，有利生親，因親生愛，因愛生賢。情苟賢之，不自覺其心親之而口譽之也。無利生淡，因淡生疏，因疏生賤。情苟賤之，不自覺其心厭之而口毁之也。是故富貴相交，雖疏日親。一貧一富，一貴一賤，雖親日疏。此情理之必至也。

世人評論是非，多係臆度，或由傳聞，或因怨生誣，百無一實，豈可輕信。若受謗之人，與我不相識者，則置而不傳。若其人與我相識矣，必當審其虚實。有則隱之，無則爲之辯白,庶稱隱惡揚善之君子耳。

人生世間,自幼至壯,至老,如意之事常少,不如意之事常多。雖大富貴人,天下之所仰羡以爲神仙,而其不如意事各自有之,與貧賤者無異,特所憂患之事異耳。從無有足心滿意者,故謂之缺陷世界。能達此理而順受之,則雖處患難中,無異於樂境矣。

早眠早起,其家無有不興盛者。夜間久坐,膏火費繁。日間早起,則早膳之前,已可經營諸事。較之晏起者,一日如兩晝焉。晏起之人,於緊要之事,每以日晏不及爲而中止。百事廢弛,皆由於此。又晏眠晚起,則門户失防,管理無人,竊物甚便。家多隙漏,衰敗之根也。

早眠早起,勤理家務。節省衣食,使每歲留餘,以備日後吉凶大事。由湖馬弔之類,染習既久,心志蕩佚,奸人誘之,必流賭博。父母宜婉轉教諭,子弟須深思猛省,斬斷根苗。勤葺屋宇器皿,毋令大壞難修。公衆器皿屋宇,尤宜愛惜修治,不分人我。訟至危險,小能變大。爭財爭産,得不償失。非重大萬不得已之事,勿輕易進詞。均調茶飯,遲早得宜,不使下人忍饑懷怨,妨工廢事。往來禮儀,量家貧富,以爲豐儉,不可隨俗胡行。待客宴客,當因人數多寡、新舊親疏以酌品物豐儉。勤晒衣冠書畫穀粟,不得霉黴朽蛀。勤關門户。遇吉凶諸事,身體雖疲,臨睡之時,亦宜檢點。潔淨室宇,拂拭椅桌,半在自己,不可專靠他人。訓誨婢僕,安頓什物,必令位置停當,不使動作觸礙,因而損傷。完全器皿,毋使一器分散數處,致遺失毁壞。紳衿富室子弟,倘家計一落,何妨親至畎畝督耕,親率家人經紀,切勿畏人輕笑。輕笑者,無知小人,何足計較。勤記賬册,毋令遺忘,致有錯誤。爐煤烟管,宜勤拭刷。燃燈過夜,檠底必置水盆。幼童小婢,寧令衾絮温厚,勿許被内安爐,烘熏被褥。稻草綿絮燈心安放處,勿使火光相近。保家要務事在眼前,行之甚易。惟在一家大小,人人將此事理放心上也。書此一段,貼於壁間,每日檢點,正自有益。

齊家所以難於治國者,有故也。朝廷諸事,皆有一定之法度,令民遵守。家則不然,細民之家不必言,即紳士之家,禮法條款,平日多不講求,即欲教子孫妻女,而無其具。此家之所以不能齊也。齊家之法,宜摘取經史中近情可行之禮,及律例要款,又歷代所傳嘉言懿行,班氏《女戒》、陸氏《新婦譜》等篇,集成二册。四季請善講者,在於講堂,令男子依長幼坐於外,女子依長幼坐於内,遮以簾幕,静聽講解。諸般義禮,習聞既久,雖愚昧皆有所知,桀傲者亦將漸變而循良矣。每歲須四季行之。然行此不能無費,講師之酬金,講時之飲食,必令有所取資。宜另設公田數畝,以爲公産,取資於此,庶可垂永久而不廢也。

凡婢僕雖至賤,亦當養其恥心。惟有恥心,方始可用。故雖有過,不當數責,不當頻駡。數責頻駡,雖辱不恥。廉恥既無,不可用矣。

凡置田地房屋,不宜急驟,須訪來歷明白,然後受之。試言其故:或母孀而子不肖,聽信奸人誑誘而賣者;或無子之産,非應承繼之人賣者;或相持之産,未有歸著者;或與勢豪爭衡,知力不敵,而來投獻者,皆能致日後是非官訟也。至於墳塋中木石,與先賢墓堂基址,尤宜慎重,不可受也。

鄰近利便之産,而適欲賣於我,宜增其價。不可因無人敢買,而低折其價,大傷陰騭。

馮琢庵曰:"事之初起,往往甚小。因分人我而漸大,因爭小利而益大。事已觀之,又甚小。故善處事者,大事當使之小。"此種道理,局外者清,當局多迷。臨事不覺,事後自見。

德盛者,其心和平,見人皆可交。德薄者,其心刻傲,見人皆可鄙。觀人者,看其口中所許可者多,則知其德之厚矣。看其人口中所未滿者多,則知其德之薄矣。

人生涉世,有忽略之事,有過激之言,二者皆不自知。若知之,必不施之於人矣。宜代爲推原,以爲彼之過端,彼不自知也,勿置芥蒂於心,惡怒可釋矣。若不能,則當直言以告,令其知之,彼必知過而謝罪矣。乃世之人,緘口不言,他日乘其有隙,搜索過端以報之。若受報之人能自反者,必思曰,彼如是加我,或我平日有怨於彼。虚心下氣,問其所以。彼將開誠言我之過,怨可由此兩忘矣。無如亦不能也。於是怨毒相加,至於展轉反覆,而無休息。若更有讒人交構於中,則報復益烈。嗟乎!忽略之事,過激之舉,人孰無之?既不能推情寬恕,復不能坦懷直告,至令展轉報復而無休息,豈非自成其釁乎?

凡人治家,一切田野園圃之物,不能不爲人盜竊,但不至太甚可耳。慈湖先生曰:"先君嘗步至蔬圃,謂園丁曰:'吾蔬每爲人盜取,何計防之?'園丁曰:'須捹一分與盜者,乃可。'先君大是之。嘆曰:'此園丁,吾之師也。爾等不可不謹記。'"

富貴居鄉,被人侵侮,每每有之,然畢竟是我好處。若使人望影遠避,無敢拾其田中一穗者,雖是快意,然其爲人可知矣。

士人貧困時,鄉人不知其後日尊貴,不加敬重。一旦榮達,則視鄉人如仇讎,以爲始輕慢我也。殊不知鄉人中亦有後日尊貴者,我何嘗知其日後尊貴而敬重之耶?不知自反,止責他人,何背謬也。

張安世家僮數十人,皆有技業。虞悰治家,亦使奴僕無游手。此紳宦之最有家法者也。至於鄧禹,身爲帝師,位居侯王,富貴極矣。有子十三人,讀書之外,皆令各習一藝。推鄧禹之心,蓋欲拘束子孫身心,不使其空閒放蕩,即或爵除祿去,子孫亦有以資身,不至饑寒潦倒。其爲子孫謀,何深遠也!

或問:人生無事不需財,故無不營營於利,亦無不因財而壞品行,有善處之法歟?曰:有之,一在擇術。不可因貧而窩賭,誘人子弟也。不可用炮火鷹犬,以傷禽逐獸也。不可貪口腹,而椎牛屠狗也。不可爲媒爲保,而令人財物落空,致人官訟也。不可因商賈貿易,串假僞之物以誑人也。爲貧士者,不可武斷鄉曲,出入公門,而平地生波也。此必不可爲者也。其有雖不可,而不能禁人不爲者,但當日夜思維:吾力不能擇術,而苟且爲此,已非善行,則當充無欲害人之心。爲册書者,不可飛洒錢糧,損人利己也。爲胥吏者,不可搜尋弊竇,誘官施行也;不可得財枉法,令人冤無伸雪也。爲兩班者,不可借勢居奇,勒索不已也。爲訟師者,代人伸冤,不可虛架大題,令受者破身家,令告者坐反誣也。能如此,亦無害矣。至若貧賤者,更當安命。吾命當無妻子也,雖終身營求,必不能得妻子之奉養。吾命當缺衣食也,雖終身妄求,必不能得粱肉綺羅之適體。故知命已前定,則一切因利造孽之事,自然不作矣。此貧賤者以義制利之法也。

富貴者之利財也,其義有三。一在知足。我高堂大厦,冬温夏涼,綺羅輕暖,不脱於身,肥甘高粱,不絶於口。豈知有草房茅舍、厨竈欄厠皆在一室者乎?豈知有寒無綿被,直卧於稻草中者乎?一日三餐薄粥,尚有不飽者乎?常以此自反於心,自然知足矣。二在明於道理。我雖積財如山,身既死,則不能分毫帶去。惟因財所造之孽,反種種隨吾身也。三當知子孫貧富有命。彼命優,我不遺之財而自然有之。彼命薄,雖以萬金與之,亦終不能擔受,不數年而敗去矣。知此三者,慎毋爭利而傷兄弟手足之天倫也,毋爭利而令親戚朋友情誼乖絶也,毋因人借貸押典而取過則之息也,毋因交易而斗斛權衡、入重出輕也,毋慳吝太過而令諸禮盡廢也,毋淡泊太過而令婢僕怨恨也。此富貴者以義制利之法也。

又問:中等之家,亦有法歟?曰:中等之家,既不至於饑寒無良,亦不至於因富造孽。農工商賈,各安本務。凡事量入以爲出。每歲十分留二三,以備不虞。毋爭虚體面,而多閒費。此中等之家理財之法也。

顔光衷曰:"頃有富者,貪利苛刻,計及錙銖,平時一意吝嗇,不知禮義爲何物也。身死,子孫不哀痛,不治喪,群相鬥訟。其處女亦蒙首執牒,訴於公庭,以爭嫁資,爲鄉黨笑。其子孫自幼及長,惟知有利,不知有義,故也。"以義爲利,義得而未嘗不利。家國同此一理。

張莊簡公書屏有云:"客至留飯,四碗爲程。簡隨便進,酒隨量斟。"法何妙也。近世人情,塗飾耳目。客至盛款,謂不露寒酸本色。及至貧乏逼身,寡廉鮮恥,全不顧惜,何止露出寒酸本色也。人之失算,莫此爲甚。

慳吝與儉有大别。當於理之謂儉,吝於財之謂慳。寒不惜婢僕,而令之無綿。食不惜婢僕,而令之饑餓。剩肥餘菜,不令婢僕沾唇。家財甚多，而三族之極貧無告者，有求不賑。利濟之事，毫不肯爲。乞丐至門，任彼呼號而顆粒不與。蓋儉者，用財不過則之謂，非無良殘忍，只知有財而不用之謂也。願人深辨乎此也。

世人用財貴明義理。加厚於根本，雖千金不爲妄費。浪用於無益，即一金已屬奢侈。是以豐儉貴適其宜也。吾見有人，其待兄弟親戚故舊也，絲毫必計，不肯少假錙銖。及爭虚體面，爲無益之事，以炫耀俗人耳目，則不惜無窮浪費。此全不知本末輕重，而豐儉倒施者也。人至於豐儉倒施，豈有善行足觀也哉？

儉之一字，其益有三。安分於己，無求於人，可以養廉。減我身心之奉，以賙極苦之人，可以廣德。忍不足於目前，留有餘於他日，可以福後。

凡善救人者，必先解其怒，而徐徐求其寬宥，然後其言易入。若人怒人不是，我卻以爲是，何異炎炎之火，又投膏以熾之也。

王朗川言行彙纂先生名之鈇，湖南湘陰人。

弘謀按，王君纂輯此書，采録嘉言善行，可云詳備，於世教不無裨益。凡關女德者，已采入《教女遺規》。兹摘録《詒謀》、《喪葬》、《風水》三則，以補各編所未備，且以破近時流俗之惑也。

詒謀

父之於子，惟當教之道。諺曰："孔子家兒不識駡，曾子家兒不識鬥。”習於善則善也。

養子弟,如養芝蘭,既積學以培之,更須積善以潤之。

人之教子,飲食衣服之愛,不可不均。長幼尊卑之分,不可不嚴。賢否是非之迹,不可不辨。示以均,則長無爭財之患。責以嚴,則長無悖逆之患。教以分別,則長無匪類之患。

立朝不是好官人,由居家不是好處士。平素不是好處士,由小時不是好學生。蒙童之教,大有關係如此。

凡兒童少時,須是蒙養有方,衣冠整齊,言動端莊。識得廉恥二字,則自然有正大光明氣象。

吾之一身,尚有少不同壯,壯不同老。吾身之後,焉有子能肖父,孫能肖祖?所可盡者,唯留好樣與兒孫耳。

凡人施恩澤於不報之地,便是積陰德以遺子孫。使人敢怒而不敢言,便是損陰德處。

科第必須積德。故延師教子,早晚勤課,尚不足爲慈。有子之後,更務立心爲善,廣行方便,方爲大慈。

釋氏云:“要知前世因,今生受者是。”吾謂昨日以前,而祖而父,皆前世也。“要知後世因,今生作者是。”吾謂今日以後,而子而孫,皆後世也。是所當發深省者。言前世後世,便涉杳茫。祖父、本身、子孫,何等切近。此即儒釋之分也。

問祖宗之澤,吾享者是,當念積累之難。問子孫之福,吾遺者是,要思傾覆之易。

胡安國子弟或出宴集,雖夜深不寢,以候其歸,驗其醉否。且問所集何客,所論何事,有益無益。以是爲常。

林退齋臨終,子孫長跪請訓。先生曰:“無他言。若等只要學吃虧。從古英雄,只爲不能吃虧,害了多少事。”

泰和羅文莊公,兄弟叔侄,先後相繼,咸登高第。公由家宰歸養，庭訓甚嚴。仲子謁選，乞書帖當路，圖仕南方，以便省問。公曰："數字不足惜，惜認義命二字欠確耳。平生訓汝爲何，而有是言。"竟不與書。

陸象山當家三年，自謂於學有進。此正可想"施於有政，是亦爲政"，全是孝友真切處，莫徒作鹽米零雜細碎觀也。可見治家原有學問。

羅一峰先生及第，以書寄子弟："所謂好子弟者，非好田宅，好衣服，好官爵，一時誇閭里者也。謂有好名節，與日月爭光，與山岳并重，與霄壤同久，足以安國家，足以風四維，足以奠蒼生，足以垂後世。前史所載諸名臣是也。若只求飽暖，習勢利，如前所云，惡子弟，非好子弟也。此等子弟在家也，足以辱祖宗，殃子孫，害身家。出而仕也，足以污朝廷，禍天下，負後世，豈宗祖父母之所願哉？"

陳眉公曰："士君子盡心利濟，使海内人少他不得，則天亦自然少他不得。即此，便是立命。"此報應至理，不是空言因果。

李文節云："每見士大夫一捐館舍，其子弟往往向人稱外侮，人亦爲之傷世態之炎涼，嘆人情之薄惡。予以爲不然。君子生則人敬，死則人思。彼寂寞於生前而榮華於身後，爲人尸祝俎豆者，何人哉？人必自侮而後人侮之。向使恃位挾勢，欺凌侵奪，人無奈何，直待其子孫，方與覆算。此所謂悖出悖入，出爾反爾，而稱外侮，非矣。"

喪祭

按《喪禮》，初終，疾病遷居正寢。既絶，乃哭。夫正寢，即今人家所居正廳也，惟家主爲然。餘人則各遷於其所居之室。若病勢度不可起,先設牀於正寢中。子弟共扶病者出居牀上,東首。東首者,受生氣也。既遷,則戒内外安靜,毋得喧嘩驚擾。仍令人坐其旁,視手足。男子不死於婦人之手,婦人不死於男子之手,恐其褻也。問病者有何言,有則書於紙,無則否。徹去舊時褻居之衣,加上新製之衣。貴者朝服,庶人深衣。加衣之時,每手足各一人持之。屬纊以俟氣絶。蓋置新綿於口鼻之間,綿不動,則是氣絶。氣將絶,則鋪薦席褥於地。俟氣絶,則扶居其上,以衾覆之。置之於地,冀其生氣復反也。始死,遷尸於牀。以一箸横口中,楔齒。恐死者口閉,故以箸拄齒,令開而受含也。古用角柶,今以箸代之。至是男女舉哀,哭擗無數。今見人家,於病者將危之時,便呼號哭踊,後事不能預備,不能盡禮,是《家禮》一書,不可不於平時講究之也。

人子送親,最要緊者莫如棺木。平日預備者少,臨時營造者多。匆忙昏憒之時,諸務托之親友,終非切己。又或未經諳練,倘不能如法,一錯弗能再補。板以四川花板爲上,次即婺源紫樫木,俱取木質結練,入土不朽。又次,則湖廣福建水杉,未免輕鬆枯脆。其造作擇吉期,必尋善做老手。兩牆不宜太灣,恐不能載土,日久陷坍。其糊縫搪裏封口,全要真正生漆,則性粘易乾,方能堅久。棺外亦宜多加生漆爲妙。釘以蘇木爲上,熟鐵次之。

入殮之時,舉家哭踊。將棺内事務憑之僕婢,失誤不小。須緩盡哀慟之情,必要親自鋪墊。手足要安舒,勿得拗曲。衣履要周正,勿令捲摺。四圍多用石灰紙包,摁塞緊密,勿得虚鬆,久而肉化灰鎔,相成一塊。枕宜低平,兩耳襯貼宜緊實,庶幾不致摇動。若在旅邸治喪,欲從水陸扶櫬者,絞布絲棉必不可少。絨褐最生虫蟻，切不可用。挂綫蓋棺全要中正，否則將來山向朝對不真。

亡者以入土爲安。攢厝乃一時權宜，久則潮濕鬱蒸於内，風日燥爍於外，數年棺朽，葬時另做新套，轉换之間，手足顛倒，非其部位，細小零落，不復完全，此攢厝之大病。棺之坐向，兼年庚姓氏，内宜墓志，外宜勒石，使日後子孫便於修葺，并知宗派。至於墳墓界址，宜將圖形弓步勒於碑背，以免墳丁侵竊盜賣之患。

今世喪家，用僧道作齋，或用水陸會，寫經造像，云爲死者减罪惡，必生天堂，受種種快樂，不爲，則入地獄。甚者，日則孝子沿街隨僧迎經，夜則破獄照星，或作人物戲具，講經唱法，或男女夜出迎靈，法禁不能，理諭不曉。士人家亦復爲此，曰"未能脱俗，聊復爾爾"。嗟夫，人死則形神相離，豈有復入地獄受苦痛之理？温公引唐李舟《與妹書》曰："天堂無則已，有則君子登。地獄無則已，有則小人入。"世人親死而禱浮屠，是不以其親爲君子，而爲積惡有罪之小人也，何待其親之薄哉！就使積惡有罪，豈賂浮屠所能免哉？曰：親有疾，則禱於群祠，君子或爲之。豈以親死而忘之？曰：此亦人子無已之情，悦親之意，欲其親之生也。今乃爲其死而免罪，則異矣。此事積習已久，牢不可破，細民無責也。讀書知禮者，乃亦相率而爲之，豈不惑哉？

凡弔喪，只攢分共奠。或置案軸，具牲酒食桌，不必過費，以其餘分付主人。至親奠賻，不妨稍厚。若大盤蜜樓，綾錦旛幢，人物樓閣，像生飛走之類，俱屬無益。

清明祭掃，歲一舉行，此烝嘗巨典也。近見人家子孫於祖父墳墓，或輪流派值，或糾分合行。甚或一家有故，彼此推諉。或畏遠憚勞,時日愆期,不孝莫大焉。至於本身父母,無可推托者,不過草草一盒了事。且邀朋携友,借此游玩踏青,不敬甚矣。獨不思祖父生我,原爲身後之計。如族衆貧乏,我可支持,即應竭力措辦,相邀拜掃,使祖宗血食不缺,村鄰知爲某家之墳,不敢縱畜作踐。

塋旁多栽樹木,分其疆界,以免侵占。祭享必用牲醴,佐以時鮮。蓋取薦新之義,豈可苟且塞責。若謂物力艱難,試問一歲之中,請客宴會,趨炎附勢,出分嬉游,不知浪費凡幾,何獨祖宗面上,吝此一歲一次之禮。獨不念今日享用,乃係何人創立。即使祖父無遺,當揣身從何來,亦是祖宗積德所致。吾願世之孝子順孫,寧減己身之用度,以豐祖宗之俎豆。不可以享親大典,視爲虚應故事。至於富家大族,墓旁多置祭田,以遺子孫,輪流執管,以租設祭,使子孫人人樂爲,誠法善而意深者也。

君子有終身之喪,忌日是也。君子有百世之養,丘墓是也。以丘墓爲百世之養,正是追遠之義。

今人賓朋宴會,必務豐潔,至窮水陸殊品,然後爲敬。乃祖宗祭享,多從苟簡,甚者失時不舉,晏然自安。生而疏者結其歡,死而親者忘其報,此之謂不知類。

凡服官而春秋至祭,朔望行香,士庶之家,敬神祀祖,固曰禮在則然矣。然而精誠不屬,雖三牲五鼎,登降拜跪,徒爲具文,神其爲我來格來享乎?吾謂如奉神與祖也,必思所以致敬於神與祖者何意,又思我平日立心制行,果可以告無愧於神與祖者幾何。如祭山川社稷也,以司其土者祀其神,報本反始之義屬焉。吾奉命以守此土,果能乂安保障,爲衆神靈爽所憑式乎?果能以生物爲心,以養人爲事,春祈秋報,足以爲民請命乎？如對先聖也，則聖人爲萬世師表，吾輩既在綱常名教中，果能不忝居弟子之列，而對越無慚乎？如對關聖也，則忠肝義膽，浩氣凛然，吾果能節義自矢，而不懼威靈之譴責乎？如對城隍，則彰善癉惡，昭鑑在兹，吾果能正直是凛，而不畏神目如電乎？如對諸家佛像，則色相慈悲，善氣近人，吾果能善根清淨，而不淪於罪孽乎？至於吾祀吾祖，則僾然愾然，洋洋如在矣，吾果能繼志述事，以祖父之心爲心乎？合族之兄弟子侄，疏者，則同始祖之一脈也。稍親者，則同高曾祖之子孫也。至親者，皆吾祖父之分形同氣也。吾苟不能聯屬而親厚之，或漠不關情，視如陌路，甚至爭奪興詞，吾於對越之時，尚何面目見吾祖宗父母乎？以此思之，則告虔端拜之際，備物習儀者，末也。祇於一就位，一俯伏，直作神靈祖考如在其上，吾以心相對照，求可以對神靈而不愧，質祖考而無慚。即此一時發人深省多矣，吾願人撫心而自問也。此是對越精義，亦見事神通於治人，原有至理，非空空陳設拜跪已也。凡有祭祀，不可不作此想。

風水

卜其宅兆，葬之事也。葬乘生氣，葬之理也。世乃溺於風水可致富貴，而百計營求，甚至暴露其親，以俟善地，至終身不葬焉。殊不知人固有得地而發富貴者，苟非天與善人，或亦地遇其主而然，蓋萬中之一也。若心慕富貴，而不加修焉，而專謀人之地，思以致之，是欲以智力而竊奪造化之權，豈理也哉？故有詩曰："風水先生慣脱空，指南指北指西東。山中定有王侯地，何不搜尋葬乃翁。"

吴文正公云:“德不積而求地,猶不耕而求獲。”《存耕録》云:“踏破鐵鞋無覓處,得來全不費工夫。牛眠鶴舉雖奇遇,只在方圓寸地圖。”宋謙父曰:“世人盡知穴在山,豈知穴在方寸間。好山好水世不欠,苟非其人尋不見。我見富貴人家墳,往往葬時皆貧賤。迨至富貴力可求,人事盡時天理變。”仁人孝子,可以知所自處矣。

世人立宅營墓,交易婚嫁,以至動一椽一瓦,出行數百里,無不占方向,擇日辰,汲汲以趨吉避凶爲事。不知自己一個元吉主人,卻不料理。慈湖先生訓云:“心吉則百事俱吉。古人於爲善者,命曰吉人。此人通體是吉,世間凶神惡煞,何處干犯得他。”日吉是公共的,人吉纔是自己的。

人家新卜得葬地,將安厝,忽掘見棺木骨骸者,宜即與掩埋之。而權奉新柩爲草舍,或即此稍遠,另卜穴。或竟去此,另卜穴,亦無不可。蓋論已葬與未葬,則我尚可圖。論有主與無主,則彼爲可憫。寧須我費事,無遽攘泉下之人,使一旦流離失所也。安知不更有真地,不更有佳地。襲穴以葬,毋乃不吉乎?若營城在近,原有墳冢者,但不逼近,亦自無妨。蓋生有鄰人,死有鄰鬼,其理一耳。如此存心,便是吉人,所葬必得佳地。何人多昧昧也。

古人云:求地爲致福之基,積德爲求地之本。未得地,當積德以求之。既得地,當積德以培之。是以後代鼎盛綿遠。李近吾《咏心地》有云:“俯仰乾坤何處佳,人人有地盡英華。性由天命真龍祖,道衛吾身輔峽砂。脈到靈臺方是正,穴尋華蓋不曾差。須認四端爲四應,莫將虚受作虚花。若還損壞全無用,保得完時福愈加。自古只爲君子宅,至今不作小人家。雖然説破無難認,一爭毫髮隔天涯。”縱要講求風水,亦當從此着想。

若富貴是一家私物，則前富貴人久據之，不及我矣。未富貴家，原從已富貴家分來，已富貴家仍聽未富貴家分去。今地師曰："吾能使主人萬代富貴。"夫富貴止此數，若此家萬代富貴，則彼家萬代貧賤矣。地即有此理，天未必有此心。只福地本心地，則天地人不能外者也。苟明此理，省卻多少機謀爭占之事。

文公夫子知崇安日，有小民貪大姓之吉地，預埋石碑於其墳前。數年之後，突以強占爲訟。二家爭執於庭，不決。文公親至其地觀之，見其山明水秀，鳳舞龍飛，意大姓侵奪之情真矣。及去其浮泥，驗其故土，則有碑記，所書皆小民之祖先名字。文公遂一意斷歸之。後隱居武夷山，有事經過其地。閒步往觀，問其居民，則備言埋石誑告罔上事。文公懊悔無及，乃曰："此地不發，是無地理。此地若發，是無天理。"祝罷而去。是夜大雨如傾，雲電交作。霹靂一聲，屋瓦齊鳴。次日視之，其墳已毁成一潭，連尸棺不見矣。

孫文祥自浦城歸，道經霍童鄉。日暮，忽見山旁有屋，遂投宿焉。夜半聞哭聲，問故。有夫婦曰："吾子不肖，鬻此屋。明旦將徙去，不禁悲傷耳。"文祥曰："子雖不肖，吾當爲汝謀之。"至旦，視其處，乃荒冢也。候至日午，果見衣敝袍者，同豪右僕從，持畚鍤至。文祥詰之。對曰："家貧，將祖墳遷葬。鬻地以延朝夕。"文祥傾囊與之，不告姓名而去。後數夜，夢寄宿夫婦謝曰："向日厚恩莫報，今幸獲二鳳雛相謝。"遂孕二子，先後登第。噫！觀此，則毁人之塋以葬其先，斷人之龍以利乎己，人謀即工，泉下人其肯瞑目乎？可喚醒掘古墓以葬新墳者。

清明祭掃，非僅循拜墓虚文。必也剪荆棘，培松柏，塋頭加土。周圍仔細相視，有無倒塌漏痕，鬆薄折縫之處，并狼窩獾洞，及惡樹根荄蔓延，勢將侵繞穴地。應修築，應填塞，應斬除者，上緊料理，庶以安先靈於泉下而弗替也。乃近來以挂掃爲故事，藉祭饌以游春，其哀思修墓之意，概乎不講，匆匆一拜，内返於心，安乎？偶見拜掃詩云："一年始得見兒孫，正好團圞骨肉恩。豈意到來來即去，空留細雨灑黄昏。"

名公巨卿丘墓，内有墓志，外有豐碑，再有華表人獸，以及神道碑亭。至士庶之家，雖限於分，而志石墓碑不在禁例。稍有力者内志以石，或記事功，或止勒亡者生庚故葬年月，山向四至大概，附埋冢内。上樹碑一通，不必過於高大，嫌於僭也。碑面照有無封贈職銜，據實開刻考妣。某某之墓，旁書子某孫某敬立。碑陰仍將父母生庚故葬年月，并所葬坐山朝向，及墳地四至丈尺，墓田畝數，明白刊刻，庶可以示久遠，以防侵占。葬遠鄉者，尤不可不急講也。

住宅墳塋，栽培樹木，如人衣冠齊整，令人望之起敬。每見樹木蓊鬱者，多昌盛之族。而斫伐蕭條，必家運陵替者也。堪輿家謂修竹茂林，可驗盛衰之氣象。住宅固宜，墳塋尤甚。古人恭敬，及於桑梓，重親之植也。若先人所培植者，恣意妄伐，漸至凋零。冢内何人，任意戕賊？不獨爲衰敗之徵，其不孝爲已甚矣。但族中貧富不等，富者自知愛護，貧者只顧目前，惟在富者量濟之，善勉之，使之保全。若漠不關心，不爲善全之計，較斫伐之罪，薄乎云耳？因占二絶，爲斫伐者勸焉。

滿山松柏久成陰，魂魄依栖愛茂林。孝子慈孫當世守，年年瞻拜一憑臨。可嘆兒孫意在錢，傷心古木已參天。斧斤盡伐無餘樹，空使啼鴉繞墓田。講求風水之人，偏不留意塋樹，亦是一障。

熊勉庵寶善堂不費錢功德例先生名弘備，江南淮安人。

弘謀按，世俗好資冥福而忽人事，往往佞佛修齋，迎神賽會，以爲功德。雖費錢，亦有所不惜。至於利物濟人，則又以無費爲諉也。今語以如是之爲眼前功德，而并不費錢也，有不翻然悔悟，群思爲之者乎？若夫縷舉斯世之人，臚列當爲之事，則尤使人無貴賤高下，隨其身之所處，而皆足爲功於世，積德於己也。所裨於訓俗不淺矣，故終焉有取於此。

鄉紳

倡率義舉。　正己化俗。　有利地方事，盡心告白官長。　有害地方事，極力挽回上官。　民間大冤抑，公行表白。　里鄰口角，公道解紛。　村衆逞凶，危言喝止。　不説昧心人情。　肯容人過。　肯受逆耳之言。　不評論女色。　受謗不反嗟。　保護善良。　公舉節孝。　戒人忤逆。　止人奸謀。　扶持風化。　主持公論。　嚴禁子弟恃勢凌人。　不許僕從倚勢生事。　不偏護子弟，冤苦鄉鄰。　不開害人事端。　不以財勢傲慢貧賤宗親。　勸止人刻薄取材，夤緣功名。　不侵占人田園。　不謀買人産業。　不攙搭低銀。　不薄本族，而妄認同宗。　感化人一家好善。　不包管户外事。　不隨淫朋游戲。　不借端害人。　不徇情冤人。　不以喜怒作威福。　止人不演淫戲。

不謀奪風水,暨欺壓鄰傍風水損人。　訓子孫甥侄,仁慈一體,不怒不縱。　不欺凌幼弟庶弟。　乘危不下石排擠人。　不圖方圓適自己意,妨人便利。　鼓勵人苦志讀書。　勸人重義輕利。　不揹短人價值。　不因僕從言,慢侮親友。　諭人和息詞訟。　爲人解冤釋結。　不强借人財物。　不强賒店貨。　鋤强扶弱。　敬老恤貧。　不多取姬妾。　不畜寵童。　不貪重利,將婢配匪類殘廢人。　奴婢婚配及時。　不壓良爲賤。

士人

忠主孝親。　敬兄信友。　以名節立身。　以忠孝訓俗。　敬奉聖賢典籍。　盡心啓發生徒。　敬惜字紙。　謹修言行。　誨門人言行并重。　無故不曠功課。　不菲薄人爲不足教。　耐心教訓貧家子弟。　遇聰明子弟,教之誠實。　遇富貴子弟,教之禮義。　講鄉約律法,勸戒愚人。　凡事涉閨閫者,不輕言,不落筆。　凡事屬陰私者,不攻發,不猜疑。　不書誣揭。　不寫呈稟。　不作離婚分别紙。　不昧心黨護親朋。　不扛幫打降。　不傳演邪淫小説。　不加人諢名歌謡。　編輯利濟爲善書。　不詆毁平人。　不凌虐鄉愚。　不妄圈文字,欺哄無知。　不自負才高,輕慢同學。　不譏笑人文字。　不廢散人書籍。　不恃衣頂呈人。　不作昧心干證。　遇上智,講性理學。　見愚人,説因果書。　勸止人不孝不睦諸事。　引導愚人敬宗睦族。　傳人保益身命事。

農家

耕作以時。　照顧蟲蟻。　糞田不害物命。　不阻斷走路。　填坑塹以便行人。　不唆田主,謀買取方田地。　不夥僕人,盜賣主人穀粟。　不藉主人勢,縱放六畜,殘鄰田禾苗。　不諂奉主人,耕占鄰田溝心岸界。　不坪斷人墳墓左右前後風水。　不耕占迷失墳墓。　不攛唆主人,故意阻塞水道,措鄰田錢財。　不私動主人種糧。恐臨期糁稗欺混,致損秋成。不忌鄰田禾苗茂盛,妄生殘害。　不借口鄰田六畜殘毀禾苗,唆主人詐害。　不做工懈怠,荒人田畝。　不以酒飯不厚,工錢短少,遂生怠惰,做假生活。　填墳墓穴洞。　愛惜他人車具。　驢牛猪羊食禾苗者,不輕刺戳。　犁車牛路,不圖超近,踐人禾苗。　不於戊日犁鋤田土,澆灌穢糞,污觸地祇。田家以四季戊日,皆有所犯也。《抱朴子》曰:"燕逢戊日不銜土。"

百工

雕畫不褻瀆聖像。　造物必求堅實。　不因主人酒飯簡慢,輒生壞念。　不作不吉利語。　造作不苟且草率。　不行魘魅法。　不攛哄人興造。　不傳播主東家常隱微。　不造磽薄假物。　不耽延捱工。不圖帶買受謝,哄買假貨。　不以裂破者混哄。　不輕毀成物。不妄作淫污。　不污損人衣物。　不偷竊人材料。　不輕費人材料。　愛惜鋪墊、遮蓋物件。以上工匠。　橛錨防蹶人足。　填塞橛錨洞。恐陷人足。　急流中代篙代縴。　擠塞中讓篙讓縴。　不因措索多資,羈遲急事人登岸。以上舟子。

商賈

討價不欺哄鄉愚。　不高擡柴米價。　貧人買米，不虧升合。　不賣假貨。　出入不用輕重等秤，小大升斗。　凡病人所需貨物，不措勒高價。恐貧人無力措辦，致病者難堪。污穢肴饌，不可欺人不見，仍賣人用。　不設計謀奪生意。　不忌人生意茂盛，多方讒毀。　交易公平。　童叟無二。　深夜買急需物者，不以寒冷不應。　典鋪輕減利息。　當銀錢，足其等色。貧人錢數分數，尤加寬恤。　贖當少虧無補，諒情讓免。勿使不成，致恨沉没。　不齊行勒重價。　貧人買夏帳棉衣被等，哀憐讓價，勿使不成。

醫家

施效驗良方。　遇急病，請致即行。遲速時刻，生死攸關。　診脈不輕率任意。　不因貴藥，輒減分數。　不因錢少，遲滯其往。　不因錯認病症下藥，委曲回護。　不因祈寒暑雨，憚於遠赴。　不因飲酒宴樂，托辭不往。　耐心替貧賤人診脈。　遇貧病者，捐藥救治。　不用反藥遲其痊愈。病本易治，故用反藥遲延，以圖厚謝。外科尤甚。壞良心，喪天理。不可不戒。　不用霸道劫藥，求其速效。　不乘人重病險瘡，措勒厚謝。　不妄驚病家。　不賣假藥誤人病。　不輕忽臨危病人。　不厭惡穢惡病人。　不與同道水火，誤及病人。　不圖省便，以相反藥，同器浸漬。氣味相反，有妨病者。不用墮胎藥。　不忌時醫，輒生毁謗。　認病不真實，必令邀醫會議。　請不再邀。念在牀褥者，刻不待時，速行方便。　可以步行，不必輿舟。費人財物。　不待藥資，然後發藥。

公門書史衙差之類。

隨事方便。　不勒討兒賣女錢。　不唆人興訟。　不無中生有索詐。　不撥制官長生事。　不捺案。　不妄引重律。　牌票招詳字眼，不改輕爲重。　不騙詐鄉愚。　不生枝節，提人伺候。一夫到案，闔户不寧。　不唆盜賊扳仇家。　不輕口嘈雜人。　不乘危索騙。　不輕敗人體面。　不受買囑，妄加鎖錮。　不假公造語陷人。　不洗補字眼入人罪。　入罪不下死煞字語。筆下超生，此之謂也。　杖笞不聚人一處。　不因無錢恨刑。　不杖人腿灣。　不浪費人茶飯。　不破壞人婚姻。　不叨准呈稟。　不輕送籤牌標判。　不濫差人動衆。　不輕拘婦女。　不重備刑具。　不誣害良民。　不索鋪堂。　不輕拿窩家。　不輕寫票收人監鋪。　不輕票取人物。　不逼病人婦女到官。　不使百工經紀折本。　不壞人功名性命。　不離人骨肉。　不驚動鄰佑。　不獻惡法横征酷比。　不迎官意虐民。　不使人饑餓。　軫恤獄囚。　矜原差誤。　已赦罪犯，勿復提起。　已蠲錢糧，勿勒減銷。　水旱請官早報災傷，設法賑濟。　批回速請發。解到速請審。　事屬曖昧，或關閨閫，稍可緩止，切勿送僉。　前件未完，勿挂後件，使人伺候。　多送正風俗、興利除害告示。　失節事，無論貴賤，雖目擊，必爲辨解。　節孝之名，不論低微。雖傳聞，必爲表揚。　學役時常清潔聖殿兩廡。　常請勸修整齊。　常稱人節孝德行。　不輕傳劣迹惡款。

婦女

孝敬公姑。和睦妯娌。不凌虐婢妾。不殘害妾生子女。不攛分家。不揀搶美物。不嫌憎丈夫。不欺哄丈夫。不攛謀婚姻。前妻子女,一樣看承。穢物穢器,勿暴露神前及三光下。潔淨厨竈。愛惜燈火。不在公姑前搬鬥是非。不厭女淹溺。不入寺院燒香。不憤氣詈罵,甚及丈夫父母。不欺伯叔富有。不厭薄窮親戚。不笑妯娌貧乏。不倚父母家財勢,以傲夫家。不挑唆妯娌不和。不恃父母愛,欺凌哥嫂。不占強爭勝。不賣俏弄乖。不私留飲食。不暴殄衣飾。不毒口詈罵。不言人私情。嫡庶不相容,好言周全。家中口角嫌怨,公言解釋。不恃寵滅正。嫡庶不造言讒毁。子女不私心偏向。口不多言。身不出閫。常恤奴婢勞苦。看照奴婢衣食。常令奴婢愛惜子女。常令奴婢夫妻和好。

士卒

無事勤習武藝。有事奮勇爭先。爲地方巡緝奸匪。遇水火竊盜,爭先救捕。出師不妄殺平民。不淫人婦女。不搶擄財帛。不乘救火搶物。不因挾財不遂,妄加毆殺。不拆毁人牆屋。不毁壞人家伙。不挖墳墓造鍋竈。不斫伐墳木。不擄掠子女。不勒買貨物。不欺嚇鄉愚。不強索酒食。不踐踏人禾苗。不硬使低假銀錢。不重利盤剥小民。征勦不剥人衣裳。路途不扯人負戴。

僧道

謹守清規。　嚴持戒律。　不窺人婦女。　不説戲謔語。　不説污穢語。　揭卷必先盥手。　不使婦人入寺院。不賭博。　不飲酒。　不浪費施主銀錢。　不苟簡神前香燭。　不竊用神前油燭。　祈禱必虔誠齋戒。　募修壞橋窪路。　募施冬夏茶湯。　募施棺木。　留養過路病人。掩埋無主枯骨。　不可常往施主之家。　神案整齊潔淨。不欹斜，不置穢褻器物。

僕婢工役

小心勤慎。　潔淨飯肴。　不搬弄是非，致主人骨肉不和。　不傳説主人隱事。　不背主向客。不背地咒怒主家。不誤主委托。　不拋撤飲食①。　不糜費主人柴米物料。不霉爛主人衣服，損壞器皿。　不偷盜財物飲食。　不倚主勢強買短價。　不因仇恨激怒主人生事。　不因主打駡，妄生咒咀。　不因主貧懦，便生玩侮。　不因衣食不敷萌二心。　不同輩攛害。　不剋落錢財。　不欺哄幼主。　不奸巧躲懶。　不見利忘恩。　不播揚主短。

---

① “撤”，疑當作“撒”。

大衆各種人俱在内，故曰大衆。

父母前解一怒，舒一憂。 父母責怒順受。 勸父母改一過，遷一善。 不暴親短。 不令老親任勞。 不厭薄老病父母舉動。 對親不疾聲厲色。 友愛兄弟。 聯屬親黨。 存心依天理王法。 作事畏天地鬼神。 與人同事，不生異心。 貧不思害富。 富不可欺貧。 不唆人離間骨肉。 不輕以壞事疑人。 不暴殄天物。 用等出入公平。 用秤不捺分量。 不言人祖父卑微。 不談人閨閫。遇他人言，及幼輩，可正言叱之。長輩等輩，則以他事阻斷之。 不行使低假銀。 不強買計買，虧人命本。 不恃乖愚拙。 不毀人成功。 全婦女貞節。 延續人嗣。 不妒富欺貧。不恃強凌弱。 不挑唆搬鬥。 不下井落石。 不訐人陰私。 不因隙咒咀。 不見財毒害。 不妄起淫心。 不污人名節。 不逞志作威。 不辱人求勝。 不口是心非。不彰人短，炫己長。 勸人鄰里親戚和好。 見漁獵屠户，勸其改業。 奴婢可怒不怒，且善教之。 傳説因果方術。傳布感應善書。 息人爭訟。 不抛棄五穀。 不播揚人惡。 勸人不溺子女。 拾財寶還人。 當欲可染不染。不用有字紙張。 見播人過者止之。 見揚人善者助之。見人憂患，善爲勸慰。 勸止人不嫖賭。 不説欺誑語。不説尖酸語。 不負財物寄托。 不欺殘疾愚癡，及老幼病人。 遇急病無人料理者，即代請醫調治。 安貧守分，不生忮求。 引過歸己，推善與人。 交絶不出惡聲。 婚姻未成者，贊助之。 伉儷將乖者，勸和之。 不忘人恩。不念人惡。 不助人爲非。 不謗僧道。 水流尸骸，禀官撈起掩埋。　道路死人，倡募棺木。　地上遺骸，收聚掩埋。凡民有喪，匍匐救之。　指引迷路行人。　扶瞽目殘疾人過危橋險路。　指引涉水淺深。　剪道旁荆棘，免刺人衣。除當路瓦石，免蹶人足。　濘泥中安石塊。　斷絶處架木板。　黑暗中，照人一燈。　雨中借人雨具。　時時察奴婢饑寒病暑。　率鄉里平升斗等秤。　禁幼小子女淩虐婢僕。不聽婦人言，疏殘骨肉。　不窺人私書。　不沉滯人書信。興造顧鄰人風水。　受享知慚愧。　贊成人好事。　申雪人冤枉。　禁無故宰殺。　不侮弄老幼殘廢人。　行路不踐人禾稼①。　不埋没寄托子女姓氏。　見人冢棺暴露，以土掩之。　不壞人義冢。　不呵駡風雨。　當與人財物，不遲時。　不以祖父骨骸頻遷，妄希富貴。　不説傷風化語。不乘火窺人婦女。　不借救火携人物件。　不傲慢尊長。不離間骨肉。　常將不如己者，强自寬解。　見諸聖像，瞻仰恭敬。　不阻人爲善。　不助人爲惡。　不毁禽獸巢穴。不取鳥卵。　三春不打鳥。　義犬不賣屠家。犬之有義，甚於人心。且其知覺，與人無二。　不食耕牛犬肉。　不掯勒佃户。見有當救者，勉力必救。　凡可從寬者，勉力必寬。　不沉匿借物。　不因善人失意，自己貧困，遂退善念。　不見惡人富貴，遂疑報爽。　糕餅藥餌，必先父母而後兒孫。　扶貧濟困，必先本宗而後外族。　凡事肯替别人想。　凡物肯替别人惜。　所欲必推，所惡勿施。　勿以善小而不爲。勿以惡小而爲之。

---

①“稼”，原作“嫁”，據《四部備要》本改。

從政遺規

序

余幼承父兄師友之訓，知肆力於讀書，不以世故紛其心，而賦性迂拙，作輟無常，誦讀不多，體認尤淺，悠悠忽忽，竟不知讀書將以何爲也。迨入仕途，官場事宜尤未嫻習，臨民治事，茫無所措。未優而仕，不學製錦，心竊憂之。然平時偶有得於聖賢之緒論，合之今時情事，多所切中，此心稍有把握。措之事爲，幸免隕越，不至如夜行者之倀倀何之。乃益悔前此之鮮學，而古訓之不可一日離也。因於簿書餘閒，時一展卷，藉兹陳編以祛固陋。凡切於近時之利弊，可爲居官箴規者，心慕手追，不忍舍置。不敢謂仕優而學，亦庶幾即仕即學之意云爾。

方今民生蕃庶，待治方殷。聖天子本躬行心得之餘，布範世誡民之政，有司牧之責者，益當從根本上講求教養之方，爲民生久遠之計。若僅以因循陋習，了官場之故套，何以上副聖訓，何以下符民望。自惟德薄能淺，無以爲同僚諸君倡，惟奉兹古訓，隨時考鏡，轉相傳布，以此自勉，即以此勉人。較之門面牌檄，差爲親切焉。蘇子云："藥雖進於醫手，方多傳於古人。"自古及今，此心同，此理同。故以古人之方，醫後人之病而無不立效。願諸君推心理之相同，以盡治人之責，而又參之前言往行，以善其措施，則宜民善俗，或有取焉。幸毋曰“業已仕矣，何暇言學”，竟等諸古人之糟粕也。

乾隆壬戌長至月桂林陳弘謀書於西江使署[①]。

① 本段之下原緊附目録，今移至總目録。

卷之上

吕東萊官箴

公名祖謙，南宋時婺州人。官至著作郎，直秘閣。謚曰成，從祀廟庭。

弘謀按，東萊先生以體道自任，以立教爲心。朱子稱其"德宇寬弘，識量閎廓。所立甚高，無求不備"，蓋相推者至矣。所著《官箴》，首以《覓舉》、《求權要書》爲戒，見居官者，必先自立，然後可以有爲。士大夫不講氣節，雖有才華，徒工奔競，患得患失，何所不至耶？至於謹小慎微，慈祥豈弟，任理而不任氣，此儒術之異於俗吏也。《雜説》中，有語最精確，足爲居官之箴者，并附録焉。

覓舉。　　求權要書保庇。

容尼媪之類入家。　　刑責過數。

接伎術人，及薦導往他處。

薦人於管下買物。茶墨筆之類。

親知雇船脚，用官錢，或令吏人陪備。須令自出錢，但催促令速，足矣。

遇事不可從，不當時明説，誤人指擬，以致生怨。

受所部送饋，及赴會。　如送饋果食之類，則受。仍當廳對衆開合子，置簿抄上，隨即答之。餘物不可受。

凡治事有涉權貴，須平心看理之所在。若其有理，固不可避嫌，故使之無理。直須平心看。若有一毫畏禍自恕之心，則五分有理，便看作十分有理。若其無理，亦不可畏禍，曲使之有理。政使見得無理，只須作尋常公事看。斷過後，不須拈出説。尋常犯權貴取禍者多，是張大其事，邀不畏強禦之名，所以彼不能平。若處得平穩妥貼，彼雖不樂，視前則有間矣。然所以不欲拈出者，本非以避禍，蓋乃職分之常。若特然看做一件事，則發處已自不是矣。

舍人官箴此先生曾叔祖名大中之言，而先生述之者也。

當官之法，唯有三事，曰清，曰慎，曰勤。知此三者，則知所以持身矣。然世之仕者，臨財當事，不能自克，常自以爲不必敗。持不必敗之意，則無不爲矣。然事常至於敗，而不能自已。故設心處事，戒之在初，不可不察。借使役用權智，百端補治，幸而得免，所損已多，不若初不爲之爲愈也。司馬子微《坐忘論》云："與其巧持於末，孰若拙戒於初。"此當官處事之大法，用力寡而見功多。無如此言者，人能思之，豈復有悔吝耶？

事君如事親，事官長如事兄，與同僚如家人，待群吏如奴僕，愛百姓如妻子，處官事如家事，有才識而不能任事，皆由不肯如此着想耳。然後爲能盡吾之心。如有毫末不至，皆吾心有所不盡也。故事親孝，故忠可移於君。事兄弟，故順可移於長。居家治，故事可移於官。豈有二理哉？

當官處事，常思有以及人。如科率之行，既不能免，便就其間求所以使民省力，不使重爲民患，其益多矣。

予嘗爲泰州獄掾。顔岐夷仲以書勸予治獄次第。每一事，寫一幅相戒。如夏月取罪人，早間在西廊，晚間在東廊，以避日色之類。又如獄中遣人勾追之類，必使之畢此事，不可更别遣人，恐其受賂已足，不肯畢事也。又如監司郡守嚴刻過當者，須平心定氣，與之委曲詳盡，使之相從而後已。如未肯從，再當如此詳之，其不聽者少矣。

當官之法，直道爲先。其有未可一向直前，或直前反敗大事者，須用馮宣徽所稱惠穆稱停之説。此非特小官然也，爲天下國家當知之。

前輩嘗言：小人之性，專務苟且。明日有事，今日得休且休。當官者不可徇其私意，忽而不治。諺曰："勞心不如勞力。"此實要言也。當官既自廉潔，又須關防小人。如文字歷引之類，皆須明白以防中傷。不可不至謹，不可不詳知也。

當官者，凡異色人，皆不宜與之相接。巫祝尼媪之類，尤宜疏絶。要以清心省事爲本。

後生少年，乍到官守，多爲猾吏所餌，不自省察。所得毫末，而一任之間，不復敢舉動。大抵作官嗜利，所得甚少，而吏人所盜不貲矣。以此被重譴，可惜也。

當官者，先以暴怒爲戒。事有不可，當詳處之，必無不中。若先暴怒，只能自害，豈能害人？前輩嘗言，凡事只怕待。待者，詳處之謂也。蓋詳處之，則思慮自出，人不能中傷也。嘗見前輩作州縣或獄官，每一公事難决者，必沉思静慮累日，忽然若有得者，則是非判矣。是道也，唯不苟者能之。治獄不苟，皆一點不忍之心，非僅懼禍而已。

處事者，不以聰明爲先，而以盡心爲急。不以集事爲急，而以方便爲上。方便二字，即利濟也。要盡心體貼方得。

同僚之契，交承之分，有兄弟之義，至其子孫，亦世講之。

前輩專以此爲務，今人知之者蓋少矣。又如舊舉將，及舊嘗爲舊任按察官者，後己官雖在上，前輩皆辭避坐下坐。風俗如此，安得不厚乎？

當官取庸錢般家錢之類，多爲之程，而過受其直。所得至微，而所喪多矣。亦殊不知此數亦吾分外物也。

畏避文法，固是常情。然世人自私者，率以文法難事，委之於人。殊不知人之自私，亦猶己之自私也。以此處事，其能有濟乎？在己畏爲其難，偏欲以難責人，不恕故也。不恕由於不公。

唐充之，廣仁。賢者也，深爲陳、鄒二公所知。大觀政和間，守官蘇州。朱氏方盛，充之數譏刺之。朱氏深以爲怨，傅致之罪。劉器之以爲充之爲善，欲人之見知，故不免自異，以致禍患，非明哲保身之謂。

當官大要，直不犯禍，和不害義，在人消詳斟酌之爾。然求合於道理，本非私心專爲己也。

當官處事，但務着實，如塗擦文書，追改日月，重易押字，萬一敗露，得罪反重，亦非所以養誠心，事君不欺之道也。百種奸僞，不如一實。反覆變詐，不如慎始。防人疑衆，不如自慎。智數周密，不如省事。"養誠心"句，所包甚廣。

事有當死不死，其詬有甚於死者，後亦未必免死。當去不去，其禍有甚於去者，後亦未必得安。世人至此，多惑亂失常，皆不知義命輕重之分也。此理非平居熟講，臨事必不能自立。古之欲委質事人，其父兄日夜先以此教之矣。中材以下，豈臨事一朝一夕所能至哉？教之有素，其心安焉，所謂有所養也。

忍之一字，衆妙之門，當官處事，尤是先務。若能清慎勤之外，更行一忍，何事不辦。《書》曰："必有忍，其乃有濟。"此處事之本也。諺有之,曰:“忍事敵災星。”少陵詩云:“忍過事堪喜。”此皆切於事理,爲世大法,非空言也。王沂公嘗説:“吃得三斗釅醋,方做得宰相。”蓋言忍受得事也。耐瑣屑,習煩苦,不輕喜,不易怒,不激不隨,皆忍字之妙,故居官以此爲尚。

雜説附

大抵人臣多顧一分之害,壞國家十分之利。

仕宦須脱小規模。一仰羨官職。二隨人説是非。三乘空接響,揣量測度。四謂求知等事爲當爲之事。

凡世俗所謂“不妨”、“有例”、“不見得”、“未必知”、“衆人都如此”、“也是常事”之類,皆不可聽。許多苟且之事,俱由此起。

士大夫喜言風俗不好。風俗是誰做來?身便是風俗,不自去做,如何得會好?講風俗,能就自己身上講起,便有許多不肯苟且之意。

凡聽訟,不可先有所主。以此心而聽訟,必有所蔽。若平心去看,便不偏於一,曲直自見。

凡人有所干求,可不可,須便説,不可含糊。

凡使人,須度其可行,然後使之。若度其不可而强使之,後雖有可行者,人亦不信。且如立限令三日可辦,卻只限一日,定是違限,其勢不得不展。自此以後,雖一日可到之事,亦不信矣。

與人交際,須是通情。若直以言語牢籠人情,豈能感人。須是如與家人婦子説話,則情自通。居官臨民,尤宜體此。

兩人不足,自處其間,甲必來説乙不是,乙亦來説甲不是。若都不應和,人將以我爲深,或以爲黨。在應和之語,須是如與甲同坐，對乙面前也説得方可。

聽人説話，或有不中節者，亦無都不應答之理。説十句中，豈無一句略可取？將此一句推説應之，亦於其人有益。略其所短，取其所長，既不失己，亦不失人。推之，即大舜之隱惡揚善也。

何西疇常言

先生名坦，字少平，廣昌人。宋淳熙進士，官寶謨閣直學士。謚文定。

弘謀按，先生初仕宜黄尉，陸子静稱其“廉潔剛毅，竭力衛民，有富貴貧賤不能淫移之概”。後提刑粤東，政迹尤著，蓋宋儒之德業兼懋者也。惜其著述多不傳，遍訪僅得《常言》一帙。所采録者，寥寥數語，而其砥勵志節，體恤人情，不激不隨，亦可以爲居官者勸矣。

一毫善行皆可爲，毋徼福望報。一毫惡念不可萌，當知出乎爾者反乎爾。居官不可存徼福望報之心，又當知有出爾反爾之事。

惟儉足以養廉，蓋費廣則用窘，盻盻然每懷不足，則所守必不固。雖未至有非義之舉，苟念慮紛擾，已不克以廉靖自居矣。

士能寡欲，安於清淡，不爲富貴所淫，則其視外物也輕，自然進退不失其正。

君子有偶爲小人所困抑，若自反無愧怍，於我何損？又安知其不爲道德之助歟？

富兒因求宦傾貲，污吏以黷貨失職。初皆起於慊其所無，而卒至於喪其所有也。各泯其貪心，而安分守節，則何奪禄敗家之有。

凡居人上，有勢分之臨，惟以恕存心，乃可以容下。故行動必先謦欬,步遠則有前導,燕坐則毋簾窺壁聽。是故君子不發人陰私,不掩人之所不及也。何等光明正大。

人事盡而聽天理,猶耕墾有常勤,豐歉所不可必也。不先盡人事者,是舍其田而弗芸也。不安於靜聽者,是揠苗而助之長也。孔子進以禮,退以義,非盡人事與?得之不得曰有命,非聽天理與?

君子之事上也,必忠以敬,其接下也,必謙以和。小人之事上也,必諂以媚,其待下也,必傲以忽。媚上而忽下,小人無常心,故君子惡之。小人刻刻在勢利上講求,所以無常。

爲政寬嚴孰尚?曰:張嚴之聲,行寬之實。政有綱,令有信,使人望風肅畏者,聲也。法從輕,賦從薄,使人安靜自適者,實也。乃若始焉玩易啓侮,終焉刑不勝奸,雖欲行愛人利物之志,吾知其有不能也。法不可玩,心主於慈。

凡涖事之始,不可自出意見,以立科條。雖嘗有所受之,亦恐易地不便於俗也。苟人情有咈而固行之,終必捍格。如病其難行而中變,後有命令,人弗信矣。故初政莫若一仍舊貫,如行之宜焉,何必改作。或節目未便,熟察而徐更之。人徒見上下相安,而泯不知其所自,不亦善乎?故君子視俗以施教,察失而後立防也。視俗以施教,察失而立防,當今政教之極則也。

官職崇卑,當安義命。自抱關擊柝上下,苟能官修其方,職思其憂,雖未著殊庸偉績,亦可無愧於心,無負於國。若苟且以僥求倖進,將誰欺乎?

居下位,求應上之期會,則涖事毋拘早晏也。然須群吏咸集,則觀聽無疑。吏或獨抱文書以進,在我者,固不爲其私請而曲徇。萬一小人巧設陰計,姑衒外以售其私,則瓜李何能自明，玆不可不防也。

敝政有當革者，必審稽源委。而其更也，於公私兼利，夫復何疑？若動而利少害多，不若用靜吉也。

舉事而人情俱順，上也。必不得已，利無十全，則寧詘己以求利乎人，毋貽害於人而求便乎己。

法示防閑，非必盡用。職存臨涖，安在逞威。但使條教章明，則易避而難犯。吾謹無以擾之，任其耕食鑿飲而已矣。以不擾爲安，乃善政也。

守曰牧民，令曰字民，撫養惟鈞，而孳育取義尤切也。蓋求牧與芻，不過使飽適而無散佚耳。凡乳兒有所欲惡，不能自言，所以察其疾癢，時其饑飽，勿違其意，是可爲乳哺者責也。若保赤子，故縣令於民爲最親。

近世長民者，每立抑強扶弱之論。往往所行，多失之偏，未免富豪有辭於罰。夫強弱何常之有？固有貲厚而謹畏者，有怙貧而亡藉者。當置強弱而論曲直，可也。情僞百出，何所不有？一有成見，自然不得其平。直者伸之，曲者挫之，一當其情，人誰不服？若任事者律己不嚴，而爲強有力者所持，則政格不行，孰執其咎哉？

君子當官任職，不計難易，所計者是非耳。而志在必爲，故動而成功。小人苟祿營私，擇己利便，而多所避就，故用必敗事。趨利而利未必得，避害而害未必免。往往如此。

仲弓問政，夫子告之以舉賢才。子游宰武城，方叩其得人，而遽以澹臺滅明對。夫邑宰之卑，仕非得志也，而聖門之教，必使之以舉賢爲先。子游方閒暇時，已得人於察訪之熟。後世有位通顯，而蔽賢不與之立，何以逃竊位之誚哉？

天下不能常治，有弊所當革也。猶人身不能常安，有疾所當治也。溺於宴安,而因循弗革,是卻藥屏醫,而覬疾之自愈也。率意更張,而躁求速效,是雜方俱試,而幸其一中也。以因循爲安静,以紛更爲振作者,所宜鑑此。

使人當用其所長,而略其所短,則無棄才。事上當度己量力,以肅共王命,則無敗事。責人以其所不能,是使馬代耕也。強己才之所不逮,是行舟於陸也。

冠婚喪祭,民生日用之禮,不可苟也。在上莫爲之制節,而一聽俚俗之自爲,鄙陋不經甚矣。考古酌今,著爲一典,頒之以革猥習,是當今之急務也。

三代盛時,民德歸一,農祥祈報而已。今也,祠社非時,率斂征醵,急於官府。是以豐年常苦不給,一遇饑歉,則流亡矣。上之教不明,下由之而莫知悔也。如之何而使斯民之富庶也。

王伯厚困學紀聞先生名應麟,宋咸淳時人。官尚書。

弘謀按,有道之言,泛應曲當。蓋由所見者透,而所籌者遠也。伯厚先生《困學紀聞》,言近指遠,字字精奥。所采數則,不專爲從政者言,實從政切當不易之理。有心者,當自得之。

危者使平,易者使傾,《易》之道也。處憂患而求安平者,其惟危懼乎?故乾以惕無咎,震以恐致福。

烹魚煩則碎,治民煩則亂,故以叢脞爲戒。器久不用則蠹,政不常修則壞,故以屢省爲戒。多事,非也。不事事,亦非也。

君子在下位,猶足以美風俗,漢之清議是也。小人在下位,猶足以壞風俗,晋之放曠是也。《詩》云:“君子是則是效。”

“神之聽之，終和且平”，朋友之信，可質於神明。“神之聽之，式穀以女”，正直之道，無愧於幽隱。

“四十始仕，道合則服從，不可則去”，古之人自其始仕，去就已輕。“色斯舉矣”，去之速也。“翔而後集”，就之遲也。可爲貪榮躁進者戒。

互鄉童子則進之，開其善也。闕黨童子則抑之，勉其學也。兼此二義，可以因人施教，可謂以德化民。

游執中曰：“嘗以晝驗之妻子，以觀其行之篤與否也。夜考之夢寐，以卜其志之定與未也。”

延平先生論治道，必以明天理、正人心、崇節義、厲廉耻爲先。

“一叢深色花，十户中人賦。”白樂天謂牡丹也。“豈知兩片雲，戴卻數鄉税。”鄭雲叟謂珠翠也。侈靡之蠹甚矣。四句詩中，有無限愛惜民力之意。

有問心遠之義於胡文定公者。公舉上蔡語曰：“莫爲嬰兒之態，而有大人之器。莫爲一身之謀，而有天下之志。莫爲終身之計，而有後世之慮。此之謂心遠。”總是爲天下，不爲一身。計久遠，不計目前。可爲居官者法。

化書曰：“奢者富不足，儉者貧有餘。奢者心常貧，儉者心常富。”季元衡《儉説》曰：“貪饕以招辱，不若儉而守廉。干請以犯義，不若儉而全節。侵牟以聚仇，不若儉而養福。放肆以逐欲，不若儉而安性。”皆要言也。若璩按，《炳燭齋隨筆》：“嗇於己，不嗇於人，謂之儉。嗇於人，不嗇於己，謂之吝。嗇於人，并嗇於己，謂之愛。儉者，君子之德也。吝與愛，小人之事也。”斯言出《晏子》。如晏子者，真能儉者也。

荀悦《申鑒》曰:"睹孺子之驅雞,而見御民之術。孺子之驅雞,急則驚,緩則滯,馴則安。"治民少不得"寧耐"二字,此喻切妙。

錢文季《維摩庵記》云:"維摩詰,非有位者也,而能視人之病,爲己之病。今吾徒奉君命,食君禄,乃不能以民病爲己責,是詰之罪人也。"

龍圖梅公五瘴説

公名摯,字公儀,宋成都人。官諫議大夫。此徙昭州時作。

弘謀按,此文刻於桂林龍隱洞之巖石。當時仕於斯者多患瘴,故作此説。所列五瘴,皆仕宦之積病,而水土之惡不與焉。蓋瘴自外來者可卻,瘴自内出者不可避也。大凡居官,每每計較地方苦樂,以爲憂喜。若惟恐地方之有累於己,而不慮己之有負於地方,以此五者自省,亦可知所置力。正不徒身在瘴鄉者,書之以自壯耳。

仕有五瘴,避之猶未能也。急征暴斂,剥下以奉上,租賦之瘴也。深文以逞,良惡不白,刑獄之瘴也。晨昏荒宴,廢弛王事,飲食之瘴也。侵牟民利,以實私儲,貨財之瘴也。盛陳姬妾,以娱耳目,帷箔之瘴也。有一於此,民得以怨之,神得以怒之。而後逆氣成象,俾安者疾之,疾者殛之,以示天戒。雖日在輦轂下,亦不可逭,矧荒遠乎?世之仕者,或不自知五瘴之過,止歸咎於土瘴,得不謬與?

許魯齋語録

先生名衡,字平仲,元時河南河内人。官國子監祭酒。謚文正,從祀廟庭。

弘謀按,先生數逢陽九,崎嶇戎馬之間,獨以正心誠意之學倡其徒,以學校農桑之務告其君，使堯舜之所以爲治，孔孟之所以爲教者，燦然復明於世，厥功巨矣。惜其疏稿多削而不存，集中所載，十無二三。兹采其言之關於治道者，附見一斑。有志者悉心玩味，隨事體驗，亦可以卓然自立矣。

孔子曰："政寬則民慢，慢則糾之以猛。猛則民殘，殘則施之以寬。寬以濟猛，猛以濟寬，政是以和。"斯不易之常道也。

革人之非，不可革其事，要當先革其心。其心既革，其事有不言而自革者也。

恐害己者，必思所以害人也。豈知利人則未有不利於己者也。至於推勘公事，已得人情，適當其法，不旁求深入，是亦利人之一端也。彼俗吏不達此理，專以出罪爲心，謂之陰德。予曰："不然。履正奉公，嫉惡舉善，人臣之道也。有違於此，則惡者當害之，而反利之，善者當利之，而反害之。明不能逃其刑責，幽不能欺於神明，顧陰德何有焉？"

每臨事，且勿令人見喜。既令人見喜，必是偏於一處，隨後便有弊。既不令人喜，亦不令人怒，便是得中。

地力之生物有大數，人力之成物有大限。取之有度，用之有節，則常足。取之無度，用之無節，則常不足。生物之豐歉由天，用物之多少由人。

爲人臣者，常存心於君，以君心爲心，承順不忘，願國家之事，都得成就，即是至公心，可謂仁也。於自己爲臣之分，各有所當職，常保守其分，不致虧失，可謂義也。以公心謂仁，仁字纔有分曉。以盡職守分謂義，義字乃見着實。

人要寬厚包容，卻要分限嚴。分限不嚴，則事不可立，人得而侮之矣。魏公素寬厚，及至朝廷事，凜然不可犯也，所以爲當世名臣。今日寬厚者,易犯,威嚴者,少容,於事業之際,皆有病。

天地只是個生物心,聖人只是個愛物心,與天地心相似。百端用意,只是如此。禮樂刑政,皆是也。刑法家説,便不如此,便失了聖人本心,便與事物爲敵。一切以法治之,無復仁恩。

聖人如何能使百姓無訟?只是説謊不着實的人,向聖人面前,不敢盡意説他那妄誕的虚辭。蓋因聖人能明自家的明德,於事理所止處,件件都明白,能使百姓每畏服他,自然無那顛倒曲直相爭訟的,所以訟不待聽,而自然無了。

小兒或饑或寒,自家不會説。爲慈母的保愛他,用心誠求,探求他所欲。雖不能盡中其意,也不甚相遠。若百姓的好惡,比小兒又容易曉。爲人上的,但推此心,誠實去求之,未有不得其所欲者。

古者大學之道,以修身爲本。凡一事之來,一言之發,必求其所以然,與其所當然。不牽於愛,不蔽於憎。不因於喜,不激於怒。虚心端意,熟思而密處之。雖有不中者,蓋鮮矣。

人之情僞,有易有險。險者難知,易者易知。易知者,雖談笑之頃,几席之間,可得其底藴。難知者,雖同居共事,閲月窮年,猶莫測其意之所向。雖然,此特係夫人之險易者然也。又有衆寡之辨焉。寡則易知,衆則難知。難知非不智也,用智分也。易知非多智也,合小智而成大智也。故在上之人,難於知下。在下之人,易於知上。其勢然也。處難知之地,御難知之人,欲其不見欺也蓋難矣。

審而後發,發無不中。否則觸事遽喜,喜之色見於貌,喜之言出於口,人皆知之。徐考其故,知無可喜者,則必悔其喜之失。甚至先喜後怒，先喜是，則後之怒非也。號令數變，無他也，喜怒不節之故。

任用人材，興作事功，自己已有一定之見。然不可獨用己意，則排沮者必多，吾事敗矣。稽於衆，取諸人以爲善，然後可。

薛文清公要語公名瑄，號敬軒，河津人。永樂進士，仕至禮部侍郎。從祀廟庭。

弘謀按，先生以理學巨儒，爲一代名臣。兹編所録，皆從躬行實踐、生平閲歷而出，故言之平正無疵，而親切有味若此。人能悉心體究，嚴義利之辨，觀物我之源，則心地日就光明，規模日就宏遠。孰謂儒術迂疏而寡效耶？

吾居察院中，每念韋蘇州“自慚居處崇，未睹斯民康”之句，惕然有警於心云。

孔子曰：“不患無位，患所以立。”惟親歷者知其味。余忝清要，日夜思念，於職事萬無一盡，況敢恣肆於禮法之外乎？

凡國家禮文制度、法律條例之類，皆能熟觀而深考之，則有以酬應世務，而不戾乎時宜。

爲官最宜安重，下所瞻仰，一發言不當，殊愧之。

二十年治一怒字，尚未消磨得盡，以是知克己最難。

人之子孫，富貴貧賤，莫不各有一定之命。世之人不明諸此，往往於仕宦中，昧冒禮法，取不義之財，欲爲子孫計。殊不知子孫誠有富貴之命，今雖無立錐之地以遺之，他日之富貴將自至。使其無富貴之命，雖積金如山，亦將蕩然不能保矣。況不義而入者，又有悖出之禍乎？

余每夜就枕，必思一日所行之事。所行合理，則恬然安寢。或有不合，即展轉不能寐。思有以更其失，又慮始勤終怠也，因筆録以自警。

視民如傷，當銘諸心。銘諸心，則滿腔皆惻隱之心，觸處有利濟之事矣。

寧人負我，毋我負人。此言當留心。治民亦當曉此。

修德行義之外，當一聽於天。若計較利達，日夜思慮萬端，而所思慮者，又未必遂，徒自勞擾，只見其不知命也。修德行義，原無聽命之理，此即義字也。故義命二字，不可偏廢。

不可因小人包承而易其志。

處人之難處者，正不必厲聲色，與之辨是非，較長短。惟謹於自修，愈謙愈約，彼將自服。不服者，妄人也，又何校焉。

有益者不爲，無益者爲之，所以苦其勞，而不見成功。

不可乘喜而多言，不可乘快而易事。

不可因人曲爲承順，而遂與之合。惟以義相接，則可以與之合。

待吏卒輩，公事外，不可與交一言。

待下固當謙和。謙和而無節，反納其侮，所謂“重巽，吝也”。惟和而莊，則人自愛而畏。

事纔入手，便當思其發脱。所謂能發能收也。

事已往，不追，最妙。

文中子曰：“僮僕稱恩，可以從政矣。”

文中子曰：“多言不可與遠謀，多動不可與久處。”

所見既明，當自信。不可因人所説如何，而易吾之自信。

君子取人之德義，小人取人之勢利。

疑人輕己者，皆内不足。官場中，因此害事不少。

不可強語人以不及,非惟不能入,彼將易吾言矣。

人未已知,不可急求其知。人未己合,不可急與之合。

聞人毁己而怒,則譽己者至矣。

人譽己,果有善,但當持其善,不可有自喜之心。無善,則增修焉可也。人毁己,果有惡,即當去其惡,不可有惡聞之意。無惡,則加勉焉可也。

自家一個身心,尚不能整理,更論甚政治。

當官不接異色人,最好。不止巫祝尼媪宜疏絶,至於匠藝之人,雖不可缺,亦當用之以時,大不宜久留於家,與之親狎。皆能變易聽聞,簸弄是非。儒士固當禮接。亦有本非儒者,或假文辭,或假字畫以媒進,一與之款洽,即墮其術中。如房琯爲相,因一琴工董庭蘭出入門下,依倚爲非,遂爲相業之玷。若此之類,皆能審察疏節,亦清心省事之一助。

心不可有一毫之偏向,有則人必窺而知之。余嘗使一走卒。見其頗敏捷,使之稍勤,下人即有趨重之意,余遂逐去之。此雖小事,以此知當官者當正大明白,不可有一毫之偏向。

余於坐立方向、器用安頓之類,稍有不正,即不樂,必正而後已。非作意爲之,亦其性然。推廣此心,可使萬物得所。

見事貴乎理明,處事貴乎心公。理不明,則不能辨别是非。心不公,則不能裁度可否。惟理明心公,則於事無所疑惑,而處得其當矣。

立法之初,貴乎參酌事情,必輕重得宜可行而無弊者,則播告之。既立之後,謹守勿失,信如四時,堅如金石,則民知所畏,而不敢犯矣。或立法之初,不能參酌事情,輕重不倫,遽施於下。既而見其有不可行者,復遂廢格。則後有良法,人將視爲不信之具矣。令何自而行,禁何自而止乎?

中者,立法之本。信者,行法之要。

爲政以愛人爲本。

法者,因天理,順人情,而爲之防範禁制也。當以公平正大之心,制其輕重之宜。不可因一時之喜怒而立法。若然,則不得其平者多矣。

論事不可趨一時之輕重,當思其久而遠者。

用人當取其長而舍其短。若求備於一人,則世無可用之才矣。

凡取人,當舍其舊而圖其新。自賢人以下,皆不能無過。或早年有過,中年能改。或中年有過,晚年能改。當不追其往而圖其新,可也。若追究其往日之過,并棄其後來之善,將使人無遷善之門,而世無可用之才也。以是處心,刻亦甚矣。

大抵常人之情,責人太詳而自責太略。是所謂以聖人望人,以衆人自待也,惑之甚矣。

酒色之類,使人志氣昏酣荒耗。傷生敗德,莫此爲甚。俗以爲樂,余不知果何樂也。惟心清欲寡,則氣平體胖,樂可知矣。

人所以千病萬病,只爲有己。爲有己,故計較萬端。惟欲己富,惟欲己貴,惟欲己安,惟欲己樂,惟欲己生,惟欲己壽。而人之貧賤危苦死亡,一切不恤。由是生意不屬,天理滅絶。雖曰有人之形,其實與禽獸奚以異。若能克去有己之病,廓然大公,富貴貧賤,安樂生壽,皆與人共之,則生意貫徹,彼此各得分願。而天理之盛,有不可得而勝用者矣。

"使民如承大祭",然則爲政臨民,豈可視民爲愚且賤,而加慢易之心哉?

在古人之後，議古人之失，則易。處古人之位，爲古人之事，則難。一“恕”字盡之，恕則公，恕則厚，其理如此。

治人當有摻縱，人不得而怨之。

常見人尋常事處置得宜者，數數爲人言之，陋亦甚矣！古人功滿天地，德冠人群，視之若無者，分定故也。

如治小人，寬平自在，從容以處之。事已，則絶口不言，則小人無所聞以發其怒矣。

法者，天討也，或重或輕，一付之於天可也。或治奸頑，而務爲寬縱，暴其小慈，欲使人感己之惠，其慢天討也甚矣。

情可矜，雖從寬典，又當使之不知其寬可也。

爲政當以公平正大行之，是非毁譽，皆所不恤。必欲曲徇人情，使人人譽悦，則失公正之體，非君子之道也。必要人人道好，亦是私心。況人之願欲不齊，識見各别，事關重大，豈能盡如人意？

只令在己者處得是，何恤浮言。

世有假官柄以濟貪欲者，吾不知此何心也。

至誠以感人，猶有不服者，況設詐以行之乎？

養民生，復民性，禁民非，治天下之三要。

文中子曰：“古之從仕者養人，今之從仕者養己。”切中後世禄仕之病。仕者能就養人着想，纔有可觀。

政出於一，則治有所統，而民心信。

惟以文辭名位自高，而貪鄙之行，有不異常人者，斯亦不足貴也已。

人當大着眼目，則不爲小小者所動。如極品之貴，舉俗之所歆重。殊不知自有天地來，若彼者多矣。吾聞其人亦衆矣，是又足動吾念邪？惟仁義道德之君子，雖願爲之執鞭，可也。

以己之廉，病人之貪，取怨之道也。

爲政通下情爲急。

愛民而民不親者，皆愛之不至也。《書》曰："如保赤子。"誠能以保赤子之心愛民，則民豈有不親者哉？

錦衣玉食，古人謂惟辟可以有此，以其功在天下，而分所當然也。世有一介之士，得志一時，即侈用無節，甚至褻衣皆綾綺之類，宜其顛覆之無日。此余有目睹其事者，可爲貪侈之戒。

不欺君，自不欺心始。

正以處心，廉以律己，忠以事君，恭以事長，信以接物，寬以待下，敬以處事，居官之七要也。

凡所爲，當下即求合理，勿曰"今日姑如此，明日改之"。一事苟，其餘無不苟矣。

去弊當治其本。本未治而徒去其末，雖衆人之所暫快，而賢知之所深慮。

李景讓母鄭氏曰："士不勤而禄，猶災其身。"雖婦人之言，亦可以爲居官怠職者之戒。

不可假公法以報私仇，不可假公法以報私德。

爲官者，切不可厭煩惡事。苟視民之冤抑，一切不理，曰"我務省事"，則民不得其死者多矣。可不戒哉！

一命之士，苟存心於愛物，必有所濟。蓋天下事，莫非分所當爲。凡事苟可用力者，無不盡心其間，則民之受惠者多矣。

昔人謂律是八分書。蓋律之條目，莫非防範人欲，扶翼天理，故謂之八分書。看得律是防範人欲，扶翼天理，則可以用律矣。

臨屬官，公事外不可泛及他事。

作官常知不能盡其職，則過人遠矣。

處大事，不宜大厲聲色，付之當然可也。

爲政須通經有學術者。不學無術，雖有小能，不達大體，所爲不過胥吏法律之事爾。

識量大，則毁譽欣戚，不足以動其中。

法者，輔治之具。當以教化爲先。

王文成公告諭

公名守仁，號陽明，明餘姚人。官四省總制，封新建伯。祟祀廟庭。

弘謀按，爲治雖有德禮，不廢政刑。告諭者，所以章德禮之化，與民相告語。唯恐民之不知而有犯，乃以政防刑，而非以刑爲政也。張横渠爲令，每有告誡之事，必諄諄懇懇，令其轉相傳述，并不時覘其曉喻與否，即是此意。近世告文，不論理而論勢。止圖詞句之可聽，不顧情事之可行。不曰言出法隨，則曰決不寬恕。滿紙張皇，全無真意。官以挂示便爲了事，而民亦遂視爲貼壁之空文矣。陽明先生《告諭》，動之以天良，剖之以情理，而後曉之以利害。看得士民如家人子弟，推心置腹，期勉備至。民各有心，宜其所至感動也。其餘持論，大概即仕即學，擴公溥之量，遠功利之習，皆居官之藥石，因并録之。

兵荒之餘，困苦良甚。其各休養生息，相勉於善。父慈子孝，兄友弟恭，夫和婦從，長惠幼順。勤儉以守家業，謙和以處鄉里。心要平恕，毋懷險譎。事貴含忍，毋輕鬥爭。父老子弟，曾見有温良遜讓，卑己尊人，而人不敬愛者乎？曾見有凶狠貪暴，利己侵人，而人不疾怨者乎？夫嚚訟之人，爭利而未必得利，求伸而未必能伸，外見疾於官府，内破敗其家業，上辱父祖，下累兒孫，何苦而爲此乎？此邦之俗，爭利健訟。故吾言懇懇於此。吾愧無德政，而徒以言教。父老其勉聽吾言，各訓戒其子弟。諭軍民。

蒞任之始，即聞爾等積年流劫鄉村，殺害良善，本欲即調大兵，剿除爾等。因念爾等巢穴之内，豈無脅從之人。況聞爾等亦多大家子弟，其間固有識達事勢、頗知義理者。自吾至此，未嘗遣一人撫諭，遽爾興師剪滅，是亦近於不教而殺。今特遣人告諭。爾等勿自謂兵力之強，更有兵力強者，勿自謂巢穴之險，更有巢穴險者，皆已誅滅無存，爾等豈不聞見？夫人情之所共恥者，莫過於身被盜賊之名。人心之所共憤者，莫甚於身遭劫掠之苦。今使有人駡爾等爲盜，爾必怫然而怒。豈可心惡其名，而身蹈其實。又使有人焚爾室廬，劫爾財貨，掠爾妻女，爾必憤恨切骨，寧死必報。爾等以是加人，人其有不怨者乎？人同此心，乃必欲爲此，想亦有不得已者。或是爲官府所迫，或是爲大户所侵，一時錯起念頭，誤入其中。此等苦情，亦甚可憫。然亦皆由爾等悔悟不切。爾等當初去從賊時，乃是生人尋死路，尚且要去便去，今欲改行從善，乃是死人求生路，乃反不敢，何也？若爾等肯如當初去從賊時，拼死出來，求要改行從善，我官府豈有必要殺爾之理？

我每爲爾等思念及此，輒至於終夜不能安寢，亦無非欲爲爾等尋一生路。爾等冥頑不化，然後不得已而興兵，此則非我殺之，乃天殺之也。今謂我全無殺爾之心，亦是誑爾。若謂我必欲殺爾，又非本心。爾等今雖從惡，其始同是朝廷赤子。譬如一父母所生十子，八人爲善，二人背逆，要害八人。父母之心，須除去二人，然後八人得以安生。均之爲子，父母之心，何故必欲偏殺二子？不得已也。若此二子者，一且悔惡遷善,號泣投誠,爲父母者,亦必哀憫而收之。何者?不忍殺其子者,乃父母之本心也。吾於爾等,亦正如此。

聞爾等辛苦爲賊,所得亦不多,其間尚有衣食不充者。何不以爲賊之勤苦精力,而用之於耕農,運之於商賈,可以坐致饒富,游觀城市之中,優游田野之内。豈如今日擔驚受怕,出則畏官避讎,入則防誅懼勦,潛形遁迹,憂苦終身。卒之身滅家破,妻子戮辱,亦有何好?爾能改行從善,吾即視爾爲良民,撫爾如赤子,更不追咎爾等既往之罪。若習性已成,更難改動,亦由爾等爲之。吾親率大軍,圍爾巢穴。爾之財力有限,吾之兵糧無窮。縱皆爲有翼之虎,諒亦不能逃於天地之外。爾等若必欲害吾良民,使吾民寒無衣,饑無食,居無廬,耕無牛,父母死亡,妻子離散。吾欲使吾民避爾,則田業被爾等所侵奪,已無可避之地。欲使吾民賄爾,則家資爲爾等所擄掠,已無可賄之財。就使爾等今爲我謀,亦必須盡殺爾等而後可。爾等好自爲謀。吾言已無不盡,吾心已無不盡。如此而不聽,非我負爾,乃爾負我矣。嗚呼!爾等皆吾赤子。吾終不能撫恤爾等,而至於殺爾,痛哉!諭浰頭巢。○諭叛盜尚須設身處地,委曲纏綿,冀其感動,况良民耶?

風俗不美,亂所由興。窮苦已甚,而又競爲淫侈,豈不重自困乏。夫民習染已久,亦難一旦盡變。吾姑就其易改者,漸次誨爾。吾民居喪,不得用鼓樂,爲佛事。竭貲分帛,費財於無用之地,而儉於其親之身,投之水火,亦獨何心。病者宜求醫藥,不得聽信邪術,專事巫禱。嫁娶之家,豐儉稱貲,不得計論聘財裝奩,不得大會賓客,酒食連朝。親戚隨時相問,惟貴誠心實禮,不得徒飾虛文,爲送節等名目,奢靡相尚。街市村坊,不得迎神賽會,百十成群,凡此皆糜費無益。有不率教者,十家互相糾察,容隱不舉正者,十家均罪。爾民之中,豈無忠信循理之人,顧一齊衆楚,寡不勝衆,不知違棄禮法之可恥,惟慮市井小人之非笑。豈獨爾民之罪,有司者教導之不明,與有責焉。諭南安贛州軍民。

各教讀,務遵原定教條,盡心訓導。視童蒙如己子,以啓迪爲家事。不但訓飭其子弟,亦復化諭其父兄。不但勤劳於《詩》《禮》章句之間,尤在致力於德行心術之本。務使禮讓日新,風俗日美,庶不負有司作興之意,與士民趨向之心。凡教授兹土者,亦有光矣。《社學條約》。

昔人有言:"蓬生麻中,不扶而直。白沙在泥,不染而黑。"民俗之善惡,豈不由於積習使然哉?往者新民,蓋嘗棄其宗族,畔其鄉里,四出爲暴。豈獨其性之異,亦由我有司治之無道,教之無方。爾父老子弟,所以誨訓戒飭於家庭者不早,薰陶漸染於里閈者無素,誘掖奬勸之不行,連屬協和之無具。又或憤怨相激,狡僞相殘,故遂使之靡然日流於惡,則我有司與爾父老子弟,皆宜分受其責。嗚呼,往者不可及,來者猶可追。故今特爲《鄉約》,以協和爾民。自今凡爾同約之民,皆宜孝爾父母,敬爾兄長,教訓爾子孫,和順爾鄉里。死喪相助,患難相恤。善相勸勉,惡相告戒。息訟罷爭,講信修睦。務爲良善之民,共成仁厚之俗。嗚呼,人雖至愚,責人則明。雖有聰明,責己則昏。爾等父老子弟,毋念新民之舊惡,而不與其善。彼一念而善,即善人矣。毋自恃爲良民,而不修其身。爾一念而惡,即惡人矣。人之善惡,由於一念之間。爾等慎思吾言。《南贛鄉約》。

凡立十家牌,專爲止息盜賊。若使每甲各自糾察甲内之人,不得容留賊盜,右甲如此,左甲復如此,城郭鄉村,無不如此,以至此縣如此,彼縣復如此,遠近州縣,無不如此,則盜賊亦何自而生? 夫以一甲之人,而各自糾察十家之内,爲力甚易。使一甲而容一賊,十甲即容十賊,百甲即容百賊,千甲即容千賊矣。聚賊至於千百,雖起一縣之兵剿除之,爲力固已甚難。今有司往往不嚴十家牌法,及至盜賊充斥,卻乃興師動衆,欲於某處屯兵,某處截捕。不治其本,而治其末。不爲其易,而爲其難。皆由平日怠忽因循,未嘗思念及此也。目今務令各甲各自糾舉甲内。但有平日習爲盜賊者,即行捕送官司,明正典刑。其或過惡未稔,尚可教戒者,照依牌諭,報名在官,令其改化自新,官府時加點名省諭。又逐日督令各家,輪流沿門曉諭覺察。如此,則奸僞無所容,而盜賊自可息矣。

大抵法立弊生,必須人存政舉。若十家牌式,徒爾編置張挂。督勸考較之法,雖或暫行,終歸廢弛。各該縣官,務於坊里鄉都之内,推選年高有德,衆所信服之人,或三四十人,或一二十人,厚其禮貌,特示優崇,使之分投巡訪勸諭,深山窮谷必至,教其不能,督其不率,面命耳提,多方化導。或素習頑梗之區,亦可間行。鄉約進見之時,咨詢民瘼,以通下情。其於邑政,必有裨補。若巡訪勸諭著有成效者,縣官備禮親造其廬,重加獎勵。如此,庶幾教化興行,風俗可美。今之守令,不知教化爲先,徒恃刑驅勢迫,由其無愛民之實心。若果然視民如己子,亦安忍不施教誨勸勉,而輒加棰楚鞭撻。孟子云:"善政不如善教之得民也。"況非善政乎? 能以此爲政,則教亦在其中矣。總要有一片愛民實心,惟恐民之愚而犯法,乃善。

訪得各官,於所行十家牌,視爲虚文,不肯着實奉行查考,恐未悉本院立法之意,故特再行申諭。凡置十家牌,須先將各家門面小牌，挨審的實。如人丁若干，必查某丁爲某官吏，或生員，或當某差役，習某技藝，作某生理，或過某房出贅，或有某殘疾，及户籍田糧等項，俱要逐一查審的實。十家編牌既定，照式造册一本，留縣以備查考。如遇勾攝，及差調等項，按册處分，更無躲閃脱漏。一縣之事，如視諸掌。每十家，各令挨報。甲内平日習爲偷竊等項不良之人，同具不致隱漏結狀。官府爲置舍舊圖新簿，記其姓名，姑勿追論舊惡，令其自今改行遷善。果能改化者，爲除其名。境内有盜竊，即令自相挨緝。若係甲内漏報，仍并治同甲之罪。

又每日各家照依牌式，輪流沿門曉諭覺察。如此，則奸僞無所容，而盜賊亦可息矣。十家之内，但有爭訟等事，同甲即時勸解和釋。如有不聽勸解，恃強凌弱，及誣告他人者，同甲相率稟官。官府當時量加責治省發，不必收監淹滯。凡遇問理詞狀，但涉誣告者，仍要查究同甲不行勸稟之罪。又每日各家照牌，互相勸諭，務令講信修睦，息訟罷爭，日漸開導。如此，則小民益知爭鬥之非，而詞訟亦可簡矣。凡十家牌式，其法甚約，其治甚廣。有司果能着實舉行，不但盜賊可息，詞訟可簡。因是而修之，補其偏而救其弊，則賦役可均。連其伍而制其什，則外侮可禦。警其薄而勸其厚，則風俗可淳。導以德而訓以學，則禮樂可興。凡有司之有高才遠識者，亦不必更立法制。其於民情土俗，或有未備，但循此而潤色修舉之，則一邑之治，真可以不勞而致。以上諭十家牌。○如此，方見保甲之有益。

安上治民，莫善於禮。冠婚喪祭諸儀，固宜家喻而户曉者，今皆廢而不講，欲求風俗之美，其可得乎？況茲邊方遠郡，土夷錯雜，頑梗成風。有司徒事刑驅勢迫，是謂以火濟火,何益於治。若教之以禮,庶幾所謂小人學道則易使矣。福建莆田儒學生員陳大章,前來南寧游學。進見之時,每言及禮,因而叩以冠婚鄉射諸儀,頗能通曉。近來各學諸生,類多束書高閣,飽食嬉游,散漫度日。豈若使與此生朝夕講習於儀文節度之間,亦足以收其放心,固其肌膚之會、筋骸之束,不猶愈於博弈之爲賢乎?南寧府官吏,即便館穀陳生於學舍,於各學諸生中,選取有志習禮及年少質美者,相與講解演習。使諸生有所觀感興起,砥礪切磋,修之於家,而被於里巷,達於鄉村。則邊徼之地,自此遂化爲鄒魯之鄉,亦不難矣。講禮牌。○禮教始於紳士,振興全在官司。

稔惡各猺,舉兵征剿,刑既加於有罪矣,然破敗奔竄之餘,即欲招撫,彼亦未必能信。必須先從其旁良善各巢,厚加撫恤,使爲善者益知所勸,而不肯與之相連相比,則黨惡自孤,而其勢自定。令良善各巢傳道引諭,使各賊咸有回心向化之機,然後吾之招撫,可得而行,而凡綏懷制御之道,可以次而舉矣。古之人能以天地萬物爲一體,故能通天下之志。凡舉大事,必順其情而使之,因其勢而導之,乘其機而動之,及其時而興之,是以爲之但見其易,而成之不見其難。天下陰受其庇,而莫知其功之所自也。今皆反之。豈所見若是其相遠乎?亦由無忠誠惻怛之心以愛其民,不肯身任地方利害,爲久遠之圖。凡所施爲,不本於精神心術,而惟事補湊掇拾,支吾粉飾於其外,以苟幸吾身之無事。此蓋今時之通弊也。綏柔流賊牌。

廬陵文獻之地,而以健訟稱,甚爲吾民羞之。縣令不明,不能聽斷,且氣弱多疾。今與吾民約:自今非有迫於軀命,大不得已事,不得輒興詞。興詞但訴一事,不得牽連。不得過兩行，每行不得過三十字。過是者，不聽。故違者，有罰。縣中父老，謹厚知禮法者，其以吾言歸告子弟，務在息爭興讓。嗚呼，一朝之忿，忘其身以及其親，破敗其家，遺禍於子孫。孰與和巽自處，以良善稱於鄉族，爲人之所敬愛者乎？吾民其思之。

災疫大行，無知之民惑於漸染之説，至有骨肉不相顧療者。湯藥饘粥不繼，多饑餓以死，乃歸咎於疫。夫鄉鄰之道，宜出入相友，守望相助，疾病相扶持，乃今至於骨肉不相顧。縣中父老，豈無一二敦行孝義，爲子弟倡率者乎？夫民陷於罪，猶且三宥致刑。今吾無辜之民，至於闔門相枕籍以死。爲民父母，何忍坐視。言之痛心，中夜憂惶。思所以救療之道，惟在諸父老勸告子弟，興行孝弟。各念爾骨肉，毋忍背棄。灑掃爾室宇，具爾湯藥，時爾饘粥。貧弗能者，官給之藥。雖已遣醫生老人，分行鄉井，恐亦虛文無實。父老凡可以佐令之不逮者，悉以見告。有能興行孝義者，縣令當親拜其廬。凡此災疫，實由令之不職，乖愛養之道，上干天和，以至於此。縣令亦方有疾，未能躬問疾苦。父老其爲我慰勞存恤，諭之以此意。

吾之所以不放告者，非獨爲吾病不任事，以今農月，爾民方宜力田，苟春時一失，則終歲無望。若放告，爾民將牽連而出，荒爾田畝，棄爾室家，老幼失養，貧病莫全，稱貸營求，奔馳供送，愈長刁風，爲害滋甚。昨見爾民號呼道路，若真有大苦而莫伸者。姑一放告，爾民之來訟者以數千。披閱其詞，類皆虛妄。取其近似者窮治之，亦多憑空架捏，曾無實事。甚哉，爾民之難喻也。自今吾不復放告。爾民果有大冤抑，人人所共憤者，終必彰聞，吾自能訪而知之。有不盡知者，鄉老據實呈縣。不實，則反坐鄉老以其罪。自餘宿憾小忿，自宜互相容忍。夫容忍美德，衆所悦愛，非獨全身保家而已。嗟乎，吾非無嚴刑峻罰以懲爾民之誕，顧吾爲政之日淺，爾民未吾信，未有德澤及爾，而先概治以法，是雖爲政之常，然吾心尚有所未忍也。姑申教爾。申教爾而不復吾聽，則吾亦不能復貸爾矣。爾民其熟思之，毋遺悔。

縣境多盜，良由有司不能撫緝，民間又無防禦之法，是以盜起益横。近與父老豪傑謀，居城郭者，十家爲甲，在鄉村者，村自爲保，平時相與講信修睦，寇至務相救援，庶幾出入相友，守望相助之義。今城中略已編定，父老其各寫鄉村爲圖，付老人呈來。子弟平日染於薄惡者，固有司失於撫緝，亦父老素缺教誨之道也。今亦不追咎，其各改行爲善。老人去，宜諭此意，毋有所擾。

昨軍民互爭火巷，赴縣騰告，以爲軍強民弱已久。在縣之人，皆請抑軍扶民。何爾民視吾之小也。夫民，吾之民。軍，亦吾之民也。其田業，吾賦税。其屋宇，吾井落。其兄弟宗族，吾役使。其祖宗墳墓，吾土地。何彼此乎？今吉安之軍，差役亦甚繁難。吾方憫其窮，又可抑乎？彼爲之官長者，平心一視，未嘗稍有同異。而爾民先倡爲是説，使我負愧於彼多矣。今姑未責爾，教爾以敦睦。其各息爭安分，毋相侵凌。火巷吾將親視，一不得其平，吾罪爾矣。以上廬陵告諭。

贛州致仕縣丞龍韜，平素居官清謹，迨其年老歸休，遂致貧乏不能自存。薄俗愚鄙，反相譏笑。夫貪污者乘肥衣輕，揚揚自以爲得志，而愚民競相歆羨。清謹之士，至無以爲生，鄉黨鄰里，不知周恤，又從而笑之。風俗薄惡如此，有司豈能辭責。贛州府官吏，即便措置無礙官銀十兩，米二石，羊酒一付，掌印官親送本官家内，以見本院優恤獎待之意。贛縣官吏，歲時常加存問，量資柴米，毋令困乏。嗚呼，養老周貧，王政首務。況清謹之士，既貧且老，有司坐視而不顧，其可乎？遠近父老子弟，仍各曉諭。務洗貪鄙之俗，共敦廉讓之風。優獎致仕官牌。

有一屬官，聽講日久，曰："此學甚好。只是簿書訟獄繁難，不得爲學。"先生曰："我何嘗教爾離卻簿書訟獄，懸空去講學。爾既有官司之事，便從官司之事上爲學，纔是真格物。如問一詞訟，不可因其應對無狀，起個怒心。不可因其言語圓轉，生個喜心。不可惡其囑托，加意治之。不可因其請求，屈意從之。不可因自己事務煩冗，隨意苟且斷之。不可因旁人譖毁羅織，隨人意思處之。此許多意思皆私，須精細省察克治，惟恐有一毫偏倚，枉人是非。此便是格物致知。簿書訟獄之間，無非實學。若離卻事物爲學，卻是著空。"

功利之毒，淪浹人心。相矜以知，相軋以勢，相爭以利，相高以技能，相取以聲譽。其出而仕也，理錢穀者，則欲兼夫兵刑。典禮樂者，又欲與於銓軸。處郡縣，則思藩臬之高。居臺諫，則望宰執之要。故不能其事，則不得兼其官。不通其説，則不可要其譽。記誦之廣，適以長其敖也。知識之多，適以行其惡也。聞見之博，適以肆其辨也。辭章之富，適以飾其僞也。是以皋夔稷契所不能兼之事，而今之初學小生，皆欲通其説，究其術。其稱名借號，未嘗不曰"吾以共成天下之務"，而其心則以爲不如是無以濟其私，滿其欲也。嗚呼，以若是之積染，若是之心志，又講之以若是之學術，宜其聞聖人之教，而視爲贅疣枘鑿，謂聖人之學爲無所用，亦其勢所必至矣。以上《傳習録》附。

朝廷用人，不貴其有過人之才，而貴其有事君之忠。苟無事君之忠，而徒有過人之才，則其所謂才者，僅足以濟其一己之功利，全軀保妻子而已。《乞養老疏》附。

蠻夷性猶麋鹿，必欲制中土郡縣，繩之以流官之法，是群麋鹿於堂室之中，而欲其馴擾帖服，終必觸樽俎，翻几席，狂跳而駭躑矣。故必放之閒曠之區，以順適其獷野之性。今所以仍土官之舊者，是順適其獷野之性也。然一惟土官之爲，而不思有以散其黨與，制其猖獗，是縱麋鹿於田野之中，而無有牆墉之限，豶牙童梏之道，終必長奔直竄，而無以維縶之矣。今所以分立土目者，是牆墉之限，豶牙童梏之道也。然分立土目，而終無連屬綱維於其間，是畜麋鹿於苑囿，而無守視之人，以時守其牆墉，禁其群觸，終將逾垣遠逝而不知，踐禾稼，決籓籬，而莫之省矣。今所以特設流官者，是守視苑囿之人也。撫夷之論，千古不易。

思田初服，朝廷威德方新，可無反側之慮。但十餘年後，其衆日聚，其力日強，則其志日廣，亦將漸有縱肆并兼之患。故必特設流官知府以節制之。其御之之道，則雖不治以中土之經界，而納其歲辦租稅之入，使之知有所歸效。雖不蒞以中土之等威，而操其襲授調發之權，使之知有所統攝。雖不繩以中土之禮教，而制其朝會貢獻之期，使之知有所尊奉。雖不嚴以中土之法禁，而申其冤抑不平之鳴，使之知有所赴訴。因其歲時伏臘之請，慶賀參謁之來，而宣其間隔之情，通其上下之義。矜其不能，教其不逮。寓警戒於温恤之中，消倔強於涵濡之内。使之日馴月習，忽不自知其爲善良之歸。蓋含洪坦易以順其俗，而委曲調停以制其亂。此今日知府之設，所以異於昔日之流官，而爲久安長治之策也。以上《圖久安疏》附。

古之君子，惟知天下之情，不異於一鄉，一鄉之情，不異於一家，而一家之情，不異於吾之一身。故視其家之尊卑長幼，猶家之視身也，視天下之尊卑長幼，猶鄉之視家也。是以安土樂天，而無入不自得。後之人，視其兄之於己，固已有間，則又何怪其險易之異趨，而利害之殊節也哉。今仕於世，而能以行道爲心，求古人之意，以達觀夫天下，則嶺廣雖遠，固其鄉間，嶺廣之民，皆其子弟，郡邑城郭，皆其父兄宗族之所居，山川道里，皆其親戚墳墓之所在。而嶺廣之民，亦將視我爲父兄，以我爲親戚，雍雍愛戴，相眷戀而不忍去，況以爲懼而避之耶？《送黄敬夫序》附。

習俗與古道爲消長。塵囂溷濁之既遠，則必高明清曠之是宅，此遠俗之所由名也。然以提學爲職，又兼理獄訟軍賦，則彼舉業詞章，俗儒之學也，簿書期會，俗吏之務也，二者公皆不免焉。舍所事而曰“吾以遠俗”，俗未遠而曠官之責近矣。君子之行也，不遠於微近纖曲，而盛德存焉，廣業著焉，故誦其詩，讀其書，求古聖賢之心，以蓄其德而達諸用，不遠於舉業辭章，而可以得古人之學，是遠俗也。公以處之，明以決之，寬以居之，恕以行之，不遠於簿書期會，而可以得古人之政，是遠俗也。苟其心凡鄙猥瑣，而徒閒散疏放之是托，以爲遠俗，其如遠俗何哉？《遠俗亭記》附。

人者，天地之心也。民者，對己之稱也。曰民焉，則三才之道舉矣。是故親吾之父以及人之父，而天下之父子莫不親矣。親吾之兄以及人之兄，而天下之兄弟莫不親矣。君臣也，夫婦也，朋友也，推而至於鳥獸草木也，而皆有以親之，無非求盡吾心焉，以自明其明德也。是之謂明明德於天下，是之謂家齊國治而天下平。《親民堂記》附。

古者歲旱，則爲之主者，減膳撤樂，省獄薄賦，修祀典，問疾苦，引咎賑乏，爲民遍請於山川社稷，故有叩天求雨之祭，有省咎自責之文，有歸誠請改之禱。蓋《史記》所載湯以六事自責，《禮》謂"大雩，帝用盛樂"，《春秋》書"九月大雩"，皆此類也。僕之所聞於古如是，未聞有所謂書符咒水而可以得雨者也。僕謂執事且宜出齋於廳事，罷不急之務，開省過之門，洗簡冤滯，禁抑奢繁，淬誠滌慮，痛自悔責。爲八邑之民請於山川社稷，而彼方士之祈請者，聽民間從便，得自爲之，但弗之禁，而不專倚以爲重輕。《答佟太守書》附。

君子與小人居，決無苟且之理。不幸勢窮理極，而爲彼所中傷，則安之而已。處之未盡於道，或過於疾惡，或傷於憤激，無益於事，而致彼之怨恨仇毒，則皆君子之過也。昔人有言："事之無害於義者，從俗可也。"君子豈輕於從俗，獨不以異俗爲心耳。《與胡伯忠書》附。

在我果無功利之心，雖錢穀兵甲，搬柴運水，何往而非實學，何事而非天理，況子史詩文之類乎？使在我尚存功利之心，則雖日談道德仁義，亦只是功利之事，況子史詩文之類乎？一切屏絶之説，是猶泥於舊習，平日用功未有得力處故云爾。《與陸清伯書》附。

夫權者，天下之大利大害也。小人竊之以成其惡，君子用之以濟其善。故君子之致權也有道，本之至誠以立其德，植之善類以多其輔，示之以無不容之量以安其情，擴之以無所競之心以平其氣，昭之以不可奪之節以端其向，神之以不可測之機以攝其奸，形之以必可賴之智以收其望，坦然爲之下以上之，退然爲之後以先之。是以功蓋天下而莫之嫉，善利萬物而莫與爭。《楊邃庵書》附。

古禮之存於世者，老生宿儒，當年不能窮其説，世之人苦其煩且難，遂皆廢置而不行。故今之爲人上而欲導民於禮者，非詳且備之爲難，惟簡切明白，而使人易行之爲貴耳。《答鄒謙之書》附。

凡薦賢於朝，與自己用人，又自不同。自己用人，權度在我。雖小人而有才者，亦可以器使。若以賢才薦之於朝，則評品一定，便如白黑。其間舍短録長之意，若非明言，誰復知之？小人之才，豈無可用？如砒硫芒硝，皆有攻毒破壅之功。但混於參苓蓍术之間，而進之養生之人，萬一用之不精，鮮有不誤者矣。《答方叔賢書》附。

諸公名位俱極，是乃聖天子崇德任賢，更化善治，非常之舉，諸公當之無愧。但貴不期驕，滿不期溢，更須警惕朝夕，謙虛自居。其所以感恩報德者，不必務速效，求近功，要在誠心實意，爲久遠之圖。《與黄宗賢書》附。

當進身之始，德業未著，忠誠未顯，上之人豈能遽相孚信。使其以上之未信，而遂汲汲於求知，則將有失身枉道之恥，而悔吝之來必矣。故當寬裕雍容，安處於正，則德久而自孚，誠積而自感。使其已當職任，不信於上而優裕廢弛，將不免於曠官失職，其能以無咎乎？《五經臆説》附。

子禮爲諸暨宰，問政。陽明子與之言學，而不及政。子禮退而省其身。懲己之忿，而因以得民之所惡也。窒己之欲，而因以得民之所好也。舍己之利，而因以得民之所趨也。惕己之易，而因以得民之所忽也。去己之蠹，而因以得民之所患也。明己之性，而因以得民之所同也。三月而政舉，嘆曰："吾乃今知學之可以爲政也已。"他日又見而問學。陽明子與之言政，而不及學。子禮退而修其職。平民之所惡，而因以懲己之忿也。從民之所好，而因以窒己之欲也。順民之所趨，而因以舍己之利也。警民之所忽，而因以惕己之易也。拯民之所患，而因以去己之蠹也。復民之所同，而因以明己之性也。期年而化行，嘆曰："吾乃今知政之可以爲學也已。"《書朱子禮》卷附。○即學即仕之義，此爲透切。

耿恭簡公耐煩説公名定向，字在倫，湖廣黄州人。嘉靖進士，官户部尚書。

弘謀按，居官涖事，牒訴紛錯，日出事生，欲每事躬親料理，未有不以爲苦者。一有厭苦之心，便有不耐之意，或草率了事，或假手他人，或闒茸稽延，或急遽無序。民亦多蒙其累，事便不得其平。不耐煩之流弊，良不淺矣。天臺先生所著《耐煩説》，入情入理，切中錮病。并謂耐煩更在廉之上，尤自來官箴所未及也。大抵有不容已於斯世斯民之心，則汲汲孜孜，津津亹亹，委曲誠求，以期有濟，雖煩而不厭其煩。君子之無衆寡，無小大，無敢慢，古聖之不泄邇，不忘遠，無非此意。切毋視作好爲煩瑣，更不可徒視爲能耐勞苦而已也。

有筮仕爲令者，請教於先生。先生反之曰："子兹往也，要如何。"令曰："要廉。"先生曰："否，否。要耐煩。"令不達，請曰："廉，士人美節也。先生顧不見可，而曰耐煩，是平平語也。"先生曰："前，吾語汝。耐煩未易言也，子試對境驗之。彼令之職，是上之所藉以承宣，而下之所寄以爲命者也。其事任蓋叢且夥矣。兹於上也，諸所關白，諸所讞審，吾心盡矣，而上或時吾格也。如不耐煩，則憤懟之心生。憤懟之心生，則上下之情暌矣。弗獲乎上，民可得治耶？既未可逆上以懟，又不容違道以徇，是惟耐煩，始能積誠以相感也。下而林林總總，待命於我者弗齊矣。倏有甿隸之子，款啓之氓，席其粗戾之習，直突咆哮於吾前。如此而不耐煩，則淫怒以逞，不免有斃於非命者矣。當此之際，須耐煩，而後能原其無知之愚，察其憤惋之情也。又如公務鞅掌，昃食靡遑，倏旅賓之鵠報踵至，倏造請之竿刺頻投。此非耐煩，則應之也，儀不及物，貌不稱情。弗賓之咎叢，禮下之誠荒矣。故須耐煩，而後無衆寡毋敢慢也。又如勾稽期會之瑣委，管庫犴狴之檢防，少不耐煩，則蠹孔弊竇醞釀於兹矣。故曰耐煩是爲令要領也。若夫服官而廉，猶之爲女而貞，此其本分之常道，而非異人之奇節也。今曰'要廉'，即此'要'之一字，便將自負以矜賢。上或有弗禮焉，則自負曰'吾廉如是，而何弗我禮也'。由是不耐煩以承上，而傲所不免矣。下或有弗順焉，則自負曰'吾廉如是，而何弗我順也'。由是不耐煩以恤下，而暴所不免矣。或值不速之客，或當劻勷之務，則又自負曰'吾廉如是，是足自樹矣。世俗人何足禮，淺鮮事無足慮也'。由是不耐煩以酬世理紛，而惰慢叢脞所不免矣。是要廉者，諸過之所生，而耐煩者，衆善之所由集也。故曰'耐煩爲要'。昔象山陸先生曰：'耐煩是學脈，其爲道也深矣，非特爲令要術也。'猶龍氏之言曰：'知美之爲美，不美矣。'其要廉之謂歟？"

吕新吾明職

公名坤，字叔簡，河南寧陵人。嘉靖進士，官至侍郎。此巡撫山西時作。

朝廷設官分職，衙門各命以名。百官庶府，各顧名而思職，緣職而盡分。人人皆滿其分量，而天下無事矣。今天下無一事不設衙門，無一衙門不設官，而政事日隳，民生日困，則吾輩溺於其職之故也。嗚呼,何可道哉?乃發明職掌,申飭大小職官,終日思其所行,經歲驗其成效,稱職乎,不稱職乎?子夜點檢,自慊自愧,必有獨得者,奚俟喋喋乎余言。寧陵吕坤書。

弘謀按,有是事,始設是官。官因事而設,事即待官以理者也。世之人,動曰官耳,而於國家所以設是官,與世所以不可無是官之意,杳不相屬,則由未明於職之故。吕公《明職》一篇,循名責實,可爲居官者當頭一棒。《太原諭屬》,語語透闢,分爲八等,使人反觀對照,知所決擇,其垂戒至深切也。或有病其言之太盡者,不知先生惟有此不容已之心,乃爲此垂涕洟之道。細玩之,有一字一句不從人情物理體貼而出者乎?有一字一句不從世道人心起見者乎?正慮人看作口頭話,漠然無所動於心,豈復以盡言爲病也。博野尹健餘先生撫中州時,曾爲刊示。余服其深得訓屬之要,而流布未遠,故復列於此,以告同官。且亦時時警省,用以自勖云。

督撫之職

吏治無良,未有不自大吏始者。我潔己而後責人之廉,我愛民而後責人之薄,我秉公而後責人之私,我勤政而後責人之慢。若以有諸己者非人,止多衆口耳,勢必不行,以藏身不恕也。夫百司庶僚,以治軍民。督撫者,治治軍民者也。三晋民物,分治於州縣,總治於府。監臨於守巡道,統屬於布政司,彈壓於按察司,而本院則拊綏之者也。樹畜不教,荒蕪不闢,流移不復,衣食不足,煢獨不恤,寇盗不息,奸暴不戢,衙蠹不除,諸弊不革,積衰不振,教化不行,邪民不禁,流民不察,游民不業,量衡不式,學政不嚴,地土不均,賦役不平,雜累不蠲,山澤不殖,訟獄不清,倉庫不慎,僭奢不約,積貯不充,錢糧不辦,道塗不治,商旅不集,鄉甲不聯,貪酷不斥,昏庸不戒,勢豪不斂,饋遺不省,驛遞不節,虛糜不去,幽隱不燭,有如此者,三晋司府,責有攸歸。而倡率無道,驅策難前,致吏治不修,而民生不遂,本院安所歸咎耶?

顧本院所自信者,除本省鄉士夫吉凶禮節,不敢盡廢,亦不能過豐外,其餘不彼此交際,假手以潤身家,不饋送要津,結心以固榮寵。不以奉承喜屬吏,不以虛套責有司。紙贖商税酒課獲功,及一切不義等物,分毫不入私篋,以遺子孫之殃。酒席下程,供張騶從,及一切公會等事,分毫不費民,以爲州縣之累。諸所舉動,不能欺百司庶僚,不能欺吏書門皂。顧如此硜硜,亦只了自家身上事耳。苟於地方,不足爲輕,不足爲重,則是官也,焉能爲有,焉能爲無。前所云云,所賴監司守令,共力同心,次第舉行,爲軍民造無窮之福,爲地方垂永久之利。凡本院牌札條示,苟於民情無當,不妨明白申呈,苟於事體可行,豈宜延遲廢格。諸君子其奮揚精采,殫竭心思,詳觀往哲良規,痛革俗吏積套,匡我愚迷,規我舛謬,共圖治理,是所惓惓注望者也。

布政司之職

行中書省,與中書省分表裏,秩皆二品,至崇重也。爲外僚領袖,爲朝政橐籥,表率吏治,通達民情,至樞要也。名其司曰承宣布政。蓋政者,天子之惠澤。使臣承其流而宣政於一省,俾一省之政教號令雷厲風行,一民一物,無不得其所,一政一事,無不得其宜者也。兩院之所監臨,監臨此政。按察之所廉訪,廉訪此政。守巡之所分理,分理此政。府州縣之所推行,推行此政。元人艷之,名曰外政府。姑無論執掌之全,惟是學校之政,總屬其提調,故貢舉起送,無不由焉。境内人才,總屬其體察,故選官保結,無不由焉。錢糧完欠,總屬其稽考,故徵收起解,無不由焉。官吏淑慝,總屬其品題,故舉刺考察,無不由焉。土田賦役,總屬其均釐,故差糧册籍,無不由焉。軍匠户口,總屬其清理,故内府圖籍,無不由焉。至於典常經制,水利農桑,養老恤孤,儲蓄蠲賑,凡關係軍民利病,地方安危,風教盛衰,政治得失,無不由之。

而今也,止知其爲錢糧衙門耳。經年以催解爲職,終日以收放爲事。或官吏起送保甲,或復命覲賀,造送册揭。雖皆衙門事體所關,而以此畢承宣布政之職,恐小之乎其爲藩司矣。執事者果顧斯名也,協分守巡道,督郡邑百司,盡地力以開利源,戒侈靡以節耗費,課桑麻以詰惰農,通商販以裕財用,引水利以備旱潦,驅游民以安生業,禁異端以息煽誘,均地糧以蘇偏累,定徵收以杜侵牟,嚴起解以足國用,罪包攬以重錢糧,善催科以革積弊,停濫役以息民肩,懲衙蠹以除民害,清課税以恤民貧,定斗秤以息奸僞,訪把持以通市情,興禮教以端士習,定社學以正蒙養,重鄉約以善風俗,崇節孝以興行誼,嚴保甲以弭竊劫,簡詞訟以省勞費,修祀典以事鬼神,嚴鄉飲以示觀感。廣收鰥寡孤獨,疲癃殘疾,而設法存活,以哀煢民。各道不率循者,規正之。有司不奉行者,督責之。虚文罔上,生弊擾下者,參治之。全省之民,庶幾其得所乎?不然,"承宣布政"四字,毫無關涉,而建官之本意,迷失愈遠矣。

按察司之職

廉訪之職，蓋綦重矣。古者御史大夫掌西臺，察奸刑罪，蓋癉惡之司也。以中臺不便於察外吏，乃設按察司爲外臺。彈壓百寮，震懾群吏，藩司以下，皆得覺舉，實與御史大夫表裏均權。厥後和同溺職，而事權俱歸兩院矣。所可嘆者，司曰按察司，官曰按察使，按察謂何？但以刑名爲職掌，人亦以刑名吏目之。棄其尤重，而獨任兼銜，可謂之提刑司提刑使耳。今内外詳，皆轉都察院，人未嘗以都察院爲刑曹，何按察司獨專謂刑名乎？即刑名一事，亦多可言。夫廷尉，天下之平。提刑者，一省之平也。遣戍充徒，一失其平，皆得理枉伸冤。今也強盜人命，非兩院批駁，竟不與聞矣。夫死刑必由按察司轉詳者，謂必按察司以爲可殺，而後以聞也。果情法無當於心，則呈駁不嫌於再。至於一省真正強盜人命，郡縣俱當申報。問明之日，俱當照詳。看得可疑，一體批問。案候兩臺定奪，以憑同異平反。如是庶不失提刑之職。百官不法，時加體訪。可訓迪者訓迪，可督責者督責，可獎戒者獎戒。其應參拿論劾，指事開陳兩院。使一省官吏視憲使如雷霆，莫不潔己愛民，勤政集事。宋人謂之天垣執法，人代閻羅。如是庶不失按察之職。若一崇長厚，百無聽聞，賢否取正於府官，依樣署考，重輕定擬於院道，代之轉詳，則法司之權，非人我侵，而我自失之矣。此何官也，而可自失其權哉？惟執事者留意。

提學道之職

兩司之清重，莫如督學。世道之污隆，亦惟係於督學。

今有督學於此，文學甚優，澡身甚潔，關防甚密，持法甚公，校士甚精，閱卷甚敏，賢矣乎？曰賢矣，而職未盡也。天下之治亂係人才，人才之邪正關學校。譬之器物，學校其造作處，廟堂其發用處。譬之菽粟布帛，學校其耕織處，海宇其衣食處也。是學政美惡，士習善敗，三公九卿，不任其咎，百司庶府，不任其咎，舍督學將誰歸咎哉？夫入學幫補，甚榮進也。賓興，甚巨典也。此富貴利達之最途也。朝廷懸此以艷天下士，天下士不啻竭蹶趨之。豈以學校乏人，待督學以足數，貢舉缺額，待督學以取盈邪？即使朝督暮責，人人盡一等，士士可三元，止作養了許多文章之士，富貴之人，何益於國家理亂之數哉？虞周既遠，世教久亡。桓榮稽古一説，已屬醉生夢死之言。宋時勸學諸歌，類皆病狂喪心之語。其在當時，明理窮經，尚以天爵要人爵。直至於今，擬題摘段，竟以捷階取要階。視學校爲利禄之場，以《詩》《書》爲富貴之籍。理義身心之學，未見聚談。天下國家之憂，無人介意。如是而授之天下國家之寄，令其敷理義身心之教，以成移風易俗之治，臻民安物阜之功，其將能乎？

夫天下英俊豪雄盡收之學校，更於何處求興道致治之人。而今學校反足以壞英俊豪雄，更於何人望濟世安民之效。是世道終不還古昔，民生終不見太平，不知國家養賢取士何用也。乃論取士者有曰："當兼鄉舉里選之法。"夫鄉舉里選之法，至今未嘗不在。曰："何在？"保結是已。夫保者，事發連坐。結者，要以終身。立法至嚴也。書一名，畫一押，用印而附之卷，干係至重也。其責保人曰："如虛甘罪。"責所保之人曰："身家并無違礙。"夫不遵理道曰違，犯於過惡曰礙。身有違礙，棄之可也。其家并無違礙，里老鄰佑保結，據之可也。又取師生縣州府司保結。士而至於無身家違礙之事,保結惟取身家無違礙之人,不謂鄉舉里選可乎?有違礙,雖班馬曹劉,不得進取。聰明才辨之士,既亟亟於富貴利達,雖欲不勉爲善,強寡過,得乎?已入仕途,丁憂養病,起復補官,仍取保結。終身雖欲不勉爲善,強寡過,得乎?士而至於勉爲善,強寡過,則保結法嚴之效也。所望督學使君,以修己治人之術爲科條,以進德修業之實教諸士。立以章程,時其糾察,嚴其勸懲。端身範以先諸士,責提調以警怠荒,督教官以修實政。舉善必極其優崇,伸德行於文學之上。癉惡當正其法紀,約諸生於禮教之中。異日薦之鄉書者,皆端人正士,列之朝著者,皆實學真才。庶人心世道,有轉移之機,而國祚民生,享無疆之福矣。

守巡道之職

守巡兩道,非止爲理詞訟設也。一省之内,凡户婚田土,賦役農桑,悉總之布政司。凡劫竊鬥殺,貪酷奸暴,悉總之按察司。兩司堂上官,勢難出巡,力難兼理。故每省計近遠,設分守巡道,令之督察料理。所分者總司之事,所專者一路之責。凡一路之官吏不職,士民不法,冤枉不伸,奸蠹不除,廢墜不舉,地糧不均,差役偏累,衣食不足,寇盜不息,邪教不衰,土地不闢,流移不復,樹蓄不蕃,武備不修,城池不飭,積貯不豐,訟獄不息,教化不行,風俗不美,游民不業,鰥寡孤獨、疲癃殘疾之人不得其所,凡接於目者,皆得舉行,聽於耳者,皆得便宜。應呈請者,呈請兩院施行。應牌札者,牌札各州縣條議。督責守令,詳密如主婆。守令奉法,恐懼如嚴師。

務使一路風清弊絶，所部事理民安，入其疆，無愁嘆之聲，見其民，無憔悴之色，然後盡守巡之職。

本院做秀才時，曾見本道經歷吾邑。民間疾苦，不問一聲。邑政短長，不談一語。留州縣茶坐，則沾沾煦煦，皆虚夸色笑之言。批州縣文書，則婉婉曲曲，無切問直駁之語。下司無不感激，以爲盛德。蓋嘉靖末年時事。近日諸君子約己愛民，肅僚勤政，必不然矣。夫兩道之位不爲不尊，權不爲不重。所以董督守令，愛養蒸黎，修舉政事者也。乃中怯外柔若是，其何以正體統而肅紀綱乎？何以策不振而懲不法乎？何以令能行而禁能止乎？何以興治道而起頹風乎？然則一路不治，千里未安，其故可知已。諸君子慎無復然。

知府之職

一尺之地，不屬某州某里，則屬某縣某里，未有曰屬某府地土者。一丁之民，不屬某州某籍，則屬某縣某籍，未有曰屬某府人民者。然則府不虚設而無用乎？曰：無用而爲有用之資者，府是已。何者？府非州非縣，而州縣之政，無一不與相干。府官非知州知縣，而知州知縣之事，無一不與相同。是知府一身，州縣之領袖，而知州知縣之總匯也。今之爲知府者，廉愛嚴明，公誠勤慎，便自謂好官。而課知府者，見其能是，亦以好官稱之矣。不知此八字者，知州知縣之職，而非知府之職也。知府無此八字，固爲不肖。僅有此八字，是增一好知州知縣耳。設府治、建府官之意，豈謂是哉？

爲知府者，或奉院司之科條，董督寮屬，或酌郡邑之利病，細與興除。所屬州縣掌印正官，及佐領合屬一切大小官員，有用刑不當者，持己不廉者，政不宜民者，怠不修政者，昏不察奸者，塗飾耳目者，虚文搪塞者，前件廢格者，阿徇權勢者，差糧不均者，催科無法者，收解累民者，竊劫公行者，奸暴爲害者，風俗無良者，教化不行者，倉庫不慎者，獄囚失所者，老幼殘疾失養者，聽訟淹濫者，橋梁道路不修者，荒蕪不治、流移不招者，衙役縱横不禁者，屬官如是，知府皆得以師帥之。師帥不從，知府得以讓責之。讓責不改，知府得以提問其首領吏書。提問不警，知府得以指事申呈於兩院該道。譬之一人，一肢病，不得謂之完身。譬之一裘，一幅斜，不得謂之完衣。所屬州縣，有一不肖之吏，有一失所之民，有一不妥之事，不能安緝而處置之，尚得謂之完府乎？務俾所屬之吏，廉愛嚴明，公誠勤慎，如我一身。所屬之政，廢興墜舉，弊革奸除，如我一堂。所屬之民，無一不得其所。所屬之物，無一不得其理。循良者署以上考，無論卑微。不肖者署以下考，無附炎熱。使屬吏知有府之可畏，不敢不守官。知有府之可服，不患不共命。如是而千里之封疆，凛凛風生。萬井之黎民，瀼瀼雨潤。知府之職，不當如是乎？賢太守其細思之。

同知通判推官之職

府總州縣之政，事務繁多，又設佐貳以分之。同知通判之職掌不同，大率清軍捕盗，水利鹽法，管糧管馬。而推官則專理刑名者也。刑名余詳之《風憲約》，捕盗余詳之《獄政》。而清軍水利管糧，似不必專曹設職，故余獨不言。三官各有職掌，惟一以安静爲事，則府佐所同也。

知州知縣之職

士君子無濟人利物之心，則希清華，慕通顯，總之無益於蒼生，聽其求富貴可也。苟平生懷救民利物之心，欲朝興一利，而朝即澤被閭閻，夕除一害，而夕即仁流市井，隨事推恩，聽我自便，因心出治，惟我施行，則莫妙於知州知縣矣。夫朝廷設官，自公卿以至驛遞，中外職銜，不啻百矣。而惟牧令，人稱之曰父母。父母云者，生我養我者也。故土地不均，我爲均之。差糧不明，我爲明之。樹木不植，我爲植之。荒蕪不墾，我爲墾之。逃亡不復，我爲復之。山林川澤，果否有利，我爲興之。訟獄不平，我爲平之。凶豪肆逞，良善含冤，我爲除之。狡詐百端，愚樸受害，我爲剪之。嫖風賭博，扛幫癡幼，我爲刑之。寡婦孤兒，族屬侮奪，我爲鎮之。盜賊劫竊，民生不安，我爲弭之。老幼殘疾，鰥寡孤獨，我爲收之。教化不行，風俗不美，我爲正之。遠里無師，貧兒失學，我爲教之。倉廩不實，民命所關，我爲積之。獄中囚犯，果否得所，我爲恤之。斛斗秤尺，市鎮爲奸，我爲一之。貧民交易，税課濫征，我爲省之。衙門積蠹，狼虎舞民，我爲逐之。吏書需索，刁勒吾民，我爲禁之。徵收無法，起解困民，我爲處之。游手閒民，蕩産廢業，我爲懲之。異端邪教，亂俗惑民，我爲驅之。庸醫亂行，民命枉死，我爲訓之。士風學政，頽敗廢弛，我爲興之。市豪集霸，專利虐民，我爲治之。捏空造虚，起禍誣人，我爲杜之。聚衆黨惡，主謀唆訟，我爲殄之。火甲負累，鄉夫騷擾，我爲安之。某事久廢當舉，我爲舉之。某事及時當修，我爲修之。民情所好，如己之欲，我爲聚之。民情所惡，如己之讎，我爲去之。使四境之内，無一事不得其宜，無一民不得其所，深山窮谷之中，無隱弗達，婦人孺子之情，無微不照。是謂知此州，是謂知此縣，俾一郡邑愛戴吾身，如坐慈母之懷，如含慈母之乳，一時不可離，一日不可少。是洞其弊原，酌其治法，日積月累，責效觀成。自初仕以至去任，光景改觀幾何，民愁蘇醒幾何，政事修舉幾何。或享利於目前，或垂恩於永久，俾士民得數其事而稱之。吾於臨去，亦自點檢之，曰：吾於地方，興得某利，除得某害。如此治民，即是良醫治病，何快如之。倘到任時，地方是這般景象，離任時，地方依舊是這般景象。如此等官，虛享數年俸薪，無益百姓毫釐。試一省察稱職廢職，兩院之獎薦有愧無愧，戒劾有屈無屈，自有一點不死之真心在，又何暇計較考語優劣，歸咎他人誣陷哉。賢者必不謂吾言過激云。

教官之職

官之重，無如教官。官之壞，亦無如教官矣。國初以學校爲首善之地，教職爲風化之官。每選上舍，俾爲郡邑師。考其立身端謹，學政精嚴，作養人材，堪爲世用，則行取爲編修檢討，御史給事中，後爲大臣，皆有建樹。當時以起家教官爲第一榮進。匪朝廷濫擢此官，乃教官實稱此職也。今日士習何如乎？使爲教官者，正其心術，端其趣向，教以立身行己之法，迪以濟世安民之要。使居鄉，則爲端人正士。出仕，則爲良吏忠臣。一言而鄉黨相傳，一行而家邦取法。不愧俊秀之才，堪爲社稷之重。一學得此數人，翹然出色。其餘皆小心謹畏，不辱其身。教官如此，可謂稱職矣。而撫按不以國初之典薦，廟堂不照國初之例行，必有任其咎者。今也無論教以修己治人之術，望其成德達材之效，即以舉業講課者，有幾人哉？居是官者，能知學校非愛老憐貧之地，教官是正己率物之身，諸生是世道民生之賴，朝廷付我以滿庠青衿之士，委我以養賢待用之責，豈區區索贄見，勒節規，遂足盡教訓之職哉？

州縣佐貳之職

州同，州判，縣丞，主簿，分牧令之政，共州縣之民者也。官雖有正副，而權不輕，位雖有尊卑，而事不異。今汝佐貳各官，有管糧者，當思如何恤民，如何足國，奸頑富勢，如何催徵，負累荒逃，如何處置。巡捕者，須獲真賊。莫漏網真賊，卻將無辜良民受拷。奉堂官批詞，切莫不分貧富，但問有力稍力以奉承。切莫受富勢囑托，不問曲直，只是要打要錢以出氣。耳軟聽皂快支使，性慵任左右通同。至於私接呈狀，擅作威福，署印，則隨事科財，營差，則所至媒利。此皆不肖常態，而有志向上者之所恥也。況佐貳之中，容易出色，有一好官，自然薦拔，自得優升。若欲速見小，如前所爲，輕則戒飭，重則拿問，後悔何追。

庫官之職

庫官吏之弊有三，重收以苦納户，輕放以苦支人，暗盜以虧公帑是也。然不得單責庫官與吏。收放重輕，關係甚大。我平收，則在下者不得借口，而萬姓省一分半分之財。我重收，則在下者幸其有名，而萬姓多加二加三之費，我得幾何？

而大家所得者，皆我之財，彼罪幾何？而衆人剥削者，皆我之罪。且我既借左右以行私，左右亦借我以請托。非分之恩，只得從其所欲，難開之例，無能拒其所求。法盡廢，令難行，職此之故。至於庫官庫吏，侵盗官銀，倘若無所狎昵，何敢遽萌邪念。向見一府收銀，堂下多樹木樁，繫以横繩。解户投到公文，即時堂下伺候。各將銀囊搭挂樁頭繩上，挨名點近天平，掣籤唤吏監兑。聽令解户自敲針管，監吏報足，便令收封。如兩有爭，親下審視。一面即填庫收，一面即押印信。秤兑既畢，當時領文。至於出放錢糧，亦令解人自兑。庫官雖怨而無辭，群小希恩而不敢。衙門之内，凛凛風生。故曰廉生威，正大者必光明。光明則吐氣揚眉，令行禁止，何利不興，而何害不除。余因論庫官而有感於所見，以告凡有出納之責者。

司獄官之職

監中人犯，多非良民。縱是徒罪充軍，那非違條犯法。況頸上長枷，更是重刑。但係强賊，尤爲死鬼，朝思暮想，只求撞網脱籠，得便乘機，便要劫囚反獄。司獄官若肯用心關防，無縫鎖，鎖在鐐頭，白日不消帶肘，密櫺匣，匣住手脚，夜間更須輪防，縱在荒坡野地，豈能插翅騰空，況監牆重重門户。乃重犯往往脱逃，獄官吏禁疏慢之罪，百口何辭。至於囚犯發解出門，州縣官吏，全不堅牢鐐鎖，又不揀選兵夫，嚴加申諭。夫囚犯懷百計脱死之心，解夫無一點妨奸之意。力倦心慵，情熟志懈，忽然逃走，盡坐受贓。疏虞失守，解夫固難辭罪。然賣放罪囚，與囚同罪，解夫豈不習聞。安肯以三五錢銀,替人死罪。彼久囚窮困,又安得許多財物,買求性命哉?只緣發解之時,鬆羈絆之計,獄官吏禁,不能逃其責。至於牢頭獄霸,行暴毆人,當衣奪食,放錢賣飯。或囚飯入門,而本囚未得入口。或囚糧到獄,而本囚不得沾恩。穢污不肯掃除,疾病不報調理。忍寒受熱,叫號不徹於公堂。抱屈含冤,心事難白於官府。女監縱吏卒奸淫,輕犯將重匣凌虐。如此作官,必有天禍。明理者,知監鋪乃陰德之地,獄官乃方便之人。輕犯存哀矜之心,時加體悉。重犯嚴關防之法,不肯凌虐。斯爲稱職,而子孫享其餘慶矣。

税課司之職

夫百工之事,百貨之通,以有易無,本爲民便,故古者譏而不征。今税課設官,一則收餘利以充國家之用,一則征商賈以抑逐末之人。雖非正大公平,猶不苛刻纖細。近日巡攔抽税,將小民窮漢賣雞鴨,携苕帚,匹布上街,擔簏入市,無不抽税。油行既税店,又税油。屠行既税生,又税死。有司官指此爲科斂之媒,巡税官指此爲攘奪之具。針頭削鐵,所餘幾何。樹剥重皮,豈能堪命。如此刻剥貧民,何異盜賊搶奪。且税課原無定數,税錢豈盡報官。割衆家之肉,安自己之身。天災人禍,豈肯寬饒。本院原有禁約,但有違犯,定行拿問追贓。嗚呼,有司若肯清廉,其所以鈐制關防,不患於無法。不然,税課巡攔,且得借我以肥其身,所得幾何,而惡名皆我受矣,可不慎哉?

驛遞之職

倉巡看驛遞,謂之熱鬧衙門。蓋驛遞衙門路當沖要,常見上官,年貌才能,容易顯露,錢糧出入,常得自由。不知也有苦處。站銀急支不來,過客急送不起。怒夫馬之不齊者,不管死活。恨供具之不豐者,嘗加責駡。上司之公差,不免凌索。配來之囚犯,每費關防。但官窮,窮不過人夫。官累,累不過騾馬。做驛丞的,重索馬頭常例,一不遂心,便派苦差,逼取徒夫面銀,一不如意,便加凌虐。以官錢放債,領銀則加倍扣還。指過客爲名,開銷則半屬冒破。徒夫有錢者賣放,有力者保放,紀法蕩然。馬騾無錢者多差,有勢者不差,公道滅盡,事事可恨。不知近來上司耳目,專是尋你小官。百姓口嘴,也只奈何小官。一經訪察,或被告發,戒飭的也是你,斥逐的也是你,拿問的也是你。不如小心謹守,多做幾年,再轉兩任,長短算來,名利兩得。而今世道清明,何嘗虧枉好官哉?

巡檢之職

巡檢之設,原爲盤詰奸細,查問逃亡,緝捕盜賊。弓兵要選精壯,槍刀要常演習。山川險隘,到處巡邏。村落居民,全無騷擾。使軍民商販,得以自在通行,盜賊奸徒,不敢公然往來。如此三年,方爲稱職。北方巡檢,委實貧寒。有在荒山野嶺之中,或居人稀路僻之處。妻子不得寬綽,錢財無處得來。但既做寒官,須安窮分。果能有功無過,自得上考優升。而今作巡檢的,弓兵不論壯衰,器械不求堅利,武藝全不操演，囚盜全不緝拿。只索弓兵常例，甚者一半折乾。擾害居民，刁難過客。是增一巡檢，添一夥強賊，一毫無益於地方，萬分有害於黎庶。以後遵守法度，能盡職業者，分外獎勵。上等者，一體薦揚。仍舊殃民不改者，訪知定行拿問，使家鄉難還，妻子流落，有甚好處。試自思之。

太原諭屬附。

壬辰六月，余召所屬府州縣掌印正官，而諭之曰："宇宙之内，一民一物，痛癢皆與吾身相干。故其相養相安，料理皆是吾人本分。《書》云：'山川鬼神，亦莫不寧，及鳥獸魚鱉咸若。'鳥獸魚鱉，非吾同類也，而且使之咸若。然猶曰彼有血氣心知，欲生惡死所同。鬼神奚賴吾人，山川有何知識，而亦使之亦莫不寧者何？蓋聖人以天地爲心，爲生民立命，心思既竭，仁愛無窮，必使乾坤清泰，海宇安康，無一事不極其妥貼，無一物不得其分願，而後其心始遂。伊尹，有莘之耕夫也。當隱居時，便樂堯舜之道。其言曰：'予弗俾厥後爲堯舜，其心愧恥，若撻於市。'一夫不獲，曰：'時予之辜。'夫君不堯舜，自有當其恥者。一夫不獲，自有任其辜者。而伊尹引爲己責，深自愧罪，只是真真切切，見那君民痛癢，觸着便自相干。而致君澤民，我又有此學術。是以孔席不暖，墨突不黔，汲汲皇皇，殷殷懇懇，只是這個不忍人底念頭，放歇不下。吾輩七尺之軀，不短於古人。耳目口鼻，四肢百骸，不少於古人。六經四書，子史百家，至今大備。吾輩誦習，又多於古人。只似看得天下民物，與我分毫無干，豈是這腔子中，天不曾賦與不忍人底一點良心。如何百姓痛癢全不關心，死活通不介意?

大段今之爲吏,品格不同。第一等人,有這一點惻隱真心,由不得自家。如親娘之於兒女,憂饑念寒,怕災愁病,日思夜慮,弔膽提心,温存體愛,百計千方。凡可以使兒女心遂身安者,無所不至。所以説先王有不忍人之心,斯有不忍人之政。心切而政生,慮周而政詳。聖人雖欲歛手不得。此謂率其自然。第二等人,看得天地萬物一體,是我性分。使天下萬物各得其所,是我職分。不存此心,便有愧於形骸。不盡此心,便不滿其分量。惓惓維世道,亟亟愛民生。以謂爲之自我,當如是耳。此謂盡其當然。但纔有強勉向道之心,便有精神不貫之處。第三等人,看得潔己愛民,修政立事,則名譽自章,不則毁言日至。士君子立身行己,名節爲先,奈何不自愛。是爲名而爲善者也。第四等人,守能潔己而短於才,心知愛民而懦於政。可謂善矣,然毫無益於郡邑,安能爲有無哉?第五等人,志欲有爲,而動不宜民。心知向上,而識不諳事。品格無議,治理難成。第六等人,知富貴之可愛,懼擯斥之或加。有欲心而守不敢肆,有怠心而事不敢廢。無愛民之實,亦不肯虐。無向上之志,亦不爲邪。碌碌庸人而已。第七等人,實政不修,粉飾以詐善。持身不慎,彌縫以掩惡。要結能爲毁譽之人,鑽刺能降祥殃之竈。地方軍民之事,毫髮不爲。身家妻子之圖,殷勤在念。此巧宦也。近日大家成風,牢不可破矣。第八等人,嗜利耽耽,如集膻附腥,競進攘攘,如馳騎逐鹿,多得錢而好官我爲,笑駡由他笑駡耳。此明王之所不赦,明神之所以必殛者也。嗚呼!正學衰,世道絶。利達之錮習既成,惻隱之真心遂死。失所民物,付托何人?倘一深思,可爲慟哭。天生此身,豈爲酒肉之囊,錦綉之架哉？天生此民，豈爲士夫之魚肉，官府之庫藏哉？倘一深思，可爲大愧。本院無能振拔，罪之魁也。諸君千萬努力。”

吕新吾刑戒此爲刑部侍郎時作。

刑者，聖人無可奈何之法，以濟德之窮者也。原從悲愍心流出。用之者，當不以犯法爲怒，不以得情爲喜。怒則覺彼罪應受，絶無矜憐。喜則謂我見甚真，惟知痛快。古云“刑官無後”，不可不慎也。此《刑戒》一書，吕叔簡先生從火坑鐵牀邊，行清涼敗毒之劑。不惟造福，即是修心。蓋用刑之心，其發如火，其流若波，急宜受之以止。常存此心，便有學有養，以調伏之。不見我貴民賤，不知此德彼怨，即是聖賢根器，豈僅仕宦楷模哉？願居官者各留心自戒，而旁觀者亦直口戒人。毋自認風霆爲至教，而相訣怒罵皆文章，則世道人心之厚幸矣。顏茂猷題。

弘謀按，吕公爲政尚嚴明，不尚姑息。今觀其《刑戒》，委曲愛惜，無微不至。以此見用刑時，其心思固息息與民命相關者也。夫於當刑者尚有所戒，而惟恐或傷之，況其不當刑而刑，其戕人生命，上干天和也，可勝言哉？有司官時時省覽此戒，庶無愧於祥刑。

五不打

老不打。血氣已衰，打必致命。幼不打。血氣未全，打必致命。且老幼不考訊，已載律文。病不打。血氣未平復，打則病劇必死。衣食不繼不打。如乞兒窮漢，饑寒切身。打後無人將養，必死。人打我不打。或與人鬥毆而來，或被别官已打。又打，則打死之名獨坐於我。

五莫輕打

宗室莫輕打。天潢之派，即無名封，亦勿輕打。只啓王戒飭，或申請上司處分。官莫輕打。即倉巡驛遞陰醫等官，亦勿輕打。彼既爲官，妻子僕從，相對赧顏，亦多殞命。况其體多脆薄，有司不宜擅刑。生員莫輕打。干係諸生體面。有事，輕則行學責戒，重則申究如律，彼自無詞。上司差人莫輕打。非恤此輩，投鼠忌器。打雖理直，亦損上司體面。有犯，宜盡書犯狀，密申上司，彼自有處。若畏勢含忍，又闒茸非體矣。婦人莫輕打。羞愧輕生，因人恥笑，必自殞命。

五勿就打

人急勿就打。彼方急迫無聊，打則適速其死。人忿勿就打。愚民自執己見，方以理直自負，打則其忿愈甚，死亦不服，氣逆傷心，易於殞命。宜多方警喻，待其自知理虧，雖打不怨。人醉勿就打。俗云："三官避酒客。"沉醉之人，不曉天地，寧知禮法。打亦不痛。倘醉語侵官，亦失體統。宜暫管押，酒醒懲戒。亦勿置之冷地，寒氣入心，亦足致命。人隨行遠路勿就打。被打之人若在家，自能將息。遠路隨行，日逐跋涉辛苦，又要跟上程途，亦多致命。待其回後懲之。人跑來喘息勿就打。捉拿人犯，從遠路跑來，六脈奔騰，喘息未定。即乘怒用刑，血逸攻心，未有不死者。宜待其喘定用刑。

五且緩打

我怒且緩打。有怒不遷，大賢者事。盛怒之下，刑必失中。待己氣平，徐加責問。試於怒定之後，詳觀怒時之刑，未有不過者。我醉且緩打。酒能令人氣暴心粗，刑必不當。即當，人亦有議。當檢點強制之。我病且緩打。病中用刑，多帶火性，不惟施之不當，亦恐用刑致怒，人己俱損。我不見真且緩打。事纔入手，未見是非，遽爾用刑。倘細審本情，與刑不對，其曲在乙，已刑甲矣，知甲爲直，又復刑乙。不獨甲刑爲冤，顛倒周章，亦爲可笑。我不能處分且緩打。遇有難處之事，難犯之人，必先慮其所終，作何結局，方好加刑。若浮氣粗心，先即刑責，倘終難了結，反費區處。曾見有打人後，又陪事人者，只爲從前慌張耳。

三莫又打

已拶莫又打。語曰："十指連肝心。"拶重之人，血方奔心，又復用刑，心慌血入，必致殞命。常見人曾受拶者，每風雨之夕，叫楚不寧，爲其已傷骨故。嗟乎，均是皮骨，何忍至此。已夾莫又打。夾棍重刑，人所難受，四肢血脈，奔逸潰亂，又加刑責，豈有不死？且夾棍不列五刑，豈可輕用？下人以力爲食，一受夾棍，終成廢疾，決難趁食，切宜念之。人謂審強盜宜用。余謂強盜因夾招承，此心終放不下。惟多方設法，隔別細審，令其自吐真情，於心斯安。此等刑終不用可也。要枷莫又打。先打後枷，屈伸不便，瘡潰難調，足以致命。待放枷時，責之未晚。

三憐不打

盛寒酷暑憐不打。遇有盛寒酷暑，令人無處躲藏。擁氈圍爐，散髮振襟，猶不能堪。此時豈宜用刑？蓋彼方墮指裂膚，爍筋蒸骨，復被刑責，未有不死者。佳辰令節憐不打。如元旦冬至，人人喜慶，宜曲體人願，頤養天和。即有違犯，憐而恕之。人方傷心憐不打。或新喪父母，喪妻喪子。彼哀泣傷心，正值不幸，再加刑責，鮮不喪生。即有應刑，尚宜姑恕。

三應打不打

尊長該打,爲與卑幼訟,不打。嘗見尊長與卑幼訟,官亦分別曲直用刑。不知卑幼訟尊長,尊長准自首,卑幼問干名犯義。遇有此等,即尊長萬分不是,亦宜寬恕。即言語觸官,亦不宜用刑。人終以爲因卑幼而刑尊長也,大關倫理世教。百姓該打,爲與衙門人訟,不打。即衙門人理直,百姓亦宜從寬。否則不惟我有護衙門人之名,後即衙門人理屈,亦不敢告矣。工役鋪行該打,爲修私衙,或買辦自用物,不打。即其人十分可惡,亦姑恕之。否則人有辭不服,而我之用刑,亦欠光明。

三禁打

禁重杖打。五刑輕重,律有定式,大杖一,足當中杖三,小杖五。官之用刑,只見太過,未見太少。若用輕杖,即多加數杖,亦不傷生。且我見責之多,怒亦息,而杖可已。若重杖,只見數少,而不知其人已負重傷矣。禁從下打。皂隸求索不遂,每重打腿灣,致其斷筋而死。或打在一塊,同一被刑,而死生異,則貧富不同耳。貧者何辜,而令其受此?禁佐貳非刑打。夾棍重刑,不許佐貳首領衙私置。即正官亦止備一二副,候不常之用。各衙遇不得已而用,赴堂稟請。蓋正官猶有忖量,而佐貳首領,將勢要送來百姓,私衙任意酷打,替人出氣,正官全然不知。凡各衙人犯,令其一一過堂,庶知收斂。

李九我宋賢事彙

公名廷機,福建晋江人。萬歷中會元,官大學士。謚文節。

弘謀按,宋世人材最盛。名公巨卿,或起家外吏,或由重臣出歷州郡，其政事卓卓可紀，皆由藴蓄深厚，非矜才任氣者所可幾也。李九我先生所輯《宋賢事彙》，分門附類，略等《世説》。余手此一編，以自考鏡，且慚且奮，十年於兹矣。兹輯《從政遺規》，特録其切於政事者若干條。九我先生有云："人之方寸，自有古人。如穀之種，如木之根。"此編所以爲漑之培之之助也。時勢不同，心理則一，或師其事，或師其意，或更推而廣之，所得良多。願毋讓美古人也。

王沂公曾嘗曰："昔楊文公有言：'人之摻履，無如誠實。'吾每欽佩斯言。苟執之不渝，夷險可以一致。"

寇萊公準，年十九，舉進士。時太宗取人，年少者往往罷遣。或教公增年。公曰："吾初進取，可欺君耶？"

胡文定公安國，轉徙流寓，至於空乏，然貧之一字，絶口不道。嘗語子弟曰："對人言貧，意將何求？"張忠定公詠亦嘗曰："廉不言貧。"居官者，真貧且不必道，況未必貧也。

辛簡穆公次膺，雖貧不自聊，一豆羹不妄受。高宗嘗面諭之曰："卿廉聲著聞。士大夫言卿在閩中，不受俸。"公對曰："臣爲貧而仕，豈有辭俸之理。但不當受者，不敢受。"上曰："使人人似卿，天下何患不太平耶？"上又曰："朕知卿如在家僧。名利聲色，人所好者，卿皆不好。"

李文定公燔曰："仕宦至卿相，不可失寒素體。君子無入不自得者，正以磨挫驕奢，不至居移氣，養移體也。"

張文節公知白，仁宗朝在相位，自奉如河陽掌書記時，或言公自奉若此，外人頗有公孫布被之譏。公嘆曰："吾今日雖舉家華衣美食，何患不能？顧人情由儉入奢易，由奢入儉難。吾俸豈能常有，身豈能常存。一旦異於今日，家人習奢已久，不能頓儉，必至失所。豈若吾居位去位，身存身亡，如一日乎？"

王沂公奉身儉約。每見家人華衣，即瞑目曰："吾家素風，一至如此！"故家人一衣稍華，不敢令公見。一日有同年孫沖子京來辭。公留飯，安排饅頭。食後，合中送數軸簡紙。開看，皆是他人書簡後截下紙。其儉如此。送紙一節，看作鄭重施予，物薄情厚，其事猶小。看作愛惜物力，化無用爲有用，其理甚大。

仇泰然愈，大觀間知明州，愛一幕官，欲薦之。一日問君日費幾何，對以十口之家，日用千錢。泰然驚曰："吾爲郡守，費不及此。屬僚所費倍之，安得不貪？"遂不薦，自是見疏。觀人操守，此亦一法。儉者或不皆廉。若奢，則雖欲不貪，不可得也。

張子韶九成云："余平生貧困，處之亦自有法。每日用度，不過數十錢，至今不易也。"鄭亨仲在萊陽，亦日以數十錢懸壁間。椒桂葱薑，約一二錢。曰："吾平生貧苦，晚年登第，稍覺快意，便成奇禍。今學張子韶法，要見舊時虀鹽風味，可長久也。"

司馬溫公光曰："先公爲郡牧判官。客至，未嘗不置酒，或三行，或五行，不過七行。酒沽於市，果止梨栗棗柿，殽止脯醢菜羹，器用瓷漆。當時士大夫皆然。會數而禮勤，物薄而情厚。近日士大夫家，酒非内法，果非珍異，食非多品，不敢會賓友。嘗累日營聚，然後發書。苟或不然，人爭非之，以爲鄙吝。嗟乎，風俗頹弊如是。居位者雖不能禁，忍助之乎？"

有貨玉帶於王文正公。其弟以呈公，曰："甚佳。"公命繫之，曰："還見佳否？"弟曰："繫之，安得自見。"公曰："自負重而使觀者稱好，無乃勞乎？故平生所服止賜帶。"

孫侍讀公甫，人嘗饋一硯，直三十千。公曰："何貴也？"客曰："硯以石潤爲貴。此石呵之水流。"公曰："京師一擔水，纔直三錢。要此何用?”竟不受。二條可爲愛古董玩器者唤醒。

謝上蔡先生顯道嘗言:“萬事有命,人力計較不得。”平生未嘗干人。在書局,亦不謁執政。或勸之。對曰:“他安得陶鑄我,自有命在。若信不及,風吹草動,便生恐懼,枉做卻閒工夫,枉用卻閒心力。信得命及,便養得氣不挫折。”此理隨事皆可見得,人自看不破耳。

范蜀公鎮,不爲人作薦書。有求者,不與,曰:“仕宦不可廣求人知。受恩多,則難自立矣。”

韓忠獻公琦在中書,吕正惠公端爲參政。忠獻謂人曰:“吾嘗觀吕公奏事,得嘉賞未嘗喜,遇抑挫未嘗懼,不形於言,真台輔之器。”

吕文穆公蒙正,參知政事。初入朝堂,有朝士指之曰:“是子亦參政耶?”公佯爲不聞而過之。同列欲詰其人,公止之。時皆服其雅量。縱知其人,亦有何益,不如不知爲妙。

王文正公,每薦寇萊公準,而寇數短公。一日真宗謂公曰:“卿雖稱準,準不稱卿也。”公曰:“臣在位久,闕失多。準對陛下無隱,益見其忠直。此臣所以重準耳。”上由是益賢公。先是公在中書,寇在密院。中書偶倒用印,密院勾吏行遣。他日密院亦倒用印,中書吏亦呈行遣。公問:“汝等且道密院當初行遣,是否?”曰:“不是。”公曰:“既不是,不要學他不是。”

韓魏公在政府,與歐陽公共事。歐公見人有不中理者,輒峻折之,故人多怨。公則從容諭之以不可之理而已,未嘗峻折之也。凡人語及所不平,氣必動,色必變,辭必厲,唯公不然。便説到小人忘恩背義,欲傾己處,辭和氣平,如道尋常事。

公家有二玉杯甚佳。一日宴客，置桌上，爲一吏偶觸碎，吏伏地請罪。公笑謂客曰："凡物成毁，亦自有數。"俄顧吏曰："汝誤也，非故也。"神色不動。客皆嘆服。

又嘗夜作書，令一侍兵執燭，忽他顧，燃公鬚。公遽以袖摩之，作書如故。少頃回視，已易一兵。公恐主吏鞭之，亟呼曰："勿易，渠今已解執燭矣。"其量如此。

王沂公當國，一朝士與公有舊，欲得齊州。公以齊州已差人，與廬州，不就，曰："齊州地望，卑於廬州，但於私便耳。相公不使一物失所，改易前命，當亦不難。"公正色曰："不使一物失所，惟是均平。若奪一與一，此一物不失所，則彼一物必失所。"其人慚沮而退。均平二字，何等胸襟。

吕文穆公夾袋中有册子。每四方官員替罷謁見，必問人材，隨即疏記，分門類。有一人而數人稱之者，必賢也。故所用多稱職，以此。

杜祁公衍在相位，未期年而出。嘗謂門人曰："衍以非才久妨賢路，遽得解去，深遂乃心。獨有一恨爾。"門人曰："何也？"公曰："衍平生聞某人賢，可某任，某人才，可某用，未能悉薦，此所恨也。"以此爲恨，純是一腔公忠。與市恩樹私者迥别。

程伊川一日與韓持國、范夷叟泛舟於潁昌西湖。有一官員來謁大資。伊川謂有急切公事，既乃是求薦。伊川云："大資居位，卻不求人，乃使人倒來求己，是甚道理？"夷叟云："只爲正叔太執。求薦，常事也。"伊川云："不然。只爲曾有不求者不與，來求者與之，遂致人如此。"持國便服。

李文正公昉爲相，有求差遣，見其材可用，必正色拒之，已而擢用。或不足用，必和顔温語待之。子弟問故。公曰："用賢，人主之事。若受其請，是市恩也。故峻絶之，使恩歸於上。若其不用者,既失所望,又無善辭,取怨之道也。"公道不可偏徇,下情亦當體恤。莫認做周旋世故上。

王沂公當國,進退士人,莫有知者。范文正公乘間諷之,曰:"明揚士類,宰相之任。公盛德獨少此爾。"沂公曰:"夫執政而欲使恩歸己,怨將誰歸?"范公服其言。

程明道先生顥爲鄠令,當事者欲薦之,問所欲。先生曰:"薦士當以才之所堪,不當問所欲。"公私之分,在此二句。

劉元城先生安世,言嘗見馮文簡公京。言昔與陳暘叔、吕寶臣同任樞密。暘叔聰明,遇事迎刃而解。而寶臣尤善秤停輕重。凡事經寶臣處者,人情事理,無不允當。秤停二字,最吾輩處事所宜致力。

文潞公彦博知益州,嘗宴客於鈐轄廨舍。夜深,從卒拆廄爲薪以爇火。軍校不能止,白公。坐客驚欲散。公曰:"天實寒,可拆與之。"神色自若,飲如故。

前輩言蒞官有三莫:事來莫放,事去莫追,事多莫怕。

元城先生初登第,與二同年謁侍郎李公若谷請教。李曰:"某守官嘗持四字,曰勤謹和緩。"一後生應聲曰:"勤謹和,既聞命矣。緩之一字,某所未聞。"李正色曰:"何嘗教賢緩不及事。且道世間,甚事不因忙後錯了。"

馬永卿自言嘗問仕宦之道於元城先生。先生問家屬畢,曰:"賢俸禄薄,當量入爲出。"僕復請益。先生云:"《漢書》云:'吏以法令爲師。'有暇,可看條貫。不獨治人,亦以保身。"僕歸檢《漢書》,前語出《薛宣傳》,先生以僕初登仕,行或違法,且爲吏所欺,故有此言。

楊龜山先生時云:"孔子言:'居上不寬,吾何以觀之哉?'今人只要事事如意,故覺寬政悶人。不知權柄在手,不是使性氣處。何嘗見百姓不畏官人,但見官人多虐百姓耳。然寬亦貴有制。若百事不管,惟務寬大,則胥吏舞文弄法,不成官府。須要權常在己,儘寬不妨。"

伯淳作縣,常於左右書"視民如傷"四字。觀其用心,應是不錯決撻了人。凡仁心惠政,俱從有此四字做出,不僅於不錯決撻人也。

張無垢先生九成云:"快意事,孰不喜爲。往往事過不能無悔者,蓋於他人有甚不快存焉,豈得不動於心。君子所以隱忍詳復,不敢輕易也。"

熙寧三年,初行新法。邵康節先生雍,門生故舊仕宦者,皆欲投劾而歸,以書問康節。答曰:"正賢者所當盡力之時。新法固嚴,能寬一分,則民受一分之賜矣。投劾而去,何益?"

邵伯温言:"嘗聞之先輩曰:'凡作官,雖屬吏有罪,必立案而後決。恐或出於私怒,比案具,怒亦平,不至倉卒傷人。每決人,有未經杖責者,宜謹之,恐其或有所立。'伯温終身行之。"

韓魏公勤於吏職,簿書文檄,莫不躬親。或曰:"公位重名高,朝廷賜守鄉郡以安養,可無親小事。"公曰:"己憚煩勞,吏民當有受弊者。且日俸萬錢,不事事,何安哉?"

歐陽文忠公脩,嘗語人曰:"治民如治病。彼富醫僕馬鮮明,進退有理。爲人診脈,按醫書述病證,聽之可愛,然服藥無功,則不如貧醫。貧醫無僕馬,舉止生疏,不能應對,然服藥疾愈,便是良醫。凡治人者,不問材能設施何如,但民稱便,即是良吏。"故公爲數郡,以寬簡不擾爲意。如楊州、青州、南京皆大郡,公至三五日間,事已日減五六。一兩月後,官府閒如傳舍。或問:"公爲政寬簡,而事不弛廢,何也?"曰:

“以縱爲寬，以略爲簡，則廢弛而民受其弊。吾所謂寬者，不爲苛急，所謂簡者，不爲繁碎耳。”

張芸叟見歐陽文忠公多談吏事，疑之，且曰：“學者求見，莫不欲聞道德文章。今先生多教人吏事，所未喻也。”公曰：“不然。吾子皆時才，異日臨事，當自知之。吾昔貶官夷陵，彼非人境，無書史可遣日，因取架閣陳案觀之。見其枉直乖錯，違法徇情，無所不可。且以夷陵如此，天下固可知也。當時仰天誓心，遇事不敢忽。迨今三十餘年，出入中外，忝歷三事，亮是當時一言之報耳。”張又言：“自得此語，至老不忘。”老蘇父子亦聞之。其後子瞻亦以吏能自任，嘗謂人曰：“我於歐陽公及陳公弼處學來。”可見士人平時隨所見聞，細加體貼，觸處推廣，皆可爲當官行善之助。

歐陽公代包孝肅知開封。包以威嚴御下，而公簡易循理，不求赫赫名。有以包之政勵公者。公曰：“凡人材性不同。用其所長，事無不舉。強其所短，勢必不逮。吾亦任吾所長耳。”聞者稱善。

韓魏公鎮大名，魏牒訴甚劇。公事無大小，必親視之。雖疾病，亦許就決於卧内。人或勸公委之佐屬，公曰：“兩詞在官，人之大事。生死予奪，一言而決。何委人乎？”

周濂溪先生敦頤提點廣東刑獄，盡心其職，務在矜恕。不憚出入之勤，瘴毒之侵。雖荒崖絶島，人迹所不至，皆緩視徐按，以洗冤澤物爲己任。

真西山先生德秀再知泉州，決訟自卯至申未已。或勸嗇養精神，先生曰：“郡敝，無力惠民。僅有政平訟理，事當勉。”政平訟理，亦惠民之一端也。

陸文安公九淵知荆門軍，民有訴者，無早暮，皆得造於庭。復令自持狀以追，爲立期，皆如約而至。即爲決之，而多所勸釋。其有涉人倫者，使自毀其狀，以厚風俗。唯不可訓者，始置之法。

趙忠肅公鼎在越，惟以東吏恤民爲務。每言："不東吏，雖善政不能行。"由是奸猾屏息。

吴正肅公育爲政簡嚴。其治開封，尤先豪猾。曰："吾有何以及斯人，去其爲害者而已。"居官能知害民在何處，思過半矣。

范忠宣公純仁知襄城縣。襄城民不事蠶織，公教民植桑。民之有罪而情可寬者，使植於家，多寡隨其罪之輕重。按所植，與除罪。數年桑樹成林，號爲"著作林"。著作，公宰縣時官也。

孫莘老覺知福州，民欠官税錢，繫獄者甚衆。適有富人出錢五百萬，葺佛殿，請於莘老。莘老徐曰："汝輩所以施錢何也？"衆曰："願得福耳。"莘老曰："佛殿未甚壞，佛無露坐者。孰若爲獄囚償官，使數百人釋縲紲之苦，得福豈不多乎？"富人從之，囹圄遂空。

龍圖閣直學士吴芾，在孝宗朝，前後守六郡。嘗言："視官物當如己物，視公事當如己事。與其得罪於百姓，寧得罪於上官。"四語有無窮意味，可造無窮福澤。

范文正公領浙西時，大饑。公設法賑救，仍縱民競渡。太守日出宴湖上，居民空巷出游。又諭諸佛寺興土木，又新廒倉吏舍，日役千夫。監司劾杭州不恤荒政，傷耗民力。公乃自條叙，所以宴游興造，皆欲發有餘之財，爲貧者貿易飲食。工技服力之人，仰食於公私者，日無慮數萬。荒政之施，莫此爲大。是歲兩浙，惟杭州晏然，民不流徙，公之惠也。

富鄭公弼知青州，會河朔大水，民流入境内。公勸民出粟十五萬斛,益以官廩,隨所在貯之。得公私廬舍十餘萬間,散處其人。官吏待闕者給之禄,使即民所聚,選老弱病瘠者廩之,約爲奏請受賞。率五日,輒遣人以酒肉勞之,人人爲盡力。流民死者,葬之叢冢,自爲文祭之。明年麥大熟,流民各以遠近受糧而歸。凡活五十餘萬人,募爲兵者,萬餘人。上聞之,遣使勞公,即拜禮部侍郎。公辭不受。前此救災者,皆聚民城郭中,煮粥食之,聚爲疾疫,及相蹈藉死。或待次數日不食,得粥皆僵仆,名爲救之,而實殺之。自公立法,簡便周至,天下傳以爲式。公每自言曰:"過於作中書令二十四考矣。"

趙清獻公抃,熙寧中,以大資政知越州。兩浙旱蝗,米價踊貴。諸州皆厲禁,公獨榜衢路,令有米者,任增價糶之。於是米商輻凑,米價更賤,民無饑死者。官以減市價爲愛民,一偏之見。

葉石林夢得,政和間,帥潁昌。歲值災傷,浮殍自鄧唐入境,不可勝計。公盡發常平倉,奏賑十餘萬人,惟遺棄小兒無處。一日詢左右曰:"人之無子者,何不收以自續乎?"曰:"人固願得之,但患既長來識認耳。"公閲法,凡傷災棄遺小兒,父母不得復取。古有爲此法者。遂作空券數千,具載本法,給内外厢界。凡得兒者,書券付之。凡三千八百人,皆奪之溝壑,而置之襁褓者。

伊川先生每見後生有譏議前輩者,曰:"賢且尋他好處説。"鄒志完浩以諫得罪,或疑其賣直。先生曰:"君子之於人也,當於有過中求無過,不當於無過中求有過。"張繹曰:"此忠厚之道。"亦公論也。

李文靖公沆爲相,專以方嚴重厚鎮服浮躁,尤不樂人論説短長。胡秘監旦謫州，久未召。嘗與公同知制誥，聞公參政，以啓賀之，歷詆前爲參政者，而譽公甚力。公慨然不樂，命小吏封置别篋，曰："吾豈真優於數公，亦適遭遇耳。乘人之後而譏其非，吾所不爲。況欲揚一己而短四人乎？"終爲相。旦不復用。

吕正獻公公著，人或議其太恕，以爲除惡不盡，將失有罪，爲異日患。公曰："爲政去其太甚者耳。人才實難，當使之自新，豈宜使之自棄耶？"

曹武惠王彬知徐州。有吏犯罪，既立案，逾年，然後杖之。人不曉其旨。曰："吾聞此人新娶婦。若受杖，其舅姑必以婦爲不利而惡之。吾故緩其杖，亦不赦也。"及討蜀，所獲婦女悉閉一第，竅以度食。戒左右曰："是將進御。"洎事罷，訪還其家，無者嫁之。居官能爲婦女養廉恥，莫大陰德。

趙清獻公嫁兄弟之女以十數。在官爲人嫁孤女二十餘人。居鄉葬暴骨，及施棺給薪者，不知其數。

龐莊敏公籍知定州，請老。召還。請不已。或謂公精力，少年不逮，主上注意方厚，何遽引去之堅。公曰："必待筋力不支，明主厭棄，是不得已，豈止足之謂耶？"

薛簡肅公奎知開封，時明參政鎬爲府曹官。簡肅待之甚厚，直以公輔期之。有問公何以知其必貴。公曰："其爲人端肅，言簡而理盡。凡人簡重則尊嚴，此貴臣相也。"其後果至參知政事。

張南軒先生栻答鄭自明書云："工於論列者，察己常闊疏。狃於訐直者，發言多弊病。"

或問："簿，佐令者也。簿所欲爲，令或不從，奈何？"明道先生曰："當以誠意動之。令是邑之長者，能以事父兄之道事之,過則歸己,善則惟恐不歸於令。積此誠意,豈有不動得人?”

范文忠公鎮爲諫官,趙清獻公抃爲御史,以論事有隙。王荆公數毁范公,且曰:“陛下問趙抃,即知其爲人。”他日神宗以問清獻。對曰:“忠臣。”上曰:“卿何以知其忠?”對曰:“嘉祐初,仁宗違豫,鎮首請立皇嗣,以安社稷。豈非忠乎?”既退。荆公請清獻曰:“公不與景仁有隙乎?”清獻曰:“不敢以私害公。”總看得公事重,則私怨自輕矣。

范忠宣公解“他山之石,可以攻玉”云:“玉者温潤之物。若將兩塊玉來相磨,必磨不成。須是得粗礦的物,方磨得出。譬如君子爲小人侵凌,動心忍性,修省防避,便得道理出來。”

范忠宣公忤章惇,落職,知隨州。素苦目病,忽失明,上表乞致仕。惇抑之,不得上。貶武安軍節度副使,永州安置。公怡然就道。每諸子怨惇,怒止之。江行,舟覆,扶出,衣盡濕,顧諸子曰:“此豈章惇爲之哉?”至永州,諸子聞韓維謫均州,其子告惇,以父執政日,與司馬公議論多不合,得免行。欲以公與司馬公議役法不合爲言。公曰:“吾用君實薦至宰相。同朝論事不合,即可。今日言,不可也。”諸子乃止。在永州三年,課兒孫讀書,怡然自得。每對客,惟論聖賢修身行己及醫藥方書,他事一語不出口。前段唤醒失意而咎他人排陷者,後段唤醒議事而黨同伐異者。

伊川先生頤自涪還洛,氣貌髭髮,皆勝平昔。門人問何以得此。先生曰:“學之力。大凡學者,學處患難貧賤。若富貴榮達,即不須學也。”

晦翁曰:“學者常以志士不忘在溝壑爲念,則道義重,而計較死生之心輕矣。”又曰:“古人刀鋸在前,鼎鑊在後,視之若無物者。蓋緣只見得道理,不見那刀鋸鼎鑊。”又曰:“須是在我者仰不愧,俯不怍。別人道好道惡,管他。”看得道理重,故見道理,不見刀鋸鼎鑊。不然,明明刀鋸鼎鑊在前,何能不見。

司馬温公每見士大夫,詢生計足否。人怪而問之。公曰:“倘衣食不足,安肯爲朝廷輕去就耶?”

吕正獻公公著嘗薦處士常秩。秩後稍變節。公謂知人實難,以語程子,且告之悔。程子曰:“然。不可以是而懈好賢之心。”公矍然謝之。

或問伊川先生:“家貧親老,應舉求任,不免得失之累,奈何?”先生曰:“此只是志不勝氣。然得之不得,曰有命。”又問:“在己固可,爲親奈何?”曰:“爲己爲親,也只一事。若不得,其如命何?”“家貧親老”四字,最爲奔競營求者藉口,得此可以唤醒。孟子云:“仕非爲貧,而有時乎爲貧。”“有時”二字,極有分曉,非貧則必仕也。有貧則必仕之心,便有仕則不貧之想。患得患失,何所不至哉?李二曲云:“顏子簞瓢陋巷,當其時尚有顏路在。若顏子以親老之故,少貶徇人,雖日奉五鼎之養,亦謂之大不孝,何以爲顏子。”可與孟子、程子語參看。

張横渠任雲巖令,政事以敦本善俗爲先。每以月吉,具酒食,召鄉人高年,會於縣庭,親爲勸酬,使人知養老事長之義。因問民疾苦,及告所以訓戒子弟之意。有所告教,常患文檄之出,不能盡達於民。每召鄉長於庭,諄諄口諭,使往告其閭里。間有民因事至庭,或行遇於道,必問某時命某告某事,聞否。聞即已,否則罪其受命者。故一言之出,雖愚夫孺子,無不預聞。官司行政,有惟恐不能及民之心,乃可謂親民之官。教興養成,莫不由此。

宋仁宗性仁恕。一日語近臣曰:“昨夜因不寐,甚饑,思食燒羊。”侍臣曰：“何不降旨取索？”仁宗曰：“比聞禁中每有取索，外面遂以爲例。誠恐自此逐夜宰殺，以備非時供應。則歲月之久，害物多矣。豈可不忍一夕之餒，而啓無窮之殺也。”帝王尚不肯輕有取索，惡其開端。地方官因一己口體玩好之需，貽百姓供應承值之患者，可不戒與？自此以下九則，出《宋稗類抄》。因皆宋賢事而可法也，故附録之。

莆陽一寺建大塔，工費巨萬。或告陳正仲曰：“當此荒歲，興無益土木，公盍白郡禁之？”正仲笑曰：“寺僧能自爲塔乎？莫非傭此邦人也。斂於富家，散於窶輩。是小民藉此得食，而贏得一塔也。當此荒歲，惟恐僧之不爲塔耳。”

有范延貴者，爲殿直。押兵過金陵。張忠定公時爲守。因問曰：“天使沿路來，曾見好官否？”延貴曰：“昨夜過袁州萍鄉縣，邑宰張希賢，雖不識之，知其好官也。”忠定曰：“何以見之？”延貴曰：“自入縣境，驛傳橋道皆完葺。田萊墾辟，野無惰農。至邑，則廛市無賭博，市易不敢喧爭。夜宿邸中，聞更鼓分明，是以知其必善政也。”忠定曰：“天使亦好官也。”即日同薦於朝。

陳良翰在瑞安。瑞安俗號強梗，吏治尚嚴。陳獨撫之以寬，催科不下文符，民競樂輸，聽訟咸得其情。或問陳何術，答曰：“良翰無術，第公此心，如虛堂懸鏡耳。”二語無窮妙義。能此，何事不辦，不僅催科聽訟已也。

鄭清之私居青田。府鹿食民稻，犬噬殺之。府囑守黥犬主。幕官擬曰：“鹿雖帶牌，犬不識字。殺某氏之犬，償鄭府之鹿，足矣。”守從之。

吕文懿公初辭相位，歸故里。有一鄉人，醉而詈之。吕公不動，語其僕曰：“醉者勿與較也。”閉門謝之。逾年，其人犯死刑入獄。吕始悔之曰:“使當時稍與計較,送公家責治,可以小懲而大誡。吾當時只欲存心於厚,不謂養成其惡,陷人於大辟也。”初之勿較,後之悔,純是一片與人爲善之心。與含怨怒而快恩仇者迥别。

曾子固與王荆公友善。神宗以問子固云:“卿與王安石相知最厚。安石果何如?”子固曰:“安石文章行誼,不減楊雄。以吝,故不及。”神宗遽曰:“安石輕富貴,似不吝也。”子固曰:“臣所謂吝者,以安石勇於有爲,而吝於改過耳。”能輕富貴,勇於有爲,煞不易得。止因吝於改過,遂致誤國禍身。況并不能輕富貴,并不足有爲,而惟吝於改過者耶?

鞠詠爲進士,以文受知於王公化基。王公知杭州。詠知仁和縣,爲屬吏。先以書文寄公,公不答。及到任,略不加禮,課其職事甚急。鞠大失望,於是不復冀其相知,而專修吏幹矣。後王公參知政事,首以詠薦。人問其故。公曰:“詠之才,不患不達。所憂者,氣峻而驕。故抑之以成其德耳。”可爲講詩文而曠職業者法,可爲恃世誼而廢公論者法。

張循王嘗教子侄曰:“子弟隨父兄顯宦,不患人事不熟,議論不高,見聞不廣。其如居移氣、養移體何?一旦從事,要當鋤虚驕之氣。昔之照壁後訾量人物,指摘儀度,見其或被上官詆呵,進退失措者,莫不群笑,聲聞於外。及今趑趄客次,庭揖而升。回視照壁後竊窺者,乃昔日之我也。”每三復斯言,爲之慨嘆。非身歷者,不知其言之切當也。爲官家子弟現身説法,何等婉切。以此爲從政者之家訓可也。

張侗初卻金堂四箴先生名鼐，松江人。萬歷進士，官吏部侍郎。

弘謀按，《四箴》所云當爲者，即孟子所云"求在我者也"。不當爲者，即孟子所云"求在外者也"。迹雖近似，義實相妨。今一一臚列之，互舉之，是非公私，顯然可見矣。憶余爲諸生時，於官齋屏壁間曾見此箴，覺有怵於心，而未知其言之切而中也。比來閱歷仕途，深嘗世故。每見士大夫，往往於此四者辯之不明，遂致誤入岐途，貽悔末路。益服先輩格言切中世病，足發深省，而愧前此失於體認，草草讀過也。然則思齊內省，爲所當爲，不爲所不當爲，願與世之君子共勉之。

士大夫當爲子孫造福，不當爲子孫求福。謹家規，崇儉樸，教耕讀，積陰德，此造福也。廣田宅，結姻援，爭什一，鬻功名，究竟非求而得。此求福也。造福者淡而長，求福者濃而短。造福正所以求福，不可不知。

士大夫當爲此生惜名，不當爲此生市名。敦《詩》《書》，尚氣節，慎取與，謹威儀，此惜名也。競標榜，邀津貴，務矯激，習模稜，辱身喪名，莫不由此。求名適以壞名，名豈可市哉？此市名也。惜名者靜而休，市名者躁而拙。

士大夫當爲一家用財，不當爲一家傷財。濟宗黨，廣束脩，救荒儉，助義舉，此用財也。靡苑囿，教歌舞，奢燕會，聚寶玩，此傷財也。用財者損而盈，傷財者滿而詘。無論在己在人，義所當用，乃謂之用。義不當用，則謂之傷。有財者可以鑑矣。

士大夫當爲天下養身，不當爲天下惜身。省嗜欲，減思慮，戒忿怒，節飲食，此養身也。養其身以有爲也。規利害，避勞怨，營窟宅，守妻子，似乎愛惜此身，卻不知已置此身於無用，直謂之不自愛也可。此惜身也。養身者靜而大，惜身者膻而細。

卷之下

高忠憲公責成州縣約

公名攀龍，字存之，號景逸，江南無錫人。萬歷進士，官左都御史，贈太子少保。

弘謀按，所列條約，皆州縣所必有之事，而士民所切切然日望於其官者也。惟能事事從民生起見，則有一番措注，即流一番福澤。余故采其尤要者具著於編，俾世之君子時常借以自鏡，孰爲循名而責實，孰爲苟且以塞責，何去何從，當必有能辨之者矣。

臣觀天下之治，端本澄源，必自上而率下，奉法守職，必自下而奉上。故朝廷膏澤，惟州縣始致之民。州縣者，奉法守職之權輿也。州縣賢，則民安。州縣不賢，則民不安。顧天下之爲州者，凡二百二十有一，爲縣者，凡一千一百六十有六，豈能盡得賢者而用之？賢者視君爲天，不敢欺也，視民爲子，不忍傷也。奉法修職，出於心所不容已，非有所爲也。其次則有所慕而勉於爲善，有所畏而不敢爲不善。其下則不知職業爲何事，法度爲何物，恣其欲而已，是民之賊也。故爲政者，拔才賢，除民賊，約中人。天下惟中人爲多，約之於法，皆不失爲賢者。太守，約州縣者也。司道，約府州縣者也。撫按無所不約，約之使人人守法，如農之有畔而無越思，則天下治矣。臣謹條畫州縣所當持行者，令自撫按而下，以遞相約，庶幾皇上之仁恩，得實究之民也。謹列款如左。

一、課農桑，須中心誠懇。欲開民衣食之源，賞勤警惰，使民興起。毋得徒事虚文，差人下鄉，反滋民害。

一、興教化。教化自身而出，非以彌文。故曰，民不從其令而從其好。爲人上者，敬以持身，廉以勵操，肅以御下，民自觀而化之。更須彰善癉惡，樹之風聲。孝子順孫，義夫節婦，必表揚之。鄉紳耆德，必尊禮之。邑中經明行修，令譽著聞者，必稽考其實，聞之巡按御史，疏薦於朝，以補鄉舉里選之廢典。而不孝不悌，及一切關人倫、傷風俗者，必置之法。如是久之，而教化自興。

一、育人才。朔望臨學宫，必以聖賢明訓爲諸生諄切教誨。俊秀之士，必令讀四書、五經、《小學》、《近思録》、《性理》、《綱目》，以端其心術，正其識見，爲國家有用之才。

一、鄉約爲教化内一要事，但縣官不以誠心行之，徒成虚文，而約正約副等，反爲民害。果有力行者，必敦請邑中德行鄉紳或孝廉貢士爲民欽服者主其事，而約正副等以供奔走。鄉約行，則一鄉之善惡無所逃。盜息民安，風移俗易，皆得之於此。有記善簿，記惡簿，又須有改過簿，許令自新。

一、鄉飲巨典，不得濫及匪人。

一、社學，務選教讀得人。

一、學宫敝壞，即申詳脩理。境内凡有古先聖賢及祀典所載山川祠宇敝壞者，即時修理完好。仍要掃除潔淨，關鎖祠門。不得容人堆積雜物，坐卧作踐。四方過客瞻拜，有識者，常以此占州縣官之品，何可忽也？

一、積貯，民之大命。豐無所儲，荒無所賑，尚可稱民父母乎？必須隨宜設法，使一縣積穀，足備一縣賑濟。豈獨活民，即以弭亂。爲州縣者，功在蒼赤，慶流子孫，端係於此。

一、社倉,是救荒良法。各鄉勸縉紳及名家自造倉廒,自放自收,不可以官府與之。其法量人户種田多少,人口多少,以二分起息,於青黄不接時借貸。又必二三十户連名保借,欠者,即同保内人户攤賠。小荒減利,中荒捐利,大荒連本米下熟徵催。官府給與印信文簿,爲究治奸頑,使之可久。

一、境内有荒蕪田土,宜竭力開墾。流移人民,宜竭力招撫。

一、境内有陂池宜浚者,及時開浚。圩岸宜築者,及時脩築。城垣頹塌,橋梁毁壞者,及時整理。高原污下所宜樹木,及時種植。

一、養濟院,近來竟成弊藪。煢獨不沾實惠,皆繇吏胥添捏詭名混冒。須是州縣官據其陳告者審實,給以面貌木牌。仍不時查核,分别革留。凡男婦犯重罪,或游蕩傾家,及有子孫婿侄可養者,不得混收。

一、州縣極貧待斃之民,大約可計,每歲動支預備倉穀。城中四門,擇寺觀寬綽者,設廠煮粥。每人米五合,即可苟延殘喘。自十月十五日起,正月十五日止。孤老有糧,不許混冒。約費米百餘石耳。設誠行之,利濟不少。所當委任得人,稽查出納,無成虚文。

一、錢糧一縣大事。秋冬之交,必先算定分派由帖,使小民先知辦納之數。徵糧則總立一簿,算定人户額田數、田糧數、均徭里甲條鞭數,分爲十限,每月限完幾分。比較只用此簿,不得别立第一簿。完欠俱用實寫,不得用浮簽。民間依限完者,即不聽比。過限不完,方拘其尤者比責。須是分數明白。如欠一兩而從未完者,即從重究。欠十兩而完過七八分,存剩二三兩者,即從寬處。毋得但論銀數多寡,而不分全欠零欠之殊。催徵只用里甲，間於奸頑之户行不測之威，票拿一二。無得遍差皂快，執牌下鄉，徒空雞犬，無益繭絲。

一、無情之詞，十無一實。縣官貪取罪贖，輒多准詞。致原被兩家，同歸於盡。民之窮困，此其一端。爲民父母，當肫切勸化，令勿輕訟。事涉倫理，而無大故者，即爲焚其狀詞，免其仇隙。其他苟無關係，概勿聽可也。

一、人命狀詞，尤不可輕准出牌。在城告人命者，縣官即至其家相驗，審問四鄰。誣告者重懲，情真者方准。在鄉者，必令帶尸到壇，帶四鄰到尸所，然後投狀。縣官即到壇中相驗審問，一如在城之法，則不真者，自不敢輕告。非但官省事，民保家，以人命詐人者亦息，老稚之獲全其命者多矣。

一、勾攝止差里長。非真正強盜人命巨惡，不得濫差皂快下鄉，以滋詐擾。是造福小民第一義。

一、婦人非犯奸及人命，及被公婆夫男所訟，俱不許拘。

一、輕犯罪人，勿得輕送監鋪，致染瘟疫，及爲牢頭索詐。婦人不係大辟，及勘合追贓家屬，雖娼婦亦勿濫禁。

一、吏書門皂，暱之縱之，皆縣令也。衆胥役分其利，一縣令受其名，所宜猛省。

一、善人者，一方元氣。民間有孝子悌弟其上矣，次則仗義好施者，次則終身自守，不作非爲者。必須訪實，各書所長，匾額表其門，免其雜泛差役，以爲民勸。

一、惡人者，良民之蟊賊。蟊賊去，而良民始安。凡天罡地煞，打行把棍之類，訪其首惡重治，仍籍之於官，使禁其黨類。一有黨類詐害良民者，并其首治之。

一、訟師教唆起滅，破民家，壞民俗，一片機械變詐。無識者競以爲能，浸淫入於其術而不覺，不復顧天理人心爲何物矣。所當訪實，悉榜其名於申明亭。審出刁誣詞狀，追究寫狀之人，并拿重治。

一、刑杖。竹篦不得過重，務要削平棱節。不許打在一處。不許打腿灣。桚指不得過兩時。非強盜人命，不許輕用夾棍，不得過兩時。敲杖不得過三十。

一、堂上須要肅清，不得容吏書皂快門役，擁立左右，致奸弊出於意外。

一、每日所行事，須立一簿，逐件登記，完者勾之。一月內事，必於一月內了。使吏書不得延捱索詐，上司事亦不至沉閣取咎。

一、私衙要關防嚴密。多有清謹官爲妻子僮僕親戚所壞，交通衙役私出官票，暗騙民財，時宜覺察。

一、縣官鄉里親戚不得容留在寺院，說事得財，以速官謗。

一、本縣每日供給，須照時價給現銀，與市民兩平易買，不得倚官減值，虧短賒欠。不得縱容買辦人索取鋪行錢物。佐貳衙，一并禁戢。

一、各役工食，按季放給，不得預放扣減。

一、生辰令節，不得受禮物，以長奔競。

一、不得稱貸富室，及至富室監生家飲宴。

一、上司鋪陳，往往借用當鋪，江南則派糧長借辦，極爲擾害。須本縣節省公用置辦，着庫吏收領封貯，入查盤事件內，無令移用，以致缺少。

一、保甲所以弭盜安民。今本縣開報保長時，既饜飽吏胥，而棍徒充當保長，又詐害良民無已。竟使善法皆成厲政，徒滋擾害而已。既不可懲噎而廢食，豈可不循名而責實。要在賢者着實舉行，周密防備。天下多事之時，此實爲未雨綢繆之計，不可忽也。

一、盜賊地方大害，必有窩家，必與捕快交通。平日當密訪窩家及通盜捕快，置之於法。一有生發，即行嚴捕，必擒獲而後已。此等風采彰聞，自然盜賊屏息。乃不肖有司，護盜如子。既欲邀盜息民安之譽，又避上司地方多盜之責。往往深怒失主呈告，反責捕快詐誣。其甚者，與盜相通，納其貨賄。致盜賊以此縣便於行劫，縱橫無忌。失主不敢告，捕快不敢擒。釀成大亂，恒必由之。所當痛以爲戒。

一、強竊盜到官，縣官即刻自審。勿輕用刑，只嚴急起贓。贓真，然後具招。勿輕信扳誣，而容捕快先拷。勿先發佐貳審問。

一、賭博爲盜賊之源，必須嚴禁。民間開場賭博者，責令兩鄰首告，不首者同罪。

一、娼家爲盜賊之藪，不許容留城内居住。有居住者，兩鄰不首同罪。

一、州縣官表率一方，宜先節儉，以挽侈靡之俗。即宴會名刺，不可以爲小事，漫從流俗。當照憲規刊刻小約，與本地縉紳彼此遵行。節財用於易忽，移風俗於不覺矣。

一、民間渰殺子女，最傷天地之和。有犯者重治，四鄰不首者同罪。

傅元鼎巡方三則 公名梅，直隸邢臺人。萬歷舉人，官刑部主事，卒贈太常卿。

弘謀按，爲大吏者，以一人之耳目，而察數十百人之賢否。地遠勢隔，視聽難周。於是有托密訪於私人，采虚聲於道路，而狙詐百出，傳聞異詞，若即爲定論，所謂一指當前，不見泰山者也。傅公《巡方三則》，因其事之所必有，揆其理於不可易。不事揣測鈎距，而光明正大，自無遁情。其察吏之金鑑哉。爲屬吏者，更可知所以實致其力，而不必爲塗飾耳目之觀矣。

一曰因文。屬吏有謁見，必有談吐，有文移，必有論議。就中細細察之，有據理據勢，明白直截者。有不吞不吐，騎牆兩顧者。有一問即對，條暢無隱者。有再問不答，沉吟含糊者。有實見得是，雖違衆而必爭者。有中實無主，一經駁而遂靡者。此中察吏，可得十之五六。以言察吏，大概不出此幾種。第言有誠僞，事有是非，又當有辨，故云止得五六。

一曰因人。巡方時，經過阡陌，間一省視，遇佳山水，暫一登臨。不拘耕牧樵漁，霽色與言。問年成，則可次及於催科。問道里，則可次及於勾攝。問保甲，則可次及於佐領。問鄉約，則可次及於官師。未有大賢而百姓不極口者，未有大不肖而百姓不攢眉者。此中察吏，可得十之七八。事本相因，故得十之七八。

一曰因事。當攬轡入境，略一流覽。橋梁道路，亦王政所關。置郵見其精神，城池見其保障，學宫見其文教，器械見其武備，倉庫見其綜理，養濟見其慈惠。實做者，自與虚應者有間。渾堅者，自與裝點者殊科。見任去任，悉無遁情。此中察吏，百不失一也。種種皆有實迹，不可假借，故百不失一也。

袁了凡當官功過格

先生名黄，字坤儀，浙江人。萬歷進士，官至大參。

弘謀按，居官者，論法則爲賞罰，論理則有是非。功過者，即所行之是非也。了凡先生《功過格》，舉官司應興應革之事，條分縷析，即其得失之輕重，以定功過之多寡。於此見居官者，每日之内一舉一動，非功即過。見過易，見功亦易。返觀内考，蓋無刻不在功過之中，可不懼而知所勉乎？古人每晚，必將一日所行之事，焚香告天，其即此意也夫。

功格

吏

能爲地方興利除害，使百姓永受實惠，算千功。

勸戒同僚行善止惡，以事之大小算功。勸戒上司倍算。

劾去府州縣貪酷正官一員，算千功。佐貳減半論。

下僚非得罪地方，不輕革逐，一人算十功。

遇大寒大暑大風大雨，錢糧停比，詞訟停審，一次算十功。

能禁戢勢宦豪奴，不使播惡，算百功。

能摘發奸惡神棍，置之於法，不使騙詐愚民，算十功。

偶有錯誤，片念撥轉，不吝改過，并不喜奉承迎合之言，算十功。

嚴禁佐貳，不得擅受民詞，算十功。

遠來人役，早發回文，一事算一功。

凡解人之怒，釋人之疑，濟人之急，拯人之危，皆隨事之大小、人之善惡算功。

户

催徵有法，勸諭樂輸，不煩敲撲，而錢糧畢辦，算千功。

審編里役，差遣均平，使合縣受福，算千功。

清核地畝錢糧井井有條，使里胥保歇不得欺隱包侵，致累小民，算千功。

遇大災大荒，能早勘早申，力請蠲賑，設法救活多命，算千功。

設法斂解，緩急有序，革除陋規積弊，不苦糧里，不累齎解員役，算十功。

較准大小法馬，嚴加稽查，使胥吏不得出輕入重，算千功。

給發役從工食、養濟口糧如期，并禁吏胥剋減，一次算十功。

荒年煮粥，賑濟孤獨，及收養遺棄小兒，一人算一功。勸其親戚，責以大義，令各收養者，倍算。

用物照價平買，不倚官勢虧民，一日算一功。

禮

闡明正教，維持正法，使聖賢遺旨燦然復明於世，功德無量。

凡事惜福，躬行節儉，使風俗返醇，算千功。

祈禱能謹，齋戒祭祀，如對神明，竭誠有應，免水旱瘟疫之災，算千功。

表章先賢，旌舉忠孝，一事算百功。

親講鄉約，懲勸有方，誨誘頑民，平其忿心，改惡從善，各因人受益之大小而定功。

考較公明，不阻抑孤寒，一名算一功。

開報生員優劣，采訪的確，使人知勸懲，士風丕變，算千功。

故舊經過地方，厚待加禮，一人算十功。若患難死喪而加撫恤者，倍算。

禁止惡俗，如淹女、火葬、宰牛、殺牲、酒肆、臺戲等類，一日算十功。

接文士下僚，有禮無慢，一日算一功。

同僚下司，身故失位而家貧者，助一兩算一功。勸人共助者同算。

瘟疫瘧痢盛行，開局醫療，一人算一功。垂死而得生者算十功。

葬死人及枯骨，一人算十功。

兵

力行保甲，親編親審，不致擾民，而邪教奸宄自息　算千功。

遇兵盜竊發，能豫爲防範，力加捍禦，免百姓被難，算十功。

盜賊拿到即審，務得真情真贓。不許捕役私拷，不委衙官混供，不許扳累無辜，不專靠拶夾招承，無枉無縱，一次算十功。

嚴戢捕役牢囚飛詐良善，算十功。

刑

凡聽訟能伸冤理枉，按事之大小算功。

鬥毆人命，或故或誤，爲首爲從，俱細細分別，立時親檢定罪，不致游移出入，干連無辜，算千功。

冤枉重辟，案成囚獄，能詳覆審豁者，免大辟一人，當百功。永戍一人,五十功。滿徒一人,二十功。三年徒,十五功。二年者,十功。一年者,算五功。滿杖一人,算三功。九十以下,算二功。

責人須明告其罪,使之知改。凡刑人而當,使受者愧服,見者懲誡,算十功。

重治不孝,重治叛奴及賭博者,一人算十功。

懲治訟師扛證,不得刁唆構釁,廢蕩人家,一人算十功。

用刑有條,如老幼醉酒不打,婦女非犯奸不打。尊長告卑幼,百姓告衙役,雖失實弗打。已拶弗夾,要枷弗打。一人算十功。

供招出入,自爲簡點,不容吏胥上下其手,算十功。

詞狀少準。婦人非關節要,即爲抹去。人犯一到即審,不令守候。一事算一功。

詞訟據理直斷,不嗔越訴,不偏護原告,不徇囑托,耐煩受言,使兩造得盡其情。及到別衙門,隨其轉辨,不以成心怒翻案。一事算五功。

重懲誣告以息刁訟,一事算一功。

審無重情,免供逐出。準息,量罰紙穀。如有力稍力無力,聽犯自認,不以贖鍰媚上司。一事算十功。

無力犯人,當時釋放。納贖徒罪,亦準召保,使免監禁之罪。一人算五功。

追贓有法,禁扳害親友,以保無辜,依贓之多寡算功。能爲開豁者,五兩算一功。出己財代完者,倍算。

嚴禁佐貳,不得擅羈人犯,算五功。

嚴禁獄卒牢頭,勿肆凌虐,使囚得安寧,一人算一功。

牢瘟傳染,命獄官獄卒掃除積穢,多燃蒼术。夏貯涼水,冬天給草薦姜湯,使囚得方便。一人算十功。

重犯無家屬者,照例申請囚米,一人算一功。例有不合,自爲設處者,倍算。

工

開渠築堤,疏通水利,視事之大小算功。

役使地方及衙門人,概從寬厚,一人算一功。

修葺學宫官堂及鄉賢名宦祠、正神祠廟、倉房、獄舍、橋梁、道路,費十兩,算一功。勸人樂助者,同算。

當官善事,未易枚舉,即此以例其餘,擴而充之,在人各盡心力。

過格

吏

地方利病,絶不留心,置民生疾苦於度外,其過無涯。地方利病,明知應興應釐,不肯出身擔任,一味推卸。圖便己私,罔知民隱。圖便目前,罔計永遠。算千過。

風土異宜,時勢異窾,不虚心參酌,強不知而爲知,見一偏而不見全局,妄作妄爲,使百姓受累。算千過。

日逐所行事件,不畏天人,惟憑吏胥。更將上司行移,或分付言語,不即用心只奉力行,使民隱弗申,上澤不究。算千過。

開報賢否失當,隨官之大小、人之善惡算過。

保約奉行不善,輕委衙官,及致騷擾,算百過。

聽信左右,指撥害人。逢迎勢要,冤抑平民。受人囑托,枉害善良,使百姓含怨。算百過。

事不即決，淹禁停滯，使訟中生訟，破人身家。一事算十過。

聽審人犯已齊，因慵懶飲宴，輕爲更期，累衆候費煩苦者，一事算十過。

偏護衙役，姑縱奸徒，設局詐騙，阱人身家，算十過。

上司怒人，明知其枉，不敢辨救，一事算十過。

事關前任及别衙門事，明知其枉，而泥成案，徇體面，不與開招者，一事算三十過。

毁人揚己，市恩避怨，不顧前官職司，不顧後官難繼，算十過。

沽不准詞狀之名，使含冤者無處陳訴，一事算五過。必要賄囑方准，一事算十過。

門禁不嚴，致家人通同衙役作弊，一日算十過。

出入行牌不信，使官役守候勞苦，供應耗費者，一次算十過。

户

催徵無法，任吏書欺隱，保歇包侵，不能清楚，亂拿亂責，追呼愈急，完欠愈淆，使合縣不寧，算千過。

擅自加派增糧，使小民永受賠累，算千過。

點役不公，任吏胥作弊，使合縣受累，算千過。

遇災荒弗早申請，使民心不安，上澤不究，算千過。

勸地方好義，救荒積穀練兵等事，不虚公詳恕，偏聽率性，苛派不堪，算百過。

遇患不救，遇賑而吝，力可以濟人而不肯盡，算百過。

輕用民力，隨衆多寡算過。

禮

祭祀不敬謹，水旱不祈禱，及祈禱不盡誠，惟以虛文塞責，算百過。

好爲奢侈，傷財害民，陰壞風俗，算千過。

考較不公，使孤寒不得上進，一名算百過。

開報生員優劣不確，使勸懲無力，士習日靡，算千過。

縱容左道惑衆，及聚衆賽會，不行嚴禁者，算百過。

不禁溺女惡俗，賭博爲非，及屠宰耕牛者，算百過。

好長夜飲酒，登山玩水，耗費人財，累地方下役守候，一次算十過。

待人不誠，責人不恕，接下僚而褻慢爽儀，遇知己而含疑不盡，算十過。

拘泥舊聞，沉迷積習，見闡明正學者，反加非笑謗訕，阻人好修之念，自障入道之門，其過無量。

兵

縱奸捕唆盗扳，牢囚通同燒詐良善平民，雞犬不寧，算千過。

獲盗不即親審，得其真情真贓，致黠盗漏網，扳累良民，算百過。

盗有或初誤犯，或迫饑寒，不原情警豁，使人無自新之路者，算十過。

刑

人命不即檢驗傷證定案，致招情出入，拖累多人，算千過。

問罪成招，本有生路，不開一綫，只圖上司不駁，一事算十過。

服毒，投水，懸梁，圖賴人命，審無威逼，輒斷葬埋，以長輕生之習，一事算百過。審非真命，而輕易發檢，使死者不得免尸①，生者多般受累，一事算百過。

情罪未核，杖死一人，算百過。

醉怒重杖責人，算二過。無罪誤責，算十過。

借地方公事爲名，濫罰者，一两算一過。

多問罪贖，以肥私橐，以媚上司，一事算千過。

受人囑托，故縱應罪者一人，算一過。縱真命一人，算百過。縱大盜及豪強奸蠹一人，算百過。若受賄故縱，倍算。

用刑不當，以多寡算過。罪不至死而杖斃者，一命算百過。

縱行杖人打下腿灣，需索詐害，一日算十過。

無過淹禁平民者，一日算十過。

以口腹之故，輕杖人，一杖算一過。

工

地方水利，不留心查察，致有渠不開，有塘不浚，有堤不築，不蒙水之利，但受水之害，視事之大小算過。

學校教士之處，橋道濟衆之處，聽其頹敗，亦照工程之大小算過。

當官過失，未易枚舉，即此可例其餘，有則改之，無則加勉。

---

① “免”，疑當作“完”。

顔光衷官鑑先生名茂猷，福建平和人。崇禎會元①。

弘謀按，《官鑑》者，顔光衷所著《迪吉録》之一類也。原書專從因果報應立論，然所采故實，皆出史鑑，其事理正自確不可易。夫果報者，數也。數或有時難知，理則千古可信。居官者，聽其數於在天，而守其理於在己，豈非所謂脚踏實地者哉？至於鄉紳中未仕者，將來皆有從政之責。已仕者，即今日之從政者也。知鄉紳之所得爲與所不當爲，則將來之從政也必不苟。而從政者於鄉紳，既不致忿疾而失平，亦不敢徇私以害公。更可即此而得倡率化導之方，以收易俗移風之效，豈不美與？

狄仁傑爲宰相，有元行冲數規諫，謂仁傑曰："公之門，珍味多矣。願備藥物攻疾。"仁傑嘆曰："吾藥籠中物，何可一日無也。"已復薦張柬之爲宰相，又薦姚崇、桓彦範、敬暉等，皆爲名臣。自古聖賢豪傑，無不以得人爲急。漢高問人於監門卒，得酈食其，收子房於韓相，拔陳平於亡虜，汲汲求賢，無須臾離也。昭烈三屈隆中，而天下鼎足。又如夫子大聖，而齊交平仲，鄭兄子産，一遇程子於途，即脩幣定交，其汲汲於人如此。故子游宰武城，而夫子首問得人。此第一要義也。子賤宰單父，只用父事兄事，便已了了。今世士大夫，只急簿書，不知政本。又見一二卑賤儒紳，奔求可厭，一概峻其門户，尊己凌人，是烏足與言風化哉？故經世而不能得人，不成大功。誠使君相至於守令鄉紳，莫不彰善崇德，求賢敷教，何憂人才不盛，俗化不美乎？且自家善量品格，全在此處别大小耳。朝廷政事，草野風俗，均待人而成。

唐杜悰節度江陵，黔南廉使秦匡謀戰蠻寇不克，來奔謁。

---

① "元"下原有墨釘。

悰怒其不趨庭，使吏讓之，匡謀不爲屈，乃遣縶之。奏秦匡謀擅棄城池，不能死王事，誅之。行刑之際，悰大驚，暴卒。長子無逸相繼而死。議者以悰恃權貴，枉刑戮，獲兹報焉。夫杜悰不過作貴倨態，要人尊敬耳，而竟以此置人於死，折己之禄，則我慢之爲累也。居官長吏，以禮節喜怒人、低昂人者，不少。當其怒時，亦自依傍道理，謂匡謀擅棄城池，死之不足爲過，孰知皆爲客氣所使乎？此意不除，害人仍自害，何嗟及乎？中有成見，有一分道理，便看作十分，皆所云“依傍道理，爲客氣所使”也。戒之哉！

宋韓琦識量英偉，臨事，喜愠不形於色。自謂才器須足周八面，入粗入細，乃是經綸好手。又嘗論王安石曰：“爲翰林則有餘，居輔弼則不足。”或問其故。曰：“嘗見其奏議，只爲一己，而不爲天下也。”有才而無濟於世，皆坐此病。

錢若水，字長卿，爲同州推官。有富民失女奴，父母訴於州，委之録參。録參舊與富民有求，不獲，遂劾富民父子共殺，誣服，具申。獨若水遲疑。録參曰：“汝得富民錢，欲出之乎？”若水笑曰：“父子皆坐重辟，豈不容某熟察？”若水詣州所，屏人告曰：“某之遲留富民獄者，慮其冤耳。使人訪求女奴，今得之矣。”知州呼女父母，出示之。父母泣曰：“是也。”遂引富民父子，悉破械縱之，且曰：“此推官之賜也。”富民詣若水來謝，閉門不納，富人繞垣而哭。知州欲奏其功。若水辭曰：“某初心止欲雪冤，非圖爵賞。萬一敷奏，在某固好，於録參何如？”知州嘆服。録參知之，詣若水叩頭謝罪。太宗聞之，擢知制誥，進樞密副使。此一事也，有三善焉。讞獄平冤，一也。不自以爲功，而推之知州，二也。不圖爵賞，爲録參地，三也。以爲下，則仁。以爲上，則恭。以爲同僚，則恕。

世之小善小德,惟恐人不聞知者,視此寧不愧耶?

明孝宗爲皇太子,有典璽局郎覃吉,温雅誠篤,識大體,通書史,議論方正,雖儒生不能過。輔導東宫之功居多,四書皆口授,動作舉止,悉導以正。暇則開説五府六部及天下民情、農桑軍務,以至宦者專權蠹國情弊。曰:"吾老矣,安望富貴。但得天下有賢主,足矣。"上嘗賜東宫五莊,吉備曉以不當受。曰:"天下山河,皆主所有,何以莊爲?徒勞民傷財,爲左右之利。"竟辭之。東宫嘗念《高皇經》,見吉至,以《孝經》自携。東宫出講,必使左右迎請講官。講畢,則請云:"先生吃茶。"内侍張端非之。吉曰:"尊師重傅,禮當如此。"後孝宗爲仁聖之主,弘治之治,皆以歸功覃吉云。内官中能如此見大識體,可爲居官者法。

脩隙者,多起於盛怒。蓋官長威福,弄得慣手,見有拗逆者,自然容受不去,一縱其威,誰敢諫止。然此固有二。如張詠之吏,既偷盜弄法,又挾抗官長,此不可貰。若乃受屈難堪,理直氣揚,又有見官不慣,罔識進退者,此所當諒者也。一概盛氣加之,則曲直倒置,巧者勝而拙者敗。縱督過之後,私心悔之,然雷霆彈壓,已破損矣。諺云:"一世爲官百世冤。"蓋恐隱伏利害,嶢崎情僞,害人不少,況復任性出之乎?且任性,則火性愈起,久且以爲固然,不問是非矣。欲惠民者,宜除此一根,虚心以聽,情理之自現也。法堂之上,不可不常作此想。

凡媢嫉之人,不能容賢,總是我見之爲累耳。有聞其名,雅相慕重,及至面前相對,便有一二事忍耐不過,積久愈成仇隙。故容遠賢易,容近賢難。容賤易,容貴難。容暫易,容久難。何也?氣相觸也,才相抵也,名相傾也,勢相軋也。而彼賢人,亦未能盡平心無我。交久以後,實見他有不足處。往昔慕德,已認爲錯敬。今朝嫉賢,反覺爲平心矣。夫是之謂實不能容,彼實是消遣不下也。審若此,安所盡得化人而用之。故有君子相遇,而卒悖戾者,弊正坐此。須是平日克己平情,挺身爲國,於一切毁譽愛憎,纖毫不挂,方能爲子孫黎民造福也。賢才亦有許多難耐處,容賢亦有許多難處。惟真心好賢者,止知有賢,他所不計耳。

人臣所以不和者,只恐奪寵奪能。不知世界事,非一人所能獨滿。獨則無曜,并乃有功。古來名人,俱以相翼而成。如皋夔周召,郭李韓范,并轃於一時。蕭曹丙魏,姚宋王寇,晻映於前後。不聞隻手孤拳,有駕聲其上者也。中間化得一分,便大得一分。如召公不悦,周公留之。臨淮知怨,汾陽釋之。萊公結憾,王公薦之。范公拂裾,韓公就之。此皆是英賢隱隱眼目處。然非平心無我,只勉強抛卻,忌根仍在,恐有决裂。此處正須學問涵養耳。

聞謗而怒者,讒之囮也。見諛而喜者,佞之媒也。讒言之入,起於好諛。士人得一第後,諛佞盈耳。雖骨肉至親,有不肯以直言自取疏忌者,何況外人。及名位愈高,則拂意之言,益復不聞。故一言不當,即謂爲輕我,謂爲抗我,謂爲不識時務,謂爲新進無知,而萋菲之口,得而中之矣。若虚心受言,聞過内省,讒言何自而入哉?愚謂士大夫先能受言,而後可以納諫望人主。若窮措大謬膺一官,輒已予聖自雄,則奏疏必不婉摯,論事必不透徹,國家何賴焉?以上公忠。

商鞅、吴起、韓非、李斯,彼皆自謂信賞必罰,平天下如指諸掌者也。然與寧失不經、好生大德者,相去何徑庭哉?鞅以徙木立信,起以布幅去妻。非若斯,俱以督責致治,卒毒天下，而身隨之。甚矣，刑難言也。若從名法上運用，無得情哀矜者爲之主持，則往往流入這邊去，而恬不知，猶以爲生道之殺也。此聖人教人，必自乾元處安身立命，而於刑名法律，一切不任乎。

蘇綽於宇文泰時，拜左丞，典機密，始制文案，式仿《周官》。減冗員，置屯田，以贍軍國。又爲六條詔書，奏施行之。其一理身心。言守令當理心而化民也。其二敦教化。言性隨化遷，化於惇樸，不欲化於澆僞。宜去兵革，薄刑罰，而敦德化，使還淳而反素，垂拱而天下平也。其三盡地利。言衣食足而後教化隨。宜勤勸課，禁游惰，重農時。而單劣之户，無牛之家，又勸令有無相通也。其四擢賢良。言立賢無方，先德後才。又須勤求之，實課之，省事省官，以專任之。即閭胥里正，猶必擇人。其五恤獄訟。謂伐木殺草，田獵不順，尚違時令而虧帝道，況刑罰乎？惟奸猾敗倫者必誅。其六均賦役。謂當斟酌貧富，檢舉吏胥也。六條在凋弊瘡痍之中，尤切窾會。泰常置左右，令百官誦習，非通六條，不得任。綽性儉素，常以喪亂未平爲己責，博求賢俊，共弘治道，愛人如慈父，訓人如嚴師，是真用世之豪傑也。今雖有飽熟經書，揮霍長才，能知此中滋味者，鮮矣。不意周隋兵難之時，乃有此人。六條均關治理，"愛人如父，訓人如師"，尤爲切要。

唐相魏徵與上語教化。上恐大亂之後，未易格心。徵曰："不然。久安民驕佚，佚則難教。經亂民愁苦，苦則易化。"封德彝非之曰："三代以還，人漸澆漓。故秦任法律，漢雜霸道。蓋欲化而不能，豈能之而不欲耶？魏徵書生，不識時務。信其虚論，必敗國家。"徵曰："五帝三王，不易民而化。顧所行何如耳。昔黄帝征蚩尤，湯武當放伐，皆能致身太平，豈非大亂之後耶？若謂古人淳樸，漸至澆訛，則至今日，當悉化爲鬼魅矣，上安得而治之？”上卒從徵言。元年，斗米值絹一匹。二年，蝗。三年，大水。上勤而撫之。民雖東西就食，未嘗嗟怨。四年，天下大稔，斗米不過三四錢。終歲斷死刑，只二十九人。外户不閉，行不齎糧。帝謂群臣曰：“魏徵勸我行仁義，既效矣。惜不令封德彝見之。”

徐有功初爲蒲州司法，寬仁爲治。吏民相約，有犯徐司法杖者，衆共斥之。任滿事治，不杖一人。刑措之風，其近如此。今人謂末俗澆漓，不嚴酷不治者，恐亦力量未及，不可厚誣民心也。力量未及，總由愛民之心未能真切耳。

天下至廣，萬世至遠。雖萬手萬目，以救濟斯世，而猶未足也。故最急度人。勸人做好人行好事也。謂必聖賢而後度人，非也。聞善則喜，見善則樂，時時述善事，談善言，説善報，則度已多矣。中間轉移之機，自有愈進愈精處，極至變化恰合而不自知也。然度衆人之人，又不若度度世之人。有救世之權者也。得其一焉，以旋乾轉坤，以守先俟後，人復生人，則度成普度矣。聖賢經世傳世，皆此一大事在。

獨爲善事，所及無多。若得大力量人，同存此意，則所救濟何限。大略化一曲謹人，不如化一豪傑人。化一卑賤人，不如化一權貴人。化近人，不如化遠人。在在言善言，行善事，交游善人。要得此善脈滿世界，則福德亦滿世界矣。舜之大德，亦只是樂與人爲善耳。

有一士子，授徒爲業，日思濟人利物，而貧窮無力。因見世之爲師者，多誤人子弟，遂留心教道，曲意造就，果以積德至貴顯焉。今之學校等官，曉得此意，則英才樂育，爲利斯溥矣。長吏之化民也亦然。教人以善，原在分財之上，特人未必知之耳。

能吏多以教化爲不足爲,不知其日計不足,月計有餘也。如謁廟講經,入鄉行約,所以雍容揖遜,令人欲平躁釋者在此。又如旌獎孝義節烈,擇舉鄉飲大賓,視爲無緊要事,着意舉行,自有風勵意思。要須品真意真,使耳目常觸,精神不倦云爾。至於馴習童子,尤爲吃緊。若以此勸化父兄,因而参驗賞罰之,不八九年,兒童已成偉器矣,其成就豈淺鮮哉?以上教化。

漢黄霸爲潁川太守。每下恩澤詔書,他郡縣多廢閣。霸爲擇良吏,分部宣詔令,令百姓咸知恩意。而郵亭鄉官,皆畜雞豚以贍鰥寡貧窮者。爲條教,置父老師帥伍長班行之,勸以爲善防奸之意。務耕桑,節用殖財,種樹畜養。諸爲令,頗若煩碎,然霸精力能推行之。吏民見者輒與語,問他陰伏相参考,以具得事情,奸人去他郡,盜賊日少。霸力行教化而後誅罰,務在成就安全。外寬内明,得吏民心,治爲天下第一。

宣帝時,渤海歲饑,多盜賊,吏不能擒制。龔遂守渤海。帝問何以治。遂曰:“海濱遼遠,不沾聖化。民困於饑寒,而吏不恤。故陛下赤子,盜弄兵於潢池中耳。今欲使臣勝之耶?將安之耶?”帝曰:“選用賢良,固欲安之也。”遂曰:“治亂民,猶治亂繩,不可急。願假便宜,無拘文法。”帝許焉。郡聞新守至,發兵迎。遂皆遣還。移書屬縣,悉罷捕盜吏。諸持田器者,皆良民,毋得問。持兵者,乃爲盜。遂單車至府,一郡翕然。盜賊皆棄兵弩而持鈎鋤,立解散。於是開倉廩,假貧民,選良吏牧養焉。齊俗多奢侈,好末作。遂乃率以儉約,勸民農桑。春課耕種,秋課收斂。益畜果實菱芡,勞來循行。民有帶刀劍者,使賣劍買牛,賣刀買犢。曰:“奈何帶牛佩犢?"不數年,吏民富實,獄訟止息。帝褒之。

尹翁歸爲東海太守,吏民賢不肖,及黷吏豪民,奸邪主名,盡知之。縣各有記籍,聽其政。及出行縣,輒披籍收取。即豪猾,莫能以勢力變詐自解脱。以一警百,吏民恐懼,皆改行自新。翁歸之政,似太精明矣。然得其廉公,亦足淑世。又知賢不肖,最吏治之吃緊者。惟先事參伍,某里賢縉紳若干,士類若干,耆老若干,則旌拔可行,耳目可寄,教化可傳。子賤宰單父,只父事兄事數人,便足彈琴而理矣。後世不知急人,自屈其力。或過而信之,又或過而疑之,或過而昵之,又或過而慢之。哄然一堂,競者爭至,恬者遠迹。一有隱微事機,重大功過,莫别黑白,只恣喜怒。求其如翁歸之綜核,不得也。況有舉一風百,使枉者直之化乎?是在循良者精思而行之耳。以精明體察民情,故不傷於苛刻,適足廣其化理。

郭伋轉并州牧,比入界,老幼逢迎盈路。伋引見問疾苦,聘求耆舊,設几杖之禮,朝夕與參政事。行部至西河,有兒數百騎竹馬夾道次迎拜,問君何日當還,伋從容計期日告之。行部還,先期二日。伋以爲違信,止野亭宿,須期日乃入。官長審狀,及編劑。能如此不失兒童之期,省人民多少煩費,多少羈候,多少反覆,亦一陰德事也。時時體察下情,事事不失恩信,可爲居官要術。

宋王濟爲龍溪主簿,時調福建輸鶴翎爲箭羽。鶴非常有之物,有司督責尤急,一羽至值數百錢,民甚苦之。濟諭民取鵝羽代輸,仍驛奏其事,詔可其請。仍令旁部,悉如濟所陳。夫使民不顧其安,則一羽一毛,皆足破家。此處能調護,在在方便,則在在功德也。長人者,可不加之意哉?

近訐訟大行矣。即不能以德化,若誣告加三等之律一嚴，庶可少訟。即訟，亦不至兩造哄然也。最患在左右原告，雌黄審語，以鼓煽其風。《吕刑》"獄貨非寶，惟府辜功"，此之謂也。

天下最親民者，惟守令。雖聖明在上，而一二貪殘居職，民不得其所者多矣。故一邑有循吏，則一邑受澤。一郡有循吏，則一郡受澤。其功德比於君相，似小而更密，似賒而更急也。大略教化爲上，寬仁次之，綜核又次之。嚴於馭役，而寬於馭民。亟於揚善，而勇於去奸。庶幾得蒙至治之澤云。

居官全活生民，有有形者，有無形者。有形者，已然也。當其顛困欲斃，起溝中之瘠，而庇之生全。其爲德也，顯而大。然他人致之，而我救之，可也。若權柄在握，則當視民如傷，先事區處，不致顛頓危急，方爲妙手。蓋凡饑寒流離，救之未然，則生理不失，力半而功倍。教化亦然。止惡未萌，則不至刑辟，俗美而民安。其視臨事支吾，臨危體察，固萬萬也。但業已致之，則不可無轉移之巧，惻怛之實，以經理其間耳。蓋古固有以愛民之心，而成害民之事者。亦有以愛民之事，而矜激功能，恢張聲譽，則其飲和食德，必有不能滿注矣。是在爲官者，實實與民一體，則措置自别耳。以上循良。

夷齊清，民到於今稱之。其真性也，有以清直見忌者，皆由立心憤激，以氣凌人所致耳。此等人雖未純正，然不可抑倒他。蓋留其名節，亦足維世也。今世波靡同俗，猶須急此。若見刻苦勵行之儔，便要污衊他，顛頓他，責以所必窮，則其人立心，先是媢嫉路上人矣。

唐盧懷慎清儉，不營産業。雖隆貴，得禄賜，散與故人親戚輒盡。子二，奕、奂。奕至中丞，死節，贈貞烈。奂，陝州刺史，清廉，帝親題贊廳事褒焉。微杞之罪貫盈，則報猶未艾也，豈非積厚者宏施歟？曰："使貪焉若何？"曰："命既無有，雖貪，何必不以贓敗也。即使倖獲，而損己之禄秩，墜子孫之福德，爲償多矣。"昔李景讓之母早寡而貧。嘗掘地得金數斛，拜禱曰："此恐上天憐氏貧苦，故賜此。若然，則願諸孤學問有成，不願取也。"遽揜之。已而景讓兄弟皆貴。又范文正公亦極貧，嘗得地埋金而不取也，已而爲相。歸，有求施造寺者，欲出前遺金付之，則無有矣。只有契并書歷仕禄入，如其金數。然則廉貪所得，均不越應分中，而順者遲收之，逆者捷得之。究竟禍福若霄壤焉，人宜何從哉？唤醒官場計利者。

黷貨則必酷。彼以爲不打則群情不驚，賓賄不來也。黷貨則必横。彼以爲不顛倒曲直，則理勝於權，人心有所恃以無恐也。黷貨則必護近習，通意旨。彼以爲不虎噬成群，則威令不重。不曲庇私人，則過付無托。且短長既爲所挾，剛腸陰有所屈也。一貪生百酷，一酷吏又生百爪牙。吁，民幾何而不窮且盜哉？最難堪者，得強劫之獄，亦爲賣放。受枉法之賕，轉而樹威。奪小可鋪行之貨，執徹骨窮獨之刑。至於官爵愈大，統轄愈衆。一人受賄，則千人骫法。十人弄法，則萬人作俑。如元載胡椒八百石，似道糖霜八十瓮，其積蓄亦安在哉？官長又當禁下僚之貪，不獨以清白自了也。

清畏人知者，上也。畏人不知者，次也。貪畏人知，又次之。貪不畏人，賄賂公行，民斯爲下矣。

凡嗜酒，嗜淫，嗜財，皆起於縱意成習。習已成時，肝腸爲換，捨死以徇，不自管其有用無用也。有初筮仕時，猶能矜持，至老境卻低回就之者，只緣漸漸以官爲家，以財爲性命耳。以上廉潔。

救荒有先先策，有先策，有正策，有權策。先先策者，未然也。《尚書》云:“懋遷有無化居。”又云:“濬畎澮巨川。”如京都邊塞之地,屯田鹽法,均須平時經理。又如各省水利之有無,風俗之奢儉,必當預先講求,問其何饒何乏。可就本地經畫者,則爲修之教之。或須借裕鄰方者,則爲調之劑之。又如折色本色,顧役差役,各有利病,咸宜體悉。大要總在重農而貴粟,勤勸相而修水利。廢田不耕者有懲,游手蠹食者有禁。遇良田,則駐車勸賞。遇水利,則委曲通融。至於常平倉,義倉,宜委任得人,出納有經。不至虛費,亦不至刁難。社倉之法尤妙。若每都分各有朱子、劉如愚者以總領之,則可無凍餒之老、流亡之人,所救不貲。吁,安得有心人,在在如此哉?《康濟録》:“先事,臨事,既事,最爲救濟要策。”此亦深得其意,中有可以參觀推廣,故録之。

先策者,將然也。如有旱有水,穀種既没,則饑饉立至。當預先廣糴他邦,又檢災傷無可生理者貸之,隨地利可栽種者教之,令貧富皆約食,曰:“此惜福救災宜爾也。”昔程珦知徐州,久雨壞穀。珦度水涸時,則耕種已過,乃募富家得豆數千石貸民,使布之水中。水未盡涸,而甲已露矣。是年民不艱食。又各州縣有上供糧米者,先事奏請截留,而以其糶錢計奉朝廷,則米價自落,國賦不虧。蘇軾《救荒議》言此甚悉。且云救之於未饑,則用物約而所及廣,民得營生,官無失賦。若其饑饉已成,流殍并作,則雖攔路散粥,終不能救死亡,而耗散倉廒,虧損課利,所傷大矣。

正策、權策者,已然者也。正策,一曰開倉賑貸。二曰截留上供米賑貸。三曰自出米,及勸糴富民賑貸。四曰借庫銀,循環糶糴賑貸。五曰興修水利,補輯橋道賑貸,令饑民傭工得食,而官府富民,得集事也。然所貸者,每及下户,而中等自守頭面,坐而待斃,尤爲狼狽。又城市之人,得蒙周恤,而鄉村幽僻,拯救不及。此尤宜周詳曲處者也。大略賑濟之法,旬給斗升,官不勝勞,民不勝病,仰而坐待倉米,卒無以繼。莫若計其地里遠近,口數多寡,人給兩月糧,歸治本業,可無妨生理也。趙令良帥紹興,用此法,城無死人,歡呼盈道。又李珏在鄱陽時,將義倉米多置場屋,減價出糶。既先救附近之民,卻以此錢紐價計口,逐月一頓支給,以濟村落。一物兩用,其利甚溥。蓋遠者用錢,可免減竊拌和之弊,轉運耗費之艱。且村民得錢,非惟取贖農器,經理生業,亦可收買雜料,和野菜煮食,一日之糧,可化數日之糧,甚簡甚便。此二策者,俱可行也。

曾鞏《救災論》亦極談升斗賑救之害。蓋上人方圖賑濟,先付里正抄札,實未有定議也。村民望風扶携入郡,官司未即散米。裹糧既竭,餒死紛然。濁氣薰蒸,癘疫隨作。是以賑濟之名誤其來而殺之也。故須預印榜四出,諭以方行措置。發錢米下鄉,未可輕動。恐名籍紊亂,反無所得。庶革饑貧雲集之弊。民不去其故居,則家計依然。上不煩於紛給,則奸宄不生。視離鄉待斗升米,而不暇他爲,顧不遠哉?至富民之價,切不可抑之。抑之,則閉糴而民愈急,勢愈囂,其亂可立待也。況官抑價,則客米不來,境内乏食,而上户之粗有蓄積者,愈不敢出矣。昔文彦博在成都,適值米貴。不抑民價,只就寺院立十八處,減價糶米,仍多張榜文招糴,翌日米價遂減。范仲淹知杭州,斗粟百二十文,仲淹增至百八十,衆不知所爲。仍多出榜文,具述杭饑增價,招引商賈,爭先趨利,價亦隨減。此二公者,識見過人遠甚。第出納之際當核奸,賑濟之際當檢實,而朝夕經營,總宜盡心力爲之。視爲萬命生死所在，自不憚勤勞也。至於棄子有收，強糴有禁，嘯聚巨魁，必剪其萌，澤梁關市，暫停其税，此皆因心妙用，慈祥之所必至者矣。切中近時賑荒利弊。

權策。如畢仲游先民未饑，揭榜示曰："郡將賑濟，且平糶，若干萬石。"實大張其數，勸諭以無出境，民皆安堵。已而果漸艱食，饑民十七萬。顧所發粟不及萬石，以民粟繼之。而家給人足，民無逃亡。又如吴遵路，令民采薪芻，出官錢收買，卻令於常平倉市米物歸贍老稚。凡買柴二十二萬束，候冬鬻之。官不傷財，民再獲利。又以飛蝗遺種，勸種豌豆，卒免艱食。又如婚葬營繕等事，皆宜勸民成之。宴樂賽願，都不復禁。所以使貧者得財爲生也。至於重罪有可出之機，令入粟救贖，亦無不可。蓋借一人以生千萬人耳。以上救荒。

漢陳寔，字仲弓，潁川人。平心率物。鄉人爭訟，輒求判正。寔爲諭以曲直，開以至誠，皆感動。退而言曰："寧爲刑罰所加，毋爲陳君所短。"歲歉民窮，盜夜入，止於梁上。寔陰見之，呼子孫訓曰："人當自勉。不善之人，未必本惡。迫於饑寒，習久遂至爲非。如梁上君子是矣。"盜驚駭投地，稽首請罪。寔曰："視君狀貌，不似惡人，宜克己反善。"遺絹二匹以歸。自是邑無盜者。後除太丘長。以三公徵，不起。享年八十。子紀、諶齊德，時稱二賢。紀爲尚書令，紀子群，爲司空。并著高名，時號三君。寔與李膺、范滂齊名，而獨無纖芥之禍者，彼專嫉惡，此專揚善故也。其入人也，甘而不拂，而變化已多矣。

管寧避亂廬山。鄰有牛暴田，寧爲牽牛，着涼處牧之，牛主大慚。里中男女共汲一井，爭先，有鬥者。寧多買汲器，置井傍待之。既聞，乃各自悔責。講《詩》、《書》，陳俎豆，明禮遜。所居姻舊鄰里有窮困者,必分贍救之。與人子言孝,與人弟言弟,與人臣言忠。貌甚恭,言甚順。名行高潔,望以爲不可及,而即之熙熙。能因事以導人於善,漸之者無不化焉。夫管寧一士人,便能化俗如此。今世種種敝風,守令之化也,十居其五。士大夫之化也,亦十居其五。若能於某里某都,各擇善士,互相傳勸,有不率者,擯不得齒,而身復嚴禮法,董子侄,以先帥之,不出十年,可大變也。

鄉紳,國之望也。家居而爲善,可以感郡縣,可以風州里,可以培後進。其爲功化,比士人百倍。故能親賢揚善,主持風俗,其上也。即不然,而正身率物,恬靜自守,其次也。下此,則求田問舍。下此,則欺弱暴寡。風之薄也,非所忍道矣。俚語云:“刀趁利,爐趁熱。”此兩語誤人不淺。夫刀利爐熱,用之以幹許多好事,此光陰誠不可錯過。又“爭體面”此三字最誤人。今且以何者爲體面?若屈身求官府,此無體面之甚者也。官府即姑從我,而心輕其爲人,此無體面之隱者也。得勢以豪鄉里,而人陰指曰:“此翼虎不可犯耳。”尚得爲體面乎?認得體面真時,便不爭體面,而百美集矣。

凡家世茂盛者,多以仁厚謙恭立教,故能保世滋大,不爲造物之忌。但處世用寬,而律家用嚴,其於教訓子孫,方始得力。不然,自家從艱辛讀書得來,猶知義理,行方便。至膏粱子弟,習成性氣,頤指驕人,且以老成爲迂闊,以脱略爲時行,如此安得不敗?故灑掃應對,守弟子職,古人立教之最吃緊也。

鄉先生能以化俗造士爲念,則爲善於鄉,成就不少。夫出則爲伊周,處則爲孔孟者,惟鄉紳爲然耳。若乃黑白其眼,而雌黄其口,則非所謂士矣。

士夫以化俗爲上品，而孝友尤所重。且宗族周其窮乏，而後善念可興也。但不可有速成心，并以勢力爲之用耳。

觀柳氏家法，知禮之可爲國也。以此達之鄉，推之國，人人親其親，長其長，而天下平矣。大抵風俗壞時，自其弟子先做壞了。好尊惡卑，樂謟怒繩，放縱敗檢。甚者，父兄只以聲色貨利，權焰威寵，激其讀書志意，而猶以爲善教也。一朝得志，其淩厲傲慢，能有極哉？善哉，柳玭之誡子弟也。而曰門第高者，可畏不可恃也。知其可畏，而立身行已，增德惜福。教養子弟，達材利用。得志，則澤及天下。不得志，亦無愧其家庭。鬼瞰之而無隙，帝臨之而有當矣。於以綦昌綦熾，何有哉。

人之力量，本參天地，況列於薦紳之中，則經世風世，皆所能爲，不問其在官與林下也。其有德業令望，聳一世者，則利害賴其條陳，善良受其吹嘘，風節關其主持，郡縣應其聲氣。此於福人，寧可計數。諸如窮親故戚，非無空乏，亦有冤痛，然如已未顯達相似。以曲直付公庭，以盈虧關造化。隆禮，可也。誘善，可也。顯爲區晝而隱爲調理，可也。若使之炙手瞋目，爭産競市，則所恃何勢？毋論知與不知，而其罪惡，欲以誰諉哉？故當靜以鎮之，恬儉積德，必有彌昌彌熾日子。且我不負人，人亦豈盡負我。久久見信，自無一朝之患矣。以上鄉紳。

顧亭林日知録先生名炎武，號寧人，江南昆山人。

弘謀按，《日知録》所載政事，皆探本之論，而義正詞嚴，是非可否之間，不少假借，所謂較若晝一者是已。至叙述往迹，上下千百年，瞭如指掌，皆有獨知獨見，豈徒以博物見長哉？先生畢生未嘗一日歷仕路，而所論治道，皆親切得理，規模宏遠，巨細不遺。由其平時讀書隨處體認，與世俗記誦詞章之學無裨世用者不同耳。

“豈不爾思，畏子不敢”，民免而無恥也。“雖速我訟，亦不女從”，有恥且格也。隨事皆有此兩種，治民者不可不知。

君子不親貨賄，束帛戔戔，實諸筐篚，非惟盡飾之道，亦所以遠財而養恥也。萬歷以後，士大夫交際，多用白金，乃猶封諸書册之間，進自閽人之手。後則親呈坐上，徑出懷中。衣冠而爲囊橐之寄，朝列而有市井之容。若乃拾遺金而對管寧，倚被囊而酬温嶠，曾無愧色，了不關情，固其宜也。然則先王制爲筐篚之文者，豈非禁於未然之前，而示人以遠財之義者乎？以此坊民，民猶輕禮而重貨。

民之所以不安，以其有貧有富。貧者至於不能自存，而富者常恐人之有求，而多爲吝嗇之計，於是乎有爭心矣。夫子有言：“不患貧而患不均。”夫惟收族之法行，而歲時有合食之恩，吉凶有通財之義。本俗六安萬民，三曰聯兄弟。而鄉三物之所興者，六行之條，曰睦，曰恤。不待王政之施，而矜寡孤獨廢疾者，皆有所養矣。此所謂均無貧者，而財用有不足乎？至於《葛藟》之刺興，《角弓》之賦作，九族乃離，一方相怨，而瓶罍交恥，泉池并竭，然後知先王宗法之立，其所以養人之欲而給人之求，爲周且豫矣。

治化之隆，則遺秉滯穗之利，及於寡婦。恩情之薄，則耰鋤箕帚之色，加於父母。故欲使民興孝興弟，莫急於生財。以好仁之君，用不畜聚斂之臣，則財足而化行。人人親其親，長其長，而天下平矣。

晉荀勖之論，以爲省官不如省事，省事不如省心。昔蕭曹相漢，載其清靜，民以寧一，所謂清心也。抑浮説，簡文案，略細苛，宥小失，有好變常以徼利者，必行其誅，所謂省事也。此探本之言。

人聚於鄉而治，聚於城而亂。聚於鄉，則土地闢，田野治，欲民之無恒心，不可得也。聚於城，則徭役繁，獄訟多，欲民之有恒心，不可得也。可見省役息事，亦所以保此恒心也。

尹翁歸爲右扶風，縣縣收取黠吏豪民，案致其罪，高至於死。收取人，必於秋冬課吏大會中。及出行縣，不以無事時，其有所取也。以一警百，吏民皆服，恐懼改行自新。所謂收取人，即今巡按御史之訪察惡人也。武斷之豪，舞文之吏，主訟之師，皆得而訪察之。及乎濁亂之時，遂借此爲罔民之事。矯其敝者，乃并訪察而停之，無異因噎而廢食矣。

傳曰：子産問政於然明。對曰："視民如子。見不仁者誅之，如鷹鸇之逐鳥雀也。"是故誅不仁，所以子其民也。《説苑》："董安于治晋陽，問政於蹇老。蹇老曰：'曰忠，曰信，曰敢。'董安于曰：'安忠乎？'曰：'忠於主。'曰：'安信乎？'曰：'信於令。'曰：'安敢乎？'曰：'敢於不善人。'董安于曰：'此三者足。'"

漢光武時，郡國群盜處處并起攻劫，所在害殺長吏。郡縣追討，到則解散，去復屯結。青、徐、幽、冀四州尤甚。上遣使者下郡，聽群盜自相糾擿。五人共斬一人者，除其罪。吏雖逗留回避故縱者，皆勿問，聽以禽討爲效。其牧守令長坐界内盜賊而不收捕者，及以畏懦捐城委守者，皆不以爲負，但取獲盜多爲殿最，惟蔽匿者乃罪之。於是更相追捕，賊并解散。徙其魁帥於他郡，賦田受禀，使安生業。自是牛馬放牧，邑門不閉。光武精於吏事，故其治盜之方如此。天下之事，得之於疏，而失之於密，大抵皆然。又豈獨盜賊課哉？

歐陽永叔作《唐書·地理志》，凡一渠之間，一堰之立，無不記之其縣之下。蓋唐時爲令者，猶得以用一方之財，興期月之役。而《志》之所書，大抵在天寶以前者，居什之七。豈非太平之世，吏治修，而民隱達，故常以百里之官，而創千年之利，至於河朔用兵之後，則以催科爲急，而農功水道有不暇講求者歟？然自大曆以至咸通，猶皆書之不絶於册。而今之爲吏，則數十年無聞也已。水日乾而土日積，山澤之氣不通，又焉得而無水旱乎？

龍門縣，今之河津也。北三十里，有瓜谷山堰，貞觀時築。東南二十三里，有十石壚渠，縣令長孫恕鑿，溉田良沃，畝收十石。西二十一里，有馬鞍塢渠，亦恕所鑿。有龍門倉，開元時置，所以貯渠田之入，轉般至京，以省關東之漕者也。此即漢時河東太守番係之策。《河渠書》所謂“河移徙，渠不利，田者不能償種”。而唐人行之，竟以獲利。是知天下無難舉之功，存乎其人而已。謂後人之事必不能過前人者，不亦誣乎？

唐開元八年，詔曰：“同州刺史姜師度，識洞於微，智形未兆，頃職大農，首開溝洫，歲功猶昧，物議紛如。緣其忠款可嘉，委任仍舊。暫停九州之重，假以六條之察。白藏過半，績月斯多。食乃人天，農爲政本。朕故兹巡省，不憚祁寒，將申勸恤之懷，特冒風霜之弊。今原田彌望，畎澮連屬。由來榛棘之所，遍爲粳稻之川。倉庾有京坻之饒，關輔致畝金之潤。本營此地，欲利平人。緣百姓未開，恐三農虛棄，所以官爲開發，冀令遞相教誘。功既成矣，思與共之。其屯田内，先有百姓挂籍之地。比來召人作主，亦量准頃畝割還。其官屯熟田,如有貧下欠地之户,自辦功力,能營種者,準數給付。餘地且依前官取。加師度金紫光禄大夫,賜帛三百匹。”師度既好溝洫,所在必發衆穿鑿。雖時有不利,而成功亦多。讀此詔書,然後知“無欲速,無見小利”二言,爲建功立事之本。

孫叔敖決期思之水,而灌雩婁之野。莊知其可以爲令尹也。魏襄王與群臣飲酒。王爲群臣祝曰:“令吾臣皆如西門豹之爲人臣也。”史起進曰:“魏氏之行田也以百畝,鄴獨二百畝,是田惡也。漳水在其旁,西門豹不知用,是不智也。知而不興,是不仁也。仁智,豹未之盡,何足法也?”於是以史起爲鄴令,引漳水溉鄴,以富魏之河内。讀此,可見率作興事之勤,授方任能之略。

今日所以變化人心,蕩滌污俗,莫急於勸學、獎廉二事。《五代史·馮道傳論》曰:“‘禮義廉恥,國之四維。四維不張,國乃滅亡。’善乎,管生之能言也。禮義,治人之大法。廉恥,立人之大節。蓋不廉,則無所不取。不恥,則無所不爲。爲人而如此,則禍敗亂亡亦無所不至。況爲大臣,而無所不取,無所不爲乎?”然而四者之中,恥尤爲要。故夫子之論士曰:“行己有恥。”孟子曰:“人不可以無恥。無恥之恥無恥矣。”又曰:“恥之於人大矣。爲機變之巧者,無所用恥焉。”所以然者,人之不廉,而至於悖禮犯義,其原皆生於無恥也。故士大夫之無恥,是謂國恥。

羅仲素曰:“教化者,朝廷之先務。廉恥者,士人之美節。風俗者,天下之大事。朝廷有教化,則士人有廉恥。士人有廉恥,則天下有風俗。”

國奢,示之以儉,君子之行,宰相之事也。漢汝南許劭,爲郡功曹。同郡袁紹,公族豪俠,去濮陽令歸,車徒甚盛。入郡界，乃謝曰："吾輿服豈可使許子將見之？"遂以單車歸家。晋蔡充，好學有雅尚，體貌尊嚴，爲人所憚。高平劉整車服奢麗，嘗語人曰："紗縠吾服其常耳。遇蔡子尼在坐，而經日不自安。"北齊李德林父亡時，正嚴冬，單衰徒跣，自駕靈輿，反葬博陵。崔諶休假還鄉，將赴弔，從者數十騎，稍稍減留，比至德林門，纔餘五騎，云不得令李生怪人熏灼。李僧伽修整篤業，不應辟命。尚書袁叔德來候僧伽，先減僕從，然後入門，曰："見此賢，令吾羞對軒冕。"夫惟君子之能以身率物者如此，是以居官而化一邦，在朝廷而化天下。

魏武帝時，毛玠爲東曹掾，典選舉，以儉率人。天下之士莫不以廉節自勵，雖貴寵之臣，輿服不敢過度。唐大曆末，元載伏誅，拜楊綰爲相。綰質性貞廉，車服儉樸，居廟堂未數日，人心自化。御史中丞崔寬，劍南西川節度使寧之弟。家富於財，有别墅在皇城之南，池館臺榭，當時第一。寬即日潛遣毁撤。中書令郭子儀，在邠州行營，聞綰拜相，坐中音樂減散五分之四。京兆尹黎幹，每出入，騶從百餘，亦即日減損，惟留十騎而已。李師古跋扈，憚杜黄裳爲相。命一幹吏，寄錢數千緡、氈車子一乘。使者到門，未敢送。伺候累日，有緑輿自宅出，從婢二人，青衣襤褸，言是相公夫人。使者遽歸，告師古。師古折其謀，終身不敢改節。此則禁鄭人之泰侈，奚必於三年，變雒邑之矜誇，無煩乎三紀。修之身，行之家，示之鄉黨而已，道豈遠乎哉？

《記》曰："大臣法，小臣廉，官職相序，君臣相正，國之肥也。"故欲正君而序百官，必自大臣始。然而王陽黄金之論，時人既怪其奢。公孫布被之名，真士復譏其詐。則所以考其生平，而定其實行者，惟觀之於終，斯得之矣。季文子卒，大夫入斂,公在位。宰庀家器爲葬備。無衣帛之妾,無食粟之馬,無藏金玉,無重器備。君子是以知季文子之忠於公室也。相三君矣,而無私積,可不謂忠乎?諸葛亮自表後主曰:“成都有桑八百株,薄田十五頃。子孫衣食,悉仰於家,自有餘饒。至於臣在外任,無别調度。隨身衣食悉仰於官,不别治生以長尺寸。若臣死之日,不使内有餘帛,外有嬴財,以負陛下。”及卒,如其所言。夫廉不過人臣之一節,而左氏稱之爲忠,孔明以爲無負者,誠以人臣之欺君誤國,必自其貪於貨賂也。

後漢袁安爲河南尹,政號嚴明,然未嘗以贓罪鞫人。此近日爲寬厚之論者,所持以爲口實。乃余所見數十年來姑息之政,至於網解紐弛,皆此言貽之敝矣。嗟乎,范文正有言:“一家哭,何如一路哭邪?”

朱子謂近世流俗惑於陰德之論,多以縱舍有罪爲仁,此猶人主之以行赦爲仁也。孫叔敖斷兩頭蛇,而位至楚相,亦豈非陰德之報邪?

唐《柳氏家法》:“居官不奏祥瑞,不度僧道,不貸贓吏。”此今日士大夫居官者之法也。宋包拯戒子孫“有犯贓者,不得歸本家,死不得葬大塋”。此今日士大夫教子孫者之法也。

兩家奴爭道,霍氏奴入御史府,欲蹋大夫門,此霍氏之所以亡也。奴從賓客,漿酒藿肉,此董賢之所以敗也。然則今日之官評,其先考之僮約乎?

唐張嘉貞在定州,所親有勸立田業者。嘉貞曰:“吾忝歷官榮,曾任國相。未死之際,豈憂饑餒。若負譴責,雖富田莊何用。比見朝士廣占良田,及身殁後,皆爲無賴子弟作酒色之資,甚無謂也。”聞者嘆服。此可謂得二疏之遺意者。

晉陶侃勤於吏職，終日斂膝危坐。閫外多事，千緒萬端，罔有遺漏。諸參佐或以談謔廢事者，命取其酒器蒱博之具，悉投於江。將吏則加鞭朴。卒成中興之業，爲晉名臣。唐宋璟爲殿中侍御史。同列有博於臺中者，將責名品而黜之。博者惶恐自匿。後爲開元賢相。而史言文宗切於求理，每至刺史面辭，必殷勤誡敕曰："毋嗜博，無飲酒。"内外聞之，莫不悚息。然則勤吏事而糾風愆，乃救時之首務矣。

今日致太平之道何由？曰："君子勤禮，小人盡力。"

晉許榮上疏言："臣聞佛者，清遠元虚之神。今僧尼往往依傍法服，五戒粗法，尚不能遵，而流惑之徒，競加敬事。又侵漁百姓，取財爲惠，亦未合布施之道也。"《雒陽伽藍記》有比丘惠凝，死去復活，見閻羅王閲一比丘，是靈覺寺寶明。自云出家之前，嘗作隴西太守，造靈覺寺成，棄官入道。閻羅王曰："卿作太守之日，曲理枉法，刼奪民財，假作此寺，非卿之力，何勞説此。"付司送入黑門。此雖寓言，乃居官佞佛者之箴砭也。

湯子遺書

先生名斌，號潛庵，河南睢州人。順治壬辰進士，官禮部尚書。謚文正。

弘謀按，先生德器深厚，學術純正。自監司解官，從學十年，被徵乃出。撫吴二年，百廢具興，頑懦廉立，幾於風移俗易矣。今數十年之久，士民謳思，常如一日。非至誠相感，其可強而致乎？兹采《遺書》中，可以風於有位者，録爲一帙。恨不及見先生，而讀其書，如見先生。朝夕展誦，冀以少袪固陋云。

古之民有四，今之民有六。其耗財已至，何怪匱乏相繼乎？欲驅浮惰而農之，惟在使民樂爲農。今之爲農者，力作不足供賦税，不見其樂，止見其苦。如商賈之徒，固是奔競之心勝，亦緣不能安業，故思他圖。又如僧道輩，其心豈不欲有父母妻子之樂。多緣農困無以爲生，故逃歸僧道。既逸其力，又不匱於衣食，則亦安之不思返矣。是莫若輕徭薄賦，使安於農而樂爲之，則游惰者不驅而歸農矣。問曰："游惰者歸農矣。其間貧富相耀，風俗終難整理，若何？"先生曰："此最難處。今之時勢，與古不同。古之時，無甚貧甚富之俗，所以易治。今之富者田連阡陌，貧者至求數畝自給而不可得，此中甚費區畫。今但使一鄉之中，富者明禮義，興仁讓，有以庇貧者，而不至失業，則後此可以徐圖矣。"富者能不欺貧，貧者能不忌富，止許藉庇於富，不可肆惡於富，則風俗自厚，何嫌貧富相耀也。

儒者不患不信理，患在信之過。而用法過嚴者，亦是一病。天地間，法、情、理三字，原并行不悖。如官司有弗稱職者，若優容貽害，固不可。必嫉之過而加以重罪，至隕命析産，亦不忍。有仁術焉，輕其罪，使之蚤去。則我亦不流於殘，而民已除其害矣。

先生任潼關時，年饑，麥不熟，兵餉匱乏，人心騷動。先生欲發倉儲秋糧以貸，俟來年麥收，仍以兩季麥糧撥發。督鎮不可。先生曰："事變倉卒，非可拘以常數。以此安撫人心，利害由我而當。"督鎮以爲然。各營弁皆歡欣感謝，變遂寢。後督鎮每謂僚屬曰："作事如湯公，真可謂盡職無遺憾。有能仿而行之者，即善類也。"

先生任潼關時，同列問曰："得百姓心易，得僚屬心難。公何兼而致之也？"先生曰："吾於屬吏，不惟不取其財，且彼有善，吾力成之，以遂其願。故人或不以爲苦。"同列曰："無所取於彼，何所應於上？”先生曰：“無所取於彼，亦無所應於上。交際之禮，不過尋常帛物四件。上官且戲謂吾禮物有班數，亦各諒之，無所受也。至往來之官，未有以金帛爲贈者。其於上下間，如此而已。”

年少登科，切弗自喜。見識未到，學問未足，一生吃虧在此。即使登高第，陟高位，庸庸碌碌，徒與草木同朽耳。往往老成之人，一入仕途，建立一二事，便足千古，由其閱歷深也。由科第者，固當由愧生奮。即不由科第，亦可以勉矣。

問爲政當以順民情爲第一義，也有順不得的所在。即如我在贛州作道時，海寇猖獗。忽有賊持僞檄到撫軍轅門。撫軍傳余甚急，食頃三至。余詣撫軍所，以此賊付余。余在轅門訊之。百姓觀者如堵，頗多惶惑。余請撫軍急梟示，以絶賊人覬覦。撫軍猶豫，欲監候上聞。余請益力，因令押送市曹。百姓震恐，遮道而請曰：“殺之，則賊衆大至，百萬生靈不保矣。”余曉百姓曰：“殺之，則賊知我不懼，而不敢來。即賊衆果至，我自有方略保障抵敵，爾百姓無恐。”賊亦大呼曰：“兩國相爭，不斬來使。”余呵之曰：“汝賊耳，安得云國？”亟斬之。尋賊敗去，竟無警。使是時稍順民情，不斷然斬之，奸宄生心，保無意外之變乎？非是當初年少氣壯，只是明理耳。此由小民所見不遠，故順不得。更有許多偏心私心，亦是順不得的。故明理最要。○以上《語録》。

天下事，莫患於因時苟且，而無真誠之意。動輒曰：“時不可爲也。事多掣肘也。”牧仲在刑曹，一副郎耳。每慮囚，必細審其得罪之由，察其情僞，稽之律例。有“求其生而不得，則死者與我俱無憾”之意。有不合者，動色力爭。即豐鎬舊臣，亦諒其真誠，改容敬禮之。雖不能盡如己意，其所全活者亦多矣。《與宋牧仲書》。

人身之所重者，元氣也。國家之所重者，人才也。古人宦轍所至，必以咨訪人才爲首務。所爲人才者，非詞華藻麗，馳聲藝苑之謂。必經術足以明道，才略足以匡時。有精苦之志，有沉深之謀。此其人必不欲以浮華顯，往往在深山窮谷，可以遁世無悶。或浮湛人間，落落穆穆。非得其同志，則不能相求也。西江自宋以來，名臣大儒，不可勝數，今豈遂無其人乎？余昔參藩嶺北，屬有軍旅之役。事定而疾作，請休歸里。寧都有魏冰叔兄弟，與彭躬庵、丘邦士，方讀書易堂。余知之，未暇入山一訪。亦以諸子深藏交脩，不求聞於世。余雖粗知其姓氏，未能悉也。今讀其所著書，想見其爲人，屈指當日，已二十年矣。河山阻修，光陰荏苒，惟有浩嘆而已。天生人才，無間古今。往者已矣，來者未可量。牧仲更從冰叔，益求知所未知焉，勿如我之過時而悔也。還朝以此爲使歸之獻，則所以報國者深矣。牧仲司榷之官，先生不勸其獻羨餘，而勸其獻人才，何相期之遠耶？況他官耶？○同上。

睢州舊有柳稍，約四萬有奇，久貯河干。年來疏浚得宜，宣房無恙。今協工告急，似宜載運前去，那緩就急。既以慰河臺四望之意，復以見執事救助之功。新派柳稍，接續上納報完。協工之數既足，仍補完河上舊稍，以備萬一之用。在執事不過略爲通融，而民間稍緩須臾，遂可免典妻鬻子之苦。不然，限期逼迫，勢難周轉。鞭笞雖施，亦鮮成效。執事天地父母之心，諒必惻然動念也。如曰枝稍各年派定，不便那移。竊思枝稍與他項錢糧不同。堆貯河濱，日久亦漸糜爛。存之數年，竟歸烏有。誰非百姓脂膏，何忍聽爲棄物。若一通融，不但有益東工，且本地收以新易陳之效。即或培固堤堰，爲預防之計，而舊數依然，新陳較勝。況士民孰無本心，感恩圖報，方銜結不遑，踴躍上納，更自敏速。《與馮郡判書》。

時至今日，作善良非容易。天下君子原少，上官豈能盡賢？且人情難測，我輩愛民之心常切，而事上之才常拙。任事之意常盛，而弭謗之術常疏。萬口歡騰之時，忌者即從中而起，往往然也。故今之吏，黜弊去其太甚，舉事必存小心。循規蹈矩，無露鋒鋩。異日當國家大任，不茹不吐，正在此時磨煉出來。勿謂異己者非我輩藥石也。《答李襄水書》。

賢者出處，關係世道。天相國家，恐有欲退不得者。以義論之，身在危疆，委曲擔荷，方員并施，經權互用，總以保固地方，拯救殘黎爲念。古之君子，當此境界，儘有苦心不可告之人者。及事過險出，人皆服其深心大力，足以弘濟時艱。物望愈重，巨任將歸，此一道也。若事有難爲，奉身而退，以威武不屈爲高，此亦一道也。二者，總内度之心而已矣。進退所關，要徹底打算。合乎天理，無一毫私心，則進退皆道也。出處二字，非人所得與。故某不敢爲執一之論。同上。

長安道上，有稱頌足下新政者，未得其詳。既而知立義學七十餘處，從學弟子六七百人。近且重農積穀，水旱有備。此漢代循良所爲，何幸於今日見之。教養二字，王道之本。近日長吏，不講久矣。某昔承乏潼關，亦力行社學、鄉約、義倉、保甲四事，頗費苦心。雖僚友承行，不能盡如鄙意，然亦有效可睹矣。足下學有源本，才足經世。聞以吕司寇公諸書課子弟。此書最善入人，化俗爲易。婦人女子，皆能於變，真快事也。半載之後，似當課以《孝經》、《小學》。近世人才不古若，只爲少此一段工夫。就中擇其才可大成者，進以經書，講明正學。三年之間，當有大賢出而應之，有功吾道不小也。

賢才不擇地而生，特振興無人，遂就頽廢耳。更聞勇於拔薙，疾惡過嚴，此亦初政宜然。親民之吏，慈惠爲上。民既向風，威嚴宜弛。《與王抑仲書》。

吴下盜風日熾，由於地方官慮處分嚴切。遇有被盜，便與失主爲仇，逼令隱匿不報。其盜情重大，勢不可掩者，逼令改強爲竊。甚至昧卻良心，輒拿家屬婦女審詢，坐以是奸非盜，敲撈并行。以故失主畏其苦累，不得不隱忍緘默。即申報矣，奉文勒緝，往來解比，差役盤費，悉出失主。盜之所餘，不盡不止。其意總要失主有不敢不諱之勢，而後官長得安然遂其諱盜之心。既助盜以虐民，實驅民而爲盜，是官長實盜魁也。如此作官，惟知有自己功名，不知有良民身家性命。不但上負朝廷，抑且絶滅天理。每日坐堂開衙，乘輿張蓋，何面目與斯民相對乎？此數語，唤醒俗吏多矣。○《禁諱盜告諭》

蘇松兩府士民，紛紛具呈，妄稱本院德政，請立碑，建書院，作生祠。本院不勝駭異。蘇松賦重役繁，民生困苦，上下掣肘，諸事維艱。本院夙夜拮据，捫心自揣，有過無功。況現任輒自立碑，律有明禁。至於建書院，造生祠，尤爲末俗諂諛之習。吴門生祠如林，豈必盡有功德。甚至過者指斥其姓名，歷數其劣狀，未嘗以其有生祠而稱羨之也。若周文襄、王端毅、海忠介三公，忠直廉惠，史册載之，兒童知之，今曾無半間之享，可見生祠不足爲貴重。至於書院，原先儒講學明道之所。人因避生祠之名，概稱講院，尤屬無謂。此皆好事無恥之徒，藉以媚官長，詐鄉愚，漁利行私。今欲加於本院，是以本院爲好諛喜佞之愚人，何待本院之薄也。《禁立祠告論》。

本都院撫吴二載，一飲一食，何莫非百姓脂膏。而地方刑名錢穀，簿書鞅掌，晝夜拮据，未嘗暇逸。心雖無窮，力實有限。今蒙聖恩優擢,爾百姓念本都院愛民有心,忘本都院救民無術,罷市挽留,數日聚集院署,哀號之聲,至不忍聞。本都院與爾百姓一體相關,豈忍因本都院之行,遂使爾等士廢讀書,農廢耒耜,商廢貿易,本都院爲之寢食不安。本都院於地方利弊,民生疾苦,知之頗真。入朝之後,或至尊顧問,或因事敷陳,當盡力鑿鑿言之。況聖主眷念財賦重地,必簡公忠清惠,才德兼全之大臣,十倍於本都院者,來撫兹土。爾百姓何用多慮。本都院平日告誡爾百姓之言,歷歷具在。朔望率爾百姓叩拜龍亭,講解鄉約,亦欲使爾百姓知君臣大義,朝廷恩德。自今以後,願爾百姓,孝親敬長,教子訓孫,忠信勤儉,公平謙讓。事要忍耐,勿得妄興詞訟。心要慈和,勿得輕起鬥爭。勿賭博,勿淫佚,勿聽邪誕師巫之説,復興淫祠。蚤完國課,共享天和。此本都院惓惓望於爾百姓者。本都院身在京華,此心當往來此地。本都院見爾百姓如此情狀,既愧平日救民之道未盡,又不忍遽恝然而去。但君命不敢留,惟爾士歸書舍,農歸田疇,商歸市肆,使本都院之心稍安,無復紛紛擾亂可也。《臨行曉諭士民》。

魏環溪寒松堂集

先生名象樞,蔚州人。順治丙戌進士,官刑部尚書。謚敏果。

弘謀按,先生所著《庸言》,有關於立身行己者,已采入《訓俗遺規》。兹復於全集中,節録數條,爲士大夫居官之鑑。先生學問,以不欺爲本,故胸次光明,議論慷爽,足以破流俗之惑,而振委靡之氣,誠居官至言哉。

士大夫不負所學,不負天子者何事?亦惟是省躬治物,勿之有欺耳。勿欺於人,有何不可告人之心。勿欺於天,有何不可告天之事。既不敢告人，復不敢告天，必恣吾威福，爲所欲爲，視宦途爲壟斷，以人命爲草菅，冀得富貴世世享之。未幾而禍及其身，或及其子孫，始欲僥倖微功，懺悔重過，噬臍何及哉？昔人云："惟府辜功。"又云："無倚勢作威，無依法以削。"蓋官者，勢與法之藉，而功過之府也。其於吏治也，功多則臧，過多則否。其於民生也，功多則安，過多則危。其於立身接物也，功多則得，過多則失。功過何等關繫，可冒昧恣睢，而不知簡點乎？《功過格序》。

天下之事有真事，須天下之人有真心。無真心而做真事，必不得之數也。前讀先生迂闊一說，盡乎天下之人矣，而總歸於大法小廉之一語。又讀先生妄談五款，盡乎天下之事矣，而總歸於治人治法之兩端。今日正坐此弊耳。因循者曰："力不能也。"貪昧者曰："時若此也。"豈無賢豪，亦曰："掣吾肘矣，行不得也。"大事不敢任，小事不屑爲，尚安得復有真心做真事者哉？某竊自愧欲死矣。欲以信朋友者信君父，而先不自信。求所以居仁由義，不愧不怍，如先生首篇教我者，蓋戛戛難之。所謂真人面前，不說假話也。若止循分盡職，豈今日之所急哉？《答高念東書》。

書生即不能爲朝廷建大功，持大議，以濟時艱，然而愛人才，惜民命，書生猶或能之。若不大破勢分利欲關頭，則氣不揚，骨不勁，安有靡靡然，唯唯然，可任天下事哉？《答徐子星書》。

謬謂居家居鄉，當以父母、君父之心爲心。入則稱說古昔嘉言懿行，令家人環而聽之，堂上老親亦少開顏色。出則從州大夫講說鄉約，明朝廷之教化，啓邊塞之愚蒙，提出良心，風俗少變。玩此二語，可以教民矣。差可爲先生道者，恃有此耳。《答汪茗文書》。

近見士大夫,率以《感應篇》勸世,自是好念頭。僕謂以禍福勸,不若以名節勸之之爲切。方今吏治多雜,何不集古儒吏、廉吏、才吏、勞吏四種爲一刻,使作吏者之知所自擇,以求進於古人之一班耶?《寄畢亮四書》。

功令森嚴,身名爲重。内外情面,概宜謝絶。然後以處女之自愛者愛身,以嚴父之教子者教士。士風文運,實嘉賴之。《與秦尾仙學使書》。

執事廉介自持,肝腸如雪。嘗言生平所見居官之家,祖父喪心取錢,欲爲子孫百世之計,而子孫蕩費,只如糞土,不旋踵而大禍隨之。此執事自愛愛人之格言也,尤當書紳,以志不忘。若一切是非毁譽,悉歸於天與命,而平心處之,又何慮哉?《答晋撫劉勉之》。

再入長安,惟以職業酬應爲學問。妄謂即事即理,并言語亦可省卻。雖一時諸君子,留心此道,尚不乏人。而仕宦中,必能立定脚跟,不爲一切奪去者,乃可謂真人品,乃可談真學問矣。僕亦常與互相砥礪,有存諸心而不敢出諸口者,惟"反己自修,與人爲善"八個字耳。《答郝雪海》。

惟望執事執法如山,守身如玉,愛民如子,去蠹如讎。誨屬吏,如師之教弟。閱招詳,如弟之親師。薦舉賢良,如讀古人得意之書。君命可以不辱矣。《答劉輯五書》。

天災流行,何代無之?數也。儒者不言數,咎在人。兹地也,人虞詐歟?俗健訟歟?行誼悖歟?天物暴歟?淫祠盛歟?有一於此,足以致災。《祈穀説》。

居官者,何嘗不擇吉日任事。而升者升,降者降,黜者黜,死者死,未嘗皆吉也。娶婦者,亦何嘗不擇吉日成婚[①]。而壽者壽,夭者夭,孕者孕,絶者絶,未嘗皆吉也。類而推之,諸事皆然,其義何居?魏子曰:"君子則吉,小人則凶。"理也。周以甲子興,商以甲子亡,非明驗乎?

儉,美德也。余謂仕路諸君子,崇尚尤急。數椽可以蔽風雨,不必廣厦大庭也。癡奴可以應門户,不必舞女歌童也。繩牀可以安夢魂,不必花梨螺鈿也。竹椅可以延賓客,不必理石金漆也。新瓷可以供飲食,不必成窑宣窑也。五簋可以叙間闊,不必盛席優觴也。經史可以悦耳目,不必名瑟古畫也。去一分奢侈,便少一分罪過。省一分經營,便多一分道義。慎之哉。

一味疾人之惡,小人之禍君子者,十有八九。終日揚人之善,君子之化小人者,十有二三。明此方能濟事,不僅厚道而已。

友人某致魏子書曰:"予以修路故奪官矣。修路,州官責也。工弗竣,州官罪也。今不罪州官,而罪道官。桃僵李代,是非不白。予何辨?"魏子曰:"小臣先大臣而任勞,大臣先小臣而任過,體也。明公以水田插稻,難開新路請者,爲民耳。以爲民之故而奪官,吾無憾矣。置辨,是卸過也。卸過,是求官也。求官,非大臣體也。孔子曰:'觀過,斯知仁矣。'"人無終身不去官之理,只要論爲何事去官,或公或私,不可不辨。

督撫有隙者,彼此相尋,則彈劾屬員以快吾意。道府州縣有隙者,彼此相尋,則鞭朴衙役以快吾意。嗟乎,以人之功名性命,爲我泄忿之資,天理安在哉?吾恐子若孫,棄功名,

① 底本"何嘗"兩字誤倒,今乙。

捐性命，不足以償矣。

今人見科目仕路中人，謂某某有功名矣。余不敢信，問客。客曰："列高榜，登甲第，得顯官，居要路，非功名而何？"余始知今人之功名，異於古人也。古人之功，或在社稷，或在封疆，或在匡君，或在養民。古人之名，或在尸祝，或在口碑，或在文教，或在史傳。一代之有功名者，不數人。一人之有功名者，不數事也。何今人功名之多也。功名二字，得此闡發，與世俗所云，有義利之分。真是同牀各夢。

魏文侯擇相。李克曰："居視其所親，富視其所與，達視其所舉，窮視其所不爲，貧視其所不取。五者，足以定之矣。"推此言也，可以取友，可以延師，可以聯姻，可以薦士，可以聽言。并自己立心制行之道，均由此五者得之矣。

見居官者，不問職掌盡否，興利除害幾何，百姓安危何似，輒問何時升轉，何日出差，地方好否，宦囊有無，遷移者有誰照管，淹滯者是誰阻抑。凡問及此，即爲薄待天下之人。不但問者如此立論，緣本人亦無不如此設想也。可嘆可嘆。

人君以天地之心爲心，人子以父母之心爲心，天下無不一之心矣。臣工以朝廷之事爲事，奴僕以家主之事爲事，天下無不一之事矣。語雖闊略，義藴該括。

高景逸曰："居廟堂之上，則憂其民。處江湖之遠，則憂其君。"此士大夫實念也。居廟堂之上，無事不爲吾君。處江湖之遠，隨事必爲吾民。此士大夫實事也。夫實事本於實念，愚嘗自返，深用疚心。

居大臣而德不純，才不粹，不如下僚。居下僚而政不平，刑不中，不如素士。居素士而理不明，學不正，不如庶民。可見地位高一層，則責任更重一層，非虚擁其名而已也。

偶見水與油，而得君子小人之情狀焉。水，君子也。其性涼，其質白，其味沖。其爲用也，可以浣不潔者而使潔。即沸湯中投以油，亦自分别而不相混。誠哉，君子也。油，小人也。其性滑，其質膩，其味濃。其爲用也，可以污潔者而使不潔。倘滚油中投以水，必至激搏而不相容。誠哉，小人也。形容盡致，推勘入微。明此，可以立身，可以觀人。

吴芾云："與其得罪於百姓，不如其得罪於上官。"李衡云："與其進而負於君，不若退而合於道。"二公皆宋人也。合之可作出處銘。陝西進士劉壐云："與其得罪於赤子，寧得罪於鄉士夫。"此其令烏程時，禁投私書告條也。樞云："與其得罪於寒門素士，寧得罪於要路朝紳。"此樞與陝西督學王功成書也。合之亦可作教養銘否？

恭謹忍讓，是居鄉之良法。清正儉約，是居官之良法。

士君子進不能表率一國，退不能表率一鄉，皆足貽誦讀羞，溺於詩酒者，相去一間耳。

伊尹一介不取，方能三聘幡然。柳下惠三公不易，乃可三黜不去。故曰，人有不爲也，而後可以有爲。以上皆《庸言》。

于清端親民官自省六戒公名成龍，字北溪，山西永寧人。官兵部尚書。

弘謀按，漢刺史以六條察二千石，而循良爭勸，不肖者望風引去。後世科條日繁，吏道益雜，終日簿書勞攘，而擾民則有餘，惠民則不足，皆由名與實不相應也。于公《六戒》，本愛民之實心，行惠民之實政。其詞曲而暢，其意婉而切，視漢世六條，尤爲簡要矣。篇首提出天理人心四字，爲牧民者痛下針砭。噫，官無良心，無天理，民有不受其殃者哉？官如存良心，循天理，民有不蒙其澤者哉？願諸君子以此四字懸之心目之間也。

朝廷設官分職，皆爲治民，而與民最親，莫如州縣。近來積弊成習，親民者反以累民，甚有不知廉耻爲何物，而天理人心四字，置之高閣不問矣。噫，吏治日壞，如倒狂瀾，何時止乎？用是偶采成言，兼參時弊，陳列六則，朝夕省觀，自爲猛惕。倘反是道也，王法不及，必有天殃及之矣。謹列如左。

一曰勤撫恤。州縣之官，稱爲父母，而百姓呼爲子民。顧名思義，古人所以有保赤之道也。夫保赤者，必時其飲食，體其寒暖，事事發乎至誠。保民者，亦當規其饑寒，勤其勸化，事事出於無僞。蓋無僞，則有實心。縱力有不及，與事有掣肘，然此心自在，即於萬分中體認一分，亦百姓受福處也。昔陽城云："撫字心勞。"知撫字必從心出。由心而發，隨事加恤，便有裨益。若徒外面摭拾一二便民好事，以爲得意，亦市名也。其去殘忍者幾希耳。是不可不戒。

一曰慎刑法。草木禽魚，皆有生命，不可恣意殺伐。況人爲萬物靈，其肌膚手足，悉胞與也。人不幸而涉詞訟，又不幸而於詞訟中受刑罰，雖十分不可寬，必須求一分稍可寬處。此吕叔簡《刑戒》内，所以有不輕打不就打之説也。至於囹圄福地，昔言已及。當思入此者皆無知小民，或有冤枉，極可哀痛，自然稍加體念。若徒任意禁獄與任意加刑，甚有徇情面，恣苞苴，以下民之皮膚供長吏行私之具者，或身或子孫，定遭奇禍。是不可不戒。

一曰絶賄賂。爲貧而仕，雖乘田委吏，止爲禄養。未嘗於禄養之外，有别徑也。若舍此而外，多求便利，即爲暮夜，楊伯起之四知言之已可凛矣。昔人云："士大夫若愛一文，不值一文。”又云：“從來有名士，不用無名錢。”試思長吏於民，論到錢處，亦何項爲有名乎？夫受人錢而不與幹事，則鬼神呵責，必爲犬馬報人。受人財而替人枉法，則法律森嚴，定當妻孥連累。清夜自省，不禁汗流。是不可不戒。

一曰杜私派。小民應辦正額尚且難應，未知私派從何起也。不過頻年來，軍需緊急，如解馬，賠馬，與兵馬行糧草豆，沖途供應，動以千百，無計可支，故有派之民間，俟日後銷價給發者。如近來行糧價值，檄行刊附由單之末，以防發給短少之弊。是部院大臣，亦疑州縣爲先取民而後發價矣。不知先取後發，雖至公無私，小民之揭借，其利已經數倍。況長吏派一錢，則胥里派數錢，長吏派一斗，則胥里派數斗，有極不堪命者乎！何如稍那正供，現價現買，而即力請上臺，迅速開銷，并由單價值，亦多此一番周折。昔人云：“於不得已中，求一分擔當，即人民利益處也。”至於任意苛斂，種種誅求，乘機自利，不啻爲盗取人，定然自有後禍。是不可不戒。

一曰嚴徵收。小民正供，自有額賦。此外分釐，非可苟也。近來徵收立法，着令自封，禁絶火耗。上之所以嚴州縣者，可謂周且密矣。夫爲州縣而受上之禁飭，即使無弊，自好者尚覺汗顔，至爲州縣而并禁飭之不靈，倘有自欺，則有心者將視爲何等乎？古人云：“錢糧一節，若肯請減，其善無量。”今錢糧不能減，而去其錢糧中加增之弊，亦與減錢糧仿佛。況鳩形鵠面，衣食啼號，此等困苦小民，猶欲陰吸其膏血，縱令安然無事，滿載還家，後日亦必生流蕩子孫以覆敗之。是不可不戒。

一曰崇節儉。天生財物，固供人用。然必存不得已而用之之心，方能用度相繼。倘奢侈任意，飲食若流，無論暴殄固犯譴呵,即費用必思取給,是亦壞心術之萌蘖也。夫長吏近民,雖自己足食,尤當思民之無食者。自己披衣,亦當思民之無衣者。推此一心,縱令衣食淡薄,尚且不能消受,而猶欲起侈麗之想乎?鄭俠語人云:“無功於國,無德於民。若華衣美食,與盜何異?”夫衣食甚細,而至以盜相推,此充類至盡,唯恐長吏稍奢也。是不可不戒。

蔡文勤公書牘

公名世遠,號梁村,福建漳浦人。康熙己丑進士,官禮部尚書。

弘謀按,梁村先生未嘗一日爲外吏,而致書於人及爲人作序,自督撫以至郡縣,勤勤懇懇,無一語不洞中窾要,良由平昔考古按今,體認真切,所謂原本經術,有體有用者也。其言治也,大概以教化爲先。凡俗吏之所視爲迂闊者,獨言之親切而有味焉。居官者苟能力行推廣,則趨向既端,措施自遠,風俗人心庶幾有益乎。

古之所謂大臣者,居殿陛之上,進思盡忠,退思補過,以天下爲憂樂。及其擁旌旄節鉞,開府於外,清操勵世,正己率物。凡地方之利弊,官司之賢否,奸胥蠹役豪猾之病民,考察既周,勸懲并用,張弛悉宜。又汲汲焉以學校之興廢,人材之盛衰,大道之顯晦爲己憂。擇學問優長、才品良逸者,萃之於學。使夫造道之方,修己治人之要,悉裕於胸中,爲國家收得人之效。夫如是,故功著一時,名垂千載,史册所傳,豈不偉哉。

昔朱子知南康軍,史稱其懇惻愛民如子。興利除害,惟恐不及。尤以厚人倫,美教化爲首務。數詣郡學,引進士子,與之講論。訪白鹿書院遺址,奏復其舊。每休沐,輒一至。

誨誘不倦，風教大行。夫朱子南康之政，何利不興，何害不除，而尤必諄諄以興學爲事者，蓋以學術之明，倫理之修，下關風俗，上裨朝廷。近者，效行於一方一時。遠者，功及於天下後世。自朱子興鹿洞以後，宋季以及有明，氣節儒林，推江右獨盛。嗚呼，其所留貽者遠矣。

夫君子之德，風也。以誠感者，必以誠應。曩者秋深不雨，執事已饑在念，遣官往視民田，未祈禱而甘霖已沛矣，誠所感也。況興教勸學之事，風聲足以樹之，誠意足以孚之，條約足以正之。居高而呼，其效自速。吾聞之，明珠之光，固不在櫝，而美櫝可爲珠重。良工之勤，不必在肆，而居肆實爲工用。今萃九府一州之士，多其書籍，聚其友朋，使之博古而通今，相與長善而救失，雖未必悉底於成，要必有一二人二三人者出焉。漢之董仲舒、賈誼，已足爲漢重矣。唐之昌黎、陸贄，已足爲唐重矣。宋之韓、范、歐陽，已足爲宋重矣。今世之士，所謂仲舒、賈誼、昌黎、陸贄、韓、范、歐陽者，豈無其人？無亦鬱而不宣，隱而不見，抑亦陶而未成歟？以上《與滿中丞書》。

治術關於學術，經濟通於性命。大臣以身任事，必有公清之操，有愷惻之懷，有明通之識，有強毅之概，有儆懼之心。無公清之操，則不免有寵利之疚矣。無愷惻之懷，則不能有納溝之恥矣。無明通之識，則膠執而鮮通矣。無強毅之概，則雖知其然，發之不勇，守之不固矣。無儆懼之心，則自信太過，禍且隨之矣。世之號爲明通者，往往不能自勝其私，而委蛇展轉，流於不肖之歸。其公清自矢者，又不能明通強毅，以臻於明體達用之學。今明公於數者，實能兼之。然明公意中，必不自以爲能兼也。不自以爲能兼者，正吾所謂儆懼之心也。儆懼之心,非畏葸也。其氣彌剛,其心彌小。《易》之所謂乾乾,《詩》之所謂翼翼,《書》之所謂孜孜也。由是而竭情盡慎,使五者各臻於極,則可以當古大臣之稱而無疑矣。《與陳滄州書》。

蠹役與健訟之徒,最爲民害。蠹役朘民之膏,中人以法,至其驕横已極,凌紳士如草芥。竊謂此輩,擇其甚者置之法,風聲已動於九閩矣。健訟者,指無爲有,飾毫末之事,以爲滔天,上官不知,輒爲聽理,小民身家,蕩散無餘。是二者,一省之内,棋置星羅。摘其尤者,寧確無濫,寧重無輕,懲奸慝以安善良,固仁政之先務也。近又聞執事數至書院,與諸生論學。碑陰所載租税,各按籍詳給。夫今天下之以此爲迂也久矣,曰:“此何關於政事?”不知學術明,教化興,則人才盛。下以成其風俗,上以資於廟朝。政事之大,孰過於此。《與李瀛洲書》。

江蘇事務繁多,所望遍察官箴,洞悉民情,明以周之,斷以出之。火耗,則廉其重者究之。奸猾,則擇其尤者處之。禁婦女之游觀,黜浮侈以從儉。如是,而吏民不悦服,風俗不淳厚者,未之有也。更有陳者,自古仁人治獄,皆以不株連,及速結爲上。是故田叔之燒獄辭,至今稱之。龔遂治渤海,但令持田器者,即赦之。唐太宗使崔仁師按獄青州,孫伏伽議其多所平反。仁師曰:“凡治獄當以仁恕爲本,豈可知其冤而不爲伸耶?”伏望不株連而速結,仁心之所及者弘矣。

江蘇爲五方商人聚處之地,稽查亦不必過於嚴瑣。邇來間有煩言。非不諒先生之竭誠盡慎,體國愛民,無纖毫之私也。然君子作事,不令人諒,而令人服。不肯姑息苟且,以徇一時之毀譽,而尤必使下情畢達,無纖息幾微之不周。故世遠謂米禁及船隻之事，更當持之以寬，德莫大焉。以上《與張儀封書》。

范華陽云："小人之得用，將以濟其欲也。君子之得用，將以行其志也。"先生蘊蓄宏深，正己率物，官箴自肅，吏畏則民安，然後大興政教，以厚風俗，以正人心。

朱子稱王仲淹云："使其得用，比荀楊韓子，更懇惻而有條理。"竊謂懇惻者，仁也。《易》所謂"元者，善之長"，程子所謂"滿腔皆惻隱之心"，張子所謂"乾父坤母，民胞物與"者，是也。有條理者，本平日讀書窮理之功，措則正而施則行也。無懇惻，則立體不宏。無條理，則致用不裕。霸者所少者，懇惻也。雖有條理，亦非王者之治。竊謂王霸之分，止此而已。管敬仲之治齊也，非不民衣民食，教孝教弟，示義示信，然孔子小之，孟子卑之者，以其心但以爲不如是，則吾國不富強而已。王者則從本原之地流出，以不容已之心，行不容已之事。盡吾性分所固有，行吾職分所當爲。故伊尹納溝之心，與敬仲治齊之心，非知道者不能識也。俗儒無識，以性命之學爲無與於事功，陋矣。

古人有言曰："大法小廉。"大臣能廉，僅得其半。非廉無以行法，非法無以佐廉。使一己廉靜，而屬員奸貪，或限於耳目之所不周，或因循牽制，而不能決去，猶是獨善其身，豈稱開府之治哉？以上《與楊賓實書》。

整齊風俗，振起人才，端在教化。俗吏以此爲迂，大賢以爲先務。明公自撫閩以來，察吏安民，獎善懲奸之餘，大振鰲峰書院。定其規條，躬爲誨諭。勖以武侯之淡泊寧靜，示以文公之近裏切己。身有之，故言之親切而有味。《與趙仁圃書》。

學使之官，在有以振士風而變士習。下車伊始，行一令於令長學官曰："有能敦孝弟，重廉隅者，以名聞，并上所實行。有能通經學古，奇才異能者，以名聞，并上所論著。"行之各屬，揭之通衢。雖所薦者未必皆賢，而賢者未必薦，然本之以誠心，加之以詢訪，擇其真者而獎勵之。或譽之於發落諸生之時，或薦之督撫，或表宅以優之。試竣，或延而面叩之，從容講論，以驗其所長。有行檢不飭者，摘其尤而重黜責之。如是而士習不變者，未之有也。

今之持論者，皆曰外官惟縣令與學使最難供職。世遠竊謂此二者爲最易。夫縣令者，朝行一政，則夕及於民。興政立教，無耳目不周之處，無中隔之患，古人所謂得百里之地而君之也。學使無刑名錢穀之繁，惟以衡文勸學、廣勵學官、振飭士子爲職業，草偃風行，比地方職守者尤易。或又以爲是二者皆有掣肘之患。不知所謂掣肘者，多由於自掣，非盡人掣之也。夫布衣則古稱先自強不懈，人猶稱其嚴毅清苦，力行可畏，況居官哉？但氣不可勝，事不可激，當謹確完養，以合乎中耳。謂見掣於人，吾未之聞也。以上《與鄭魚門書》。

昔曹武惠將破江南，忽一日稱疾不視事。諸將咸來問疾。告之曰："吾之疾，非藥石可愈。但願諸君誠心自誓，克城之後，不殺一人，則疾自愈矣。"後果守其言。虞詡戒諸子曰："吾事君直道，行己無虧。所悔爲朝歌長時，殺賊百餘人，其中何能不有冤者。自此二十餘年，不增一口，知獲罪於天也。"臺灣吾故土故民，但爲一時脅驅所迫。伏望嚴飭將士，并移檄施藍二公，約以入臺之日，不妄殺一人，則武惠之仁風，復見於今，永無虞詡朝歌之悔矣。

臺灣五方雜處，驕兵悍民，靡室靡家，日相哄聚，風俗侈靡。官斯土者，不免有傳舍之意，隔膜之視，所以致亂之由，閣下其亦聞之熟矣。今兹一大更革，文武之官，必須慎選潔介嚴能者，保之如赤子，理之如家事。興教化以美風俗，和兵民以固地方。内地遺親之民，不許有司擅給過臺執照，恐長其助亂之心。新墾散耕之地，不必按籍編糧，恐擾其樂生之計。三縣縣治，不萃一處，則教養更周。南北寬闊，酌添將領，則控馭愈密。爲聖天子固海外之苞桑，爲我閩造無疆之厚福，惟此時可行，亦惟閣下能行之。安集之後，常懷念亂之心，是區區之鰲恤也。以上《與滿制府書》。

辱書。知賢友刻苦勵志，上下咸有聲稱。雖曰"苦節，不可貞"，然歷觀古今名人志士，未有舍淡泊寧静，而可以致遠者。况賢友甫成進士，即膺太守新命，倍加惕勉，亦所以去咎戾、嚴始志之一端也。太守之職，雖不若州縣親民，朝行而夕及，然所治者廣，大都以察屬安民爲最要。屬令有貪婪苛刻者，則劾之。有庸昏怠玩者，則劾之。所屬有蠹胥悍役訟棍及大奸慝，則鋤而去之。至於事故錯誤，則原之。有心實無他，而才能可用者，則愛惜保護之。非徒爲愛才起見，實爲百姓植福也。爲政一年，民信之候。益加早作夜思，以一團精意，與萬物相終始。嘉績所孚，寧有既乎？古之化民成俗者，必以教化爲急務。每觀自昔名賢所莅，流風猶堪數世，賢友學有本原者也。興德教，明禮法，擇秀者於學，數親至，與之講論。自紳士以至里民，有敦門内行者，或禮請以明敬，或表宅以示優。人材輩出，風俗醇厚，恒必由之。此皆俗吏所指爲迂遠闊疏者。然所望於賢友，正在此而不在彼也。《答王槐青書》。

親民之官，以廉爲基，以仁爲本。引而近之欲其親，格而禁之欲其嚴。理之欲其明，措之欲其簡。慮民之不給也，爲之課農桑，訓節儉，輕徭役，廣積蓄。遇有故，則賑貸之，又加詳焉。慮民之不戢也，爲之教孝弟，敦睦姻，懲誣黠，息訟爭。以事至者誨諭之，又加詳焉。根於中而不徇乎外者，賢守令也。結歡上官，而不體下情者，民之蠹也。自恃無他，而張弛不協者，誠不足，識不充也。視猶傳舍，因爲利藪者，本心既失，殃及其身者也。《循吏傳序》。

平日誠以治民，而民信之，則凡有事於民，莫不應矣。誠以事天，而天信之，則凡有禱於天，莫不應矣。何謂信於天？以信於民者卜之。何謂信於民？以誠於治民者卜之。誠之道貴豫，忠於民，即所以信於神也。《靈雨詩序》。

治不可急，氣不可勝。健而能巽，人乃大和。

婚喪賓祭，酌古今之宜，因其人情風土，制爲簡易之禮以通之。禮行化洽，俗以永淳。

學術治術之要，明與誠而已。不明，則不足以達事理之要。不誠，則不足以立萬事之本，而表裏始終，不能符貫。古有讀書談道，而因循婞婀者多矣。又或英氣過勝，視事太易，動而得礙，則蹜踖反甚於前。此皆明誠不足，學術微而治術淺也。

夫明之過爲矜氣，爲苛察，非明也。誠之至，爲《易》之乾惕，《書》之抑畏，《詩》之豈弟，《禮》之子諒，皆誠也。公必有以處此矣。以上《送李中丞序》。

親民之官，其要有三，曰息訟，薄賦，興教而已。民以事至縣者，胥役不擾，無守候之勞，分其曲直，懲其誣黠，誨諭之，又加詳焉，則訟自息矣。民有惟正之供者，爲案實立限，使自封投櫃。主以信，使投畢，躬自稱平之，榜列明示，歸其有餘,使補其不足。如期至,則民自不欺,輸將恐後矣。擇士民之秀者,聚之於學,課文飭行,月三四至。又於暇日適山村里閭,言孝弟農桑之事。其有家門敦睦,守分力田者,表厥里居,或造訪其家以榮之,而教道興矣。夫吾仍以爲諸生者爲縣令,未有不能守淡泊者也。吾常思父母斯民之義,未有不興除恐後者也。事上貴恭,不貴屈。馭民以誠,不以術。如是而已。昔漢宋之世,守令多入爲三公,名儒常始於簿尉。吾子勉之。豈惟一邑民命之寄,實爲一生發迹之始。有暇,即當讀書。非尋章摘句之謂,謂非讀書無以明於修己治人之道,而振勵其志氣也。《送黄張二令》。

親民之官,可以爲所得爲,然事繁而所及小。督撫勢重,可以爲所欲爲,然地廣而所見難周。監司之職,無其繁與其難,而可以爲所可爲者,可以察屬,可以安民,可以訪蠹,可以興學。完璞勉之。養其根,去其莠,期其立,俟其成。專己者不虚,干譽者不正。苟安者庸,助長者蹶。毋徇己私,毋耀聰明。循此以往,何所不可爲吾子期者,我將遡聽風聲焉。《送王完璞》。

揚州,東南繁華一大都會,五方雜處,富商大賈輻輳逐利之區。民未知儉,示之以樸。民未崇厚,示之以睦。民未知禮,示之以冠婚喪祭、燕飲服用之各有限制。察所屬之貪刻玩愒者,而懲創之。躬率之以介潔,待之以誠,示之以不假易。有悉心力爲民者,不因小眚而去之,爲之擔荷而顧惜之。奸胥豪猾,不使撓吾法,伺吾懈隙,而生其玩悍之心。薦紳士子,憚吾之剛方峻肅,而樂吾之子諒易直,振厲而培育之。《送張又渠》。

士君子束髮受書,以古廉能自命。一行作吏,或迫於上司供億,或苦於酬應繁多,夙昔清操,消歸何有。親朋相規,動云見諒。雖有小善,寧足贖耶?《月湖書院記》。

嘗聞之安溪李文貞公曰:“以父母之心爲心者,天下無不友之兄弟。以祖宗之心爲心者,天下無不和之族人。以天地之心爲心者,天下無不愛之民物。是心何心也?即‘元善之長,資始統天’之心也。”張子《西銘》備言此理,親切而著明。龜山楊氏,猶疑其涉於兼愛。程子非之。余謂今之人,不患其兼愛,但患私利之心一起,自至親以及民物,鮮不秦越視之矣。惟由分殊而推理一,事天必如事親,然後元善之心常洽,而親親仁民愛物,胥是賴也。《鶴山祖祠記》。

熊勉庵寶善堂居官格言先生名弘備,淮安人。

弘謀按,勉庵著《寶善堂格言》,謂一人可以日行萬善者,莫捷於居官,故於《居官格言》獨詳。觀其所云“催科不擾,催科中撫字。刑罰不差,刑罰中教化”二語,洞見致治之大原,可藥俗吏之錮弊。其餘言刑言政,大率不外此意。居官者,果能事事留心,處處推廣,於以日行萬善,不難矣。

當官者,以理事爲職。無論事之巨細冗雜,皆宜一一爲之處分。若處得恰好,便是進德修業功夫。

聽訟凡覺有一毫怒意,切不可用刑。即稍停片時,待心和氣平,從頭再問。未能治人之頑,先當平己之忿。嘗見世人,因怒而嚴刑以泄忿。嗟嗟,傷彼父母遺體,而泄吾一時忿恨,欲子孫之昌盛,得乎?

江湖溺人,渡船爲甚。居官能申五禁,亦方便之大者。一曰,不可人多。二曰,船不可太小。三曰,大風不可行。四曰,黑夜不可行。五曰,昏霧不可行。

人當貧賤時,爲善善有限,爲惡惡亦有限,無其力也。一當富貴中,爲善善無量,爲惡惡亦無量,有其具也。故富貴者,乃成敗禍福之大關,不可不懼。

一夫在囚,舉室廢業。囹圄之苦,度日如年。不可不蚤爲發落,而令其淹久也。

爲政者,當體天地生萬物之心,與父母保赤子之心。有一毫之慘刻,非仁也。有一毫之忿嫉,亦非仁也。

平易便民,爲政之本。

今日居官受禄,須思當日秀才時,又須思後日解官時。思前則知足,思後則知儉。

無根之訟,須與他研窮道理,分别是非曲直,自然訟少。若不與分别,愈見事多。

陷一無辜,與操刀殺人者同罪。釋一大憝,與縱虎傷人者均惡。

催科不擾,催科中撫字。刑罰不差,刑罰中教化。

顔光衷曰:"居官者,豈不知廉潔足尚?第習見營官還債,饋遺薦拔,非此不行,積久日滋,性情已爲芬膻所中。且人心何厭?至百金,則思千金。至千金,必思萬金。甚則權勢薰赫,財帛充棟,而猶未足也。大都爲子孫計久遠,不知多少癡豪子弟而滅門,多少清白窮漢而發迹。矧福禄有數,多得不義之財,留冤債與子孫償,非所云福也。

士大夫不貪官,不愛錢,卻無所利濟以及人,畢竟非天生聖賢之意。居官無所利濟,更非朝廷所以設官,士民所以戴官之意。

善啓迪人心者,當因其所明而漸通之,毋强開其所閉。善移易風俗者,當因其所易而漸反之,毋輕矯其所難。居官以化導爲事,更宜知此。

風俗,天下之大事。廉恥,士人之美節。爲政者,當以扶綱常、正名分、重道義爲第一。

官雖至尊,不可以人之生命,佐己之喜怒。官雖至卑,不可以己之名節,佐人之喜怒。

當官職業,一時都要盡,也未能。若曰未能盡,又恐取責於上,多苟合含糊,欺謾將去,庸臣不忠,每蹈此弊。

做官想到去之日,做人想到死之日,更當留一二好事與人間。縱不能留好事,決不當再留不好事也。

救危以刑獄逼迫爲重。蓋水火盜賊等事,不係劫運,即係定數。而刑獄逼迫,死生只在居上者輕重間,有才者寬刻間也。常念及此,自不肯隨意輕重,任性寬刻矣。

葉南巖爲蒲州刺史。有群哄者,一人流血被面,腦幾裂。公有刀瘡藥,自入内搗藥傅之。令扛至幕廨中,委幕官善視,勿令傷風,其家人不令前。乃略加審核,收讎家於獄,而釋其餘。人問故。公曰:"凡人爭鬥無好氣。此人不即救,死矣。此人死,即一人償命。寡人之妻,孤人之子。干證連繫,不止一人破家。此人愈,特一鬥毆罪耳。人情欲獄勝,雖骨肉亦甘心焉。吾所以不令其家人相近也。"看得民命極重,多方保全,不專以問抵了事,故肯如此體貼。非姑息也。

一人入獄,中人之産立破。一受重刑,終身之苦莫贖。眉公言熱審寒審,只在當事者一動念,一動口,一舉筆間,便造無量大福。

凡爲科第中人,職任朝廷耳目,須詳訪民害,爲生靈請命,則一舉筆間,可種永遠福田。

或曰:"居官矢志作好事,而格於長吏,奈何?"愚曰:"勿慮也。但慮矢志未堅耳。立志不差,惟有積誠動之,潔身俟之。且安知不作好事,其禍不更有甚焉者乎?”

士大夫濟人利物,宜居其實,不宜居其名。居其名,則德損。士大夫憂國爲民,當有其心,不當有其語。有其語,則毁來。

積德累功,莫如居官爲易。所謂順風之呼,響應自捷。往往有一事而可當千百善者。

凡有地方之責者,相其土俗,曲爲化諭。或禁火葬,或禁宰牛,或禁淫祀,或禁造訪,或禁鑿山占河等,及種種殘虐侈費事,天未有不厚報之者。

爲官者一日不勤,下必有受其弊者。

當官文書簿籍,須逐日結押,不可拖下。一有叢集,不惟誤厥事機,吏書且得乘其忙雜而朦之矣。

前輩教人居官,廉不言貧,勤不言勞。愛民不言惠,鋤強不言威。事上致敬,不言屈己。禮賢下士,不言忘勢。庶於官箴無忝。所見甚大,故能如此。

文潞公處大事以嚴。韓魏公處大事以膽。范文正公處大事,曲盡人情。三公皆社稷臣也。朱文公論本朝人物,范文正公爲第一。

請蠲請賑,姑了目前之事。不知汰一苛吏,革一弊法,痛裁冗費,務省虚文,乃永遠便民之事。

鄭漢奉曰:“我輩讀書博一第,裒然居四民之上,自謂朝廷倚荷,生靈利賴。孰知日日行的是害人事,件件行的是折福事。非違心,則背理。辜負朝廷,貽害民物,豈不可羞,豈不可懼。此雖某下愚自省之危言,然亦可爲中人針砭。”

爲國家用人,不當爲官擇地,當爲地擇官。若徒以地苦其人，而曾不顧其人之苦其地也。

居官行法，不能一概去殺。獨不曰留意開釋，嘗存生意乎？一在疑似勿殺，二在株連勿殺，三在賄托勿殺，四在爲人脅從勿殺，五在已經降順勿殺。

法立貴乎必行。立而不行，適以啓下人之玩。

士君子居家，各以明理見性爲修身保世之本。士君子出仕，各以扶綱整俗爲獲上信友之本。

忠君憂國，守之以慎。濟物澤民，守之以謙。

士大夫居家，能思居官之時，則不至干請把持，而撓時政。居官能思居家之時，則不至剛愎暴恣，而貽人怨。惟恕而後能公，不易之理。人自不察耳。

居官有最易蹈者六。一多事，二遷怒，三傲人，四有成心，五急功名，六嗔人有炎涼。

一人入獄，十人罷業。株連波及，更屬無辜。且獄中夏有疫疾濕蒸，冬有瘴疥凍裂。或以小罪，經年桎梏。或以輕罪，迫就死亡。獄卒囚長，需索淩辱，尤可深痛。時令馬上飛弔監簿查勘，以獄囚多寡定有司之賢否。行之期年，郡屬州縣吏無敢妄繫一人矣。

朝廷立法，不可不嚴。有司行法，不可不恕。不嚴，則不足以禁天下之惡。不恕，則不足以通天下之情。

省刑薄斂，王者治世之大端也。然聖賢以此教人，非欲去其禁民爲非之刑，乃欲去其驅民爲非之刑耳。非欲免其富國之賦，乃欲免其敝國之賦耳。

做上官底，只是要尊重。迎送欲遠，稱呼欲尊，拜跪欲恭，供具欲麗，酒席欲豐，騶從欲都，伺候欲謹。行部所至，萬人負累，千家愁苦。即使於地方有益，蒼生所損已多。及問其職業，悉是虚文濫套。縱虎狼之吏胥，騷擾傳郵。重瑣尾之文移，督繩郡縣。括奇異之貨幣，交結要津。習圓軟之容辭，網羅聲譽。至民生疾苦，若聾瞽然。豈不驟貴躐遷，然而顯負君恩，陰觸天怒，是生民之苦累，而子孫之禍因也。吾黨戒之。

親民的官，最要仔細。夾棍板子，最怕手滑。我只開口一聲，衙役便加力幾倍。我只動手一摸，百姓便去血幾多，去肉幾塊。一般皮肉，我疼，他寧不疼？他疼，我又何忍？若是情真罪當，打他也不枉然。若還非罪無辜，於我寧無損福？

刑罰當寬處即寬，草木亦上天生命。財用可省時便省，絲毫皆下民脂膏。

居官以清，士君子分内事。清非難，不見其清爲難，不恃其清而操切凌轢人爲尤難。

利在一身，勿謀也，利在天下者謀之。利在一時，勿謀也，利在萬世者謀之。

救民水火之中，惟恐其不早。貪官污吏侵漁百姓，甚於盜賊。此而不除，雖有良法美意，孰與行之？

情有可通，莫於舊有者過裁抑，以生寡恩之怨。事在得已，莫於舊無者妄增設，以開多事之門。若理當革，時當興，合於事勢人情，則非所拘矣。

世蓋有悦下吏附己，不欲屢駁以形其短，憚成案之更，慮始劾者銜我，而見中於他日，曰："吾寧負我百姓耳。"吁！此又與於不仁之甚者也。

夫刑罰之設，原非得已。有可生之路，而不爲之急白，是亦殺也。居官點獄，豈可拘守前案，奉承上司，而見死不救哉？

封贈父祖，易得也。無使人唾罵父祖，難得也。恩蔭子孫，易得也。無使子孫流落伶仃，難得也。居官而思其難者，則父祖之澤長，子孫之祚遠矣。

救荒不患無奇策，只患無真心。真心即奇策也。

守官者，雖古墨清玩，勿宜偏愛，恐小人乘間而入也。

高牙大纛，不足爲榮，桓圭衮裳，不足爲貴。惟德被生民，功施社稷，爲貴爲榮。

耐煩受訴，使兩造各盡其情。

不嗔越訴，只平平照常理斷。

一時錯枉，片念撥轉，不吝改過。

居官之法，盡心則無愧，平心則無偏。

王朗川言行彙纂先生名之鈇，湖廣湘陰人。

弘謀按，古人言行，皆抒其心之所獨見，未嘗以此揣合後人。而千載以下之人心無不吻合，利弊無不切中者，無他，古今止此情理耳。朗川所纂嘉言善行殊多，已見於《宋賢事彙》及他編者，皆不録。大約皆隨時采集，不復次第，惟取其合乎情理，足以爲法示戒而已。

清貴容，仁貴斷。莫苛刻以傷厚，莫磽確以沽名。毋借公道遂私情，勿施小惠傷大體。憑怒徒足損己，文過豈能欺人。處忙更當以閒，遇急便宜從緩。分數明，可以省事。毀譽忘，可以清心。正直可通於神明，忠信可行於蠻貊。句句耐人尋味，可當座右箴銘。

居官簿書如麻，下情阻隔。或乘其聰明，或乘其火氣，或乘其忙錯，種種皆能枉人。及文案既定，則有明知枉而無如何者矣。昔彭惠安韶，居官立身，無愧古人。只誤殺一孝子，遂至不振。甚矣，居官之難也。其難其慎，不在依違二三，而在虛心觀察。依違亦最害事，故云。

針芒刺手，茨棘傷足，舉體痛楚，刑慘百倍於此，可以喜怒施之乎？虎豹在前，坑阱在後，號呼求救，獄犴何異於此，可使無辜坐之乎？己欲安居，則不當擾民之居。己欲豐財，則不當朘民之財。居官者，不可不常念此四語也。

簡尸即今覆檢也。與凌遲不異。上干天和，破家蕩産，又是第二件事。吾輩不可不知。

昏官之害，甚於貪官，以其狼籍及人也。

凡奸猾吏胥，不利無事。無事，則何所生釁？故往往挾權術以慫諛官長，遇事風生，上開一孔，下鑽百竇，納賄一身，叢謗上人。城郭富家，猶能支吾。若僻陋愚民，目不識文告，舌不解敷陳，見里長，則面色清黄，望公門，則心膽驚戰，稍有桀驁，皆得望風索騙。於是訟獄日滋，愁怨日積。吁！豈無有心人而坐此者哉？

居官者，職業是當然的，每日做他不盡，莫要認做假。權勢是偶然的，有日還他主者，莫要認作真。

任事者，當置身利害之外。建言者，當設身利害之中。置身於外，則無所顧忌。設身其中，則平易近人。二語各極其妙。

責人之非，不如行己之是。揚己之是，不如克己之非。凡不可與父兄師友道者，不可爲也。凡不可與父兄師友爲者，不可道也。凡不可與士民道者，皆居官所不可爲也。

喜時之言多失信，怒時之言多失體。

取人之直，恕其戇。取人之樸，恕其愚。取人之介，恕其隘。取人之敏，恕其疏。取人之辨，恕其肆。取人之信，恕其拘。所謂人有所長，必有所短也。可因短以見長，不可忌長以摘短。

人只一念貪私，便銷剛爲柔，塞知爲昏，變恩爲慘，染潔爲污，壞了一生人品。故古人以不貪爲寶。

凡人到富貴，不獨天道忌盈，即一身受享太過，亦減子孫福澤。至若專權怙寵，多行不義，一時非不烜赫，而一敗即塗地矣。

女子陰性，故"嫉妒"字旁從"女"，明其非鬚眉丈夫事也。以丈夫而同女子之行，豈不可恥。指點親切，堪發猛省。

清乃官箴之始基，猶貞乃女德之始基，不足恃也。居官者，以廉之一節自滿，而種種戾氣，秕政伏焉。則是婦人無淫行，而遂可詈翁姑，壓夫子，叫噪於妯娌間矣。清而不理民事，清而不合人情，清而不防流弊，皆秕政也。

張南軒曰："爲政須要平心。不平其心，雖好事亦錯。如抑強扶弱，豈非好事，往往只這裏錯。須如明鏡然，妍自妍，醜自醜，何預吾事？若先以其人爲醜，則相次見此人，無往而非醜矣。"

張南軒曰："治獄所以不得其平者，蓋有數説。貪吏受賄，枉法用刑，其罪無論。即或矜智巧以爲聰明，持姑息以容奸慝。上則視大官之趨向，而重輕其手。下則惑胥吏之浮言，而二三其心。不盡其情，而以威怵之。不原其初，而以法繩之。由是不得其平者多矣。無是數者之患，而深存哀矜勿喜之意，其庶幾乎。"

王梅溪守泉會邑宰，勉以詩云："九重天子愛民深，令尹宜懷惻隱心。今日黄堂一杯酒，使君端爲庶民斟。"邑宰皆感動。真西山帥長沙，宴十二邑宰於湘江亭，作詩曰："從來官吏與斯民，本是同胞一體親。既以脂膏供爾禄，須知痛癢切吾身。此邦素號唐朝古，我輩當如漢吏循。今日湘亭一杯酒，更煩散作十分春。”王玉池令金鄉，揭一聯於堂曰：“眼前百姓即兒孫，莫謂百姓可欺，且留下兒孫地步；堂上一官稱父母，漫説一官易做，還盡些父母恩情。”意與梅溪、西山同。

羅適爲江都令，凡便民事，悉爲區畫。荒旱，則設法引水，水患，則築堤捍禦之，又使民多種桑麻。訟速決，不事淹留。黎明視事，昏夜乃止。或譏其太勞。曰：“與其委成於吏，使民有不盡之情，孰若自任其勞，俾百姓無不平之怨。”不數月政化大行。

徐有功與皇甫文備同按獄，誣有功縱逆黨。久之，文備坐事，有功出之。或曰：“彼嘗陷君死，生之何也？”對曰：“爾所言者私忿，我所守者公法。不可以私害公。”

尚書李公擇風度凝遠，與人有恩意，而遇事強毅，不爲苟安。初善王荆公。荆公當國，冀其助，而抵之乃力於他人。荆公常遣雱諭意，曰：“所爭者國事，盍少存朋友之義？”公曰：“大義滅親，況朋友乎？”自守益確。

吴文肅公子璟素以堅挺有氣節，韓魏公亦稱之。及幕府有闕，門下有以璟爲賢者。公曰：“此人氣雖壯，然包蓄不深。發心暴，且不中節，當以此敗。”置而不言。不逾年，璟敗，皆如其言。杜正獻公有門生爲縣令者。公戒之曰：“子之才器，一縣令不足施。然切當韜晦，無露圭角。不然，無益於事，徒取禍耳。”門生曰：“公平生以直亮忠信取重天下。今反誨某以此，何也？”公曰：“衍歷任多，歷年久，上爲帝王所知，次爲朝野所信，或得以伸其志。今子爲縣令，卷舒休戚，係之長吏。長吏之賢者，固不易得。若不見知，子烏得以伸其志？徒取禍耳。予非欲子毁方瓦合，蓋欲求和於中也。”余謂子弟曰:“此言味做涉世語,便是老鄉愿。味做用世語,便是古大臣。”涉世則近於周旋世故,用世則期於利濟民物。心有公私廣狹之分,故所成就亦異。

咸寧大司徒雍公泰巡鹽兩淮。見竈丁貧而鰥者,幾二千人。比及二年,俱與完室。既去,淮人咏曰:“客邊檢橐渾無硯,海上遺民盡有家。”又曰:“了卻四千兒女願,春風解纜去朝天。”

西魏韋孝寬爲雍州刺史。先是路側一里置一土堠,經雨輒毁。孝寬當堠處植槐樹,既免修復,又便行旅。宇文泰嘆曰:“豈得一州獨爾?”於是令諸州夾道皆計里種樹。

陳堯叟爲廣南西路轉運使。嶺南風俗,病者必禱神,不服藥。堯叟有集驗方百本,刻石貴州驛舍,地方賴之。又以地氣蒸暑,爲植柳鑿井。每三二十里,必置亭舍什物,人免渴死。

林希元上《荒政叢言》,言救荒有二難。曰,得人難,審户難。有三便。曰,極貧民,便賑米。次貧民,便賑錢。稍貧民,便賑貸。有六急。曰,垂死貧民,急饘粥。疾病貧民,急醫藥。病起貧民,急湯米。既死貧民,急墓瘞。遺棄小兒,急收養。輕重繫囚,急寬恤。有三權。借官錢以糶糴,興工作以助賑,貸牛種以通變。有六禁。曰,禁侵漁,禁攘盜,禁遏糴,禁抑價,禁宰牛,禁度僧。有三戒。曰,戒遲緩,戒拘文,戒遣使。上以其切於救民,皆從之。

朱勝知吴郡事,廉静寡欲,勤政愛人。嘗曰:“吏書貪,吾詞不濫准。隸卒貪,吾不妄行杖。獄卒貪,吾不輕繫囚。”

胡霆桂爲鉛山主簿,時私釀之禁甚嚴。有婦訴姑私釀者。霆桂詰曰:“汝事姑孝乎?”曰:“孝。”曰:“既孝,可代汝姑受責。”以私釀律笞之。政化大行。

楊繼宗知秀州，富民有患婿貧告停婚者。繼宗責富民輸二百金，聽别擇婿。既語之曰：“我以此付爾婿立家，汝女得所矣。”令即日成婚。

石濆子曰：“清也，慎也，勤也，是循吏之所操也。財之於人也，猶膩之於物，一污而不可滌者也。況我取一也，則下取百矣。我取十也，則下取千矣。故我以之適口也，而民以之浚血也。我以之華體也，而民以之剥膚也。我以之充橐也，而民以之券田廬也。我以之納交也，而民以之鬻妻子也。以此思清，清其有不至乎？弈之決勝也，必審於舉棋也。不然，則負。御之致遠也，必謹於執轡也。不然，則敗。故一出令之誤也，則跖盭之弊生矣。一聽言之誤也，則壅蔽之奸作矣。一用人之誤也，則狐鼠之妖興矣。一役斂之誤也，則勞止之怨生矣。一聽斷之誤也，則勸懲之道塞矣。一重辟之誤也，則冤憤之災應矣。以此思慎，慎其有不至乎？川之渡也，不必逾時也，而渡者爭先焉。門之出也，不必逾時也，而出者爭先焉。人之情也，一人之逸，十百人之勞也。一人之勞，十百人之逸也。我之欲寢也，曰得毋有立而待命者乎？我之欲休也，曰得毋有跂而望歸者乎？案牘之留也，曰吏得毋緣以爲奸乎？獄訟之積也，曰得毋有苦於狴犴者乎？以此思勤，勤其有不至乎？能行此三者，則覆露之澤日敷，而瘝戞之痒可釋。其於古之循吏也，殆庶幾乎？”言清慎勤，惟此最爲切至。閲之而不動心者，非人也。

朱子《社倉記》曰：

乾道戊子，春夏之交，建人大饑。予居崇安之開耀鄉，知縣事諸葛侯廷瑞以書來屬予。及其鄉之耆艾，左朝奉郎劉侯如愚曰："民饑矣，盍爲勸豪民發藏粟，下其直以賑之。"劉侯與予奉書從事，里人方幸以不饑。俄而盗發浦城，距境不二十里。人情大震，藏粟亦且竭。劉侯與予憂之，不知所出，則以書請於縣於府。時敷文閣待制信安徐公嘉知府事，即日命有司，以船粟六百斛，泝溪以來。劉侯與予率鄉人行四十里，受之黄亭步下。歸籍民口，大小仰食者若干人，以率受粟，民得遂無饑亂以死，無不悦喜歡呼，聲動旁邑。於是浦城之盗，無復隨和，而束手就擒矣。

及秋，徐公奉祠以去，而直敷文閣東陽王公淮繼之。是冬有年，民願以粟償官，貯里中民家，將輦載以歸有司。而王公曰："歲有凶稔，不可前料，後或艱食，得無復有前日之勞。其留里中，而上其籍於府。"劉侯與予既奉教，及明年夏，又請於府曰："山谷細民，無蓋藏之積。新陳未接，雖樂歲不免出倍稱之息，貸食豪右。而官粟積於無用之地，後將紅腐不復可食。願自今以往，歲一斂散。既以紓民之急，又得易新以藏。俾願貸者，出息什二。又可以抑僥倖，廣貯蓄。即不欲者，勿強。歲或不幸小饑，則弛半息。大祲，則盡蠲之。於以惠活鰥寡，塞禍亂源，甚大惠也。請著爲例。"王公報皆施行如章。

既而王公又去，直龍圖閣儀真沈公度繼之。劉侯與予又請曰："粟分貯於民家，於守視出納不便。請仿古法，爲社倉以貯之。不過出捐一歲之息，宜可辦。"沈公從之，且命以錢六萬助其役。於是得籍黄氏廢地，而鳩工度材焉。經始於七年五月，而成於八月，爲倉三，亭一，門牆守舍，無一不具。司會計，董工役者，貢士劉復、劉得輿，里人劉瑞也。既成，而劉侯之官江西幕府。予又請曰："復與得輿，皆有力於是倉。而劉侯之子將仕郎琦，嘗佐其父於此。其族子右修職坪，亦廉平有謀，請得與并力。"府以予言，悉具書禮請焉，四人者遂皆就事。方且相與講求倉之利病，具爲條約。會丞相清源公，出鎮兹土，入境問俗。予與諸君因得具以所爲條約者迎白於公。公以爲便，則爲出教，俾歸揭之楣間，以示來者。於是倉之庶事細大有成，可久而不壞矣。

予惟成周之制，縣都皆有委積，以待凶荒。而隋唐所謂社倉者，亦近古之良法也，今皆廢矣。獨常平義倉，尚有古法之遺意，然皆藏於州縣，所恩不過市井游惰輩。至於深山長谷，力穡遠輸之民，則雖饑餓瀕死，而不能及也。又其爲法太密，使吏之避事畏法者，視民之殍而不肯發。往往全其封鐍，遞相付授。至或累數十年，不一訾省。一旦甚不得已，然後發之，則已化爲浮埃聚壤，而不可食矣。夫以國家愛民之深，其慮豈不及此？然而未之有改者，豈不以里社不能皆有可任之人，欲一聽其所爲，則懼其私計以害公。欲謹其出入，同於官府，則鈎校靡密，上下相遁，其害又必有甚於前所云者，是以難之而弗暇耳。今幸數公相繼，其憂民遠慮之心，皆出乎法令之外，又皆不鄙吾人以爲不足任，故吾人得以及是。數年之間，左提右挈，上說下教，遂能爲鄉閭立此無窮之計。是豈無力之獨能哉？惟後之君子，視其所遭之不易者如此。無計私害公，以取疑於上。而上之人亦毋以小文拘之，如數公之心焉。則是倉之利，夫豈止於一時。其視而效之者，亦將不止於一鄉而已也。因書其本末如此，刻之石，以告後之君子云。社倉利弊，該括無遺。

陳芳生曰："按社倉之制，專以賑貸。凡官貸者，必多侵冒。民貸官者，必假追呼。民求民貸，必出倍息。惟此三害俱無，雖非凶年，亦可借作種食。年年出納，久之所積自豐。總係各社自爲預備之道。雖所積已豐，亦不必停其出息。其無故不肯還者，官爲追足。後雖遇荒，不準再借。爲生民計久遠，難容姑息耳。”

慈溪一縣令，初至任，語群下曰：“汝聞諺云‘破家縣令，滅門刺史’乎？”父老對曰：“民只聞得‘樂只君子，民之父母’。”令默然。父老二語，可謂當頭一棒矣。

范忠宣尹洛，多惠政。後爲執政，其子道經河南，少憩村店。有翁從家出，注視其子曰：“明公容類丞相，乃其家子乎？”曰：“然。”翁不語，入具冠帶出拜，謂其子曰：“昔丞相尹洛，某年四十二。平生粗知守分，偶意外爭鬥事至官，得杖罪。吏引某褰裳行刑。丞相召某前，問曰：‘吾察爾非惡人，膚體無傷，何爲至此。’某以情告。丞相曰：‘爾當自新。’免罰放出。非特某得爲完人，此鄉化之，至今無爭鬥者。”全人名節，與人自新，功德無量。以此爲報應也可。

趙忠定公汝愚初登第，謁趙彦端德莊。德莊語之曰：“謹毋以一魁置胸中。”又曰：“士大夫皆爲富貴誘壞。”又曰：“今日於上前得一語獎諭，明日於宰相處得三兩句褒拂，往往喪其所守者多矣。”忠定拱手曰：“謹受教。”今之人，不但君相獎諭褒拂，雖説相談命之徒有數語面譽之，即張大自衒，以誇於人。有學有守者，固不如此。士大夫得失之念重，故偶聞寵辱，便生憂喜，不暇計其事之果否矣。

杜正獻公曰：“作官第一在清，然口中不可出一清字。恐同列貪得者多，暗口讒言，適足取禍耳。”

杜靜臺先生曰：“惱怒只害得自己，何嘗害得人。其能害人者，必自惱怒生出枝節也。”先生書齋對聯“無求勝在三公上，知足嘗如萬斛餘”。怒時便害，生出枝節更害。

胡威父子以清慎名。世祖問威：“卿清孰與父？”對曰：“臣清不如臣父。臣父清，恐人知。臣清，恐人不知。是以不如。”清恐人知，非矯也。此中有無限經濟妙用。

雲南大理府出石屏。官其地者，每勞民傷財，載以饋人。有李邦伯，獨寓意於送行詩。有云：“相思莫遣石屏贈，留刻南中德政碑。”河南土産蘑菰綫香，宦游者每取以饋當路。于肅愍公巡撫其地，絶無所取。有詩云：“手帕蘑菰與綫香，本資民用反爲殃。清風兩袖朝天去，免得閭閻話短長。”嗟夫，土有土産，民之災也。地有土産，自是民生之利。今不以爲利而以爲災，皆司土者漫無體恤之故。

居官不可作受用之想。天之生我，異於衆人，與以治世之職，是造福於世之人，非享福之人也。乃不念造福之理，事事爲享福計，官署必欲華美，器用必欲精工，衣服必欲艷麗，飲食必欲甘美。甚且不但爲自己享福計，且爲子孫享福計，良田欲得萬畝，大厦欲構千間，珍玩必求全備。百計搜索横財，以供享福之用。噫，誤矣。上天生爾爲造福之人，今反爲造殃之人。清夜自思，上天豈肯寬貸也？造福享福二念，居官者人鬼關頭。

居官以清廉爲最。今人以廉吏不可爲，而藉口於清官害子孫之説，謂官清，則子孫不免有清貧之苦也。豈真有所貽害子孫乎？或曰：“清官必執，安得無害？”是尤不解清與執二字之義矣。清者，廉潔不妄取之謂也。執者，執拗之謂也。二者原無相因之義。如謂清者必執，執者必清，則是貪者必通，而通者必貪矣。夫執者，其性偏，又或爲學術所誤，凡事皆存先入之見，不肯虚心細思，又不肯與人相議，并不肯下問於人。不獨清執也，即貪亦執。是天下原自有執之人，而非清爲之禍明矣。安得謂清者必執乎？

錢明逸久在翰林，出爲泰州牧，常怏怏不視事。魏公聞之，嘆曰："意雖不愜，獨不念所部十萬生靈耶？"惟嫌官卑職小，絶不念現前一官，如何稱職。官負人乎？抑人負官乎？閲此可以省矣。

在官法戒録

序

天下之人，無過善不善之兩途。而人之慕乎善，而遠不善也，則不外於法戒之兩念。予有四種遺規之刻，蓋冀天下人，無男女少長、貴賤賢愚，均有所觀感興起，見善者，而以爲法，見不善者，而以爲戒也云爾。既又思之，人有在四民之外，勢所不能無，而又關係民生之利害，吏治之清濁，不可以無化誨者，則官府之胥吏是也。古者三百六十之屬，皆有府史胥徒。府掌廩藏者，即今之庫吏也。史掌文案者，即今之吏典也。胥即今之都吏，爲徒之什長。徒即今之隸卒也。是爲庶人在官，其禄同於下士。其田在遠郊之地，充人掌之。春秋月吉讀法書，其孝友睦姻，得與於鄉舉里選之列。故當時僚隸輿臺之守法循分，豈惟風俗之醇，抑上之人教養成就之有其具也。秦燔《詩》、《書》，人以吏爲師。漢制能諷書九千字以上，乃許爲吏。當時刺史守相自辟其屬，恒求其賢者以爲吏而進達之。而吏亦皆束身自好，以蘄不負上之知。故一時名公巨卿起家掾吏者，不可勝紀。兩漢吏治最爲近古，非由吏之得人而然乎？

魏晋而後，流品遂分，"上品無寒門，下品無世族"，吏始不得與清流之班。沿及隋唐以降，科貢之勢重，而吏之選益輕矣。然國家設官置吏，官暫而吏久也，官少而吏衆也。官之去鄉國常數千里，簿書錢穀，或非專長，風土好尚，或多未習，而吏則習熟而諳練者也。他如通行之案例，與夫繕發文移，稽查勾攝之務，有非官所能爲，而不能不資於吏者。則凡國計民生，繫於官即繫於吏，吏之爲責不亦重乎？而爲吏胥者，類皆有機變之才智，不能安於畎畝耕鑿之樸以來役於官。因盤據其間，子弟親戚，轉相承授，作奸犯科，相習熟爲固然，而不知禮義之可貴。爲官者亦多方防閑之，摧辱之，幾若猛獸搏噬之不可馴擾。夫防之愈嚴，作弊亦愈巧。摧之愈甚，自愛之意愈微，將囂然喪其廉恥之心，以益肆其奸猾狡黠之毒。官吏相蒙，國計民生於焉交困。而貪昧陋劣之員，受其牢籠牽鼻，淪胥以敗也，又不足言矣。

昔劉晏以吏人不可用，謂吏無榮進，則利重於名。我國家立賢無方，吏員一途咸有進身之階。惟其才之所宜，未嘗限其所至，則固有榮進之可期矣。即或不盡榮進，而其愛一時之小利，必不如其愛身家子孫之大利，更不如其畏身家子孫之奇禍。今試語人以于公治獄之陰德，而子孫駟馬高車充溢門閭，未有不欣然慕效者也。語以王溫舒舞文巧詆，奸利受財，而罪至於五族，未有不悚然易慮者也。特無以提醒之，遷善遠罪之良心無緣而動耳。上以君子長者之道待人，而人不以君子長者之道自待者，非人情也。矧吏胥多讀書識字，粗知義理，習典故，明利害，視田野之愚氓，閨門之婦孺，其化誨當更易易。爲官者方日資其心思才力以成其政治，而顧視爲化外之人，不一思所以化誨之，聽其日習於匪僻，於心何安？而於事又寧有濟乎？余於聽政之暇，采輯書傳所載吏胥之事，各綴論斷，裒爲四卷，名曰《在官法戒録》，廣爲分布，以代文告。《書》曰："作善，降之百祥。作不善，降之百殃。”孟子曰：“仁，則榮。不仁，則辱。”觀是録者，善惡燦陳，榮辱由己，何去何從，必有觀感而興起者矣。

乾隆八年夏四月桂林陳弘謀題於豫章使署①。

① 本段之下原緊附目録，今移至總目録。

卷之一

總論

《太公陰符》曰："治亂之要，其本在吏。吏有重罪十。一，吏苛刻。二，吏不平。三，吏貪污。四，吏以威力脅民。五，吏與史合奸。六，吏與人無惜。七，吏作盜賊，使人爲耳目。八，吏賤買貴賣於民。九，吏增易於民。十，吏震懼於民。夫治者有三罪，則國亂民愁。盡有之，則民流亡而國不可守。"又曰："爲吏守職，爲民守事，各居其道，則國治。國治，則都治。都治，則里治。里治，則家治。家治，則善惡分明。善惡分明，則國無事。國無事，則外不懷怨，内不徼爭。"《後漢書》注。

《周官》自府史胥徒，以至鄙師縣正之屬，皆所謂吏也。太公所言十重罪，已盡後世作吏之弊。天下治亂，實基於此。爲吏者，當知己與命官，雖有尊卑，其爲民生休戚所繫則一，不可不自勉也。

王仲宣曰："大凡執法之吏，不窺先王之典。縉紳之儒，不通律令之要。彼刀筆之吏，豈生而察刻哉？起於几案之下，長於官曹之間，無温裕文雅以自潤，雖欲無察刻，弗能得矣。竹帛之儒，豈生而迂緩也？起於講堂之上，游於鄉校之中，無嚴猛斷割以自裁，雖欲不迂緩，弗能得矣。"本集。

爲吏者，熟悉律例，可以斷獄決疑，此用其所長也。若用以舞文，或務爲深入，則流毒便不可當。非法之有弊，乃心之無良也。可弗戒與？

范蔚宗曰："曾子云：'上失其道，民散久矣。如得其情，則哀矜而勿喜。'夫不喜於得情，則恕心用。恕心用，則可寄枉直矣。夫賢人君子斷獄，其必主於此乎。郭躬起自佐史，小大之獄必察焉。原其平刑審斷，庶於勿喜者乎。若乃推己以議物，捨枚以探情，法家之能慶延於世，蓋由此也。"《後漢書郭躬傳論》。

獄吏雖微，而其操生殺之權，與大吏等。且凡獄之成，皆以初上之獄辭爲據。輕重出入之間，尤不可以不慎也。范史論郭氏之興，而歸本於察獄平刑，哀矜勿喜，其所以示勸者深矣。

劉公非曰："東西漢之時，賢士長者，未嘗不仕郡縣也。自曹掾、書史、馭吏、亭長、門幹、街卒、游徼、嗇夫，盡儒生學士爲之。才試於事，情見於物，則賢不肖較然。故遭事不惑，則知其智。犯難不避，則知其節。臨財不私，則知其廉。應對不疑，則知其辯。如此，則察舉易，而賢公卿大夫自此出矣。"《文獻通考》。

曹有東西曹、功曹、賊曹諸名，如今之各房科是也。掾者，屬吏之稱。書史，主録記。馭吏，馭車者。亭長，收捕盗賊。游徼，循禁奸盗。嗇夫，主賦役，平爭訟。街卒，如今之巡兵。門幹，門下辦事小史也。此皆近世所稱爲賤役，而古昔則儒生學士往往爲之。誠以人之樹立，各視其志，不繫乎職之貴賤耳。漢公卿多起小吏，而兩京人才之盛，吏治之隆，後世莫能及，豈不可慕而可法哉？

蘇東坡知徐州，上言："漢法，郡縣秀民，推擇爲吏，考行察廉，以次遷補，或至二千石，入爲公卿。古者不專以文詞取人，故得士爲多。黄霸起於卒史，薛宣奮於書佐，朱邑選於嗇夫，邴吉出於獄史，其餘名臣循吏由此而進者，不可勝數。唐自中葉以後，方鎮皆選列校以掌牙兵。是時四方豪傑，不能以科舉自達者，皆爭爲之，往往積功以取旄鉞。雖老奸巨盜，或出其中，而名卿賢將，如高仙芝、封常清、李光弼、來瑱、李抱玉、段秀實之流，所得亦已多矣。今世胥史牙校，皆奴僕庸人者，無他，以不用故也。今欲用胥史牙校，而胥史行文書，治刑獄錢穀，其勢不可廢鞭撻。鞭撻一行，則豪傑不出於其間。故凡士之刑者不可用，用者不可刑。臣願陛下采唐之舊，使監司郡守共選士人，以補牙職。皆取人材心力，有足過人，而不能從事於科舉者。禄之以今之庸錢，而課之鎮税、場税、督捕盜賊之類。自公罪杖以下，聽贖。依將校法，使長吏得薦其才者，第其功閲，書其歲月，使得出仕，而不以流外限其所至。朝廷察其尤異者，擢用數人，則豪傑英偉之士漸出於此途，而奸猾之黨可得而籠取也。"本集。

文武異才，各有所托而興。自古流品，誠不足以限人也。今世吏胥，多由讀書未就，執事公門，未嘗非士類也。及以吏員入官，爲守令，爲監司，未嘗限其所至，與唐宋流外官之制不同，有志者正可乘時自奮矣。若夫鞭撻之施，視乎其人之自愛與否。人果有心向上，必能守法遠罪，又何必廢刑而後士有可用乎？

東坡論積欠狀云："凡今所催欠負，十有六七，皆聖恩所貸矣。而官吏刻薄，與聖意異。舞文巧詆，使不該放。大率縣有監催千百家，則縣中胥徒，舉欣欣然日有所得。若一旦除放，則此等皆寂寥無獲矣。自非有力之家，納賂請賕，誰肯舉行恩貸。而積欠之人，皆鄰於寒餓，何賂之有。其間貧困掃地，無可鹽食者，則縣胥教令通指平人，蔓延追擾，自甲及乙，自乙及丙，無有窮已。每限皆空身到官。或三五限，得一二百錢，謂之破限。官之所得至微，而胥徒所取，蓋無虚日，俗謂此等爲縣胥食邑户。嗟乎，聖人在上，使民皆爲奸吏食邑户，此何道也。臣自潁移揚，舟過濠壽楚泗等州，所至麻麥如雲。每屏去吏卒，親入村落。訪問父老，皆有憂色，云豐年不如凶年，天災流行，民雖乏食，縮衣節口，猶可以生。若豐年舉催積欠，胥徒在門，枷棒在身，則人户求死不得。孔子曰：'苛政猛如虎。'以今觀之，殆有甚者。水旱殺人，百倍於虎。而人畏催欠，乃甚於水旱。臣竊度之，每州催欠吏卒不下五百人，以天下言之，是常有二十餘萬虎狼散在民間。百姓何由安生，朝廷仁政何由得成乎？"同上。

追呼之擾，摹寫曲盡。讀此而不動心，猶刮民脂髓，快其吞噬者，真與虎狼無異，天地間如何容得。

廖瑩中曰："古者尚書令史，防禁甚密。宋法，令史白事，不得宿外。雖座命亦不許。李唐令史不得出入，夜鎖之。韓愈爲吏部侍郎，乃曰：'人所以畏鬼，以其不見鬼。如可見，則人不畏矣。選人不得見令史，故令史勢重。任其出入，則勢自輕。'不禁吏出入，自文公始。"《江行雜録》。

憲司之有關防，皆爲吏胥作弊而設。若使人人守法奉公，何妨洞開重門。願諸曹皆以君子自待，勿使上人視之如鬼，且防之若盜也。

沈存中曰："天下吏人素無常禄，唯以受賕爲生，往往致富者。熙寧三年，始制天下吏禄，而設重法以絶請托之弊。"《夢溪筆談》。

今書辦原給飯食之費，即吏禄也。若輩動云"靠山吃山，靠水吃水"，豈能分外不取一錢？但須不觝於法，無礙於理者，方可。若專以索詐爲事，贓罪既多，未有不身罹重法者。所得之錢，正如刀頭之蜜，食之未必能飽，而適足以殺身。亟宜翻然悔悟也。

李之彦曰："諺有之：'殺人償命，欠債還錢。'理也。近世豪家巨室，威力使令，逼人致死，但捐財賄，餌血屬，坦然無事。至如人或逋負，督迫取償，必使投溺自經，然後已。由此觀之，乃是殺人還錢，欠債償命。”《東谷所見》。

豪家恃勢，魚肉小民，未有不結交胥吏者。胥吏貪其賄賂，未有不甘心爲之指使者。夫胥吏於所害之人，大抵鄉里相識，非親即友，何忍助惡爲虐。苟能出其良心，主持公道，不爲富豪所使，則富豪無所倚恃，或稍知斂戢，不致肆行無忌，喪厥身家。所全者豈獨在貧弱之人乎？

又曰：“今日囹圄，供答不由於民情，可否一聽於吏手。往往自撰情款一本，令囚人依本書之，更不可增損一字。真情無所赴訴，呼天神不聞，號地祇不聽，痛哉，痛哉！夫獄訟所以平曲直，雪冤枉也。今有財者勝，無財者負，有援者伸，無援者屈，豪強得志，貧弱銜冤，此豈國家之福耶？願司聽斷者，在在持平如衡，事事至公如鑑，天下何患不太平。”同上。

臨審私串口供，既審删改招册，種種弊端，無非爲錢所使。須知詞訟内幫一邊，必害一邊。己之所得有幾，人之受累無窮。故“鑑虚衡平”四字，不獨官府之良規，亦吏人之要訓也。

又曰：“貪欲二字，壞盡世間人。得便宜處再往，得便宜事再做，終有悔吝之時。今日進得一步，明日又求進一步，恐是顛隮之兆。堆金積玉，來處要明。越分過求，餘殃在後。卧病垂死，術數未休。幾年勞役，一場春夢。縱饒得受用，能有幾多時哉。”同上。

世俗所稱得便宜，不過爲聲色貨利耳。不知此皆身外之物，營求何益。況衙門中所得之錢，更多罪過，幾見害衆成家，子孫享用者乎？惟一生行幾件善事，與人方便，身心何等快樂，兼可貽福後嗣。願身在公門者，毋忘“來處分明”之一語也。

李昌齡曰：“人之處世，不可不積陰德。夫不積陰德者，未見其有後也。故于定國父，治獄多陰德，而知其子孫必興，孫叔敖有埋蛇之陰德，而母知其必貴，信有之矣。然陰德亦甚易積，不獨富貴有力者，雖尋常之人，皆可積也。蓋所謂積陰德者，非謂廣散金穀，齋設僧道，建造寺觀，然後謂之積陰德。凡爲此者，乃愚人作業福，非積陰德也。或曰：'何謂業福？'予對曰：'蓋彼所聚之財，取之多不義。取不義之財，而廣布施，設齋供，故謂之作業福，非積陰德者也。'所謂積德者，常操不害物之心，出入起居，種種行方便，如此便是積陰德也。今姑以其小者言之，如蛾之赴火，蟻之墮淵，而吾能救之，亦是積陰德。矧夫人有饑寒，吾能飽暖之，人有疾厄，吾能安樂之，救人之患難，解人之仇怨，濟人之困貧，不没人之善，不成人之惡，不言人之過，凡此之類，皆積陰德也。常以方便存心，隨力行之不已，則陰德亦厚矣。殆見福壽之增崇，門户之盛大，子孫之榮顯，不求而至。予言不欺，力行之可也。"《樂善録》。

方便處處可行，公門中尤易行。罪孽處處可作，公門中尤易作。此篇雖爲衆人説法，於吏役尤切，所當書紳也。

馬貴與曰："西漢公卿士大夫，或出於文學，或出於吏道。亦由上之人并開此二途以取人，未嘗偏有輕重，故下之人亦隨其所遇，以爲進身之階。而人品之賢不肖，初不繫其身之或爲儒，或爲吏也。故公孫弘之儒雅，丙吉之賢厚，龔勝之節操，尹翁歸之介潔，亦不嫌於以吏發身。則所謂吏者，豈必皆浮薄刻核之流，而後始能爲之乎？東京才智之士，亦多由郡吏而入仕。以胡廣之賢，而不免爲郡散吏。袁安世傳《易》學，而不免爲縣功曹。應奉讀書五行并下，而爲郡決曹史。王充之始進也，刺史辟爲從事。徐穉之初筮也，太守請補功曹。當時并不以爲屈也。"《文獻通考》。

又曰："成周之制，元士以上，命官也；府史胥徒，庶人之在官者也。然下士與庶人在官者同禄,則未嘗貴官而賤吏也。後世爲胥吏者,作奸犯科,不自愛重,故爲世所輕,而儒者尤恥與爲伍。秦棄儒崇吏,西都因之。蕭曹以刀筆吏佐命爲元勛,故終西都之世,公卿多出胥吏,而儒雅賢厚之人,亦多借徑於吏以發身。其時儒與吏未甚分别,故以博士弟子之明經者補太守卒史,而不以爲恧也。"同上。

觀此二條,可知自古吏胥爲儲才之地。今雖不能如昔所云,而有志者,正不因吏胥而貶損也。尚其激昂奮發,媲美前賢,爲吏胥吐氣也。

王凝齋曰:"自聖賢以至於凡庶,其德遠矣。自割股以至勃磎,其行遠矣。自讓國以至攫金,其事遠矣。由初而言,善惡之間,不能以髮,而其終之遠,乃如是焉,獨不免爲習所移爾。習之移人,雖豪傑之士,有不能免者,而況於中材乎?此爲人上所以有教也。"《掾曹名臣録序》。

孔子以"性相近、習相遠"爲訓,則天下之大,無人不在相近相遠之中。而其易於相遠,且多由善而習於不善者,莫如胥吏。蓋以處爲惡之地,人爲惡之群,又有可以爲惡之才,迫以不得不爲惡之勢,故一爲吏胥,而終其身無爲善之日。子孫受爲惡之害,不可勝計矣。序掾曹而首論及此,其勉胥吏也至矣。

"予承乏侍郎,攝印章而治財賦。陰觀諸司掾吏,有知琴書,可教誨,因録我朝名士,出於掾曹至顯宦者數人,爲一卷以示,皆有勃然興起之色。乃知人性果不相遠,一脱故習,至君子不難矣。"同上。

天下之人,有知書者,即有不知書者。惟胥吏無不知書者也,即無不可教誨者也。世人於胥吏,貪鄙者,慕而效之,不然,則又鄙夷而厭賤之,未有思所以教之者。凝齋作傳以示,使之勃然興起,其望胥吏也厚矣。

昔元好問曰:"自風俗之壞,上之人以徒隸遇佐史。甚者,先以機詐待之。廉恥之節廢,苟且之心生,頑鈍之習成,實坐於此。而佐史亦以徒隸自居，身辱而不辭，名敗而不悔。甚矣，人之不自重也。吁，遇之以徒隸，待之以機詐，我固不可以不自省。若自暴自棄，而不自重，爾曹豈可以不戒乎？”同上。

人雖至愚，見人以機詐苟且頑鈍相待，未有不怒。然怒者，惟胥吏則視爲固然，恬不爲恥。及其犯法罹刑，亦復不以爲辱。固由待之者非，亦胥吏之自待先薄也。凝齋以此自省，并冀胥吏之自重，其警省乎吏胥也，抑又切矣。○按凝齋先生，名鴻儒。少工書法，未爲人知。里人有爲府史者，嘗以其書置府中。知府段堅見而奇之，遂收之門下，卒成名儒。是其一生之學問淵源，功名際會，皆由吏胥中閱歷得來，故言之親切而有味也。觀所録十三人，皆卓然自立、不爲習俗所移者。豪傑之士，不可聞風興起乎？至於從案牘中别識人材，以廣造就，則尤官長雅意。凝齋之心，亦即段公之志耳。

顔光衷曰：“古云‘公門中好修行’。何也？夫公門常常比較，時時刑罰。其間貧而負累，冤而獲罪，愚而被欺，弱而受制，呼天控地，無可告訴。惟公門人，下接民隱，上通官情，艱苦孤危之時，扶持一分，勝他人方便十分，寬假一次，勝他人方便十次。若能釋貧解冤，教愚扶弱，無乘危索騙，無因賄酷打，無知情故枉，無舞文亂法，則一日間，可行十數善事，積之三年，有數萬善事。人當困厄，誰不知感？神明三尺，寧無保佑？自然吉慶日至，子孫昌盛。如其不然，怨毒之財，得亦非福也。”《迪吉録》。

親切指點，見得衙門中人，隨處可以爲善也。積德固易，積惡亦易，視人存心如何耳。

王心齋倡道海陵郡。諸掾吏以事至海陵，相率詣之。先生無他言，第曰：“心地好，前程保。”《言行彙纂》。

六字可作掾吏箴。蓋惟心地好，則不妨於作吏。不然，未有不造惡招禍者也。

陳眉公云："漢人取吏，曰廉平不苛。平則能在其中矣。曰廉能者，後世不熟經術之論也。"《長者言》。

人須心中無欲，方能心平。心平，方能事平。故廉又爲平之本。吏多不能廉，亦不肯廉，故動多不平之事。雖有能，適足濟其惡耳。

又曰："當官若不行方便，做甚麽。公門裏面好修行，凶甚麽。刀筆殺人人自殺，唆甚麽。舉頭三尺有神明，欺甚麽。他家富貴前生定，妒甚麽。前世不修今受苦，怨甚麽。豈可人無得運時，急甚麽。人世難逢開口笑，惱甚麽。補破遮寒暖即休，擺甚麽。纔過三寸成何物，饞甚麽。死後一文將不去，吝甚麽。前人田地後人收，占甚麽。得便宜處失便宜，貪甚麽。聰明反被聰明誤，巧甚麽。虚言折盡平生福，謊甚麽。是非到底自分明，辨甚麽。惡人自有惡人磨，憎甚麽。冤冤相報幾時休，仇甚麽。人生何處不相逢，狠甚麽。世事真如一局棋，算甚麽。誰人保得常無事，誚甚麽。穴在人心不在山，謀甚麽。欺人是禍饒人福，卜甚麽。"《言行彙纂》。

勸世歌曰："心不光明點甚燈，念不公平看甚經。大秤小斗吃甚素，不孝父母齋甚僧。妙藥難醫冤業病，横財不富命窮人。利己害人促壽算，積善修行裕子孫。人惡人怕天不怕，人善人欺天不欺。暗中陰騭分明有，遠在兒孫近在身。守口莫談人過短，自短何曾説與人。生事事生君莫怨，害人人害汝休嗔。欺心折盡平生福，行短天教一世貧。"《解人頤》。

二則皆警世通言，余取其尤切於胥吏也，故節録之。官衙中人，果能每日常念此一遍，諸般過惡，自從此減矣。

惜字十八戒：賣舊書廢紙與人。印封殘册廢卷同。遺棄污穢中。脚下踐踏。糊窗壁。覆瓿裱畫。拭几硯。　擦垢穢。　燃燈夜照。　點火吃烟。　刀剪裁破。　因怒扯碎。　以書籍作枕。　與婦女夾針綫。　嚼爛吐地。　塞牆壁孔内。　燒灰仍棄於地。《言行彙纂》。

廣惜字真詮：　下筆有關人性命者，此字當惜。　下筆有關人名節者，此字當惜。　下筆有關人功名者，此字當惜。　下筆屬人閨閫陰事及離婚字者，此字當惜。　下筆離間骨肉者，此字當惜。　下筆謀人自肥、傾人自活者，此字當惜。　下筆凌高年、欺幼弱者，此字當惜。　下筆挾私懷隙、故賣直道、毁人成謀者，此字當惜。　下筆唆人構怨、代人架詞者，此字當惜。　下筆恣意顛倒是非，使人含冤者，此字當惜。　下筆喜作淫詞艷曲，兼以詩札譏誚他人者，此字當惜。　下筆刺人忌諱，令終身飲恨者，此字當惜。同上。

以上二則，相傳爲文昌帝君語。事雖無考，而文字發天地之秘，起萬化之原，爲聖人所作，敬之則蒙福，褻之則獲禍，此千古不易之理也。身在官衙，以紙筆給事，几案叢雜，最易犯不敬之罪。至廣惜字各條，則今之胥吏所習以爲利，而惟恐其不能者也。下筆時苟存慎惜之心，則於爲善去惡也不遠矣。

徐太室曰："一手詰盜，一手竊盜贓，故前盜死而後盜生。一面懲奸，一面窺奸婦，故此奸伏而彼奸起。"《歸有園塵談》。

衙門中日日治奸治盜，而胥役不免爲奸盜之事。千般計巧，所瞞昧者止一官耳。衙門而外，人人目爲奸盜。清夜捫心，能不通身汗下。

胡端敏公曰："瞞人之事弗爲，害人之心弗存，則爲良吏。"《存業編》。

此二語，亦人所易知。但身入公門，則無人不作瞞人害人之態，無時不行瞞人害人之計。且有自悔不能瞞人害人者，有惟恐瞞人害人之不巧者。時地使然，習而不察耳。願書此二語於廨舍，以爲群吏朝夕之警焉。

龔戇庵問龍潭老人曰："近世善惡報應，頗覺差池，豈蒼蒼者亦憒憒耶?"龍潭指天而語之曰:"此老雖不急性,卻有記性。要其終觀之可也。"同上。

不急性,不過倖免於旦夕。有記性,斷難免禍於將來。所謂到頭終有報也。世有身爲胥吏,倚官衙權勢陷害良民,以致家益富饒,門户鼎盛者。人每驚而異之,甚且羨慕而效法之。是皆不知天之有記性者也。

宋潛溪曰:"積丘山之善,尚未得爲君子。貪絲毫之利,便已陷於小人。"《言行彙纂》。

凡爲吏胥,固無事無時不作圖利想也。嘗自問能不陷於小人否?

"人不改過,多是因循退縮。須奮然振作,從前種種,譬如昨日死,從後種種,譬如今日生。如毒蛇嚙指,速與斬除,無絲毫凝滯,此風雷之所以爲益也。"同上。

人之指吏胥,皆曰衙蠹。蓋由貪利如飴,作惡種種,吸人脂膏,有如蛇蝎也。苟欲改惡從善,當如昨日死,今日生,方可振作。更當看作毒蛇嚙指,方可斬除。稍一因循,毒重難救矣。可不懼哉。

"凡吏立身正直,自能服人。若動逞意氣,故作威稜,此怨府也。"同上。

逞意氣而作威稜,意氣有時而平。若使衙門胥吏,倚附權勢,吞噬無饜,其爲怨府也,不知幾何矣。

"可以一出而救人之厄,一言而解人之紛,此亦不必過爲退避也。但因以爲利,則市道矣。"同上。

救厄解紛,莫如在官之人。所慮者,以財利爲行止,全無公義,包攬扛幫,如虎生翼,教猱升木,禍胎怨府,豈止市道而已。

華彦民曰:"蛾之種類不一。有一種名曰撲燈蛾,似蝶而小。夜飛見燈則撲之,遂殞其軀。夫蛾之撲燈,向明而來,初豈謂其害己哉?必資其氣焰,利其膏澤,故輕身投之。迨知禍,則已無及矣。"《解人頤》。

胥吏倚勢作奸,舞文納賄,將謂得財可以養生,未幾身命難保。然則非理營逐,早夜孜孜,唯恐不巧者,正其招禍取死,唯恐不速者也。與撲燈之蛾,何以異耶?

唐翼修曰:"凡爲公門胥役者,其處心積慮,大約與屠業者相似。初未嘗不具慈憫心,積久便成殺機,習慣則生意日微矣。故有初入衙門,猶有顧忌之念。到老年便成猾賊,良心澌滅殆盡。又有自家尚是好人,大衆交摘,竟墮惡道者。蓋其平日狐假虎威,自謂豪傑作用,欣欣得意。不知積孽多端,不惟自身受之,且禍延後代。仔細思之,亦何益乎?休論其遠,即觀目前。害人過多,索詐恐嚇,爲鄉邑所側目。一旦身罹法網,懊悔無門。雖日誦經禮懺,亦無救於萬一矣。古云:'明有王法,幽有鬼神。'思之思之。"《人生必讀書》。

危言苦語,曲盡情態。可知身入公門,真人鬼關也。苟有良心,能不猛省。

"府史胥徒,其未在官之先,未必不良善也。及一入公門,而口之所出多非實言,身之所行多非正事。蓋不如是,則不足以給一家之用。何也?彼既已在官,則以公門爲恒産。上不能讀書以求禄,次不能耕稼以謀生,次不能工賈以求利。八口之需,皆望於公門所出。使口必擇言,身必擇行,將終歲無擔石之入。室人交謫,嗷嗷待哺者,誰爲養育?勢不得不喪其本心,言不義之言,行不義之行,以取不義之財,給一家之用也。及取之既慣,則竟視爲應得之物,無害於天良,而大肆其貪殘矣。"同上。

托業在是,必謂一錢不取,誠有所難。但取之有道。須是於理無礙,於心可安者,方不損陰騭。若一味貪婪,恃威嚇詐,但知飽身肥家,全不顧人死活,究之飲啄前定,非可強求,分外不能有毫末之增,徒使罪惡如山,禍延妻子。孰得孰失,願執役公門者,熟思而審處之也。

顧亭林曰:"漢武從公孫弘之議,下至郡太守卒史,皆用通一藝以上者。唐高宗總章初,詔諸司令史考滿者,限試一經。昔王粲作《儒吏論》,以爲先王博陳其教,輔和民性,使刀筆之吏皆服雅訓,竹帛之儒亦通文法。故漢文翁爲蜀郡守,選郡縣小吏開敏有材者張叔等十餘人,親自飭厲,遣詣京師,受業博士。後漢欒巴爲桂陽太守,雖幹吏卑末,皆課令習讀,程試殿最,隨能升授。吴顧邵爲豫章太守,小吏資質佳者,輒令就學,擇其先進,擢置右職。而梁任昉有《厲吏人講學詩》。然則昔之爲吏者,皆曾執經問業之徒。心術正而名節修,其舞文以害政者寡矣。"《日知録》。

爲吏用通藝明經之人,以其明理而後可以任事,有識而後可以有爲也。今之吏胥,未嘗非曾讀經書之人。乃讀書時原爲營求科第,徒資口耳,全無心得。一旦棄舉業,入公門,益視經書爲無用。其存心行事,雖顯悖經書,亦不及顧。心術如何不壞,名節如何能立?顧先生此議,崇重學術,厚望吏胥,兩得之矣。

又曰:"《周官·太宰》:'乃施典於邦國,而陳其殷,置其輔。'後鄭氏曰:'殷,衆也,謂衆士也。輔,府史,庶人在官者。'夫庶人在官,而名之曰輔,先王不敢以厮役遇其人也。重其人,則人知自重矣。"同上。

柳子厚言:"有里胥而後有縣大夫,有縣大夫而後有諸侯,有諸侯而後有方伯連率。"其間等威貴賤,迥不相侔,而其事則皆敷政理民,以輔佐天子者也。試看今日檄行,不曰該管官吏,則曰官参吏處。事無大小,有主持之官,即不能無承行之吏。苟明於陳殷置輔之義,吏益知所以自重愛,而不肯知法而犯法矣。

又曰:"元初有憲官疾,吏往候之。憲官起,扶杖而行。因以杖授吏。吏拱手卻立,不受。憲官悟其意。他日見吏,謝之。吏曰:'某爲屬吏,非公家僮,不敢避勞,慮傷理體。'是則此輩中未嘗無正直之人,顧上所以陶熔成就之者何如爾。"

同上。

吏胥苟有欲心，惟恐官之不任用。凡百依附諛悦，求爲家僮而不得，何惜持杖耶？不肯持杖之吏，不但識體，其心中必有卓然自立，泰然無愧者也。官不以此見責，而反謝之，益見吏苟自重，官無不重之也。

又曰："漢自曹掾以下，無非本郡之人，故能知一方之人情，而爲之興利除害。其辟用之者，即出於守相。故廣漢太守陳寵入爲大司農，和帝問在郡何以爲理，寵頓首謝曰：'臣任功曹王涣以簡賢選能，主簿鐔顯拾遺補闕，臣奉宣詔書而已。'帝乃大悦。至於汝南太守宗資任功曹范滂，南陽太守成瑨委功曹岑晊，并謡達京師，名標史傳。"同上。

有不能興利除弊之官，無不知民情土俗之吏，以吏皆本郡之人也。論同里相關之意，官尊而吏親也，官暫而吏久也。惟吏有損人利己之心，遂有倚勢作奸之事。不能爲力於官，而且有害於官。不能造福於本郡，而且遺禍招怨於本郡。然則今日之官不任吏，而且以聽信吏胥爲諱也，豈非吏之自取哉？聞王涣諸人之風，可以興矣。

魏環溪曰："凡不義之財，不可以供神，不可以祭祖，不可以獻親，不可以貽子孫，不可以修家祠、置墳墓、買書籍。惟濟貧救荒，施藥埋骨，修橋補路，庶幾可耳。"《寒松堂集》。

大凡胥吏貪財，止慮其不能取之，不慮其不可以用也。若知不義之財之不可以用，則貪心自淡。其已取而不義者，惟有爲賑荒埋骨修橋等用，庶幾免悖出之患，可以晚蓋於末路也。

熊勉庵《公門不費錢功德例》曰：　隨事方便。　不勒討兒賣女錢。　不唆人興訟。　不無中生有索詐。　不撥制官長生事。　不捺案。　不妄引重律。　牌票招詳字眼，不改輕爲重。　不嚇騙鄉愚。　不生枝節提人。一夫到案，合户不寧。　不唆盜賊扳仇家。　不輕口嘈雜人。　不乘危索騙。　不輕敗人體面。　不哄提人伺候。　不受買囑，妄加鎖錮。　不假公造語陷人。　不洗補字眼入人罪。　入罪不下死煞字語。筆下超生,此之謂也。　杖笞不聚人一處。不因無錢恨刑。　不杖人腿灣。　不浪費人茶飯。　不破壞人婚姻。　不叨準呈稟。　不濫差人動衆。　不重備刑具。　不誣害良民。不索鋪堂。　不輕拿窩家。　不輕寫票收人監鋪。不輕票取人物。　不逼病人婦女到官。　不使百工經紀折本。　不壞人功名性命。　不離人骨肉。不驚動鄰佑。　不獻惡法横徵酷比。　不迎官意虐民。不使人饑餓。　軫恤獄囚。　矜原差誤。　已赦罪犯,勿復提起。　已蠲錢糧,勿勒減銷。　水旱請官早報災傷,設法賑濟。　批回速請發。　解到速請審。　事屬曖昧,或關閨閫,稍可緩止,切勿送僉。　前件未完,勿挂後件,使人伺候。多送正風俗、興利除害告示。　失節事無論貴賤,雖目擊,必爲辨解。　節孝之名,不論低微,雖傳聞,必爲表揚。　學役時常清潔聖殿兩廡。　常請勸修整齊。　常稱人節孝德行。不輕傳劣迹惡款。《寶善堂格言》。

托身公門,欲其損財以利人,誠有所難。此《不費錢功德例》中,有第不取非理之財,而即可以利人者,有本無財之可取,但於人所不經意處,略一檢點,人即受惠無窮者,總之皆未嘗費己之財也。胥吏役卒造惡多端,造福亦多端,其概總不出此。每日自省一過,有則改之,無則加勉,其爲功德也多矣。

孫可庵曰:"衙門中人,見利不顧死生。一得寵,則不計利害。官若假以詞色,便到處騙人,其門如市。假勢横行,四民畏之如虎,親戚亦氣焰逼人。凡有身家之念者,俱禮之爲上賓。大家宦族,俱畏之如蛇蝎。而若輩揚揚自得,目中且不知有天日,又烏知有法紀。士民切齒,人言鼎沸,甚可畏也。"《爲政第一編》。

凡此皆今之胥吏,所誇爲得時興頭者也。豈知其存心行事無異蛇蝎,而人且畏之如虎耶?不知天日,不知法紀之人,其何以保身家,貽子孫也。

又曰:"官有蠹役,如書之有蟫,音'淫',書中白虫。木之有蛀。殘蝕既久,書破木空。書役弊竇孔多。其弊也,皆其蠹也。蠹國蠹民,平時不覺。一旦破敗,投鼠而忌其器,批根而動其枝。官且難保,蠹雖死,何足惜耶?"同上。

世上貪財害義,種類甚多。惟衙門中人,則名之曰蠹。以其倚勢肆毒,而人不及覺也。書蟫木蛀,生長寢食於書木之中,藏身日固,噬害日深。未幾書破木朽,蟫蛀同歸于盡。幾見有書中之蟫,木中之蛀,而可以長久者耶?爲官者,固不可藏蠹以自蝕。爲吏胥者,亦何苦自居於蠹,以速其死亡耶?

鹿門子曰:"民之當恤者五。正額之外,復有加派。加派之外,復有預支。朝廷未得其一,胥吏已吞其十。此宜恤者一也。舟車之外,復有興作。興作之外,復有差遣。朝廷未用其一,官吏已役其十。此宜恤者二也。由是夜卧霜雪,滴淚成冰。夏冒炎暑,揮汗如雨。官從鞭捶,伍長辱詈。饑無糇糧,渴無漿飲。此宜恤者三也。至若鄉居農夫,身未履法堂,目未睹官長。遇公差,則戰栗吞聲。見里長,則倉皇變色。科派獨受其多,力役先當其楚。此宜恤者四也。耰鋤釋而倉空,杼柚停而絲盡。破膚裂指,不免於寒。沾體塗足,不免於饑。公門有舞文之吏,里巷有剥脂之奸。終歲之勤,不足以供諸蠹。此宜恤者五也。"《感應篇》注。

官雖至暴,必由胥隸助成其虐。官雖至仁,必藉胥隸施行其惠。試看此五者之擾民,何一非經胥隸之手乎?噫,民生困苦,固望官能恤之,尤望吏胥之肯恤之也。

天隨子曰："胥吏作奸，轉易字面，僞移文卷，空中遺害，舌下流殃。但知取利，莫計傷人。於是有死於筆端者，有死於勞役者，有死於會計者，有死於流弊者，何其毒也。此其事奸人皆優爲，而污吏尤甚焉。何則？權勢之地，法律施行。無殺人之顯名，有得財之實事。是以恬不知悔也。"同上。

一字轉移，攸關罪名出入，吏之所以有權也。以此權而生人，則爲福無涯。以此權而殺人，則造惡靡極。是在人之善用其權耳。

又曰："近世以來，胥徒之惡，亦已甚矣。蒙蔽上官，生事興擾，逢迎附會，票令紛紜，而悉索之事逞焉。由是假借官威，恐嚇愚民，何比比也。夫鄉野之農，視官長如神靈，見公差如鬼刹，聞名膽喪，望風股栗。故里中之奸猾者，常挾此以詐財焉。況乎隸之銜命而往者，其迫脅不更甚乎？爲隸者，苟能持平等之心，捐詐虓之習，懦者勿侵，愚者勿欺，待之以和顏，示之以正路，事可息，則息之，失可彌，則彌之，取無過索，適可而止，抑又何罪焉？若以迫脅爲強，未有不身遭刑戮，禍及其家者也。"同上。

吏本無勢，倚官之勢而横行無忌，迫脅愚民，所謂狐假虎威者也。及至身陷刑辟，則己亦如俎上之肉，釜中之魚。向日赫赫之勢，果安在哉？能持平等心，而隨處力行方便，雖不以勢脅人，人亦未嘗不敬服耳。

靈壁子曰："黠吏遇人不利之事，或虚張聲勢，或妄設變害，或駕言危險，或誑捏驚詫，使愚者怯者顛倒術中，而憂惶恐懼之過，往往死於非命，不亦慘乎？噫，恐嚇之事常始於微小，而究至傾人之性命，則爲害亦大矣。予觀世人，欲以恐嚇取財，釀成讎禍，錙銖未及入囊，而枷鎖先已繞項。違天理，觸法網，何不自畏懼，而乃恐嚇他人哉。"同上。

鄉里愚民初入官衙，心膽墮地，舉目無親。此時出一言以相寬慰，不啻春風旭日，所全實多，此隸胥等不費之惠也。無如公門習氣，慣爲恐嚇之態，在己未必有益，而於人大有所損，且至釀成人命，可不慎哉。

鶴控子曰："官吏張羅而待者，訟也。訟者既至，則以爲奇貨可居矣。當公票未行，而下吏爭任焉。隸執其票，則居然有司也。躁跳之狀，目不堪視，囂叫之聲，耳不堪聞，虚張事勢，妄逞威風。金多則諾，金少則勃然而發狂。及其伺鞫，則奔走於階前，伺候於公門。拖累多人，而饔飧煩費。曠日持久，而旅館蕭條。茶居酒肆，著處皆耗金之地。内胥外役，何莫非索鏹之人。支吾東西而力罄，逢迎左右而囊空。稱貸求情，市産悦吏，一口之氣未伸，全盛之家幾破矣。"同上。

層層剥削，諸般苦楚，皆涉訟鄉愚所必不能免之情境，即承行胥隸所不可多得之生涯也。噫，同此保守身家之念，且皆同鄉共里之人，究竟所得幾何？何乃幸災樂禍，至於此極耶？

又曰："刑獄之凶，不獨無辜者當爲憫其沉冤，即有故者亦當憫其迫致。或先事而周全之，激厲之。或臨事而詳求之，曲原之。或既事而矜恤之，軫念之。皆所謂憫人之凶也。若謂自安之道，惟在人死，則罹凶者無所復望，而不忍人之心亦幾乎息矣。"同上。

惻隱之心，人皆有之。公門中所見，無非呼天搶地，鳩形鵠面之人，仁心尤易觸發。正當隨時體恤，隨事矜全，以盡其不忍人之心。倘無辜者則憐之，而有罪者則以爲死不足惜，猶非仁人之用心也。

又曰："官不持法，公行私賂，則奸者得以自操其權，而法非朝廷之法矣。出數十金以奉吏曰生，則死者亦生焉。出數十金以奉吏曰死，則生者亦死焉。出數十金以奉吏曰直，則曲者亦直焉。出數十金以奉吏曰曲，則直者亦曲焉。生死曲直，不斷之以法，而斷之以賂，是生死曲直不操之官，而操之自奸吏矣。其害尚可言哉？"同上。

錢去可以復來，人死不能更活，其輕重較然也。今以數十金之賄，而曲直倒置，生死任意，豈復有天理哉？

河汾子曰："入輕爲重，受賂之官時時有之，而舞文之吏尤甚。夫文卷獄辭，掌之者吏也。吏得仇家之利，則改竄字句。或有所索於其人而不足，則誑捏辭語，往往巧施毒手，誣陷良民。使聞者懼之，名曰當路之吏。將謂可以多金而致富耶？夫毁人之肢體以肥己之身，傾人之性命以利己之家，是以心爲戈矛，而以筆爲鋒鏑者也。以心爲戈矛，則生氣絶矣。以筆爲鋒鏑，則死機近矣。豈有不傾覆者哉？"同上。

得仇家之賄，而入人於死，因求索之不遂，而入人於死，均爲得財計也。此與強盜劫財害命何異？吏胥每日隨伺長官，詰治盜賊，情事既明，何嘗不同切公忿，以爲法無可寬。豈知自己每日所爲，即攫贓害命之正盜耶？願於直堂敘案時，回光返照，一發猛省也。

又曰："刁才猾技之夫，老於公門，熟於訟事。膽氣雄豪，膚肢壯健。爭強於胥吏之驅，角勝於階墀之對。行賄賂，有偷天之手段。鬥機變，有伏勢之神通。使高者畏憚而心惶，卑者匍匐而涕隕。切骨之冤，成於白日。没身之憾，及於黄泉。廣施禍種，固結仇根，豈不危哉？彼以訟辱人而求勝者，何不監此？"同上。

摹寫積蠹情狀，宛然如見。初入衙門人，不惟不以爲監，而反從而效之，惟恐不似也，亦獨何歟？

張惠庵曰："府官新蒞任時，必將前任事宜更改一番，吏胥因得於中作弊。蓋此輩只利有事，不利無事。上生一孔，下鑽百竇。民之擾害者多矣。"同上。

吏胥之樂於更改有事，名似急公，其實無非利於取錢耳。即果有利益民生之事，無如吏胥意在取錢，各各視爲承行之出息。凡可以得錢者，無不千方百計以圖之，豈復計及民之有益與否耶？故衙門極好之事，而行之只見擾害,不見利益。官固無能,吏胥更爲可恨。噫,吏胥獨無人心也耶?

又曰:“近時衙門人,砌款單,送匿揭,窩訪買訪,種種陰謀,害人不小。天報有在,必無漏網。而自恃佞佛齋僧,謂可逃天譴,豈神物亦庇奸而黨惡耶?愚亦甚矣。”同上。

凡百陰謀陷害之事,爲吏胥者局外旁觀,未嘗不議論其非。無如一入官衙,其時地可以害人,其機智又能害人,或快恩仇,或圖財帛,私心錮蔽,天理滅亡,惟恐其術之不工,而計之不毒矣。豈知害人者,人亦害之,悖入者,亦必悖出。官有王法,人有公論,豈能倖免?爲此種吏胥計,與其佞佛齋僧,益增罪過,不如及早回頭,改惡從善,以贖前愆,猶可挽回萬一也。

又曰:“衙役迎合本官,其貌似謹,其事似忠,其才似可用,而不知其處心積慮,止欲借上以行其私也。”同上。

以小忠小信結本官之心,必以不公不法壞本官之事。至於罪惡貫盈,奸贓敗露,官受其累,吏亦豈能獨免?所爭者,時有遲速不同耳。

又曰:“自罪引他,有借端索詐者,有下水拖人,圖報私讎者,又有贓罪難完,扳人幫助者。此等奸弊,問官全不審察,而貪利之獄吏又或從中指導之,皆天誅所不赦也。”同上。

一獄之興,本案拖累,已自不少。獄吏復指使妄扳,輾轉蔓延,甚有因一人而害及數十百人,因一家而害及數十百家者。即遇明察之官,亟爲開脱,業已筋疲力盡,身家難保矣,豈不可恨!

史搢臣云:“暗箭射人者,人不能防。借刀殺人者,己不費力。自謂巧矣,而造物尤巧焉。我善暗箭,而造物還之以明箭,而更不能防。我善借刀,造物還之以自刀,而更不費力。然則巧於射人殺人者,實巧於自射自殺耳。”《願體集》。

暗地害人而人不及覺,借事害人而己不費力。此等險惡行徑,惟衙門中人爲多。一經破敗,刑禍立至,不啻自投羅網。此正造物還以明箭,而予以自殺也，可畏哉。

又曰："凡人之爲不善者，造物未必即以所爲不善之事報之，而或别於一事報之。别一事，又未必大不善也，而得禍甚酷。此造物報應之機權也。"同上。

衙門中人常有貪殘詐害，作惡多端，竟無所犯。及至偶犯輕微，較之平日所爲，不過千百中一二，而業已家破身亡者。世人就此一事而論，或以爲冤。而不知平昔惡貫滿盈，特借是以發其端，此正造物報應之機權也。試看十數年中，耳聞目見，如此者豈少耶？

唐翼修曰："凶人貪冒無恥，隨處必欲占小利，而人亦畏之讓之。獨怪終身所占小利，必以一事盡喪之，而更過其所占之數。吉人守分循理，不敢妄爲，而人亦欺之侮之，故凡事受歉。然冥冥之天，必將以大福之事補之，而浮於其所受歉之數，或及其身，或及其子孫。歷觀往轍，無不然者。"《人生必讀書》。

占人利益，而人畏之讓之，莫如衙門中人。遇守分循理之人，而偏欲欺之侮之，亦莫如衙門中人。究竟欺人是禍，饒人是福，冥冥中自有分曉。遠在兒孫近在身，尚其猛省。

又曰："僅奪人之財而不殺其人，雖有報應，亦不極慘。至奪人財而并殺其人，未有不報之慘而極速者。入於吾目者，不止數十人。又如官吏遇人犯法，巧於取財，開釋其罪，不顧枉法。其子孫之報，亦止敗壞家財而已。若貪而又酷，以直爲曲，以曲爲直，不畏王法，不顧天理，奪財多，害人衆，其禍未嘗不大，其報應未嘗不慘，或至殺身滅門者有之。凡此皆爲財所使，而得惡報者也。"同上。

世上原有奪人財而不必殺人者。惟衙門中人，既欲得財，則必多方播弄，設計坑陷，雖置之死地，亦不顧惜，那復計及報應之慘且速耶？

又曰："獄官獄卒，其意以酷虐不加，則賄賂不入。每借一二窮者，酷加刑具，恐嚇他囚。彼豈無人性哉？利心積慣使然也。爲府縣官者，揀一個好獄吏，最爲緊要。”同上。

每聞衙門中人，動曰“打死狗與活狗看”，又曰“不見棺材不下淚”，無非賣弄酷虐難堪之狀，使人不得不賄賂，不敢不賄賂耳。此不獨獄吏也，而獄吏更甚。

又曰：“爲善難而爲惡易者，莫如胥役之輩與往來官府之人。何也？彼日侍官府之側，便於進言，有瑕隙者，投戈下石之，利端弊竇，逢迎開導之，甚易易也。非有守之人，鮮能自持者。夫方其投戈下石、逢迎開導之時，幸以爲無人知也，人即知之，以爲莫我如何也，於是肆志行之而莫之戒。及其罹於法網也，鞭笞刑戮，上以致父母之憂，而下以貽妻子之累，辱莫甚焉。即使王法可漏，而天必加譴，鬼必加責，能逃於身，而不能逃於子孫，正恐報遲一日，則更重一日也。何如存心寬恕，常循理法，不假公道以濟私忿，不開利端以害萬姓，其獲福寧有量乎？”同上。

爲奸猾描寫心曲，爲奸猾計慮後患，更爲奸猾尋覓出路，與顔光衷所言同意，而此更顯切著明也。○有人論及案牘秘要，友答以一字訣曰“刻”。謂寧刻則自己有地步，可以免過也。此真一言而傷天地之和者也。夫不論理之是非，而惟以刻爲能，勢必事事從深處吹求，則事之難行，而人之不得所者豈少耶？即爲自己地步，寬而得過，不失爲君子。刻則天怒人怨，其得禍當更烈也。至於吏胥，身居里黨，平日豈無私恩小怨。而事情一經其手，時勢有可以爲，遂爾昧卻良心，罔顧公論，操戈下石，深文曲法，易於反掌。雖快心於一時，終貽禍於異日。編中論公私寬刻之利害，而諄諄於吏胥，正此意也。

石天基曰：“愚民無知犯法，正如瞎人走入深坑，未有不得禍者。而彼不知，是以可憫。憫之如何？勸之而已。婉言開導，勸也。危詞警戒，亦勸也。有勢力者，以勢力行其勸戒。有智巧者,以智巧行其扶持。全在不爲利,不爲私,秉公處之,積誠動之而已。桐城姚司寇曰:‘人能勸一庸人爲善,世上便多一個好人。勸一惡人爲善,則世上少了一個惡人,又多了一個好人,其功更倍。’”《人事通》。

衙門中每日所見,多愚而犯法之人。苦肯作瞎人走坑看待,常存憐憫之心,常行勸戒之術,此中積德無量。一切倚勢作奸,乘危肆害之事,自然不肯復爲矣。至於勸化惡人,亦惟衙門中爲最便。

又曰:“朝廷申設律法,禁民爲非,實所以保全之也。每見鄉村小民,膽小識淺,官法所在,凜如雷霆,刑杖所及,赫如鼎鑊。惟身處公門,見聞習熟,反視律令爲閒話,安刑罰爲枕席。辱父母之遺體,污祖宗之清名,豈非自作之孽乎?語云:‘懼法朝朝樂。’即是此義。”同上。

衙門中人,日日以法律繩人,刑杖苦人,而自己反不畏法律,不畏刑杖。固由利令智昏,亦由習見生玩。身居其地,所宜猛省。

卷之二

法録上

蕭何，沛人，以文毋害，用文法能公平也。爲沛主吏猶都吏。掾。高祖爲布衣時，數以吏事護高祖。及高祖爲沛公，何嘗爲丞督事。沛公至咸陽，諸將皆爭走金帛財物之府分之，何獨先入收丞相御史律令圖書藏之。沛公具知天下厄塞，户口多少強弱處，民所疾苦者，以何得秦圖書也。沛公爲漢王，何爲丞相。進韓信，東定三秦。何收巴蜀，填音“鎮”。撫諭告，使給軍食。漢王數失軍，何常興關中卒補缺，上以此專任何關中事。漢王即皇帝位，以何功最盛，封酇侯，食邑八千户，位次第一。封何父母兄弟十餘人，皆食邑。何買田宅，必居窮僻處，爲家不治垣屋，曰：“令後世賢，師吾儉。不賢，毋爲勢家所奪。”薨，謚文終侯。《漢書》。

沛公至咸陽，何不取金帛財物，而獨收律令圖書，當時似近於不急之務。迨後沛公得因此具知厄塞户口強弱及民疾苦，以此見何爲吏掾時，已具宰輔器識，視爭取金帛財物，何啻天淵耶？至由刀筆吏而至相位，極人世富貴顯榮，而置宅必於窮僻，訓後惟在節儉，尤非富貴中人也。

曹參，沛人。秦時爲獄掾。主獄之吏。從高祖定天下，戰功最多。賜爵列侯，食邑平陽萬六百三十户，世世勿絶。孝惠時，爲齊相。用蓋公齊賢人。言，治道貴清静而民自定。相齊九年，國内安集。蕭何薨，召入爲宰相，舉事無所變更，一遵何之約束。擇郡國吏，訥於文辭，謹厚長者，即除爲丞相史。吏文言刻深，欲務聲名，輒斥去之。卒謚懿侯。百姓歌之曰："蕭何爲法，顜音'講'，直也，和也。若畫一。曹參代之，守而勿失。載其清静，民以寧壹。"同上。

凡爲獄掾，無不以警巧深刻爲能者也。參由獄掾爲丞相，擇吏惟取木訥謹厚，而斥深刻務名之人，則其爲獄掾，尚謹厚而惡深文，已可概見。宜乎繼何爲相，能使海内治安也。自秦燔書坑儒之後，學者以吏爲師，一時才智，胥托其中。迨漢興，蕭曹輩佐之，開兩京之盛治。可見負傑出之姿者，隨其所處，皆有建立可以表見也。

于定國，字曼倩，東海郯人。其父于公，爲縣獄史，史，佐掾者也。郡決曹。主斷獄者。決獄平。羅文法者，于公所決，皆不恨。郡中爲之立生祠，號曰于公祠。東海有孝婦，少寡，無子，養姑甚謹。姑欲嫁之，終不肯。姑恐久累少壯，自經死。姑女告婦殺姑。吏驗治，拷問也。孝婦自誣服。具獄上府。于公爭之不能得，乃抱其獄具，哭於府上。因辭疾去。太守竟論殺孝婦，郡中枯旱三年。後太守至，卜筮其故。于公曰："孝婦不當死，前太守強斷之。咎倘在是乎？"於是太守殺牛祭孝婦冢，表其墓。天立大雨，歲熟。定國少學法於父，亦爲獄史、郡決曹，補廷尉史，以材高累遷光禄大夫，超爲廷尉。定國乃迎師學《春秋》，身執經，北面備弟子禮。爲人謙恭，尤重經術士，雖卑賤，定國皆與鈞禮，恩敬甚備。其決疑平法，務在哀鰥寡，罪疑從輕，加審慎之心。朝廷稱之曰："張釋之爲廷尉，天下無冤民。于定國爲廷尉，民自以不冤。"爲廷尉十八歲，後爲丞相，封西平侯。年七十餘，薨，謚曰安侯。始定國父于公，其門閭壞，父老方共治之。于公謂曰：“少高大門閭，令容駟馬高蓋車。我治獄多陰德，未嘗有所冤，子孫必有興者。”至定國爲丞相，子永爲御史大夫，封侯傳世云。同上。

父子相繼爲獄史，稍有以刻爲能之心，其積惡流毒，豈有紀極。今觀于公父子，自爲掾以及居官，平反矜疑，慈祥藹吉之氣，萃於一門，遂致封侯傳世，若操左券焉。孰謂刑獄非積德行善之地耶？

石奮，温人。年十五，爲小吏。高祖擊項籍，過河内。與奮語，愛其恭敬，以爲中涓。官名。積功勞，官至大中大夫。恭謹無與爲比。爲太子太傅，列九卿。子四人，皆以馴行孝謹，官至二千石。景帝號奮爲萬石君。萬石君以上大夫禄，歸老於家。歲時過宫門闕，必下車趨。見路馬，御馬。必軾憑軾致敬。焉。子孫爲小吏，來歸謁，萬石君必朝服見之，不名。子孫有過失，不誚讓，譴責也。爲便坐，對案不食。諸子相責，因長老肉袒謝罪，改之，乃許。子孫勝冠者在側，雖燕必冠，申申如也。僮僕訢訢如也，唯謹。上時賜食於家，必稽首俯伏而食，如在上前。其執喪，哀戚甚。子孫遵教，亦如之。萬石君家以孝謹聞於郡國，雖齊魯諸儒質行，皆自以爲不及也。子慶爲丞相，封侯。諸子孫爲小吏，至二千石者十三人。同上。

萬石君爲小吏，别無他長，惟一生恭謹，并以此訓誡後人，享一門福禄之盛。吏之天資謹愿者，但能循循禮法，不敢倚勢作奸，即是有用受福之器。縱不能致位通顯，而保守身家有餘矣。

公孫弘，菑川人。少時爲獄吏，有罪免。家貧，牧豕海上。年四十餘，乃學《春秋》雜説。武帝初，弘年六十，以賢良徵爲博士。使匈奴，還報不合意，免歸。後復徵賢良文學。上策詔諸儒，擢弘爲第一。拜爲博士，待詔金馬門。每朝會議，開陳其端，使人主自擇，不肯面折廷爭。上察其行慎厚，辯論有餘，習文法事，緣飾以儒術，大說之。一歲中，至左内史。數年，遷御史大夫，爲丞相，封平津侯。開東閣以延賢人，與參謀議。弘身食一肉，脱粟飯。飯之不精鑿者。故人賓客仰衣食，奉禄皆以給之，家無所餘。年八十，終相位。同上。

吏胥稍稍得志，便睥睨士類，食肥衣輕，務爲驕奢。平津侯自獄吏至丞相，年已垂暮，獨能開閣招賢，以俸禄給故人賓客，而身自脱粟布被，依然寒素之風，可謂難矣。

趙廣漢，字子都，涿郡蠡吾人。少爲郡吏，州從事，廉潔通敏，下士。舉茂材爲令，治行尤異，守京兆尹。新豐杜建爲京兆掾，素豪俠，賓客爲奸利。廣漢先風告之，不改，於是收案致法。中貴人豪長者爲請，終無所聽，京師稱之。遷潁川太守，奸黨散落，風俗大改。壹切治理威名，流聞匈奴。廣漢以和顔接士。其遇待吏，恩勤甚備，推功善歸之於下，發於至誠。吏皆輸寫心腹，無所隐匿，咸願爲用。其或負者，輒先聞知，風諭不改，乃收捕之，無所逃。爲人強力，天性精於吏職。見吏民，或夜不寢至旦，京兆政清。自漢興以來，治京兆者莫能及。同上。

爲小吏時，即以廉潔通敏下士見稱。可知後之樹立，蓋有所本，非僅恃智術爲鈎距也。

尹翁歸，字子兄，音"況"。河東平陽人。少孤，爲獄小吏，曉習文法。是時大將軍霍光秉政。諸霍在平陽，奴客持刀兵入市門，吏不能禁。及翁歸爲市吏，稽察市肆者。莫敢犯者。公廉，不受饋，百賈畏之。後去官歸家。田延年爲河東太守，行縣至平陽。召故吏五六十人，親臨見，令有文者東，有武者西。閲數十人，次到翁歸，獨伏不肯起，對曰："翁歸文武兼備,惟所施設。”延年奇之,除補卒史。案事發奸,窮究事情。延年自以不能及。舉廉,歷守郡中,所居治理。拜東海太守,治明察。吏民賢不肖,及奸邪罪名,盡知之。收取黠吏豪民,案致其罪,以一警百。吏民皆服,改行自新。以高第入守右扶風。選用廉平吏,罰在必行,緩於小弱,急於豪強。扶風大治,盜賊課常爲三輔最。捕盜考成,爲三輔中第一也。在公卿間,潔清自守,語不及私。温良謙退,不以行能驕人。病卒,家無餘財。天子賢之,賜其子黄金百斤,以奉祭祠。三子皆爲郡守。少子岑,歷位九卿,至後將軍。同上。

惟能公廉不受餽,故以市吏之微,而不畏大將軍赫赫之勢也。及身爲公卿,而潔清如故,家無餘財,終始一節,豈非其砥礪者有素哉。

黄霸,字次公,淮陽陽夏人。少學律令,喜爲吏。武帝末,察廉,爲河南太守丞。爲人明察内敏,又習文法,然温良有讓,知善御衆。爲丞處議當於法,合人心。太守甚任之。宣帝聞霸持法平,召以爲廷尉正。廷尉屬官。後擢爲潁川太守。時上垂意於治,數下恩澤詔書。霸爲選擇良吏,分部宣布,令民咸知上意。務耕桑,節用殖財,種樹畜養,去食穀馬,米鹽靡密。細雜之務。初若煩碎,然霸精力能推行之。力行教化而後誅罰,務在成就安全。治道去其太甚,外寬内明,得吏民心。盜賊日少,户口歲增,治爲天下第一。天子下詔稱揚,賜爵關内侯。後爲丞相,封建成侯。薨,謚曰定侯。同上。

吏胥生長里巷,執事官衙,於民間之情僞,官司之舉措,孰爲相宜,孰爲不宜,無不周知。他日見諸施爲,當更有條而有理。如黄公之治潁川,初若煩碎,而能推行無礙,其平素之講求於民生利弊者至矣。

文翁,廬江舒人。少爲郡縣吏,好學,通《春秋》。察舉,爲蜀郡守,仁愛好教化。見蜀地僻陋,有蠻夷風,文翁欲誘進之。乃選郡縣小吏開敏有材者十餘人,親自飭厲,遣詣京師,受業博士,或學律令。成就歸,文翁以爲右職,用次察舉,有至郡守刺史者。又修舉學官,即學宫。招下縣子弟,以爲學官弟子,如今之生員。爲除更繇,繇役。高者補郡縣吏,次爲孝弟力田。吏民榮之,由是大化。文翁終於蜀,吏民爲立祠堂,歲時祭祀不絶。至今巴蜀好文雅,文翁之化也。同上。

漢初,天下未有學校。文翁首先創舉,專以人材爲務,故爲千古循良之冠。邊方小吏,學成宦顯,爲風氣所自開,洵乎無人而不可造就也。

朱邑,字仲卿,廬江舒人。爲桐鄉嗇夫,主一鄉賦役。廉平不苛。以愛人利物爲行,未嘗笞辱人。存問耆老孤寡,遇之有恩,所部民愛敬焉。遷補太守卒史。舉賢良,爲北海太守,治行第一。入爲大司農。爲人惇厚,篤於故舊,然性公正,不可交以私,朝廷敬焉。身爲列卿,居處儉節,禄賜以共九族鄉黨,家無餘財。神爵元年卒,天子賜邑子黄金百斤,奉祭祀。初邑病且死,屬其子曰:“我故爲桐鄉吏,其民愛我,必葬我桐鄉。後世子孫奉嘗祭祀。我,不如桐鄉民。”及死,其子葬之桐鄉西郭外。民果共爲邑起冢立祠,歲時祭祀不絶。同上。

嗇夫之於一鄉,其視之不啻一家,故愛澤深長,始終戀戀不置,而一鄉之民亦思念之如祖父也。吏胥以本地人管本地事,所與交關者,非其親友,即係鄉黨。果能存心惠濟,與人方便,不貪財而忘義,不恃勢以作奸,誰不感服?即或好惡之口不齊,而公道在人,斷不至畏如狼虎,人人欲得而甘心也。

令狐茂,爲壺關三老。掌一鄉教化。武帝太子據作亂,兵敗,亡,不得。上怒甚。群下憂懼,不知所出。茂上書曰:“太子爲江充隔塞,充以巫蠱事誣陷太子。進不得見上,退則困於邪臣,寃結而無告,不忍忿忿之心,起而殺充,恐懼逋逃。子盗父兵，以救難免耳，臣竊以爲無邪心。陛下不省察，深過太子，發盛怒，舉大兵而求之，智者不敢言，辨士不敢説，臣竊痛之。”書奏，天子感悟。同上。

最難犯者，雷霆之威。最難明者，骨肉之釁。茂以草茅疏賤，而能言人之所不能言，感悟天子，惟其理明而氣壯也。吏當官府盛怒之下，每每不顧是非，阿順意指，陰持兩端，愧此多矣。

翟方進，字子威，汝南上蔡人，家世微賤。方進年十二三，失父，孤學，給事太守府爲小史。遲頓同“鈍”。不及事，數爲掾史所詈辱。方進自傷，乃從汝南蔡父相，問己能所宜。蔡父奇其形貌，謂曰：“小史有封侯骨，當以經術進，努力爲諸生學問。”方進讀經，受《春秋》。積十餘年，經學明習，以甲科爲郎，舉明經。居官不煩苛，所至甚有威名。後爲丞相，封高陵侯，請托不行，知能有餘，兼通文法，號爲通明相。同上。

小吏封侯，雖骨相天生，亦由立志不凡，能刻苦自勵耳。當其少年遲頓，爲人詈辱時，大有動心忍性之益。故爲小吏而不足者，爲丞相而有餘也。

魏相，字弱翁，濟陰定陶人。少爲郡卒史，舉賢良爲令，遷揚州刺史，考案郡國守相，多所貶退。宣帝即位，遷御史大夫。大將軍霍光薨，諸霍擅權專恣。相奏封事，謂宜有以損奪其權，破散陰謀，以固萬世之基，全功臣之世。未幾爲丞相，封高平侯。霍氏伏誅，宣帝始親萬機，厲精爲治，練群臣，核名實。而相總領衆職，甚稱上意。數條漢興已來，國家便宜行事，及賢臣賈誼、鼂錯、董仲舒等所言，奏請施行之。常敕掾史案事郡國四方，或有逆賊、風雨、災變，輒奏言之。與丙吉同心輔政，上皆重之。視事九歲，薨，謚曰憲侯。同上。

西漢中興名相，首推魏、丙。二人皆小吏出身，協力同心，寬嚴并濟，真千古盛事也。

丙吉，字少卿，魯國人。治律令，爲魯獄吏。積功勞，稍遷至廷尉右監。武帝末，巫蠱事起。時宣帝生數月，以皇曾孫坐衛太子事，繫獄。吉見而憐之，擇謹厚女徒，令保養曾孫，置閒燥處。武帝因望氣者言長安獄中有天子氣，遣使者分條處分。中都官詔獄中都官詔獄在京師，有二十六所。繫者，亡輕重，一切皆殺之。吉閉門拒使者不納，曰："皇曾孫在。他人無辜死者，猶不可，況親曾孫乎？"相守至天明，不得入。武帝聞之，悟曰："天使之也。"因赦天下，郡邸獄繫者賴吉得生。曾孫病，吉數敕保養乳母加致醫藥，以私財物給其衣食。昭帝崩，無嗣。昌邑王以淫亂廢。吉奏記大將軍霍光，立皇曾孫，是爲宣帝。賜吉爵關内侯。吉深厚不伐善，絶口不言前恩。後因掖庭宫婢則名則。自陳嘗有阿保之功，引吉爲證，上始知吉有舊恩，而吉終不言。上大賢之，封爲博陵侯，邑千三百户。後代魏相爲丞相，尚寬大，好禮讓，務掩過揚善，爲政能知大體。及病篤，薦杜延年、于定國、陳萬年三人自代，後居位，皆稱職，上稱吉爲知人。同上。

丙丞相之保護皇曾孫，可謂委曲周至矣。要止行其心之不忍，期其義之所安，非逆料其後之得爲天子，而冀倖非分之福也。凡在公門，不論何等人，苟有負屈難伸，皆當爲之剖白保護，方是真心爲善，天亦未有不厚報之者。

丞相丙吉馭吏馭車者。嗜酒，嘗醉嘔丞相車上，主吏欲斥之。吉曰："以醉飽之失去士，使此人將何所容。此不過污丞相車茵耳。"遂不去也。此馭吏邊郡人，習知邊塞警備事。嘗出，適見驛騎持赤白囊貯緊急文書者。馳至。馭吏因隨至公車刺取，探聽也。知虜入雲中代郡，遽歸府見吉曰："恐虜所入邊郡，二千石長吏，有老病不任兵馬者，宜可豫視。”吉善其言。召東曹主二千石長吏遷除。案邊長吏，科條其人。未已，詔召丞相御史，問以虜所入郡吏。吉具對。御史大夫卒遽不能詳知，以得譴讓。而吉見謂憂邊思職，馭吏力也。吉乃嘆曰："士無不可容，能各有所長。向使丞相不先聞馭吏言，何見勞勉之有？”同上。

此馭吏大有心胸人，若以爲酒徒而斥之，彼雖欲自效，無由也。官之待吏者，勿以小過輕棄人。而吏之有過獲免者，益當厚自奮勵，盡心公事，圖報恩遇，則兩得之矣。

張敞，字子高，平陽人，徙杜陵。以鄉有秩，嗇夫之類。補太守卒史。察廉，爲甘泉倉長。稍遷太僕丞。昌邑王淫亂，敞切諫，顯名，擢爲豫州刺史。復徙爲山陽太守。渤海膠東盜賊并起，天子徵敞拜膠東相，賜黄金三十斤。敞明設購賞，開群盜，令相捕斬除罪。吏追捕有功，上名尚書，調補縣令者數十人。由是盜賊解散，吏民翕然，國中遂平。詔守京兆尹。召見偷盜酋長數人，貰貸也。其罪，把其宿負，所犯贓證。令致諸偷以自贖。偷長曰："今一旦召詣府，恐諸偷驚駭，願一切受署。”敞皆以爲吏，遣歸休置酒。小偷悉來賀，且飲醉。偷長以赭赤色。污其衣裾。吏坐里閭，閲出者污赭，輒收縛之，盡行法罰。枹鼓稀鳴，市無偷盜。後爲冀州刺史，治盜賊亦有名。同上。

爲鄉官，爲卒史，於察吏捕賊情事，講求有素，故由刺史以至爲相，皆以明賞罰嚴追捕爲首務，卒能使群吏效命，盜賊屏息。此種經濟，謂其得力於卒史也可。

東郡門卒，守門者。本諸生，聞太守韓延壽賢，無因自達，故代卒。延壽嘗出，臨上車，騎吏護從之人。一人後至，敕功曹主選署功勞者。議罰。還至府門，門卒當車，願有所言。延壽止車問之。卒曰："《孝經》曰：'資於事父以事君而敬同。故母取其愛，而君取其敬，兼之者父也。'今旦明府早駕，騎吏父來至府門，不敢入。騎吏聞之，趨出走謁，適明府登車。以敬父而見罰，得無虧大化乎？"延壽舉手輿中曰："微子，太守不自知過。"歸舍，召見門卒，遂待用之。同上。

有才而無以自達，雖托踪輿隸，不以爲辱。吏胥日在官長之前，苟有一長，無不刮目相待者。故曰："不患莫己知，求爲可知也。"門吏以敬父爲急，而不避後至之罰，足徵其篤於倫理，知所重輕，韓公安得不肅然起敬乎？

王尊，字子贛，涿郡高陽人。少孤，諸父使牧羊澤中。尊竊學問，能史書。年十三，求爲獄小吏。數歲，給事太守府。問詔書行事，尊無不對，太守奇之。除補書佐，治文書者。稱病去。事師，治《尚書》、《論語》，略通大義。復爲郡決曹史，察廉爲美陽令，以高第擢安定太守。五官掾署諸曹事。張輔狡猾不道，奸贓百萬。尊執輔繫獄，威震郡中，盜賊分散。遷益州刺史。居部二歲，蠻夷歸附其恩信。爲司隸校尉，劾奏石顯宦官。專權擅勢，左遷。尋爲東郡太守。會河水盛溢，老弱奔走。尊躬率吏民①，沈白馬祀神，請以身塞金堤，因止宿堤上。吏民數千萬人，叩頭救止，尊終不肯去。及堤壞，尊立不動，而水波稍卻回還。漸退也。三老奏其狀，詔賜黄金二十斤，秩中二千石。數歲卒官，吏民祀之。同上。

忠勇之節，根於天性，西漢第一流人物也。向時之爲牧豎小吏，正所以勵其志而老其材耳。

---

①"率"，原作"卒"，據《漢書》改。

孫寶,字子嚴,穎川鄢陵人。以明經爲郡吏。御史大夫張忠辟寶爲屬,欲令授子經。寶自劾去,忠固還之。後署寶主簿。録門下事者。寶徙入舍,祭竈,請比鄰。忠怪之,使所親問寶。寶曰:"高士不爲主簿,而大夫君以寶爲可。士安得獨自高。前日君男欲學文,而移寶自近。禮有來學,義無往教。道不可詘,身詘何傷。"忠聞之,甚慚。薦寶經明質直,宜備近臣。爲議郎,遷諫大夫。廣漢群盜起,選爲益州刺史。寶親入山谷,諭告群盜,皆悔過自出,遣歸田里。自劾矯制,免。後益州蠻夷犯法,上以寶名著西州,拜爲廣漢太守。蠻夷安輯,吏民稱之。平帝時,爲大司農。會越嶲郡黃龍游江中,太師孔光等咸稱王莽功德比周公,宜告祠宗廟。寶曰:"周公上聖,召公大賢,尚有不相悦,著於經典,兩不相損。今風雨未時,百姓不足,每有一事,群臣同聲,得無非其美者。"時大臣皆失色。坐事免,終於家。建武中,録舊德臣,以寶孫伉爲諸縣名。長。同上。

卻師傅之尊,而甘居主簿之卑,以身可詘而道不可詘也。及觀其立朝大節,侃直不阿,非以道自尊者不能。誰謂掾曹中無氣節哉?

侯文,京兆故吏,剛直不苟合。孫寶爲京兆尹,以恩禮請文,文求受署爲掾。進見,如賓禮。數月,以立秋日,署文東部督郵。分督所部者。入見,敕曰:"今日鷹隼始擊,當順天氣,取奸惡,以成嚴霜之誅。掾部渠有其人乎?"文仰曰:"無其人,不敢空受職。"寶曰:"誰也?"文曰:"霸陵杜穉季。"寶曰:"其次?"文曰:"豺狼横道,不宜復問狐狸。"寶默然。穉季者,大俠,與衛尉淳于長等厚善。時淳于長方貴幸,與寶友善,以穉季托寶。文知其故,因曰:"明府素著威名。今不敢取穉季,當且闔閤勿有所問。如此竟歲,吏民未敢誣明府也。即度舍也。穉季而譴他事,衆口歡嘩,終身自墮。”竇曰:“受教。”穉季聞知,杜門不通水火,穿舍後牆爲小户,但持鋤自治園。因文所厚,自陳如此。文曰:“我與穉季幸同土壤,素無睚眥,顧受將命,分當相直。誠能自改,嚴將不治前事。即不更心,但更門户,適趣禍耳。”穉季遂不敢犯法。同上。

穉季豪俠之勢,足以傾動朝貴,而於一掾吏,畏憚若此,不敢犯法。惟文之立身嚴正,有以奪其氣而服其心也。不然,鮮有不爲其所用者矣。

路温舒,字長君,鉅鹿東里人。父爲里監門,監城門者。使温舒牧羊。温舒取澤中蒲,截以爲牒,編用寫書。稍習善,求爲獄小吏。因學律令,轉爲獄史,縣中疑事皆問焉。太守行縣,見而異之,署決曹史。又受《春秋》,通大義。舉孝廉,爲山邑丞。宣帝初即位,温舒上書,言宜尚德緩刑,上善其言。久之,遷臨淮太守,治有異迹。卒於官。子及孫皆至牧守。同上。

以讀書習善之人,而求爲獄小吏,其立心必有所在,所謂“公門好修行”也。觀其《尚德緩刑書》,言獄吏之慘刻,囚人之苦楚,曲折詳盡,皆其爲小吏時,所身經而目擊,痛心而疾首者。以此爲獄吏之照膽鏡可也。

王訢,濟南人。以郡縣吏積功,稍遷爲令。暴勝之薦於朝,徵爲右輔都尉,守右扶風。武帝數出幸安定北地,過扶風,見宫館馳道修治,嘉之,駐車拜爲真。昭帝時爲丞相,封宜春侯。同上。

訢由郡縣吏積功至縣令,暴薦於朝,爲都尉,必其廉能有卓卓可紀者。宫館道路之修治,特其經理地方之顯著者耳。

朱博,字子元,京兆杜陵人。家貧好客。少時給事縣庭,稍遷爲功曹。伉俠好交,隨從士大夫,不避風雨。友陳咸爲御史中丞,坐漏泄省中語下獄。博去吏,間步至廷尉中候伺。

咸掠治困篤，博詐爲醫入獄，得見咸，具知其所坐罪。博出獄，又變姓名，爲咸驗治數百，爲之質證，致受榜掠也。卒免咸死罪。咸得論出，而博以此顯名。後咸爲大將軍長史，舉博爲令。累遷琅邪太守。入守左馮翊，召見功曹。閉閤，與筆札，使自記積受，“取一錢以上，無得有所匿，欺謾半言，斷頭矣”。功曹惶怖，具自疏奸贓，大小不敢隱。博知其對以實，乃令就席，受敕自改而已。投刀使削所記，遣出就職。功曹後常戰栗，不敢蹉跌，博遂成就之。遷爲大司農。後爲丞相，封陽鄉侯。同上。

胥隸惟利是視，同儕喜相排擠，鮮能敦朋友之誼，不避患難，挺身相救者。博之行事，雖近於俠，而緩急足恃，肝膽照人，實可矯偷薄而敦古誼也。

薛宣，字贛君，東海郯人。少爲廷尉書佐，都船獄吏。都船獄，執金吾所屬。後以大司農斗食屬，掌錢穀出納者。補不其音“基”，地名。丞。琅邪太守趙貢見宣，甚悦其能，令妻子與相見，戒曰：“贛君至丞相，我兩子亦中丞相史。”察宣廉，遷都尉丞。舉茂才爲令。以明習文法，補御史中丞，甚知名。出爲臨淮太守，徙陳留，入守左馮翊，所至稱治。宣爲政，賞罰明，用法平而必行，所居皆有條教可紀。多仁恕愛利。嘗因至日休吏，節日休假也。賊曹掾主盜賊者。張扶獨不肯休，坐曹治事。宣出教曰：“蓋禮貴和，人道尚通。日至，吏以令休，所由來久。曹雖有公職事，家亦望私恩意。掾宜從衆，歸對妻子，設酒肴，請鄰里，一笑相樂。”扶慚愧。官屬善之。郡中清靜。遷御史大夫。數月爲丞相，封高陽侯，署趙貢兩子爲丞相史。同上。

觀教掾之言，知薛君未遇時，作事必和而能通，不以異衆爲能矣。太守賞識於風塵之中，決其必爲丞相，蓋不違道以干譽，不矯情以立異，正是宰臣氣度也。

王吉，字子陽，琅邪皋虞人。少好學明經，以郡吏舉孝廉爲郎。後爲昌邑中尉。王好游獵，驅馳國中，動作亡節。吉上疏諫爭，甚得輔弼之義。昭帝崩，亡嗣，霍光迎昌邑王。吉即奏書戒王，謂："大王以喪事徵，宜日夜哭泣悲哀，政事一聽大將軍。"霍光。未幾，王以淫亂廢，昌邑群臣皆坐。坐罪。吉以忠直數諫正，得減死。起家爲益州刺史，徵爲博士諫大夫。是時外戚許史王氏貴寵，而宣帝躬親政事，任用能吏。吉上疏言得失，謂："宜謹選左右，審擇所使，與公卿大臣，延及儒生，述舊禮，明王制。"又言："俗吏得任子弟，率多驕驁，不通古今，亡益於民。宜明選求賢，除任子之令。外家及故人，可厚以財，不宜居位。"吉與貢禹爲友，世稱"王陽在位，貢公彈冠"，言其取舍同也。子駿，爲御史大夫。孫崇，爲大司空，封扶平侯。同上。

子陽忠言讜論，切中當時之弊。儒而不迂，吏而不俗，經術吏治，可謂兼之矣。

何武，字君公，蜀郡郫縣人。兄弟五人，皆爲郡吏，郡縣敬憚之。武弟顯，家有市籍租，常不入縣，數負欠也。其課。市嗇夫求商嗇夫姓名。捕辱顯家。顯怒，欲以吏事中商。武曰："以吾家租賦繇役，不爲衆先奉公，吏不亦宜乎？"武卒白太守，召商爲卒史。州里聞之，皆服焉。舉賢良方正，拜爲諫大夫，遷揚州刺史。所舉奏二千石長吏，必先露章，服罪者，免之而已。不服，極法奏之，抵罪，或至死。九江太守戴聖，行治多不法。前刺史以其大儒，優容之。武使從事廉得其罪。聖懼，自免。後爲博士，毁武於朝。武聞之，終不揚其惡。而聖子賓客爲群盜，繫廬江，聖自以子必死，武平心決之，卒得不死，聖慚服。武行部，必先即學宫見諸生，試其誦論，問以得失。然後入傳舍，出記，問墾田頃畝，五穀美惡。已，乃見二千石。以爲常。後爲大司空，封汜鄉侯，食邑千户。武爲人仁厚，好進士，獎人之善。然疾朋黨，問文吏，必於儒者，問儒者，必於文吏，以相參檢。欲除吏，先爲科例，以防請托。其所居亦無赫赫名，去後常見思。同上。

兄弟五人爲吏，倚恃聲勢，以負租而有餘，怒嗇夫之督催，欲以事中傷之，奸蠹行徑，往往如此。武獨能平心引咎，反怨爲德，其器量固已不同。異日之平恕含容，獎進善類，爲名公卿，始基於此。藉非武也，何氏一門五吏，積惡可以滅身，尚望其叠膺顯秩哉？

何并，字子廉，平陵人。爲郡吏，至大司空掾，事何武。武高其志節，舉能治劇，爲長陵令，道不拾遺。遷隴西太守，旋徙潁川。是時潁川鍾元爲尚書令，領廷尉，用事有權。弟威爲郡掾，贓千金。并使吏格殺之。陽翟輕俠趙季、李潁，多畜賓客，以氣力漁食閭里，至奸人婦女，持吏長短，從横郡中，聞并且至，皆亡去。并敕吏往捕之，皆縣頭於市，郡中清静。表善好士，見紀潁川，名次黄霸。性清廉，妻子不至官舍。數年卒。子恢爲關都尉。建武中，以并孫爲郎。同上。

馭吏威嚴若此，自爲掾史時，必能謹身飭法，不肯輕受一錢。何司空之高其志節，不虚也。

鮑宣，字子都，渤海高城人。好學明經，爲縣鄉嗇夫。後爲都尉，太守功曹。舉孝廉爲郎，病去官。復爲州從事。隨刺史出巡者。大司空何武除宣爲西曹掾，主府史署用者。甚敬重焉，薦爲諫大夫。宣居位，常上書諫爭，其言少文多實。董賢貴幸。宣因日蝕上書，言："董賢本無葭莩之親，但以令色諛言自進，賞賜無度，竭盡府藏，又使使者將作治第。上冢有會，輒太官爲供。不合天意，宜免遣就國，以視天下。”上感異，拜爲司隸。同上。

由嗇夫而爲功曹，由功曹而爲從事，由從事而爲西曹掾，其沉淪於下吏者久矣。苟得一官，宜瞻顧之唯恐不周，回護之唯恐不暇，乃敢批逆鱗，劾權倖，此豈利禄中人所能及哉？

龔勝，字君賓，楚人。爲郡吏，舉茂材爲令。哀帝時，徵爲諫大夫。數上書，言百姓貧，盜賊多，吏不良，風俗薄。災異數見，不可不憂，制度太奢，刑罰太深，賦斂太重，宜以儉約先下。累遷光禄大夫。王莽秉政，勝謝病歸。莽既篡國，遣使奉安車駟馬迎勝。勝知辭不見聽，因預敕棺斂葬事，不復開口飲食，積十四日死。同上。

楊子雲文章絶世，不免莽大夫之譏。龔生志行潔清，守死善道，求之儒林，不可多得，豈知郡吏中竟有是人耶？

焦延壽，字贛，梁人。少貧賤，治《易》，以好學得幸梁王。王供其資用，令極意學，既成，爲郡史。察舉，補小黄令。以候伺先知奸邪，盜賊不得發。愛養吏民，化行縣中。舉最當遷，三老官屬上書，願留贛，有詔許增秩留。卒於小黄。同上。

人但知焦贛爲治《易》名家，有功經學，不知其惠政在民，竟同古之遺愛也。可見讀書習吏，相需爲用，有志者可以勉矣。

樓護，字君卿，齊人。父世醫也。護辭其父，學經傳，爲京兆吏。數年，甚得名譽，爲王氏五侯上客，擢爲天水太守，復以薦爲廣漢太守。後封息鄉侯，列爲九卿。初護有故人吕公，無子，歸護。護身與吕公，妻與吕嫗老婦稱，吕公妻。同食。及護家居，妻子頗厭吕公。護聞之流涕，責其妻子曰：“吕公以故舊窮老，托身於我，義所當奉。”遂養吕公終身。護卒，子嗣其爵。同上。

樓君卿舍醫爲吏，曳裾侯門，乃馳逐聲氣者也。獨其厚遇故人，始終無倦，可以爲法，故録之。

寇恂，字子翼，上谷昌平人。初爲郡功曹，太守耿況甚重之。王莽敗，更始光武族兄聖公，先立爲帝，改年更始。使使者徇郡國，收況印綬。恂勒兵入見使者，就請之曰："耿府君在上谷，久爲吏人所親。今易之，得賢，則造次未安，不賢，則只生亂。爲使君計，莫若復之以安百姓。"使者不應。恂叱左右取印綬帶況。使者不得已，乃承制詔之。恂復與門下掾共説況歸光武。拜恂爲偏將軍，佐光武定天下。爲潁川汝南太守，盜賊清淨。遷爲執金吾。官名。後潁川盜起，從車駕南征，潁川百姓遮道請曰："願復借寇君一年。"恂經明行修，名重朝廷，所得秩奉，厚施朋友故人，時人歸其長者。卒，謚威侯。《後漢書》。

按光武中興，與恂同時佐命者，尚有馮異、賈復，起郡縣掾。吴漢、傅俊，起亭長。蓋延，起州從事。臧宫，起游徼。銚期，起賊曹掾。王霸，起郡決曹掾。任光，起嗇夫。陳俊、祭遵、馬成、堅鐔，起郡縣吏。後皆圖畫雲臺，即世所稱二十八將者也。景運天開，篤生名世，而小吏且居其大半，人才豈可以流品限耶？

杜詩，字公君，河内汲人。少有才能，仕郡功曹，有公平稱。更始時，辟大司馬府。建武元年，歲中三遷爲侍御史，安集洛陽。時將軍蕭廣放縱兵士，暴横民間。詩敕曉不改，遂格殺廣，還以狀聞。世祖賜以棨戟，復使之河東，誅降逆賊。累遷南陽太守。性節儉而政治清平。善於計略，省愛民役。造作水排，鑄爲農器，用力少，見功多，百姓便之。又修治陂池，廣拓土田，比室殷足，時人方於召信臣。前漢循吏。故南陽爲之語曰："前有召父，後有杜母。"視事七年，政化大行。

同上。

從來公門中，最多不平之事。蓋止知有己，而不知有人，止知有利，而不知有義，遂使是非倒置，曲直不分，人之含冤負屈者，不知凡幾。官衙無公道，鄉里豈復有風俗耶？杜君仕郡功曹，獨以公平見稱，其必無自私自利之心可知矣。後治南陽而政化清平，人歌衆母，皆由此公平一念推之者也。

索盧放，字君陽，東郡人，署郡門下掾。更始時，使者督行郡國，太守有事當斬。放前言曰："今天下所以苦毒王氏，歸心皇漢者，實以聖政寬仁故也。而傳車所過，未聞恩澤，太守受誅，恐天下惶懼，各生疑變。夫使功者不如使過，願以身代太守之命。"遂前就斬。使者義而赦之，由是顯名。徵爲洛陽令，政有能名，以病乞身。徙諫議大夫，數納忠言，後以疾去。建武末，復徵不起。光武使人輿之，見於南宫雲臺，賜穀二千斛遣歸，除子爲太子中庶子。卒於家。同上。

當更始時，天下大亂，使者假虎狼之威，馮陵郡國，有非情理所能喻者。索君以門下掾，奮不顧身，救太守於刀鋸之下，何其壯也。及世宇清明，一爲縣令，堅臥不起，淡然於功名爵禄之間，高致尤不可及耶。

鮑永，字君長，上黨屯留人，爲郡功曹。少有志操，事後母至孝，妻嘗於母前叱狗，永即去之。王莽以永父宣不附己，欲滅其子孫。都尉承望風旨，欲害永。太守苟諫擁護，召以爲吏，常置府中，永因數爲諫陳興復漢室、翦滅篡逆之策。諫每戒永曰："君長幾事不密，禍倚人門。"永感其言，及諫卒，自送喪歸扶風。太守趙興復署永功曹。時有矯稱侍中止傳舍者，興駕往謁之。永疑其詐，諫不聽，乃拔佩刀，截馬當匈而止。後數日，詔書果下捕矯稱者，永由是知名。舉秀才不應。更始二年徵，再遷尚書僕射，行大將軍事。有功略，封關内侯。爲司隸校尉，行縣至扶風，椎牛上苟諫冢。殺牛以祭墓，厚報其德也。子昱，復爲司隸。同上。

當患難竄匿之餘，而惓惓以興復漢室、剪滅篡逆爲念，不愧忠臣之子矣。迨功建名立，身爲列侯，三世司隸，信乎忠孝之貽澤長也。

馮勤，字偉伯，繁陽人。八歲善計。算術也。爲太守銚期功曹，有高能稱。薦於光武，除爲郎中，給事尚書，圖議軍糧，在事精勤。每引進，帝輒顧謂左右曰："佳乎吏也！"使典諸侯封事，差量功次輕重，國土遠近，地勢豐薄，不相踰越，莫不厭服焉。自是封爵之制，非勤不定。帝益以爲能，尚書衆事，皆令總録之。以勤勞，賜爵關内侯。遷司徒。同上。

刑名錢穀，均爲吏胥所事。刑名出入，動關身命，作福易，作禍尤易，故集中所載法戒，刑名之吏爲多。然錢穀之吏，雖止司書算，其中亦關國計民生。吏能下不欺民，上不侵官，以不取爲與，行不費之惠，善矣。更能持籌遠計，弭患未然，使百廢具興，一勞永逸，不更善乎？自古及今，凡體國經野，發政施仁之事，未嘗不從胥吏握算中來也。馮勤之善計算，能使功次輕重，國土遠近，地勢豐薄，不相踰越，由是爵賞均平，諸侯悦服，上無偏枯之澤，下無觖望之心，所裨於國家者甚大，宜其賜侯爵，遷司徒，以報厥功也。要其一生所得力，不外在事精勤。精則凡所措注巨細不遺，勤則不畏煩難，始終無懈。而精勤二字，又須從公字來。願錢穀之吏毋狃目前之小利，而忘久遠之良圖也。

杜林，字伯山，扶風茂陵人，博洽多聞，時稱通儒。初爲郡吏。隗囂聞林志節，欲用之，林終不屈。光武徵拜侍御史，引見，問以經書故舊，及西州事，甚悦之，賞賜加厚。建武中，群臣請復肉刑。林奏以爲："古之明王，深識遠慮，動居其厚，不務多辟，不肯多殘害也。宜如舊制，不合翻移。"帝從之。後爲大司空。薨，帝親自臨喪送葬。同上。

杜君以郡吏而博洽多聞，隗囂欲用之，終不爲屈，可謂有識有守者矣。肉刑一奏，議論正大，千古不易。郡吏中有此通儒，宜其屢被超擢，多所建立也。

虞延,字子大,陳留東昏人。少爲户牖亭長。時王莽貴人魏氏賓客放縱,延率吏卒,突入其家,捕之。以此見怨,故位不升。王莽末,天下大亂。延常嬰甲冑,擁衛親族,捍禦鈔盜,賴其全者甚衆。太守富宗聞延名,召署功曹。宗性奢靡,車服器物多不中節。延諫曰:“昔晏嬰輔齊,鹿裘不完。季文子相魯,妾不衣帛。以約失之者鮮矣。”宗不悦,延即辭退。有頃,宗果以侈縱被誅。臨刑,攬涕而嘆曰:“恨不用功曹虞延之諫。”爲洛陽令,外戚斂手,莫敢犯法。遷南陽太守。後徵爲太尉。遷司徒。歷位二府,十餘年。同上。

以新莽滔天之勢,而一亭長敢攖其鋒,雖賁育之勇,不是過矣。至其擁衛親族,必盡其力,規諫太守,務盡其心,又何其忠且仁也。其爲令而使強戚奉法,則亦無忘亭長功曹時之素志耳。延誠下吏中人傑也哉。

虞經,武平人。爲郡獄吏,案法平允,務存寬恕,每冬月上其狀,恒流涕隨之。嘗稱曰:“東海于公,高爲里門,而其子定國卒於丞相。吾決獄六十年矣,雖不及于公,其庶幾乎?子孫何必不爲九卿邪?”故字孫詡曰升卿。詡立功名,仕至司隸校尉。同上。

爲善之報,千古不爽,而公門中陰德,響應尤神。虞公以于公自比,而決其後之必昌,非有計功之心,正以默證其平生也。孫之功名貴顯,果若操券而得。爲善者不當益堅其願力乎?

第五倫,字伯魚,京兆長陵人。少介然義行,久宦不達。建武初,爲京兆市掾,每見詔書曰:“此聖主也,吾行且遇時。”衆皆笑之。補淮陽國醫工長。從王朝京師,得見帝,問政事稱旨,拜會稽太守。禁淫祀屠牛。身自斬芻飼馬,妻躬執爨。每受俸,裁留一月糧,餘悉賤貿與民之貧困者。後守蜀郡,吏有鮮車怒馬者，皆罷遣，更選孤貧志行之人任之，蜀政清平。所任吏，多至九卿。事肅宗爲司空，在位以貞白稱。雖天性峭直，然疾俗吏苛刻，論議常依寬厚。奉公盡節，壽八十餘。子頡，曾孫種，皆居官，世稱廉直焉。同上。

市掾，主市肆之貿易者也。方販夫賈豎之爲伍，而慨然有用世之志，其自負固已不凡矣。觀其見詔書而自喜，早有不容已於斯世斯民之念。至其天性峭直，而又疾俗吏苛刻，議論常依寬厚，則深得爲政之大體者也。

孔奮，字君魚，扶風茂陵人。署議曹掾，守姑臧長。在職四年，財産無所增。事母孝謹，奉養極求珍膳，躬率妻子，同甘菜茹。力行清潔，治貴仁平。被召，單車就路。吏民及羌胡更相謂曰："孔君清廉仁賢，舉縣蒙恩，如何今去，不報其德？"遂相賦斂牛馬器物千萬以上，追送數百里。奮謝之，一無所受。爲武都太守，舉郡莫不改操。爲政明斷，甄善疾非，見有美德，愛之如親，其無行者，忿之若讎，郡中稱爲清平。同上。

贓吏之不顧行檢，多爲妻子所累。孔君能躬率妻子，同甘菜茹，所以得全其清節也。否則所需既多，所求無饜，未有不以賄敗者矣。以儉養廉之説，不但官長奉職之良規，亦吏胥保身之要道也。

應奉，字世叔，汝南人。少聰明，爲郡決曹史，行部四十二縣，録囚徒數百千人。及還，太守備問之，奉口説罪繫姓名，坐狀輕重，無所遺脱，時人奇之。爲武陵太守，慰納叛蠻，興學校，舉側陋，政稱蠻俗。遷司隸校尉，糾舉奸違，不避貴戚。著《漢書》後序，多所述載。同上。

口説數百千人姓名罪狀，無一遺脱，以此聰明，體察獄情，何情不得。觀其後慰納叛蠻，興學校，舉側陋，足知其聰明而不苛刻，誠哉爲一代名儒也。豈可以郡吏少之。

朱暉,字文季,南陽宛人,爲郡吏。太守阮況嘗欲市暉婢,暉不從。及況卒,暉乃厚贈送其家。人或譏焉。暉曰:“前阮府君有求於我,所以不敢聞命,誠恐以財貨污君。今而相送,明吾非有愛也。”東平王蒼聞而辟之。正月朔旦,蒼當入賀。故事,少府給璧。是時帝舅陰就爲府卿,吏傲不奉法。蒼坐朝堂,漏且盡,求璧不可得。暉望見少府持璧,即往紿音“殆”,欺也。之曰:“我數聞璧而未嘗見,請試觀之。”主簿以授暉,暉顧召令史奉之。奉之於蒼。主簿大驚,遽以白就。就曰:“朱掾義士,勿復求。”更以他璧朝。蒼既罷,召暉謂曰:“屬者掾自視孰與藺相如?”帝聞壯之,以暉爲衛士令。再遷臨淮太守。吏人爲之歌曰:“強直自遂,南陽朱季。吏畏其威,人懷其惠。”後遷爲尚書令。以老病乞身,拜騎都尉。同上。

官長無所求於吏,尚百計逢迎,中之以欲,以爲固寵營私之地。今太守欲市暉婢,而暉竟不從,恐污官長名節,真能自守以正,而又愛人以德者也。奪璧之舉,繼躅相如,南陽之歌,希風召伯,豈不偉然一豪傑士哉!

鄭弘,字巨君,山陰人。少爲鄉嗇夫。太守第五倫行春,太守常以春行縣,勸農賑乏。見而奇之,召署督郵。舉孝廉。弘師同郡河東太守焦貺。楚王英謀反發覺,以疏書也。引貺。貺被收,於道亡没。妻子閉繫詔獄,掠考連年。諸生故人懼相連及,皆改變名姓以逃其禍。弘獨髡頭負鈇鑕,詣闕上章,爲貺訟罪。顯宗覺悟,即赦其家屬。弘躬送貺喪,及妻子還鄉里,自是顯名。由令守,官至太尉。同上。

貺已死而猶訟其非辜,恤其妻子,篤於公義,終始如一,其爲嗇夫,治行必有可觀。第五倫識之於風塵,不爽也。

周章,字次叔,南陽隨人,爲郡功曹。大將軍竇憲免,封冠軍侯就國。章從太守行春，到冠軍，太守猶欲謁之。章進諫曰："今日公行春，豈可越儀私交？剖符大臣，千里重任，舉止進退，其可輕乎？"太守不聽，遂便升車。章前拔佩刀，絶馬鞅，乃止。及憲被誅，公卿以下多以交關得罪，太守幸免，以此重章。舉孝廉，歷位司空。同上。

趨承權貴，惟恐不及，爲官者類然，況於吏乎？周君以正義責其太守，後竟以此免禍，其識遠矣。剖符千里，居之者不自重，而屬吏兢兢焉惜之，此其所以終爲大臣也。

廉范，字叔度，京兆杜陵人，爲郡功曹。太守鄧融爲州所案。范知事譴難解，欲以權相濟，乃托病求去。東至洛陽，變姓名，代廷尉獄卒。居無幾，融果徵下獄，范遂得衛侍左右，盡心勤勞。融怪其貌類范，而殊不意，乃謂曰："卿何似我故功曹也？"范呵之曰："君困厄瞀亂邪？"語遂絶。恐人知之，僞爲不相識者，呵止之，不復接談也。融繫出困病，范隨而養視。及死，竟不言。身自將車，送喪至南陽。葬畢，乃去。後辟公府。會薛漢坐楚王事誅，故人門生莫敢視，范獨往收斂之。顯宗大怒，召范詰責。范叩頭曰："臣愚戇不勝師資之情，罪當萬坐。"帝貰之，由是顯名。舉茂才，數月，再遷爲雲中太守。會匈奴大入塞，范令軍士各交縛兩炬，爇火營中。虜遥望火多，謂漢兵救至，大驚。范令軍中蓐食，晨往赴之，斬首數百級。虜由此不敢向雲中。後頻歷郡守，隨俗化導，各得治宜。遷蜀郡太守。其俗尚文辯，好相持短長。范每厲以淳厚，不受偷薄之説。成都邑宇逼側，舊制禁民夜作，作女工。以防火災。范毁削先令，但嚴使儲水而已。百姓爲便，乃歌之曰："廉叔度，來何暮。不禁火，民安作。音'做'。平生無襦今五褲。"同上。

漢世最重名節，屬吏之於府主，分若君臣，情同師友，多有患難周旋，蹈死勿顧者。後世相承以貌，相御以術，苟一日去其官，則群吏視之若路人矣。如叔度諸人之風，真堪砥礪薄俗也。

楊終，字子山，成都人。年十三爲郡小吏。太守奇其才，遣詣京師受業，習《春秋》。顯宗時，徵诣蘭臺，拜校書郎，與班固、賈逵等於白虎觀論考五經同異。受詔刪《太史公書》爲十餘萬言。兄鳳爲郡吏，太守廉范爲州所考，遣鳳候終。以終有才望，求爲之計也。終爲范游説，坐徙北地，詔貰還故鄉。後徵拜郎中。同上。

以郡小吏而有奇才，自是有用之器，所少者經書耳。太守遣之從師受業，習《春秋》，遂致列儒林之選，操筆削之權，爲官辨冤，得是非之公。爲兄獲譴，亦仁者之過，無非其窮經稽古之效也。然則吏而有才，其讀書尤不可少哉。

鍾皓，字季明，潁川人，爲郡著姓，世善刑律。皓以篤行稱。同郡陳寔，年不及皓，皓引與爲友。皓爲郡功曹，會辟司徒府，臨辭，太守問誰可代者。皓曰："明府欲必得其人，西門亭長陳寔可。"寔聞之曰："鍾君似不察人，不知何獨識我。"皓及荀淑并爲士大夫所歸慕，李膺嘗嘆曰："荀君清識難尚，鍾君至德可師。"同上。

鍾姓世善刑律，至皓以篤行稱，其爲郡功曹，亦必明於刑律，不尚深刻，善於平反者也。觀其臨辭薦代，惟在仁恕忠厚之陳寔，而李膺亦有"至德可師"之嘆，孰謂司刑律者遂有傷於厚德耶？吏之習刑律者，當以皓爲法。

陸續，吴人，字智初，仕郡户曹史。時歲荒，民饑困，太守尹興使續於都亭賦民饘粥。續悉簡閱其民，訊以名氏。事畢，興問所食幾何，續因口説六百餘人，皆分别姓名，無有差謬，興異之。刺史行部見續，辟爲别駕從事。以病去，還爲郡門下掾。是時楚王英謀反，事連尹興，徵詣廷尉獄。續與主簿梁宏、功曹史駟勛詣獄就考，肌肉消爛，終無異辭。續母至京師，無緣與續相聞，但作饋食，付門卒以進之。續對食悲泣，不能自勝。使者怪而問其故。續曰："母來不得相見，故泣耳。"使者大怒，以爲獄門吏卒通傳意氣。續曰："因食餉羹，識母所自調和，故知來耳，非人告也。"使者問何以知母所作。續曰："母常截肉未嘗不方，斷葱以寸爲度，是以知之。"使者陰嘉之，上書説續行狀。帝即赦興等事，還鄉里。長子稠，廣陵太守，有理名。中子逢，樂安太守。少子褒，力行好學，不慕榮名，連徵不就。同上。

於簡閲饑民見其才，於辨證太守見其義，於泣對母食見其孝，雖終於掾史，而百世之下，猶令人咨嗟嘆息，想慕其人也。

雷義，字仲公，豫章鄱陽人。初爲郡功曹，擢用善人，不伐其功。嘗濟人死罪，罪者後以金二斤謝之，義不受。金主伺義不在，默投金於承塵施於屋上以承塵土者。上。後葺理屋宇，乃得金。金主已死，無得復還，義乃以付縣曹。後舉孝廉，拜尚書侍郎。有同時郎坐事，當居刑作。義默自表取其罪，以此論司寇。同臺郎覺之，委位自上，乞贖義罪。順帝詔皆除刑。義歸，舉茂才，讓於同學友陳重，刺史不聽。義遂佯狂被髮走，不應命。鄉里爲之語曰："膠漆自謂堅，不如雷與陳。"三府同時俱辟二人。同上。

濟人死罪，本無望報之心。罪者酬之以金，至默投於屋間而去，意亦誠矣。及得金之日，而其人已死，不得已而受，於義無傷也，竟付之縣曹。若斯人者，方是一介不取，誠心爲善。不但吏胥中罕有其儔，即士大夫亦不多覯耳。

仇覽，字季智，陳留考城人。少爲書生，淳默，鄉里無知者。年四十,縣召補吏,選爲蒲亭長。勸人生業,爲制科令,至於果菜爲限,雞豕有數。農事既畢,乃令子弟群居就學。其剽輕游恣者,皆役以田桑,嚴設科罰。躬助喪事,賑恤窮寡。期年,稱大化。覽初到亭,有陳元者,獨與母居,而母詣覽告元不孝。覽乃親到元家,與其母子陳人倫孝行,譬以禍福之言。元卒成孝子。鄉邑爲之諺曰:“父母何在在我庭,化我鳲梟哺所生。”同上。

十里曰亭,亭長之職,與今之圖書總甲等耳,而意在勸人爲善,卒能使不孝者感悟,復歸於孝,居然收興行教化之益矣。彼托身公門者,其可以導人爲善,當更易於亭長,奈何不以此爲勸善之地,而徒以爲漁利之藪也。

孟嘗,字伯周,會稽上虞人。其先三世爲郡吏,竝仗節死難。嘗少修操行,仕郡爲户曹史。上虞有寡婦至孝,養姑,姑年老壽終。夫女弟先懷嫌忌,乃誣婦鴆其母,列訟縣庭。嘗知枉狀,備言於太守,太守不爲理,嘗哀泣謝病去。婦竟冤死,郡中連旱二年。後太守殷丹到官,訪問其故,嘗詣府具陳寡婦冤誣,丹即刑訟女而祭婦墓。天應澍雨,穀稼以登。嘗後爲合浦太守。郡不産穀實,而海出珠寶。先時宰守竝多貪穢,珠遂徙於交阯郡界。嘗到官,革前弊,求民病利。曾未逾歲,去珠復還。百姓皆反其業,商貨流通,稱爲神明。被徵當還,吏民攀車請之。嘗不得進,乃載鄉民船夜遁去,隱處窮澤,身自耕傭。鄰縣士民慕其德,就居止者百餘家。同上。

三世死節已難,三世爲吏而死節,尤史册所罕見也。嘗之爲吏,以申冤理枉爲汲汲,至以去就爭之,此知有公,不知有私者也。其居官也,廉靜愛民,異迹表著。如嘗者,可謂世濟其美者矣。

魯恭,字仲康,扶風人,有至性。年十二,喪父,號慟,喪禮過成人。待弟丕友愛。恭欲先就丕名，托疾不應舉。丕舉後，乃爲郡吏，謙遜不爲名高，勤習吏事，言動不苟。後拜中牟令，專以德化民，不任刑罰。民有爭田者，守令不能決。恭爲平理，皆退而自責，以田相讓。教化大行，吏人懷服。蝗不入境，雉不怛人，童子不攫生，號稱三異。徵爲侍御史，遷光禄勛，選舉清平，京師貴戚，莫能枉其正。同上。

爲吏而不爲利動，已是難事，今并不求名高，其立心可謂純正矣。異日中牟之化，有以孚童豎而格昆蟲，皆由於此。

任延爲武威太守，自掾史子孫皆令詣學受業，復其徭役。章句既通，悉顯拔榮進之，郡遂有儒雅之士。同上。

掾史子孫所耳聞目見，無非刑名法律之事，故才者習於深文，不肖者作奸犯科，無所不至，不復知仁義忠信爲何事矣。任公皆令詣學受業，正欲以《詩》《書》導其善氣也，豈徒慕儒雅之虚名乎？

王涣，字稚子，廣漢郪人。少好俠，任氣力。晚而折節，敦儒學，習《尚書》，讀律令，略舉大義。爲太守陳寵功曹，當職割斷，不避豪右，寵風聲大行。和帝問寵曰："在郡何以爲理？"寵頓首曰："臣任功曹王涣以簡賢選能，主簿鐔顯拾遺補闕，臣奉宣詔書而已。"涣由此顯名。舉茂材，除溫令。縣多奸猾，積爲人患。涣以方略悉誅之，境内清夷。商人露宿於道，終無侵患。爲洛陽令，以平正居身，得寬猛之旨。其冤嫌久訟，歷政所不斷，法理所難平者，莫不曲盡情詐，壓塞群疑。病卒，百姓致奠以千數。喪歸，經弘農，民庶皆設槃案於路。詔以其子爲郎中。鐔顯後亦知名。安帝時，爲豫州刺史。天下饑荒，競爲盜賊，州界收捕萬餘人。顯愍其困窮，輒擅赦之。因自劾奏，有詔勿理。後至長樂尉。同上。

古以任用功曹爲賢，今以聽信吏胥爲戒，非時勢有不同，吏胥之賢不肖，相去懸殊耳。稚子公平正直，自其爲吏而已然矣。今之吏胥，苟有公平正直如稚子者，豈非官司之所樂得任用者哉？官司得一公平正直之吏，何患不能坐致治理哉？然則使官司不敢任吏，而防閑惟恐不至者，固非盡官司之故也。

第五訪，字仲謀，京兆長陵人。少孤貧，常傭耕以養兄嫂。有閒暇，則以學文。仕郡爲功曹。察孝廉，補新都令。政平化行，三年之間，鄰縣歸之，户口十倍。遷張掖太守。歲饑，粟石數千。訪乃開倉賑給，以救其敝。吏懼譴，爭欲上言。訪曰："若上須報，是棄民也。太守樂以一身救百姓。"遂出穀賦人。順帝璽書嘉之。由是一郡得全。官民并豐，界無奸盜。遷護羌校尉，邊境服其威信。同上。

開倉賑饑，不惜一身以救百姓，其任事之勇，皆動於心之所不容已也。具此一副熱腸，其爲功曹時，利濟當復不少。

童恢，字漢宗，琅邪姑幕人。少仕州郡爲吏，司徒楊賜聞其執法廉平，乃辟之。及賜被劾當免，掾屬悉投刺去，恢獨詣闕爭之。及得理，掾屬悉歸府，恢杖策而逝。由是論者歸美。復辟公府，除不其令。吏人有犯，輒隨方曉示。若稱職行善者，皆賜酒肴以勸勵之。耕織種牧，皆有條章。一境清淨，牢獄連年無囚。比縣流人歸化，徙居二萬餘户，吏人爲之歌頌。青州舉尤異，遷丹陽太守。同上。

趨炎附勢，人情類然，吏胥尤甚。當府主有事之時，人去之惟恐不速，童獨挺身營救。及事既得白，舊吏稍稍復來，而童竟飄然遠引。此種節概，當與魯仲連一輩人，頡頏千古也。

吴良，字大儀，齊國臨淄人。初爲郡吏，歲旦，與掾史入賀。門下掾王望，舉觴上壽，諂太守，稱功德。良於下坐勃然進曰："望佞邪之人，欺諂無狀，願勿受其觴。"太守斂容而止。宴罷，轉良爲功曹。恥以言受進，終不肯謁。後遷司徒長史，每處大議，輒據經典，不希旨偶俗，以儌時譽。同上。

大凡掾吏率多諂事長官，且惟恐長官之不受諂也。吴君侃侃數言，足以愧邪佞之心，而振士夫之氣。異日立朝風采，即此可見。

鄭均，字仲虞，東平任城人，少好黄老書。兄爲縣吏，頗受禮遺。均數諫止，不聽。即脱身爲傭，歲餘得錢帛，歸以與兄，曰："物盡可復得，爲吏坐贓，終身捐棄。"兄感其言，遂爲廉潔。同上。

惟恐兄之以贓敗，而身爲傭作，以給其求，卒能感悟兄心，改行自好，此千古悌弟也。"爲吏坐贓，終身捐棄"，此言至爲痛切。今之胥吏無不嗜利者，當以此二語時懸心目間。

樂恢，字伯奇，京兆長陵人。父親名親。爲縣吏，得罪於令，將殺之。恢年十一，俯伏寺門，晝夜號泣。令矜之，即解出親。恢長，好經學，篤志爲名儒。性廉直介立，行不合己者，雖貴不與交。仕本郡吏。太守坐法誅，故人莫敢往。恢獨奔喪行服，坐罪。歸，復爲功曹，選舉不阿，請托無所容。同郡楊政數衆毁恢，後舉政子爲孝廉，由是鄉里歸之。辟司空牟融府，會第五倫代融爲司空，恢以與倫同郡，不肯留。諸公多其行，連辟之，皆不應。後徵拜議郎。將軍竇憲出征匈奴，恢數上書諫爭，朝廷稱其忠。同上。

恢年十一而能號泣救父，其至性有過人者。平生剛方正直之概，皆自踐履篤實中醖釀而出，豈好爲名高者哉？

袁安，字邵公，汝南人，爲縣功曹。爲人嚴重有威，見敬於州里。奉檄詣從事，從事因安致書於令。安曰："公事自有郵驛，私請則非功曹所傳。"辭不肯受，從事瞿然而止。後舉孝廉，除陰平長，所在吏人畏而愛之。拜楚郡太守，出寃繫者四百餘家。爲河南尹，政號嚴明。爲司徒數年，以天子幼弱，外戚擅權，每朝會進見，及與公卿言，未嘗不噫嗚流涕。自天子及大臣，皆恃賴之。子孫世爲三公。同上。

爲人致書，似無關於大節，而斷然不苟如此，平日豈有受請托，通貨賂，以營其私者哉？後爲司徒，正色立朝，乃心王室，天子大臣，皆倚以爲重，可謂社稷之臣矣。何掾史中之多人傑也！

種暠，字景伯，河南洛陽人，爲縣門下史。父有財三千萬，及卒，暠悉以賑恤宗族及邑里之貧者。其有進趣名利，皆不交通。時河南尹田歆外甥王諶，名知人。歆謂之曰："今當舉孝廉，欲用一名士以報國家，爾助我求之。"明日諶送客於大陽郭，遥見暠，異之。還白歆曰："爲尹得孝廉矣，近洛陽門下史也。"歆笑曰："當得山澤隱滯，近洛陽吏耶？"諶曰："山澤不必有異士，異士不必在山澤。"歆即召暠於庭，辯詰職事，暠辭對有序，歆甚知之，召署主簿。遂舉孝廉，辟太尉府，爲益州刺史。暠素慷慨，好立功立事。在職三年，宣恩遠夷，開曉殊俗，岷山雜落皆依服漢德。轉遼東太守，擢度遼將軍，入爲司徒。薨，并涼邊人咸爲發哀。匈奴聞暠卒，舉國傷惜。單于每入朝賀，望見墳墓，輒哭泣祭祀。同上。

異士不在山澤，而於門下小史中得之，足爲胥曹生色。人果抱負非常，何患風塵中無物色之者耶？考其得力，無非自輕財重義四字中來。

彭修，字子陽，會稽毗陵人，仕郡爲功曹。始年十五時，父爲郡吏，得休，與修俱歸，道爲盜所劫。修困迫，乃拔佩刀前持盜帥曰："父辱子死，卿不顧死耶？"盜相謂曰："此童子，義士也，不宜逼之。"遂辭謝而去。鄉黨稱其名。太守以微過收獄吏，將殺之，主簿鍾離意爭諫甚切。太守怒，掾史莫敢諫。修排閤直入，拜於庭曰："明府發雷霆於主簿，請聞其過。"太守曰："受教三日，初不奉行，廢命不忠，豈非過耶？"修因拜曰："昔任座面折文侯，朱雲攀毀欄檻，自非賢君，焉得忠臣。今慶明府爲賢君，主簿爲忠臣。"太守遂原意罰，貰獄吏罪。後州辟從事。賊張子林等數百人作亂，修與太守俱出討賊。賊交射之，飛矢雨集。修障捍太守，爲流矢所中，死，太守得全。賊素聞其恩信，即殺弩中修者，餘悉降散。言曰："自爲彭君故降，不爲太守服也。"同上。

始遇盜而得全，後遇盜而竟死，何遭逢之不幸也。觀其落落數言，悟太守於盛怒之下，其才識有大過人者。身雖被害，而賊徒感動，因以降散，功亦不小矣。

戴就，字景成，會稽上虞人，仕郡倉曹掾。揚州刺史歐陽參奏太守成公浮贓罪，遣部從事薛安收就於錢唐縣獄，幽囚考掠，五毒參至。首與手足皆施刑具也。就慷慨直辭，色不變容。主者以狀白安。安呼見就，謂曰："太守罪穢狼籍，受命考實，君何故以骨肉拒捍耶？"就據地答言："太守剖符大臣，當以死報國。卿雖銜命，固宜申斷冤毒，奈何誣枉忠良，強相掠理，令臣謗其君，子證其父。就死之日，當白之於天，與群鬼殺汝於亭中。"安深奇其壯節，即解械，表其言辭，解釋郡事，徵浮還京師。太守劉寵舉就孝廉，光禄主事，病卒。同上。

就於太守，未必有知己之感，而爲之備受五毒，窮極酷慘，始終無撓，此必有見於太守之被誣，不敢愛一身以污官長也。看作不畏刑掠，不過強悍之豪徒，看作主持公道，誠哉仗義之奇士也！爲胥吏者，可以奮矣。

順帝時，吴祐爲膠東王相。嗇夫孫性私賦民錢，易衣以進其父。父怒曰："有君如此，何忍欺，促歸伏罪。"性懼，詣閤，持以自首。祐屏左右問故，性具陳其言。祐曰："掾以親故，受污辱之名，所謂觀過斯知仁矣。"使歸謝父，遂以衣送之。同上。

孫性之私賦民錢，專爲父易衣，與好貨財，私妻子者迥別，所以一聞父命，即悔罪恐後，亦見孝弟之人易於自新也。至世俗遇子弟以財物上其父兄者，但知喜悦，安問物所從來，性父之怒，可謂教以義方矣。

後漢鄭産，零陵人，爲白土鄉嗇夫。時民家産子，一歲輒出口錢，以故貧家鮮有舉子者。産勸百姓勿殺子，口錢皆爲代出。郡縣具以聞上，錢因得免。改白土曰"更生鄉"。《楚國先賢傳》。

代出口錢，猶屬利濟之常，民間因此而不殺其子，且復得免口錢，其利濟豈復可量。嗇夫之俸甚微，産爲此舉，蓋見夫一己之窮乏不足惜，而一鄉之赤子深可憫也。改白土爲更生鄉，流澤千載，足稱不朽矣。

李郃，字孟節，爲漢中郡户曹掾。時大將軍竇憲内妻，郡國俱往賀，漢中太守亦欲遣使。郃諫曰："竇氏恣横，危亡可立俟矣。願明府勿與通。"太守固遣，郃乃請自行，故所在遲留以觀其變。行至扶風而憲已誅。諸交通者皆連坐，唯太守以不預得免。《後漢書》。

始則力諫，繼則自行，委曲以全其太守，何識之遠而義之篤也。自來吏胥於官，遇此等事，承命恐後而已，如此者有幾人哉？

後漢張壽，字伯禧，涪人。少給縣丞楊放家，爲楊放家給事小史。放爲梁賊所得，求之，積六年，始知其生存。乃賣家鹽井得三十萬，市馬五匹，往蜀求放。道爲羌所劫掠盡，乃單身詣賊，涕泣自説。賊遣放，隨還。壽復爲郡掾，章平賦役。遷功曹吏，徙五官掾，卒。《梓潼士女志》。

似此忠於所事，不避艱險，其爲掾吏，必不肯見利違義，虛僞以欺其上者也。

陳禪，字紀山，巴郡安漢人。仕郡功曹，舉善黜惡，爲邦内所畏。察孝廉，州辟治中從事。時刺史爲人所上，首告也。受納贓賂。禪當傳考，無他所齎，但持喪斂之具而已。及至，笞掠無算，五毒畢備。禪神意自若，辭對無變，事遂散釋。車騎將軍鄧騭聞其名而辟焉。舉茂才。時漢中蠻夷反畔，以禪爲漢中太守。夷賊素聞其名聲，即時降服。後爲司隸校尉。《後漢書》。

此與陸續、戴就諸人行事相同，而後之威名遠著，尤卓有樹立也。漢世功曹掌選用人才，故能舉善黜惡，爲邦内所畏。今雖無其權，而是是非非，不假私以害公，亦未始不可以服人耳。

卓茂，字子康，南陽宛人，爲丞相府史。性不好爭，有人認其馬，卓曰："子失馬幾時？"曰："月餘。"茂知其謬，默解與之，挽車而去。後馬主得馬，送還，亦納之。爲密縣令，視民如子，道不拾遺。後官至太傅，封侯。子戎，大中大夫。崇嗣，大司農。同上。

吏胥倚恃官勢，平日攘人財物者多矣。兹明知人之誤認其馬，而默解與之，絶不一辨，何相去之懸絶也。即此一端，其居心長厚，德量寬宏，已可概見。爲令而愛民如子，道不拾遺，皆其厚德之所及也。福禄之延世，宜哉。

胡廣，字伯始，華容人。少孤貧，親執家苦。親作家中勞苦事也。長大隨輩入郡，爲散吏。太守法雄之子真，頗知人，從家來省其父。會歲終應舉，雄敕真助其求才。因大會諸吏，真自於牖間密占察之，乃指廣以白雄，遂舉孝廉。既到京師，試章奏爲天下第一。旬月，拜尚書郎。在公台三十餘年，歷事六帝，禮任甚優。凡一履司空，再作司徒，三登太尉，又爲太傅。所辟命皆天下名士，時人榮之。年八十二，薨。同上。

伯始爲小吏，無所表見，太守之子從牖間密察之，遂舉孝廉，其必有鎮静不同流俗者也。其後由散吏而擢大科，事六帝，歷三公，富貴福澤，無與爲比，豈非其厚德之所致耶？

韓稜，字伯師，潁川舞陽人。初爲郡功曹。太守葛興中風病，不能聽政。稜陰代興視事，出入二年，令無違者。興子嘗發教欲署吏，稜拒執不從。由徵辟，五遷爲尚書令，以才能稱。肅宗特署其名，以楚龍淵寶劍賜之。竇憲擊北匈奴有功，還爲大將軍。尚書以下，議欲拜之，伏稱萬歲。稜正色以爲不可而止。在朝數薦舉良吏，皆有名。後爲司空，薨。同上。

以功曹而代太守事二年，任事權重，在常情必驕恣自用，惟所欲爲。乃太守之子欲署一吏，而不肯徇以私，則二年中，事事奉公不苟可知也。其後正色立朝，維持廉恥，剛方之概，蓋終身一節矣。

陳寔，字仲弓，潁川人。少爲吏，給事縣庭。有殺人者，同縣楊吏疑是寔，縣官遂逮繫寔，考掠無驗，乃出之。及爲督郵，寔反密托許令，禮召楊吏，由是遠近咸嘆服焉。轉功曹，除太丘長，約己清靜，百姓安焉。本司行部，吏慮有訟者，白寔，欲禁止之。寔曰："訟以求直，禁之將何申？"不可。亦竟無訟者。中常侍張讓父死，歸葬潁川，雖一郡畢至，而名士無往者，寔乃獨往弔焉。後捕誅黨人，讓感寔故，多所全宥。寔在鄉閭，平心率物，有爭訟，輒求判正，至乃嘆曰："寧爲刑罰所加，勿爲陳君所短。"有盜夜入其室。寔起自整拂，呼子孫訓戒之曰："夫人不可不勉。不善之人，未必皆惡，習以性成，遂至於此。梁上君子是矣。"盜大驚，自投於地。寔徐譬之曰："視君狀貌，不似惡人。此當由貧困故。"因贈以絹二匹。及黨錮解，每三公缺，連徵不起。卒年八十四，海內赴弔者三萬餘人。同上。

陳仲弓居鄉，則以誠感人，爲吏，則以德報怨，居官，則約己安民，申理冤抑，是一生以忠厚之心，行方便之事，故禍患不侵，終其身享忠厚之報也。今人一充吏胥，輒思遇事生風，睚眦必報，以逞在官之勢要，聞仲弓之風，能不愧乎？

許劭，字子將，汝南人。初爲郡功曹，太守徐璆甚敬之。府中聞子將爲吏，莫不改操飾行。同郡袁紹，公族豪俠，去濮陽令歸，車徒甚盛。將入郡界，乃謝遣賓客曰："吾輿服豈可令許子將見。"遂以單車歸家。曹操微時，常卑辭厚禮，求爲己目。爲之品題也。劭鄙其人而不肯對。操乃伺隙脅劭。劭不得已，曰："君治世之能臣，亂世之奸雄。"操大悦而去。劭與從兄靖俱有高名，好共核論鄉黨人物，每月輒更其品題，故汝南俗有月旦評焉。同上。

許子將一郡功曹耳，未嘗有賞罰予奪之權，而能使聞者改操飾行。當時奸雄如袁本初、曹孟德，皆畏其指摘，以一言之品題爲重若此，其平昔之端方正直可想見矣。人苟能言規行矩，雖爲吏也，何懼不爲人所信服耶？

魏咸熙元年，鍾會伏誅，會功曹向雄收葬會尸。司馬昭召而責之曰："往者王經之死，卿哭於東市而我不問。今會爲叛逆，又輒收葬，若復相容，其於王法何？"雄曰："昔先王掩骼埋胔，仁流朽骨，當時豈卜其功罪而後收葬哉？今王誅既加，於法已備。雄感義收葬，教亦無闕。法立於上，教弘於下，以此訓物，不亦可乎？"昭悦，與宴談而遣之。《綱目》。

不忘府主之恩，冒死收葬，忠義皎然。其言當理切情，不卑不亢，故雖奸雄聽之，亦能轉怒爲喜也。

晋應余，字子正，爲郡功曹。是時吴蜀不賓，山民皆叛，余與太守東方裦，并力得出。賊便射裦，余以身當箭，被七創。因謂賊曰："我以身代君，指太守。已被重創。若身死君全，殞殁無恨。"因仰天號泣，淚下如雨。賊見其義烈，釋裦不害。《楚國先賢傳》。

患難之際，太守不能自全，而功曹能全之，皆由平日積誠，可以化暴而免難，不在勢位之有無也。功曹可謂不負太守矣。

陶侃，字士行，尋陽人。早孤貧，爲縣吏。嘗監魚梁，以一坩音"堪"，土器。鮓音"乍"，藏魚。遺母。母封鮓及書，責侃曰："爾爲吏，以官物遺我，非惟不能益吾，乃以增吾憂矣。"以范逵薦爲郡督郵，領樅陽令，有能名。後以軍功封侯，爲江夏太守。侃備威儀，迎母官舍，鄉里榮之。侃破杜弢，平王敦，威名日盛。累遷征西大將軍，荆州刺史。蘇峻作逆，侃爲盟主，討平之。封長沙郡公，都督八州軍事。年七十六，薨，謚曰桓。侃性聰敏，勤於吏職，恭而近禮，愛好人倫。終日斂膝危坐，閫外事千緒萬端，罔有遺漏。常語人曰："大禹聖者，乃惜寸陰。至於衆人，當惜分陰。豈可逸游荒醉，生無益於時，死無聞於後。"諸參佐或以談戲廢事者，取其酒器蒱博之具，悉投之江。吏將則加鞭朴。曰："摴蒱者，牧猪奴戲耳。君子正其衣冠，攝其威儀，何有亂頭養望，自爲宏達耶？"在州無事，輒朝運百甓於齋外，暮運於齋内。人問其故。答曰："吾方致力中原，過爾優逸，恐不堪事。"其勵志勤力如此。有奉饋者，皆問其所由。若力作所致，雖微必喜，慰賜倍之。若非理得之，則切厲呵辱，還其所償。在職四十一載，百姓勤於農殖，家給人足，數千里中，道不拾遺。郢楚間，刊石畫像以祀之。《晋書》。

爲吏而不私一鮓，則大者可知。厥後身處富貴，奉饋者必問其所由。侃之廉，皆母教之於爲吏時者也。迹其功業炳赫，謀無不成，動無不利，得力總在一勤。寸陰之喻，蒱博之戒，誠苦口之良藥矣。爲吏者既學其廉，又法其勤，何患不能遠到哉？

晋陳留爲大郡，號稱多士。琅琊王澄行經其界，太守吕豫遣小吏迎之。澄問曰:“此郡人士爲誰?”吏曰:“有蔡子尼、江應元。”二人皆陳留名士。是時郡人多居大位者。澄以姓名問曰:“甲乙等非君郡人耶?”吏曰:“向謂君侯問人,不謂問位。”澄到郡,以吏言謂豫曰:“舊名此郡有風俗,果然。小吏亦知人如此。”同上。

衡鑑者當以人重,不當以位重。爲小吏而平日留意人才,不慕權位,識高王澄一等矣。惜姓氏之不傳也。

褚䂮,音“略”。河南陽翟人,有局量,以幹用稱。嘗爲縣吏,事有不合,令欲鞭之。䂮曰:“物各有所施,榱椽之材,不合以爲藩落也。願明府垂察。”乃捨之。家貧,辭吏。年垂五十,鎮南將軍羊祜言於武帝,始被升用。官至安東將軍。同上。

胥吏之小有才者,未有不以迎合官府爲能者也。褚君素稱幹用,而致觸令之怒,其不肯以是爲非、阿諛取悦可知矣。大器終當晚成,自比榱椽,豈虚語哉?

劉卞,字叔龍,東平須昌人。本兵家子。少爲縣小吏,質直少言。功曹夜醉,如厠,使卞執燭,卞不從。功曹銜之,以他事補亭子。守亭傳者,如今之驛卒。有祖秀才者在亭中,與刺史箋,久不成。卞教之數言,卓犖有大致。祖稱之於令,即召爲門下史,使就學。從令至洛,得入太學。爲尚書令史,至并州刺史,所歷皆稱職。同上。

以兵家子而通文墨,其好學可知。不爲功曹執燭,又見其風骨之矯矯也。其後卒以學受知,得大展其所學,可見人惟懼其不知學耳,不懼其屈於下吏,爲人所辱也。

易雄,字興長,長沙瀏陽人。少爲縣吏,自念卑淺無由自達,乃脱幘冠也。挂縣門而去。習律令,及施行故事,州里稱之。仕郡爲主簿,至舂陵令。王敦之亂,雄馳檄遠近,列敦罪惡，募衆千人，督率捍禦，力屈被害，意氣慷慨，神無懼色。同上。

吏而不學，則碌碌一胥史耳，豈能有所表見耶？易君之挂冠而去，非薄之不爲，正欲一意講習，爲致用之具也。古人自待之厚，不肯苟且浮沈若此。他日忠義奮發，就死從容，其得力於學問者深矣。

涼張寔，下令所部民吏，有能舉其過者，賞以布帛羊米。賊曹佐隗瑾曰："明公爲政，事無巨細，皆自決之，群下畏威，受成而已。如此，雖賞之千金，終不敢言也。謂宜少損聰明，延訪群下，使各盡所懷，然後采而行之。則嘉言自至，何必賞也？"寔悦，從之。《綱目》。

愚者千慮，必有一得，況胥曹中儘有通達義理之人。特以素習巧詐，不能取信於長官，故長官不復顧問，而吏亦以中有所餒，不敢侃侃直諫。若立身端正，平日無作奸犯法之事，遇有可以匡其政治者，亦何畏而不言？雖有自用之長官，當必爲之虚心聽受矣。

卷之三

法録下

孫伏伽，貝州武城人。仕隋，以小吏補萬年法曹。高祖武德初，上書言事，至誠慷慨，據義懇切，絶無所諱。帝大悦，以爲治書侍御史，賜帛三百匹。後累遷大理卿，出爲陜州刺史，致仕。始伏伽拜侍御史時，先被内旨，而制未出。歸卧於家，無喜色。頃之，御史造問，子弟驚白，伏伽徐起見之，時人稱其有量。伏伽與張元素在隋時皆爲令史。太宗嘗問元素宦立所來，深自羞汗。伏伽雖廣坐，陳説往事，無少隱焉。《唐書》。

以小吏得微職，能於上前慷慨論事，不畏逆鱗，則爲吏時必能主持公道，扶植善類，不肯顛倒曲直，陷人於罪罟者也。及驟膺寵命，喜色不形，廣坐陳説往事，不以小吏爲諱，由其胸襟遠大，自立不苟，惟覺吏以人重，而人不以吏輕耳。

張元素，蒲州虞鄉人。仕隋，以令史爲景城縣户曹。竇建德陷景城，執將殺之。邑人千餘號泣請代，曰："此清吏也，殺之是無天也。大王即定天下，無使善人解體。"建德釋之。入唐，授景州録事參軍。太宗即位，問以政，對以上賢右能，使百司善職。帝稱善，拜侍御史，遷給事中。貞觀中，發卒治洛陽宫乾陽殿，且東幸。元素上書極諫，帝即詔罷役，賜彩二百匹。魏徵聞之，嘆曰："張公論事，有回天之力，可謂仁人之言哉。"累遷右庶子。後以鄧州刺史致仕，卒。同上。

張公見執於賊，而邑人號泣請代，至千餘人。其言曰"無殺清吏"，曰"善人解體"，則其自令史以及爲户曹，其廉而且惠，有以深入人心可知矣。至於幸東都，造洛陽宫殿，是舉也，勞民傷財，不可勝計。元素極諫止之，所全不少，宜乎魏鄭公嘆其爲仁人之言也。吏苟能不貪財賄，有恩及人，則患難可以全其生，得志可澤及於人，吏亦何憚而不爲此耶？

湛賁爲郡吏，其妻與彭伉之妻，兄弟也。伉登第，妻族賀之，坐上皆名士，獨飯賁於後閣。賁自是悔悟，發憤攻苦。後擢上第，伉方過其所居之橋，聞之，失聲墜驢。因名其橋爲"湛郎橋"。《語林》。

湛賁亦所稱有志之士，故能因一坐之屈，而悔悟發憤，至於登第也。最可笑者，彭伉與湛本屬戚誼，乃因其爲郡吏而侮慢之。繼聞湛第，至於失聲墜驢，何其鄙陋無識，一至於此！是可以戒世之輕棄吏胥者，更可以勵吏胥之能自立者。

柳玭謫授瀘州郡守。渝州有牟黁音"如吞"。秀才，即都校牟居厚之子，文采不高，執所業謁見。柳奬飾甚勤，子弟以爲太過。柳曰："巴蜀多豪士。此押衙之子獨能好文，苟不誘進，渠即退志。以吾稱譽，人必榮之，由此減三五員草賊，不亦善乎？"《智囊》。

人之聰明者，不趨於正，則入於邪。以押衙之子，粗知大義，必奬進之，以冀盜風之漸減。况府史胥徒，類多機警而知文者爲之，如能誘之以道義，使歸於良善，公門中多一行善之人，即少一作奸之蠹，豈不美與？吏之知文者，慎無輕自棄也。

陽城，字亢宗，夏縣人。少好學，貧不能得書。求爲吏，隸集賢院。竊院書讀之，晝夜不出户。六年，無所不通。後爲諫議大夫，以直言貶官，出爲道州刺史，治民如治家。時賦税不登，觀察使遣判官督賦甚急。城自署其考曰："撫字心勞，催科政拙，考下下。"遂自繫獄。判官大驚去。《唐書》。

欲竊讀官書而求爲吏，其好學何如者？爲諫官則直言，爲刺史則恤民，皆從讀書明理中來。今吏胥之素通文理者，公事之暇，儘可披覽卷帙，以長其識見。即或不能讀書，而官衙所事，凡關典章制度人心風俗者，肯一虚心講求，其有裨於實用不少矣。若視爲附勢營利之藪，則壞心術而辱身命，豈不可惜？

裴晋公爲盗所傷刺，隸人王義捍刃死之。公乃自爲文以祭，厚給其妻子。是歲進士撰王義傳者，十有二三。《國史補》。

裴公一代名臣，其傷而不死，雖有鬼神呵護，亦賴隸人之捍刃不顧也。士大夫身膺顯爵，泯没無聞者，何可勝數。王義一厮養之卒，宰相親祭之，進士爭傳之，身後之榮若此。人之顯晦，寧在勢位哉？

王藻，潼川人。爲獄吏，每日持金歸。妻疑之，因遣婢饋猪蹄十臠，及歸，紿云送三十臠。藻怒，酷掠之。婢不勝痛，誣服，遂杖逐之。妻告之故，因曰："君日持錢歸，我謂必鬻獄而得，姑以婢事試之。刑罰之下，何事不承？願自今切勿以一錢來，不義之物，死後必招罪咎。"藻矍然大悟，汗流浹背。因題壁曰："枷杻追求只爲金，轉增冤債幾何深。從今不願顧刀筆，放下歸來游竹林。"即棄家學道，後賜號保和真人。《臣鑑録》。

放下屠刀，立地成佛，其人根器固好，亦賴賢内助之善於點化也。世有昧心取利，剜他人之肉，以供妻子之歡，而妻子亦且喜其夫之善於攫取，共圖安飽也，豈知其所從來有大不忍言者哉？

汴州白岑有發背方甚驗，自云得之神授。每治一疾，必索厚酬。有驛吏張好古，欲傳其方，普行救濟，與數十金。岑不以真方授之，吏療疾不效。後岑爲虎所食，有一小囊遺於路。適好古奉差過此，拾得之，真方在焉，始知向日之假也。《言行彙纂》。

好古爲吏，肯出重價買藥方以救人，則亦公門中之好善者也。至於白岑以一藥方而得重價，尚以假方紿之，貪饕無饜，虎噬之報，亦云巧矣。囊遺真方，所以報好古也，好古由此可以救人矣。噫，人有不得已之急難，到官時，求主吏秉公一言，剖白周全，不啻病者之求方。乃或受其財而不告以實，其人之飲恨何如，恐亦不免虎噬之報也。

有人因他適回，見其妻被殺於家，但失其首。奔告妻族。妻族以婿殺女，訟於郡守。刑掠既嚴，遂自誣服。獨一從事疑之，謂使君曰："人命至重，須緩而窮之。且爲夫者，誰忍殺妻？縱有隙而害之，必爲脱禍之計，或推病殞，或托暴亡。今存尸而棄首，其理甚明。請爲更讞。"使君許之。從事乃遷此繫於別室，仍給酒食。然後遍勘在城仵作行人，令各供近來與人家安厝墳墓多少文狀。既而一一面詰之曰："汝等與人家舉事，還有可疑者乎？"中一人曰："某於一豪家舉事，共言殺卻一奶子。於牆上舁過，凶器中甚似無物。見在某坊。"發之，果得一婦人首。令訴者驗認，則云非是。遂收豪家鞫之，豪家款伏。乃是與婦私好，殺一奶子，函首而葬之，以婦衣衣奶子身尸，而易婦以歸，畜於私室。其獄遂白。《智囊》。

凡獄，官司或難驟明，從事者從旁推勘，其疑似虛實，無不悉知，第恐以賄托之有無爲出入耳。此獄情事甚幻，從事一片公心，爲之推究，卒能昭雪奇冤，豈非千古一大快事哉！念人命之至重，仁也。知案情之非實，遍訪仵作行人而得其首，智也。不阿順本官，而救其枉斷之失，忠也。一事而三善備焉。求之士大夫，有不可多得者，使君亦何幸而獲此也。惜其名姓不著耳。

嚴求微時爲陽邑吏。陽宰器之，待以賓禮。每曰："卿當自愛，他日極人臣之位。吾不復見卿之貴，幸以遺孤留意。"

及求登公輔，宰殁既久。其子候謁嚴門，嚴贈擔石束帛，復遣家人齎黄金數十斤，伺於逆旅間，謝之曰："非陽宰之子乎？相君使奉金以備行李。"又薦一官，地宅僕馬，畢爲之置。其子他日及門致謝。嚴曰："聊以報尊府君平昔之遇耳。"一見後，終身謝絶焉。《南唐近事》。

故官之子，薦一官而厚贈之。不負所托，已屬高情。至謝其請謁，尤不欲以德自居也。具此識量，自是公輔之器，豈有埋没於掾属者耶？

李崇矩，字守則，潞州上黨人。幼孤貧，有至行，鄉里推服。漢祖起晋陽，史洪肇時爲先鋒都校，聞崇矩名，召署親吏。乾祐初，洪肇總禁兵，兼京城巡檢，多殘殺軍民。左右懼，稍稍引去，惟崇矩事之益謹。及洪肇被誅，獨得免。周祖與洪肇素厚善，即位，訪求洪肇親舊，得崇矩。謂之曰："吾與史公受漢厚恩，戮力同心，共奬王室。史公卒罹大禍，我亦僅免。汝史氏故吏也，爲我求其近屬，吾將恤之。"崇矩上其母弟福。崇矩素主其家，財産悉以付福。周祖嘉之。宋初，屢以軍功，歷官至樞密使。卒贈太尉，謚元靖。《宋史》。

崇矩爲都校之吏。都校罹禍，麾下士卒去之惟恐不速，獨崇矩始終以之。至身躋貴顯，都校子孫均已式微，猶能撫恤之，厚禮之，不肯忘負，亦絶無嫌忌，不獨忠義所積，其識見有大過人者。宜其攀鱗附翼，爲宋元勛也。

陳恕，字仲言，南昌人。少爲縣吏，折節讀書，成進士，除大理評事，通判澧州。吏多緣簿書，乾没爲奸。恕盡摘發其弊，以強幹聞。爲營田制置使，太宗諭以農戰之旨。恕曰："古者兵出於民，無寇則耕，寇至則戰。今之戎事，皆以募致，衣食仰給縣官。若使之冬持兵禦寇，春執耒服田，萬一生變，悔無及矣。"拜鹽鐵使，有心計，釐去宿弊。太宗器之，親題殿柱曰："真鹽鐵御史。"將立茶法，恕使商人各條利害，列爲三等。曰："下等固滅裂無足論。上等計利刻深，此商賈之事。惟取中等，兼濟公私，稍裁損之，可以經久。"於是著法，財貨流通。真宗即位，加户部侍郎，命條中外錢穀以聞。恕久不進，因曰："陛下富於春秋，若知府庫充實，恐生侈心。"後三司使丁謂上《景德會計録》，遂啓封禪之事。知貢舉，薦王曾爲首。以疾求解任，薦寇準自代。準爲三司使，檢恕前後興革事，葺成一册。及鐫其舊榜，詣恕第判押，自是計使迭循其舊貫。卒贈吏部尚書。恕多識典故，精於吏理，前後掌計柄十餘年，人莫敢干以私云。《南昌府志》。

恕爲縣吏，折節讀書，成進士，則凡給事縣庭之時，無非讀書有得之地。即事即學，已與尋常爲吏不同，更與尋常讀書不同矣。觀其歷仕，除簿書之奸弊，論兵農之相資，雖有心計，而茶法惟取中等，同民利也。雖司府庫，而奉詔不言充實，沃君心也。舉薦皆一代之名賢，興革爲三司之法式。有體有用，宜古宜今。非爲吏而兼讀書，焉能如此？人毋謂吏可不讀書，而讀書無裨於吏也。

鄭惟則，熙寧初爲郡主庫吏。家苦貧，夜夢道士告曰："明日交官錢處，有異寶，汝能得之，後必致富。"清晨，惟則如其告而陰察焉。有古五銖錢，極細薄，自衆錢間滚出，圓轉不已。惟則輒以大錢易而藏之歸，自此家日多財，晚年遂爲富室。《建昌府志》。

爲主庫吏，而其家苦貧，必能奉公守法，絲毫不染者也。故神靈默佑，使之自然饒富。吏之不苟求、不妄取者，斷無終於貧乏、不能自存之理。觀此，則奉公守法之吏益有恃而無恐矣。

李處厚知廬州，值縣嘗有毆人死者，處厚往驗傷。以糟胾灰湯之類薄之，都無傷迹。有一老父求見，曰："邑之老書吏也。知驗傷不見其迹，此易辨也。以新赤油繖同'傘'。日中覆之，以水沃其尸，其迹必見。”處厚如其言，傷迹宛然。自此江淮之間，官司往往用此法。《夢溪筆談》。

此老吏事非切己，肯獻驗傷秘法，使冤者得伸，其存心亦厚矣。身當職役者，何可不細心體察，反從中得賄，混行捏報耶？

相府書吏張日新，嘉定初，玉堂草休兵之詔，有曰："國勢浉尊，兵威已振。"日新時在學士院爲筆吏，仍兼衛王府書司，密白衛王曰："國勢浉尊之語，恐貽笑於鄰國。不當素以爲弱也。"衛王是其説，遂改曰："國勢尊隆，兵威振勵。"蓋吏胥亦有識義理者，文字之不可不檢點如此。《癸辛雜識》。

一字推敲，深關國體，其識見高於玉堂學士矣。甚哉，吏之不可不學也。

黄鏞，充泉州解試官。校文日，有一卷黜落。晝寐，忽夢一老嫗，言其夫曾爲州司推款吏，嘗活二罪囚。有此陰功，故上帝敕吾孫當預鄉薦，今其卷已携在案上矣。早起，卷果在案。弔後二場看，則論果可取，因取充數。及揭曉視之，亦甚平平也。《迪吉録》。

能於無辜者死裏求生，則應舉者自當失而復得。此天人感應之理，非故神其説也。

御史臺有老隸，素以剛正名。每御史有過失，即直其梃。臺中以梃爲賢否之驗。范諷一日召客，親諭庖人以造食，指揮數四。既去，又更呼之，叮嚀告戒。顧老隸梃直，怪而問之。答曰："大凡役人者，授以法而責其成。苟不如法，自有常刑，何事喋喋？使中丞宰天下，安得人人而詔之？"諷甚愧服。《智囊》。

此隸具骨鯁之姿，而所言又深知大體，諸御史之嚴師益友也，安得以輿臺目之？惜不記其姓名也。

姚時可爲獄吏，有張邦昌之族弟某，坐謀逆黨，被逮，與其家屬同入獄中。張囑姚曰："吾自分必死。有藏金在某室中，君往取之。煩爲密營毒藥十餘服，俟命下，即與子弟輩共引決。以後事托君。"姚慰之曰："朝廷仁政尚寬，當爲公探消息。果不可免，徐爲此計，未晚。"後張竟以不與謀獲免。張感其全護之恩，以百金饋之，拒不受。是時姚未生子，後連生八男，迨長立，皆有名譽。廷衮、一謙，相繼登第。廷昂、一夔，悉爲名士。《人生必讀書》。

爲胥吏者，遇此等事，未有不喜爲奇貨可居，得遂所欲矣。方且甚其詞以恐嚇之，神其説以慫恿之，孰肯好言寬慰，委曲護持？卒全一家之命，力卻百金之酬，由其滿腔中全是救人危難之誠心，不參一毫私意，不涉半點牽强者也。人服之，天佑之，子孫之多而且賢也，宜哉。

梵公，宋時爲邑皂隸。邑令刑峻，杖責血流方止。公用葱貯血匿杖中，杖易見血，受杖者多因得活。一日令見公行不履地，詢知其陰德，大異之。梵公亦遂置皂隸不爲，修煉山中，後爲大神。同上。

皂隸以敲朴爲役，其術不仁甚矣。然苟心存救濟，其陰德反多於尋常之人。謂必擇術而後可以爲善，畢竟不肯爲善耳。

王贇，澶淵人，爲檢校吏，遷本州馬步軍都虞候。周世宗鎮澶淵，每旬決囚，贇辨析中理。問之，知其嘗事學問，即署右職，旋領河北諸度使。五代以來，姑息藩鎮，有司不敢繩以法。贇所在發奸伏，無所畏忌，振舉綱領，號爲稱職。《宋史》。

史論曰："王贇奮迹小校，有奉公之節，繩奸列郡，不畏强禦。"皆由其學問之有素也。孰謂吏胥不當學問哉？

何比干，字少卿，宋時汝陰人。經明行修，通律法，爲汝陰獄吏。每懇啓邑宰，從重減輕，從輕減免，所活數百人。後爲丹陽縣尉，多方矜恤，獄無冤囚，人稱爲何父。政和間家居，有老嫗來避雨，於懷中出一菜，凡九百餘葉。謂比干曰：

"君家世有陰騭，又治獄平恕，子孫佩印綬者如此數。"言畢，老嫗忽不見。後子孫累世科甲，爵禄榮顯，一如老嫗所言。《丹桂籍》。

以經明行修之人而爲獄吏，又通律法，必有求生不得，然後死之之意，與非理縱舍者有别。宜邑宰之見信，而全活者多也。爲吏且然，及爲縣尉，矜恤平反者，豈可勝道。奕世簪纓之報，理也。孰謂獄中非造福之地，吏胥非行善之人耶？

張慶，汴人，爲省司獄，矜慎自持，日親掃獄舍，暑月尤勤。每戒其徒曰："人罹於法，甚屬可矜。況我輩以司獄爲職，若不加矜恤，則罪人何所倚賴？"飲食、湯藥、卧具必加精潔，囚有受枉者，爲之緩詞請釋，獄中多獲保全。每重囚就戮，爲之齋戒誦經一月。一日妻病已殁，復蘇。慶年八十二，無疾而終。六子皆顯。《人生必讀書》。

漢周勃繫獄，嘆曰："吾嘗將十萬軍，安知獄吏之貴？"又司馬遷云："見獄吏則頭搶地，視徒隸則心惕息。"可見人到獄間，生死之權，半操於獄吏。此地能矜恤保護，陰德最大。張君矜恤獄囚，無微不至，可生者緩詞請釋，已死者齋心誦禱。獄地有此，生全實多。後之夫婦壽考，子孫衍慶，夫豈偶然？凡吏卒有管囚之責者，不可不學其居心行事也。

嘉善支立之父爲刑房吏，有囚無辜陷重辟，支哀之，欲求其生。囚語妻曰："支公嘉意，明日延至家，汝以身事之。彼或有意，則我可生也。"妻從而聽命。及至家，妻自出勸酒，具告夫意。支堅卻之，終爲盡力平反。囚出獄，夫妻登門叩謝曰："公如此厚德，何無子？吾有弱女，願爲箕帚妾。"此禮之可通者，支爲備禮聘納之。生立，弱冠中魁，官至翰林。立生高生禄，皆貢爲學博。禄生大倫，登第。《迪吉録》。

見無辜而惻然動念，人或有之。至於堅拒其妻，不乘危以敗節，此心真可對天地而質鬼神矣。若無此一段皦皦之誠，則後之納女爲妾，心迹何以自明？而天之所以報之者，又豈能如是之厚耶？

項德，婺州武義人，郡之禁卒也。宋宣和間，盜發幫源。明年陷婺，而邑隨没。德率敗亡百餘人破賊，因據邑之城隍祠。自二月訖五月，東抗江蔡，西拒董舉，北捍王國，大小百餘戰。出則居選鋒之先，入則殿後。前後俘馘，不可勝計。賊目爲項鷂子，聞其鉦，則相率遁去。方謀復永康諸縣，而官兵至，德引其衆欲合。會賊盡鋭邀之黄姑嶺下，德戰死。邑人哭聲震山谷，圖其像，歲時祭之。《宋史》。

一禁卒耳，忠義所結，可以捍衛一方。其平日之見利思義，積德行仁，已可概見。宜其廟食百世也。

蕭資爲文丞相天祥幕下書史。丞相起兵，資於患難中扶持甚至。空坑兵敗，以全督府印功，升閤門路鈐轄。資性和厚，臨機應變，輯睦將士，總攝細務，任腹心之寄。潮陽移屯，與大兵遇，死之。《宋史》。

信國爲忠臣，蕭君爲義士，至今同列史傳。千載下，皆知有書史蕭資其人，豈不足爲書史生色耶？

張養浩，自幼有行義，勤學業。元時由臺省掾爲堂邑尹，毁淫祠三十餘。仁宗延祐初，爲禮部侍郎，知貢舉。進士詣謁不納，使人戒之曰："諸君子但思報效，毋勞謝也。"爲御史中丞。時關中大旱，民相食。既聞命，登車就道，遇饑者賑之，死者瘞之。經華山，禱雨岳祠，泣拜不能起。天忽陰翳，一雨三日。及到官，復禱於社壇。大雨如注，禾黍自生。四月未嘗居家，止宿公署。夜禱於天，晝出賑饑，無少怠。封濵國公，謚文忠。嘗著書三卷，一曰《廟堂忠告》，二曰《風憲忠告》，三曰《牧民忠告》。子引，拜南臺御史。《臣鑑録》。

由臺掾而爲尹，而能毁淫祠，卻請謁，其公忠直亮，可以告天地，質鬼神。至於夜宿於公，晝出賑饑，無少怠，其迫切爲民又如此。此所以有禱輒應也。

處士蕭𣂏，音“拘”。陝西奉元人。初出爲府吏，語當道不合，即引退。力學三十年，不求進。鄉人有暮行遇盜，詭曰：“我蕭先生也。”盜驚愕釋去。《元史》。

府吏之於當道，多趨迎之恐後，乃以語不合而引退，其志趣過人遠矣。三十年力學，使盜賊聞名而畏之，當非偶然。使當道能用其言，留之府曹中，人之感而爲善者豈少哉？

許衡，號魯齋。當元時徭戍繁迫，其舅氏適典縣史，魯齋從授吏事，參摭名議，考求立法用刑之原。久之以應辦宣宗山陵，州縣追呼旁午，魯齋代舅氏分辨。因執政方怒，舅氏不敢見，先生代爲應對。及還，嘆曰：“民不聊生，而事督責以自免，吾不爲也。”遂不復詣縣，而決意求學。《遺書》。

魯齋先生，繼孔孟之傳，倡明正學，配饗廟庭，乃其少時，亦嘗從授吏事，人固不可以流品限也。觀其參摭名義，考求立法用刑之原，以平執政之怒，於群吏中，早已鶴立雞群矣。太息一言，純是萬物一體之心。後來希聖根基，已具於此。凡百吏胥中，當自問有此心否。有則宜提醒之，推廣之，毋使爲利欲所漸滅也。

黄翊，字孟翔，新建人，通《春秋》，工屬文。元末，棄舉業，爲廬陵郡掾。性剛勁，不可回撓。事礙於法，輒抱案歷階而升，摘其語，與上官議，反覆相鈎連。上官怒，斥之，屹立不少動，已而卒如翊言。安城土豪暴甚，州縣畏之。一旦殺人，上下相目，莫敢逮。同列憎翊木強，倔強也。嗾使行。豪樹栅自固，翊命拔去。抵其門，惡少年數十，執刃，嘩而出。翊叱曰：“汝欲反耶？”少年曰：“反則不反。但汝足稍前，即刳汝腸矣。”翊曰：“汝主自殺人，何與爾事。顧乃同滅族耶？”少年色動。翊挺身呼而入曰：“汝即殺我！”少年皆投刃走。翊坐堂上，索豪。豪知事急，出見求解，且誘以重賂。翊佯諾之，與俱來，置諸法。人見翊，咸戟手曰："此健吏，不可犯也。"至正間，大盜起蘄黄，將及郡，郡二千石與官吏皆散走，翊獨立孔子廟堂盜獲之，知爲府掾，強之仕，使行官書。翊罵曰："死狗奴！我死即死，其能官於賊耶?"盜怒，反接於樹。綁著樹也。歷一日，意其自悔，抽刀礪頸曰："從則禄。不從，則血涴吾刃矣。"翊大罵，甚於初。賊砍首而去。宋學士景濂爲作《弔忠文》。《南昌府志》。

事有違礙，輒與上官力爭，必如其言而後已，惟其理之直也。衆人置之死地，而毅然竟行，制豪惡如犬豕，惟其氣之壯也。骨鯁本於性生，忠義蓄於平日，卒之見危授命，殺身成仁，大節皎然，爭光日月。當日之二千石長吏，對此能不愧死。

徐熙爲成都吏。運使李之繩專掩骼埋胔，積至千萬。熙共勤宣力。有金華街王生死而復蘇，述見冥官云："上帝鑒李之繩德葬枯骨，注充顯仕。徐熙襄力著勞，與一子及第。"後李三任御史中丞，熙子果及第。《感應事實》。

官司行一善事，率皆藉資於吏者也。當時李運使之吏甚衆，肯宣力此舉者獨徐，則徐亦有心人也。爲吏者無日不欲爲官宣力，但狐假虎威，營私害公，適足以賈禍受殃也。何不留意於此等事，爲積福種德之計耶?

吉州城内徐姓，遣婢送金釵還人。婢插頭上，中途墜地。城卒李姓拾之，因隨婢行，觀其所之。婢入人家，倉皇即出至江邊，欲投水。李急呵而問之。婢曰："主母性酷，適命送釵還人，中途墜失，必遭棰斃，不如先死。"卒還其釵，婢感謝。後婢嫁梅林渡村民爲妻。一日卒將登渡，婢力挽到家，沽酒款之。忽聞渡口喧噪，出視之，渡舟溺，人俱死。李卒以留故得全。《感應事實》。

一守城窮卒耳，拾釵不取，復尾隨而還之。原有一段扶危濟困之心，不僅於見利不取而已。若李止於失金之所坐待來索，而婢又不知釵失何處，婢命之亡也久矣。其後款留酒食，不過尋常之報施，竟成拯溺之大德。爲善之報，抑何巧耶？莫謂窮役中無善人也。

豫章大祲。新建縣一民，鄉居窘甚。家止存一水桶，售銀三分。計無復之，乃以二分銀買米，一分銀買信，將與妻孥共一飽食而死。炊方熟，會里長至門，索丁銀。里長遠來而饑，欲一飯而去。辭以無。入厨見飯，責其欺。民摇手曰："此非汝所食。"因涕泣告以故。里長急傾其飯而埋之，曰："若何遽至此？吾家尚有五斗穀，負歸以延數日。"民感其意而隨之，得穀以歸。出之，則有五十金在焉。民駭曰："此必里長所積償官者，誤置其中。渠救我死，我安忍殺之？"持金還之。里長曰："吾貧人，安得此銀？殆天以賜若者。"其人固讓。久之，乃各分其半，兩家皆得饒裕。《言行彙纂》。

胥役持片紙下鄉，百端苛索，雞犬不寧。豈知貧人之苦，至有求生不得者乎？若不因索飯喝破，傾而埋之，一家命盡，里長亦將受累矣。里長中多有與胥役朋比爲奸，吸民財物。獨此里長憐貧救死，又委曲贍以多金。里長固非常人，而鄉民雖極貧，不肯昧金，亦屬難得。故兩人皆化災爲福也。

李質，字文彬，德慶人。少爲吏，天資穎悟，器度宏偉，博習經史，明體達用。沉浮府掾中，日以澤物爲己任。元末，中原擾攘，質起義兵，捍鄉里。及德慶路陷，士民遑遑無所依戴，推質守之。質日夜浚城隍，繕甲兵，扼險要，以遏他寇，一路賴之以寧。時據鄉邑者，多刻剥殘忍。質嘗戒麾下，非遇敵，毋妄殺，或執敵人來獻，率給衣糧縱之。家富饒，急於賑施，貧者咸有所仰。及太祖定鼎金陵，質遂散麾下，全城歸附。上嘉其忠誠，慰勞再三，賚予優渥。就擢中書斷事，轉都督斷事，皆能執法，丞相都督咸敬憚之。升刑部尚書，尤慎於刑獄，盡哀憐之情。拜浙江行省參知政事，振紀綱，正風俗，勸農桑，興學校，舉遺賢，恤民隱，知無不爲，爲無不力。居五年，惠流兩浙，厥績以懋。嘗因乞歸省墓，上親揮翰賦詩以賜，復命藩憲諸臣宴餞漓江之滸，人莫不以爲榮。《掾曹名臣録》。

當鼎沸魚爛之日，而能捍衛鄉里，寬仁好施，其有德於斯民甚厚。歸朝後，所居稱職，勛績燦然。何莫非浮沉府掾時所講明而切究者哉？

單安仁，字德夫，鳳陽人。少爲府吏，晝夜以洗冤澤物爲事。元末，江淮兵亂，安仁集義兵保鄉里。時群雄四起，安仁嘆曰："此輩皆爲人驅除耳。王者之興，當自有别。"及聞太祖定集慶，乃曰："此誠是已。"率衆歸附。太祖悦，命守鎮江。嚴飭軍伍，敵不敢犯。移守常州，其子叛降張士誠，太祖知安仁忠謹，弗疑也。久之，遷浙江副使。悍帥横斂民，名曰寨糧，安仁置於法。進按察使，入爲將作卿，尋擢工部尚書，仍領將作事。安仁精敏，多智計，諸所營造，大小中程，甚稱帝意。逾年，改兵部尚書，請老歸家。居常奏請浚儀真南壩，至朴樹灣，以便官民輸挽。疏轉運河江都深港，以防淤淺。移瓜州倉廒，置楊子橋西，免大江風潮之患。帝善其言。再授兵部尚書，致仕。卒年八十五。同上。

凡開國時，率衆款附之人，能始終保全者少矣。此獨以功名善終，固由其忠謹所孚，亦向日洗冤澤物之報也。

王愷，字用和，太平當塗人。幼有大志，沉酣六經諸史。應公府之辟，爲府史，疏讞獄訟，人服其平。太祖取江南，兵臨當塗，召至幕府，命爲掾，參決戎事。王師下建業，又下京口，民新附，杌隉不安，愷撫慰之，始定。升左右司都事。遇事善於彌綸，日以薦賢爲先，元戎宿將咸器倚之。積功擢左司郎中，總制衢州軍民事。增城浚濠，置游擊軍，墾廢田，兵食并足，威信大行。民饑疫，則出倉粟以賑。修惠濟局，居藥以治病者，所生全不可勝數。學校廢於兵，愷爲浚泮池，築杏壇，建極高明亭，設博士弟子員。孔子家廟之在衢者，亦爲新之。退食之暇，集薦紳之徒，劘切道藝，人士翕然悦服。後婺帥劉震等爲亂，欲擁之而西。愷正色叱曰："吾天子大吏，義當死。寧能從賊反邪？"賊初縮首不敢犯，拘繫一日，而駡賊聲逾厲。命左右取酒引滿，竟日達夜，旁若無人。賊知不可屈，遂刃之。上親爲文祭奠，贈當塗縣男。同上。

天下甫定，汲汲以招撫流亡、薦賢興學爲事，可謂深知治本者矣。功業既就，忽爲亂賊所劫，從容赴義，視死如歸。有決策定亂之功，自有生榮死哀之報。孰非從府史中講求得來者耶？

王堂，字維政，紹興諸暨人，七歲能賦詩，讀書日記千言，終身不忘。洪武初，堂父以元故官，謫濠梁，堂侍行，躬勤孝養。後奉父還鄉，辛苦闢草萊，治田廬。有詔發兵民築沿海城邑，令推堂爲吏。堂就役，撫馭規畫，悉有條理，民不困而事先集，吏之率兵民者多效法焉。有司以賢良舉，送堂至京。因奉命使蜀，還奏稱旨。得疾歸，時太康王師魯爲浙江布政使，所用簿書史，必慎簡賢良知名之士，遂采輿論，舉堂爲掾，凡所言與行，皆愜王公之意。被檄督賦嘉興。有推官不職，不爲堂所禮，銜之。推官後坐賄，下京獄，誣詞連堂。逮至，誣竟直。未出京，病卒，以子珏貴，贈翰林院修撰。堂自少負邁往之志，操執剛正，議論高明，素欲有所見於世，未及大施用，衆咸以爲宜有子云。同上。

一吏之微，能撫馭兵民，指揮如意，固其才識幹練，亦誠意足以相孚也。雖以掾終,未竟其用,而後嗣貴顯,名列清華,所謂不於其身,必於其子孫者耶?

劉敏,河間府肅寧縣人。爲中書吏時,暮以小車出市蘆葦,旦載於家,而後入録事。妻以蘆織席,鬻以奉母。人或瞯亡,以絹帛瓦器遺其家者,敏懸於梁,候其復來,竟還之。爲楚相府録事,值中書以没官婦女給文臣家,衆咸勸其請給以事母。敏固辭曰:"事母乃子婦事,何預他人?"及胡惟庸謀反事覺,敏獨無所與,人稱其有行識。洪武十三年,由工部侍郎轉刑部侍郎。同上。

人所遺之絹帛瓦器,官所給之婦女,似於義可受,而劉君獨一無所取,寧甘刻苦自勵。古人所謂淡泊明志,寧静致遠,何多讓焉。後之免禍患而躋通顯,實基於此。

萬鋼,字仕堅,南昌人。少曾爲吏。洪武中,應聰明正直薦。高皇帝問曰:"天下何人快活?"諸選人對皆不稱。鋼從容對曰:"畏法度的快活。"上曰:"朕改一字。守法度的快活。"即授廣平府同知。有惠政。鑿石改道,石上有文曰:"萬鋼改路南行。"人咸異之。廣平民爲之立祠。《南昌府志》。

畏法度,纔肯守法度。能守法度,則理得心安,災害日遠,魂夢常寧。諺所謂"半夜敲門不吃驚"者,豈非極樂境界耶?鋼自幼從事公門,於天理王法,實在有一番體驗,故能爲此語,實千古不易之論。明太祖改一"守"字,覺漸近自然。要其吃緊處,全在"畏"字也。公門中無不知法度之人,止因不畏法度,遂至常常干犯。律有知法加等之文,無非使其知所畏耳。試看不畏法度者,貪一時之微利,喪一己之天良,一旦破敗,刑辱立至。即使倖免旦夕,而風吹草動,無非驚悸,有不長懷戚戚者乎?吾願爲吏胥者三復斯言,常從一點畏心去尋樂境也。

洪武永樂間,蘇郡有人爲嘉定縣吏,其鄉人以事註誤至縣,潛白吏,求助直之。吏曰:"今自郡守下至縣首領官,皆廉公奉法。吾曹亦革心戒謹，敢私出入文牘耶？然若事既直，汝第公庭實對，決無枉理。”後果獲昭雪。鄉人感吏情，以米二石饋之。吏堅辭，鄉人不肯持去。吏乃曰：“吾爲鄉曲故，爲君受一斛。”其人別去。後半載，吏假歸，以原粟奉還鄉人之母曰：“此若兒向寄我處，今以還母。”《近古録》。

有理之訟，一入衙門，吏胥方故爲恐嚇，或因以爲功，或探官長之意，以神其招攬需索之計，此衙門人慣技也。兹獨聞心見誠，勸其以實具對，又慰以官長必無枉理。如此舉止，何等光明正大。惟其事前絶無所爲，故事後亦堅不受謝，蓋始終一點主持公道之良心耳。衙門中得如此者數人，愚懦之受害者少矣，吏胥之造福者亦多矣。

龔翊，字大章，昆山人。年十八，爲門卒，守金川門。靖難兵由金川門入，翊大哭。宣德中，巡撫周忱，兩薦爲昆山太倉學官。謝曰：“翊仕無害於義，恐負往日城門一慟耳。”竟隱終身。門人私謚爲安節先生。《藏書》。

龔生身爲門卒，非有朝廷知遇之感，非有股肱一體之義，城門一慟，殆發於天性之所不容已也。其後兩薦不起，高隱終身，孰謂下卒中無節義之士哉？

李友直，字居正，保定清苑人，爲北平布政司掾史。成祖初奉藩燕國，建文廷臣，有因齊藩不法，遂建議凡藩國所在，更置守臣。於是擢張昺爲北平布政使。昺至，日求王府細事，將爲不利。友直密聞於成祖。靖難兵起，遂擢用焉。友直質樸直亮，知無不言，甚見嘉奬，日益信任。出理餉運，入嚴城守，率以命之。初授北平布政司右參議，後累升工部尚書。爲人坦夷闓敏，雖不與物競，而持己正直，亦不屈於物。有恤人之心，施濟弗吝。與人言，必歸於忠厚。有之官往辭者，必勉以愛民之政。《掾曹名臣録》。

當燕藩未有釁端，而守臣推求細故，將爲不利，友直之以實告，亦見其公正也。至於坦懷接物，不激不隨，官必勉以愛民，言必歸於忠厚，非獨優於材，而且豐於德矣。

徐晞，字孟晞，江陰人，在縣三考皆兵房。有戍絶勾丁而誤及者，其人祈脱，貧無可饋，具酒食，令妻勸觴而出避之。妻有麗色，晞絶裾而走，徹夜具文移脱免。他事類此。由佐貳起家，累遷至兵部郎中。時同官一主事，每向胥曹輒駡，意在晞，晞不爲動。後主事歿，晞爲棺殮送歸。正統初，授兵部右侍郎，鎮涼州莊浪諸要害地。遷南京户部左侍郎。會征麓川，晞往督饋餉。凱還，以功升兵部尚書，卒。晞謙德有容，處事惟慎，士論以此多之。子訥，舉賢良，終尚寶司丞。訥子世英，以薦授中書舍人，累官南京通政司左通政。同上。

救人而拒非禮之饋，方是真能救人。容人而施不報之恩，方是真能容人。即此二事，便見大臣風度，斷非凡瑣之器也。人欲有所樹立，當先從品行端方、居心長厚始矣。

況鍾，字伯律，江西靖安人。始爲吏，以薦授主事，遷郎中，擢蘇州守，授璽書，假便宜從事。初視事，陽爲不解事者。諸吏抱案牘，環立請判。鍾左右顧問吏，吏所欲行止，輒聽，而諸弊蠹悉識之。吏喜，謂太守易欺。三日，召詰之曰：某日某事，汝作如此擬，應竊賄若干，某日某如之。群胥股栗不敢辨。命引出六人，即庭下擲殺之。郡中謂太守神威，咸畏法不敢犯。乃掃剔諸宿蠹，置通關勘合簿，防欺詐，痛繩衛卒之爲暴横者。又籍民善惡名，而榜列之示懲勸。令民婚喪必以禮，諭告反覆，而校督其不如命者，威禁大行。疏減重賦官田，募民開墾荒田，以抵糧額。罷平江伯董漕，歲取民船五百艘，辨誣軍，修河港。凡所論列，悉允施行。民困盡蘇，逃移復籍。復與周文襄畫收糧法，建濟農倉。置綱運簿，防運夫侵盜。置館夫簿，防非禮需索。綜理周密，而行之又甚不難。大抵鍾爲治，專戢豪狡，撫善良，至寒門下士，挾片藝，皆獲收，故吏畏民安。述職，錫宴賜詩。九載滿，民上章乞留者八萬人，詔進正三品俸，仍視府事。卒於官，吏民聚哭，爲立祠焉。同上。

爲胥吏者，一有輕視其官長之心，便作奸骩法，靡所不至，況公所爲，懲一以警百也。數人雖斃，而人知畏法，所保全者多矣。迹其摘發奸伏，設立條教，繁簡得宜，旌善罰惡，勸懲悉當。減煩重之賦，而民蘇困累。立收糧之法，而吏無侵盜。要皆爲吏時，熟悉利弊，見之真，故行之力也。至今江南人，猶稱爲況青天，婦人稚子，無不知之。設專祠於學宫之内，春秋致祭。其遺愛在人如此。

黄子威，名輅，以字行，江西進賢人。少爲吏員，以薦署屯田主事，改長洲縣丞，涖政勤敏，省刑罰。升刑科給事中，遷刑部員外郎。吴淞大澇，蹇夏二尚書交薦，擢松江知府。首蠲秋税，出廪給賑，請收古錢而罷鑄役，請免解京繕造材，民賴以蘇。在郡廉能明斷，治松者皆莫能及。以喪去官，松民乞留。巡撫胡概以聞，上謂蹇尚書曰："松江煩劇難治，渠能得人心如此，從之。"後以詿誤謫戍邊，民復請得宥，還職。久之老郡中，至今祠祀焉。《南昌府志》。

觀黄公爲政，省刑罰，蠲秋税，出廪賑給，請罷鑄役，免解京材，種種皆及民善政。良由爲吏時，目擊民間苦累，無過於此，故一麾出守，行而宜之，民受其惠也。黄與況同爲江西吏員。蘇州、松江同爲江南劇郡，號稱難治。二公治行冠絶前後，至今皆有祠祀，誠千秋佳話哉。

平思忠，吴江人。初爲縣吏，永樂中被薦，授禮部主客司主事，進郎中。時帝方事招懷，主客務方殷，思忠有精力，事皆立辦，尚書吕震特器之。俄以事下獄，北使入貢，他任主客者多不稱旨，震因以思忠爲言，即日赦復其官。時以給事楊弘爲陜西布政，欲使清强有力者；伺察之，遂拜思忠陜西參政。未幾爲人所誣，謫戍北邊。會市馬西域，詔釋其戍，給冠帶，使夷蕃諸國而還。後卒於家。初，郡守况鍾官主客，與思忠有交承之分。至是數延見思忠，執禮甚恭，且令二子給侍，曰："非無僕隸，欲使兒輩知公爲吾故人爾。"其見敬如此。然思忠居貧自守，未嘗以事干鍾，人尤多之。《掾曹名臣録》。

平君爲人，大率清剛耿介，不逐時趨者。故入仕後，再起再廢，不能一日安於朝。至其退居里門，雖與太守有布衣之舊，亦復遠嫌自重。此等人，爵禄不足以動其心，况公門中非義之財哉？

鄭牢，廣西府吏。凡鎮帥初至，土官率饋獻爲故事。帥受之，即爲所持。征蠻將軍山雲始至，聞牢剛直，召問曰："饋可受乎？"牢曰："潔衣被體，一污不可湔。將軍新潔衣也。"雲曰："不受，彼且生疑，奈何？"牢曰："黷貨法當死。將軍不畏天子法，乃畏土夷乎？"雲曰："善。"盡卻饋獻，嚴馭之。由是土官畏服，調發無敢後者。牢嘗逮事征夷將軍韓觀。觀醉，輒殺人。牢輒留之，醒乃以白。牢爲士大夫所重，然竟以隸終。《明史》。

官衙中於不應受之饋獻，因恐人之自疑而亦受之者，大抵皆黷貨者巧於借詞之故智也。牢以潔衣爲喻，而斷之以天子之法，可謂要言不煩矣。具此卓識，平日所以自律者可知。更能存心救人，遇威嚴好殺之帥，而曲行其保全民命之仁，其功德尤無量也。雖以隸終，而名標青史，流芳百世，食報不已厚乎？

楊旬，夔州吏。子椿，年二十四，大魁天下。太守命旬解職。旬曰："念旬爲吏四十年，家無餘貲，惟留下三個慳囊，乞取來開看。"第一個，有三十九文大錢。第二個，有四千餘文中錢。第三個，有萬個小錢。太守問故。曰："每論獄囚，遇有入輕爲重者，從死罪請改流罪，即投一大錢。從流罪請改杖罪,即投一中樣錢。從杖罪改放,便投一小錢。今日旬男中天下都魁,皆此慳囊所積也。尚敢舍公門而自放逸哉?”《感應篇》注。

按獄問罪,主張原在官司,然承行之吏,苟肯悉心體究,亦可以助官司所不及察。楊公爲吏,將所平反罪囚,逐一登記,足知其四十年中,孜孜汲汲,以此爲事,苟可矜全,不惜心力。故能積至一萬數千之多,名曰慳囊,所得多矣。彼同時之吏,必有舞文骫法,谿刻是尚者,錢財雖可飽囊,罪孽擢髮難數。與此慳囊,直是人鬼關頭,豈止禍福分途而已耶?

楊時習,江西豐城人。初爲吏,後爲大理卿虞謙屬官。仁廟時,虞謙奏事。侍臣有言此當榻前密請旨,不當於朝班敷奏爲賣恩者。又有言其屬官楊時習先導之密陳,而謙不從者。遂降謙爲大理寺少卿,而升時習爲卿。其後大學士楊士奇奏對,言:“外間皆云時習實無先導之言。時習是臣江西人,亦親語臣本無此言。今冒居卿位,慚懼不安。”士奇又言:“謙歷事三朝,頗爲得大臣體者,且今所犯小過。”上曰:“吾亦悔之。”因問時習其人若何。對曰:“雖起於吏,然明習法律,公正廉潔。”上喜,乃復虞謙大理卿,授時習交阯按察使。時習居官,盡心王室。交人黎季犁官京師,求歸祭掃。時習知其將爲變,連疏請留之,不得。後果叛。同事者皆署降狀,時習獨不屈,懷印歸朝,至則已籍其家矣。及檢得前疏,乃復官。《掾曹名臣録》。

虞謙奏事忤旨,而時習以之得卿,所謂不虞之譽也。在常情方居之不疑,而時習慚懼不安,且自明其實無先導之言,即此見其舉止光明,居心廉退矣。至於識變幾先,克全晚節,其卓見尤不易及耳。

王得仁,名仁,以字行,江西新建人,本謝姓。初爲衛吏,宣德間,授汀州府經歷,廉能勤敏,上下愛之。時衛官卒横甚,輒笞殺府隸。得仁按奏,置之辟。中官入閩,索府縣金。

得仁遽欲上聞，其人踉蹌而去。秩滿當遷，軍民數千人乞留，詔增秩再任。旋擢本府推官，數辨冤獄，卻饋遺，政績益著。沙仁賊陳政景反，得仁與守將擊敗之，禽政景等八十四人。諸將議窮搜，得仁恐濫及無辜，下令招撫，辨釋難民三百人。都指揮得通賊者姓名，將按籍行戮，得仁力請焚其籍，民多自拔歸。俄遘疾，衆欲舆歸，得仁不可，曰："吾一動，賊必長驅。"乃起坐帳中，諭將吏戮力平賊，遂卒。汀人哀慟，以祠祀請，從之，賜額曰"忠愛之祠"。子一夔，天順四年狀元，奏復謝姓，累官工部尚書，贈太子少保。同上。

由吏員而爲經歷，官卑職小，絶無依傍，乃能執法不回，使横卒伏辜，中官喪膽，非識力堅定，未易及此。迨奮力行間，而處處以救人爲念，全活甚衆，此其仁心爲質，又非徒以强幹爲能者也。享身後之榮，而篤子孫之慶，宜哉。

熊尚初，南昌人。宣德間，初爲吏。以才薦授都察院都事，轉經歷。正統末，升泉州知府。剛方廉謹，有善政。會沙寇鄧茂七猖獗，尚初奉檄監軍，不旬日，降賊數百人。明年寇逼境，守將不敢禦。尚初率民兵討之，拒於古陵坡，中流矢卒。郡人立祠祀焉。《南昌府志》。

剛方廉謹，士君子所難。熊以吏員而能兼之，尤不易得也。監軍討賊，不旬日而降者甚多，其威信遠矣。使非中道蹉跌，勛業豈可量哉？

胡鼎，字宗器，福州侯官人，總角穎悟，修潔寡言。其父嘗曰："兒不凡，宜以學顯。"因資遣之。鼎既游庠序，未幾棄歸。時憲府謀辟從事，諸從史相與言："如胡某不宜掾耶？得胡掾者，宜增重。"爭羅致鼎。鼎之在憲署也，志弗爲貶，益樹奇操，人不敢干以私。嘗從孫僉憲分司於泉。孫凶惡而貪𩝐，莫敢與計事。前後從史，不相能者，反爲所中。鼎摘其奸利骫法，詣闕飛章劾之，孫竟得罪。諸長佐每視鼎盱眙，曰："斯吏胸藏陽秋，吾可弗自檢哉？"由憲府三最，内選叙用。鼎爲主掾，掌牋奏，識典故以決群疑，咸服其能。會尚膳監選清慎史，遂得官七品，階從仕郎。鼎晨入暮出，進止有常所，既執禮度，而儀觀清偉，青宫見而咨羨之。性謹密，内有事，未嘗言於外。或問之，直曰："所職上用，有司存焉。他吾不知也。"退直無事，焚香振書，衣冠兀坐，神情翛然，如在物表。賓客非故知，莫與往來者。蓋在兩京獨處者十餘年，而人見之常如一日焉。《掾曹名臣録》。

吏，畏官者也，苟能正直無私，則官反畏吏。以是知公道在人，不以勢位殊也。觀胡君之居官清慎，雅有儒者之風，又非徒以强幹爲能者，賢者之不可量如是哉。

曾仍，字弘宗，福建莆田人。六歲失怙，日夜泣，水漿不入口。比長，禮度循習，應辟爲藩臬從事，矢心任公，持法惟謹。方伯廉訪而下，咸器愛之。既事，得冠帶，待次銓曹。時知府林慈、知縣張朝、教諭黄暹相繼客死於京，仍悉爲之棺殯，經紀倉猝，而不愆於禮。教諭病且革，囊白金三十二兩，置仍袖中，曰："僕輩非所托，其幸藏諸。"時無復與聞者，仍以虞患不他告。久之，完金授其子曰："此屬纊時寄也。"鄉翰林學士林瀚庵聞之，嘉其誼，語同列曰："掾之行顧爾，吾儒庸有弗及者乎？"遂相與定交。任浙江小鹿巡檢。屬歲饑，民多亡匿爲盜。仍安輯勞來，伺其長而尤者，還致之。發擿如神，盜用遁去，境賴以不擾。越三歲，致政而歸。同上。

居家而孝，從事而忠，人方攫金，此獨還金，不欺暗室之中，克敦友朋之誼，居然聖賢一路人。林學士謂吾儒有弗及，信然。

劉本道，常州江陰人，少嗜學，有才略。由掾史見知於靖遠伯王驥，引置幕下。奏授刑部照磨，從征雲南，凡戰克攻守之策，多咨訪之。正統中，閩賊猖熾，命寧陽侯陳懋往討，尚書金濂綜理軍務，以本道識達，請以自隨，軍中事宜，悉以委之。本道盡心戮力，活脅從者萬餘人，放還婦女八百餘口。凱旋，升户部員外郎。景泰中，西北二邊境民不能生，本道奏請給價買牛二千頭，并易穀種與之。貴州邊倉侵糧事覺，展轉連坐，推本道往治。不逾月，積弊洞徹無遺，且立法以爲治規。時苗賊作亂，本道遺書總兵官李貴，貴如計討平之，奏上其功。本道曰："吾職在糧儲，用兵乃分外事也。"固止之。竣事還，上嘉其廉能，進户部侍郎，總督糧儲，興利除弊。上復賜二品服以寵異之。同上。

掾史嗜學有才略，屢贊軍務，著績邊疆，經濟卓然可觀。尤難得者，能活脅從萬餘人，放還婦女八百餘口，救濟宏多，陰功莫大。宜其以小吏而位躋卿貳，名垂史册也。

賈斌，商河人，山西都司令史也。景泰時，懲王振蒙蔽，大闢言路，吏民皆得上書。斌乃疏言宦官之害，引漢桓帝，唐文宗，宋徽、欽爲戒。且獻所輯《忠義集》四卷，采史傳所記直諫盡忠守節之士，而宦官恃寵蠹政，可爲鑑戒者附焉，乞命工刊布。禮部以其言當，乞垂鑑納，不必刊行。帝報聞。《明史》。

有明閹寺弄權，流毒最酷。景泰時，雖懲王振之事，大闢言路，而根本未拔，餘焰方張。斌以一令史抗疏直陳，且以古來忠臣義士，及宦官之蠹政者，臚列以獻，深得古大臣忠君愛國之體，惜其書未得刊行也。

廣東吏張褧，以詿誤爲布政使陳選所黜革。時番禺知縣高瑶，發市舶太監韋眷通番贓巨萬，選以聞諸朝。眷挾恨，因誣奏選、瑶朋比爲貪墨，詔遣刑部員外李行同巡按御史徐同愛訊之。眷意褧必怨選，引令誣證，褧堅不從。執褧拷掠，終無異詞。行、同愛畏眷，竟坐選如眷奏，與瑶俱被徵。途中選病，行阻其醫藥，竟卒。褧聞選死，上書爲選訟冤。其略云："臣本小吏，詿誤觸法，被選黜罷，實臣自取。眷意臣憾選，厚賂啖臣。臣雖胥役，敢昧素心。眷知臣不可誘，嗾行等逮臣致理，考掠彌月。臣忍死籲天，終無異口。行等乃依傍眷語，文致其詞。選故剛正，不堪屈辱，憤懣旬日，嬰疾而殂。行幸其殞身，阻其醫療，訖命之日，密走報眷。小人佞毒，一至於此。臣擯黜罪人，秉耒田野，百無所圖，誠痛忠良含屈，而爲聖朝累也。"書雖不報，天下高其義。同上。

官衙胥吏，凡被官司責革者，官司去任，摘其短而飛誣之，此中豈復有是非公論耶？褧被選黜，及選被誣，引褧爲證。以常情論，此正可報怨之時，況重以中官之權勢乎？乃褧誘之以利不動，脅之以刑不改，且侃侃正論，爲選身後訟冤。彼李行、徐同愛，固所稱士大夫也，而枉法媚奄，顛倒曲直，有愧於褧多矣。褧以被黜小吏，所上一書，載在正史，奕世傳誦，豈非偉然丈夫耶？

張昭，天順初爲忠義前衛吏。英宗復辟甫數月，欲遣都指揮馬雲等使西洋，廷臣莫敢諫。昭聞之，上疏曰："安内救民，國家之急務。慕外勤遠，朝廷之末策。漢光武閉關謝西域，唐太宗不受康國内附，皆深知本計者也。今畿輔山東，仍歲災歉。小民絶食逃竄，妻子衣不蔽體，被薦裹席，鬻子女無售者。家室不相完，轉死溝壑，未及埋瘞，已成市臠，此可爲痛哭者也。望陛下用和番之費，益以府庫之財，急遣使賑恤，庶饑民可救。"奏下公卿博議，言雲等已罷遣，宜籍記所市物俟命。帝命姑已之。同上。

昭爲衛吏，而能極陳災傷之狀，沮人主好大喜功之思，識見閎遠，詞義激切，當時廷臣，愧此多矣。民間困苦，摹寫曲盡，讀之驚心慘目，與古之繪流民圖以獻者，寧有異哉？

餘杭蔣嘉，家貧棄儒，從刀筆爲郡吏，藉之養親，事祖母、繼母至孝。人以冤苦投，無不救解。成化二年，一夕暴卒。至廣廷中，見主者呼曰："汝壽當終。念汝事親純孝，篤性懇至，況復公門積德，許回生，增壽三紀。夫公門案牘，奉公守法，勿以賄賂未得，置而不行。勿以舞文弄法，乘威嚇詐，加意苛求。勿圖報，勿務名，勿辭難，勿始勤終怠，耐心委曲成就而後止。若力量不能，亦要勤勤懇懇，使寸心無愧。蓋拯彼患難，全彼身名，救一命，活一家，不特一人所關，實其祖宗父母相延之興廢也。況鍾九載黄堂，政治丕顯，徐晞財色不苟，濟困扶危，歷官二品，楊旬減囚積德，子奪大魁，皆案牘中所爲，得此顯榮特報。則而效之，福報不爽。"嘉以此言敬録於廳事。其後濟人益力，由吏曹辦事，得陶文襄之舉，歷官憲副。子儼，登第。儔，鄉舉。僖，名儒。嘉壽至百歲①。

蔣君爲吏，敦孝積德，死而復生，爲善之報，已云不爽。尤可幸者，主者所言，入情入理，步步着實。覺案牘中有許多方便利濟之道，隨人可行，隨地可施，實公門中萬金良藥也。蔣君因此益加力行，遂以致富貴顯榮之報。願爲吏胥者，將主者此言揭之壁間，以爲朝夕之警焉。

商輅之父，爲嚴州府吏，平生周急濟危，容過憫孤，積善好施，人多稱其隱德。在吏舍，嘗勸群吏奉公守法，不可舞文害人。諸縣囚解府者，公委曲申救，多所全活。一夕太守遥見吏舍有光，翌日問群吏家，夜來有何事。對曰："商某生一子。"太守異之，語其父曰："子必貴。"命抱來看。看訖，命張

① 其下原有墨釘。

黄羅傘伏送還家，即輅也。後三元及第。《人生必讀書》。

一人之施濟有限，能勸群吏人人爲善，方是無量功德。人徒羡三元爲曠世所希，不知皆其父自爲府吏時，積累所致也。

顧芳，弘治初年間，爲太倉吏典。凡迎送官府，停泊於城外賣餅江溶家。後溶被盜誣，至下獄。芳集衆訴其冤，遂得釋。溶以貧不能報，願將十七齡少女送顧芳爲妾。芳固卻之不可得，暫留月餘，使妻具禮送還之。後江溶益窘，鬻女於商。又數年，顧考滿赴京，撥韓侍郎門下辦事。一日侍郎他往，顧偶坐前堂檻下，聞夫人出，趨避。夫人見其貌，似昔日恩主顧芳。使婢問之曰："君得非太倉顧提控明制，一品衙門，吏曰提控。乎？"顧曰："然也。"夫人跪而拜，乃言曰："是吾恩主也。吾受君之賜，復賴某商以女相畜，嫁充相公少房，尋繼正室。今天幸相逢，當爲相公言之。"侍郎歸，乃備陳首末。侍郎曰："仁人也。"上其事於朝。孝宗稱嘆，命查何部缺官，遂除芳禮部儀制司主事。生三子，皆中高第。享年百歲。同上。

明其冤而卻其報，全是一片至誠之心，何嘗逆料此女之必貴，且有相遇之日哉？惟無望報之心，而後之獲報乃愈奇。甚矣，善事之當爲，天道之不爽也。

王文莊公鴻儒，甫成童，作書端勁。以貧依親屬爲府史者，從治文書。郡守段公堅見而奇之，留居府中衣食之，親課其業，遂入郡學爲諸生。提學副使陳選，嘗識其文曰："是經世之文也。"居鄉試第一，成進士。授南京户部主事，遷山西提學副使。劉忠宣公薦於孝皇，歷遷吏部左侍郎。以甄拔爲己任，崇獎實行，不純采虚名。嘗曰："濟天下事，惟誠實者能之。趨名者亦趨利也。不見夏忠靖、王鹽山乎？唯知有朝廷而不知有親黨，唯知有天理而不知有身家。如是，社稷生民乃攸賴云。”《近古録》。

士之能書而貧難自給者，爲人傭書，猶是以筆代耕，硯田糊口之事，如今之貼寫清書，皆此類也。此中豈無有志之士，毋遽目爲賤役凡夫事也。文莊公之志行卓卓，何嘗以傭書稍爲貶損哉？

鄭某，號樂泉，福建莆田人。父珏，郡學生，將貢而斥落。爲藩司吏，官龍泉典史。九載滿職去。有惠政，民懷之。樂泉事父孝。長游燕趙間，遇賊，以己金予之，而完鄉人所寄之金。寄者請分，固卻不受。同上。

明制，生員被黜者，罰充書吏。鄭以微員而有惠政，所去見思，愈於坐守一氈，無所短長者矣。子孝且義，其流澤豈有既耶？

蔚能，陝西朝邑人。起家吏員。由光禄寺典寺卿，進禮部右侍郎。在光禄三十餘年，未嘗持一禁臠歸家。嘗偕僚聯名疏請查入内供應器皿。下禁獄，問所繇。能奮曰："上怒不可測。能老矣，當獨任，不以累諸公也。"降官，未嘗有後言。《藏書》。

事當群情畏避之地，公道一時難明，有人能擔當一分，則受庇者不少矣。蔚公只此一節，亦足知其平日爲吏，存心利濟，非沾沾一身之計者也。

楊自懲，鄞縣人。初爲吏，存心仁厚。時令好苛刻，自懲常爲寬解，不使含冤。日久，令大信之。家甚貧，私遺一無所受。而囚人在禁無食者，撤己食之粥以濟之。令鞫事，常怒一罪人。自懲從旁請曰："如得其情，哀矜勿喜。喜且不可，何況於怒？"令爲之霽威。生子守陳，吏部侍郎，謚文懿。次守阯，吏部尚書。孫茂元，刑部侍郎。茂仁，四川按察使。俱以名節著。今科第猶綿綿不絶，此上天福善之不爽也。《迪吉録》。

一片哀矜惻怛之心，隨處而施，故能使大令信服，而全活甚多，宜子孫之鼎盛也。爲書吏而欲昌厥後，當以此爲法。

黄岡王思旻爲縣刑房吏，有被盜誣者陷獄中，王心知其枉，力言於令，獲釋。思旻後以三考爲泰州判官。歲大水，值巡方御史至，思旻具饑民册，求請發賑，御史弗許，王抱册投水中。御史憫其意，令人急拯之，允所請。丁憂歸，卜葬山中，見一處形勢完美，恐不能得，徘徊久之。遇前被誣者曰："此非王恩人乎？何爲至此？"語之故，且指其處。曰："此我家山也。吾荷再生恩，豈惜此一抔土乎？"遂捍葬焉。孫濟，進士，官參政。曾孫廷瞻，官大司寇。廷陳，官翰林，與李夢陽、何大復等號稱"嘉靖七才子"。至今科第聯綿。《黄岡縣志》。

王之脱人於獄，特心知其冤而白之，非爲買山計也。其人雖感激，亦不知此山之可以報王也。十餘年後，兩相需而適相遇，似冥冥中有陰相之者。語云"陰地由於心地"，於此益信。身在官衙，此等被誣於盜之事，所見不少，盍惻然動念爲之解救，培此方寸善地，比之百般計巧以圖吉壤，不且逸而有獲耶？

徐一元，字在川，昆山人，任交河主簿。先曾在嚴文靖公幕，因三吴大水，爲草《蠲糧疏》上之，得請，全活數百萬人。後子孫皆貴。至五世孫乾學，庚戌探花。秉義，癸丑探花。元文，己亥狀元。同胞三及第，從古未有，人以爲世德之報云。《配命録》。

玉峰徐氏，兄弟甲科，一門鼎盛。其先世積德行善，定非一端。此事載《配命録》中，與家乘相合，尤信而有徵者，故并録之，以爲世勸。凡地方水旱災傷之事，動關民命。官司雖有職掌，而心力或多不周。身在公門者，果能盡心籌畫，力圖救濟，雖無顯名，必有厚報。此正所謂陰德也。

萬歷戊戌狀元趙秉忠，父某，作邑掾。有襲蔭指揮繫冤獄，趙力出之。指揮感極，無以爲報，請以女奉箕帚。趙摇手曰:“此名家女,使不得。”強之。又曰:“使不得。”如是再四,竟不從。後其子上公車,途有拊其輿者曰:“使不得的中狀元。”如是者再。及第歸,語其父。父太息曰:“此二十年前事,吾未嘗告人,何神明之告爾也?”《丹桂籍》。

救人之冤甚力,卻人之女甚堅,掾吏中之忠信而正直者也。子中大魁,而若或示之符契,正以見天不負善人。雖未嘗告人之言,鬼神無不陰識之也。

徐珪,應城人,爲刑部典吏。先是千户朱能以女滿倉兒付媒者,鬻於樂婦張,紿曰:“周皇親家也。”後轉鬻樂工袁璘所。能歿,妻聶訪得之。女怨母鬻已,詭言非己母。聶與子劫女歸。璘訟於刑部郎中丁哲,員外郎王爵訊得情。璘語不遜,哲笞璘,數日死。御史陳玉、主事孔琦驗璘尸,瘞之。東廠中官楊鵬從子嘗與女淫,教璘妻訴冤於鵬,而令張指女爲妹,又令賈校尉屬女亦如張言,媒者遂言聶女前鬻周皇親矣。奏下鎮撫司,坐哲、爵等罪。復下法司錦衣衛讞,索女皇親周彧家。無有。復命大臣及科道廷訊,張與女始吐實。都察院奏哲因公杖人死,罪當徒。爵、玉、琦及聶母女,當杖。獄上,珪憤懣抗疏曰:“聶女之獄,哲斷之審矣。鵬拷聶,使誣服。鎮撫司共相欺蔽。陛下令法司錦衣會問,懼東廠莫敢明。至鞫之朝堂,乃不能隱。夫女誣母,僅擬杖。哲等無罪,反加以徒。輕重倒置如此,皆東廠威劫所致也。臣願陛下革去東廠,戮鵬叔侄并賈校尉及此女於市,謫戍鎮撫司官極邊,進哲、爵、琦、玉各一階,以洗其冤。臣一介微軀,知禍必不免。顧與其死於東廠鎮撫司,孰若死於朝廷。願斬臣頭以行臣言。”帝怒,下都察院考訊。抵以奏事不實,贖徒還役。時孫磐以進士觀政在部,上疏,謂:“近諫官以言爲諱,而非寵倖,觸權奸者，乃在胥吏。臣竊羞之。”珪後以薦授桐鄉丞，歷贛州通判，以平盜功，擢知州。《明史》。

直道自在人心，朝野豈無公論。惟持禄保位之心勝，遂致依違顧忌，明知其非而不敢言。徐君一刑曹吏耳，絶無顧忌，痛切指陳，存天下是非之公，正國家刑罰之失。典吏之名，榮於公卿臺諫矣。

吴成器，休寧人。由小吏爲會稽典史。倭三百餘劫會稽，爲官軍所逐，走登龕山。成器遮擊，盡殪之。未幾，又破賊曹娥江。擢浙江布政司經歷，旋授紹興通判。論功，進秩二級。成器與賊大小數十戰，皆捷。身先士卒，進止有方略。所部無秋毫犯。士民率於其戰處立祠祀之。同上。

成器禦寇立功，居然將帥之才，而出身亦由小吏，是胥曹中不惟可以習吏治，并可以講武略也。其所以每戰必克，士民愛慕者，尤在於秋毫無犯。孰非本平日好行方便、不肯妄取之心所推而暨之者乎？

猗氏人原良相者，性愿謹。明末爲倉老人。受郭某交代，皆平斛。及役滿而代之者，荆某也。其人狡黠，故尖其斛，折數多。良相夜寢倉中，拜禱於神。夜分，忽有紅光見東南隅，繼聞空中擲米聲。覺米大充溢，漸逼卧處。質明，則倉廩悉滿。縣令聞之，往驗，溢米六十餘石。人以爲忠厚之報云。《隴蜀餘聞》。

當含冤莫訴之時，而鬼神爲之默濟其厄。忠厚之報，彰彰若此。世有爲善不免受累，而天獨巧於相報，皆此類也。

萬曆間，增城縣獄卒名亞禮音如“阿來”。者，素稱樸健。值臘月逼除，獄有重囚五十餘人，號哭不止，聲聞於外。亞禮亟止之，問其故。衆曰：“歲朝將臨，合邑之人無不完聚。我等各有父母妻子，不能相見。且係重犯，勢不可出，是以悲耳。”亞禮俯首良久曰：“無難也。我與爾等約，今夕各還爾家，俟正月二日，齊來赴獄。我釋爾罪，應死。爾俱不來，我亦死。爾來而或失一人,我亦死。爾人人來,我至壽盡亦死。等死耳,何如行此善事而死也?”是時法網闊疏,且值改歲,不甚嚴稽,悉放回家。明年初二日,前囚陸續而至,按名呼入,不失一人。亞擡鼓掌大笑曰:“善哉。”遂趺坐而逝。獄衆感德,浣濯其體而加漆焉,以其事言於縣。縣上巡按御史請爲縣獄之神,今肉身尚在獄中。《觚賸》。

以獄卒而縱囚,雖不可爲訓,然其輕視一己之死,而切於救衆人之死,則固仁人義士之所存心也。以視凌虐囚徒,因而爲利者,何啻什伯哉?

江陰門軍張旺恨一讎家。一夕匿火,將焚其室。道經觀溝,有畫師吴碧山未寢,聞步履聲,窺而見旺,有怪鬼數百隨行。頃見旺回,則皆青衣童子前導。詰旦叩其故。旺曰:“我恨某不能已,本欲焚其室。既而默念冤冤相報,將無已時,故止。”旺自是猛然回首,棄家入山修道,遂證仙果。《丹桂籍》。

一念殺機,凶鬼隨之。一念悔悟,吉神導之。公門中人常作是想,則欺人害人之心,乍發即止。雖未能證道登仙,而轉禍爲祥,逢凶化吉,所得已多矣。

櫟陽尉郭鄩,困頓無一善狀,親友漸相疏斥。每困倦時,見二物如猿,跳躍其旁。心甚惡之,卻之不得。後自悔過,折節改行。忽一日二物見形,作人言曰:“我乃主世之災耗者。君有罪,故來相擾。今君有悔過遷善之心,當從此逝矣。”同上。

災耗二物,竟至有形可見。今人處此,必思所以祈禳之術。豈知悔過遷善,遂不復相犯。所謂人有善念,吉曜照臨者也。吏役中有機巧過人,而動遭刑辱,困窮不免者,焉知非二星作祟之故。尚其以改行從善,爲祈禳之上策乎。

潘奎爲本郡掾,慈仁好拯物。太守御下嚴,胥吏無敢啓口。有豪甚殘暴，往往誣陷殺人，賄諸役煅煉，人無敢辨。一日當審録退，奎伏地爲諸囚白冤，并數豪不法事甚具。守乃覆訊得實，悉解放，捕豪下獄。後奎於吏舍生子。守夢諸神騎乘鼓吹，送一兒至吏舍。醒而念曰："有德者必有後，是潘奎家也。"月給粟周之。所生子即尚書恩也。《江南通志》。

鄉豪之誣陷良善，惟恃錢多，足以飽啖吏胥耳。使吏胥盡如潘也，雖錢如山積，技何所施？潘真仁人也，義士也。雪冤枉，除民害，功德最大。神物降生，克昌厥後，夫復何疑。

朱仲南，爲縣主刑吏。景泰末，無錫大饑，民無食者群聚而之有穀之家强貸焉。有穀之家，指爲盗，上之郡，郡守擬以辟。仲南爭之曰："法當笞足矣。"守怒其徇，榜掠甚毒，嚴訊至再，無異辭，獄以不成。英宗復辟，諸囚邀赦出。仲南曰："我爲小吏，活三十六人，亦可以無負矣。"遂解役歸。同上。

强貸有應得之罪，坐之以盗，則失入矣。仲南揆情準法，執之甚堅，甘受榜掠而不辭。即使終不邀赦，而在我之心已盡，可無愧於三十六人也。主刑之吏均當以此爲法。

李太宰邦彦，父曾爲銀工，或以爲誚。邦彦羞之，歸告其母。母曰："宰相家出銀工，乃可羞耳。銀工家出宰相，此美事，何羞焉？"《智囊》。

銀工之子爲相，此必其能行善事，積有陰德，與尋常業冶，惟利是計者不同。此正可爲白屋出公卿，行善獲美報者，立一榜樣。世人遇此，往往不稱羨之，效法之，而反有薄之之意，何所見之謬也。胥吏之役，不賤於銀工，而以讀書識字之人，處是非法紀之地，苟欲爲善積德，較之一手藝人，更易推廣。試觀古今來，祖父爲胥吏，而子孫登科第，作公卿者，在在有之。三復李母之訓，當益思其致此之由，而厚自培植也。

方麟，號節庵，蘇州昆山人。棄舉子業爲商。未幾，棄商爲郡從事。即府吏也。其友怪而問之。方翁曰："子烏知士之不爲商，不爲從事，而爲商與從事之不爲士乎？"會歲歉，盡出所有以賑饑乏。朝廷義其所爲，榮以冠服，選授建寧州吏目。方翁不赴，惟竭力農耕，殖其家，樂善好施。以士業授二子鵬、鳳，皆舉進士，志節較然，有聲朝宁。顧太史九和云："吾等見翁與二子書，亹亹皆忠孝節義之言，出於流俗，類古之知道者。"陽明子曰："古者四民異業，其要在有益於生人之道而已。自王道熄而學術乖，人失其心，交騖勢利以相驅軼。於是有歆士而卑農，榮宦游而恥工賈。夷考其實，射財罔利有甚焉。方翁士商從事之説，隱然有當於古者四民之義。是以二子皆敦古道，敏志於學。其居官臨民，務在濟世及物，求盡其心也。"《王陽明集》。

論尋常擇術，郡吏不如爲商，商又不如爲士也。然苟以濟世爲念，則又不在此論。如方翁之棄士商而爲郡吏，豈知其有益於人，乃在士商之上耶？得陽明之論，可以勵世之爲郡吏者，更可以愧世之爲士商而不如郡吏者。

吴江朱大經，繇吏員任倉大使。甫半歲，乞歸。訓蒙度日，取予不苟。令公劉時俊，訪求邑中善士鄉耆，或以大經對。公書匾具禮，差養民官旌其廬。《近古録》。

由吏員而得官，人所視爲進身媒利之階者也。乃不半歲而乞歸，其志遠矣。苟無善行，何足動有司之景慕也。以塵埃趨走之吏，爲矜式一鄉之人，是故君子貴乎自立。

段常，浙江鄞縣人。初爲功曹掾。有患疫癘者，衆徙以避。常曰："夫舍中人皆兄弟也，而急乃棄之乎？"躬視湯藥，或竟夕不還。其人有妾而弗竊也。素不貞潔。衆疑之。常每往，必與僕偕，明燭達旦。久之，人始服其至誠云。後移役蘭谿。晨出，路遺一青布囊，中有金也。歸而懸諸廨舍。往迹其人於亡所。俄有泣而至者曰:"我里役也,掌收都料,持五十金輸縣。時天未曙,假寐道左。會縣官倉卒至,前驅辟而遺之。死無償矣。"常即挈而授之。其人以十金爲謝。常曰:"君謂有還金而望取分者耶?"辭而去。後奉化尹曹、蘭谿尹唐同食於棘闈,談及段掾事,嘆曰:"孰謂世無好人哉?"同上。

此種居心行事,求之古人中,亦不可多得。雖以掾吏終身,而聞其風者,足使貪夫廉,薄夫敦,其功不在夷惠下也。

韓樂吾,名貞,字以中,興化縣人。陶甓爲生,居破窑中。受業於心齋仲子,漸習識字,粗涉文史。久之學有得,以倡道化俗爲任。無論工賈傭隸,咸從之游。隨機因質誘誨之,顧化而善良者以千數。有縣令某聞而嘉賞之,遺米二石,白金一鍰。受米而還其金。令問政。對曰:"儂窶人,無輔左右。第凡與儂居者,幸無訟牒煩公府,此儂所以報明府。"令檢案牘稽之,果然。益敬禮焉。號曰樂吾,從祀鄉賢。《觀感録》。

樂吾一窑匠耳,而曰講學以倡道,人鮮不異而笑之。今觀其因人誘誨,從游者化而善良,與居者均無訟牒,則其功又豈在講學者下哉?吏胥托身官府,苟能隨事勸導,爲之解紛而釋怨,其人之樂從而有益也,又豈在窑匠下也。

李可從,字信吾,陝西盩厔人。慷慨有志略,充才官。明季闖賊犯河南,信吾倡義勤王,隨督師汪喬年、監紀孫兆禄討賊。臨行,抉其一齒留其家,與妻訣曰:"此行誓不殲賊不生還。家無憶我,有齒在也。"賊陷襄城,信吾從汪公抵死出敵。汪數目之,曰:"爾何官?"信吾曰:"才官耳,願效死命。"汪奇之。城破,汪自刎未死,罵賊被磔。孫亦被執。賊方加刃,信吾以身蔽翼,遂同遇害。其子顒招魂葬於西郭。襄城人爲表其墓,曰"義林"。顒孤貧能自立,講學明道,崛起關中,爲理學宗工，一時賢達，皆尊師之，即所稱李二曲先生也。《李氏家乘》。

襄城之陷，一時三帥，望風而靡。信吾以營卒捍衛督帥，同死王事，襄城士大夫招魂以葬，私謚忠武，有以哉。有子二曲，讀書行孝，蔚爲儒宗。雖未仕宦，而顯親揚名，莫大乎是。所以報信吾者，不亦厚與？

李珠，字明祥，泰州人。充州吏，事州守王瑶湖。聞學有感，勇決嗜學，躬體實踐，久之名聞遠邇。士大夫異其爲人，爭相褒美。珠遜謝不居，惟以導人爲善爲功課，一時州縣吏書皂快感化遷善者甚衆。有欲棄役就學者。珠曰："苟實心爲善，在公門尤易施功，何必棄役？"聞者嘆服。珠事親極孝。母殁不能葬，及期數日前，啓壙得天全錢百緡。珠號天泉，適與錢合，人皆以爲孝感所致。後配享崇儒祠。李二曲曰："道無往而不在，學無人而不可。苟辦肯心，何論儔類。若明祥者，可以鑑矣。安得各衙門吏書盡如明祥之慷慨篤信，則有益於官民，有造於地方非少。孰謂公門非行道之地耶？"《觀感録》。

善莫大於及物，德莫厚於感人。而能感官衙之人，使之共遷於善，此中所全更多。益勝於享高爵厚禄，不能有所化導者多矣。奚必棄役而别求利濟哉？

周蕙，字廷芳，號小泉，山丹衛人，爲戍卒。年二十，聽人講《大學》首章，奮然感動。戍蘭州守墩，聞容思段公集諸儒講理學，時往聽之，有聞即服行。久之，諸儒令坐聽，既而與坐講，既而以爲畏友，有疑與訂論焉。遂殫力就學，篤信力行，慨然以程朱自任。有總兵恭順侯吴瑾者聞其賢，欲延教其子，先生固辭。或問故。曰："吾軍士也，召役則可。若以爲師，師豈可召哉？"聞者嘆服。侯遂親送二子於其家以受教。嘗正冠婚喪祭之禮示學者，秦人至今遵之。迨老，以父游江南，歷險踪訪，没於楊子江。人皆稱其孝，而又重悲其死云。後崇祀鄉賢。李二曲曰："小泉先生，崛起行伍之中，闡洛閩絶詣，以振頽俗。遠邇向風，賢愚欽仰。思庵薛子不遠數千里從之學，卒得其傳，爲一時醇儒。其後吕文簡公，又問道於薛，以集關中大成。淵源所自，皆先生發之。有功於關學甚偉，然其初特一軍卒耳。甚矣，人貴自立也。"同上。

厮養中有此大人物，可見人性皆善，力學在人，無人不可與講學，無地不可以爲學也。始則爲人所役，繼則爲世所師，天爵尊於人爵也。凡役於人者，慎毋視爲可以不學，薄待其身哉。

程品，廬陵人。崇正間，以吏員謁選至京。適武舉陳啓新以疏請罷科目考選，擢爲吏科給事。品抗疏糾啓新。其略曰：啓新非參科目也，是壞國體也，廢孔孟也。孔孟之書，修齊平治之要，立身行政之本。忠孝節義，由此而出。罷推知考選，語尤不經。按臣巡方，有入境，有考核，有復命，有歲參，有風聞，又有大計黜陟，法網不爲不密，賢者自應選舉以風世，不肖者自應擯斥以示懲云云。《吉安府志》。

程以吏員出身，而力言罷科目考選之非，其心之大公無我，已可概見。至謂孔孟之書爲忠孝節義所從出，是真讀孔孟之書，而身體力行者。莫謂吏胥中無讀書有得之人也。

歐陽光任，興國人，爲邑掾。以公事至吉安，拾遺金一囊，守以待亡者。訊得實，完而歸之。居家多賑貧乏，掩枯胔，鄉閭仰其善行。《瀲水志林》。

人自厠身公門，每以天下無不可取之財，方將設詐以攘奪之。遇一切貧乏急難之人，則更漠然不復動念矣。今獨拾金不昧，又復賑貧乏，掩枯骨。即此而觀，其於衙門，必不肯爲非理横索、倚勢害人之事。莫謂吏胥中無輕財好義之善人也。

王璋，字豐年，浙江人。以掾吏起家。康熙時，知興國縣。精強有幹才，政治多所興釐。閩海降兵屯埊邑中，璋條請按籍授田，析置諸鄉，俾不得聚處合勢。卒伍有宄法者，按律繩之。皆斂戢不敢動。以鹽政挂誤去。後屯弁應耿逆，煽起爲寇，驛騷者數年。故老皆言使王侯無去，當不至此也。同上。

以掾吏起家，於民生吏治留心已久，故爲令多所興釐，更能約束悍卒，以衛善良，使故老思之不置，可謂賢矣。事在康熙間，流風未遠，尤足慨慕也。

朱瑾，字玉衡，直隸肅寧縣人。母早故，事父能得歡心，鄉里有孝子之目。家貧，棄儒業爲府刑曹吏，醇謹無欺，爲府官所信任。交河縣貧民韓爵拾糞夜起，遇群盜脅令負贓至廟中。賊分贓畢，以布衫遺爵，誣爲盜首，縣擬重辟。瑾廉得其情，力請於府，竟得開脱。爵知之，貧無以報，將子女爲奴婢。瑾峻拒不納，曰："此官府明察，我無與也。"又本邑染布鋪内殺人，縣吏視爲奇貨，株連闔村，十家苦累不堪。瑾力言於府，立令省釋，悉追償所費。被誣之村，至今尸祝焉。壽終七十。生三子，俱庠生。孫闊，庚戌進士，今任山西祁縣知縣。

執役官衙，竊見官府審理獄囚，有所省釋，方且攘爲己功，乘機詐取，不苛索於事先，必受謝於事後，况拾糞被誣，闔村株累，實由瑾一言而釋者耶？力行救人之事，而不居其功，不受其謝，吏胥中有此婆心盛德，宜其後嗣之克昌也。

卷之四

戒録

張湯，杜陵人。父爲縣吏。湯爲兒時，守舍。鼠盜肉。湯掘得鼠，掠治訊鞫，取鼠磔堂下。父視其文辭，所作獄辭。如老獄吏，大驚，遂使書獄。父死後，湯爲長安吏。遷太中大夫，與趙禹共定律令，務在深文。爲廷尉，治獄必舞文巧詆，深刻吏多爲爪牙用。湯始爲小吏，乾没，取他人利以爲己有也。與長安富賈交私。及列九卿，陽收接天下名士，巧排大臣，自以爲功。爲御史大夫七年，有罪自殺。《漢書》。

張湯爲酷吏之首，其深刻殘猛，自兒時已然。雖若出於天性，要因其父生平作吏，務以刀筆爲事，湯耳濡目染，不覺習慣成自然也。磔鼠之舉，已見後來殘酷之端。父不聞有義方之訓，反使書獄以寵異之，遂致舞文巧詆，卒殺其身而不悔也。

趙禹，斄音"胎"。人也，以佐史補中都官，用廉爲令史，公府屬吏。事太尉周亞夫。亞夫爲丞相，禹爲丞相史，府中皆稱其廉平。然亞夫弗任，曰："極知禹無害。然文深，用文法深刻。不可以居大府。"武帝時，以刀筆吏積勞，遷爲御史，至中大夫，與張湯論定律令。作見知，知而不告。吏傳相監司互相稽察。以法，盡自此始。禹爲人廉倨。爲吏以來，舍無食客。

公卿相造請，禹終不行報謝。務在絶知友賓客之請，孤立行一意而已。見法輒取，亦不覆案求官屬陰罪。嘗中廢，已爲廷尉。始條侯即亞夫。以禹賊深，及禹爲少府九卿，治加緩，名爲平。以老徙爲燕相，有罪免。同上。

禹爲丞相史，府中既稱其廉平，獨周亞夫謂文深不可任，真至言也。觀其歷躋通顯，秩非不尊，而與張湯輩論定法律，爲嚴刑之始，卒以罪免，亦爲法自斃之報也。

嚴延年，字次卿，東海下邳人。其父爲丞相掾。延年少學法律，爲郡吏。補御史掾，舉侍御史。爲涿郡太守，所誅殺甚衆，郡中震恐。三歲，遷河南太守。其治陰鷙酷烈，曲法深文。冬月，傳屬縣囚，會論府上，流血數里，河南號曰"屠伯"。左馮翊缺，上欲徵延年，符已發，爲其名酷，復止。後以府丞義上書奏延年罪名十事，下御史丞按驗，坐怨望誹謗政治，不道，棄市。初，延年母從東海來，到雒陽，適見報囚，決囚。大驚。因數責延年曰："幸得備郡守，專治千里，不聞仁愛教化，有以全安愚民，顧乘刑罰多殺人以立威。天道神明，人不可獨殺。我不意當老見壯子被刑戮也。行矣。去汝東歸，掃除墓地耳。"遂去，歸郡。後歲餘，果敗。同上。

殘酷性成，真與業屠者無異，一死不足以快天下之心。獨惜其母賢智若此，而不能化誨其子也，傷哉！

陳萬年，字幼公，沛郡相人。爲郡吏，察舉至縣令。遷廣陵太守，入爲右扶風，遷太僕。萬年廉平，内行修。然善事人，賂遺外戚許史，傾家自盡。以丙吉薦爲御史大夫。子咸，字子康，以任爲郎，有異材，抗直數言事，刺譏近臣。萬年嘗病，召咸教戒於牀下。語至夜半，咸睡，頭觸屏風。萬年大怒，欲杖之。咸叩頭謝曰："具曉所言，大要教咸諂同'諂'。

也。”萬年乃不復言。同上。

萬年自郡吏以至九卿，皆以諂諛得之，雖富貴終身，齷齪實甚。尚欲以衣鉢傳授其子，真不知人間有羞恥事者矣。得志一時，貽笑萬世，自好者不爲也。

王温舒，陽陵人，少時椎埋掘冢也。爲奸，已而爲吏。以治獄至廷尉史，事張湯。遷爲御史，督盜賊，殺傷甚多。稍遷至廣平都尉，擇豪吏十餘人爲爪牙，皆把其陰重罪，縱使督盜賊，快其意所欲得。遷河内，捕郡中豪猾，相連坐千餘家。上書請大者至族，小者乃死，家盡没入償贓。温舒具私馬五十匹爲驛，自河内至長安，奏行不過二日，得可論報，流血十餘里。其好殺行威如此。張湯敗後，徙爲廷尉，復爲中尉。温舒多諂，善事有勢者。即無勢，視之如奴。有勢，家雖有奸如山，弗犯。無勢，雖貴戚，必侵辱。舞文巧請，所窮治大抵皆靡爛獄中，無出者。其爪牙吏虎而冠，多以權富貴。後有人告温舒受員騎錢及他奸利事，罪至族，自殺。其時兩弟及兩婚家亦各自坐他罪而族。光禄勛徐自爲曰：“悲夫！古有三族，而王温舒罪至同時而五族乎！”温舒死，家累千金。同上。

温舒本無賴慘刻之人，又復爲吏以事張湯，得以逞其慘刻之技，殺人至流血十餘里，爲自古所未有。其身死家滅，且同時五族，獲報之慘，亦自古所未有也。慘刻之人，豈可一日在公門以肆其毒耶？

尹齊，東郡茌平人。以刀筆吏稍遷至御史，事張湯。督盜賊，以斬伐爲治。爲淮陽尉，誅滅甚多。及死，仇家欲燒其尸。同上。

在公門中，縱不能有恩惠於人，且勿結仇怨於人。尹齊死後，至不能保其尸，怨毒之於人甚矣。

咸音“減”。宣，揚人。以佐史給事河東守，稍遷至御史及丞。治淮南反獄，所以微文深詆，殺者甚衆。後爲右扶風，捕吏上林中，射中苑門。宣下吏，坐大逆，當族，自殺。同上。

捕吏，公事也。射中苑門，無心之過也。情輕法重，至坐大逆之罪，蓋緣生平好爲深文，每將公事中偶然過誤煅煉成獄，故天亦以此報之耳。

趙綉，涿郡蠡吾人，爲掾吏。涿大姓高氏賓客爲盜賊，吏不敢追。太守嚴延年遣綉按高氏，得其死罪。綉見延年新將，心内懼，即爲兩劾，欲先白其輕者，觀延年意怒，乃出其重劾。延年知其如此，索綉懷中，得重劾，即收送獄，殺之。同上。

事無兩可，法有一定，只須依理持平，自可立身無過。吏人引律查例，往往心懷觀望，陰持兩端，不明道理，昧卻良心。故綉本欲避禍，反以觸禍，可鑑也。

陳遵，字孟公，杜陵人。少爲京兆史，日出醉歸，曹事數廢。大司徒馬宫，謂爲大度士，不以小文責之，舉爲令。後以擊賊有功，封嘉威侯。居長安中，每大飲，賓客滿堂，輒關門，取客車轄投井中，雖有急，不得去。遵容貌甚偉，略涉傳記，贍於文辭。性善書，請求不敢逆。所到衣冠懷之，唯恐在後。起爲河南太守。久之，復爲九江及河内都尉。凡三爲二千石。更始至長安，遵爲大司馬護軍。使匈奴還，留朔方。爲賊所敗，時醉見殺。同上。

遵爲吏時，以酒廢事，既貴不改，卒以醉見殺。其豪俊之才，甚可惜也。耽於麯蘖者當知所儆惕矣。

王立，池陽人，爲獄掾。縣令舉立廉吏，府未及召。太守薛宣聞立受囚家錢，責縣案驗。乃其妻獨受繫者錢萬六千，受之再宿，立實不知，慚恐自殺。同上。

獄掾之妻亦有受贓之事，足見獄中人號呼望救，百計營求，千古一轍也。立失於不知，慚恐自殺，則其真廉也可知。爲吏者不但檢束自己，并須防閑家人，共知法守，乃免於刑禍。

韓安國爲梁中大夫，坐法抵罪，獄吏田甲困辱之。安國曰："灰死不復燃乎？"田曰："燃即溺之。"後安國爲内史，田亡匿。韓曰："田不就官，我滅爾宗。"田肉袒謝，卒善遇之。同上。

遇人在患難中，即使死灰無復燃之日，亦當加意存恤。況屈伸何定，始困終亨，不可勝數。奈何止知目前可逞，不復留人餘地耶？幸是大量人，不計舊怨，反善遇之。然相形之下，益覺前日之小人情狀，無地自容矣。

周紆爲南行唐長，到官諭吏人曰："朝廷不以長不肖，使牧黎民。而性讎猾吏，志除豪賊，且勿相試。"遂殺縣中尤無狀者數十人，吏人大震。《後漢書》。

吏所以佐官理民者也，不相倚而相仇，爲其猾耳。人性皆善，而猾吏方日趨於惡。猾吏不除，民生不安，故人人側目，非殺之無以彰公道而快人心。不然，吏亦赤子也，何至於此。思之思之。

王忳，廣漢人。仕郡功曹，州治中從事。舉茂才，除郿令。到官至斄亭。亭有鬼，數殺過客。忳入亭止宿，夜中聞有女子稱冤之聲。忳咒曰："有何枉狀，可前求理乎？"女子曰："無衣不敢進。"忳便投衣與之。女子乃前訴曰："妾夫爲涪令，之官，過宿此亭。亭長無狀，枉殺妾家十餘口，埋在樓下，悉盜取財貨。"忳問亭長姓名。女子曰："即今門下游徼者也。"忳曰："汝何故數殺過客？"對曰："妾不敢白日自訴，每夜陳冤，客輒眠，不見應。不勝感恚，故殺之。"忳曰："當爲汝理此冤，勿復殺良善也。"因解衣於地，忽然不見。明旦召游徼詰問，具服罪，即收繫，及同謀十餘人悉伏辜，遣吏送其喪歸鄉里。於是亭遂清安。同上。

此亭長殺一家十餘口，劫取財貨，慘毒極矣。彼方謂其迹已滅，豈知怨鬼爲厲，必使之伏其辜而後已也。身在公門，所爲攫財害人之事，以爲必不破敗，而其後卒至破敗，無能解脱者，其相報之巧，往往如此，可畏哉。

黄蓋爲吴石城長。石城吏特難檢御。蓋至，爲置兩掾，分主諸曹。教曰："令長不德，徒以武功得官，不諳文吏事。今寇未平，多軍務，一切文書，悉付兩掾。其爲檢攝諸曹，糾擿謬誤。若有奸欺者，終不以鞭朴相加。"教下，初皆怖懼恭職。久之，吏以蓋不治文書，頗懈肆。蓋微省之，得兩掾不法各數事。乃悉召諸掾，出數事詰問之，兩掾叩頭謝。蓋曰："吾業有敕，終不以鞭杖相加，不敢欺也。"竟殺之。諸掾自是股栗，一縣肅清。《智囊》。

長以誠教，而掾以詐應，殊負一番委任之意，此所以見殺也。

征東將軍胡質以忠清著稱。子威，亦勵志尚。質爲荆州刺史，威自京師定省，家貧無車馬僮僕，自驅驢單行。既至十餘日告歸，質賜絹一匹爲裝，威受之去。帳下都督軍吏。先威未發，請假還家。陰資裝於百里外，要威爲伴，每事佐助。行數百里，威疑而誘問之。既知，乃取父所賜絹與都督，謝而遣之。後因他信以白質，質杖都督一百，除吏名。《晋書》。

吏胥於官之親戚子弟，無不竭力趨奉者，無非依附聲勢，以爲媒利之計耳。胡君清忠勵節，軍吏無隙可乘。及其子還家，乃先期請假，候之百里之外，陽爲結伴，陰助其費，可謂巧於逢迎矣。豈知其父子清操如一，不惟不得其歡，反以自取其辱。爲吏而交結内衙、獻媚左右者，均當以此爲戒。

元嘉中，南康平固人黄苗爲州吏，受假違期。行經宫亭湖廟，禱於神，希免罰坐，還家當上猪酒。苗至州，皆得如志。還，竟不過廟。行至都界，中夜，船忽自下，至宫亭湖。有烏衣三人，持繩收縛苗，詣廟階下。神遣吏送苗山林中，鎖腰繫樹。但覺寒熱,舉體生斑毛爪牙,化爲虎形,性欲搏噬。歷五年,神乃放還。以鹽飯食之,體毛稍落。經十五日,還如人形。後八年,得時疾死。《述異記》。

衙門人誑騙,是其慣技,幾於無日無之,故其視神,亦以爲可誑者矣。以人化虎,事雖不經,然作吏者平日弱肉強食,吞噬良民,其心已與虎狼無異。戾氣所感,形質隨之而化,此理之無足怪者耳。

隋大業中,有京兆獄卒,酷暴諸囚。囚不堪其苦,而獄卒以爲戲樂。後生一子,頤下肩上,有若肉枷,無頸。數歲不能行而死。《迪吉録》。

以獄囚爲戲樂之具,可謂别有肺腸,殘忍成性,生理已絶。所生之子,形貌不全,有同桎梏,理也,非怪也。不知其心亦嘗戚然一動否?

義寧中,豫章郡吏易拔還家不返。郡遣吏追拔,見拔言語如常,亦爲設食。使者迫令束裝。拔因語曰:"汝看我面。"乃見眼目角張,身有黄斑,徑出門去。一至山麓,即便成三足虎,豎一足,即成其尾。《異苑》。

黄苗化虎,尚復人形於五年之後,此則永爲異類矣。要皆其平時積惡害人之所致也。世之嫉吏者,每曰虎而冠,虎而翼,言其貪殘之性,有似乎虎也。觀此兩事,即吏即虎,非特如之而已。爲吏者其猛省於人獸之關乎?

主書滑涣,久司中書簿籍,與内官典樞密劉光琦,相倚爲奸。每宰相議事,與光琦異同者,令涣往請,必得。四方書幣貲貨,充集其門。弟泳,官至刺史。及鄭餘慶爲相,與同僚集議,涣指陳是非,餘慶怒叱之,未幾,罷爲太子賓客。其年八月,涣贓污發,賜死。《日知録》。

涣以中書吏,交結内官,納賄招權,傾動朝野,參預國政,目無公卿,餘慶叱之而即罷退,是宰相皆爲所操縱矣。乃不旋踵而贓發見誅,平生勢焰,一朝俱盡。雖有狡兔三窟,奚益哉?

湯銖者，爲中書小胥，其所掌謂之孔目房。宰相遇休暇，有内狀出，即召銖至延英門付之，送知印宰相。由是稍以機權自張，廣納財賄。韋處厚爲相，惡之。謂曰："此是半裝滑渙矣。"乃以事逐之。同上。

滑渙之惡已稔，故罪至於死。湯銖之權方張，故罪止於逐。由前而觀，則爲湯銖者，誠不如滑渙威權之重。由後而觀，則爲滑渙者，又不如湯銖得禍之輕也。然湯銖當日，方酷慕滑渙之所爲，苟非被逐，不至於湯銖之勢盛而禍烈焉不止。噫，世間貪贓犯法之吏，後先相望，不惟不以爲鑑，反從而倣效之，殆不可解。

劉自然，泰州人，天祐中爲吏，管義軍案。因連帥李繼宗點鄉兵，捍蜀城，紀縣百姓黄知感名在籍中。自然聞其妻有美髮，欲之，誘知感曰："能致妻髮，即免是行。"知感歸語其妻。妻曰："我以弱質托於君。髮有再生，人死永訣矣。君若南征不返，我有美髮何爲？"言訖，剪之。知感深懷痛愍，既迫於差點，遂獻於劉。而知感竟不免徭戍，尋歿於陣。是歲自然亦亡。後黄家驢産一駒，左脅下有字云"劉自然"。邑人傳之，達於郡守，郡守召自然妻子識認。其子曰："某父平生好飲酒食肉，若能飽啖，即父也。"驢遂飲酒數升，啖肉數臠。食畢，奮迅長鳴，淚下數行。劉子請備百千贖之，黄妻不納，日加鞭撻。後經喪亂，不知所終。劉子亦慚憾而死。《迪吉録》。

假公事而髡人之妻，即使能爲出籍，亦未必不遭陰譴也。髮猶如此，况於詐取財物，至令賣男鬻女者哉？世俗言及惡報，輒曰變驢變狗，不必實有其事也，怨毒之必報，理自如此。

潘逢爲吏，有民因罪而法未合死，潘曲殺之。後見形爲祟。他人即不見，惟聞語聲云："陰中論爾，須去對之。"潘召人禁咒厭劾，不能除。每日同飲食行坐，惟不入國門。潘問之："何不入其門？"曰："我是鬼，門神不與入。"潘曰："爾是官殺,何相執?不能取我命,空朝夕縶綴何也?"鬼曰:"爾不上文字,官焉能殺我?蓋緣爾命未盡,是以隨之耳。"《靈應録》。

吏之務爲深刻者,動云尚有官府作主,與己無干。豈知一字輕重之間,伯仁由我而死,怨氣必不能銷也。下筆時安可不慎?

衢州一里胥,督促民家租賦。民家貧無以備飧,只有哺雞一隻,擬烹之。里胥恍惚間見桑下有著黄衣女子,前拜乞命,云不忍兒子未見日光。里胥驚惻,回至屋頭,見一雞哺數子,其家將縛之。意疑之,不許殺,遂去。後再來,其雞已抱出一群子。見里胥,向前踴躍,有似相感之狀。里胥行數百步,遇一虎,跳躑漸近。忽一雞飛去,撲其虎眼,里胥奔馳得免。至暮,從别路仍至其家,已不見雞。問之,云朝來西飛去無踪。里胥具説見虎之事。遂往尋之,其雞已斃於草間,羽毛零落。自後一村少有食雞子者。同上。

柳子厚有云:"悍吏之來吾鄉,叫囂乎東西,隳突乎南北,雖雞犬不得寧焉。"追呼之擾,比比皆是。天使一雞,巧示報應,欲需索者惻然動心,洒然變志耳。

郎吏馮球,家最富,爲妻買一玉釵,奇巧直七十萬錢。先是,相國王涯之女請買此釵。王曰:"我一月俸金即有此,豈於爾惜之?但一釵七十萬,妖物也,必與禍相隨。"女不復敢言。數月,王知前釵爲馮球所買,嘆曰:"郎吏而妻首飾如此,其可久乎?"後未浹旬,馮爲蒼頭鴆死,卒符王涯所料云。《迪吉録》。

宰相之女嫌其貴而不買之釵,郎吏之妻買之若不費力,非其家貲厚薄不同,一惜福,一折福耳。世之以胥吏致家富饒者,其什物用度,色色美麗,多在官司之上,猶且誇耀鄉里,賣弄豪華,要之皆其速亡之兆也。果有餘貲,何不周給窮戚,施濟鄉里,爲窮人所不能做者,做一二件,庶幾免於悖出之後患。

陸元方子象先爲河東按察使，小吏有罪，誡遣之。大吏白爭，以爲可杖。象先曰："人情大抵不相遠，謂彼不曉吾言耶？必責者，當以汝爲始。"大吏慚退。嘗言："天下本無事，庸人擾之爲煩耳。第澄其源，何憂不簡耶？"《唐書》。

共事公門，朝夕相對，有朋友之誼，即當有體恤之情。小吏有罪，大吏不能勸誨於前，有罪方當爲之分過，乃爭白於官，以爲可杖，此中實不可問。陸公公恕之論，可使誣陷同類之猾吏愧死矣。

李日知爲刑部尚書，不行捶撻而事集。有令史受敕三日，忘不行。日知怒，欲捶之。既而曰："人謂汝能撩李日知嗔，受李日知杖，不得以爲人。"遂釋之。吏皆感悦，無敢犯者。《臣鑑録》。

官之於吏，原以相資集事者也。吏有小過，不加鞭撻，所以養吏之廉恥，亦正見官之公恕也。爲吏者因此生感生奮，豈非兩全之道？若以爲不足畏而玩視之，甚或以爲有所私厚於己，而陰以爲利，不但負恩，實爲自棄，得禍豈淺鮮哉？

唐有一吏，貸軍吏吴宗嗣錢二十萬，不還。逾年，宗嗣忽見此吏衣白來，潛入廐中，俄而馬生白駒。問其家，吏正以是日死也。駒長賣之，適合所欠之數。《丹桂籍》。

貸錢不還，或由力不能償，未必有心圖賴也，尚爲馬以償之，可見人之財帛，不容妄取。取之生前，必使償之身後，冥冥中不啻有持籌而握算者。若爲吏而倚勢欺公，非理横索，較之貸錢不還者，喪心尤甚，業報更當何如？

包孝肅公之尹京也，初視事，吏抱文書以伺者盈庭。公徐命闔府門，令吏列坐階下，枚數之，以次進，取所持案牘遍閲之。既閲，即遣出。數十人後，或雜積年舊牘其間，詰問辭窮。蓋公素有嚴明之聲，吏用此以試，且困公。公悉峻治之，無所貸。自是吏莫敢弄以事，文書益簡矣。天府雖稱浩穰，然事之所以繁者，亦多吏所爲。本朝稱治天府，以孝肅爲最者，得省事之要故也。《卻掃編》。

吏胥狡獪之技，歷來如此。然畢竟有何用處，徒自取罪戾而已。

張詠在崇陽，一吏自庫中出，視其鬢畔有一錢，詰之，乃庫中錢也，詠命杖之。吏勃然曰："一錢何足道，乃杖我耶？爾能杖我，不能斬我也。"詠筆判云："一日一錢，千日千錢。繩鋸木斷，水滴石穿。"自仗劍下階斬其首。申府自飭，崇陽人至今稱之。《宋史》。

吏胥稍知律例，每以數未滿貫，罪不至死，肆志爲之，不復顧忌。不知飲啄前定，點水難消，且貪壑無厭，積少成多，放利多怨，偶一發覺，刑禍竟不可測。此即繩鋸木斷、水滴石穿之意也。

包孝肅尹京，號爲明察。有編民犯法，當杖脊。吏受賕，與之約曰："今見尹，必付我責狀。汝第呼號自辯，我與汝分此罪。汝決杖，我亦決杖。"既而包引囚問畢，果付吏責狀。囚如吏言，分辯不已。吏大聲呵之，曰："但受脊杖出去，何用多言！"包謂其市權，捽吏於庭，杖之七十。特寬囚罪，止從杖坐，以抑吏勢。不知乃爲所賣，卒如素約。小人爲奸，固難防也。《夢溪筆談》。

此計誠巧，但以捶楚而易錢財，細思終不直得。衙門中竟有以代杖爲業者，傷父母遺體，博酒食醉飽之樂，下愚不爲，奈何反以爲得計也？

吉水猾吏，於令始至，輒誘民數百訟庭下，設變詐以動令。如此數日，令厭事，則事常在吏矣。葛源攝令事，立訟者兩廡下，取其狀視，有如吏所爲者，使自書所訟，不能書者，吏受之，往往不能如狀。窮之，輒曰："我不知爲此，乃某吏教我所爲也。"悉捕劾致之法。訟故以少。《斷獄龜鑑》。

爲官者方慮事多，爲吏者惟患事少。事少則官不能欺，難於弄權也。

此種慣弊,至今人共見聞矣。雖極狡詐,究何益哉?

宋初,吏人皆士大夫子弟不能自立者忍恥爲之,犯罪許用蔭贖。祖父作官,曾有恩蔭者,子孫爲吏犯罪,準折贖也。吏有所恃,敢於爲奸。天聖間,吏毋士安犯罪,用祖令孫蔭。詔特決之。仍詔今後吏人犯罪,并不用蔭。又詔吏人投募,責狀在身無蔭贖,方聽入役。苟吏可用蔭,則是仕宦不如爲吏也。誘不肖子弟爲惡,莫此爲甚。禁之誠急務也。《燕翼貽謀録》。

祖宗之蔭,不能庇不肖之子孫。吏有出身名家者,當努力自愛,毋重辱其先也。

皇祐中,趙及判流内銓,始置闕亭。凡有州郡申到闕,即時榜出,以防賣闕。部吏每遇申到,匿而不告。州郡丁憂事故,有申部數年,而部中不曾榜示者,吏人公然評價。長貳郎官爲小官時,皆嘗由之,亦不暇問。太宗皇帝曰:“倖門如鼠穴,不可不塞也。”遂嚴禁之。同上。

賣缺之弊,自昔有之。當綱紀肅清,自無所施其伎倆。凡起文出結,惟宜秉公速辦,以成人之功名,不得勒揹錢財,高下其手也。

中書五房吏操例在手,惟顧金錢,去取任意。所欲與,即檢行之。所不欲,或匿例不見。韓魏公爲相,令删取五房例及刑房斷例,除其冗謬不可用者,爲綱目類次之,封謄謹掌。每用例,必自閲。自是人始知賞罰可否一出宰相,五房吏不得高下其間。《智囊》。

多立條例,原以防吏胥之奸,不知例愈多而用例愈巧,益佐其奸耳。此種伎倆,千古一轍。故韓魏公釐定章程,而吏不能任情高下,孰謂清官難出猾吏手也?爲官者固不可不知,而吏亦當深以爲戒。

宋時經略府承差某,奉檄辦公,止於驛舍。怒驛卒服事不恭,及去,以飼馬殘草投於井中,謂已無再過之期矣。未幾,復奉差過此。時天暑渴甚,臨井汲飲,昔日殘草在内,不及細視，哽喉氣塞而死。《配命録》。

官司差人，狐假虎威，到處肆横，以爲排場應如此，豈知顯報即在眼前耶？可異者，驛卒原無加害之心，而承差自作自受，何相報之巧也。

寇萊公爲樞密院，王旦在中書，吏倒用印，寇公即行懲責。後樞密吏亦倒用印，中書吏人亦欲王懲責，以報前怨。王公問衆吏曰："汝等且説他當初責爾等是否？"衆吏曰："不是。"公曰："既不是，豈可學他不是？"陳鎰、王文，同爲御史。每入院，陳或後至。王輒命鳴鼓，集諸道御史升揖。諸道與堂吏皆不服。一日陳先至，堂吏請擊鼓。陳曰："少待。豈可學他？"王至，愧甚，曰："吾自知氣質浮躁，不及陳公遠矣。"《言行彙纂》。

爲吏者罔識大體，樂於有事。每因文移禮貌間，小有不平，輒聳動長官，展轉報復，及至嫌怨日積，傷僚友之和，誤國家之事，吏獨何所利於其間哉？觀二公之度量宏遠，以德服人，爲吏者亦可以爽然失矣。

蘇涣知衡州時，耒陽民爲盜所殺，而盜不獲。尉執一人指爲盜。涣察而疑之，問所從得。曰："弓手見血衣草中，呼其儕視之，得某人以獻。"涣曰："弓手見血衣，當自取之以爲功，尚何呼它人？此必奸。"訊之而服。《斷獄龜鑑》。

奸徒作事瞞人，未有不自取敗露者，況人命乎？弓手殺人，棄其血衣，可謂巧於掩飾矣。不知呼儕同視，意在嫁禍，實已自留破綻也。諺云："若要人不知，除非己莫爲。"願作弊嫁禍之胥役，常常三復此語。

眉山有人竊蘆菔根，而所持刃誤中主人。尉幸賞，以劫聞，獄掾受賕，掠成之。太守將慮囚。囚坐廡下泣涕，衣盡濕。參軍程仁霸適過之，知其冤。謂盜曰："汝冤盍自言？吾爲直之。"盜果稱冤，移獄於公。既直其事，而尉掾爭不已，竟殺盜。公坐逸囚罷歸。不及月，尉掾皆暴卒。後三十餘年，公晝日見盜拜庭下，曰："尉掾未伏，待公而決。前此地府欲召公暫對，我叩頭爭之曰：'不可以我故驚公。'是以至今。公壽盡今日，我爲公荷擔而往，暫即生人天。子孫壽禄，朱紫滿門矣。"公具以語家人，沐浴衣冠，就寢而卒。後子孫果壽至期頤，累世貴顯，而尉掾之子孫微矣。《東坡題跋》。

程君一念慈悲，不但得享天年，而且澤流後裔。尉掾有心煅煉，非惟死不旋踵，而且子孫式微。善惡報應，彰明較著若此，閲之當爲毛骨悚然。

元符中，宜春尉遣弓手三人買雞豚於村墅，閲四十日不歸，三人妻訴於郡守。守責尉。尉紿曰："有盗已得其窟穴，遣三人往偵。久而不返，是殆斃於賊手。願自往捕。"久之無以復命。適見四鄉民耕於野，從吏持二萬錢買之，使詐爲盗。曰："他日案成，不過受杖數十耳。"四人許諾，遂縛詣縣。送府，黄司理治之，獄成，將擇日赴市。黄念四人無凶狀，詰得其實，欲出之。郡守不允，強黄書押，四人遂死。越二日，有皂衣持梃，押縣吏二人，追院中二吏，同時四吏暴卒。又數日，攝令死，尉亦死。郡守越四十日，中風死。一日黄見四囚拜曰："某等枉死，上帝并欲逮公。某等感公意，哀求四十九日，始轉許三年。"及期，黄果見四人復至，遂洞泄血痢而死。《監懲録》。

枉殺四人，而官吏之死者倍之，豈不可畏？世之捕役緝盗不獲，往往誣指平民以塞責，而主刑之吏又從而文致其罪，皆難逃此種冤報也。

陳貫爲三司副使，惡一胥狡猾，欲逐之。胥奉事彌謹，歲餘并無壞事，貫亦竟善待之。貫偶宴客，付錢令辦。胥明日携十歲女，賣於東華門。揚言曰："陳副使請客，所需十未付一，今不得已賣此女也。"因密結邏者，使聞於内。貫以此罷官。後胥惡死滅門。《感應篇》注。

官知胥之狡猾，因無壞事，不加斥逐，竟善待之，其馭下也公而厚矣。宴客而發錢令辦，更非違法擾索之事，乃胥無隙可乘，即藉此而中傷官長，誠事出情理之外者也。觀其揚言曰，副使宴客，胥今賣女，最易駭人聽聞，計則巧而心實險毒矣，宜其有滅門之禍也。

孫奮爲扶風吏，克取民財，遂至巨富。大將軍聞其富，索白珠十斛，紫金三千兩。不與。坐以叛逆，抄没貲産，并逮家口，相繼滅絶。同上。

吏以巧猾之才，憑官衙之勢，横行鄉曲，剋剥小民，自謂惟我獨強。不知更有強於彼者，隨其後而鈔奪之，且并其家口而滅絶之。悖入悖出之理，章章如此。諺云："螳螂捕蟬，豈知黄雀在後。"可爲猛省。

潤州一監征官與務胥盗官錢，皆藏之胥。官約之曰："官滿，分以裝我。"胥僞諾之。既代去，不與一錢。監征不敢索，悒悒渡揚子江，竟死於維揚。胥得全賄，遂富。告歸，買田宅。是年妻孕，如見監征褰帷而入，即誕子，甚慧，長喜讀書。使之就學，二十歲登第。胥大喜，盡鬻其産，挈家至京師。其子調官南下，已匱乏。至中途子病，罄所餘召醫，及維揚而死。胥無所歸，旅寓貧索無聊，亦死。《可談》。

監征而盗官錢，此不義之物，務胥獨吞之，以爲彼固無可奈何也。迨其人隱忍而死，益喜更無後患，可以安享終身矣。豈知子喪財盡，客死道途，與監征同一結果。吁，可畏哉！

常山吏魁徐信主上真道會。有一道人贈以詩云："一方眼目共推尊，禍福無門卻有門。夜半忽傳人一語，明朝推背受皇恩。"徐大刻之石。未幾，詹峒作梗，諉其罪於徐。夜半省札下，竟伏極刑。《癸辛雜識》。

吏而曰魁，其恣肆横行可知。一旦惡貫既盈，身遭奇禍，道人能預示之，而卒不能解免之也。雖陽爲奉道，奚益哉？

廬陵法曹吏嘗劾一僧致死，具獄上州。時妻女在家，方紉縫。忽見二青衣卒，手執文書，自厨中出，謂妻曰："語爾夫，無枉殺僧。"遂出門去。妻女皆驚怪流汗，視其門，扃閉如故。吏歸，具言之。吏甚恐，明日將竊其案，已不及矣，竟殺僧。僧死之日，即與吏遇諸塗。吏旬日竟死。《迪吉録》。

天地間極惡之事，一有悔心，便可轉移。惟衙門中下筆如山，立案成鐵，縱有懺悔之心，而死者不可復生，豈能償其誣陷之罪？慎之慎之。

徐文獻公琰，元至元間，爲陝西省郎中。有屬路申解到省，誤漏"聖"字。案吏指爲不敬，議欲問罪。公改其牘云："照得來解内，第一行脱去第三字。今將元文隨此發下，可重别申來。"時皆稱爲厚德長者。《輟耕録》。

院司書吏，於各屬申文，凡錢已到手者，雖有訛謬，必爲掩飾照應。不然，則吹毛索瘢，無所不至，竟有挾官府以不得不駁之勢，不知適中其攫取之計也。遇徐公，則其計窮矣，吏亦何利而爲此哉？

周景遠，爲南臺御史，分治浙省。每日與朋友往復。其書吏不樂，似有舉刺之意，大書壁上曰：御史某日訪某人，某日某人來訪。御史見之，呼謂曰："我嘗又訪某人，汝乃失記，何也？"第補書之。因復謂曰："人之所以讀書爲士君子者，正欲爲五常主張也。使我今日謝絶故舊，是爲御史而無一常。寧不爲御史，不可滅人理。"吏赧服而退。同上。

書吏舞弊作奸，懼不爲官長所容，則窺伺長官陰私，以爲挾制把持之計。奸蠹伎倆，往往如此，非必盡出於公也。御史本無所私，故不加譴怒，使之懷慚而退。至於親故往來，官場原不能廢。倘有所干請，則豈能不爲謝絶？此又居官者所宜知也。

胡鐸爲雲南布政使，庫有羡金數千兩。吏告云："無礙官帑，例得歸公。"鐸曰："無礙於官，不有礙於民乎？"叱之。《明外史》。

官衙攫取非義，不曰無礙，則曰舊規。吏胥之聳動其官，以遂其染指，皆由於此。不知財物非從天降，不取於民，於何得之？不礙官則礙民二語，唤醒貪官污吏多矣。

王克敬爲兩浙鹽運使，温州解鹽犯，以一婦人至。克敬大怒曰："豈有逮婦人行千百里外，與吏卒雜處者？污教甚矣。自今毋逮，著爲律令。"夫人生之禍多矣，刑獄爲甚，刑獄之禍慘矣，妻孥爲甚。苟能於此存心體察，則捶楚自不妄施，囹圄自無冤繫矣。《臣鑑録》。

罪人不孥，法中之仁也。凶惡捕快，往往以牽及婦女，飽圖詐索。更有私繫而污辱之者，最傷天理。試念已若犯罪，忍令辱及妻子乎？報應非遠，衙門中人，皆不可不常作是想也。

黄鑑，蘇州衛人。厥父善舞文，起滅詞訟，蕩人産業，爲害不少。晚生鑑，登正統壬戌進士，以青年美才，獲寵眷爲近侍。蘇人咸曰："父苦事刀筆而子若此，何天理耶？"景泰間，寵渥益甚。後駕自北還，禁錮南宫。及復位，以舊恩待鑑，升大理少卿，朝夕召見無期。一日上御内閣，露一本角，微風揚之。命取以觀，乃鑑所進《禁錮疏》。上嘆曰："不意鑑之奸有是耶？"亟召鑑至，擲此本視之。鑑連呼萬死，伏誅。遂滅族。吁，使鑑寵不及此，何能報之深耶？《迪吉録》。

大凡巧於害人者，天亦巧以報之。鑑父舞文害人，而鑑科甲顯仕，似乎便宜。不知鑑之首鼠兩端，即其父舞文之餘智也。自謂巧於固寵，不知卒以此滅族，禍以遲而彌烈。舞文之報，抑何巧耶？

戴月湖，南靖人。爲書手。與儕假印勾攝，害人甚多。後發覺，其儕俱承伏充軍。月湖狡，不肯招，止問徒，死於驛中。一子行衢，少年能文。後忽狂酲竊盜，或告之官，官初猶不信，鄉里共證之，乃死於獄。無嗣，婦與盜通，流落街市爲乞丐。衆共指其業報云。同上。

譸張爲幻，造物最忌。忍刑不服，原屬漏網。身雖未滅，卒使其子若婦，墮落火坑，爲世訕笑，悲夫！

陳霽巖爲楚中督學。初到任，江夏縣送文書千餘角。書辦先將照詳照驗，分爲兩處。公夙聞前道有駁提文書，難以報完者，必乘後道初到時，賄囑吏書，從照驗中混繳。公乃費半日功，將照驗文書逐一親查。中有一件駁提該吏書者，混入其中，先暗記之。命書辦細查，戒勿草草。書辦受賄，竟以無弊對。公摘此一件而質之，重責問罪革役。後照驗文書，更不敢欺。《智囊》。

吏胥慣計，無不於新舊任交代時，乘其倥匆，因而舞弊。一遇有心人，其弊立見。即或未即查察，而事久未有不破者，一事僞而百事皆爲可疑，何苦以身試法哉？

施汴，廬州人，爲營田吏，恃勢奪民田數十頃。其主退爲耕夫，不能自理。數年，汴卒。其田主家生一牛，腹有白毛，方數寸。既長，稍斑駁。不逾年，生"施汴"二字，點畫無缺，道士邵修嘿親見之。《迪吉録》。

此與貸錢吏之爲馬，劉自然之爲驢，報應相同。天道昭彰，有債必還，有冤必報。身在公門者，當知世間無可占之便宜也。〇鄉前輩卿季兑先生，爲余言灌陽縣有某，被一衙蠹陰謀詐害，至於妻鬻子賣，田産均爲所有，某猶羈囹圄中。後漸知蠹之爲謀，中心飲恨，常在獄中嘆曰："吾此生不能報怨，蠹亦垂老死，誓當變蛇入其家中，吮其腦以泄此忿耳。"獄卒問得其故，爲之惻然。因與蠹交好，乃言於蠹，蠹遂懊悔。一日持酒肉入獄，與某飲。某既積怒，又恐其設害，不敢近。蠹再三告以懊悔之故，且言爾田地現在，願即給還，子爲代贖，妻可另娶。某初不之信。蠹於獄神前立誓，許爲立券。獄卒從旁勸之，其怒氣頓舒，遂彼此暢飲。某大醉而嘔，有黑蟲長半寸，其形如蛇。蠹益悔悟，遂設法保之出獄，一切悉如前約。兩人竟保全無害云。然則輪回生死，雖屬佛家常談，而積怨既深，累世莫解，冤冤相報，亦事理之所必至。録中頗采及輪回之説，正以見胥

吏作惡積怨之報 ，必於其身後耳。

秀州書吏陸 當杖，受勢家厚賂，陰誘官坐重法死。囚魂常隨陸 陰雨，囚輒前立。陸曰：“汝且去，我自來。”不數月， 。《感應事實》。

原情定罪，出入輕重，絲毫不可假借。自奸吏受勢家厚賂，便能增飾情罪，使當杖者竟至論死，官且爲其所用，手段可謂高強矣。及至冤鬼相隨，竟唯唯聽命，平日巧猾伎倆，至此獨無所用，豈非天奪其魄耶？試問所得之錢，至今尚能享受否也？〇臨桂山峡村有李某，窺鄰人有買猪錢八百文。鄰人扃門外出，李入竊其錢。有幼子卧牀驚覺，李遂殺之，携錢遠揚。窮日夜行，不過二三十里，常覺幼子尾其後。抵飯店，店主具兩人食。詰之，則云適見進店，有一小子相隨，何以不見？次日又行，覺滿目昏沉，不能遠去。自知冤魂不散，不得已轉回。村衆執以送官，一訊立承，竟抵罪。此事余所親見者。然則冤鬼相隨不去，前立索命，事理之所必有，未可以爲幻也。

米信夫，浙西人，爲縣吏，柔狡嘩捷。里有大家兄弟二人，以父死紛爭。因唆其弟以訟其兄，結合官吏，破其家而有之，兄弟抑鬱而死，米繇由是富者二十餘年。至元戊寅，遭謀逆訟，牽連到邑。見吏儼如其弟，抑令招承，罄其貲没焉。忿而訟吏於府，見府吏儼如其兄，抑令招承，與其妻女子息八人俱死於獄。《迪吉録》。

公門中人，往往遇事生波，樂於興訟，但求飽己之欲。豈知人之傷骨肉，破身家，而己亦不免於奇禍也。凡見爭構，不行解勸，及掩延不結，故留訟端者，皆當以此類推。

夏原吉爲刑部尚書時，一吏持精微文書請押，因風吹，爲墨所污。吏懼，肉袒待罪。公曰：“風也。汝何與焉？爾起。”次日早朝畢，至便殿，見帝請罪。曰：“臣昨不謹，墨污精微文書。”上命易之。公退，吏猶懼甚。公於懷中出所易者，吏大感悦。《配命録》。

墨污精微文書，其事似大，然畢竟過出無心，夏公是以寬之。即不遇夏公，不免受責，亦自無大惡。倘若納賄舞文，雖事較小，夏公亦未必寬也。身在公門，無心之過，原不能無，有心之惡，切不可有。“擇禍莫若輕”，“觀過斯知仁”，爲吏者可以知所自處矣。

王文成公守仁，仕刑曹，典提牢廳事。往時獄吏，相沿取囚飯餘豢豕。豕肥，則屠之分食。先生睹之惻然，恚曰：“夫囚以罪繫者，給糧飯之，此朝廷好生浩蕩恩也。若曹乃取以豢豕，是率獸食人食矣。如朝廷德意何？”欲督過之。群吏跪伏請寬，且諉曰：“此相沿例也，亦堂卿所知。”先生即日白堂卿，堂卿是其議。先生遂令屠豕，割以分給諸囚。獄吏到今不復豢豕云。《近古録》。

陽明先生每以良心提醒人，以飯囚者飯豕，此良心上過不去之事也。推此，則剋扣囚糧，自肥身家者，其罪更甚，此心不可一刻安矣。

史桂芳爲兩浙運使，於錢糧入不增毫末，出不減毫末。吏曰：“從來無此舊規。”公曰：“有甚舊規？此心不可欺處即舊規也。”《史公年譜》。

自來剥民奉上之事，無不以舊規爲名。官府有意釐剔，而吏胥必以舊規爲解。故官吏之營私染指，無不從此二字生發也。不問舊規而問此心，其何説之辭。吏至此，計亦窮矣。

正德間，陳良謨與同年數人公車北上。至王家營渡口，陳之家僮與土人爭毆。陳薄責家僮，婉諭土人。座中一同年某忽怒罵曰：“咄，爾何人？敢集多人上官船行劫，反誣我家人毆爾耶？縛而撻之。”其人叩頭乞饒，乃放去。在座稱其才能。某亦揚揚得意，語陳曰：“兄何迂哉！今之爲官者，才能智略耳。天理二字，卻用不着。”陳憮然不答。某後爲紹興推官，以浮躁削職，疽發背死。《配命録》。

此人所爲，即訟棍伎倆也。今之托身胥吏者，往往類此，且謂不如此，則與鄉愚等，不見衙門手段。故事入衙門，幾無公道，良善何以安生耶？

嘉靖間，錢塘陸姓爲郡吏，毛經歷愛重之。陸有女，經歷有子，約爲婚。未幾，經歷提問，落魄歸時，欲娶女以行。而陸妻變計，覓他女代之，經歷不知也。既歸，而其子學日進，取科第，官至操江都院，移檄郡中取陸。陸驚喜且懼，及至，操都偶他出，先入見夫人。夫人曰："我父切莫提前事。"陸惶恐曰："何敢言，全賴夫人看顧也。"操院歸，禮意甚渥，贈三百金送回，且曰後尚有所遺。歸而陸之親女至，陸對所饋金潸然淚下曰："悲汝命薄耳。"女亦悲不自勝，鬱鬱而亡。陸亦繼亡。後有復來贈金者，竟以無人而返。夫興衰靡定，豈可遽以眼前論人。方陸易女時，爲避其衰，孰知乃避其興乎？《言行彙纂》。

經歷，命官也，而與郡吏聯姻，其於郡吏亦云厚矣。孰知郡吏尚欲負之，則此吏平昔之貪財勢而忘道義，已概可見。其父欺心，其女自然薄命。即理即數，萬事都如此也。

孫一謙爲南部司獄。舊例重囚米日一升，率爲獄卒攘去。又散時強弱不均，至有不得食者。囚初入獄，獄卒驅穢地，索錢不得，不與燥地，不通飲食。一謙嚴禁之。自定一秤，秤米計飯，日以卯巳時持秤按籍，以次分給，其食甚均。見囚衣敝，時爲浣補。獄卒無敢横索一錢者。《臣鑑録》。

銀鐺犴狴間，何等慘況，不加矜恤，而復刻削爲利，肆其欺陵，殘忍極矣。孫君一一經理，遽使地獄化爲福堂。彼禁卒因此不能横索一錢，似乎失卻便益，少造許多罪孽，其得便益也多矣。

萬歷間一馮姓者，爲選司胥役，以奸弊得重賄，爲大冢宰所知，參送刑部究擬。時選君以體面不雅，思力救之。馮猶未知，乃私自籌曰："必牽引本官，則問官有所礙，而大冢宰亦不得不從寬。"乃供曰："賄所以進選君，某不過説事過錢人也。"問官疑或有此，以語選君。選君怒，令從公嚴鞫之。弊賄果馮自得，妄扯本官以圖脱漏也。竟擬重刑。《感應篇》注。

馮吏牽引本官，使鞫者投鼠忌器，有不得不寬之勢，計亦巧矣。乃反增其罪，竟擬重刑。非有鬼神顛倒其間，由其良心已壞，自入陷阱也。吏苟事事不昧良心，必不致身捍法網。即不幸而獲罪，亦必有可生之機耳。

永福縣吏薛某，專工嚇詐，虚揑狀詞，能飾無理爲有理，以此致富。一日延道士鄭法林醮。鄭伏而起曰："上帝批家付火司，人付水司。"已而家産罄燼，薛渡江溺死，子以盜敗，女爲娼。《感應事實》。

工於嚇詐，又能飾無理爲有理，其人心思必巧，文筆尚通者也。乃不用以彰明公道，而用於詐揑狀詞，才足濟惡，遂致上干天怒，備極慘報。向使其天資愚魯，或不充胥吏，其積惡召禍，當不至如是之甚也。故吏之聰明有才者，尤不可以不慎。

池州邵道，充郡皂隸。索取財物，滿意則喜，不滿意則拳毆之。官命行杖，極力施刑，斃杖下者不可勝數。後得異病，手足窘束，遍體腫決，如板痕糜爛，痛不可言。因自呼曰："善惡終有報，橋南看邵道。"卒至皮肉俱盡，僅餘骨在。《人生必讀書》。

衙門行杖之皂隸，視杖下之血肉淋漓，幾同土石。若非自遭異病，遍體糜爛，不足以動其痛楚之心。天以此顯報，即以此示警也。惜乎悔已晚矣。

沙縣舊官弊政，立宰牛税。壽州進士方震孺爲沙縣令，吏某以此銀進。方問故。吏曰："每殺一牛，入税若干。總計所得税，歲不下千金。"方愀然曰："吾何以千萬物命换千金税耶？"吏復以衙門成例已久，去此則宰牛無所稽考，不便更張爲言。方怒,將吏重杖,并下令永禁如律。久之,牙儈以牛病且死告。方勿與深求,第令埋之。由是沙之牛得全活者甚多。同上。

衙門有一種陋規,即吏胥有一種染指,遇有欲之官,則以本衙出息爲言,遇無欲之官,則又以不便更張爲言,其實無非爲自己染指起見。舊官設此,皆若輩慫恿成之,此所以謂之猾吏也。夫民間宰牛,官不查禁,反欲收税,名曰稽查,實爲之主持,令其肆殺耳。杖其吏而革其税,猾吏之計無可施矣。

章該居宅弘麗,因缺用,典張吏金。張厚遺牙儈,换作絶券。後該益窘,請求絶。出券視之,乃已絶矣,有牙儈押證。該仰天嘆息。張父子同日失音死。《感應事實》。

張爲吏書,僞作絶券,押證分明,是以章該有口不能分辨,但飲恨於心而已。而吏之父子,同日失音而死,其欲言而不能,與含冤者無異。天之示警,何其深切哉。

徐某富而狡,心涎一里鄰房屋。鄰饒,不肯售。乃令人誘其子賭蕩,遂至傾家,竟鬻屋於徐。後三子五孫俱病。夢其祖告曰:"比鄰某爲祟也。"徐懼,向城隍禳。有一丐者立廟中大言曰:"夜間殿旁,見有人訴徐某誘其子蕩産。"丐者亦不知設醮即徐某也。徐聞益懼,歸而暴卒。同上。

所欲圖者屋也,與其人原無仇怨。乃因其家富饒,遂誘其子賭蕩,使有不得不鬻之勢。及屋已售,而其家蕩然無餘,父子不能相保可知矣。此與占房屋而無害於人者不同,故其獲報,至於子孫祟病,身亦暴亡。此種陰險,豈祈禳可免耶?愚亦甚矣。吏之因事陷害,破人身家,大抵如此。

青浦郊外有一貧民,賣得布銀二兩四錢,中路遺失,被同行一金姓拾得。金姓爲青浦縣差。貧民苦求不還,金反以催糧銀在身爲名,將貧民毒毆。貧民失銀,闔家生計無出,徑往城隍廟哭訴神前。其夜金姓鄰人,俱聞金家有鎖鍊聲。明晨,金不啓門。鄰人視之,金已跪倒牀下死矣,原銀猶在牀側也。《丹桂籍》。

拾金不還,人情多有。惟其身爲縣差,可以催糧銀爲名,遂爾肆其毒毆,謂非此無以見縣差之威,豈知適所以厚其毒而速之死耶?噫,二兩四錢,爲數有限,而在貧民,已爲一家性命所關。失而受毆,不敢訴官,而哭訴神前,情迫極矣。試觀匍匐公庭者,類多奇窮極苦之人。我以爲所得無幾,而已絶貧民一家生計者,豈少耶?

廣東小吏丁宗臣,賦性刻薄。見人貧窮,則非誚之。見人急難,更傾陷之。生平所爲,毫無善行可稱。五子,一聾,一跛,一瞎,一癱,一兩手反背,飲食需人。親戚朋友見宗臣皆以爲不祥,不與爲禮。晚年罷職,益困悴,乞丐而死。《配命録》。

此種性行,在鄉里愚民,尚足爲害,身充小吏,尤易肆惡。五子皆殘疾,何相報之顯而速也。今官衙中如此行徑之胥役,恐亦不少。烏得與之一説此等報應,以警其後也。

有一鄉愚,誤買賊衣,被捕擒獲,帶至古廟,弔打備施。哀告曰:“我實不是賊。現有城中某,係我至戚,唤來可問也。”捕唤某識認。某見賊情,恐有連累,堅不認親,鄉愚被拷而死。某至家,即見披髮流血之鬼,呼號索命。曰:“爾吝一言,見死不救,爾豈能免乎?我已告准閻羅,與諸捕共質地下矣。”某暴卒。同上。

止於懼累不肯相救耳,尚且立遭冤報,甚矣害命之禍,速而且慘也。彼惡捕者,手斃良民,其刑禍不延及子孫不止。

湖廣盛某爲縣刑吏,素性險惡,人號黑心。家富,欲造堂樓。苦地窄,與鄰張姓言,不允。盛密令大盜扳張,張不能辯而死於獄,妻竟以地售之。樓成,得一子,六歲尚不能言。一日盛在樓中,其子匍匐而至。盛曰:“吾爲子孫計,故設此謀。今爾如此愚蠢,奈何?”其子忽厲聲作色曰:“爾何苦如此!吾非張某耶?爾以無辜殺我,謀我之地。我來此,正圖報耳!”盛大驚倒地,七孔流血而死。其子費盡財産,亦死。《丹桂籍》。

身在官衙,執掌刑獄,唆盜扳人,何啻順風之呼。未幾而被誣者以死,占地既得,樓亦遂成。就目前而論,可謂求得謀遂。豈知其所以報之者,即在膝前之子也。世之豪猾致富,而其子蕩費不能守者,焉知非讎人之索債耶?

祝期生有口才,專一顛倒是非,尤好言人短處。雖端人正士,亦曲加詆毁,必敗其名而後已。晚年忽病舌黄,發時必須刀刺,血出升餘乃止。一歲常發五六次。哀號痛苦,寢食俱廢,血枯而死。葬後,尸爲群犬所食。《配命録》。

有口才而顛倒是非,好言人短,詆毁正人,至自刺其舌,血枯而死,相報亦云巧矣。可畏哉!

山東莒城馬長史,自恃有才,作惡多端。一日有星隕於其家,光彩燁然,久之乃變爲石。自是無日無訟獄口舌疾病等事。逾年,長史殁,家人離散,房産積蓄蕩然一空。其石周圍數尺,色微紫,有紋如字,至今尚存。同上。

有濟惡之才,而又身爲長史,故能作惡多端。星隕化石,乖氣致異,不祥孰甚焉。

宜興染坊孀婦陳氏,有姿容。木商洪敬誘餌百端,終不可犯。夜將數木擲其家,明日以盜聞於官。又賄胥吏縶累窘辱,以冀其從。婦家焚香慟訴。未幾,商入山販木,叢柯中突出黑虎,噬商死。同上。

此何等事也,亦肯受賄,爲其窘辱。是公門胥吏,無不可要之錢也。欲以長養子孫,斷無此理。

張奉素習刀筆,尤工剥民之術。凡官長至,輒教之虐取民財，官有其三，七歸於己。巡按唐公捕之，以計逃去。時四野無雲，忽爲暴雷擊死，五臟如刳。《丹桂籍》。

胥吏剥民之術，惟願官之多欲而尚刻，一中其計，予取予求，無不如志矣。上司縱有訪聞，官必巧爲掩護，黠吏之藏身甚固也。抑知王法可逃，天誅必不能貸乎？

歸安陸居貞隅，令江右大庾。庾有府吏，寵於太守。其父曾充隸，前令竟延作鄉飲介賓。公至，召隸，且令穿鄉飲巾服來。至，剥其巾服入庫，笞二十遣之。此時太守尚在郡也。自是郡邑鄉飲嚴肅，不敢濫赴。《近古録》。

盛典濫邀，求榮反辱。即使官長姑容，難免鄉閭耻笑。何如力行善事，積福於子孫，將不求榮而榮自至，有過於巾服者歟？

金忠於人，有片善，必稱之。雖素與公異者，其人有他善，未嘗不稱也。一里人爲吏，數窘辱公。及公爲尚書，其人以吏滿來京師，懼不爲容。公薦用之。或曰："彼不與公有憾乎？"曰："顧其才可用，奈何以私故掩人之長。"《言行彙纂》。

金公之公而且厚如此，平時決無非理過情之舉。爲吏者奈何輒窘辱之也？大抵吏胥狐假虎威，不分貴賤善惡，概以盛氣凌人，視爲地位固然，恬不知非。不但斂怨非宜，其薄惡亦太甚矣。閲此能不懔然。

保靖州楊大、王周、錢火兒三人，同一騃懦漢，避雨崖下。俄而虎至前，三人共推騃懦漢出，以當虎。不意崖忽崩，虎驚而去。騃懦漢反得免害，而三人俱被壓死。《丹桂籍》。

衙門中便宜之事，巧猾者踞爲己有。至於勞苦之事，騃懦者當之，而巧猾者最善狡脱。然利即害之所伏，究竟巧猾之得禍，更甚於騃懦。避虎之喻，何其切也。

建州吏林達屢侵人所有。里中有葬父者，築墳一區，風水最吉。達造僞券，稱其父未死時，將此墳賣我。遂以己父遷葬其中，里人爭之不得。葬畢，達夢其父曰："福田在心，不在風水上。安有僞契欺人，奪人所葬，而享福利者？今反因此絶嗣矣。”達與闔家俱病死。同上。

僞契占地，里人爭之不得，無非以林達倚恃官衙，善於舞弊之故。達方自以爲得力於吏胥，鄉人亦艷羡吏胥之有勢，不知此正厚其毒，以待其自取絶滅也。向使告爭理屈，不過占葬不遂而止，何至於此耶？倚官勢而盗葬者可以省矣。

盧紘任江南糧道，偶卧病，適屬邑解銀二百四十兩，暫付管糧吏張瑞昌收。隨奉遣他往。比歸，則銀失矣。詢守宅人，皆謂嘗啓户而入者，張僕吴勤也，獨卧於户側者，曹僕陳美也。付捕快拷訊，俱不承。張訴之於城隍及南莊五仙。一日同房吏曹璘方伏枕，忽厲聲曰：“呼瑞昌來。”張至。謂曰：“銀是曹璘僕陸賢盗去，欲以授伊父。以百兩置大門内僻處。適璘父出，賢倉皇卻走。時有菜傭吴茂歇涼户外，竊窺，乘間挈以歸，詎意非其所有。甫至家，母暴卒，子復痘殤。未幾，茂亦疫死。總以取不義之財，故死亡相繼也。其五十兩一封，被竊見者分散，已不可追。其九十兩，今在樓下牀底。陸賢盗銀，曹璘不知。即張瑞昌失銀，亦因前世欠伊銀一百二十兩。今失去一百五十兩，多三十兩，俱令瑞昌擔承。若再追賠，恐冤冤相報，無已時矣。”曹醒不知所云。衆挾曹歸，索之牀下，果然。《四照堂集》。

觀此，知取非其有，殃禍立至也。前生欠負，絲毫必償也。人間曖昧之事，官雖不知，神則鑑察也。一事而可以爲三戒焉。作吏者以此類推，則欺人之事弗爲，而妄取之心可息矣。